U0322194

中文版 3ds Max 2012 课堂实录

袁紊玉 / 编著

清华大学出版社
北京

内容简介

本书由专业设计师及教学专家倾力奉献，内容涵盖3ds Max建模、材质、贴图、灯光、摄影机、渲染、环境与特效应用的全过程，案例包括三维模型的创建、复合物体的制作、修改器的使用、复杂模型制作、现代别墅效果图的制作及欧式客厅效果图的制作等，案例全部来源于工作一线与教学实践，全书以课堂实录的形式进行内容编排，专为教学及自学量身定做，在附带的DVD光盘中包含了书中相关案例的素材文件、源文件和多媒体视频教学文件。

本书非常适合3ds Max初中级读者自学使用，特别定制的视频教学让你在家享受专业级课堂式培训，也可以作为相关院校的教材和培训资料使用。

图书在版编目(CIP)数据

中文版3ds Max 2012课堂实录/袁紊玉编著．—北京：清华大学出版社，2014
（课堂实录）
ISBN 978-7-302-31727-2

Ⅰ．①中…　Ⅱ．①袁…　Ⅲ．①三维动画软件—教材　Ⅳ．①TP391.41

中国版本图书馆CIP数据核字(2013)第048689号

责任编辑：陈绿春
封面设计：潘国文
责任校对：徐俊伟
责任印制：王静怡

出版发行：清华大学出版社
网　　址：http://www.tup.com.cn，http://www.wqbook.com
地　　址：北京清华大学学研大厦A座　　**邮　　编**：100084
社 总 机：010-62770175　　**邮　　购**：010-62786544
投稿与读者服务：010-62776969，c-service@tup.tsinghua.edu.cn
质 量 反 馈：010-62772015，zhiliang@tup.tsinghua.edu.cn
印 刷 者：清华大学印刷厂
装 订 者：北京市密云县京文制本装订厂
经　　销：全国新华书店
开　　本：188mm×260mm　　**印　　张**：18.5　　**字　　数**：513千字
（附DVD1张）
版　　次：2014年3月第1版　　**印　　次**：2014年3月第1次印刷
印　　数：1～4000
定　　价：49.00元

产品编号：045967-01

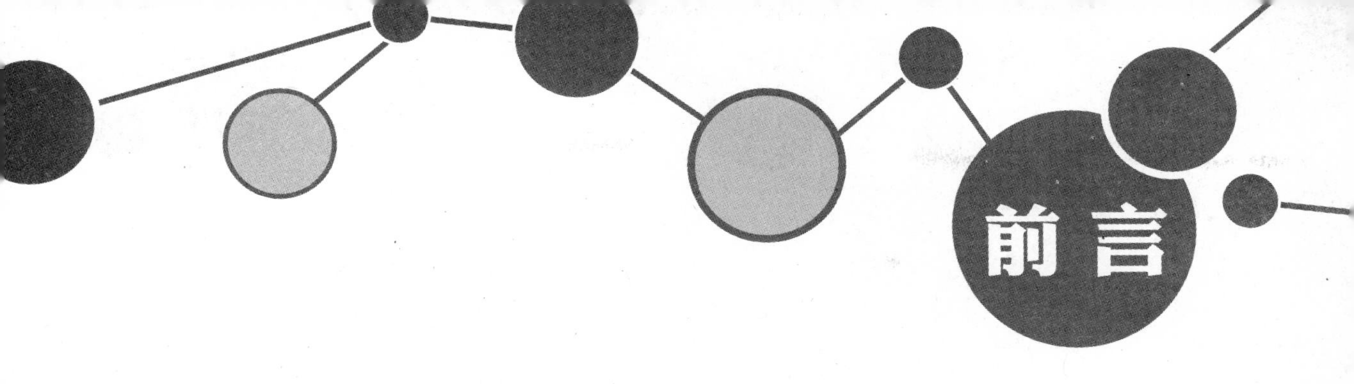

前言

本书使用3ds Max 2012和VRay进行建模创建和效果图制作。3ds Max是众多三维设计软件中最实用，也是最强大的设计软件，它集合了建模技术、材质编辑、动画设计、渲染输出等功能于一体，成为三维模型创建及动画制作的主流软件。

熟练应用三维软件、掌握三维绘图的方法与技巧，一直是众多三维爱好者梦寐以求的。本书图文并茂、通俗易懂、示例典型、学用结合。在效果图或动画制作过程中，基础知识是非常重要的，只有掌握了基础知识和操作技能，才能更好地使用3ds Max。为实现上述目的，本书通过一个个小实例对制作模型的常用命令，以及常用材质的调制方法，做了详细讲解，使读者了解3ds Max强大的功能。

本书主要内容：

第1课介绍3ds Max 2012基础知识，包括3ds Max 2012的基本功能、3ds Max 2012的系统要求、如何学好3ds Max 2012以及课堂实例：奖杯动画制作。

第2课介绍3ds Max 2012基本操作，包括3ds Max 2012的文件管理、查看和导航三维空间、模型对象的基本操作。

第3课讲解创建简单三维模型的方法，包括三维模型基础、课堂实例1：制作艺术灯具、课堂实例2：制作茶几。

第4课是关于如何使用复合物体，包括复合物体基础、课堂实例1：石壁刻字、课堂实例2：制作滑梯。

第5课讲解常用修改器的使用，包括修改器命令、课堂实例1：制作艺术座椅、课堂实例2：制作流动的光束。

第6课详细讲述如何创建复杂模型，包括复杂模型基础、课堂实例1：制作飞机模型、课堂实例2：制作卡通小狗。

第7课是关于图形的应用，包括图形应用基础、课堂实例1：制作三维字幕、课堂实例2：制作酒瓶。

第8课是关于材质和贴图，包括材质和贴图基础、课堂实例1：模拟金属材质、课堂实例2：模拟陈旧材质。

第9课详细介绍灯光和照明，包括灯光和照明基础、课堂实例1：静物的照明、课堂实例2：室内一角的照明。

第10课介绍摄影机的应用，包括摄影机基础、课堂实例1：室外效果图的摄影、课堂实例2：室内效果图的视角设置。

第11课介绍渲染与V-Ray，包括V-Ray基础、课堂实例1：使用V-Ray、课堂实例2：使用V-Ray渲染庭院的一角。

第12课是关于环境与特效，包括基础知识讲解、课堂实例1：晨雾、课堂实例2：太阳光晕。

第13课介绍现代别墅效果图的制作，包括模型的制作、调制材质、设置灯光和摄影机、渲染效果图。

第14课介绍欧式客厅效果图的制作，包括模型的制作、调制材质、合并家具模型、设置灯光、渲染效果图。

本书具有以下特点：

1．专业设计师及教学专家倾力奉献。从制作理论入手，案例全部来源于工作一线与教学实践。

2．专为教学及自学量身定做。以课堂实录的形式进行内容编排，包含了37个相关视频教学文件。

3．完善的知识体系设计。涵盖了3ds Max建模、材质、贴图、灯光、摄影机、渲染应用的全过程。

4．超大容量光盘。本书配备了DVD光盘，包含了案例的多媒体语音教学文件，使学习更加轻松、方便。

本书由袁紊玉主笔，参加编写的还包括：郑爱华、郑爱连、郑福丁、郑福木、郑桂华、郑桂英、郑海红、郑开利、郑玉英、郑庆臣、郑珍庆、潘瑞兴、林金浪、刘爱华、刘强、刘志珍、马双、唐红连、谢良鹏、郑元君。

目录

第1课　3ds Max 2012基础知识

第2课　3ds Max 2012基本操作

第3课　创建简单三维模型

第4课　使用复合物体

第5课　常用修改器

第6课　创建复杂模型

第7课　图形的应用

第8课　材质和贴图

第9课 灯光和照明

第10课 摄影机的应用

第11课 渲染与V-Ray

第12课 环境与特效

第13课　现代别墅效果图的制作

第14课　欧式客厅效果图的制作

第1课 3ds Max 2012基础知识

3ds Max自Autodesk的子公司Discreet公司开发面世以来，经过多个版本的改进与更新，在影视广告、动画制作、制作效果图、游戏等多个领域均得到广泛的应用。本课通过对3ds Max基本功能、系统要求、学习方法等方面的介绍，让读者学习到软件的一些基本知识。

本课内容：

◎ 基本功能
◎ 系统要求
◎ 如何学好3ds Max 2012
◎ 奖杯动画制作

1.1 3ds Max 2012的基本功能

3ds Max是当前世界上销量最大的三维建模、动画及渲染解决方案，它广泛应用于视觉效果、角色动画及的游戏开发领域。

3ds Max 2012是该软件的最新版本，与以前的版本相比，新版本在多个方面有了新的改进。例如，增加了全新的分解与编辑坐标功能；加入了一个强大的新渲染引擎；加入了新的钢体动力学；在视图显示引擎技术上也表现出了极大的进步；增强了之前新加入的超级多边形优化工具，等等。

总体来讲，3ds Max 2012的基本功能主要包括建模、材质、灯光、渲染、动画、粒子系统、动力学等几部分，这也是本书将要介绍的主要内容。

1.1.1 3ds Max的建模

3ds Max作为一款功能强大的三维制作软件，包含各个方面的多种功能，但无论哪一种功能的实现都是以精美的三维模型为基础的，可以说制作精美的模型是开始进行三维创作的第一步。在3ds Max中除了可以采用基本形体和修改命令创建形体外，还有多种高级建模方式，它们各有优点和不足，熟练地使用这些建模方法可以创建出简单或复杂的模型，如图1.1所示。

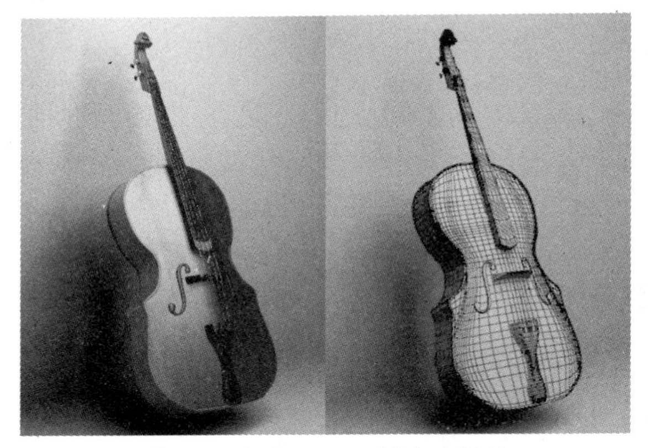

图1.1 使用3ds Max创建的模型

3ds Max 2012增强了之前新加入的超级多边形优化工具，增强后的超级多边形优化功能可以提供更快的模型优化速度、更有效率的模型资源分配、更完美的模型优化结果。新的超级多边形优化功能还提供了法线与坐标功能，并可以让高精模型的法线表现到低精度模型上去。

1.1.2 3ds Max的质感模拟

材质是什么？简单地说就是物体看起来是什么质地。材质可以看成是材料和质感的结合，是对真实材料视觉效果的模拟。

在三维表现中，没有材质的物体是平淡无奇的，材质的表现会赋予物体灵魂。随着3D技术的发展，人们越来越追求在3D设计中模拟更真实的场景和物体，例如，在建筑室内外设计中，材质的表现可以让客户了解所应用的材料，地面是木地板还是大理石；墙面是墙漆还是玻璃幕墙；是草屋还是木屋或是石屋，等等。这就需要设计师将对真实材质的掌握和理解，融入到设计中去，在3D世界中真实地体现，如图1.2所示。在3D游戏和动画中，材质更能表现物体所要传达的意义，例如，黏稠的液体、腐烂的食物、怪物的毛皮、机器的金属质感等，人们就能从视觉上了解其所要表达的东西。

图1.2 3ds Max的质感模拟

使用3ds Max 2012能够模拟各种逼真的材质效果，3ds Max 2012还新增加了一种程序贴图，此贴图已经记录下了数十种自然物质的贴图组成，在使用时可以根据不同的物质组成制作出逼真的材质效果。而且此贴图还可以通过中间软件导入到游戏引擎中使用。3ds Max 2012里提供了对矢量置换贴图的使用支持，一般的置换贴图在进行转换时，只能做到上下凹凸。矢量置换贴图可以对置换的模型方向进行控制，从而可以制作出更有趣、生动的复杂模型。

1.1.3 3ds Max的灯光和渲染

光线对于我们的视觉来说至关重要，因为我们之所以能够看到五颜六色的物体，是因为这些物体反射了光的不同光波，因此，没有光线，我们的眼前将是一片漆黑。3ds Max所营造的三维空间与实际生活场景一样，造型、材料、质感通过照明得到体现，由此可见灯光效果的设置是非常重要的，光线的强弱、颜色、投射方式都可以明显地影响空间感染力，照明的设计要和整个空间的性质相协调，要符合空间的总体艺术要求，形成一定的环境气氛，这在效果图表现中体现得尤为明显，如图1.3所示。

图1.3 灯光在效果图中的应用

3ds Max中，灯光可以用于模拟照明效果、用于表现虚拟场景不同时间的不同景象。渲染则是计算模型、材质，以及灯光效果，生成最终图像，因此灯光和渲染是密不可分的。3ds Max 2012为了让更多的人不需要担心渲染与灯光的设置问题，在此版本中加入了Iray渲染器。这个渲染器，不管在使用难度还是效果的真实度上都是前所未有的。

1.1.4 3ds Max的动画

制作三维动画是3ds Max的基本功能之一。使用3ds Max可以制作物体移动、人物动作、风云雷电、光影变幻、液体流动等动画效果，如图1.4所示。三维动画广泛地应用于医学、教育、军事、娱乐等诸多领域。这种动画能够给人耳目一新的感觉，其客观形象的展示方式非常受欢迎。

图1.4 三维动画

1.1.5 3ds Max的粒子系统

粒子系统是能够生成粒子的对象，用来模拟雪、雨、飞花落叶、沙尘风暴，以及爆炸等现象。在3ds Max中的粒子系统包括喷射（Spray）、雪（Snow）、粒子列阵（Parray）、超级喷射（Super Spray）、暴风雪（Blizzard）、粒子云（Pcloud），以及粒子流（PF source）7种粒子。通过这些功能强大的粒子系统，可以逼真地模拟出自然界的各种现象，如图1.5所示。

图1.5 粒子系统模拟雪

1.1.6 3ds Max的动力学

要表现物体与物体之间的碰撞和运动效

果，仅仅使用手动调整是不可能的。3ds Max提供了计算真实运动的方法，即动力学系统。使用动力学系统可以真实地模拟物体在重力的影响下产生的运动及碰撞，如图1.6所示。

3ds Max 2012抛弃了使用多年的古董级动力学——Reactor之后，加入了新的钢体动力学——MassFX。这套钢体动力学系统，可以配合多线程的Nvidia显示引擎来进行视图里的实时运算，并能得到更为真实的动力学效果。

图1.6　模拟摔碎的物体

1.2 3ds Max 2012的系统要求

1.2.1　3ds Max 2012的操作系统要求

3ds Max 2012软件的32位版本支持以下操作系统：

- Microsoft® Windows® 7 Professional操作系统
- Microsoft® Windows Vista® Business操作系统（SP2或更高版本）
- Microsoft® Windows® XP Professional操作系统（SP3或更高版本）

3ds Max 2012软件的64位版本支持以下操作系统：

- Microsoft® Windows® 7 Professional x64操作系统
- Microsoft® Windows Vista® Business x64版本（SP2或更高）
- Microsoft® Windows® XP Professional x64版本（SP3或更高）

3ds Max和3ds Max Design 2012 32位和64位软件需要以下补充软件：

- Microsoft® Internet Explorer® 8.0互联网浏览器或更高版本
- Mozilla® Firefox® 3.0 web浏览器或更高版本

1.2.2　3ds Max 2012的硬件配置要求

3ds Max 2012软件的32位版本最低需要配置以下硬件的系统：

- 英特尔® 奔腾® 4处理器（主频1.4 GHz）或相同规格的AMD® 处理器（采用SSE2技术）
- 2 GB内存（推荐4 GB）
- 2GB交换空间（推荐4GB）
- 支持Direct3D® 10技术、Direct3D 9或OpenGL的显卡
- 256 MB或更大的显卡内存（推荐1GB或更高）
- 配有鼠标驱动程序的三键鼠标
- 3 GB可用硬盘空间
- DVD-ROM驱动器
- 支持网格下载和Autodesk® Subscription-aware访问的互联网连接

3ds Max 2012软件的64位版本最低需要配置以下硬件的系统：

- 采用SSE2技术的英特尔® 64或AMD® 64处理器
- 4 GB 内存（推荐 8 GB）
- 4 GB交换空间（推荐8 GB）
- 支持Direct3D 10、Direct3D 9或OpenGL的显卡
- 256 MB或更大的显卡内存（推荐1GB或更高）
- 配有鼠标驱动程序的三键鼠标
- 3 GB可用硬盘空间
- DVD-ROM驱动器
- 支持网格下载和Subscription-aware访问的互联网连接

1.3 如何学好3ds Max 2012

3ds Max 2012具有繁多的命令和工具，初学者往往被这些工具和命令迷惑了方向，感到这个软件是难以学会的。其实，与其他计算机软件类似，只要掌握了学习的技巧，学习者也可以很快掌握3ds Max 2012，并制作出优秀的作品。要学好3ds Max 2012需要做好后面几步。

1.3.1 了解3ds Max 2012的工作流程

使用3ds Max 2012进行创作是一个严谨、复杂的过程，在不同的使用领域，3ds Max 2012的制作流程也有很大的区别，没有一个固定的流程适用于所有的创作。

虽然没有固定的工作流程，但是3ds Max 2012的各部分功能存在着差异，并且各部分功能本身存在着先后顺序。因此，总结3ds Max 2012的各部分功能并明确它们之间的先后顺序，对于我们学习这个软件具有重要的指导意义。在此，我们将3ds Max 2012各部分功能的一般先后顺序称做“3ds Max 2012的一般制作流程”。这个流程主要包括建模、赋材质、设置灯光和相机、设置动画、渲染输出和后期合成。

1.3.2 动手多练，切忌死记硬背

3ds Max 2012是一款操作性的软件，熟练的操作来自多次亲身实践。熟记各种命令工具并不代表能够做出优秀的作品。多做多练则能加强对命令工具的理解和记忆。

很多初学者一开始就急于去了解各个工具命令的功能，但这样往往会事倍功半。正确的做法是首先对软件有个大致的了解，如熟悉软件的操作界面等，然后参考教程做一些具体的实例，通过实例了解不同命令的使用技巧。

在学习工具命令时，可以遵循由粗到细的顺序，即开始阶段只需要学会最常用的几个命令即可，然后在具体的操作中去感受、理解其他命令和功能。

1.3.3 从基础做起，不能急于求成

使用3ds Max 2012既能制作简单的模型，如常见的桌椅、板凳；也能制作复杂的大场景，如魔幻境界、人鬼神兽。有些初学者在了解了一些软件皮毛后便急于去学习制作这些大场景，岂不知欲速则不达，做出的作品没有深厚的根基，总让人觉得缺少了一些东西。

正确的学习方法是遵循3ds Max 2012的工作流程，通过大量的实例操作，掌握建模、材质、灯光，以及渲染等各个步骤，由简单到复杂，最终再着手综合性作品的创作，才能保证作品在模型、材质、光照等各个方面都有出色表现。

1.4 课堂实例：奖杯动画制作

本节通过一个具体的实例，介绍使用3ds Max 2012进行创作的基本流程和方法。实例所要介绍的是一个奖杯的制作过程，包括建模、材质和渲染输出。实例作品参考效果如图1.7所示。本节重点在于让读者了解使用3ds Max 2012进行创作的基本过程。

图1.7　奖杯动画

01 在桌面上双击图标，启动3ds Max 2012中文版软件，软件启动后界面如图1.8所示。

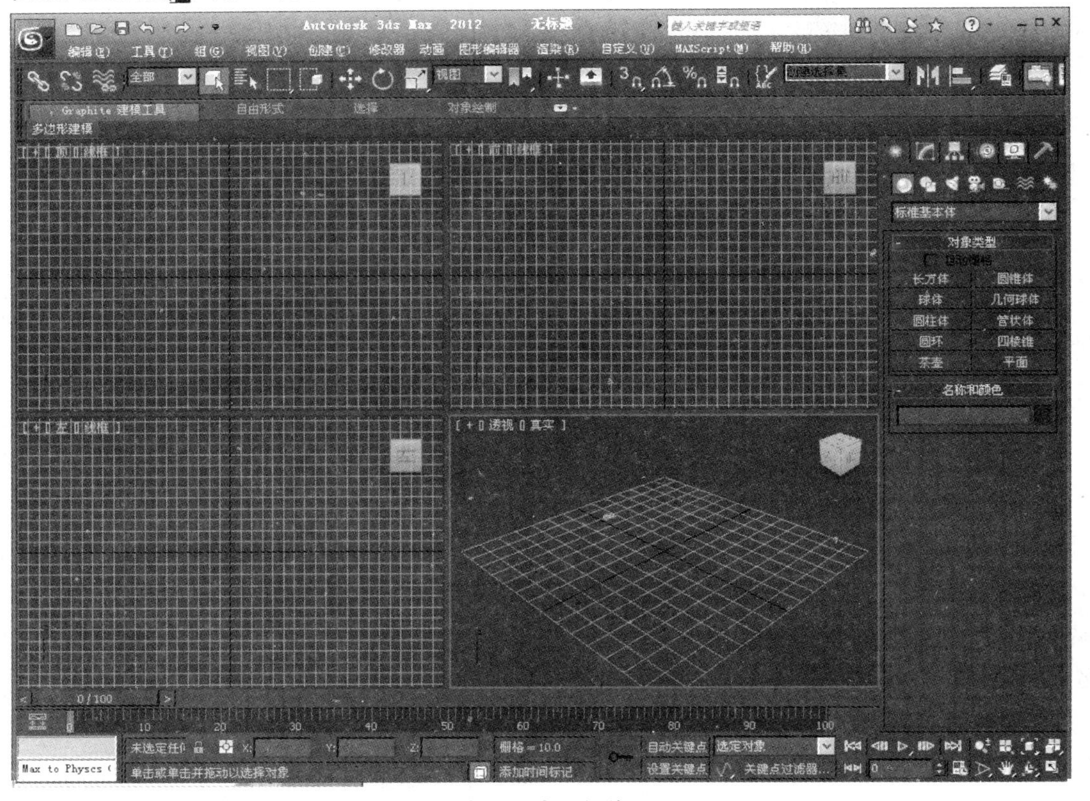

图1.8　启动软件

02 在创建命令面板中单击 圆柱体 按钮，激活“创建圆柱体”工具，如图1.9所示，准备创建一个圆柱体。

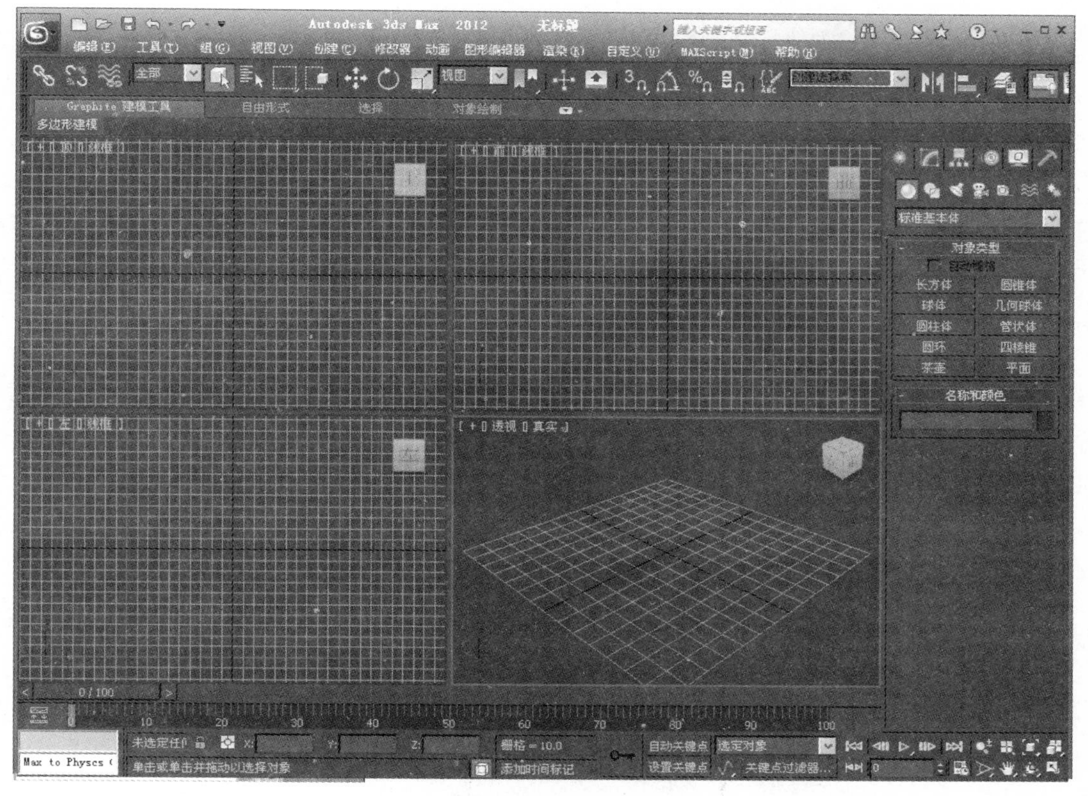

图1.9 激活创建圆柱体工具

03 在顶视图中先按下鼠标左键拖动，然后释放鼠标左键移动，最后单击鼠标左键。在视图中创建一个圆柱体，如图1.10所示。

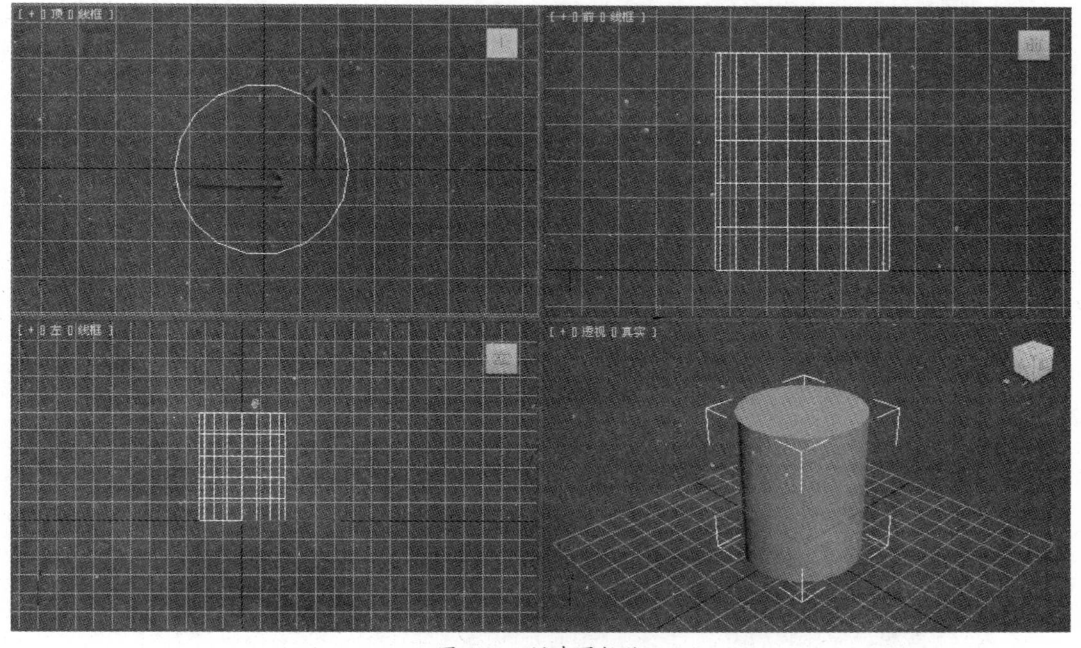

图1.10 创建圆柱体

04 打开修改命令面板，设置圆柱体的参数，如图1.11所示。3ds Max是参数化软件，使用参数可以精确地设置模型的尺寸。

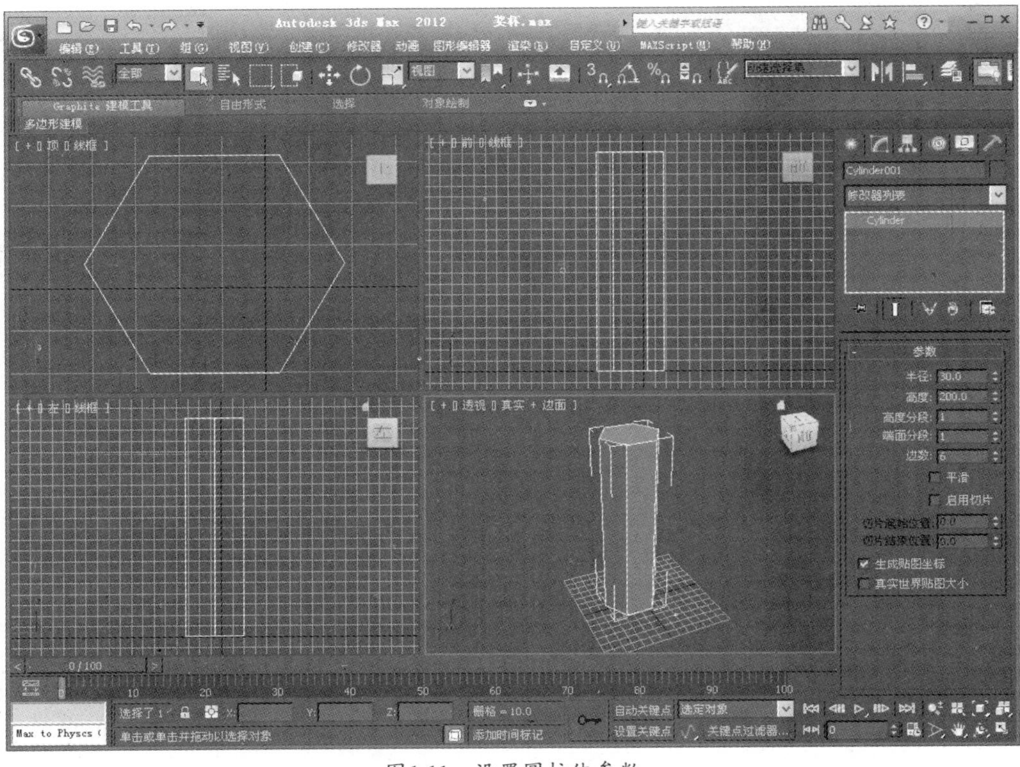

图1.11　设置圆柱体参数

05 打开“修改命令”下拉列表，选择FFD2×2×2修改命令，如图1.12所示。

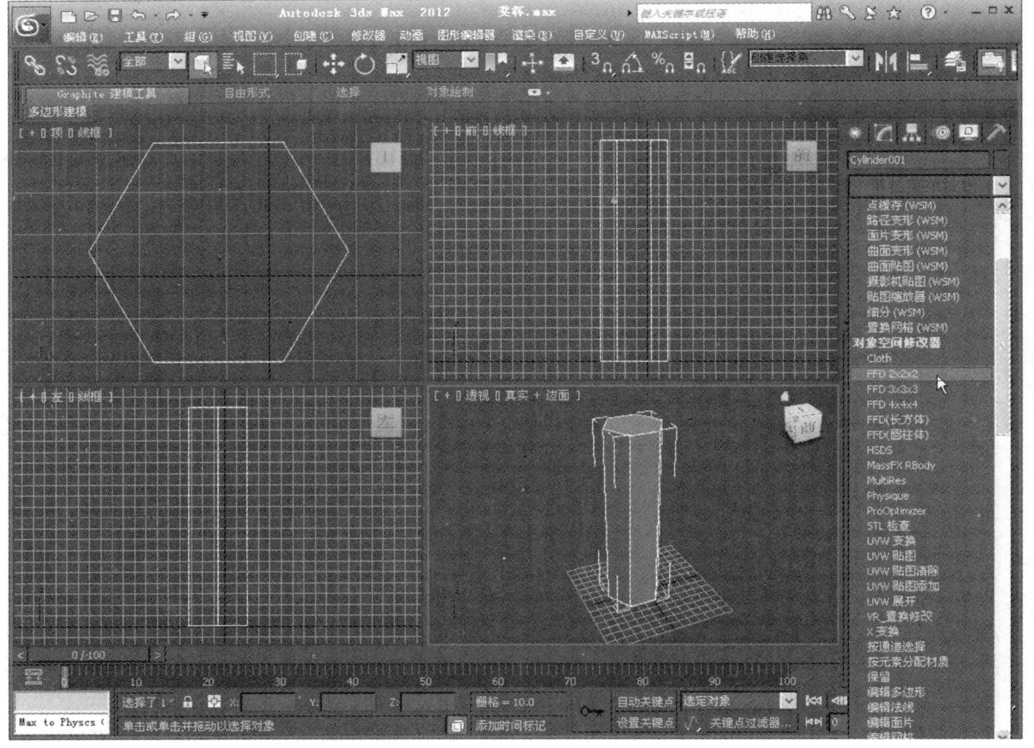

图1.12　选择修改命令

06 在修改器堆栈中激活“控制点”子对象，按住Ctrl键，在透视视图中选中上面的两个控制点，如图1.13所示。

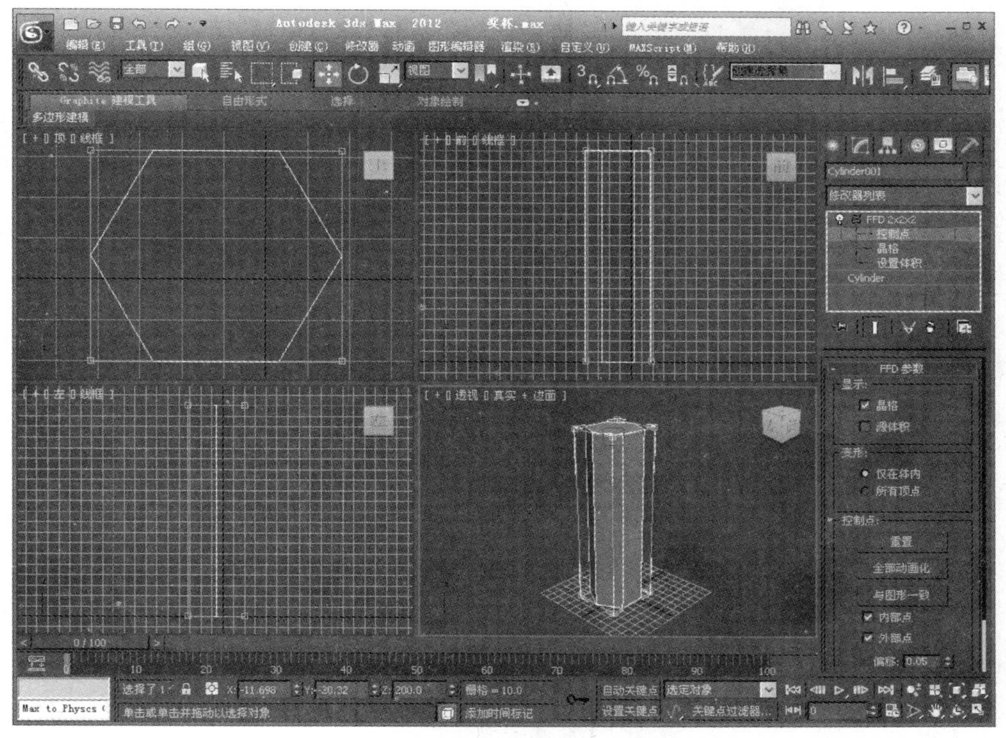

图1.13 选择控制点

07 在工具栏中单击激活按钮，在透视视图中拖曳鼠标，将选中的两个控制点向下移动，如图1.14所示。

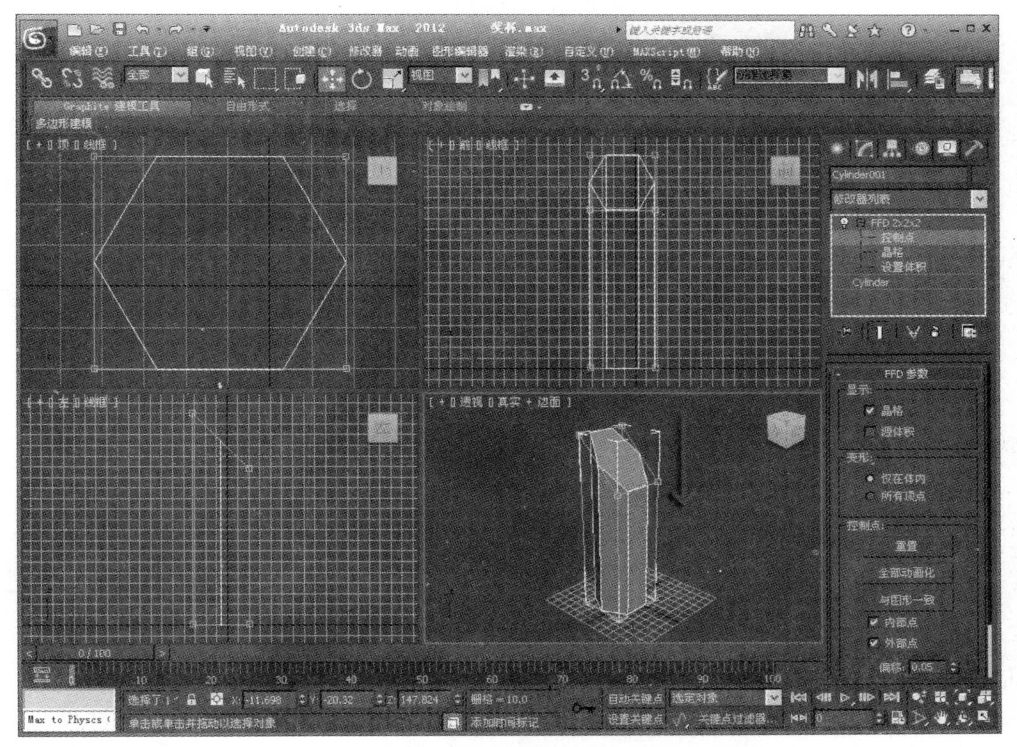

图1.14 移动控制点

08 采用同样的方法，在透视视图中选中圆柱体下面的4个控制点。在工具栏中单击激活按钮，在透视视图中向下拖曳鼠标，缩小选中的控制点，如图1.15所示。

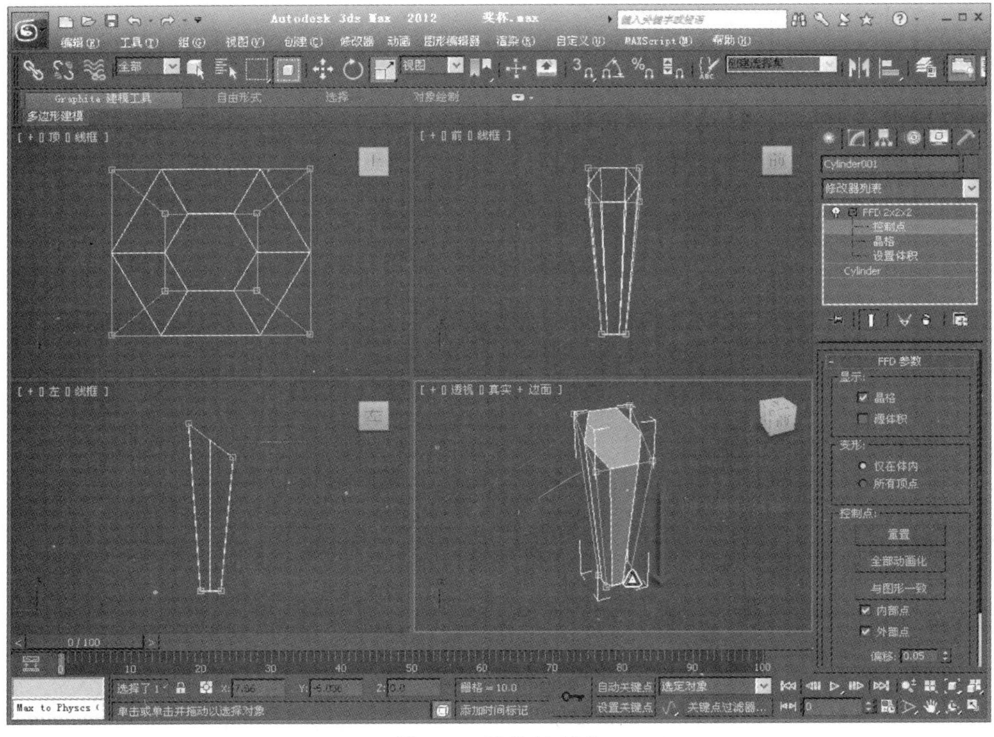

图1.15　缩放控制点

09 在创建命令面板中单击标准基本体，在下拉列表中选择“扩展基本体”选项，如图1.16所示。

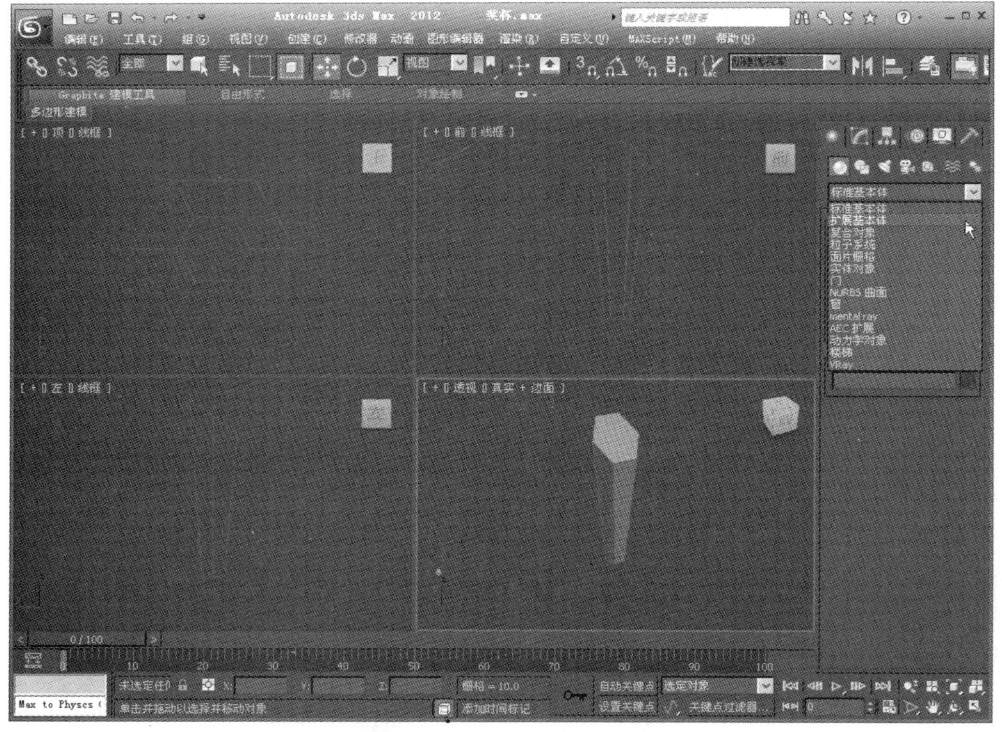

图1.16　选择扩展基本体

10 在“扩展基本体”创建命令面板中单击 切角长方体 按钮，在顶视图中单击拖曳鼠标，确定切角长方体的底面大小，然后释放鼠标左键移动鼠标，确定切角长方体的高度，单击鼠标左键确定后，再次移动鼠标，确定切角的大小，最后单击鼠标左键完成创建，如图1.17所示。

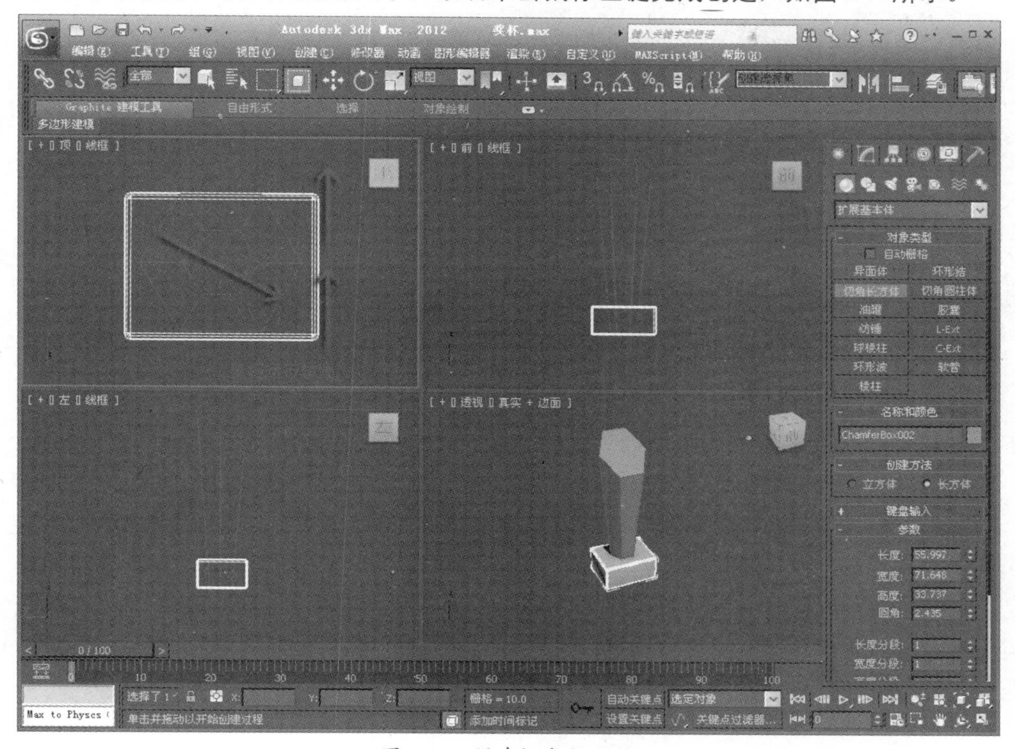

图1.17 创建切角长方体

11 打开“修改”命令面板，设置切角长方体的参数，如图1.18所示。

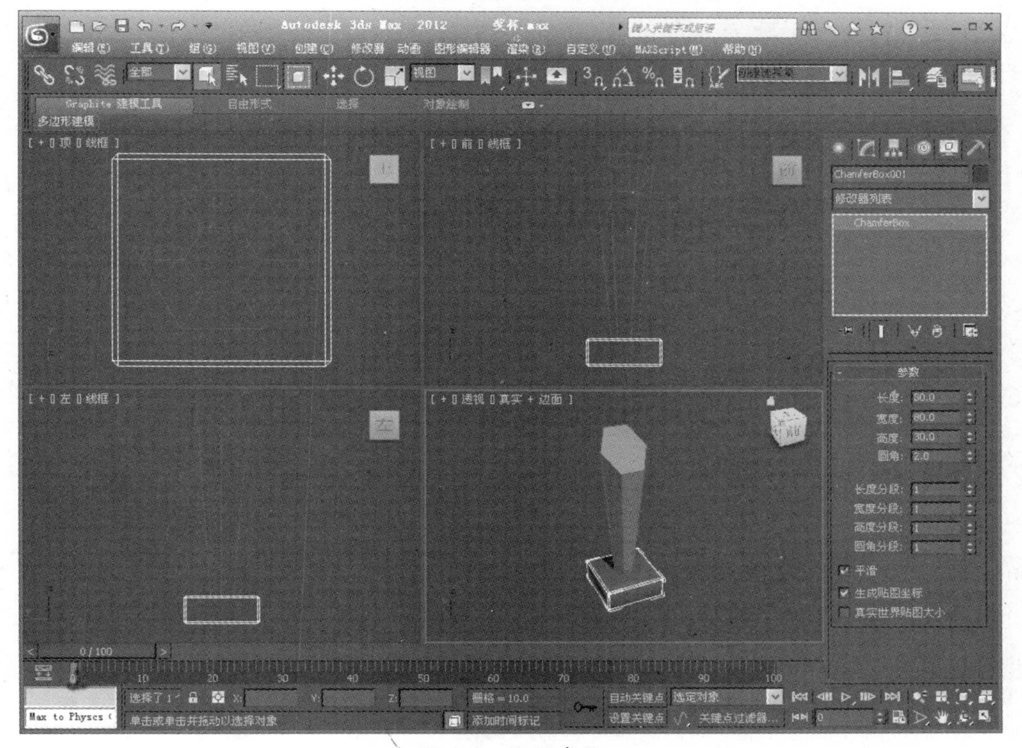

图1.18 设置参数

12 开启修改命令下拉列表，选择“锥化”修改命令，并设置命令的参数，如图1.19所示。

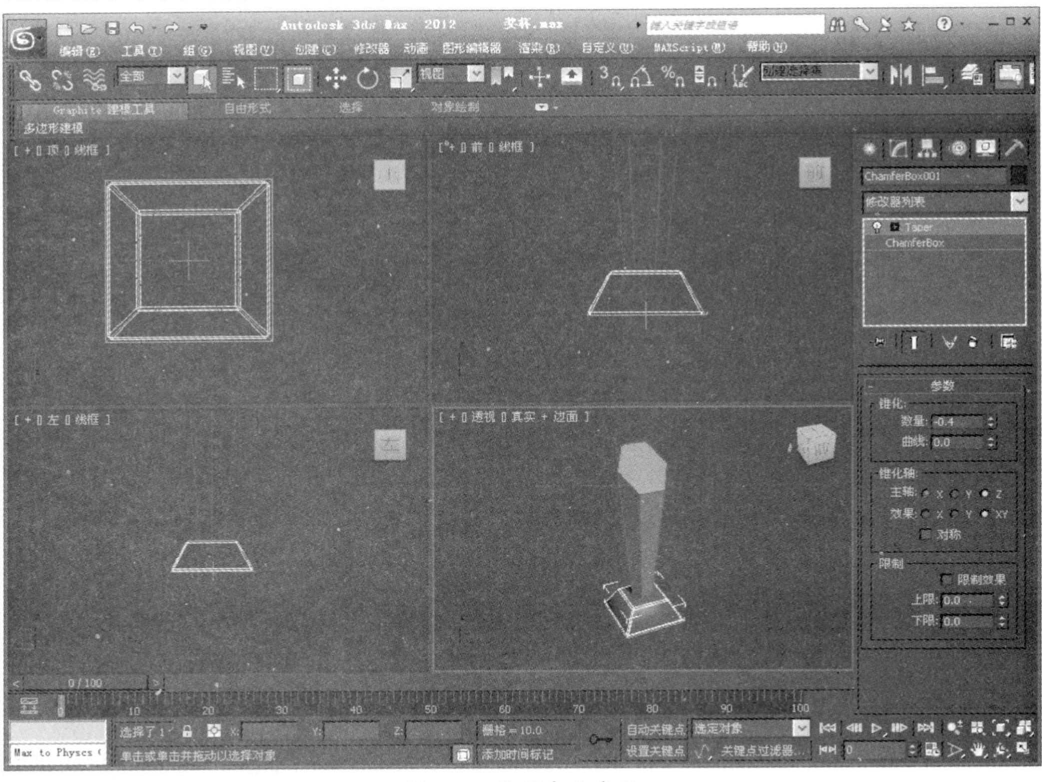

图1.19　设置命令参数

13 使用“移动”工具在视图中调整模型的位置，如图1.20所示。至此，奖杯模型制作完成。

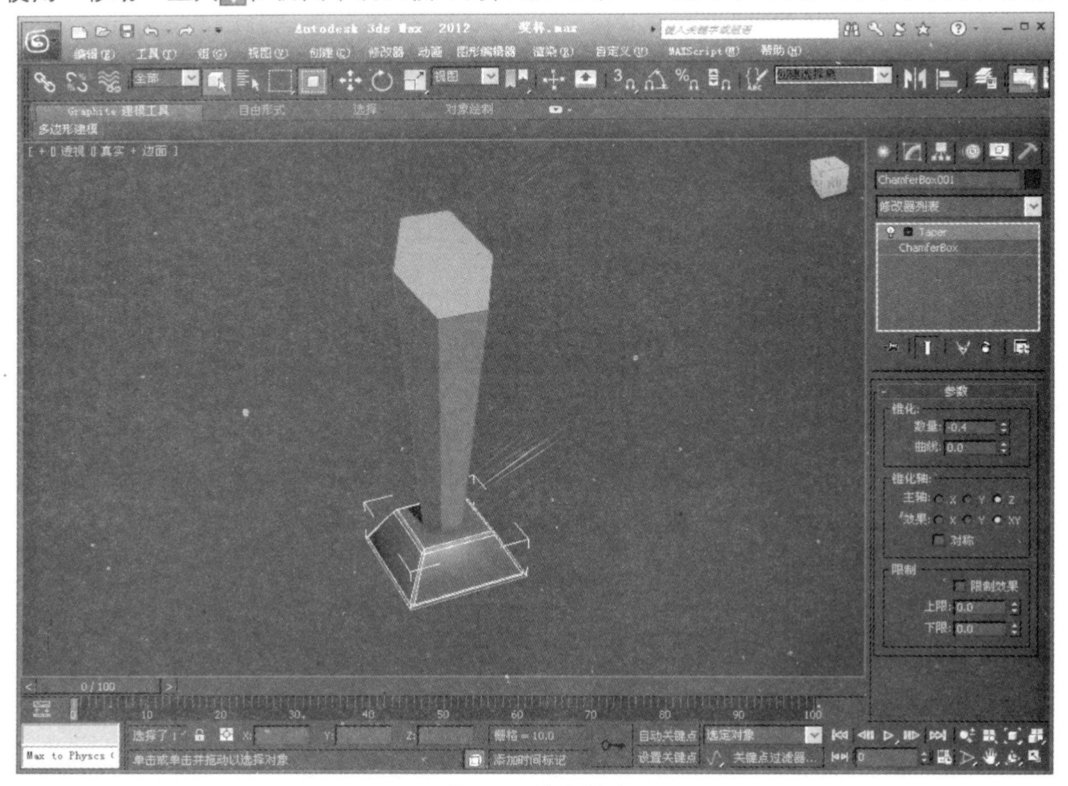

图1.20　最终模型

14 在工具栏中单击按钮，打开材质编辑器，如图1.21所示。下面的步骤将调整奖杯的玻璃材质。

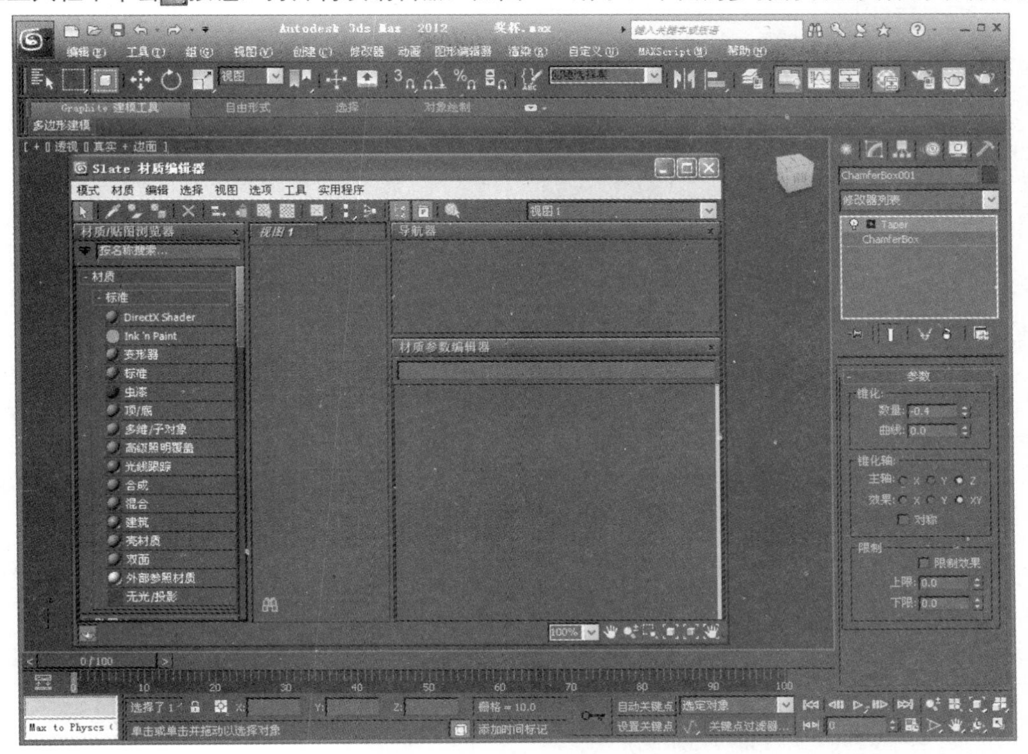

图1.21 打开材质编辑器

15 单击材质编辑器的“模式”菜单，选择“精简材质编辑器”选项，使用传统的精简模式，如图1.22所示。

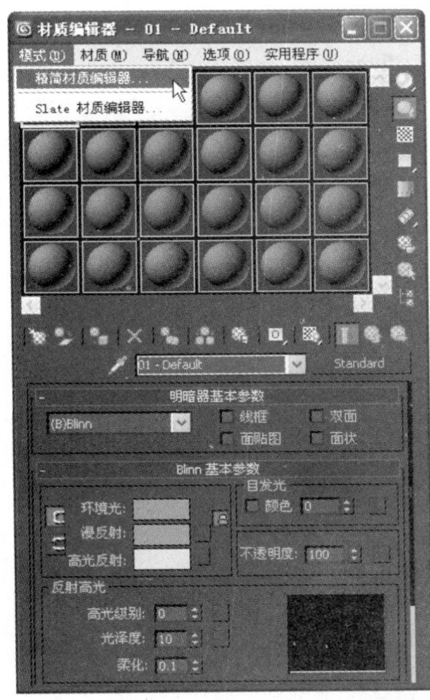

图1.22 材质编辑器

16 设置材质的明暗器为Phong，这种明暗器适于模拟玻璃材质，如图1.23所示。

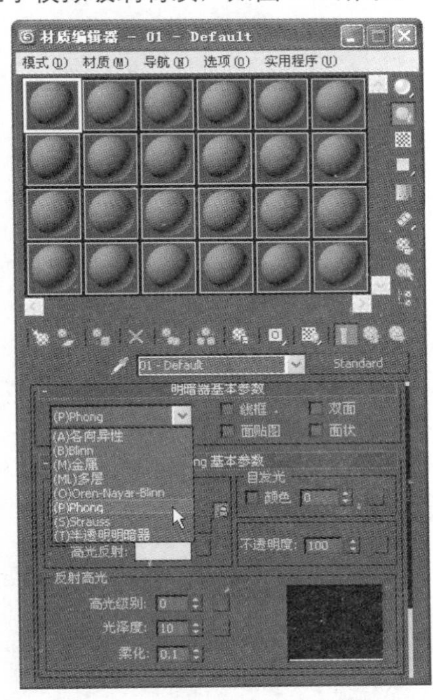

图1.23 设置材质明暗器

17 单击“漫反射颜色”选项后面的按钮，设置材质的基本颜色为浅蓝色，如图1.24所示。

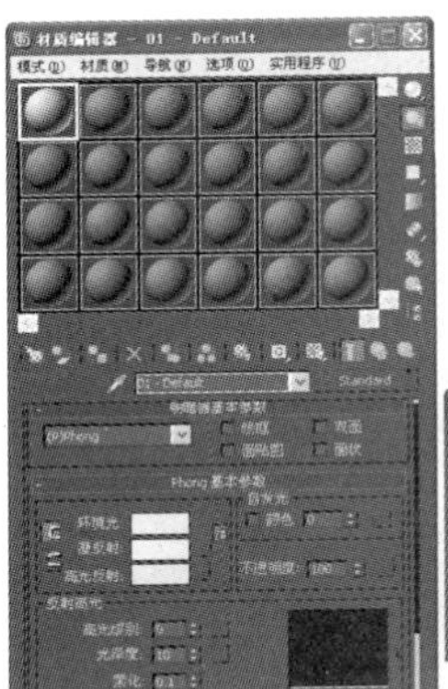
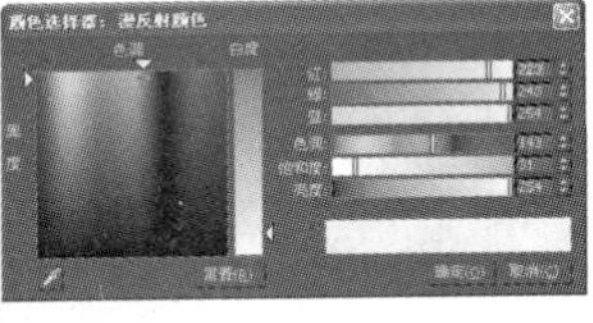

图1.24 设置材质颜色

18 设置材质的“反射高光”属性，如图1.25所示。使材质具有较强的反光效果。

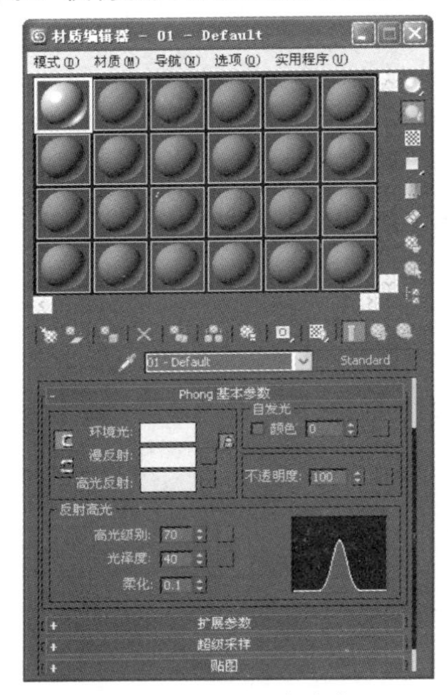

图1.25 设置反射高光

19 单击展开“贴图”卷展栏，单击“反射”选项后面的长按钮，在弹出的“材质/贴图浏览器”对话框中选择“光线跟踪”选项，如图1.26所示。

图1.26 调用贴图

20 调用贴图后材质进入“光线跟踪”贴图级别，如图1.27所示。单击按钮，回到材质级别。

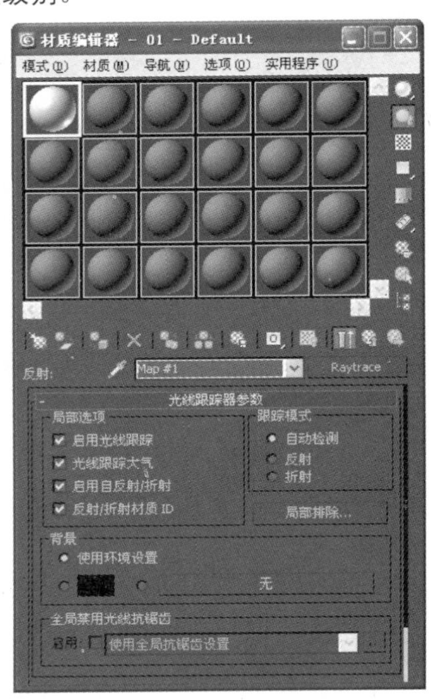

图1.27 贴图级别

21 设置“反射”的数值为20，并将光标放置在“反射”选项后的“贴图”按钮上，单击拖曳至“折射”选项后面的“贴图”按钮，然后释放鼠标。在弹出的对话框中单击确定按钮，复制贴图，如图1.28所示。

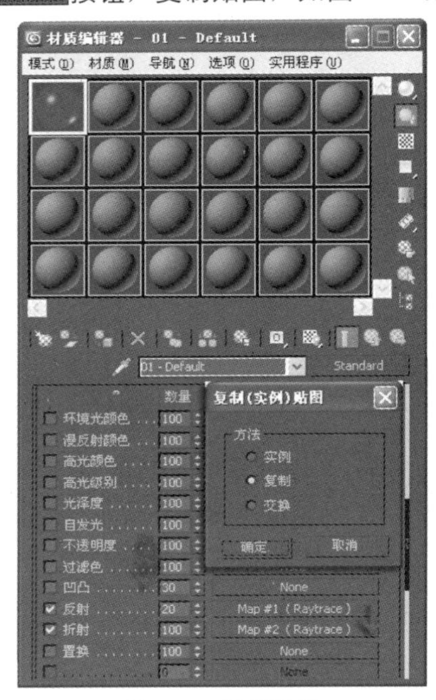

图1.28 复制贴图

22 在视图中选中奖杯的两个部分，单击材质编辑器中的按钮，将调制的材质赋予奖杯，如图1.29所示。

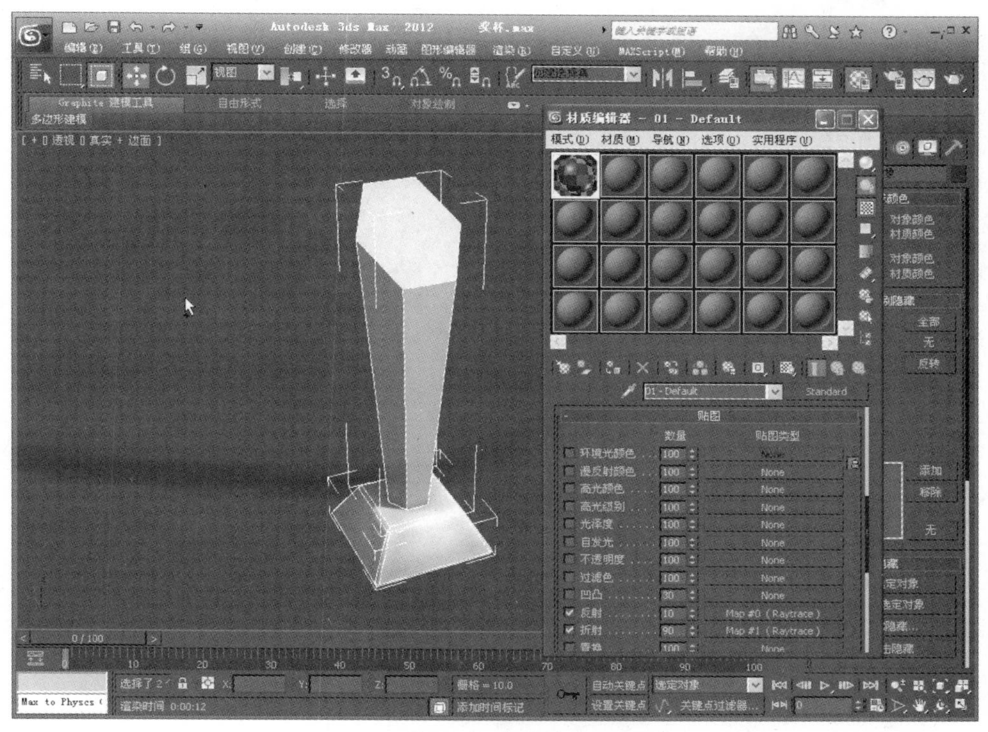

图1.29 赋予材质

23 单击工具栏中的按钮，渲染透视视图。最终渲染结果，如图1.30所示。

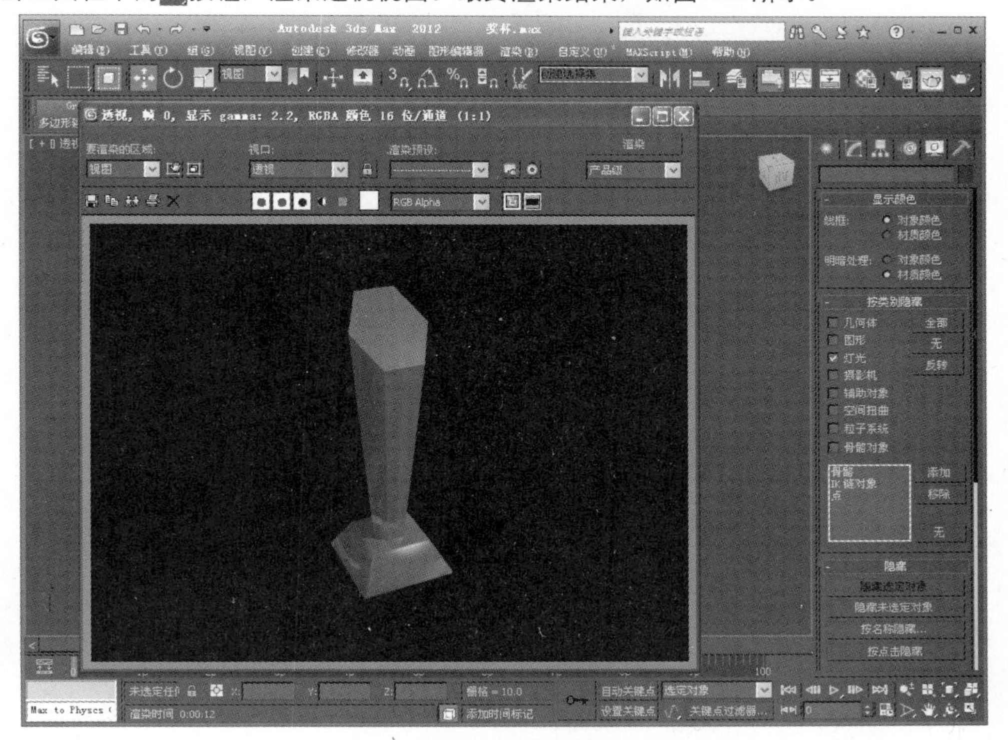

图1.30 渲染视图

24 至此，本例制作过程全部结束。

1.5 课后练习

1. 了解3ds Max 2012在不同领域的具体应用。
2. 赏析3ds Max 2012精彩作品。

第2课 3ds Max 2012基本操作

3ds Max 2012是一款较为复杂的计算机软件，本书力图循序渐进地讲解其使用方法。本课首先介绍这个软件的基本操作，包括文件的管理、视图的操作，以及场景中对象的基本操作等。本课仍未介绍如何创作三维作品，但是所介绍的内容是初学者必须掌握的基本知识。

本课内容：

◎ 文件管理

◎ 操作视图

◎ 操作对象

2.1 3ds Max 2012的文件管理

与其他计算机软件相似，3ds Max 2012的文件管理命令包括：新建文件、保存文件、导入文件等。

2.1.1 新建文件

重新启动3ds Max 2012时，系统默认新建一个文件。但是，如果使用软件已经进行了一个项目的制作，然后在不重新启动3ds Max 2012的情况下进行下一全新项目的制作时，这就需要单击左上角的“文件管理”按钮，执行“新建”命令，用新文件刷新3ds Max 2012，如图2.1所示。

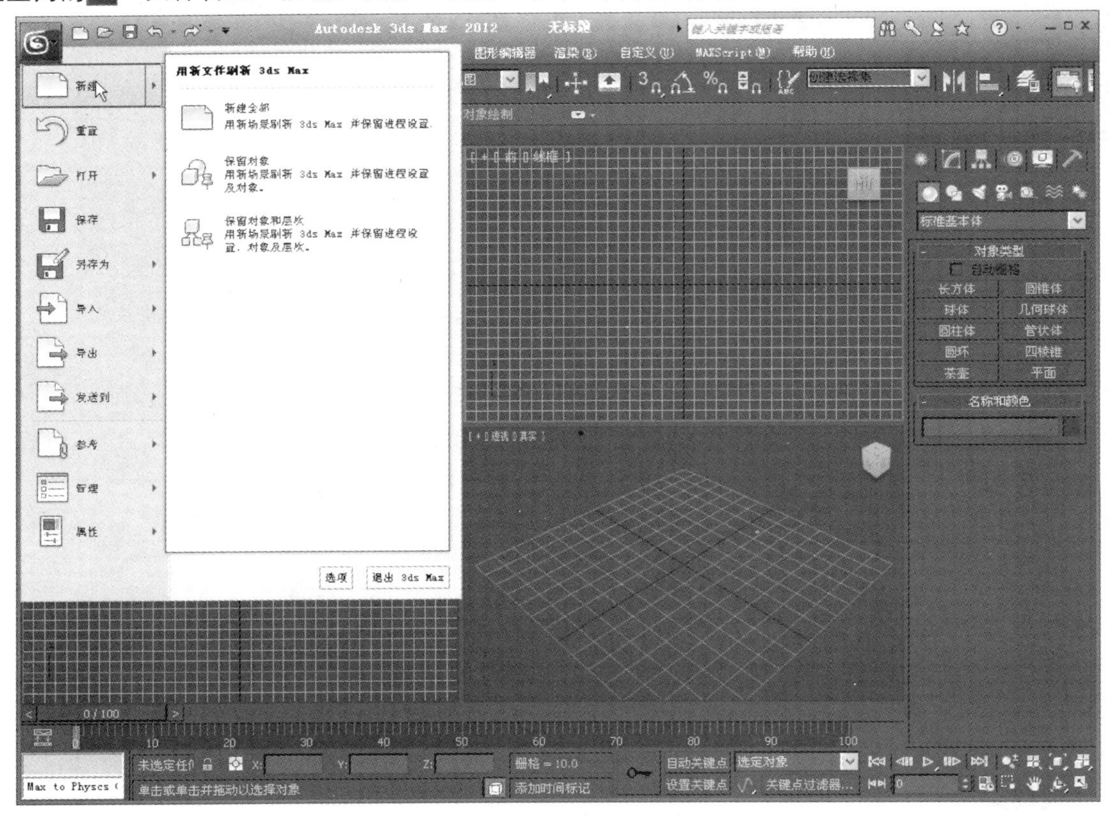

图2.1 新建文件

新建文件的命令组包括了3个命令，即3种新建模式：“新建全部”、“保留对象”和“保留对象和层次”。第一种新建命令将上一个场景全部清除，创建一个全新的场景；后面的两种则对上一个场景有所保留。第一种新建文件最为常用。

新建文件还需要提到的是“重置”命令。“重置”是指重置3ds Max进程，从而创建一个空的场景，这与“新建全部”命令类似。不同的是“重置”命令将系统的一些设置恢复到默认状态，而“新建全部”命令则继续保留这些设置。

2.1.2 保存文件

保存文件是指将当前制作的项目保存为一个3ds Max可以识别的文件。保存文件命令包括“保存”和“另存为”两个命令。“保存”是指将当前文件保存为.max或.chr格式的文件，如图2.2所示。

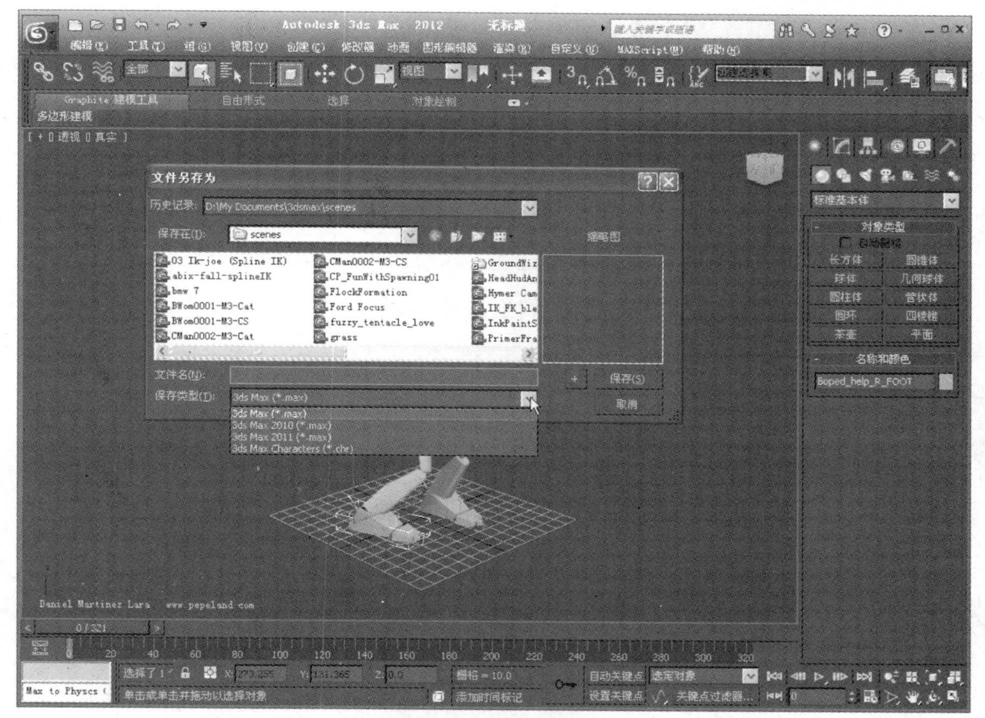

图2.2　保存文件

需要指出的是，3ds Max对文件的支持是向下兼容的，也就是说，较高版本的软件能够打开较低版本创建的文件，反之则不可以。因此使用3ds Max 2012可以保存为2010版本或2011版本能够打开的文件。

“另存为”命令是将当前文件保存为一个副本文件。“另存为”命令组共包括了4个命令，如图2.3所示。

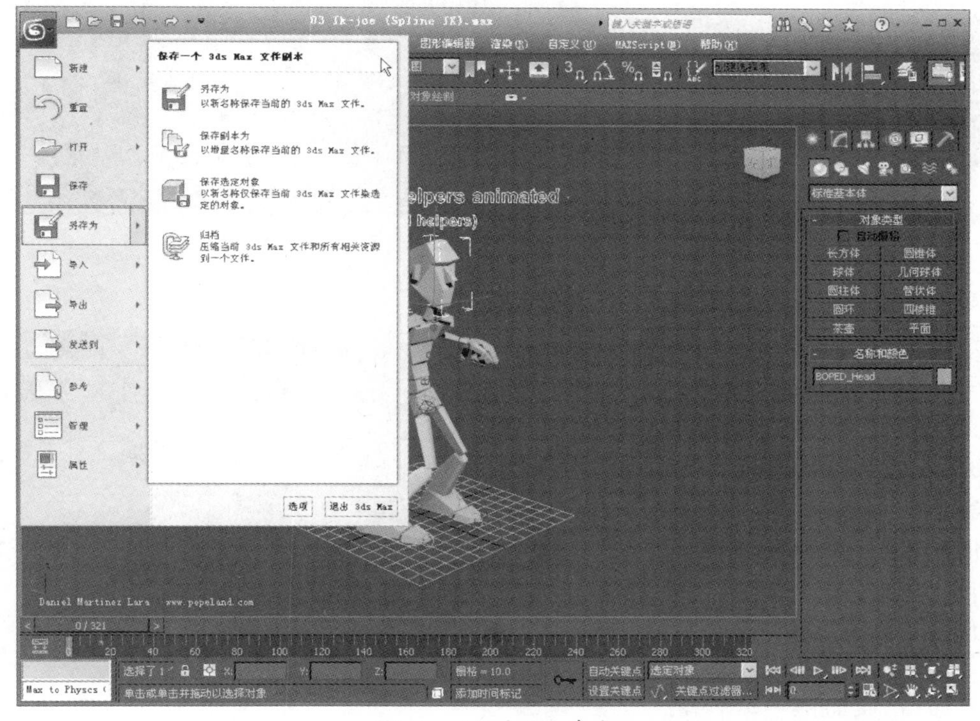

图2.3　“另存为”命令

“另存为”命令和“保存副本为”命令类似，区别在于前者是以新名称保存当前文件，后者是在原来文件名字的基础上添加新文字保存当前文件。“保存选定对象”命令是以新名称保存当前文件场景中选定的对象。“归档”命令则搜集文件中用到的所有文件，如贴图、光域网等，并连同场景文件压缩为一个压缩文件，这是一个非常重要的命令。

2.1.3 导入文件

导入文件是指将一个文件导入到当前文件中，即将两个文件合并为一个文件。在三维场景的制作中，通常将一些已经制作好的模型合并到当前项目场景中，这样可以节省大量的制作时间，因此，导入文件是一个非常重要的操作。导入文件包括“导入”、“合并”和“替换”3个具体命令，如图2.4所示。

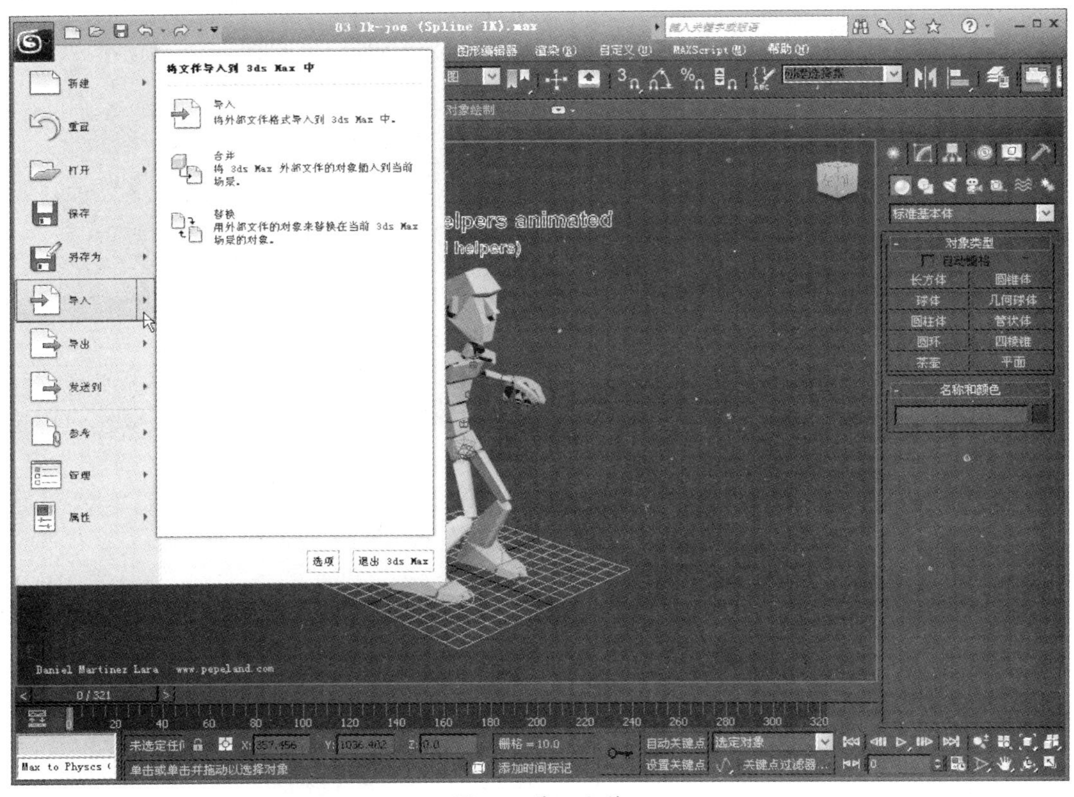

图2.4 导入文件

“导入”命令可以将3ds Max系统支持的、非max为后缀的文件导入到当前场景中，这个命令将不同的三维软件联系了起来；“合并”命令将外部文件对象插入到当前场景中，这个命令只能合并3ds Max系统所创建的文件；“替换”命令用外部文件对象来替换当前场景中的对象，这个命令也只能合并3ds Max系统所创建的文件。

实例：合并文件

本例介绍将茶几和椅子合并到一起的具体方法，主要使用了“合并”命令。合并的两个文件都是使用3ds Max创建的.max文件。合并后的场景，如图2.5所示。

图2.5 合并后的场景

01 在桌面上双击图标，启动3ds Max 2012中文版软件。

02 单击工作界面左上角的按钮，执行“打开”→“打开”命令，如图2.6所示。

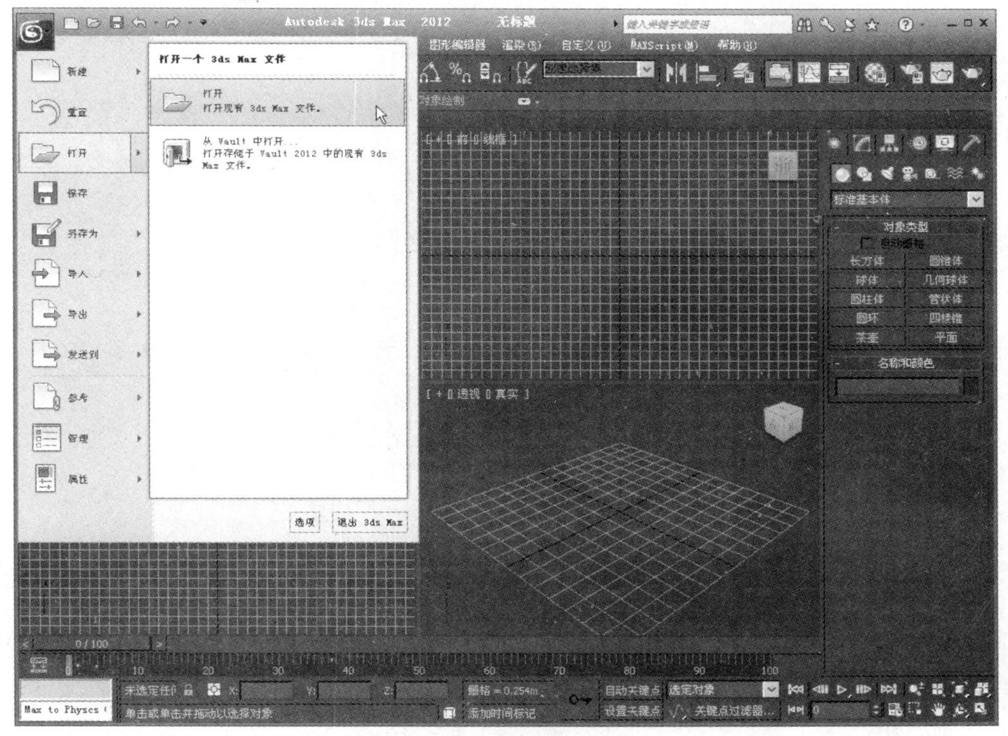

图2.6 打开文件

03 在弹出的对话框中选择随书光盘中的“模型”/“第2课”/“茶几.max”文件，打开这个场景文件，如图2.7所示。

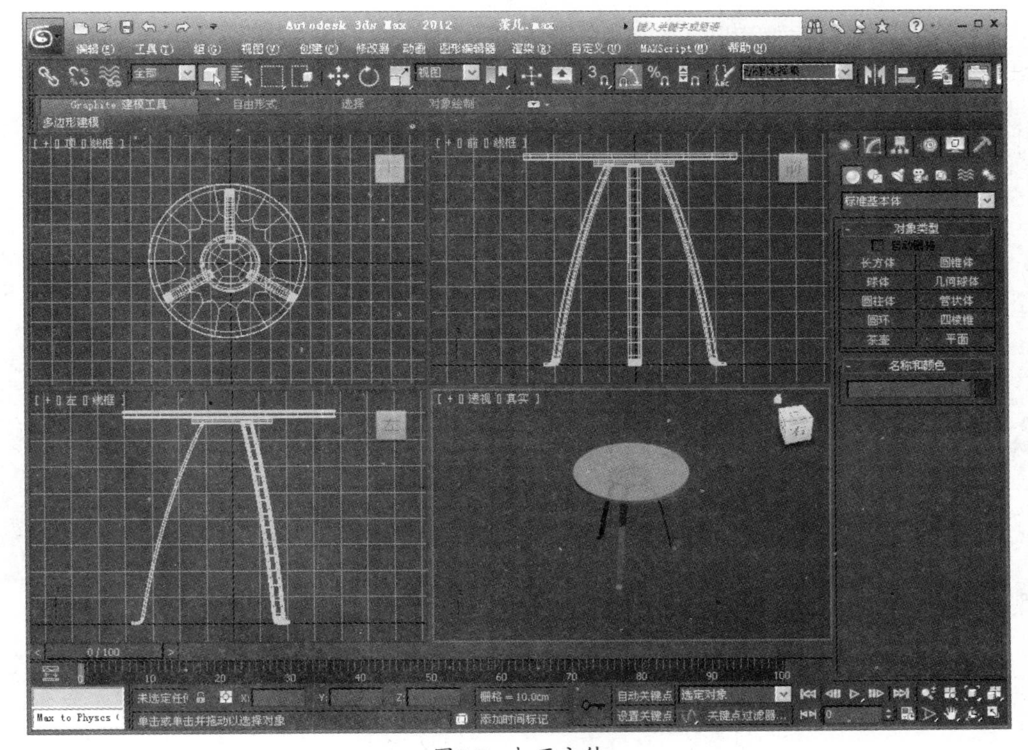

图2.7 打开文件

04 单击工作界面左上角的按钮，执行“导入”→“合并”命令，如图2.8所示。

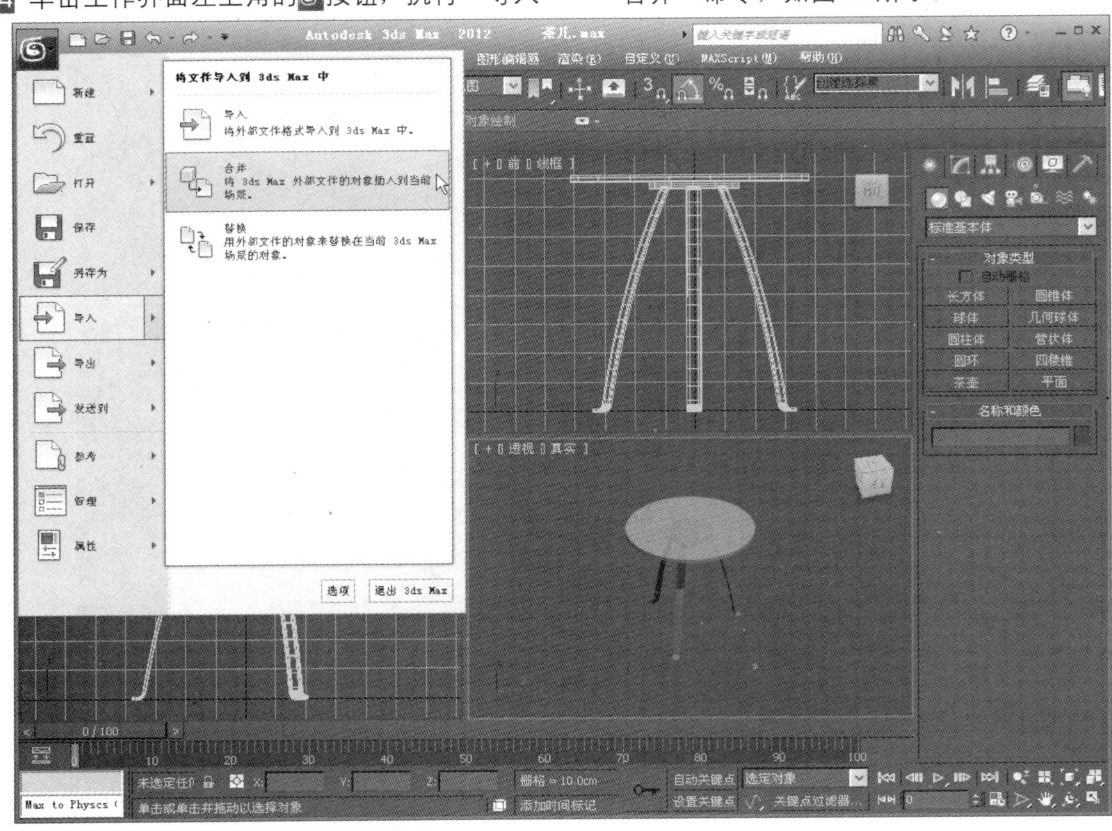

图2.8　合并文件

05 在弹出的对话框中选择随书光盘中的“模型”/“第2课”/“椅子.max”文件，系统弹出“合并”对话框，如图2.9所示。

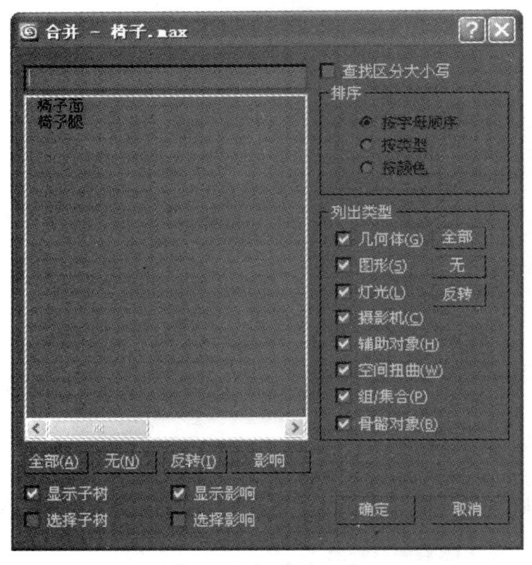

图2.9　合并对话框

06 单击对话框中的全部(A)按钮，选中“椅子”所有的组成部分，如图2.10所示。单击确定按钮，将椅子合并到当前场景中。

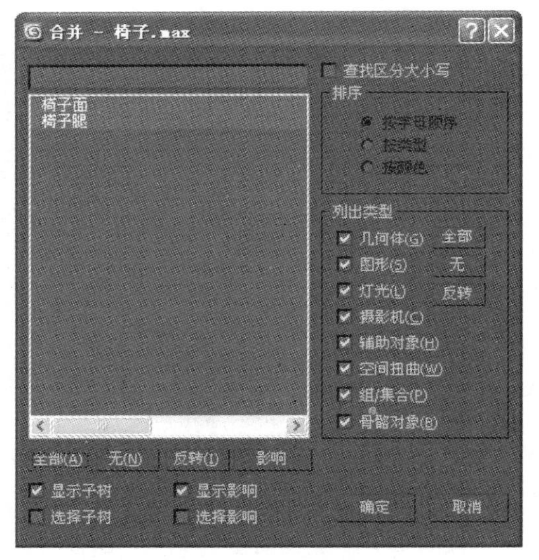

图2.10　合并文件

07 合并后的场景如图2.11所示。至此，整个合并过程结束。单击工作界面左上角的按钮，执行“保存”命令，保存文件。

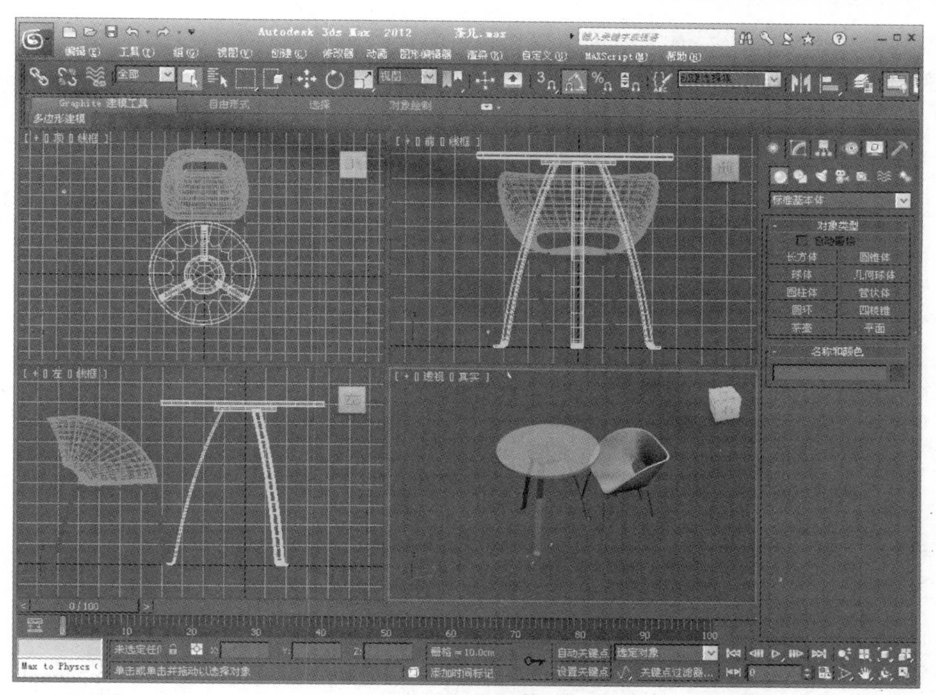

图2.11　合并后的文件

2.2 查看和导航三维空间

视图区是3ds Max工作界面中最重要的一个区域。视图区是用户查看、创建和修改模型等的工作区，占据了工作界面的大部分空间。默认视图区包含了“顶”、“前”、“左”和“透视”4个视图，如图2.12所示。

图2.12　视图区

不同的视图代表着不同的角度，查看和导航三维空间就是导航视图，从而更好地观察、创建或修改对象。导航视图工具组位于工作界面的右下角，如图2.13所示。

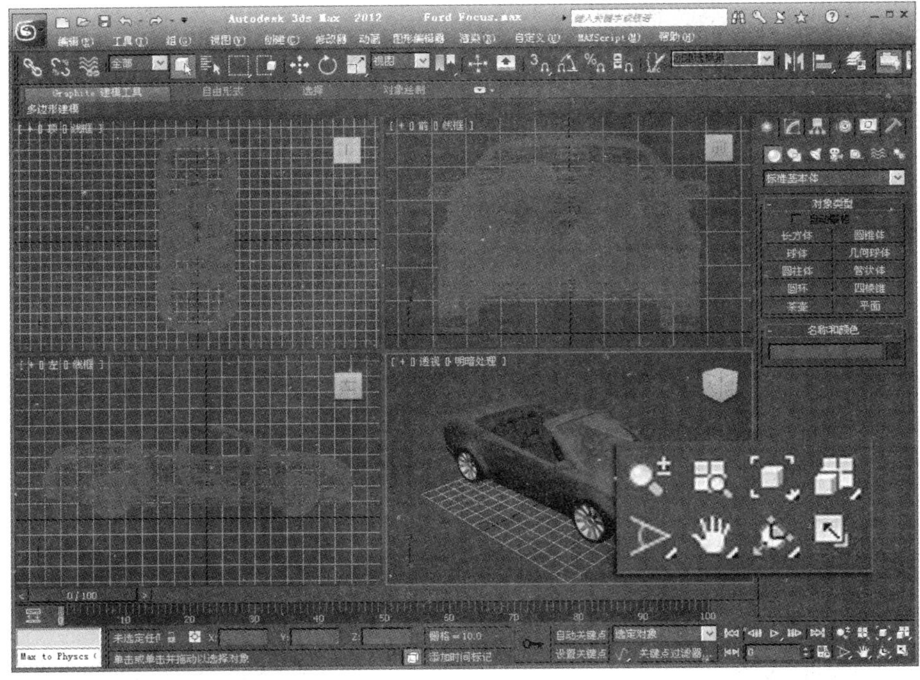

图2.13　导航视图工具

2.2.1　缩放视图

缩放视图如同使用放大镜，可以使视图中的对象放大或缩小显示，界面中的4个视图都可以进行缩放操作。可以实现缩放视图的工具有4组，分别是："缩放"、"缩放所有视图"、"最大化显示"和"所有视图最大化显示"。

激活"缩放"工具后，在视图中拖曳鼠标可以放大或缩小视图，向上拖曳鼠标为放大，向下为缩小，如图2.14所示。

图2.14　缩放视图

"缩放"工具只能缩放当前视图，也就是光标所在的视图；"缩放所有视图"工具可以同步缩放所有视图。

单击"最大化显示"工具可以将视图中所有对象以最大化的方式显示出来，将光标放置此按钮上按下鼠标左键不放，会弹出"最大化显示选中对象"工具，此工具只最大化显示视图中被选中的对象，如图2.15所示。

图2.15　最大化显示和最大化显示选中对象

“最大化显示”工具只作用于当前视图；“所有视图最大化显示”工具则作用于所有视图。同样，“所有视图最大化显示”工具也有一个对应的工具——“所有视图最大化显示选中对象”工具。

“缩放区域”工具可以划出一个虚线框，然后将虚线框内的区域最大化显示，如图2.16所示。当前视图为“顶”视图、“前”视图等平面视图时，该工具直接显示在视图控制区；当前视图为透视视图时，按住“视野”工具可以找到这个工具。

“视野”工具只能作用于透视视图、相机视图等，不能作用于“顶”视图、“前”视图等平面视图。激活“视野”工具，在透视视图中向上拖曳鼠标可以放大视图缩小视野；向下拖曳鼠标可以缩小视图放大视野，如图 2.17 所示。

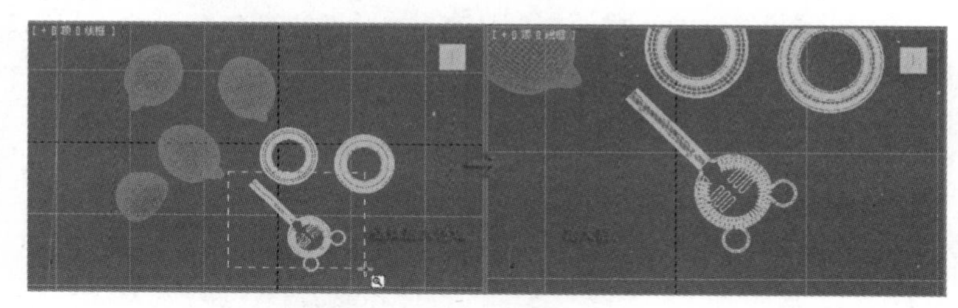

图2.16　区域放大工具

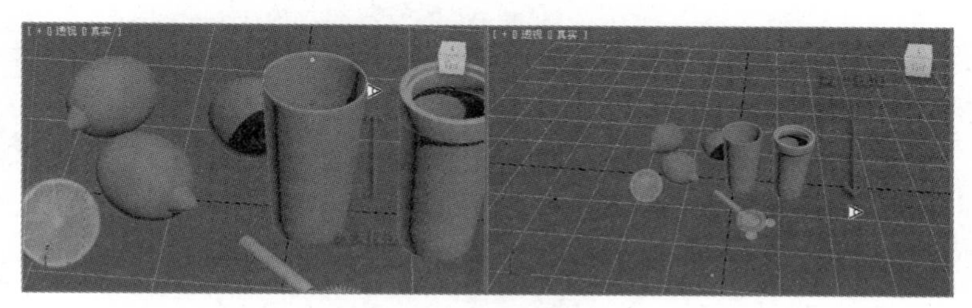

图2.17　缩放视图

2.2.2　平移和环绕视图

“平移视图”工具可以将视图平行于屏幕平移，从而扩大可见范围，该工具可以作用于所有视图，如图2.18所示。

当前视图为透视视图时，按住“平移视图”按钮可以弹出“穿行”工具按钮，该工具可以通过键盘上的方向键实现视图中移动，正如在众多视频游戏的3D世界中导航一样。该工具还可以使用鼠标实现旋转视图。

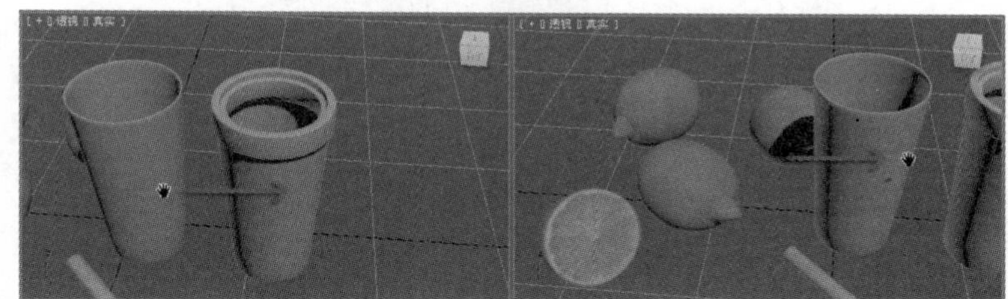

图2.18　平移视图

“环绕”工具可以旋转视图，从不同的角度观察视图中的对象，如图2.19所示。该工具旋转的只是观察的角度，并不是改变了对象本身。

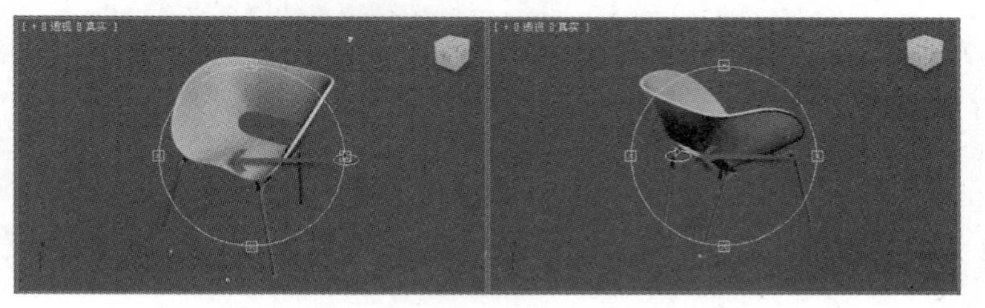

图2.19　旋转视图

“环绕”工具不能作用于平面视图，激活该工具后，视图中出现一个黄色控制框，将光标放置在控制框的四个控制点上，可以实现水平或垂直旋转视图。

“环绕”工具下面还有“选定的环绕”和“环绕子对象”两个工具。“选定的环绕”工具以场景中选定对象为中心旋转视图；“环绕子对象”工具以选中的子对象为中心旋转视图。

2.2.3 调整视图大小

用户除了可以缩放视图外，还可以调整视图的大小，从而控制显示区域。单击“最大化视图切换”按钮可以将当前视图充满整个视图区，如图2.20所示。再次单击该按钮可以恢复四视图显示。

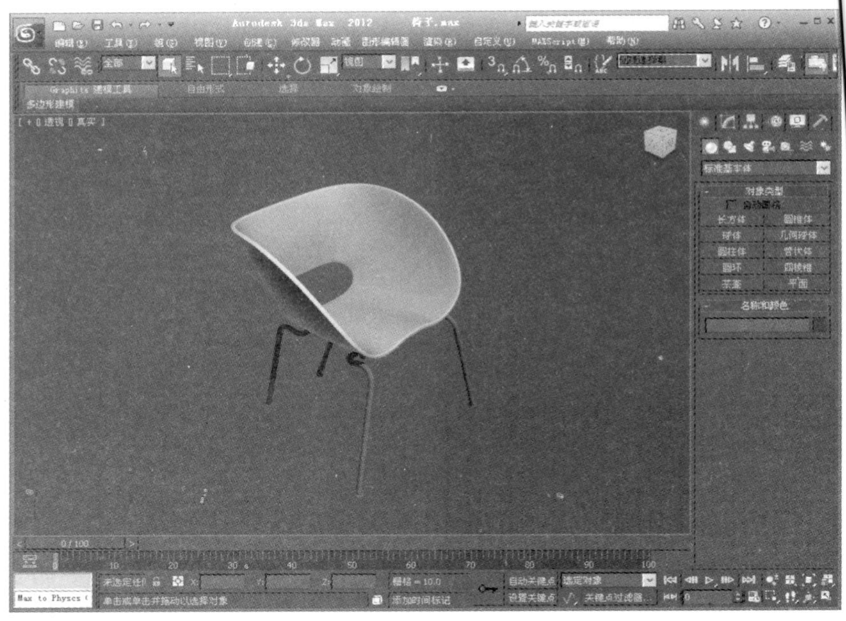

图2.20 最大化视图

四视图显示时，将光标放置在视图之间的分割线上，光标会变为双向或四向箭头，此时拖曳鼠标可以调整视图的大小，如图2.21所示。

如果想将调整后的视图恢复到默认大小，将光标放置在视图分割线上单击鼠标右键，选择“重置布局”选项即可。

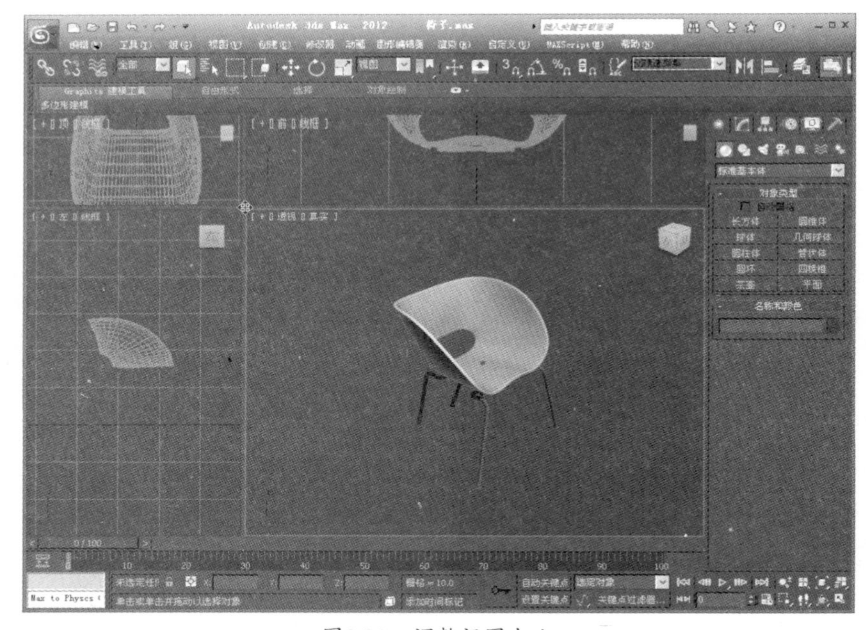

图2.21 调整视图大小

2.3 模型对象的基本操作

模型是三维创作的基础，对模型的基本操作也是学习3ds Max 2012的基本要求。本节将介绍选择对象、变换对象和复制对象的基本方法。

2.3.1 选择对象

3ds Max 2012选择对象的方法有多种，除了工具栏中的“选择对象”工具外，“变换”工具也具有选择的功能，如图2.22所示。

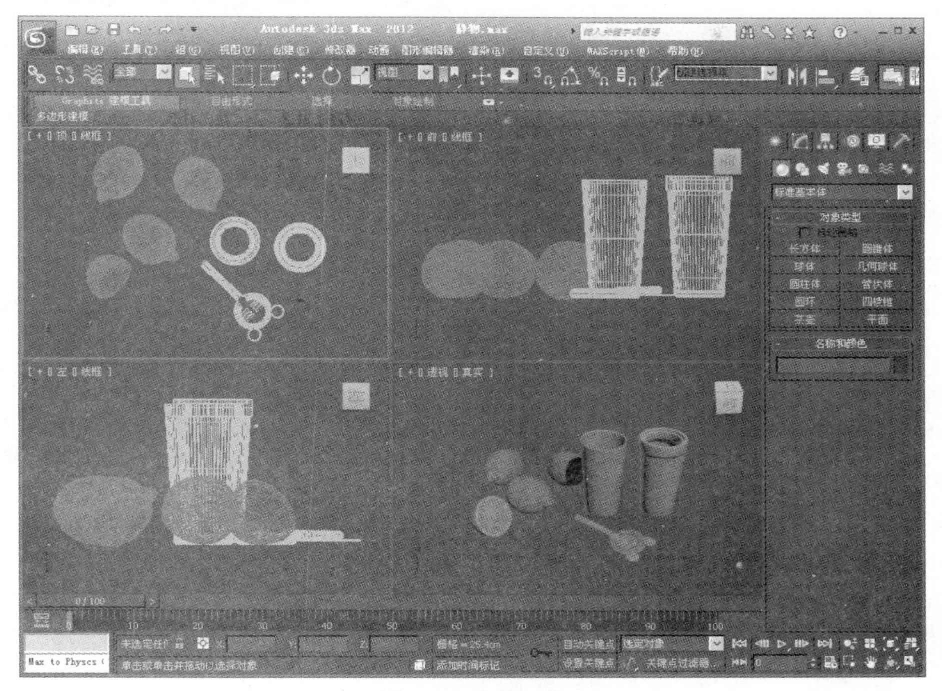

图2.22 选择工具

选择对象最简单的方法是将光标放至需要选中的对象上，单击鼠标就可以选中，如果需要选中多个对象，则需要按住Ctrl键。选中的对象线框显示时显示为白色线框；以实体显示时四周显示出白色框，如图2.23所示。

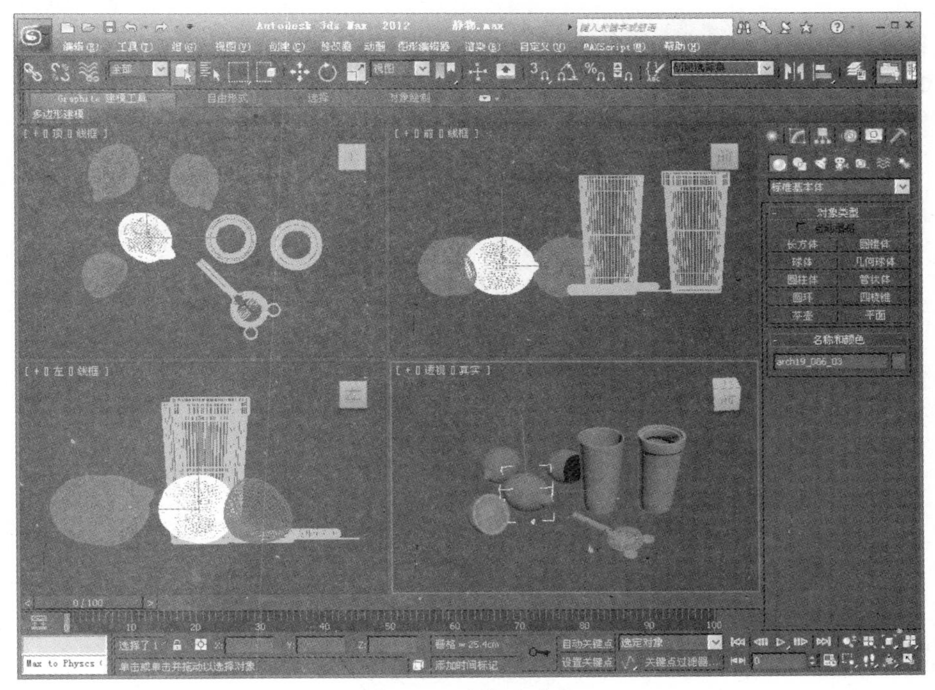

图2.23 选中的对象

除了单击选择方式外，还可以激活“选择”工具后按住鼠标左键在视图中拖曳划出一个虚线框，从而选中对象。这种划框选择的方式有两种，对应在工具栏中的“交叉”和“窗口”两个工具。选择“交叉”工具时，划出的虚线框只要包含了对象的一部分就能选中该对象，如图2.24所示。

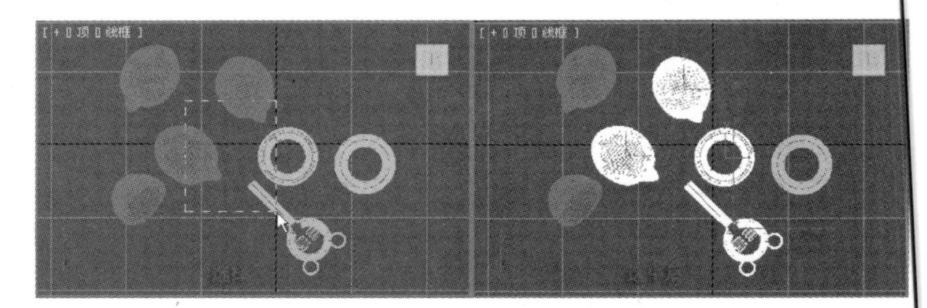

图2.24　交叉选择

在工具栏中单击“交叉”按钮，按钮变为“窗口”状态，此时的划框选择就是窗口选择。单击“窗口”按钮时，划出的虚线框必须完全包含对象才能选中该对象，如图2.25所示。

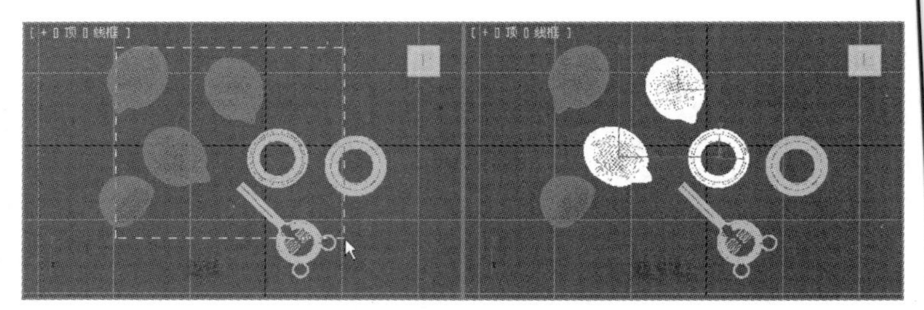

图2.25　窗口选择

单击选择和划框选择是3ds Max最基本的两种选择方法，除此之外，用户还可以通过名称选择场景中的对象。单击工具栏中的“按名称选择”按钮，在弹出的对话框中选择名称列表中的对象，然后单击 确定 按钮即可选中场景中相应的对象，如图2.26所示。

图2.26　按名称选择

2.3.2　变换对象

在3ds Max中，对象的移动、旋转和缩放操作统称为“变换操作”。变换操作是对象的基本操作，操作的过程中需要特别注意的是轴向的控制。3ds Max所营造的是一种三维空间，具体描述上则使用了X、Y、Z三个轴向，分别代表水平、垂直和纵深。场景中每一个对象上都有三个轴向，这就方便了对它们的变换操作。

在工具栏中激活“选择并移动”工具，可以在视图中移动对象的位置。激活“移动”工具后，场景中当前视图选中的对象便会显示移动变换轴，如图2.27所示。

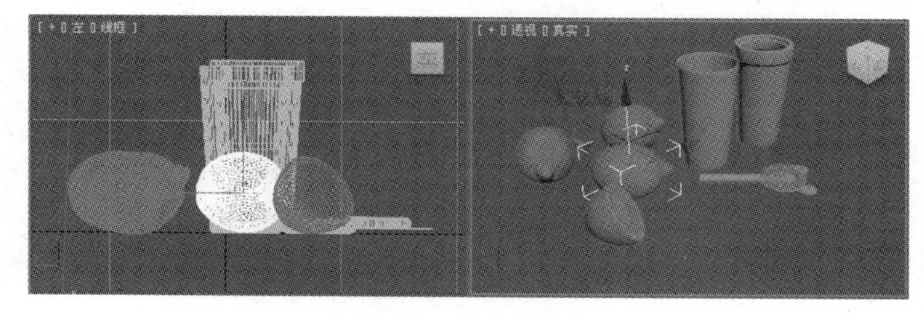

图2.27　移动变换轴

> 移动变换轴可以开启也可以关闭，开启和关闭的快捷键为X键，按快捷键可以关闭或开启移动变换轴。

将光标移动到需要锁定的轴柄，此轴柄为黄色显示，拖曳鼠标可以在轴柄方向上移动对象，如图2.28所示。

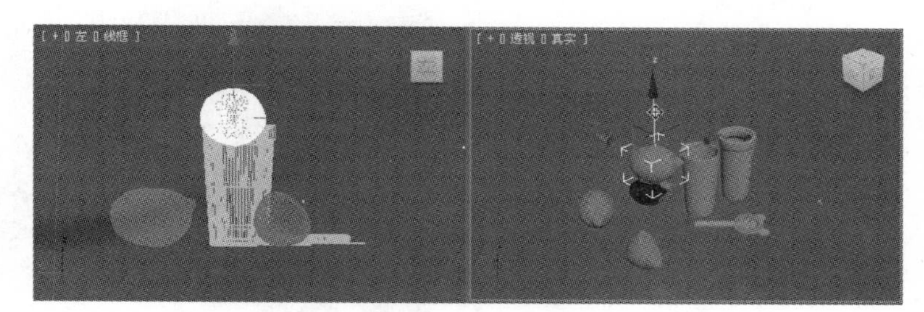

图2.28　移动对象

在工具栏中激活“选择并旋转”工具，可以在视图中旋转对象，激活该工具后，场景中选中的对象便会显示出旋转变换轴，如图2.29所示。

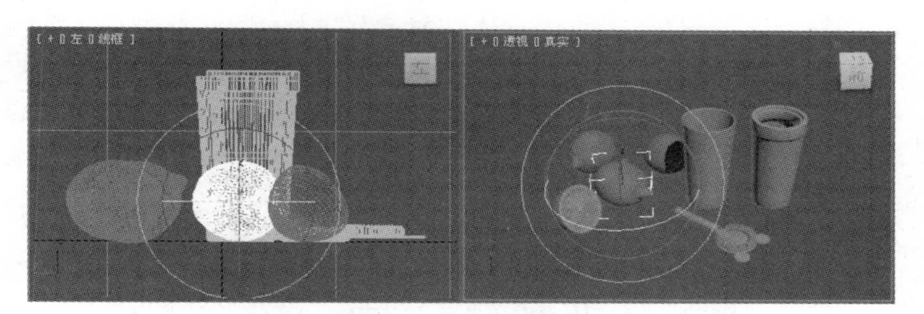

图2.29　旋转变换轴

旋转变换轴以圆的形式出现，除了X、Y、Z三个轴向外，还增加了一个垂直于屏幕的轴向，这就是最外圈的灰色圆。将光标放置在需要锁定的轴柄，拖曳鼠标可以在这个轴向上旋转对象，如图2.30所示。

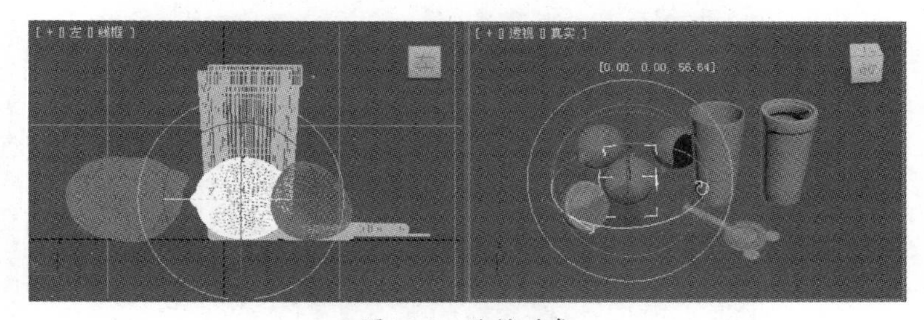

图2.30　旋转对象

在工具栏中激活“选择并缩放”工具，可以在视图中缩放对象，激活该工具后，场景中选中的对象便会显示出缩放变换轴，如图2.31所示。

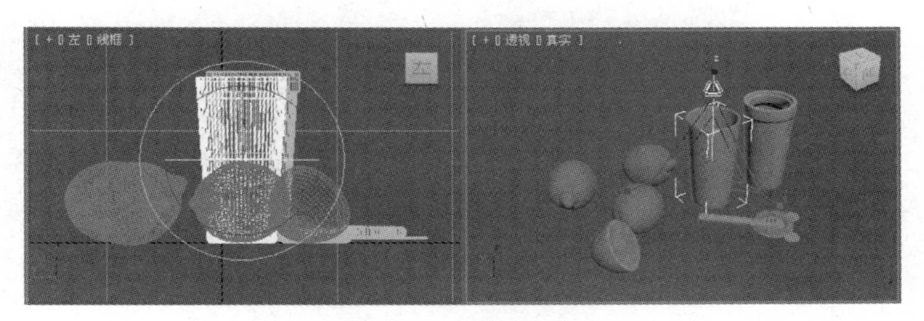

图2.31　缩放变换轴

使用“缩放”工具可以在一个轴向上缩放对象，也可以等比例缩放对象。将光标放置在三个轴向的中心，三个轴向都呈黄色显示时，拖曳鼠标可以等比例缩放对象，如图2.32所示。

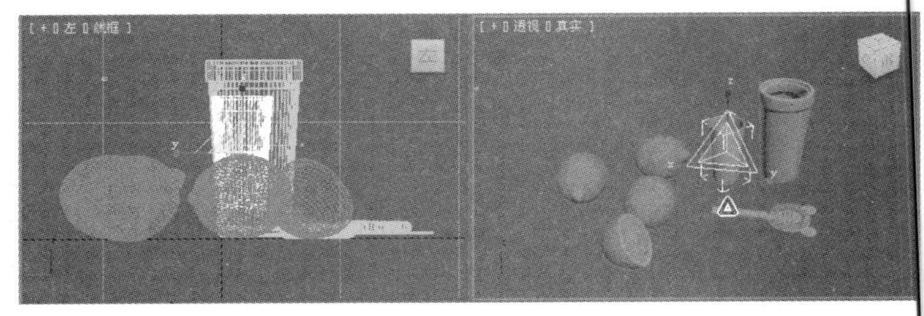

图2.32　等比例缩放对象

实例：鱼缸

本例通过调整鱼缸里鱼的大小和位置，介绍变换工具的具体使用方法。调整后的鱼缸，如图2.33所示。

图2.33　鱼缸

01 在桌面上双击图标，启动3ds Max 2012中文版软件。

02 单击工作界面左上角的按钮，执行“打开”→“打开”命令，如图2.6所示。打开随书光盘中的“模型”/“第2课”/“鱼缸.max”文件，如图2.34所示。

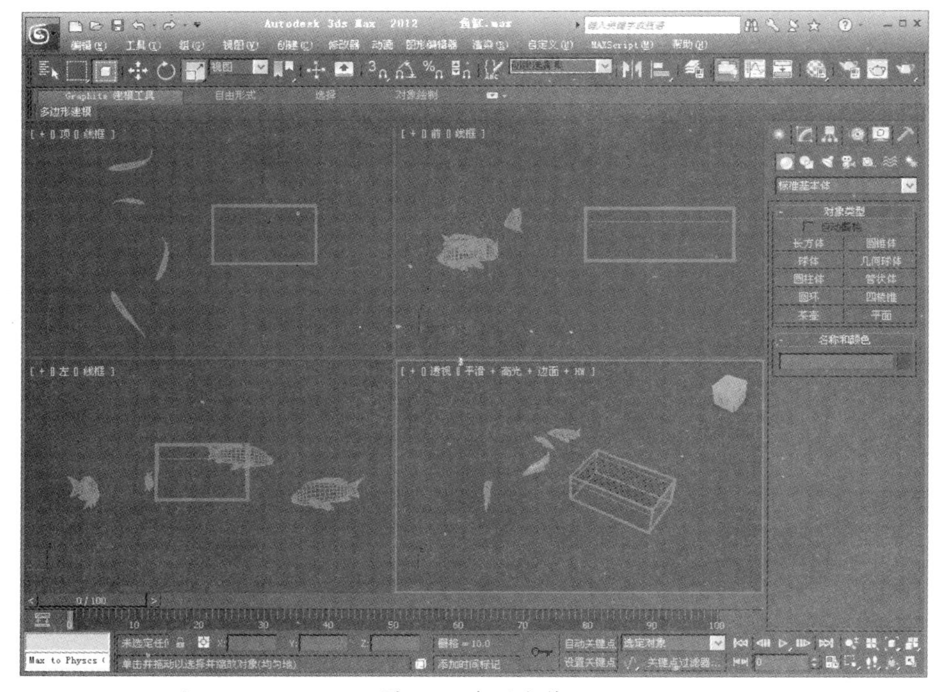

图2.34　打开文件

03 在打开的文件中，鱼的模型在鱼缸外，而且要大于鱼缸，下面要进行的操作就是使用“变换”工具将鱼放置到鱼缸内。

04 在顶视图中使用划框选择的方法选中所有的鱼，如图2.35所示。

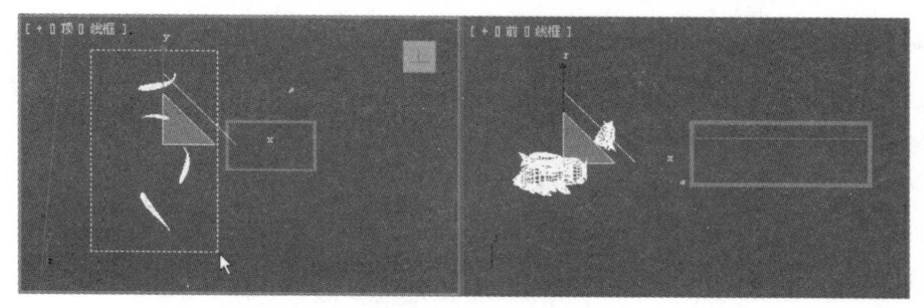

图2.35 选择对象

05 在工具栏中激活“选择并缩放”工具，在透视视图中将光标放置到缩放轴的中间，锁定三个轴向，然后向下拖曳鼠标，等比例缩小鱼，使鱼能够被鱼缸容纳，如图2.36所示。

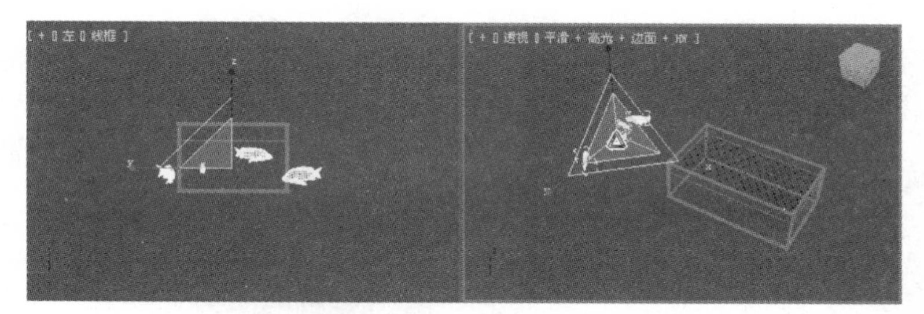

图2.36 缩小模型

06 在工具栏中激活“选择并旋转”工具，在顶视图中将光标放置在Z轴的控制圈上，按下鼠标锁定这个轴，然后向上拖曳鼠标，旋转选中的鱼，如图2.37所示。

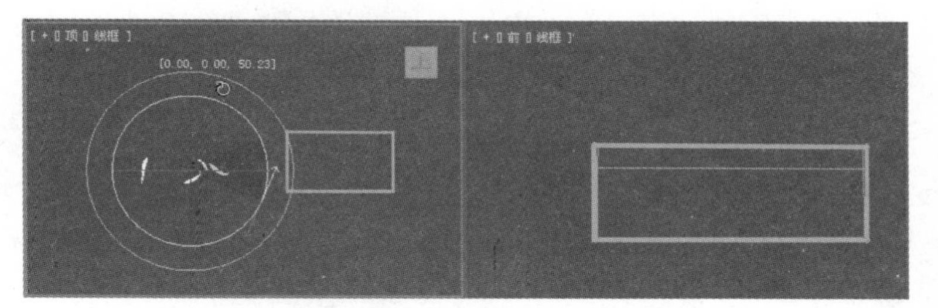

图2.37 选装对象

07 在工具栏中激活“选择并移动”工具，在顶视图中将光标放置在X轴和Y轴之间，当两个轴柄都呈黄色显示时按下鼠标左键，锁定X轴和Y轴，拖曳鼠标将鱼移动至鱼缸内，如图2.38所示。

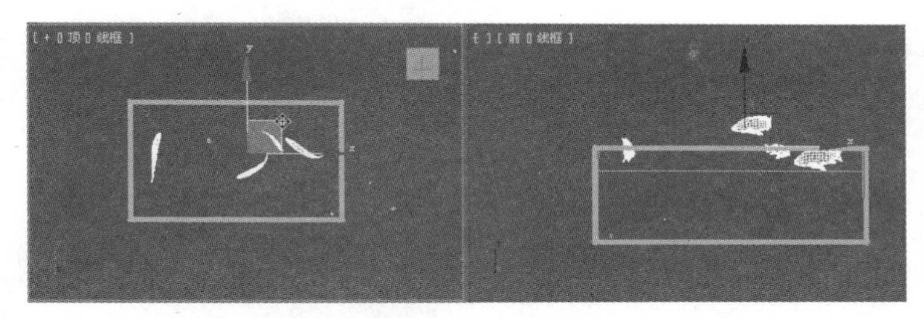

图2.38 移动对象

08 在顶视图调整后，通过前视图观察到鱼还处于鱼缸水面之上，需要继续调整。在前视图中锁定Y轴，然后向下拖曳鼠标，调整鱼至水面之下，如图2.39所示。

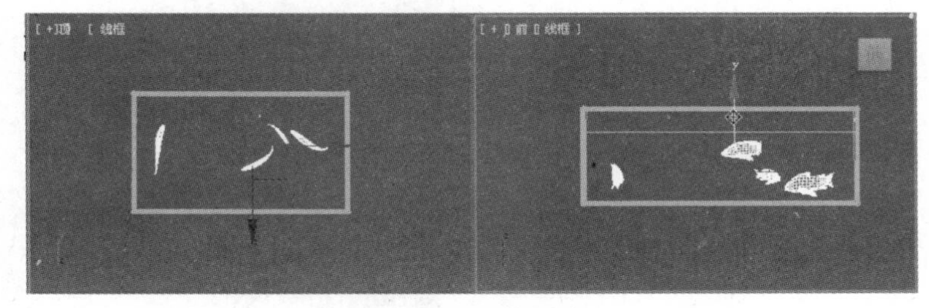

图2.39 调整位置

09 至此，整个调整过程全部完成。单击工作界面左上角的按钮，执行“保存”命令，保存文件。

2.3.3 复制对象

在3ds Max中，模型对象是可以复制的。最基本的复制方法是选中对象后，执行菜单栏中的“编辑”→“克隆”命令，对模型进行原位复制。复制模型的方式有三种，分别是：“复制”、“实例”和“参考”。这些选项在执行命令后弹出的“克隆选项”对话框中可以看到，如图2.40所示。

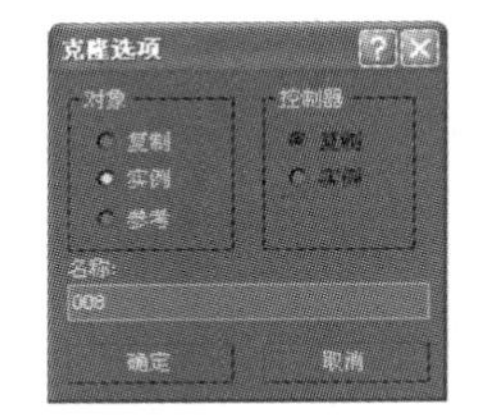

图2.40 复制方式

选择“复制”后复制的对象与原始对象之间没有任何的关联；选择“实例”复制的对象与原始对象存在关联关系，修改复制对象或修改原始对象时，另外一个都会有相同的变化；选择“参考”复制对象后，修改原始对象应用的修改器参数时，两个对象都会发生变化，但是修改复制对象应用的修改器参数时，不会发生这种变化。

除了使用“克隆”命令复制对象外，还可以使用“变换”工具复制对象。按住Shift键的同时变换操作对象，释放鼠标后系统会弹出“复制”对话框，此时便可以设置复制的方式及数量。

工具栏中的“镜像”工具也有复制功能，这是一个根据平面镜成像的原理对造型进行改变位置或复制的工具，在复制对象的同时镜像改变对象的位置，如图2.41所示。

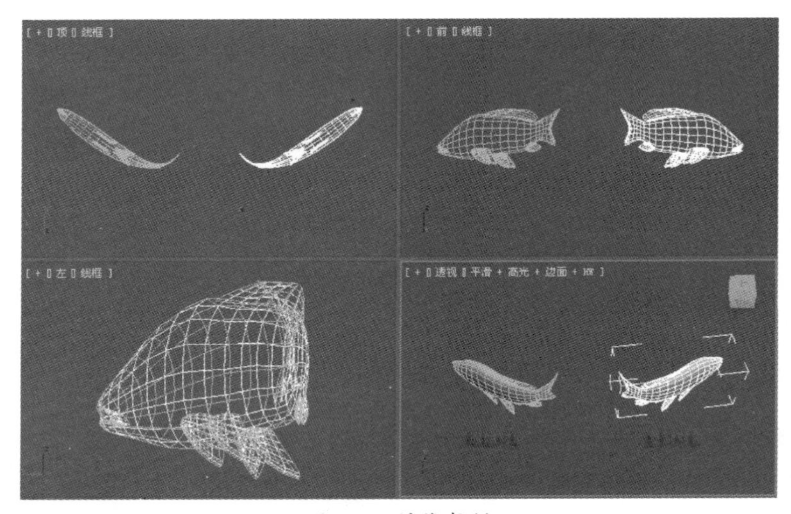

图2.41 镜像复制

“阵列”工具是较为复杂的复制工具，在复制对象的同时还可以控制它们的位置。默认情况下，这个工具并没有显示在工具栏中。在工具栏空白位置单击鼠标右键，在弹出的菜单中选择“附加”选项，可以打开浮动工具栏，如图2.42所示。

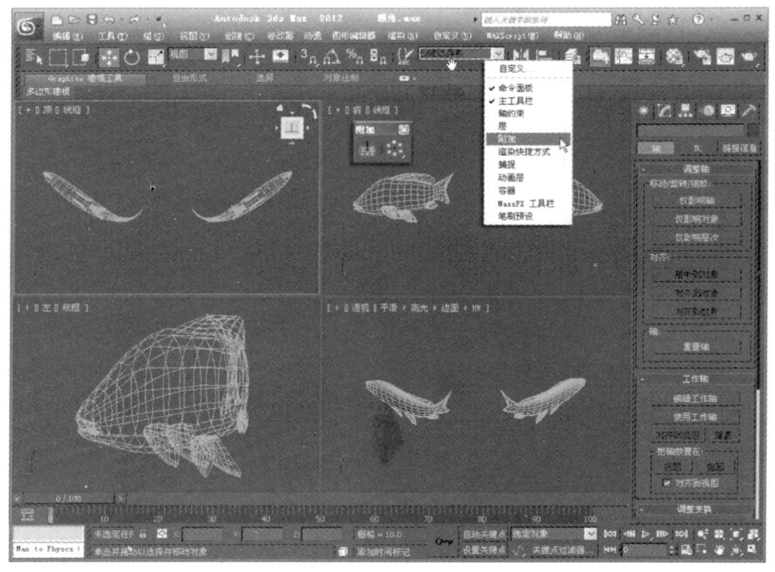

图2.42 打开浮动工具栏

在场景中选中一个对象后，单击“阵列”工具，系统弹出“阵列”对话框，如图2.43所示。

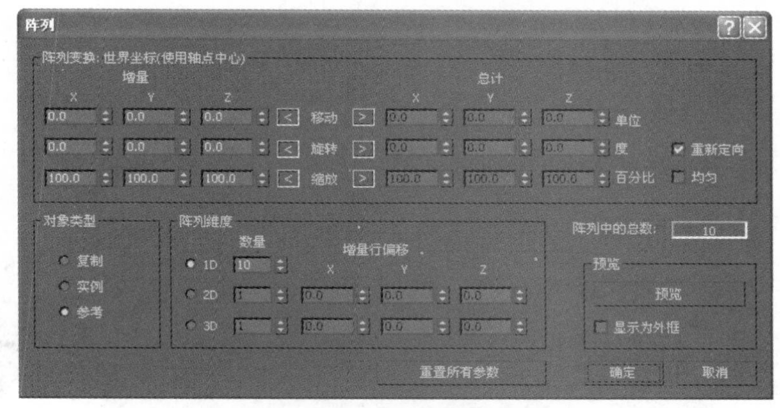

图2.43 “阵列”对话框

在该对话框中，可以沿着当前坐标系的三个轴设置“移动”、“旋转”和“缩放”参数。对于每种变换都可以选择是否对阵列中每个复制的对象或整个阵列连续应用变换。例如，如果将“移动”X轴的“增量”值设置为120.0，“阵列维度”1D的“计数”值设置为3，则结果是一个包含三个对象的阵列，其中每个对象的变换中心相距120.0个单位。但是，如果设置“移动”X轴的“总数”值为120.0，则产生一个总长为120.0个单位的阵列，三个对象的间隔是40.0个单位。

实例：旋转楼梯

本例使用“阵列”工具制作一个旋转楼梯，通过这个实例，介绍“阵列”工具的具体使用技巧。制作的旋转楼梯，如图2.44所示。

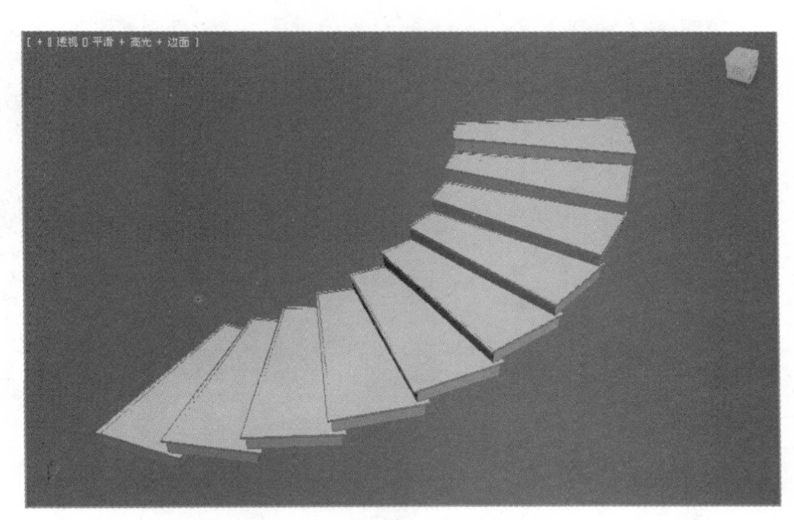

图2.44 旋转楼梯

01 在桌面上双击图标，启动3ds Max 2012中文版软件。

02 单击工作界面左上角的按钮，执行“打开”→“打开”命令，打开随书光盘中的“模型”/“第2课”/“旋转楼梯.max”文件，如图2.45所示，场景中已经创建了一个楼梯台阶。

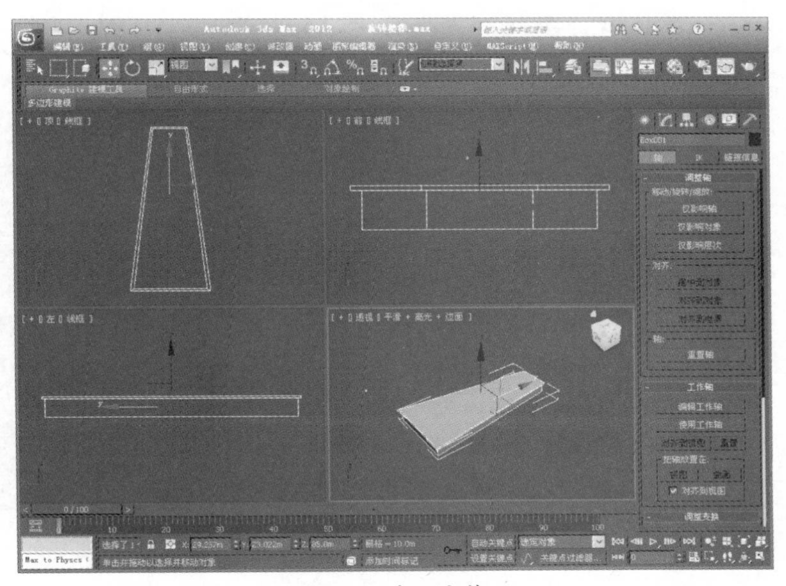

图2.45 打开文件

03 在场景中选中对象，打开“层次”命令面板，单击激活 仅影响轴 按钮，使用“选择并移动”工具调整对象的变换轴心到如图2.46所示的位置。

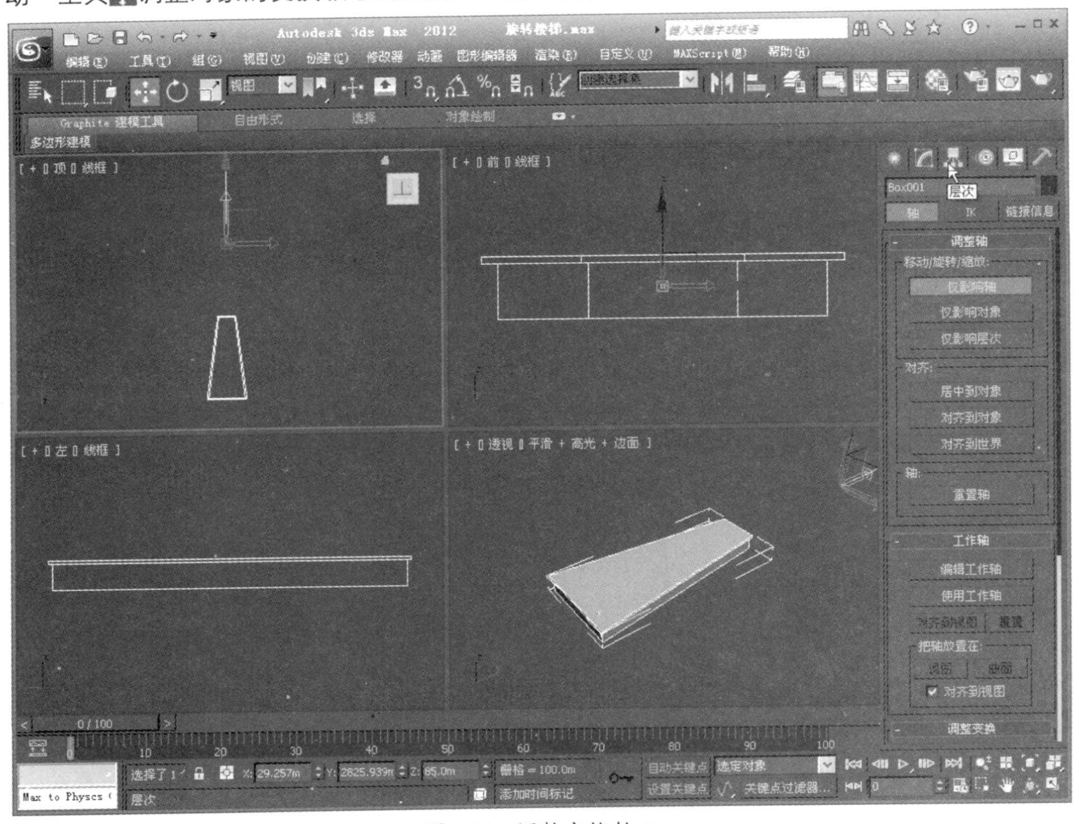

图2.46 调整变换轴心

注意

“阵列”工具计算对象之间的距离时，使用的是变换轴心点的位置。因此本例需要调整对象的轴心点。通常情况下，对象的轴心点位置位于对象中心。

04 再次单击关闭 仅影响轴 按钮。单击“阵列”工具，打开“阵列”对话框，设置Z轴移动增量为200、Z轴旋转增量为12、复制的数量为10，如图2.47所示。

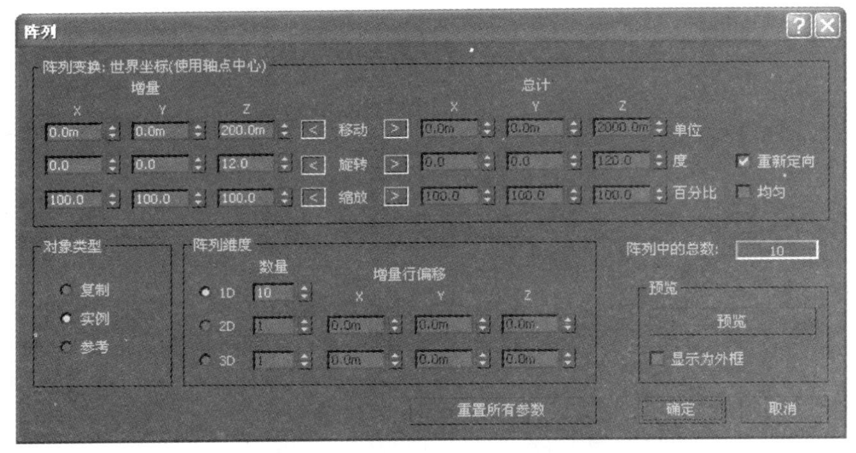

图2.47 设置参数

05 单击对话框中的 确定 按钮，阵列完成，如图2.48所示。

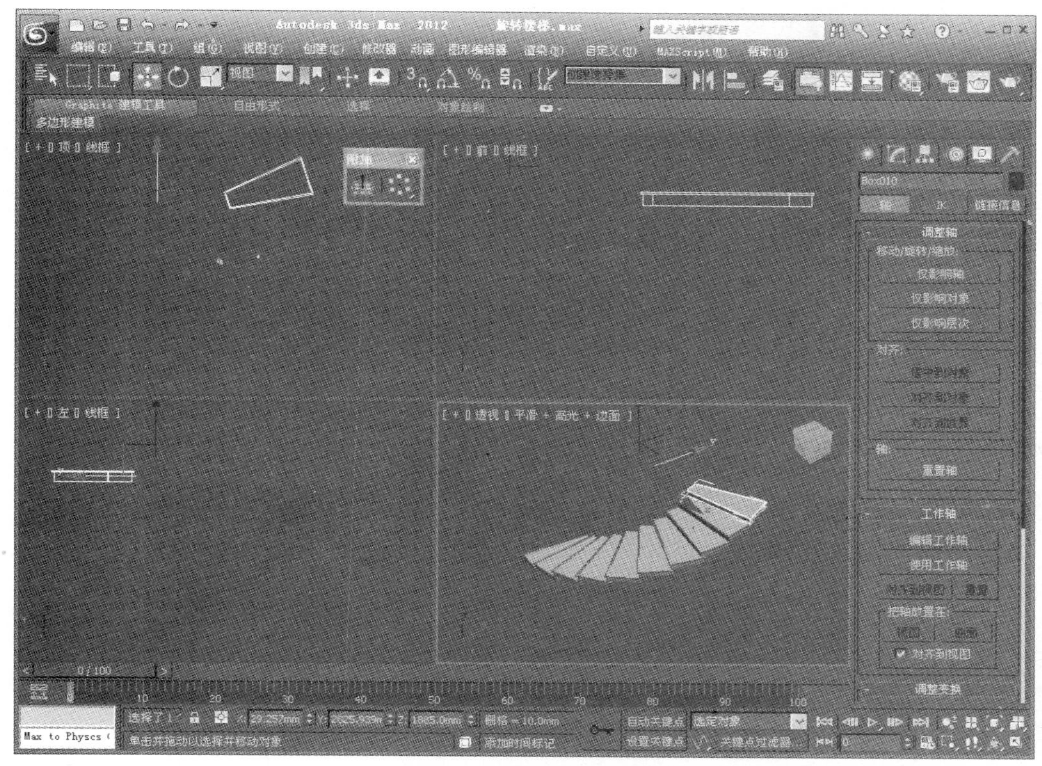

图2.48　阵列后的对象

06 至此，旋转楼梯的制作过程全部完成。单击工作界面左上角的按钮，执行“保存”命令，保存文件。

2.4 课后练习

1. 调整视图，从各个角度观察视图中的对象，如图2.49所示。

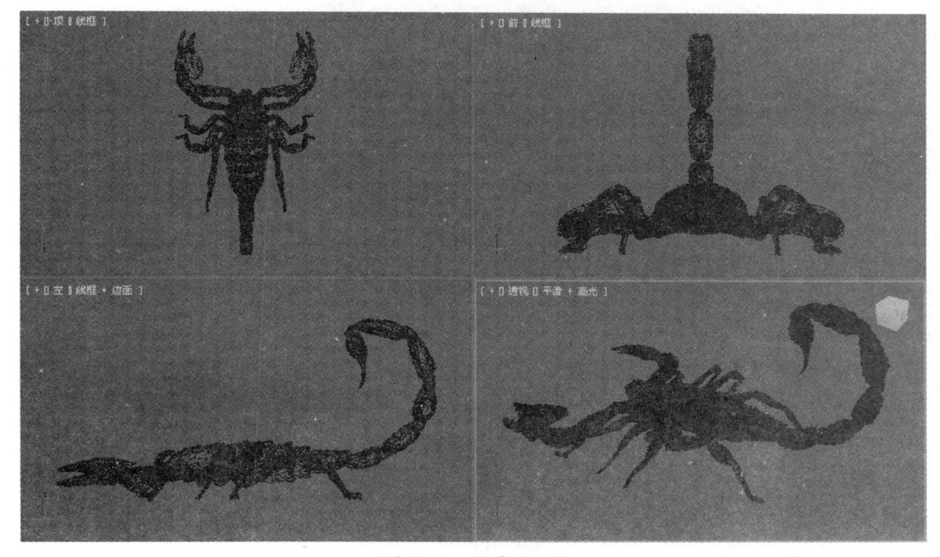

图2.49　调整视图

2. 通过名称选择场景中的对象，如图2.50所示。

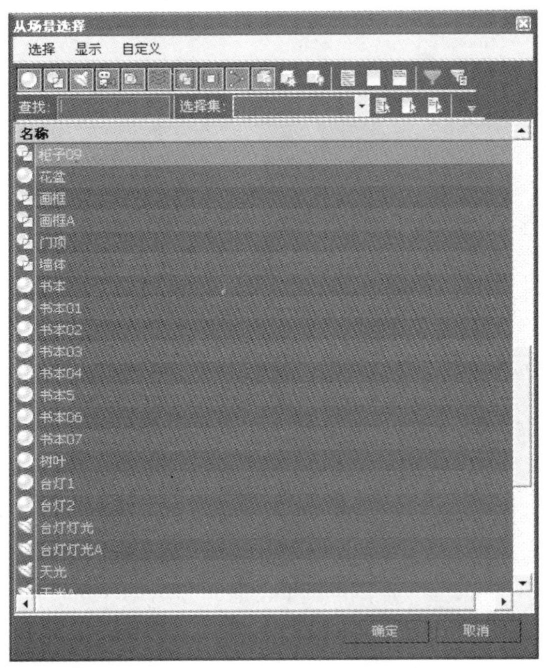

图2.50 通过名称选择场景中的对象

3. 使用“移动”工具复制多个对象，如图2.51所示。

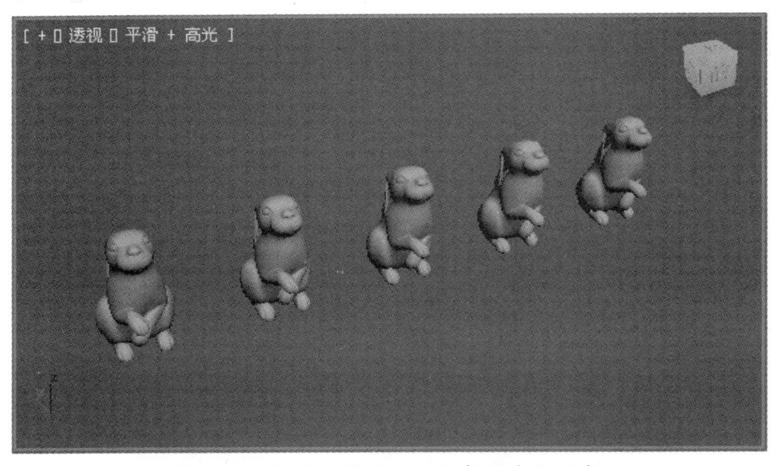

图2.51 使用“移动”工具复制多个对象

第3课
创建简单三维模型

创建模型是三维制作的第一步，3ds Max 2012有多种建模方式，如多边形建模、NURBS建模和面片建模等。多边形建模是本书介绍的重点。

本课内容：

- ◎ 创建标准基本体
- ◎ 扩展基本体
- ◎ 制作吊灯
- ◎ 制作茶几

3.1 三维模型基础

3ds Max 2012提供了多个创建几何体的工具，使用这些工具可以快速创建一些常见的三维模型，如立方体、球体、圆柱体等。标准基本体和扩展基本体是3ds Max 2012中最为基本的两种几何体。

3.1.1 创建标准基本体

在3ds Max 2012的工作界面中，命令面板默认的就是标准基本体的创建命令面板，如果当前面板不是该命令面板，单击命令面板中的“创建”→“几何体”按钮，可以打开标准基本体的创建命令面板。标准基本体的创建命令共有10个，各命令创建的几何体造型各不相同，如图3.1所示。

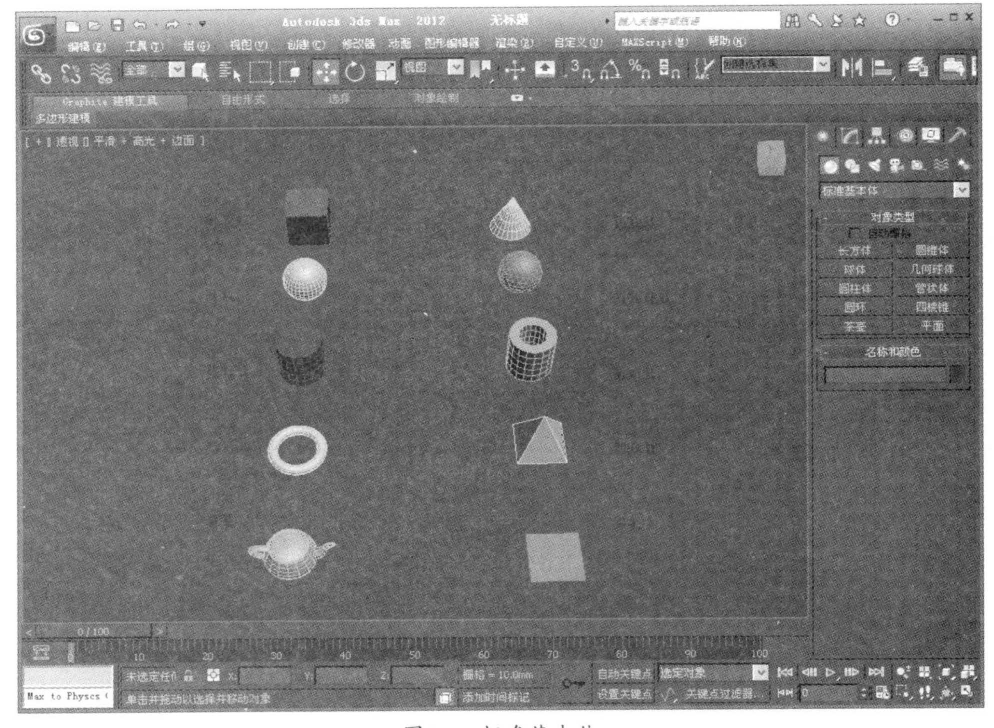

图3.1 标准基本体

不同基本体的创建过程也有所差异，根据它们创建过程的不同，可以将它们分为一次创建完成的基本体、二次创建完成的基本体和三次创建完成的基本体。

1. 一次创建完成的基本体

这类标准基本体在创建的过程中，只须在视图中单击拖曳鼠标至合适距离即可创建完成，这类标准基本体包括：“球体”、“几何球体”、“茶壶”和“平面”。

球体是这类标准基本体中较为典型的一种，我们通过介绍球体的参数设置来讲解这一类基本体。单击 球体 按钮便能看到球体的创建参数面板，如图3.2所示。

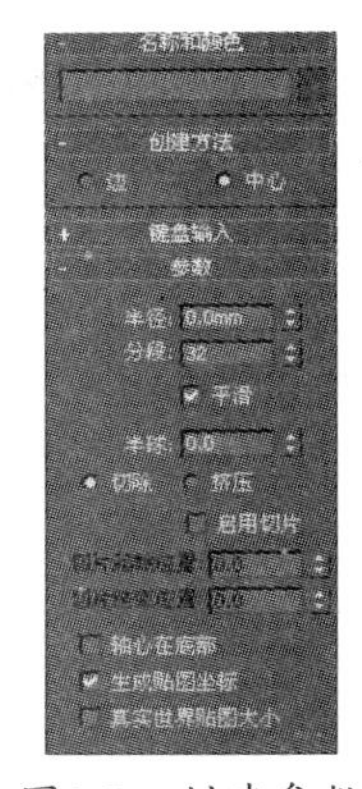

图3.2 创建参数

创建方法：

- 边：指创建时鼠标移动的距离是球体的直径。
- 中心：指创建时鼠标移动的距离是球体的半径。

参数：

- 半径：设置球体的半径数值。
- “分段”和“平滑”：它们都是用来对三维对象进行光滑处理的，这两者之间的区别在于，“分段”是通过增加对象结构的段数来使对象点面数增加，点面数越多，对象轮廓和表面就越细腻，做出的曲面也就越平滑，“平滑”对表面进行光滑并不是依赖于对结构上的处理，而是对最终视觉效果上的虚拟。
- 平滑：激活此项，计算机可对球体表面做自动光滑处理。此时可以产生表面极为光滑的球体，若关闭此项，就会产生表面有棱角的球体，如图3.3所示。

图3.3　平滑的作用

- 半球：它的值在0～1变化，为0时显示整个球体；为1时球体不可见；为0.5时是半球，这对于建模制作比较方便。
- 切除/挤压：是用来控制半球系数如何影响球体表面段数分布的，激活“切除”选项后，随着半球截面的变化，球体的段数仿佛被一片片地切掉，球体的表面光滑程度不变；但激活“挤压”选项则随着半球截面的变化，段数也随之变化。
- 中心点在底部：该选项决定了球体的轴心点是在球体的重心处(即球体中心)，还是在球体的边缘。

2．二次创建完成的基本体

决定这类造型创建的参数有2个，所以这类标准基本体在创建过程中需要两步完成。在创建命令面板中单击相应的按钮后，在视图中的合适位置按住鼠标左键拖曳，拉出物体的底面，再移动鼠标至合适位置拉出其高度，单击鼠标左键结束创建过程。这类标准基本体包括：“长方体”、“圆柱体”、“圆环”和“四棱锥”。

圆柱体是二次创建完成中较为典型的一种，我们通过介绍圆柱的参数设置来讲解这一类基本体的创建方法。圆柱体的创建参数面板，如图3.4所示。

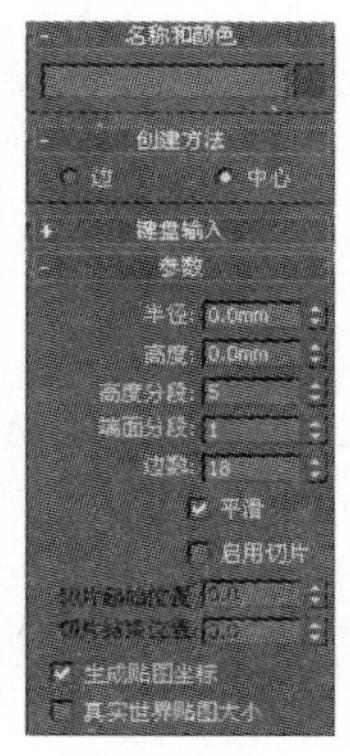

图3.4　圆柱体的参数

参数：

- 半径：设置圆柱的半径。
- 高度：设置圆柱的高度。
- 高度分段：设置高度方向的段数。
- 端面分段：设置两端面上的段数。
- 边数：设置圆柱的圆周段数，值越大，圆柱越光滑，若关闭“平滑”选项，则圆柱会变为棱柱，“边数”的数值决定了对象是几棱柱。
- 启用切片：激活此项会产生切片。“切片起始位置”、“切片结束位置”参数设置切片的起止角度，切片大小由两者的角度差决定。

3．三次创建完成的基本体

决定这类造型大小的参数有3个，在创建命令面板中单击相应的按钮后，在视图中合适的位置按住鼠标左键拖曳，确定第一个参数；释放鼠标左键后向上或向下移动鼠标至合适位置单击鼠标左键，确定第二个参数；再向上或向下移动鼠标，确定后，单击鼠标左键结束创建过程。这类标准基本体包括：“圆锥体”和“管状体”。

圆锥体是三次创建完成的标准基本体中较为典型的一种，我们通过介绍圆锥体的参数设置来讲解这一类几何体。圆锥体的创建参数面板，如图3.5所示。

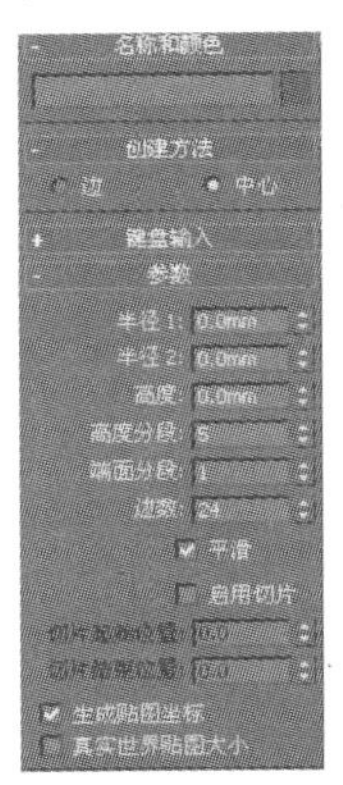

图3.5　圆锥体的参数

参数：

- 半径1/半径2：分别控制锥体的上下底面半径，若“半径1”＝“半径2”则为圆柱；若“半径1”或“半径2”都不为0，且不相等则为圆台；若其中一个参数为0时，则为圆锥。
- 高度：确定锥体的高度。
- 端面分段：设置两端面的步数。
- 边数：设置圆锥的圆周段数，值越大，锥体越光滑。

3.1.2 扩展基本体

扩展基本体所创建的模型是在标准基本体的基础之上增加了一些扩展的特性，因此它们的参数更多一些，但可以制作出更加细腻、逼真的效果。在创建命令面板上的 标准基本体 下拉列表中选择“扩展基本体”选项，如图3.6所示，可以打开扩展基本体创建命令面板。

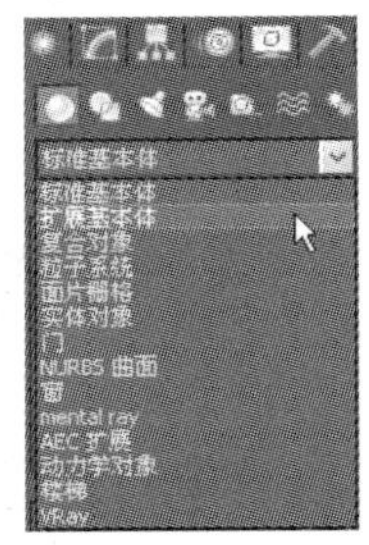

图3.6　打开扩展基本体创建面板

扩展基本体创建面板中有13个按钮，如图3.7所示。激活这些按钮，可以直接创建相应的扩展基本体造型。它们的基本操作步骤与“标准基本体”选项中的物体类型基本相同，在此以倒角长方体和环形结为例做简单介绍。

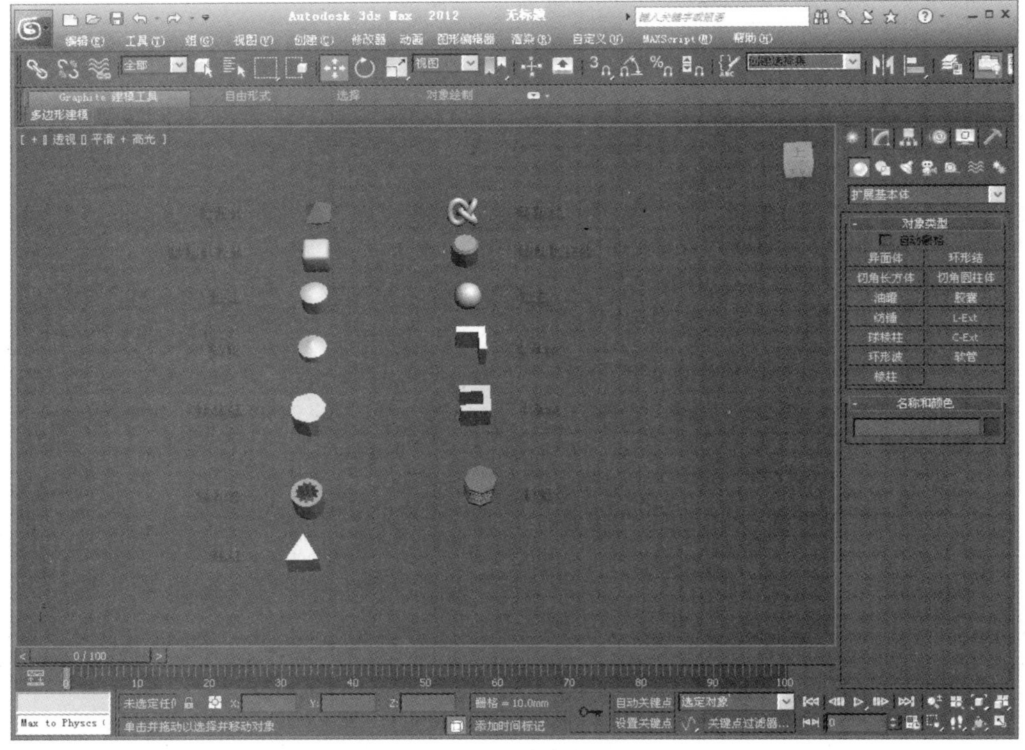

图3.7　扩展基本体

倒角长方体可以用来制作有倒角的立方体，倒角可以使对象感觉更圆滑、真实，制作效果图时主要用来制作桌面、方柱等，倒角长方体的具体形态及参数，如图3.8所示。

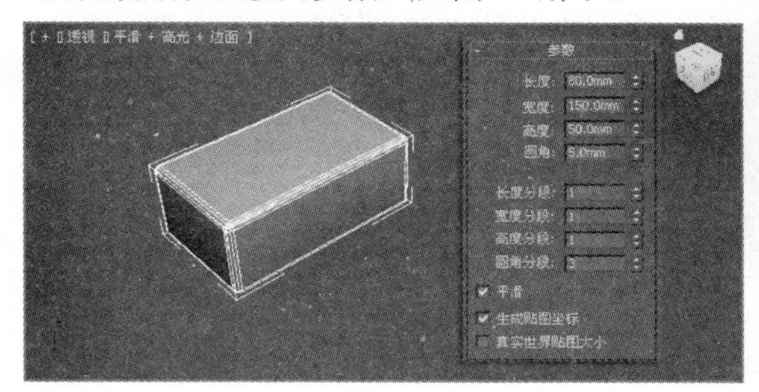

图3.8　切角长方体

参数：

- 长度：设置倒角长方体的长度。
- 宽度：设置倒角长方体的宽度。
- 高度：设置倒角长方体的高度。
- 圆角：设置倒角长方体圆角的大小。
- 平滑：设置倒角为自动光滑。

环形节包含两种基本形态，对应着众多的参数，通常只用到一种形态和一部分参数，环形节的形态及主要参数，如图3.9所示。

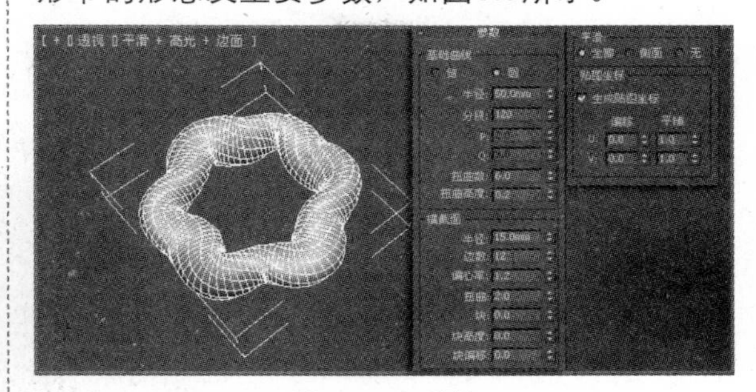

图3.9　环形节

基础曲线：

- 半径：设置环形节的半径。
- 扭曲数：设置环形节扭曲的个数。
- 扭曲高度：设置环形节扭曲的高度。

横截面：

- 半径：设置环形节截面的半径。
- 偏心率：设定截面的形状，当数值为1时，截面为圆形；数值为其他值时，截面为椭圆形。
- 块：设定环形节膨胀的数量。
- 块高度：利用截面半径百分比的形式，设定环形节膨胀的高度。

3.2 课堂实例1：制作艺术灯具

本例是介绍使用标准基本体和扩展基本体制作一个艺术灯具的实例。基本体在创建出来后往往还需要一些必要的修改，这些修改命令的使用技巧将在后面的课节中详细介绍。本例制作的艺术灯具的参考效果，如图3.10所示。

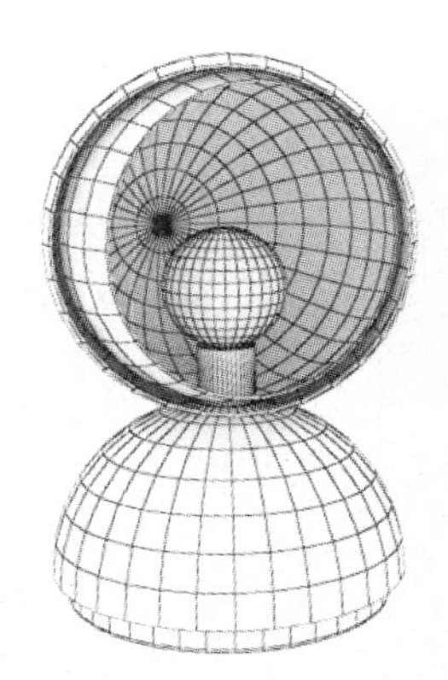

图3.10　艺术灯具

01 在桌面上双击图标，启动3ds Max 2012中文版软件。

02 在菜单栏中执行“自定义”→“单位设置”命令，在弹出的“单位设置”对话框中设置单位为厘米，如图3.11所示。

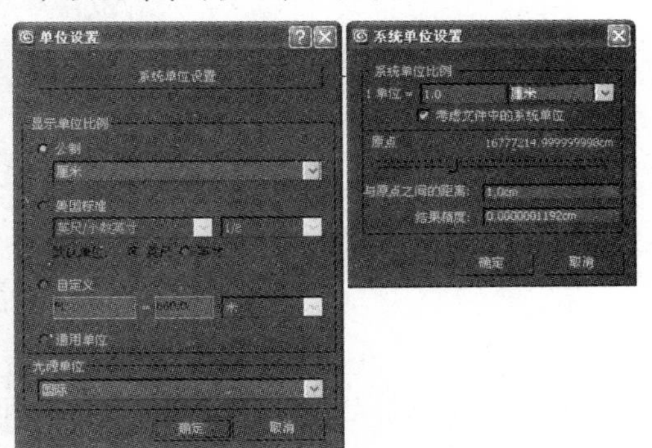

图3.11　设置单位

注意

在开始制作前设置系统单位能够更好地掌握模型地尺寸，以及模型之间的相互比例。

03 在创建命令面板上的 标准基本体 下拉列表中选择“扩展基本体”选项，打开扩展基本体创建命令面板。单击 切角圆柱体 按钮，在顶视图中创建一个切角圆柱体。设置圆柱体的参数，如图3.12所示。

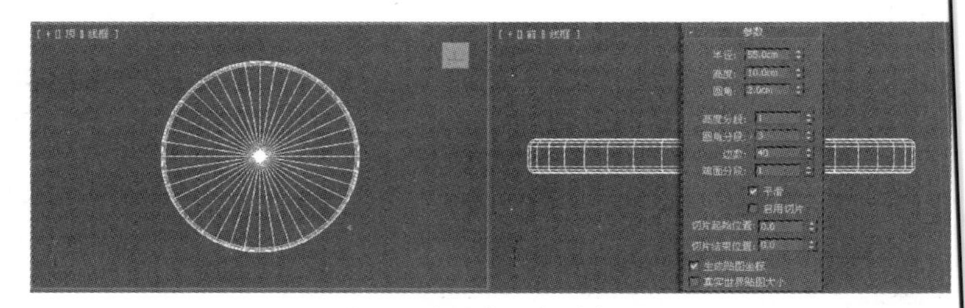

图3.12 创建切角圆柱体

04 创建的切角圆柱体将作为灯具的底座，在命令面板中将其命名为“底座”，如图3.13所示。

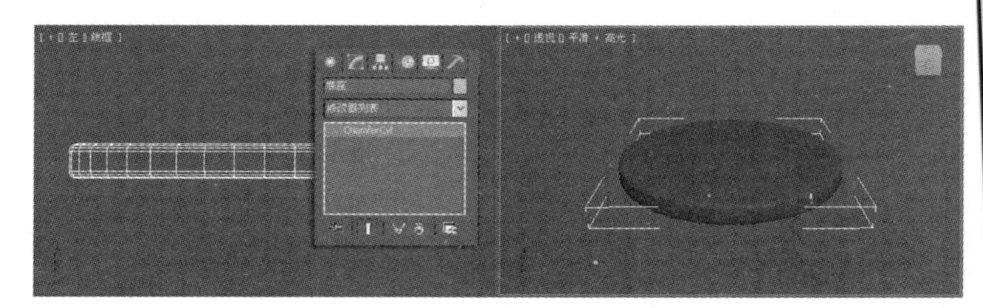

图3.13 命名对象

注意

创建一个模型后要及时为其命名，这样在复杂的大场景中可以通过名字方便地找到这个模型。

05 在创建命令面板中返回标准基本体创建命令面板，单击 球体 按钮，在顶视图中创建一个球体，设置其参数，得到一个半球体，如图3.14所示。

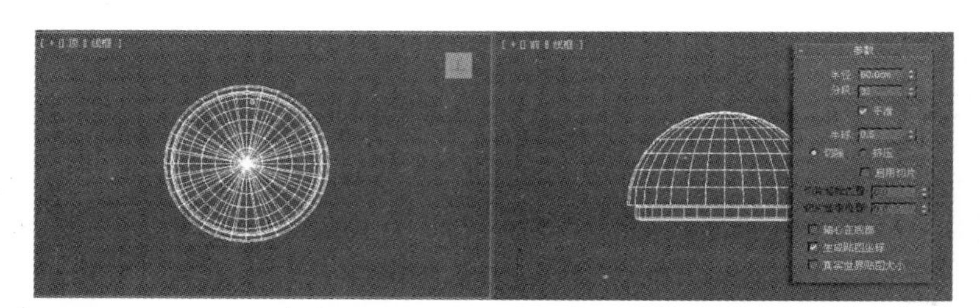

图3.14 创建球体

06 将半球命名为“灯台”，使用“移动”工具在视图中将其调整至“灯座”的正上方，如图3.15所示。

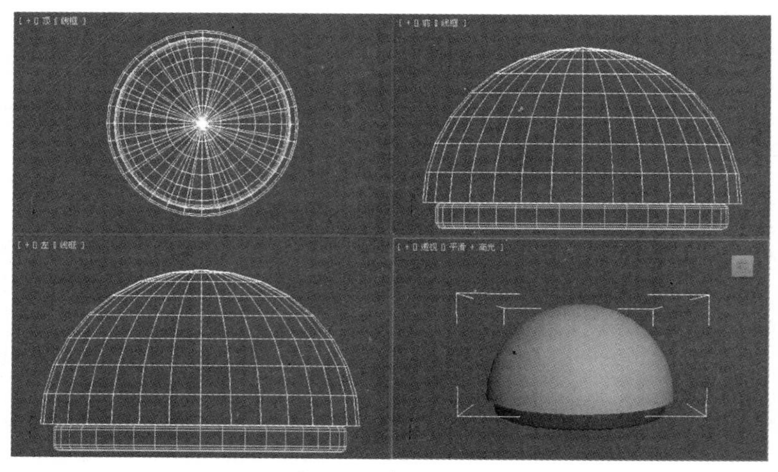

图3.15 模型的位置

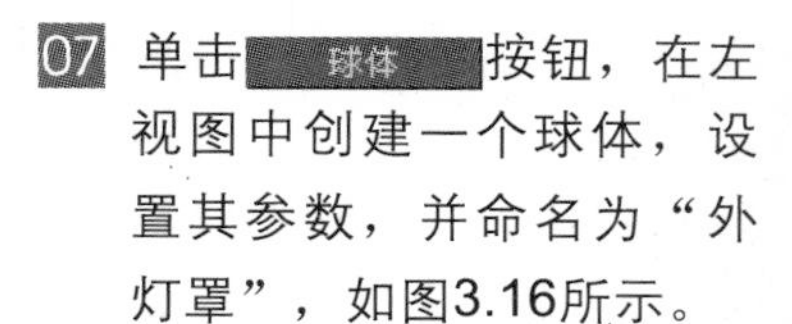

07 单击 球体 按钮，在左视图中创建一个球体，设置其参数，并命名为“外灯罩”，如图3.16所示。

图3.16 创建球体

08 将光标放置在“外灯罩”上，单击鼠标右键，在弹出的快捷菜单中选择“转换为”→“转换为可编辑多边形”命令，将球体转换为可编辑多边形对象，如图3.17所示。

图3.17 转换可编辑多边形

09 打开修改命令面板，在修改器堆栈中单击激活“多边形”子对象，如图3.18所示。

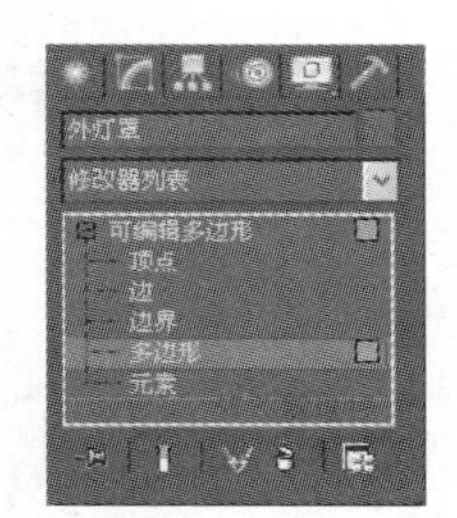

图3.18 激活子对象

10 在顶视图中使用划框选择的方法，选中如图3.19所示的多边形。

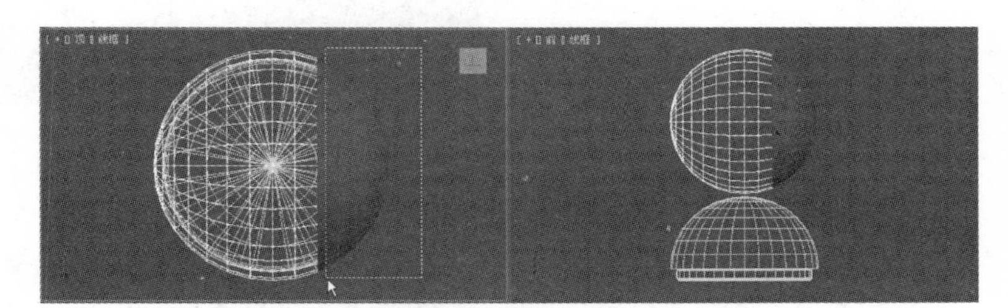

图3.19 选中多边形

11 按Delete键将选中的多边形删除，如图3.20所示。在修改器堆栈中单击关闭“多边形”子对象。

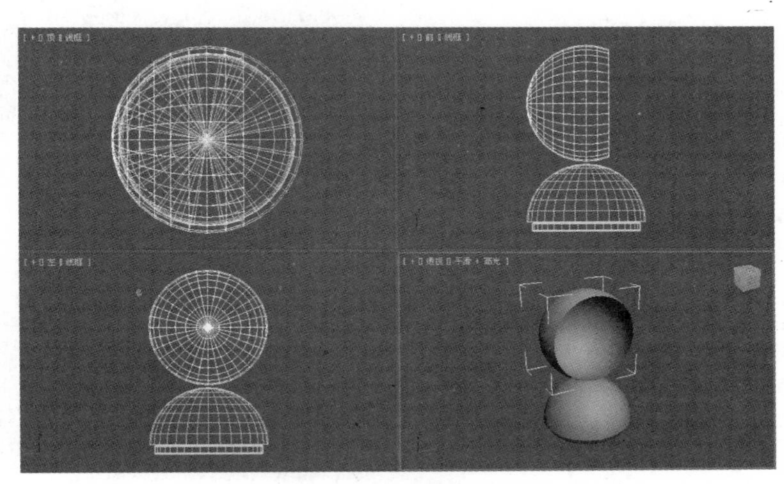

图3.20 删除多边形

12 确认修改后的“外灯罩”还处于选中状态，在修改命令面板中的 修改器列表 下拉列表中选择“壳”修改器，如图3.21所示。

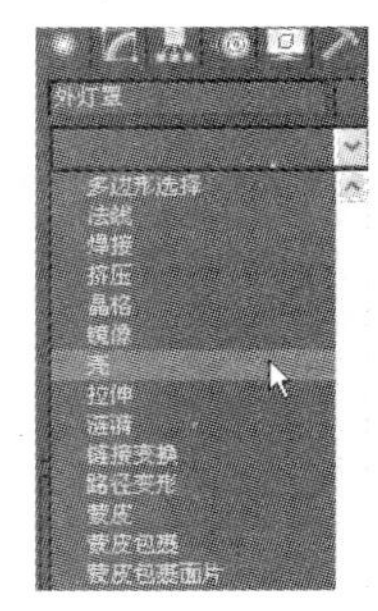

图3.21 选择修改器

13 添加“壳”修改器后，原来没有厚度的模型有了厚度，设置修改器的参数，如图3.22所示。

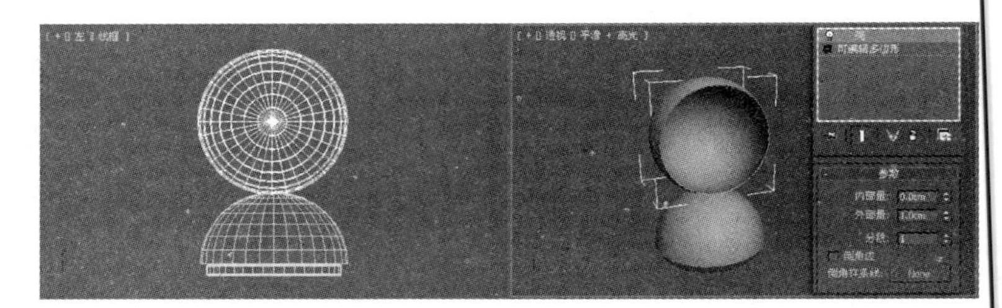

图3.22 设置壳的厚度

14 单击 球体 按钮，在左视图中再创建一个球体，设置其半径为50cm，并命名为“内灯罩”，如图3.23所示。

图3.23 创建球体

15 将光标放置在“内灯罩”上，单击鼠标右键，在弹出的快捷菜单中选择“转换为”→“转换为可编辑多边形”选项，将球体转换为可编辑多边形对象，并在修改命令面板的修改器堆栈中激活“多边形”子对象。

16 在顶视图中使用划框选择的方法选中如图3.24所示的多边形，并将其删除，在修改器堆栈中，再次单击关闭“多边形”子对象。

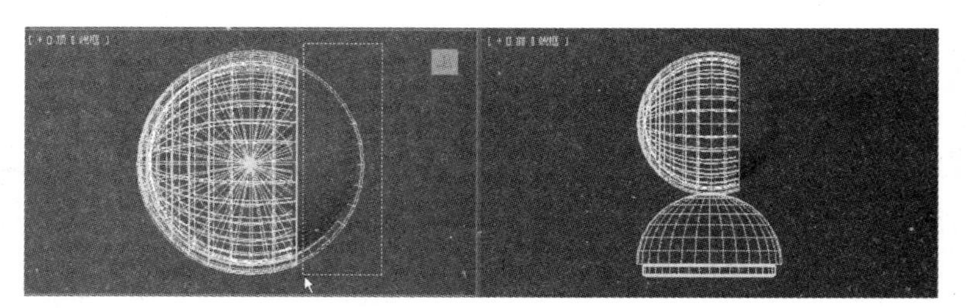

图3.24 选择多边形

17 在工具栏中激活按钮，在顶视图中锁定Z轴，将“内灯罩”旋转一定的角度，如图3.25所示。

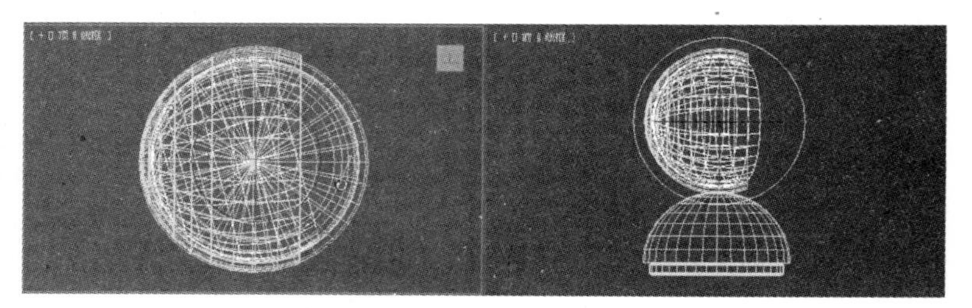

图3.25 旋转“内灯罩”

18 确认修改后的“内灯罩”处于选中状态，在修改命令面板中的 修改器列表 下拉列表中选择“壳”修改器，设置“外部量”为1cm，如图3.26所示。

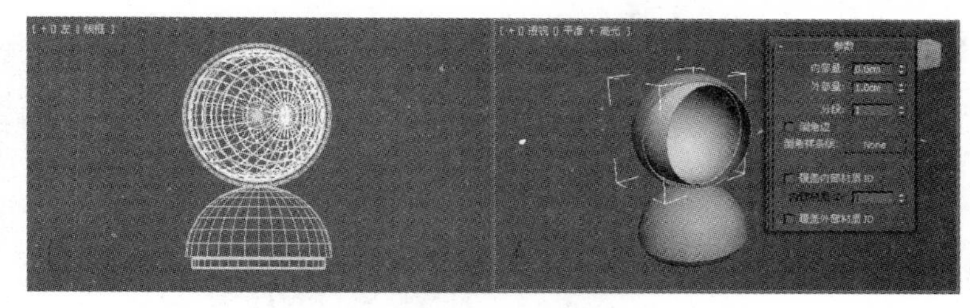

图3.26 设置厚度

19 在创建命令面板中的 标准基本体 下拉列表中选择“扩展基本体”选项，再次打开扩展基本体创建命令面板。单击 切角圆柱体 按钮，在顶视图中创建一个切角圆柱体。设置圆柱体的参数，如图3.27所示。

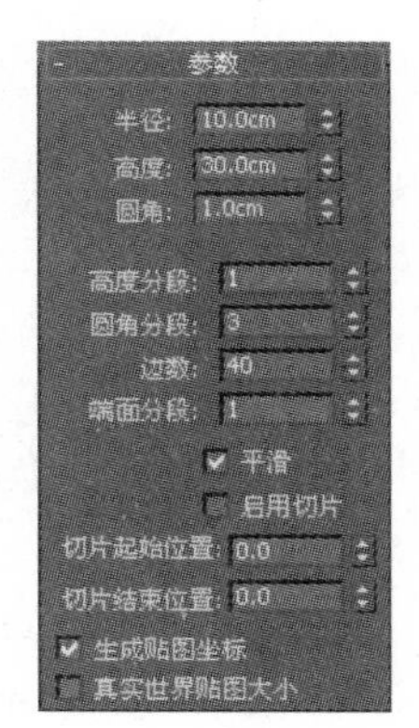

图3.27 参数设置

20 将切角圆柱体命名为“灯座”，并在视图中调整其位置，如图3.28所示。

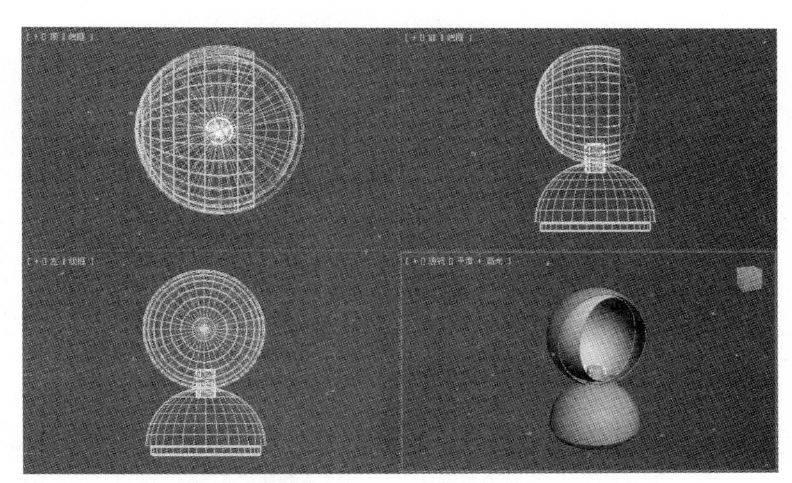

图3.28 “灯座”的位置

21 在创建命令面板中返回标准基本体创建命令面板，单击 球体 按钮，在顶视图中创建一个球体，命名为“灯泡”，设置其“半径”为2cm，如图3.29所示。

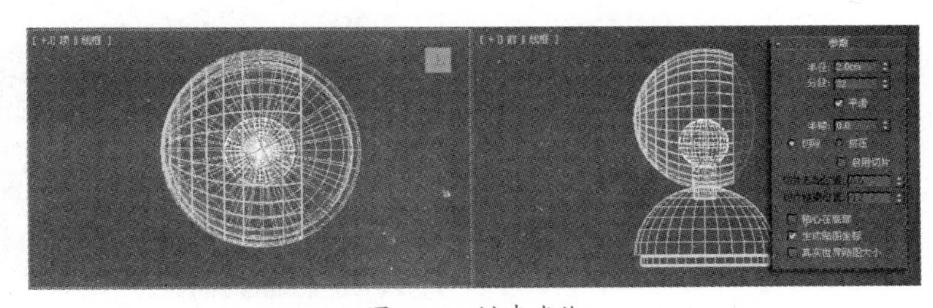

图3.29 创建球体

22 至此，整个艺术灯具的建模过程全部结束，最终模型如图3.30所示。单击工作界面左上角的按钮，执行“保存”命令，保存文件。

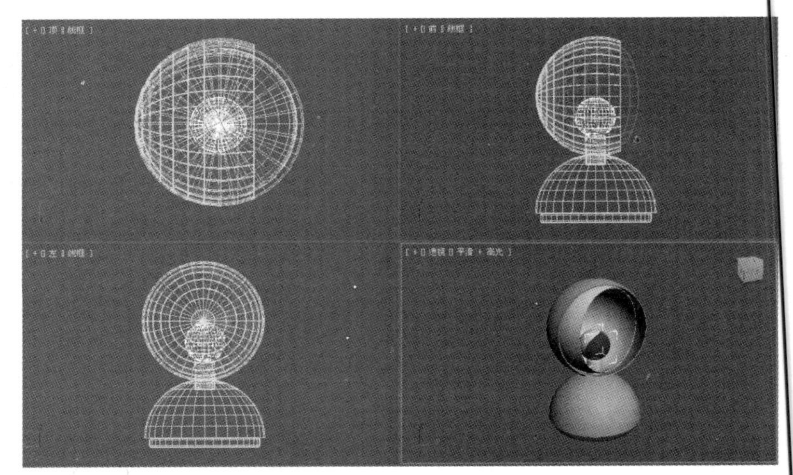

图3.30 最终模型

3.3 课堂实例2：制作茶几

前面的实例介绍了标准基本体和扩展基本体的简单应用，使用这些基本体可以举一反三。本节还是使用这些简单的基本体创建一个完全不同的模型，创建模型的参考效果，如图3.31所示。

图3.31 茶几

01 在桌面上双击图标，启动3ds Max 2012中文版软件。

02 在菜单栏中执行“自定义”→“单位设置”命令，在弹出的“单位设置”对话框中设置单位为“厘米”，如图3.32所示。

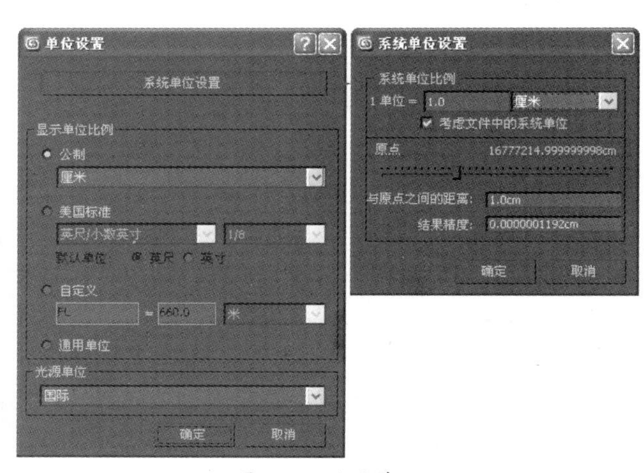

图3.32 设置单位

03 在创建命令面板的 标准基本体 下拉列表中选择“扩展基本体”选项，打开扩展基本体创建命令面板。单击 切角圆柱体 按钮，在顶视图中创建一个切角圆柱体，设置圆柱体的参数如图3.33所示，并将其命名为“茶几面”。

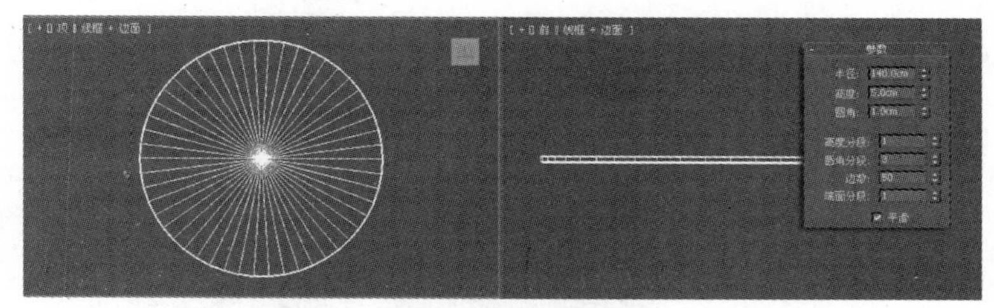

图3.33 创建圆柱体

04 在扩展基本体创建命令面板中单击 切角长方体 按钮，在左视图中创建一个切角长方体，设置参数如图3.34所示，并将其命名为“茶几腿”。

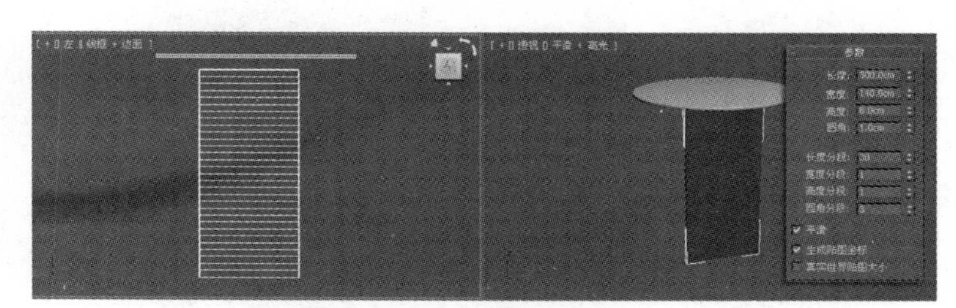

图3.34 创建切角长方体

05 确认修改后的“茶几腿”处于选中状态，在修改命令面板中的 修改器列表 下拉列表中选择“弯曲”修改器，并设置修改器的参数，如图3.35所示。

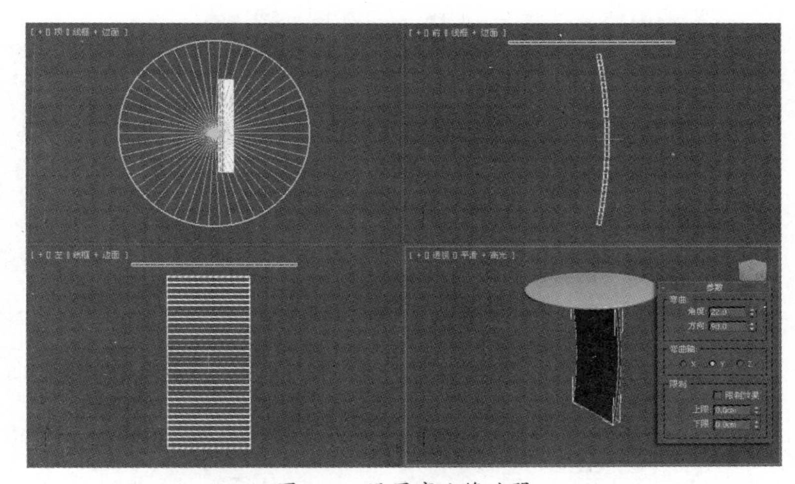

图3.35 设置弯曲修改器

06 在工具栏中激活“选择并旋转”工具，在前视图中锁定Z轴旋转“茶几腿”，如图3.36所示。

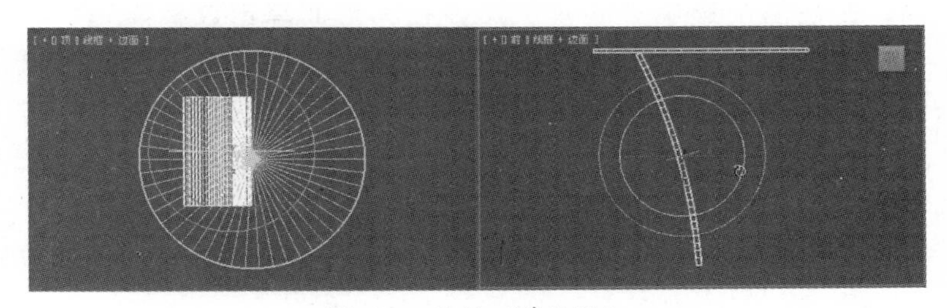

图3.36 旋转“茶几腿”

07 在工具栏中单击“镜像”工具，在弹出的对话框中设置参数，如图3.37所示， 镜像复制一个“茶几腿”。

08 使用“移动”工具在视图中调整镜像复制后的“茶几腿”，如图3.38所示。

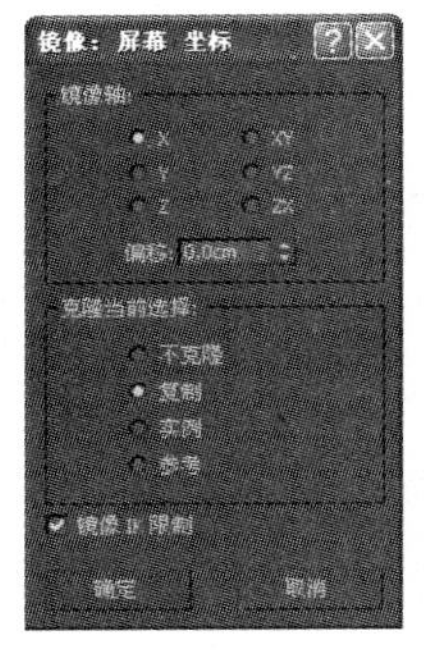

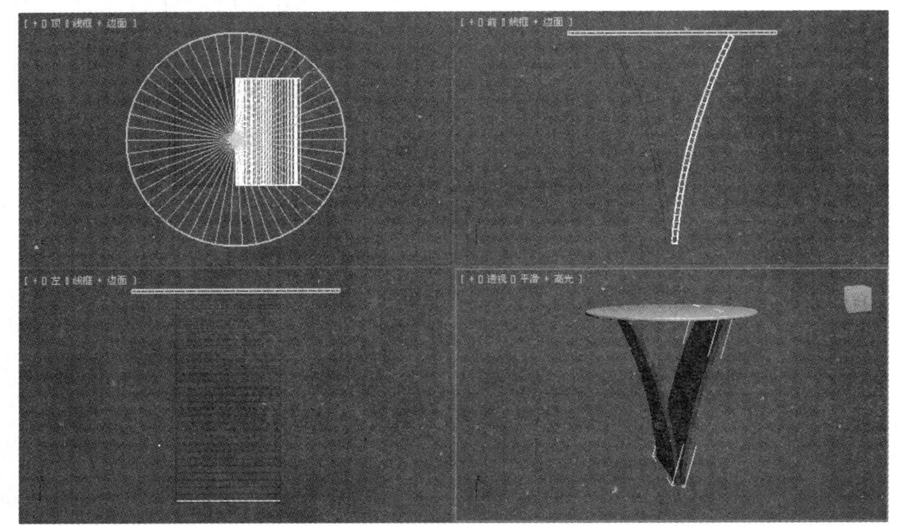

图3.37 镜像复制

图3.38 “茶几腿”的位置

09 在扩展基本体创建命令面板中单击 切角圆柱体 按钮，在顶视图中再次创建一个切角圆柱体，设置圆柱体的参数如图3.39所示，并将其命名为“底座”。

10 在视图中调整“底座”的位置，如图3.40所示。

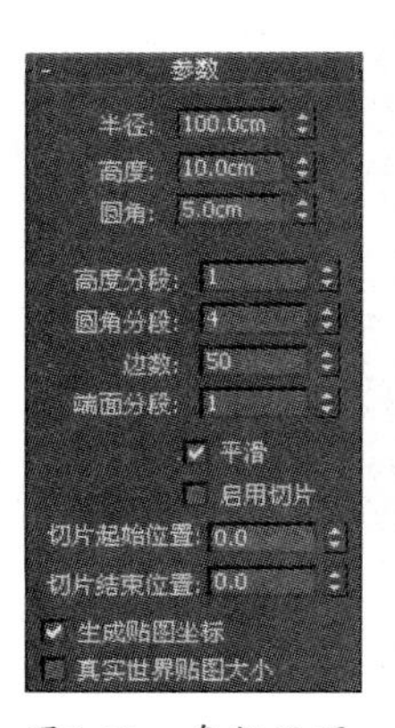

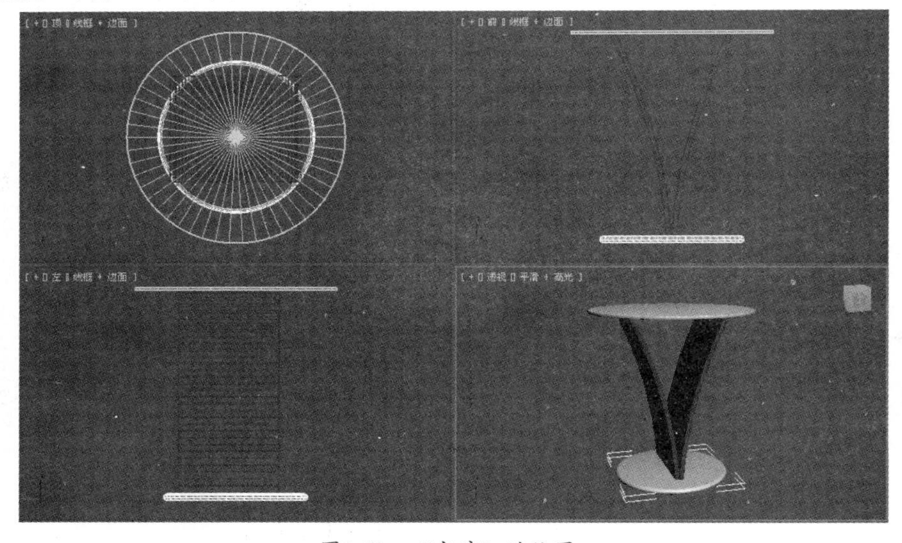

图3.39 参数设置

图3.40 “底座”的位置

11 在视图中选中“底座”，并在其上面单击鼠标右键，在弹出的快捷菜单中执行“转换为”→“转换为可编辑多边形”命令，将其转换为可编辑多边形对象。

12 打开修改命令面板，在修改器堆栈中单击激活“多边形”子对象，在前视图中选中顶面的多边形，如图3.41所示，按Delete键将其删除。然后在修改器堆栈中再次单击，关闭“多边形”子对象。

13 在标准基本体创建命令面板中，单击 球体 按钮，在顶视图中创建一个球体，并设置其参数，如图3.42所示。

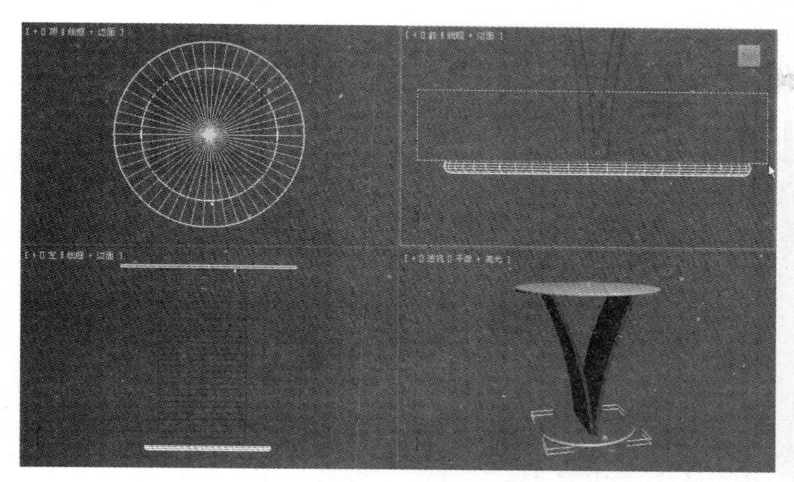

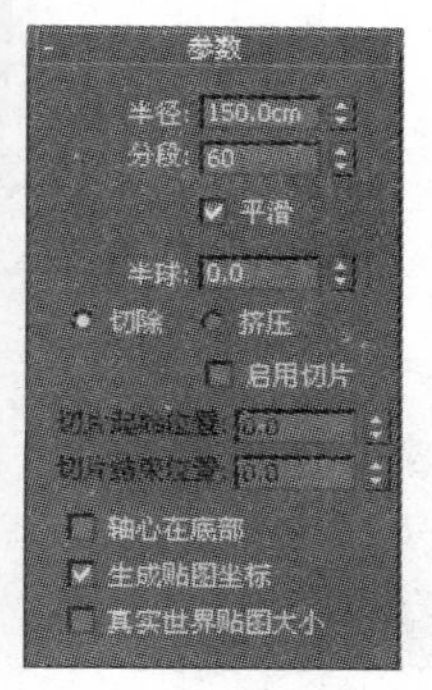

图3.41　选中多边形

图3.42　参数设置

14 在视图中调整球体的位置，如图3.43所示。

15 在视图中选中球体，并在其上面单击鼠标右键，在弹出的快捷菜单中执行“转换为”→“转换为可编辑多边形”命令，将其转换为可编辑多边形对象。

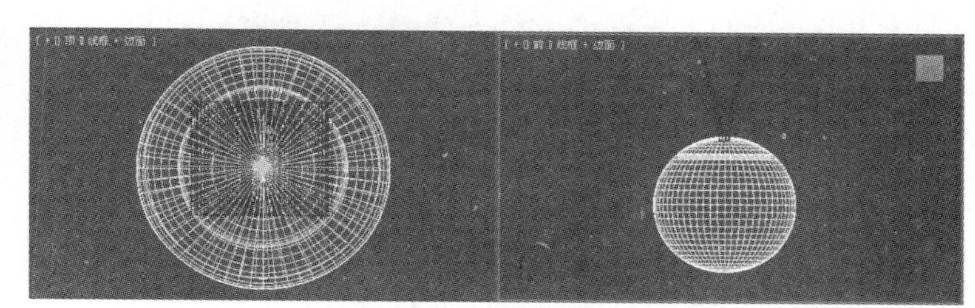

图3.43　球体的位置

16 打开修改命令面板，在修改器堆栈中单击激活“多边形”子对象，在前视图中选中球体下部的多边形，如图3.44所示，按Delete键将其删除，并在修改器堆栈中再次单击，关闭“多边形”子对象。

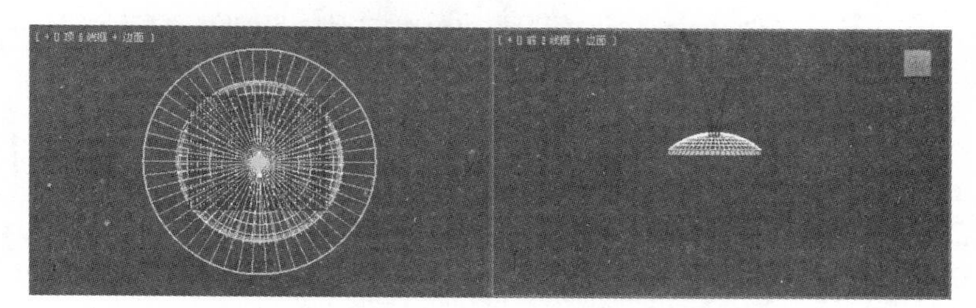

图3.44　选中多边形

17 使用“移动”工具在视图中调整修改后的球体位置，如图3.45所示。

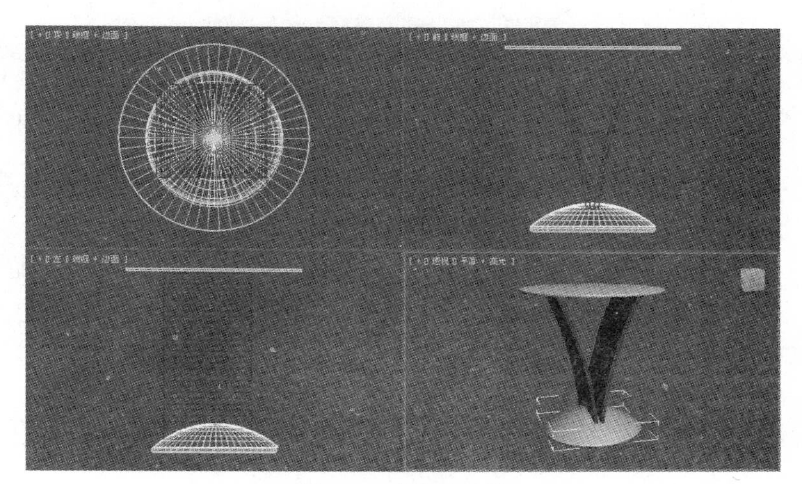

图3.45　球体的位置

18 在视图中选中前面创建的“底座”，打开修改命令面板，在“编辑几何体”卷展栏中单击激活 附加 按钮，如图3.46所示。

19 在视图中单击修改后的球体，将其与“底座”附加为一个整体，如图3.47所示。

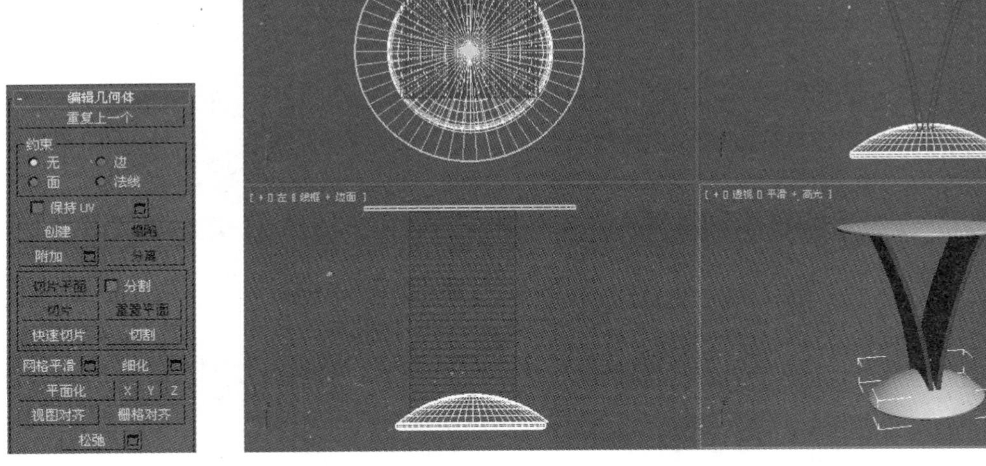

图3.46 激活附加

图3.47 整体模型

20 至此，整个茶几的建模过程全部结束，单击工作界面左上角的按钮，执行“保存”命令，保存文件。

3.4 课后练习

1. 熟练使用标准基本体和扩展基本体创建命令。
2. 使用标准基本体和扩展基本体创建常见的模型，如椅子等，如图3.48所示。

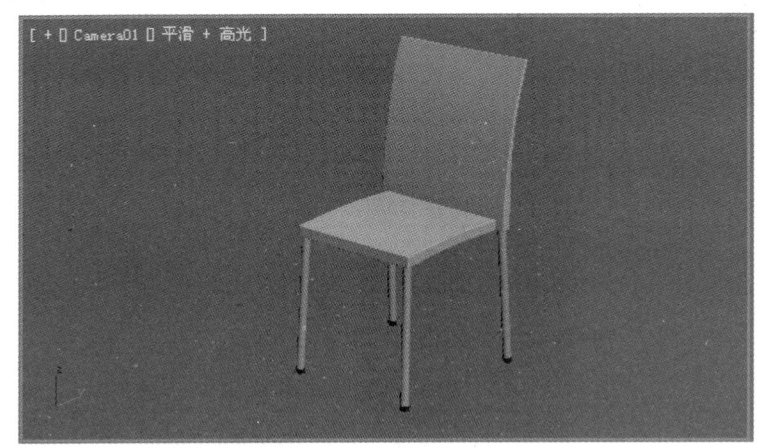

图3.48 创建椅子模型

第4课
使用复合物体

前面介绍的基本标准体和扩展基本体只能创建一些造型简单的模型，因此，3ds Max 2012还提供了复合物体工具集。3ds Max 2012的基本内置模型是创建复合物体的基础，可以将多个内置模型组合在一起，从而产生出千变万化的模型。

本课内容：

◎ 关于复合物体
◎ 图形合并
◎ 布尔运算
◎ 超级布尔
◎ 放样
◎ 石壁刻字
◎ 制作滑梯

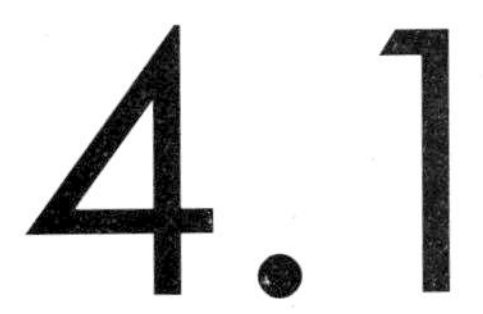

4.1 复合物体基础

复合对象曾经是3ds Max创建模型的主要手段，特别是布尔运算工具和放样工具，是快速创建一些相对复杂物体的好办法。

4.1.1 关于复合物体

复合对象是指将两个或两个以上的对象组合，使之成为一个对象。复合对象的创建是比较复杂的命令，在几何体创建命令面板的标准基本体下拉列表中选择复合对象选项，复合对象的创建命令面板，如图4.1所示。在这里常用到的是布尔运算和超级布尔命令。

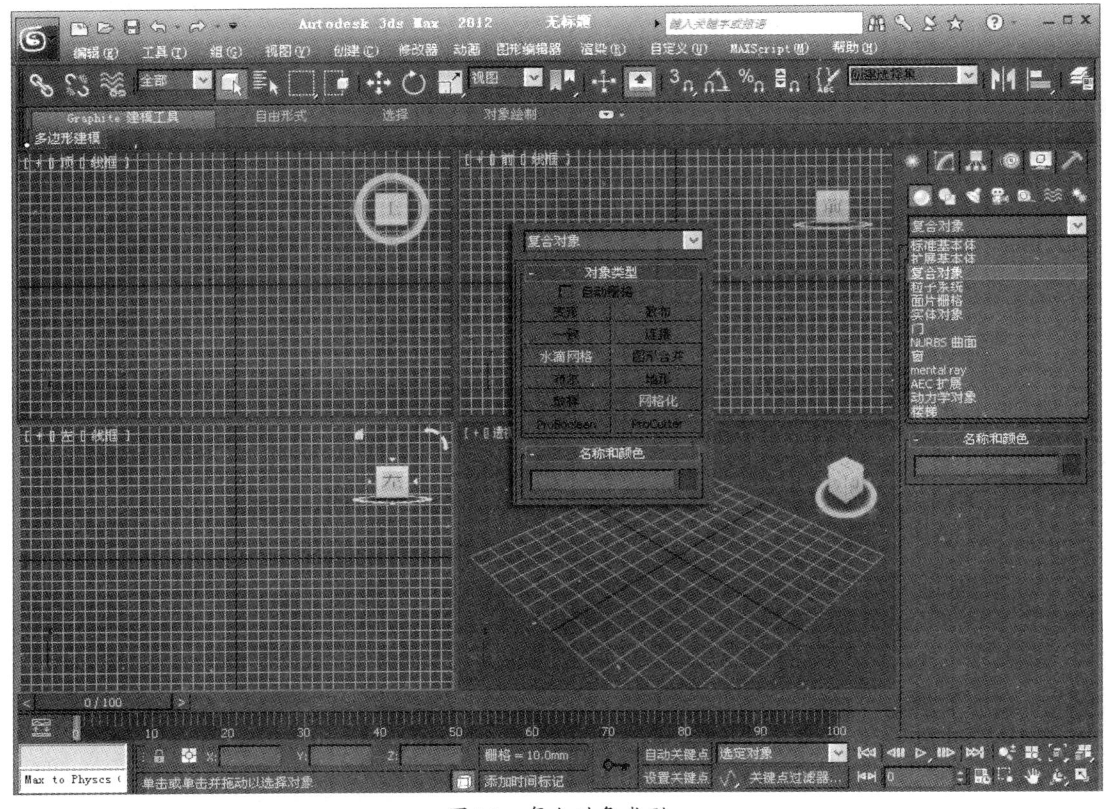

图4.1 复合对象类型

复合对象包括：变形、散布、一致、连接、水滴网格、图形合并、布尔、地形、放样、网格化、ProBoolean和ProCutter。

- 变形：变形是一种与2D动画中的中间动画类似的动画技术。“变形”对象可以合并两个或多个对象，方法是插补第一个对象的顶点，使其与另外一个对象的顶点位置相符。如果随时执行这项插补操作，将会生成变形动画。
- 散布：散布是复合对象的一种形式，将所选的源对象散布为阵列，或散布到分布对象的表面。
- 一致：一致对象是一种复合对象，通过将某个对象的顶点投影至另一个对象的表面而创建。
- 连接：使用连接复合对象，可通过对象表面的“洞”连接两个或多个对象。要执行此操作，须删除每个对象的面，在其表面创建一个或多个洞，并确定洞的位置，以使洞与洞之间面对面，然后应用“连接”。

- 水滴网格：水滴网格复合对象可以通过几何体或粒子创建一组球体，还可以将球体连接起来，就像这些球体是由柔软的液态物质构成的一样。如果球体在距离另外一个球体的一定范围内移动，它们就会连接在一起。如果这些球体相互移开，将会重新显示球体的形状。
- 图形合并：如果使用“图形合并”创建网格对象和一个或多个图形的复合对象，这些图形将嵌入在网格中，或从网格中消失。
- 布尔：如果使用“图形合并”创建包含网格对象和一个或多个图形的复合对象。这些图形将嵌入在网格中，或从网格中消失。
- 地形：通过单击“地形”按钮可以生成地形对象，3ds Max可以通过轮廓线数据生成这些对象。
- 放样：放样对象是沿着第三轴挤出的二维图形。从两个或多个现有样条线对象中创建放样对象。这些样条线之一会作为路径，其余的样条线会作为放样对象的横截面或图形。沿着路径排列图形时，3ds Max会在图形之间生成曲面。
- 网格：网格复合对象以帧为基准，将程序对象转化为网格对象，这样可以应用修改器，如弯曲或UVW贴图。它可用于任何类型的对象，但主要为使用粒子系统而设计。“网格”对于复杂修改器堆栈的低空实例化对象同样有用。
- ProBoolean和ProCutter：ProBoolean和ProCutter复合对象提供将2D和3D形状组合在一起的建模工具，这是很难或不可能使用其他工具做到的。

4.1.2 图形合并

图形合并工具能够把任意样条物体投影到多边形物体表面上，从而在多边形物体表面制作凸起或镂空的效果，如文字、图案、商标等。

在视图中选中一个几何体，并单击复合物体创建命令面板中的 图形合并 按钮，便能看到图形合并的参数。其中“拾取操作对象”卷展栏，如图4.2所示。

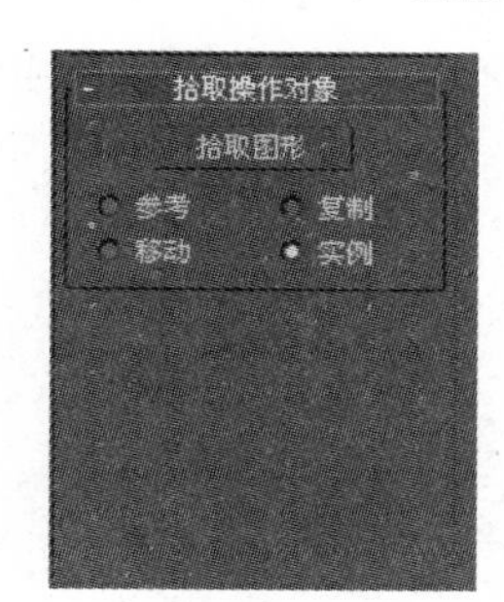

图4.2 “拾取操作对象”卷展栏

- 拾取图形：单击“拾取图形”按钮，并在视图中单击要嵌入网格对象中的图形。
- 参考、复制、移动、实例：指定如何将图形传输到复合对象中，它们可以在参考、复制、实例或移动的对象(如果不保留原始图形)之间进行转换。

“参数”卷展栏，如图4.3所示。

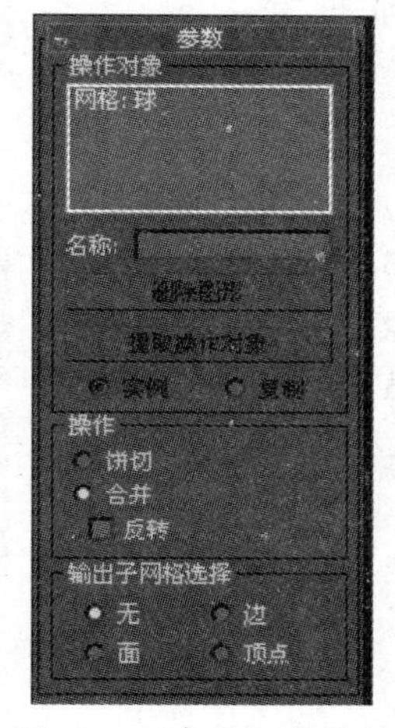

图4.3 “参数”卷展栏

- 操作对象：用于在复合对象中列出的所有操作对象。第一个操作对象是网格对象，以下是任意数量的基于图形的操作对象。
- 删除图形：从复合对象中删除选中图形。
- 实例、复制：指定如何提取操作对象。
- 饼切：切去网格对象曲面外部的图形。
- 合并：可以将图形与网格对象曲面合并。
- 反转：用于对“饼切”和“合并”效果进行反转，使用“饼切”按钮此效果较明显。
- 无：输出整个对象。
- 面：输出合并图形内的面。
- 边：输出合并图形的边。
- 顶点：输出由图形样条线定义的顶点。

“显示/更新”卷展栏，如图4.4所示。

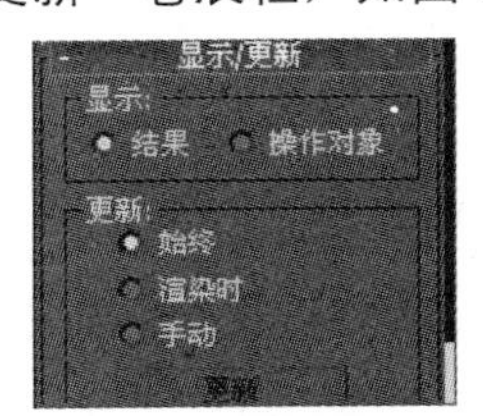

图4.4 “显示/更新”卷展栏

- 结果：用于显示操作结果。
- 操作对象：用于显示操作对象。
- 始终：始终更新显示。
- 渲染时：仅在场景渲染后更新显示。
- 手动：仅在单击“更新”按钮后更新显示。
- 更新：当选中除“始终”按钮之外的任意选项时，更新显示。

4.1.3 布尔运算

布尔运算通过对两个对象执行布尔操作将它们组合起来。布尔运算是一种数学运算，包括加集、减集、并集等。3ds Max提供了5种布尔类型，不同的布尔类型完成的造型效果也是不同的。

1．并集

布尔对象包含两个原始对象的体积，将移除几何体的相交部分或重叠部分。“并集”效果如图4.5所示。

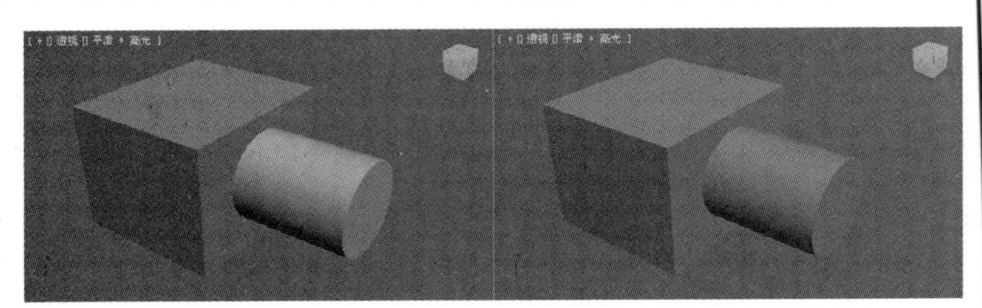

图4.5 并集效果

2．交集

布尔对象只包含两个原始对象共用的体积，也就是重叠的位置，效果如图4.6所示。

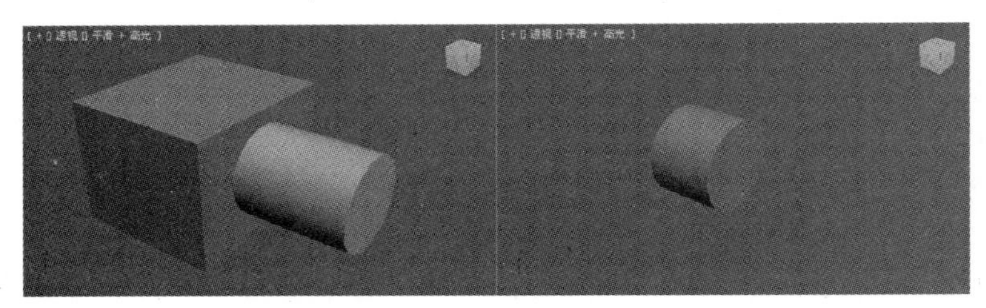

图4.6 交集效果

3．差集

布尔对象包含从中减去相交体积的原始对象体积。指定两个原始对象为操作对象A和操作对象B。差集(A-B)这种类型的布尔对象是以操作对象A为裁切对象，操作对象B为被裁切对象，通过布尔操作将裁切掉操作对象A和操作对象A与操作对象B相交的部分，如图4.7所示。

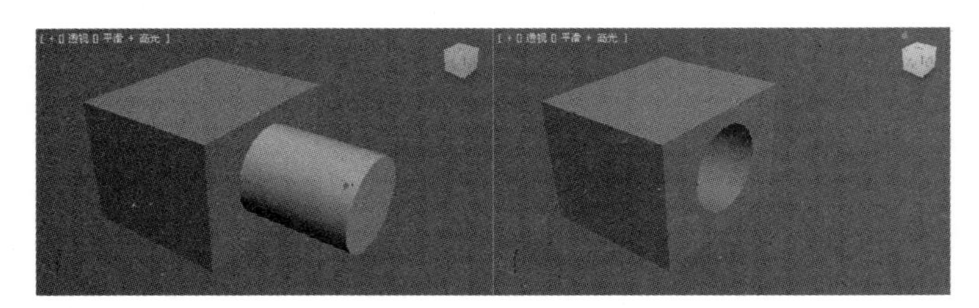

图4.7 差集(A-B)

差集(B-A)的布尔运算对象正好与差集(A-B)相反，如图4.8所示。

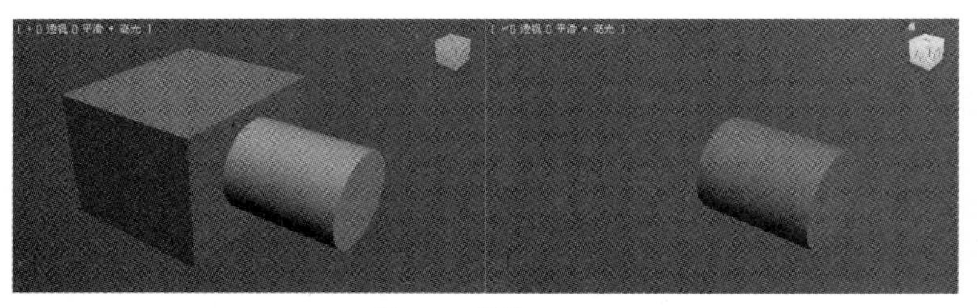

图4.8 差集(B-A)

4．切割

通过这种布尔操作，所获得的布尔对象为裁切对象的切片对象，在切类型中还包括4种切类型，分别为细分、分离、切除内表面、切除外表面。

进入布尔命令面板后，有3个卷展栏，分别是“拾取布尔”、“参数”、“显示/更新”。其中“参数”卷展栏主要是选择布尔类型，其重要选项命令在前面已经做了介绍。下面就介绍一下“拾取布尔”卷展栏和“显示/更新”卷展栏中的命令。

“拾取布尔”卷展栏，选择操作对象B时，根据在“拾取布尔”卷展栏中为布尔对象所做的选择，操作对象B可指定为引用、移动、复制或实例化。应根据创建布尔对象之后，希望如何使用场景几何体来进行选择。

因为通常情况下都是对重叠对象进行布尔运算，因此，如果对象B没有移除，则在查看完整的布尔对象时它往往会挡住视线。可以移动布尔对象或B对象，可以更好地查看结果。“拾取布尔”卷展栏，如图4.9所示。

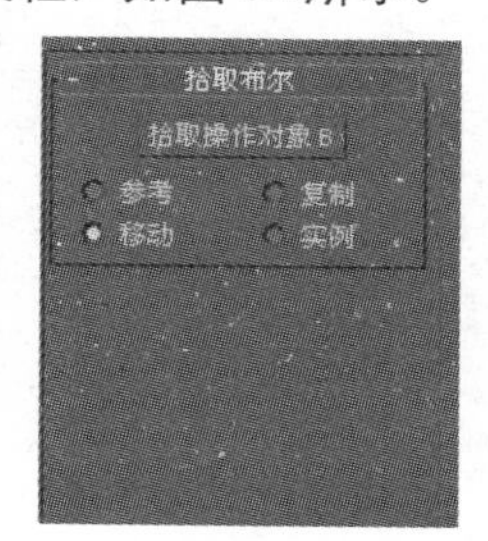

图4.9 “拾取布尔”卷展栏

- 拾取操作对象 B：此按钮用于选择用以完成布尔操作的第二个对象。
- 参考、复制、移动、实例：用于指定将操作对象B转换为布尔对象的方式。它可以转换为引用、副本、实例或移动的对象。

“显示/更新”卷展栏，如图4.10所示。在“显示/更新”卷展栏中分为“显示”选项组和“更新”选项组。显示组中的命令用来帮助查看布尔操作的构造方式。

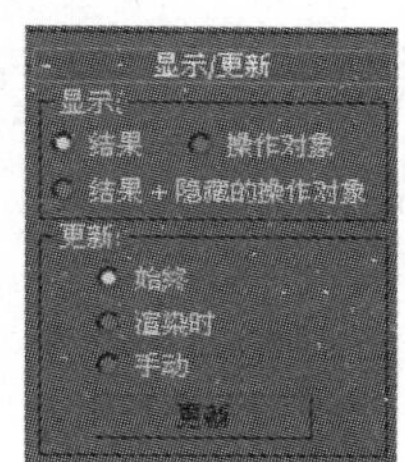

图4.10 “显示/更新”卷展栏

- 结果：显示布尔操作的结果，即布尔对象。
- 操作对象：显示操作对象，而不是布尔结果。

注意

如果操作对象在视口中难以查看，则可以使用“操作对象”列表选择一个操作对象。单击操作对象A或操作对象B的名称即可选中它。

- 始终：更改操作对象时，立即更新布尔对象，这是默认设置。
- 渲染时：仅当渲染场景或单击“更新”按钮时才更新布尔对象，如果采用此选项，则视口中并不始终显示当前的几何体，但在必要时可以强制更新。
- 手动：仅当单击“更新”按钮时才更新布尔对象。如果采用此选项，则视口和渲染输出中并不始终显示当前的几何体，但在必要时可以强制更新。
- 更新：更新布尔对象。如果选择了“始终”选项，则“更新”按钮不可用。

4.1.4 ProBoolean(超级布尔)

ProBoolean将大量功能添加到传统的布尔对象中，如每次使用不同的布尔运算，立刻组合多个对象的能力。ProBoolean还可以自动将布尔结果细分为四边形面。

单击工具栏上的“选择”工具，激活该工具后单击鼠标左键选择一个对象，然后在复合对象创建命令面板中单击激活 ProBoolean 按钮后，在创建命令面板中显示它的创建参数，如图4.11所示。

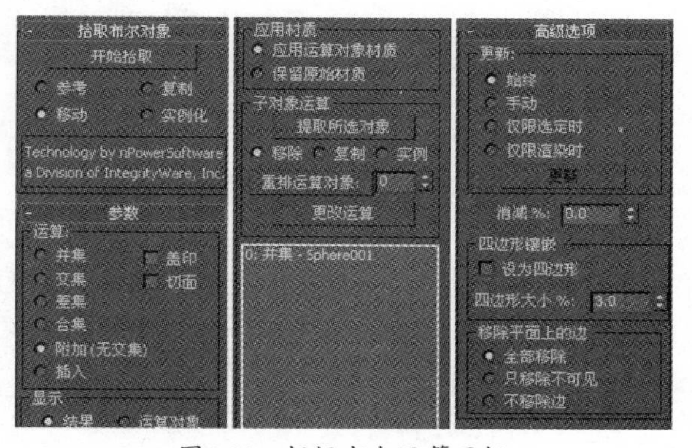

图4.11 超级布尔运算面板

ProBoolean将纹理坐标、顶点颜色、可选材质和贴图从运算对象传输到最终结果。可以选择将运算对象材质应用于所得到的面，也可以保留原始材质。如果其中一个原始运算对象具有材质贴图或顶点颜色，则所得到的面是由于运算对象保持这些图形属性获得的。但是，当纹理坐标或顶点颜色存在时，不能移除共面的面，因此所得到的网格质量会降低。所以建议在 ProBoolean运算之后应用纹理。

ProBoolean支持并集、交集、差集、合并、附加和插入。前三个运算与标准布尔复合对象中执行的运算很相似。“合集”运算相交并组合两个网格，不用移除任何原始多边形。对于需要有选择地移除网格的某些部分的情况，这可能很有用。

ProBoolean还支持布尔运算的两个变体：盖印和饼切。“盖印”选项在运算对象和原始网格中插入相交边，而不用移除或添加面。“盖印”只分割面，并将新边添加到基本对象的网格中；“饼切”切割原始网格图形的面，且不会将运算对象的面添加到原始网格中。可以使用它在网格中剪切一个洞，或获取网格在其他对象内部的部分。

4.1.5 放样

放样是 3ds Max 中一种非常重要的建模方式。这种建模方法简便、变化性强，可以制作出比较复杂的模型。放样源于船体制造，通常是指将船肋放入龙骨，以龙骨为中心排列船肋创建船身的过程。在 3ds Max 中，将放样路径比喻为“龙骨”，将放样截面比喻为“船肋”，利用放样可以很容易地创建出各种复杂的形体。

放样建模可以为任意数量的横截面图形创建作为路径的图形对象。该路径可以成为一个框架，用于保留形成对象的横截面。如果仅在路径上指定一个图形，3ds Max会假设在路径的每个端点有一个相同的图形，然后在图形之间生成曲面。3ds Max 对于创建放样对象的方式限制很少。可以创建曲线的三维路径，甚至是三维横截面。放样自带了5个变形命令，可以通过这5个命令对放样造型进行修改。因此，放样是一个功能十分强大的命令。

1．截面的要求

不同种类的二维线形作为放样的截面会产生不同的几何体，并不是所有的二维线形都可以作为放样的截面。放样截面对二维图形的要求如下。

(1) 截面图形不能有自相交情况。

(2) 一般来讲，截面图形应为闭合图形，但这并不是说放样截面不可以使用非闭合图形，如图4.12所示。因为闭合图形充当截面生成的放样对象，各个方向都可见，是一个实体，而且非闭合图形充当截面生成的放样对象却只在一个方向可见，在只要求单面可见的放样模型制作中，可以使用非闭合图形充当截面，如窗帘，这样做是为了节约模型的点面数量。

(3) 截面可以是多个截面。

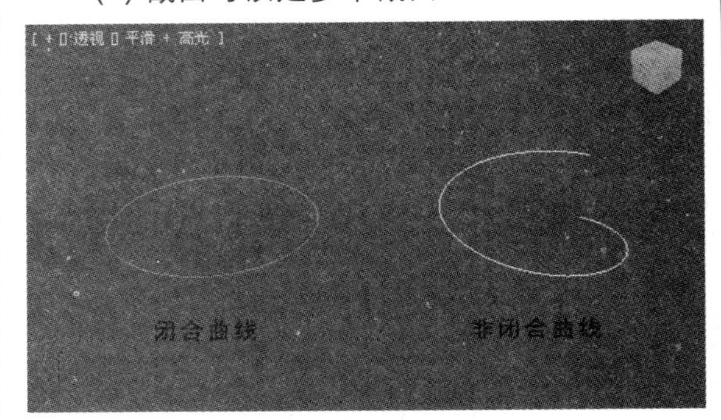

图4.12　闭合图形和非闭合图形

2．路径的要求

放样路径线形的要求比较简单，只要不是复合线形，都可以充当路径，不论是直线、曲线、闭合图形还是非闭合图形，因为充当路径的曲线只能有一个起点，而复合图形有两个起点。如图4.13所示。

图4.13　复合线形和非复合线形

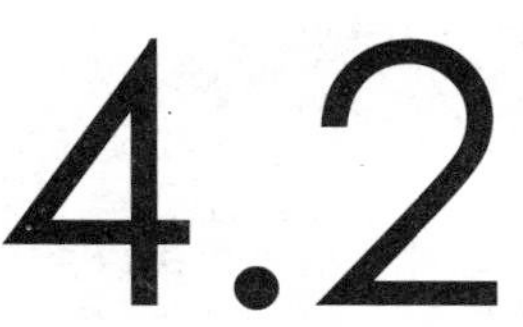

4.2 课堂实例1：石壁刻字

使用“图形合并”命令可以在模型表面刻画出文字、图案等复杂线形，下面的实例中就是使用这个命令制作出在石头上雕刻文字的效果，如图4.14所示。

图4.14 刻字的效果

01 在桌面上双击图标，启动3ds Max 2012中文版软件。

02 在菜单栏中执行“自定义”→“单位设置”命令，在弹出的“单位设置”对话框中设置单位为“厘米”，如图4.15所示。

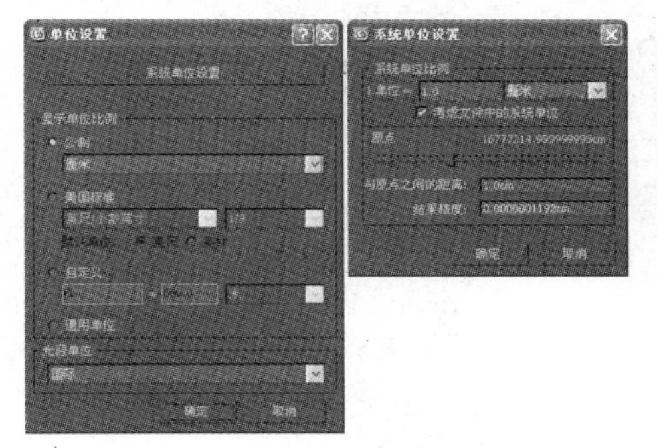

图4.15 设置单位

03 在标准基本体创建命令面板中单击 长方体 按钮，在顶视图中创建一个长方体。设置长方体的参数，如图4.16所示，并将其命名为“石壁”。

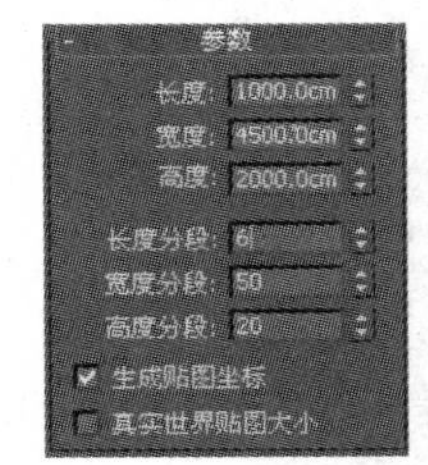

图4.16 创建长方体

04 将光标放置在“石壁”上，单击鼠标右键，在弹出的快捷菜单中执行“转换为”→“转换为可编辑多边形”命令，将球体转换为可编辑多边形对象，如图4.17所示。

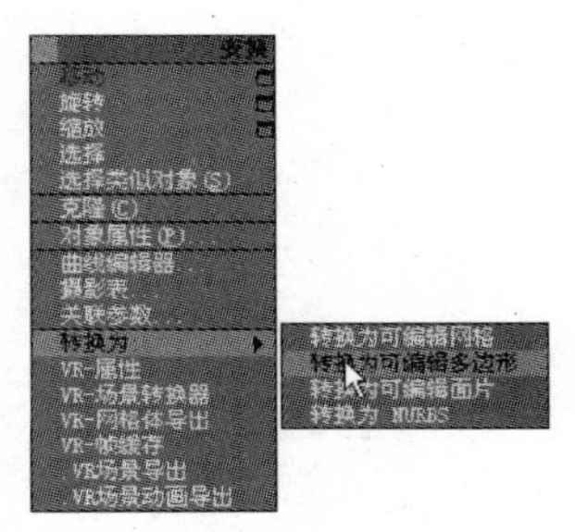

图4.17 转换为可编辑多边形

05 打开修改命令面板，在修改器堆栈中单击激活“多边形”子对象，如图4.18所示。

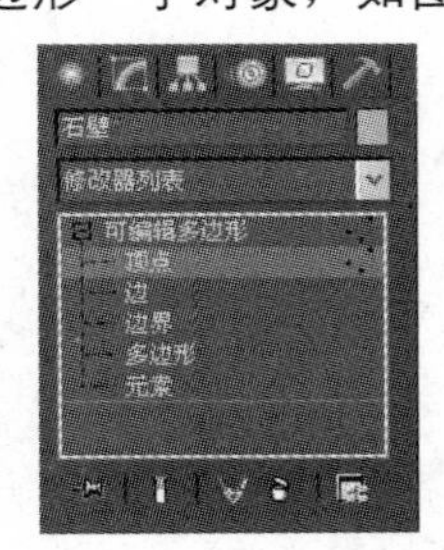

图4.18 激活子对象

06 在“软选择”卷展栏下勾选 使用软选择 选项，然后设置“衰减”值为500.0cm，如图4.19所示。

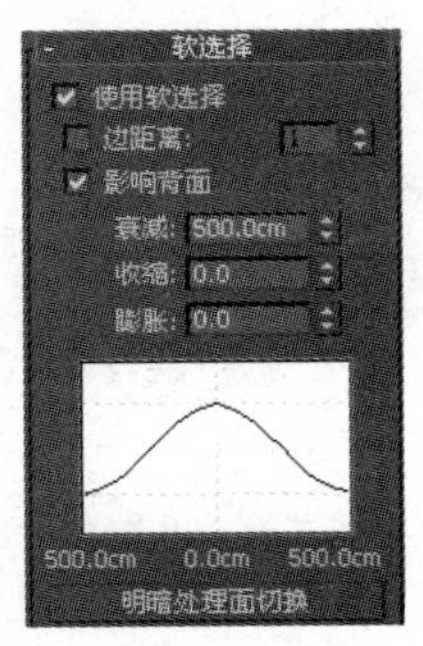

图4.19 软选择

07 在透视图中选择一个顶点，并使用“移动”工具移动该点，制作出表面凹凸不平的效果，如图4.20所示。

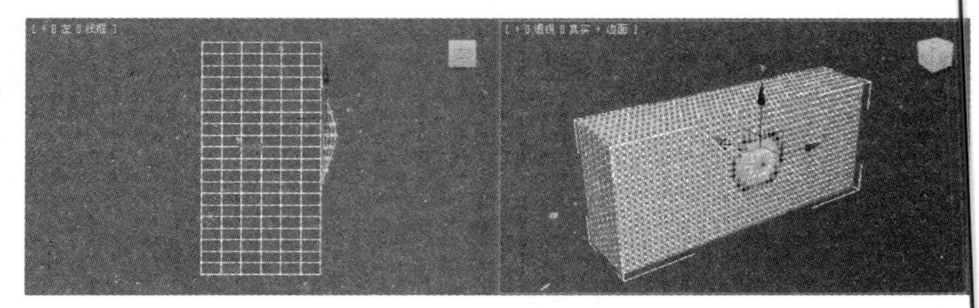

图4.20 使用软选择

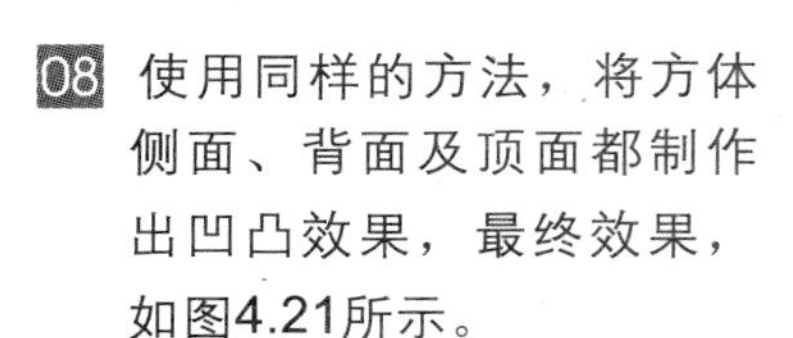

08 使用同样的方法，将方体侧面、背面及顶面都制作出凹凸效果，最终效果，如图4.21所示。

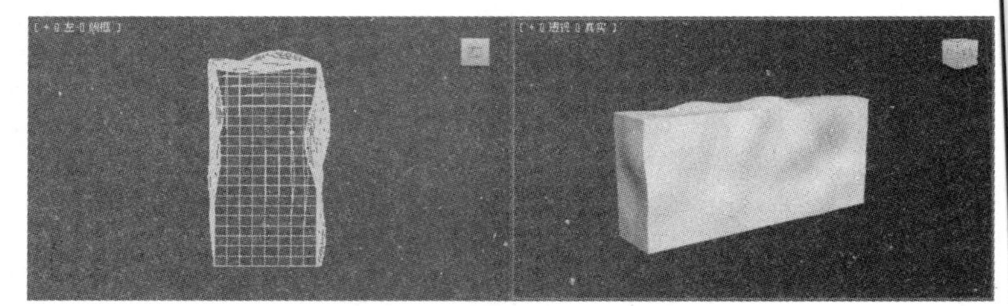

图4.21 调整点

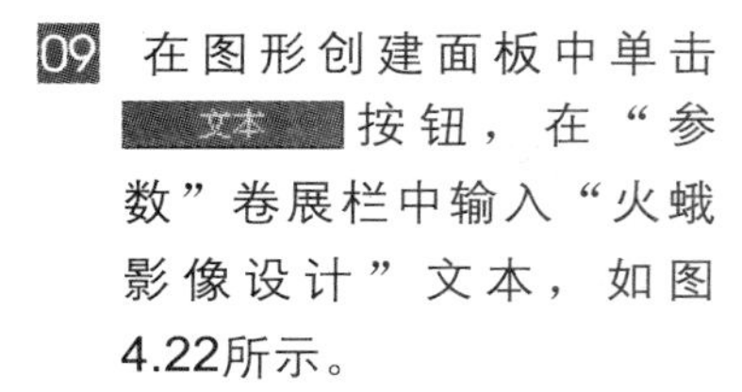

09 在图形创建面板中单击 文本 按钮，在“参数”卷展栏中输入“火蛾影像设计”文本，如图4.22所示。

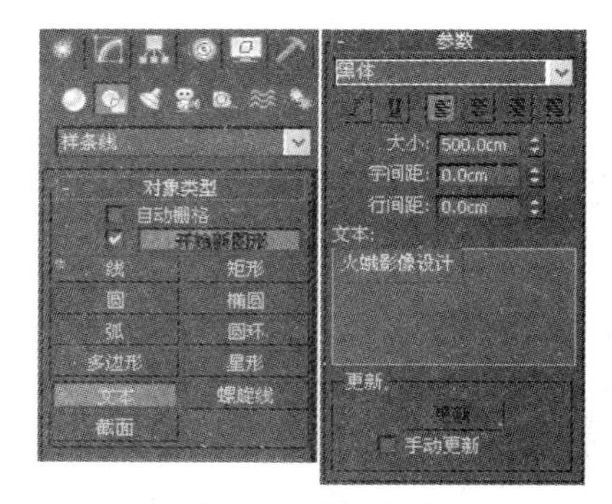

图4.22 输入文本

10 在前视图中单击创建文本，并将其命名为“刻字”，在修改命令面板的 修改器列表 下拉列表中选择“挤出”修改器，如图4.23所示。

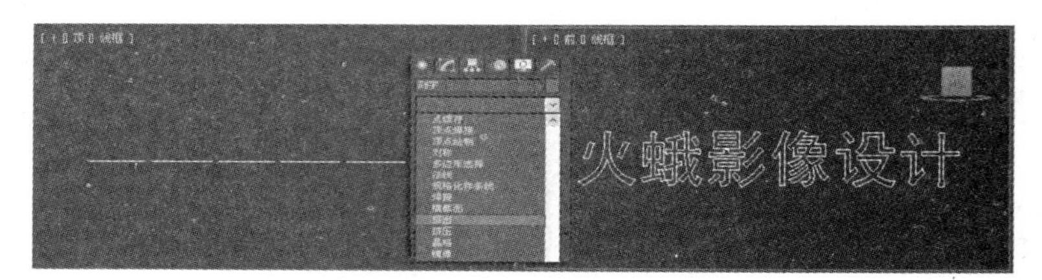

图4.23 选择修改器

11 添加“挤出”修改器后，原来没有厚度的模型有了厚度，设置修改器的参数，如图4.24所示。

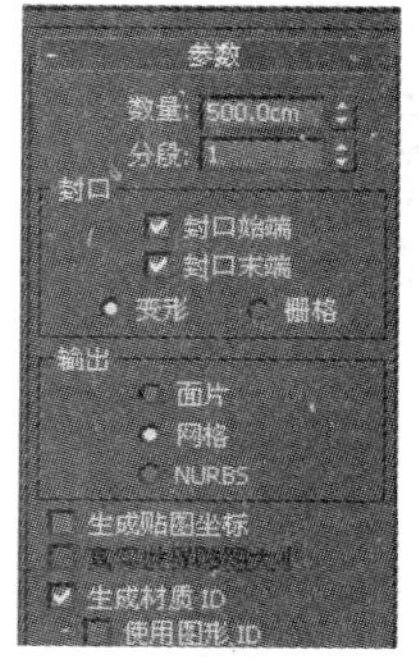

图4.24 挤出字体

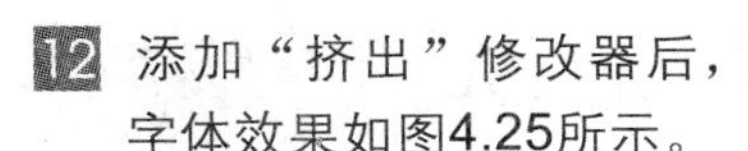

12 添加“挤出”修改器后，字体效果如图4.25所示。

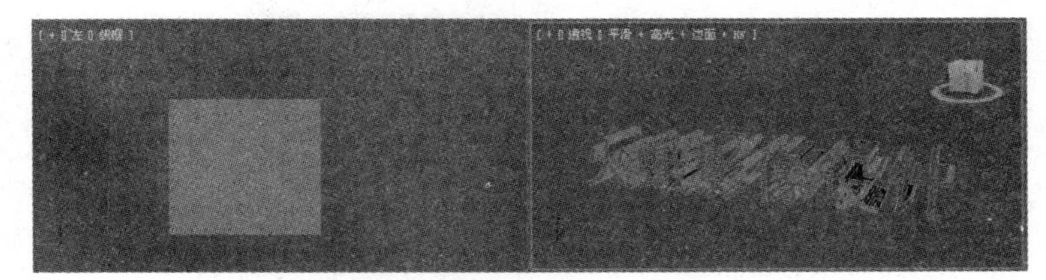

图4.25 挤出效果

13 在工具栏中激活“移动”工具，在顶视图中调整“刻字”的位置，使其镶嵌到“石壁”内，如图4.26所示。

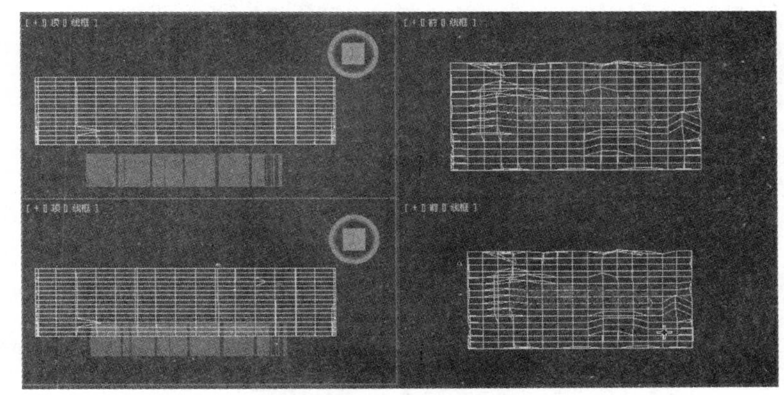

图4.26 调整位置

14 在视图中选中“石壁”，在创建命令面板的标准基本体下拉列表中选择“复合对象”选项，打开复合对象创建命令面板，单击ProBoolean按钮，如图4.27所示。

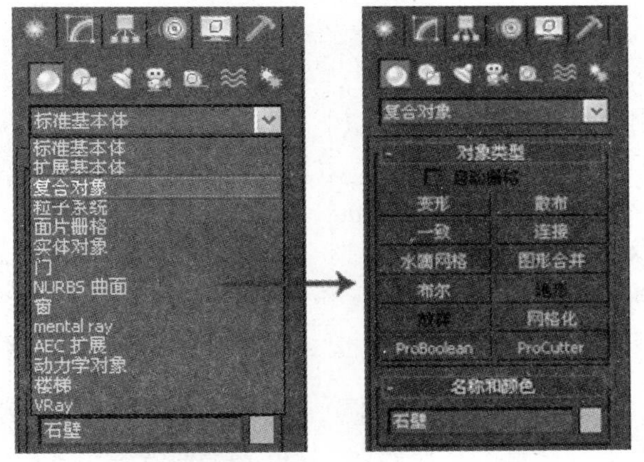

图4.27 超级布尔

15 在“拾取布尔对象”卷展栏上单击激活开始拾取按钮，如图4.28所示。

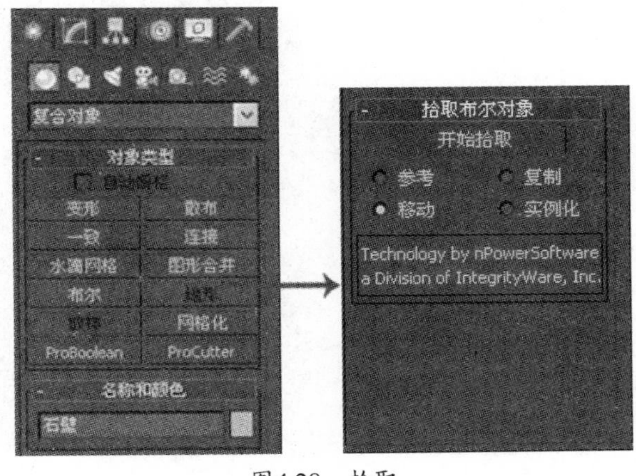

图4.28 拾取

16 在透视图上单击拾取“刻字”，“石壁”上便雕刻出文字凹槽，如图4.29所示。至此，整个石壁刻字的建模过程全部结束。单击工作界面左上角的按钮，执行“保存”命令，保存文件。

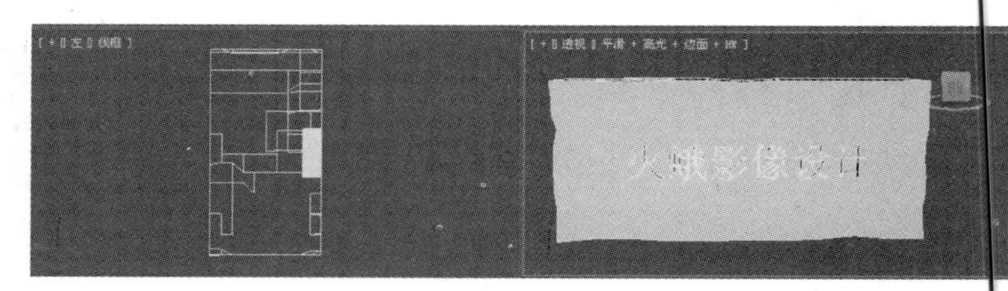

图4.29 完成超级布尔

4.3 课堂实例2：制作滑梯

前面的实例介绍了超级布尔的简单应用，使用这些基本体要做到有举一反三。本节还是使用这些简单的二维图形进行放样，创建一个小滑梯，参考效果如图4.30所示。

图4.30 滑梯

01 在桌面上双击图标，启动3ds Max 2012中文版软件。

02 在图形命令面板中单击 线 按钮，在前视图中创建一条曲线并命名为“截面”，如图4.31所示。

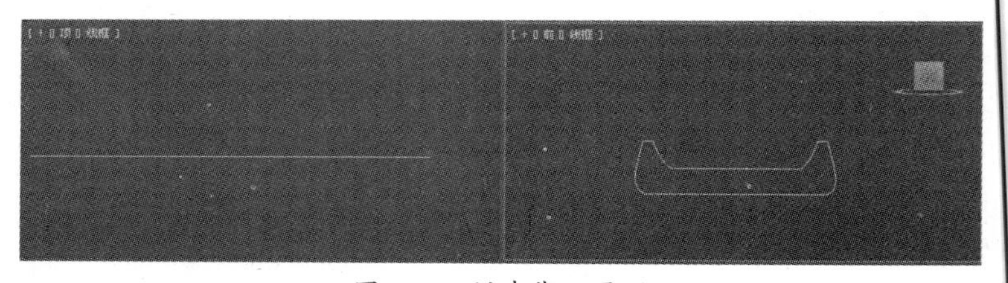

图4.31 创建截面图形

03 单击 线 按钮，在前视图中再创建一条曲线并命名为“路径”，效果如图4.32所示。

图4.32 创建路径

04 在视图中选中“路径”，在创建命令面板的 标准基本体 下拉列表中选择“复合对象”选项，打开复合对象创建命令面板。单击 放样 按钮，如图4.33所示。

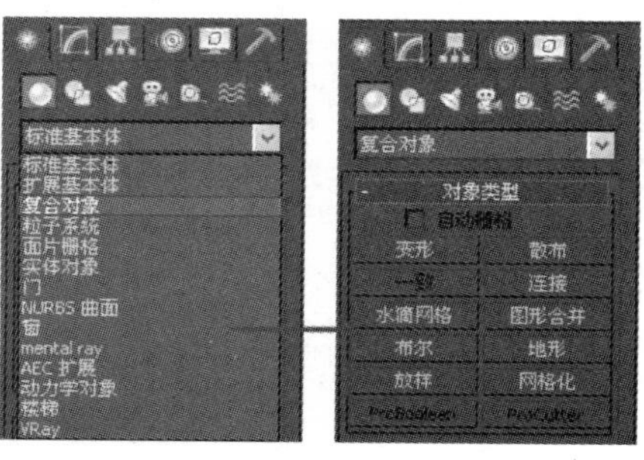

图4.33 选择放样

05 在“创建方法”卷展栏中单击激活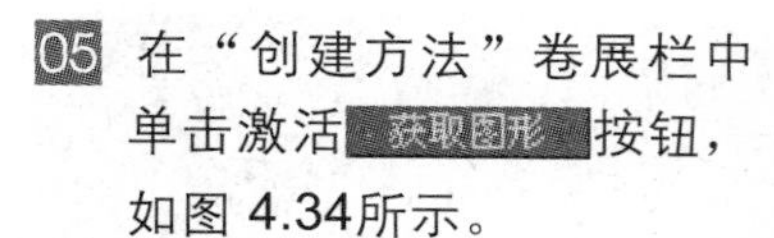按钮，如图4.34所示。

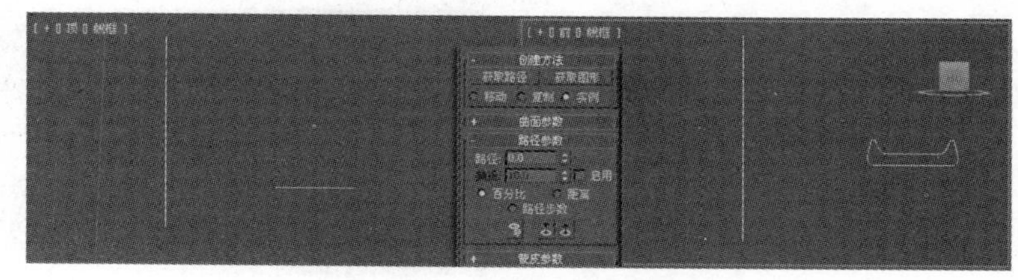

图4.34 创建方法卷展栏

06 在前视图中将光标移动到“截面”上，当光标变为拾取符号时单击拾取“截面”，如图4.35所示。

图4.35 拾取截面

07 拾取“截面”放样后的效果，如图4.36所示。

图4.36 拾取截面后的效果

08 此时，完成“滑梯”的制作，效果如图4.37所示。

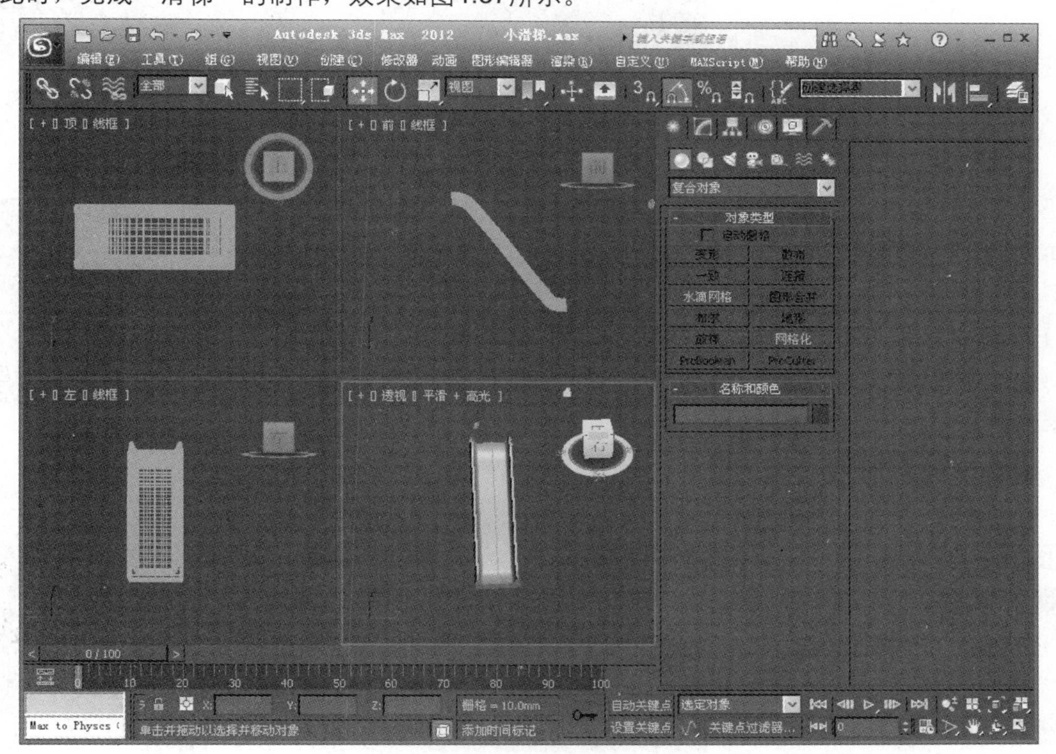

图4.37 完成滑梯的制作

09 单击 线 按钮，在前视图中创建一条曲线并命名为“滑梯架路径”，效果如图4.38所示。

图4.38 创建路径

10 打开修改命令面板，在修改器堆栈中单击激活“顶点”子对象，如图4.39所示。

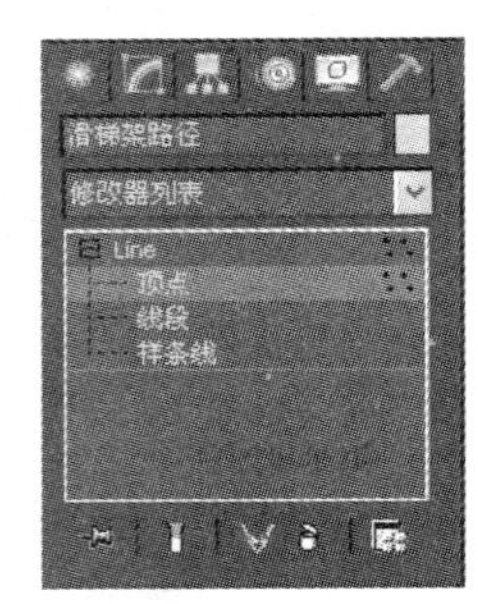

图4.39 激活子对象

11 在前视图中使用划框的方法选中上面的两个顶点，效果如图4.40所示。

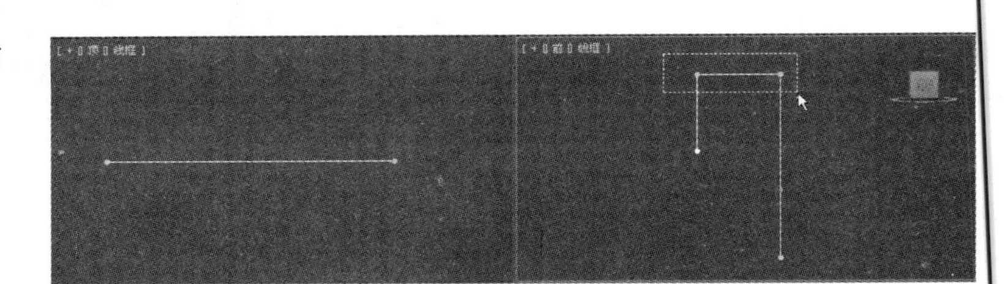

图4.40 选中点

12 在“几何体”卷展栏下单击激活 圆角 按钮，将光标放置在选中的顶点上，单击鼠标左键，在前视图中向上拖曳，效果如图4.41所示。

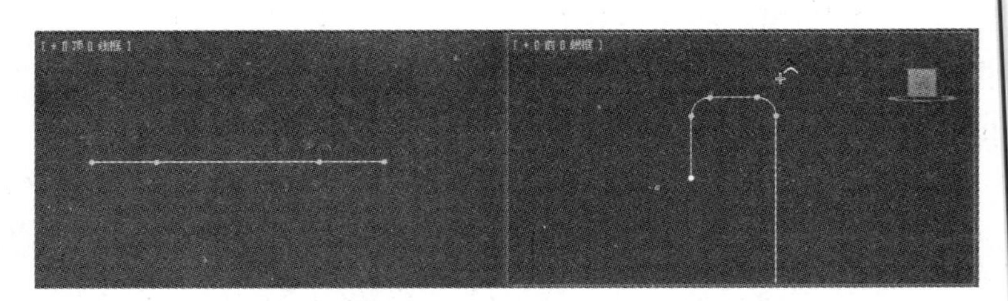

图4.41 圆角

13 单击图形创建面板中的 圆 按钮，在前视图中创建一个圆形并命名为“滑梯架截面”。设置具体参数，如图4.42所示。

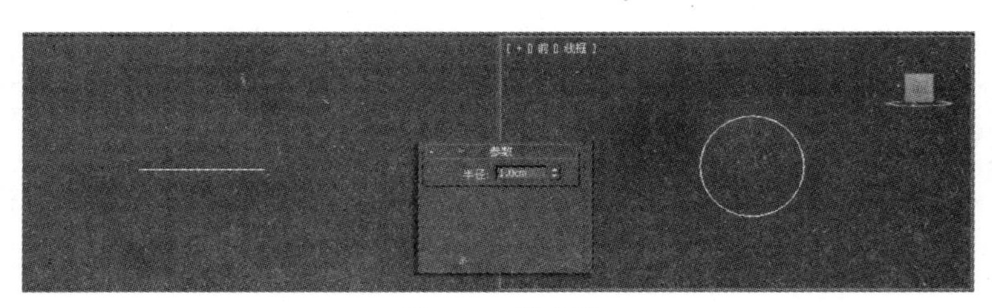

图4.42 创建圆

14 在视图中选中“滑梯架路径”，在创建命令面板的 标准基本体 下拉列表中选择“复合对象”选项，打开复合对象创建命令面板，单击 放样 按钮，如图4.43所示。

15 在“创建方法”卷展栏上单击激活 获取图形 按钮，如图4.44所示。

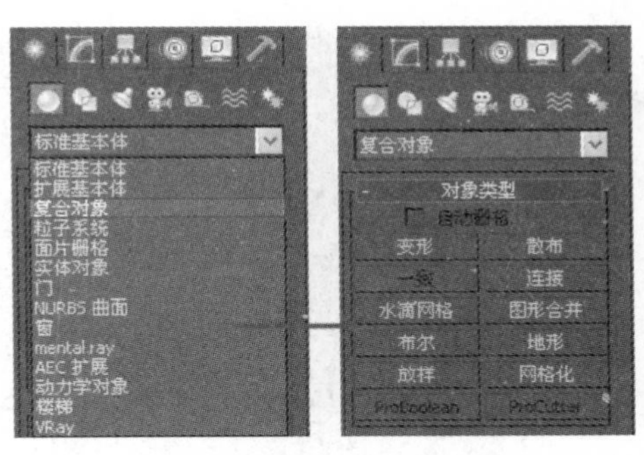

图4.43 选择放样

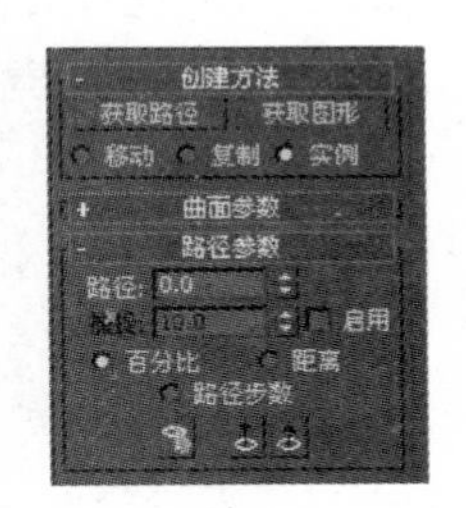

图4.44 获取图形卷展栏

16 在前视图单击拾取“滑梯架截面”，效果如图4.45所示。

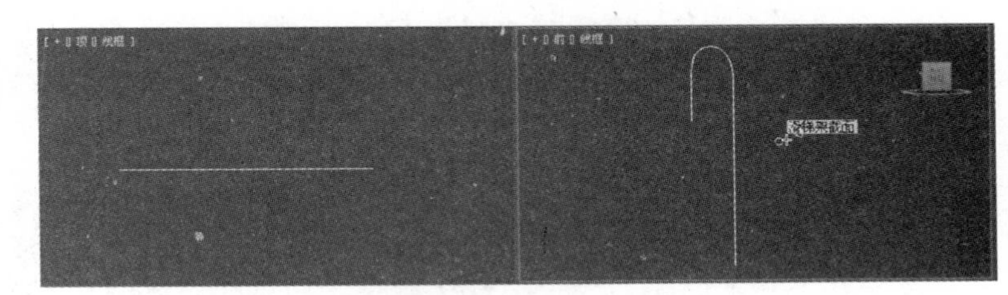

图4.45 拾取滑梯架截面

17 此时，滑梯架截面已经拾取完成，效果如图4.46所示。

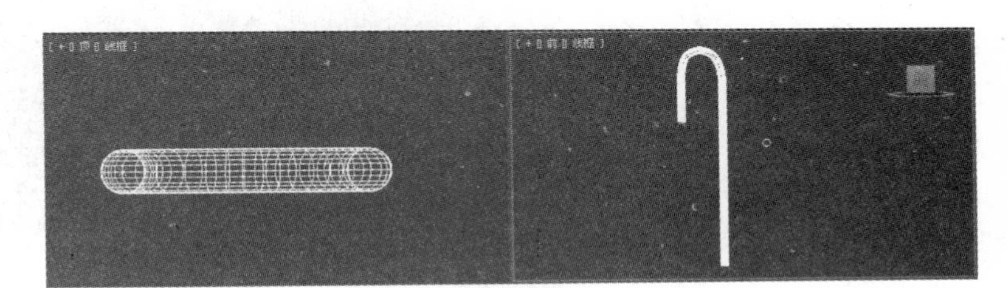

图4.46 拾取滑梯架截面完成

18 按住Shift键移动“滑梯架”将其复制一个，并调整在视图中的位置，如图4.47所示。

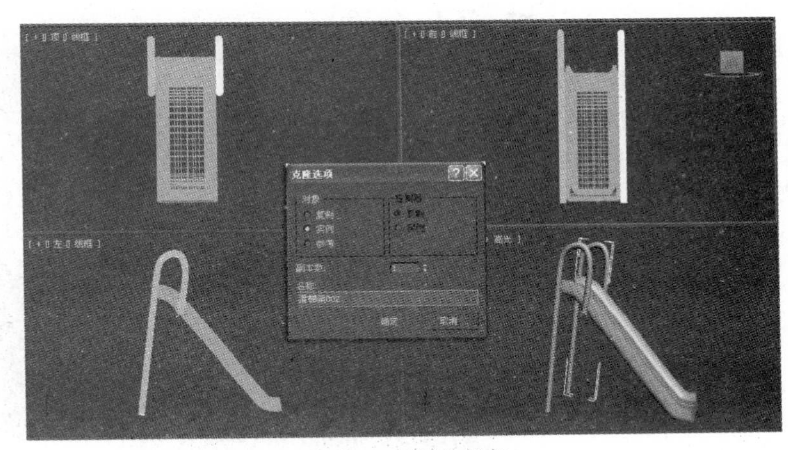

图4.47 复制楼梯架

19 单击 圆柱体 按钮，在左视图中创建一个圆柱体，将其命名为“横杆”，具体参数如图4.48所示。

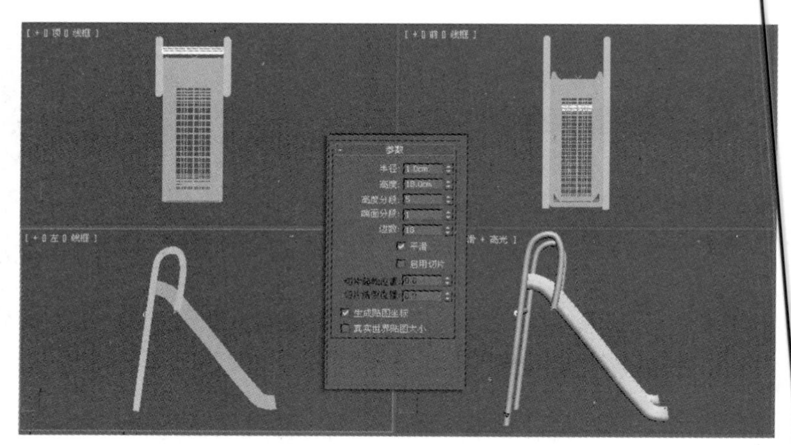

图4.48　创建横杆

20 按住Shift键移动“横杆”将其复制一个，并调整在视图中的位置，如图4.49所示。

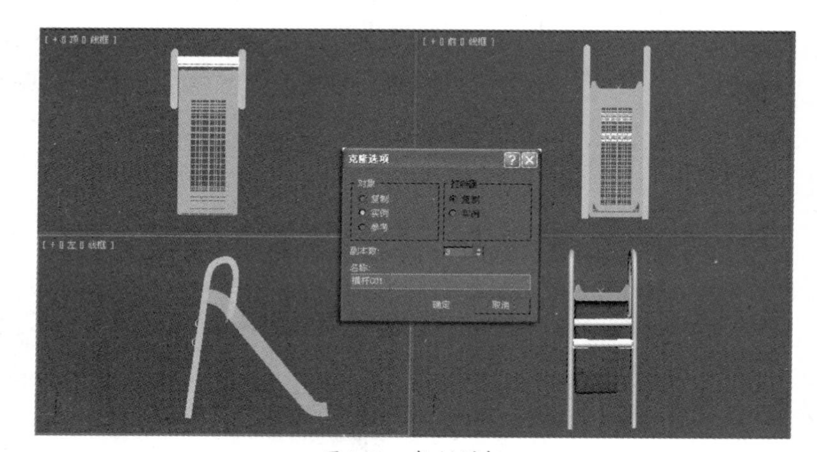

图4.49　复制横杆

21 在标准基本体创建面板中单击 圆柱体 按钮，在前视图中再创建一个圆柱体，将其命名为“侧杆”，具体参数如图4.50所示。

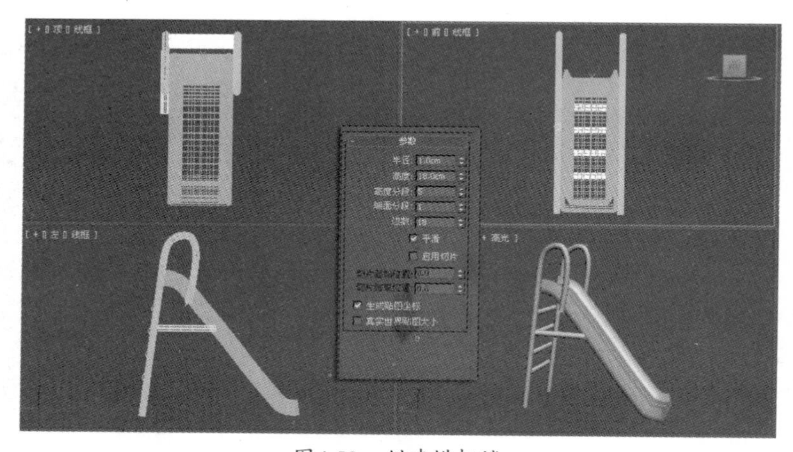

图4.50　创建横杆撑

22 按住Shift键，在视图中移动“横杆撑”将其复制一根，并调整其位置，如图4.51所示。

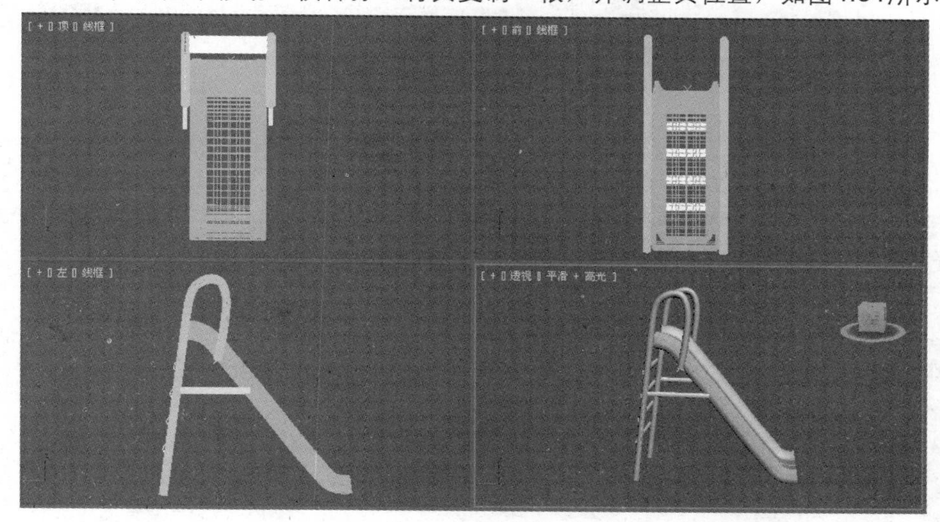

图4.51　复制模型

23 至此，整个小滑梯的建模过程全部结束，最终模型如图4.52所示。单击工作界面左上角的按钮，执行“保存”命令，保存文件。

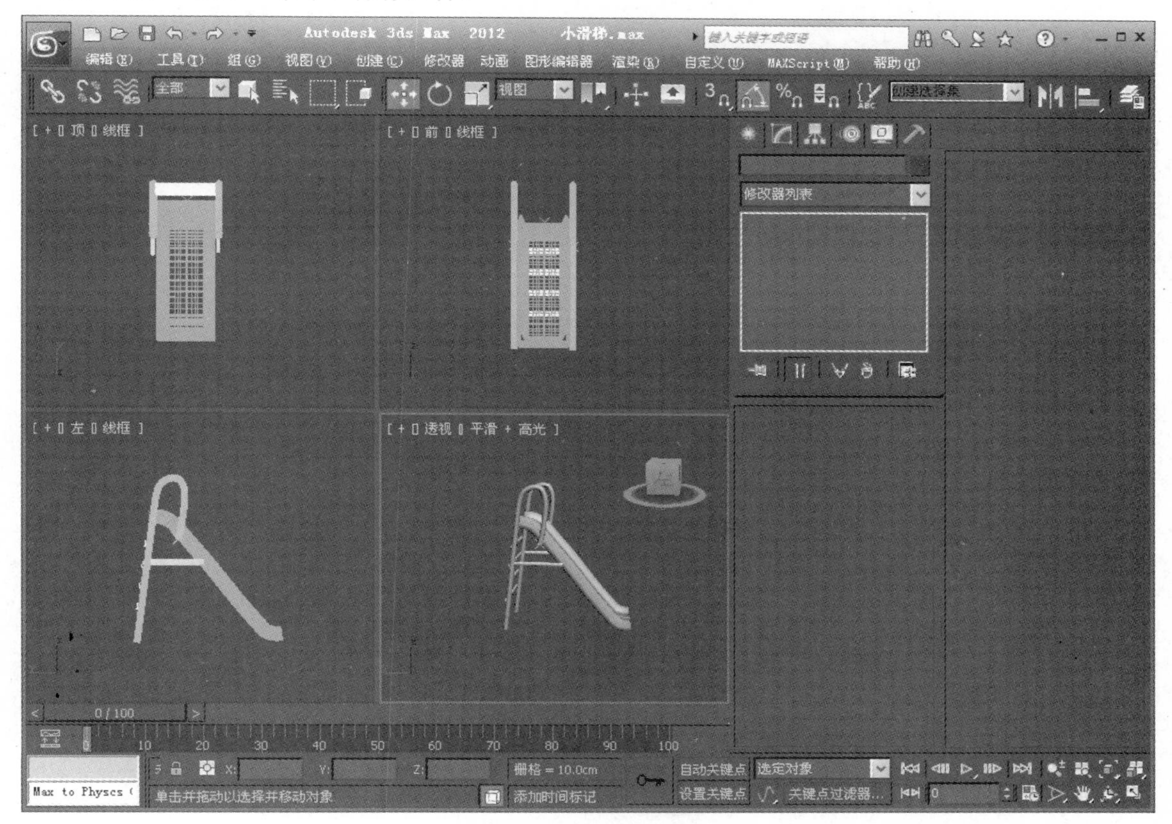

图4.52　完成小滑梯的制作

4.4 课后练习

通过本课的学习，使用放样命令制作罗马柱模型，参考图如图4.53所示。

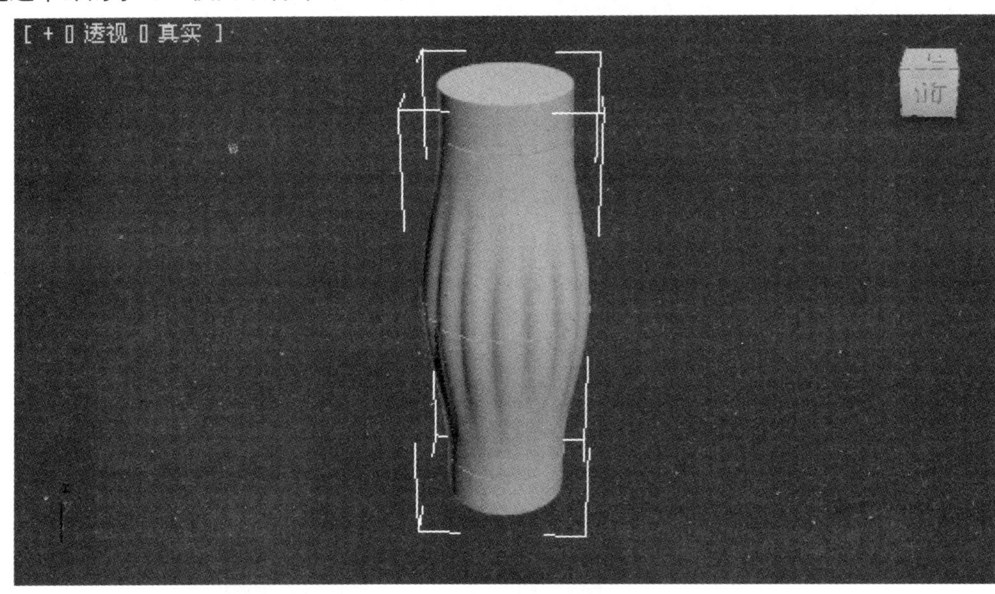

图4.53　罗马柱模型

第5课 常用修改器

当创建好一个三维物体后，可以根据需要为其应用编辑修改器，继续对物体进行形体上的编辑修改，在3ds Max中对大部分对象的修改将在编辑修改器中进行。

本课内容：

◎ 关于修改器
◎ 弯曲
◎ 锥化
◎ 自由变形
◎ 路径变形
◎ 制作艺术座椅
◎ 制作流动的光束

5.1 修改器命令

单纯使用几何体创建出来的造型往往不能完全符合要求，因此就要对其进行修改，对于三维模型来说，常用的修改命令有：弯曲、FFD(自由变形)、锥化、噪波、晶格、布尔等。

5.1.1 关于修改器

修改命令在修改面板中，按功能修改面板可以分为四个区域：名称与颜色、修改器列表、修改器堆栈和修改参数面板，如图5.1所示。

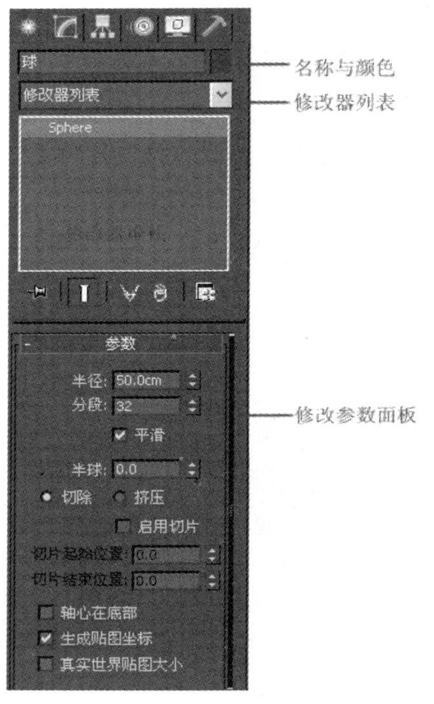

图5.1 修改面板

1. 名称与颜色

在修改模型时用于输入新的名称，单击颜色框还可以在弹出的颜色选择对话框中调整模型的颜色。

2. 修改器列表

单击其右侧的按钮，在下拉列表中可以选择需要的修改命令。

3. 修改器堆栈

修改器堆栈可以将对物体施加的多个修改命令堆起来，能够从一个修改命令级别跳到另一个级别进行重新设置。

显示最终结果开/关：可以观察修改的最终结果，默认时是打开的。

使对象独立：当对选择的一组三维模型施加一个修改器时，修改器会同时影响所有的三维模型，单击此按钮可以使单个对象从中独立出来，并对其单独进行修改，使共同的修改器独立分配给每个对象。

删除修改器：将修改器堆栈中的修改器删除。

修改器设置：用于对修改器堆栈进行设置。

4. 修改参数面板

列出了当前修改器的各种参数，这是修改命令面板中最重要的一个部分。由于修改器的参数众多，参数面板通常使用卷展栏对参数进行分类显示。

5.1.2 弯曲

“弯曲”修改器可以使对象沿着一定的轴线产生弯曲效果，在场景中选取造型，单击按钮进入修改面板，在修改器列表中选择弯曲修改器，其参数面板如图5.2所示。

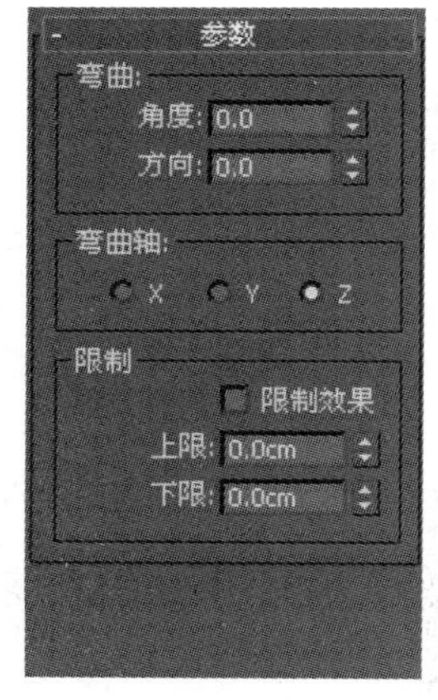

图5.2 弯曲修改器

- 角度：从顶点平面设置要弯曲的角度，范围为－999999.0～999999.0。

- 方向：设置弯曲相对于水平面的方向，范围为−999999.0～999999.0。

弯曲轴

- X/Y/Z：指定要弯曲的轴。默认设置为Z轴。

限制

- 限制效果：将限制约束应用于弯曲效果。选择该选项后弯曲效果被控制在上限点和下限点之间。
- 上限：以世界单位设置上部边界，此边界位于弯曲中心点上方，超出此边界弯曲不再影响几何体。默认设置为0，范围为0~99999.0。
- 下限：以世界单位设置下部边界，此边界位于弯曲中心点下方，超出此边界弯曲不再影响几何体。默认设置为0，范围为−999999.0～0。

三维造型在使用弯曲修改器时需要足够的段数，否则此修改器无法发挥作用，通常可以得到如图5.3所示的效果。

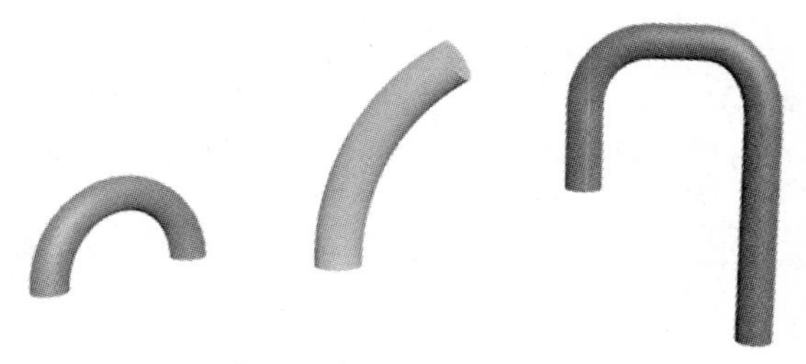

图5.3　弯曲修改器的效果

5.1.3　锥化

锥化修改器是通过缩放造型上下底面得到一个锥形的轮廓，提供的参数可以控制锥化的程度及锥化的范围，其参数面板如图5.4所示。

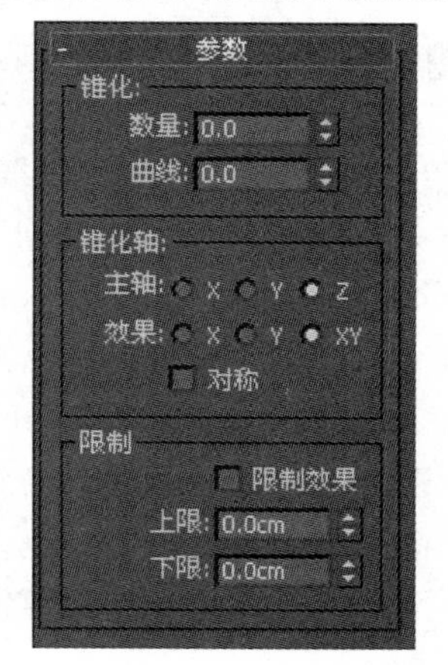

图5.4　锥化修改器

- 数量：缩放、扩展末端的大小。这个量是一个相对值，最大为10。
- 曲线：对锥化Gizmo的侧面应用曲率，因此影响锥化对象的图形。正值会沿着锥化侧面产生向外的曲线；负值产生向内的曲线。值为0时，侧面不变，默认值为0，如图5.5所示。

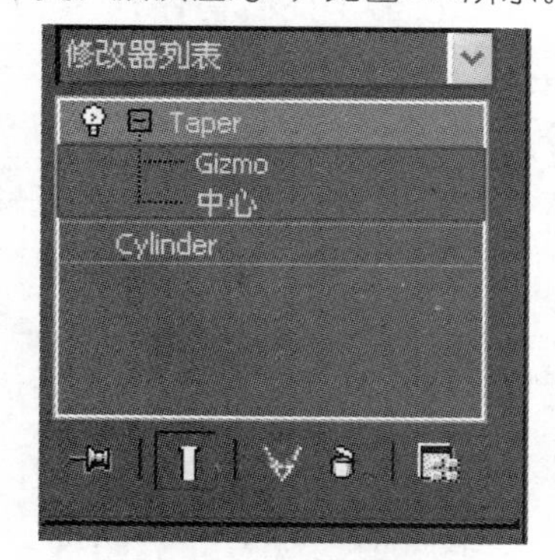

图5.5　Gizmo

- 主轴：锥化的中心样条线或中心轴X、Y或Z，默认设置为Z。
- 效果：用于表示主轴上锥化方向的轴或轴对，可用选项取决于主轴的选取。影响轴可以是剩下两个轴的任意一个，或者是它们的合集。如果主轴是X，影响轴可以是Y、Z或YZ。默认设置为XY。
- 对称：围绕主轴产生对称锥化，锥化始终围绕影响轴对称，默认设置为禁用状态。

在使用锥化修改器时也要注意三维造型的段数问题，通过锥化修改器得到的造型，如图5.6所示。

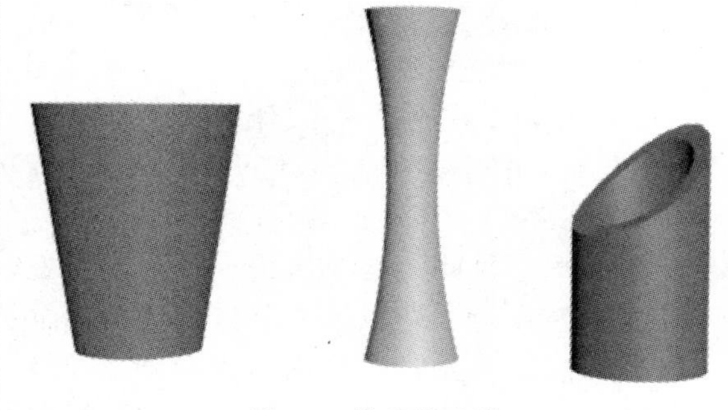

图5.6　锥化修改器

5.1.4　自由变形(FFD)

FFD代表自由变形。这在计算机动画中用来实现，如跳舞的汽车和油箱这样的效果，也可以使用它来塑造完整的形状，例如椅子和雕塑。FFD修改器使用晶格框或圆柱体包围选中的几何体。通过调整晶格的控制点，可以改变封闭几何体的形状。

3ds Max中提供了3个FFD修改器，每个提供不同的晶格分辨率：2×2、3×3和4×4。3×3修改器，提供具有3个控制点(控制点穿过晶格每一方向)的晶格或在每一侧面一个控制点(共9个)。除此之外，也有两个FFD相关修改器，它们提供原始修改器的超集。使用FFD(长方体/圆柱体)修改器，可在晶格上设置任意数量的点，这使它们比基本修改器功能更强大。FFD修改器堆栈，如图5.7所示。

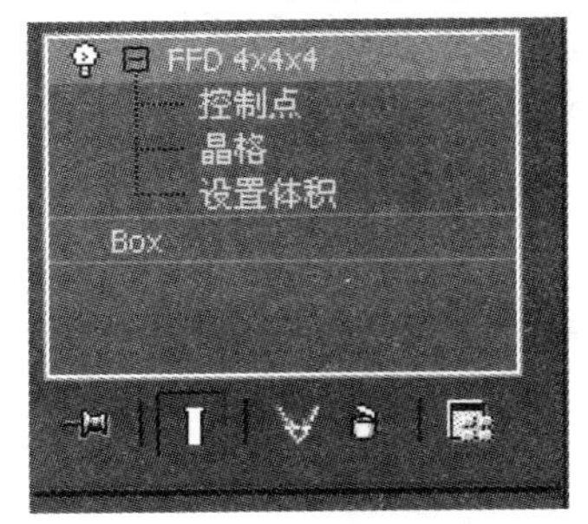

图5.7　FFD修改器堆栈

- 控制点：在此子对象层级，可以选择并操纵晶格的控制点，可以一次处理一个或以“组”为单位处理。操纵控制点将影响基本对象的形状，可以给控制点使用标准变形方法。当修改控制点时，如果单击启用了“自动关键点”按钮，此点将变为动画。
- 晶格：在此子对象层级，可从几何体中单独地摆放、旋转或缩放晶格框。如果启用了“自动关键点”按钮，此晶格将变为动画。当应用FFD时，默认晶格是一个包围几何体的边界框。移动或缩放晶格时，仅位于体积内的顶点子集合可应用局部变形。
- 设置体积：在此子对象层级，变形晶格控制点变为绿色，可以选择并操作控制点而不影响修改对象。这使晶格更精确地符合不规则形状对象，当变形时这将提供更好的控制。

“设置体积”主要用于设置晶格原始状态。如果控制点已是动画或启用“自动关键点”按钮时，此时“设置体积”与子对象层级上的“控制点”使用方法相同，当操作点时改变对象形状，FFD参数卷展栏，如图5.8所示。

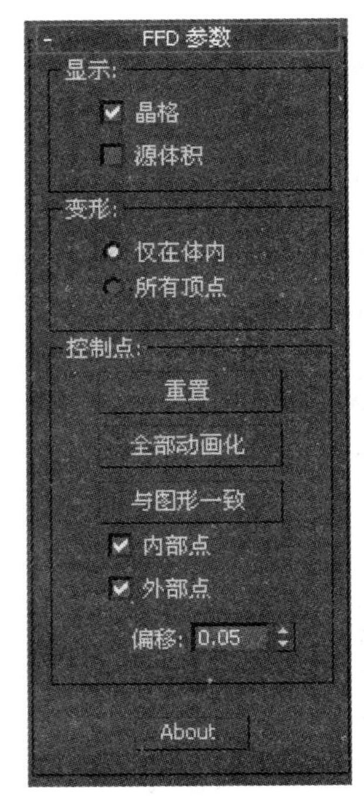

图5.8　FFD参数卷展栏

- 晶格：将绘制连接控制点的线条以形成栅格。虽然绘制的线条有时会使视口显得混乱，但它们可以使晶格形象化。
- 源体积：控制点和晶格会以未修改的状态显示。当在“晶格”选择级别上，这将帮助摆放源体积的位置。
- 仅在体内：只有位于源体积内的顶点会变形，默认设置为启用。
- 所有顶点：将所有顶点变形，不管它们位于源体积的内部还是外部。体积外的变形是对体积内变形的延续，远离源晶格点的变形可能会很严重。
- 重置：将所有控制点恢复到它们的原始位置。
- 全部动画化：将“点3”控制器指定给所有的控制点，这样它们在“轨迹视图”中将立即可见。

默认情况下，FFD晶格控制点将不在“轨迹视图”中显示，因为没有给它们指定控制器。但是在设置控制点动画时，给它指定了控制器，则它在“轨迹视图”中可见。使用“全部动画化”，也可以添加和删除关键点或执行其他关键点操作。

- 与图形一致：在对象中心控制点位置之间沿直线延长线，将每一个FFD控制点移到修改对象的交叉点上，这将增加一个由“偏移”微调器指定的偏移距离。

- 内部点：仅控制受“与图形一致”影响的对象内部点。
- 外部点：仅控制受“与图形一致”影响的对象外部点。
- 偏移：受“与图形一致”影响的控制点，偏移对象曲面的距离。

5.1.5 路径变形

路径变形修改器使用样条线路径变形对象，这分为两种类型：面片变形和曲面变形。路径变形使物体沿着路径曲线变形，物体可以沿着指定路径移动并形变。在使用此修改器时，先利用“拾取路径”按钮选择要变形的样条曲线，再通过“百分比”参数确定对象沿路径移动的距离。此外，还可以通过参数在卷展栏中的“拉伸”、“旋转”和“扭曲”参数来决定对象在路径上的运动方式。路径变形参数卷展栏如图5.9所示。

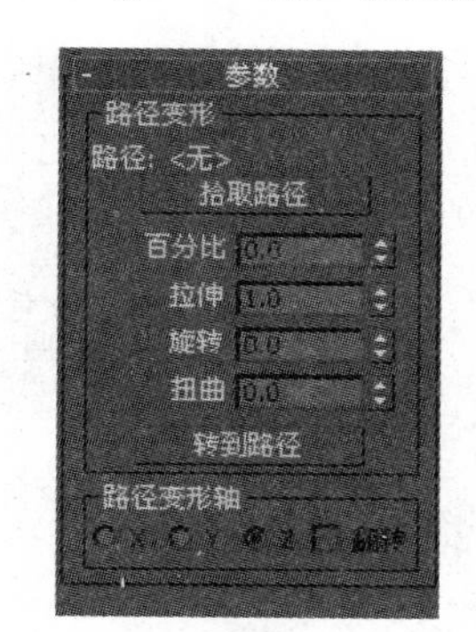

图5.9　路径变形参数卷展栏

- 拾取路径：复制出一条关联曲线，作为物体的变形路径。
- 百分比 0.0：调节物体在路径上的位置。
- 拉伸 1.0：沿着路径调节物体的长度。
- 旋转 0.0：对象以旋转的运动方式在路径上运动。
- 扭曲 0.0：对象以扭曲的运动方式在路径上运动。
- 路径变形轴：物体在路径上的旋转轴向，通常设置为Z轴。
- 翻转：反转变形的轴向。

5.2 课堂实例1：制作艺术座椅

本例介绍一个室外座椅的制作过程，通过放样命令创建椅子扶手，使用间隔工具创建椅座，整个模型综合了多种创建方式，其最终效果如图5.10所示。

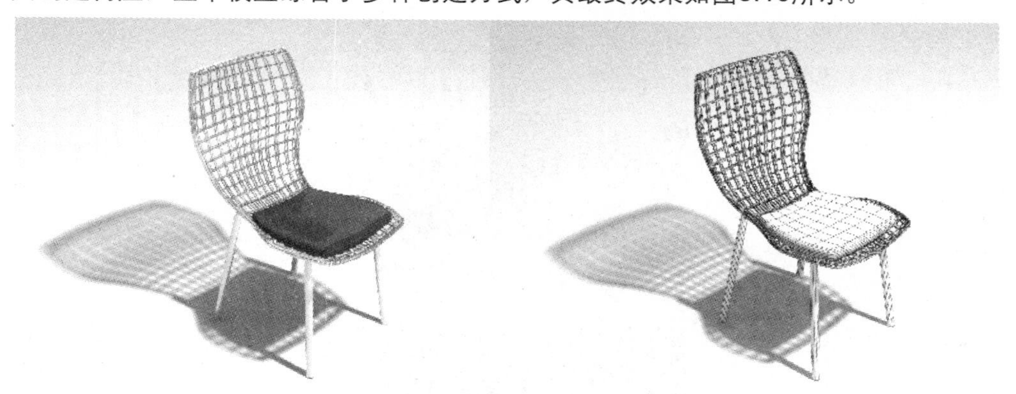

图5.10　艺术座椅

01 在桌面上双击图标，启动3ds Max 2012中文版软件。

02 在菜单栏中执行“自定义”→“单位设置”命令，在弹出的“单位设置”对话框中设置单位为“厘米”，如图5.11所示。

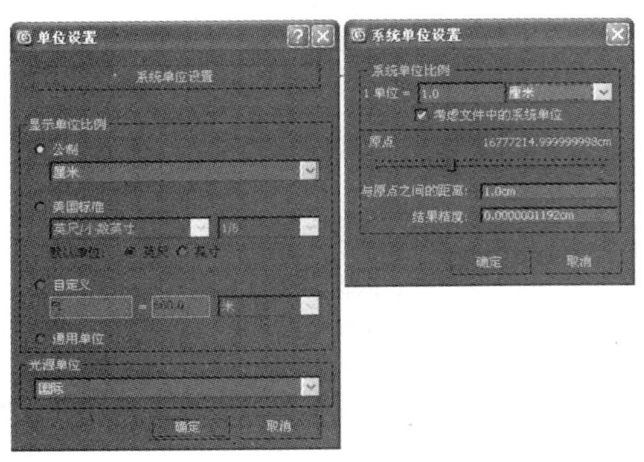

图5.11 设置单位

03 在扩展基本体创建面板中单击 切角长方体 按钮，在顶视图中创建一个切角长方体，设置其参数如图5.12所示，然后将切角长方体命名为“底座”。

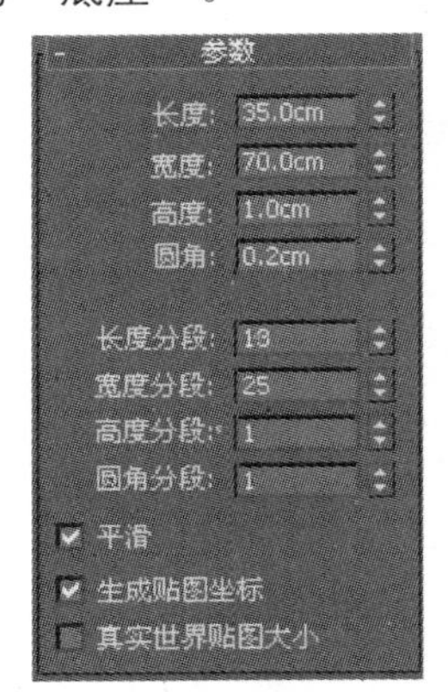

图5.12 切角长方体参数

04 确认“底座”处于选中状态，在修改命令面板的 修改器列表 下拉列表中选择“FFD长方体”选项。在修改命令面板中单击 设置点数 按钮，在弹出的“设置FFD尺寸”对话框中设置控制点的数量，如图5.13所示。

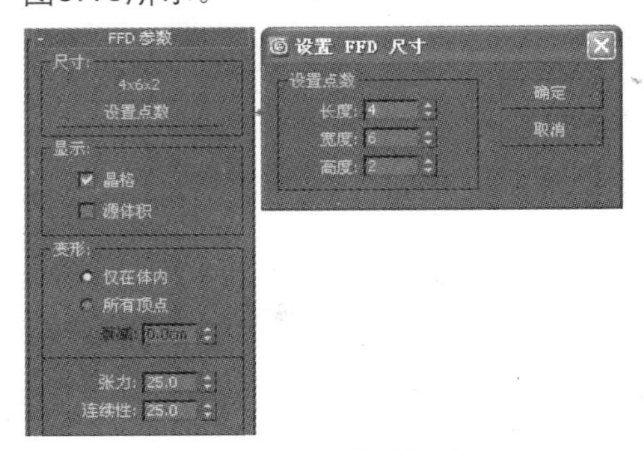

图5.13 设置控制点数

“FFD长方体”允许用户设置控制点数，这样在需要细致调整的轴向上可以设置更多的控制点。

05 在修改面板修改器堆栈中激活“控制点”子对象，如图5.14所示。

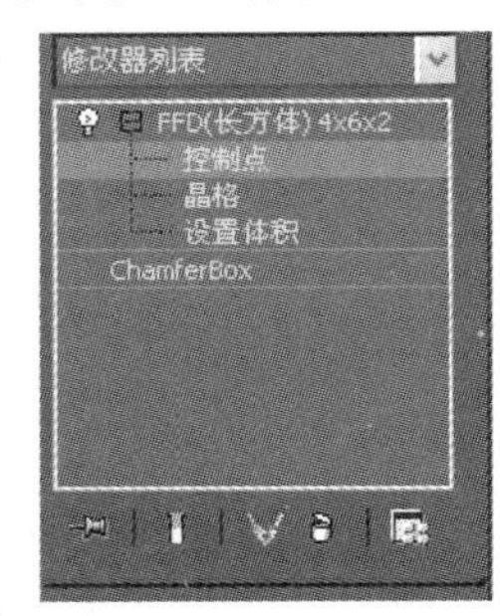

图5.14 激活子对象

06 使用工具栏中的工具，锁定Y轴，缩放各列控制点，调整切角长方体的形状，如图5.15所示。

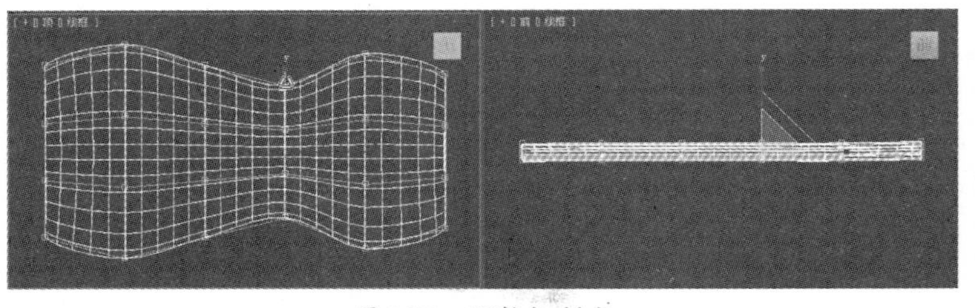

图5.15 调整控制点

07 在前视图中选中左右两侧的控制点，使用工具栏中的工具，将其向下移动，如图5.16所示。

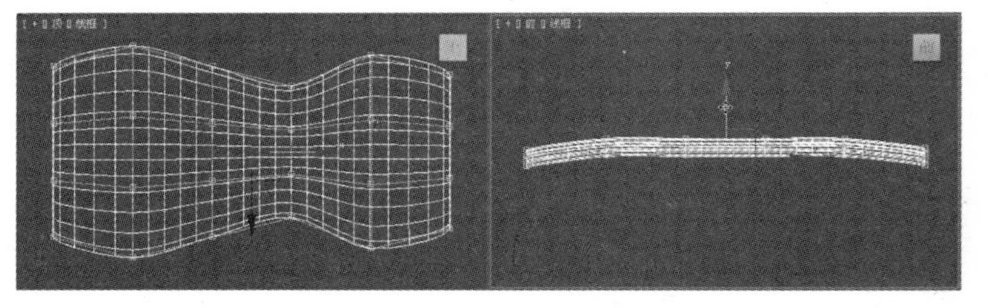

图5.16 调整控制点

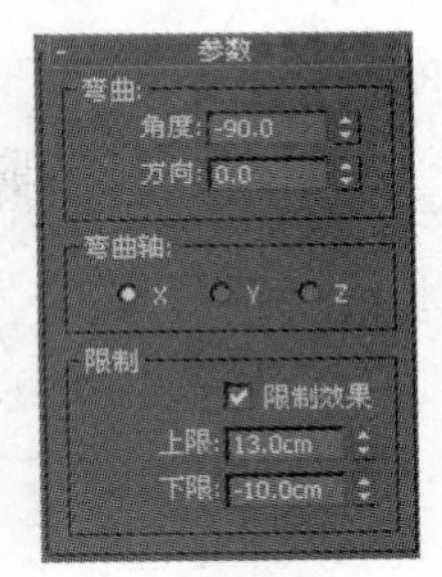

图5.17　绘制扶手截面

08 确认“底座”处于选中状态，在修改命令面板的 修改器列表 下拉列表中选择“弯曲”选项，为模型施加一个弯曲修改器。

09 在修改命令面板中设置弯曲的参数，并设置弯曲的上限和下限，将弯曲效果限制在模型的中间部分，如图5.17所示。

10 设置了弯曲修改器后的模型，如图5.18所示。

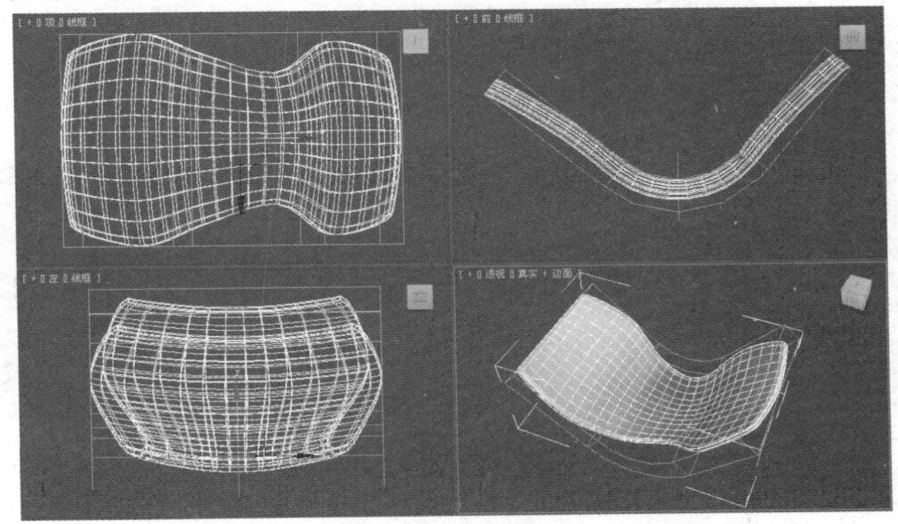

图5.18　弯曲效果

11 使用工具栏中的 工具，在前视图中锁定Z轴，旋转模型，如图5.19所示。

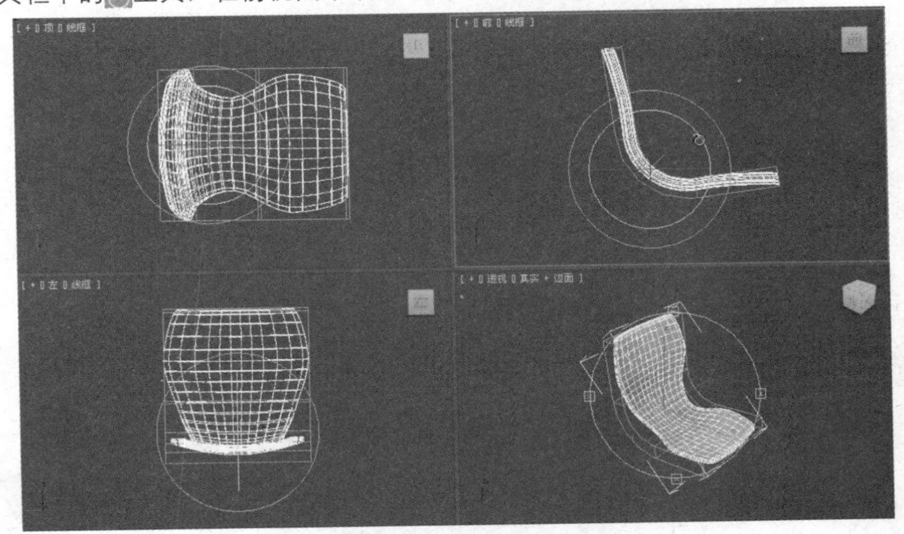

图5.19　旋转模型

12 在修改命令面板的 修改器列表 下拉列表中选择“晶格”选项，为模型施加一个晶格修改器，设置修改器的参数，如图5.20所示。

13 添加晶格修改器后，模型变为网格，如图5.21所示。

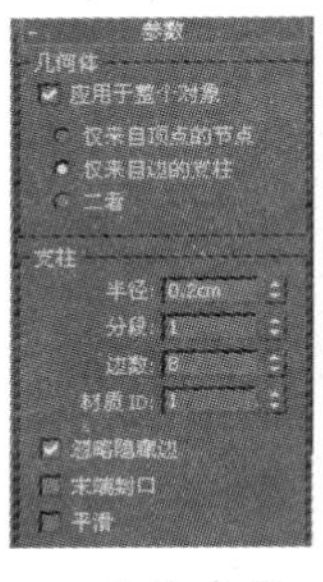

图5.20　晶格参数

图5.21　模型网格化

“晶格”修改器可以将模型根据段数网格化，这在制作网格模型时经常用到。

14 在扩展基本体创建命令面板中单击 切角长方体 按钮，在顶视图中再创建一个切角长方体，设置其参数如图5.22所示，然后将切角长方体命名为“坐垫”。

15 在视图中调整“坐垫”的位置，将其放置在“底座”上，如图5.23所示。

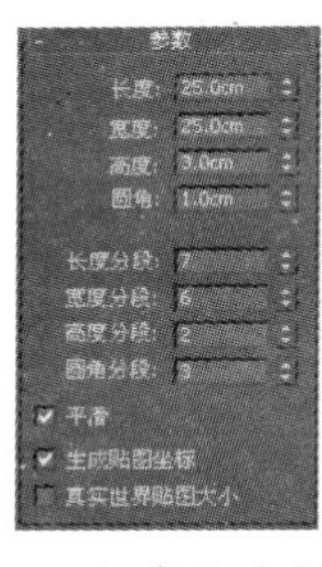

图5.22　切角长方体参数

图5.23　坐垫的位置

16 在修改命令面板的 修改器列表 下拉列表中选择“FFD4×4×4”选项，为模型添加一个自由变形修改器。

17 在修改命令面板修改器堆栈中激活“控制点”子对象，调整控制点的位置，使“坐垫”的形状符合“底座”的形状，如图5.24所示。

18 在扩展基本体创建命令面板中单击 切角圆柱体 按钮，在顶视图中创建一个切角圆柱体，设置其参数如图5.25所示，其将模型命名为“椅腿”。

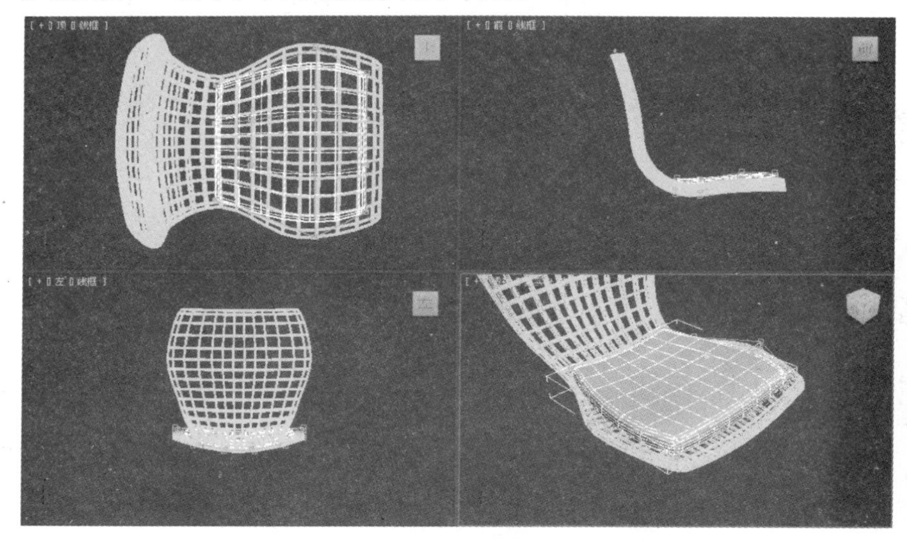

图5.24　调整控制点

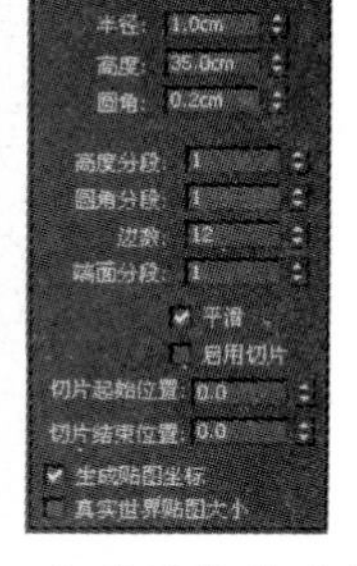

图5.25　切角圆柱体的参数

19 单击工具栏上的(旋转)工具，调整“椅腿”的角度，效果如图5.26所示。

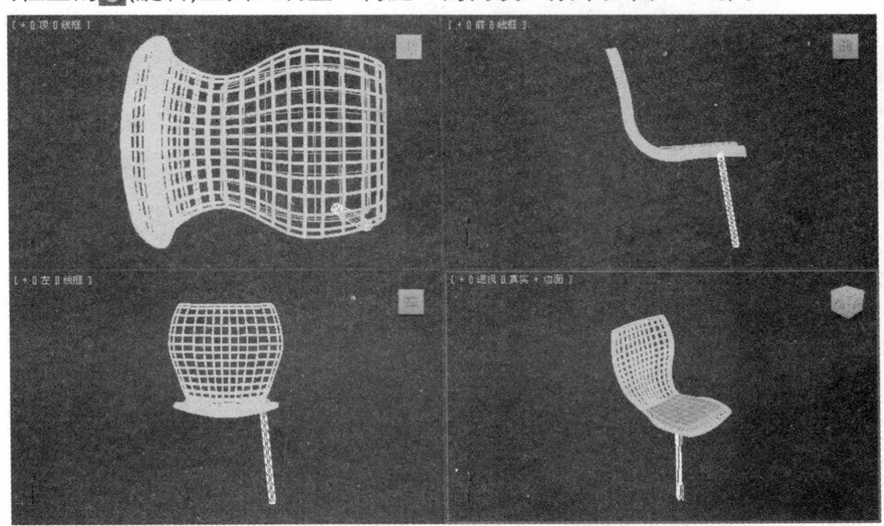

图5.26 调整“椅腿”的角度

20 激活前视图，选中“椅腿”，在工具栏中单击按钮，在弹出的“镜像”对话框中设置镜像的轴向和方式，如图5.27所示。

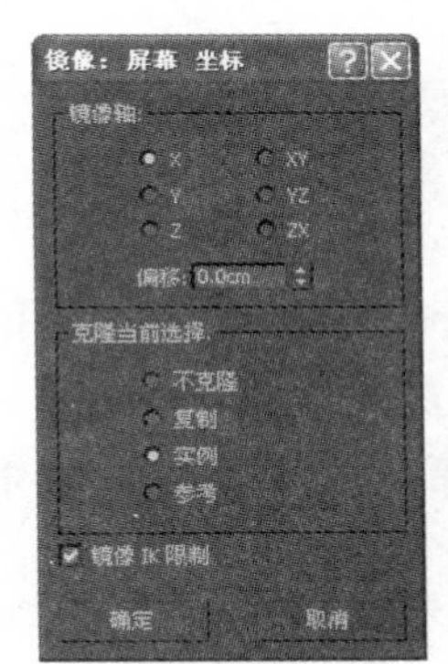

图5.27 “镜像”对话框

21 在视图中移动镜像复制后的模型，如图5.28所示。

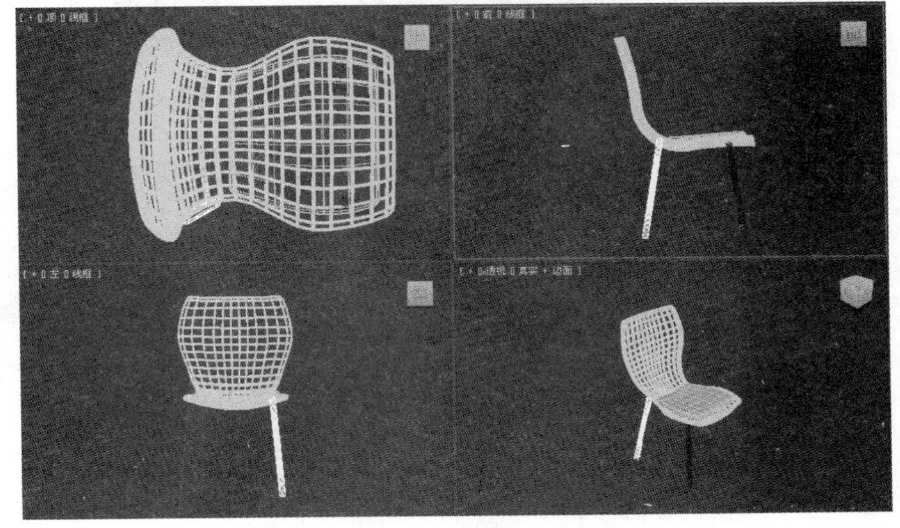

图5.28 移动模型

22 在左视图中选中两个“椅腿”对象，在工具栏中单击按钮，在弹出的“镜像”对话框中设置镜像的轴向为X轴，镜像方式为“实例”，然后调整镜像复制后的模型，如图5.29所示。

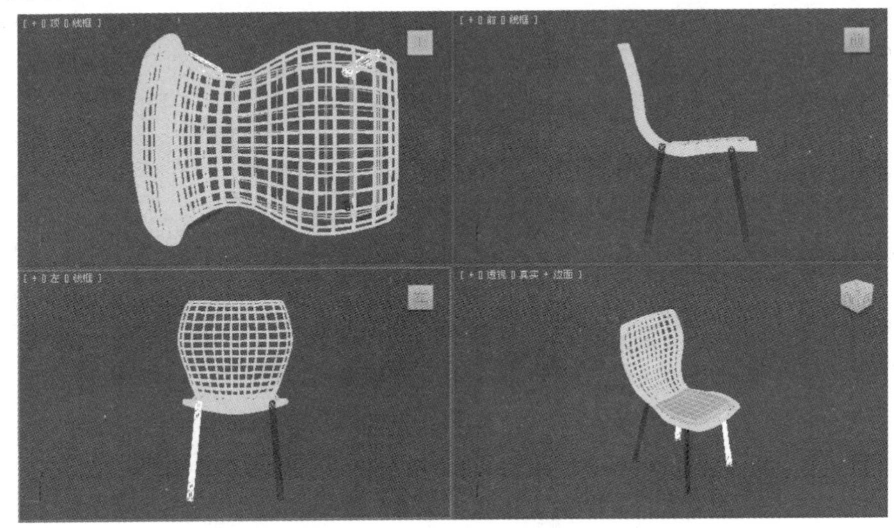

图5.29 镜像后的模型

23 至此，艺术座椅已经制作完成。单击工作界面左上角的按钮，执行“保存”命令，保存文件。

5.3 课堂实例2：制作流动的光束

前面的实例介绍了“弯曲”、“自由变形”及“晶格”等修改器的具体应用方法，本节使用“路径约束”修改器创建一个完全不同的模型，模型参考效果，如图5.30所示。

图5.30 流动的光束

01 在桌面上双击图标，启动3ds Max 2012中文版软件。

02 在菜单栏中执行“自定义”→“单位设置”命令，在弹出的“单位设置”对话框中设置单位为“厘米”，如图5.31所示。

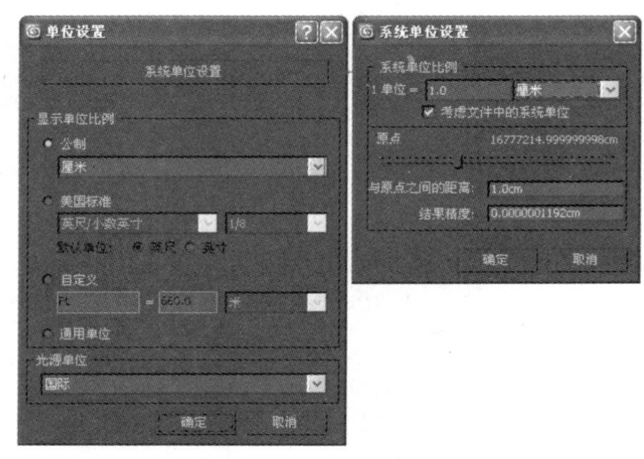

图5.31 设置单位

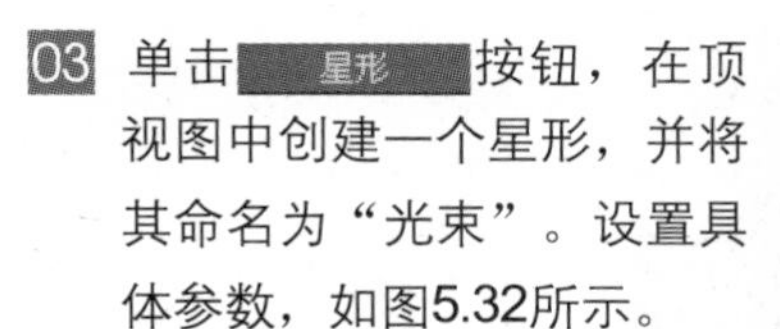

03 单击 星形 按钮，在顶视图中创建一个星形，并将其命名为“光束”。设置具体参数，如图5.32所示。

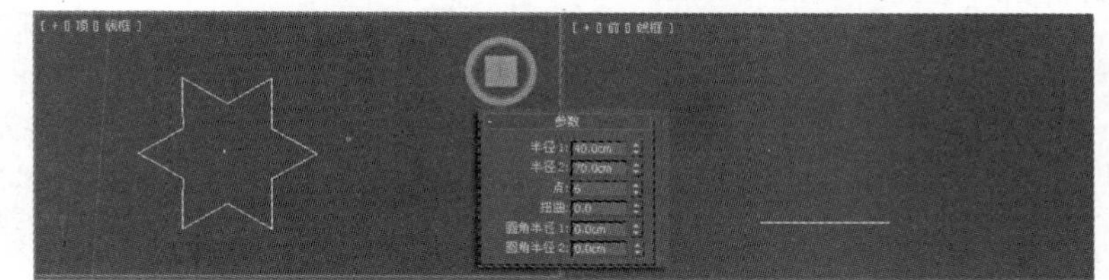

图5.32 创建“光束”

04 确认“光束”处于选中状态，在修改命令面板的 修改器列表 下拉列表中选择“挤出”选项，如图5.33所示。

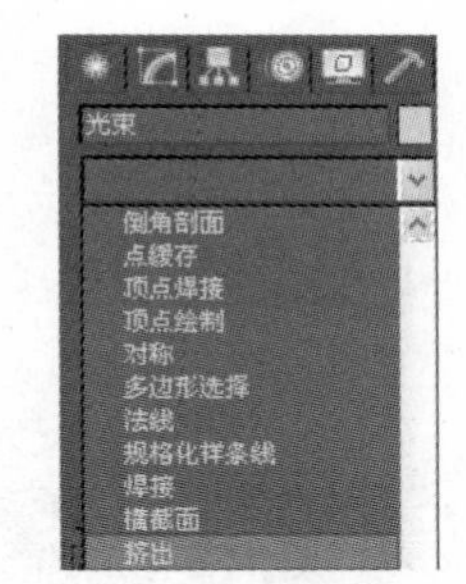

图5.33 “挤出”选项

05 设置具体参数，如图5.34所示。

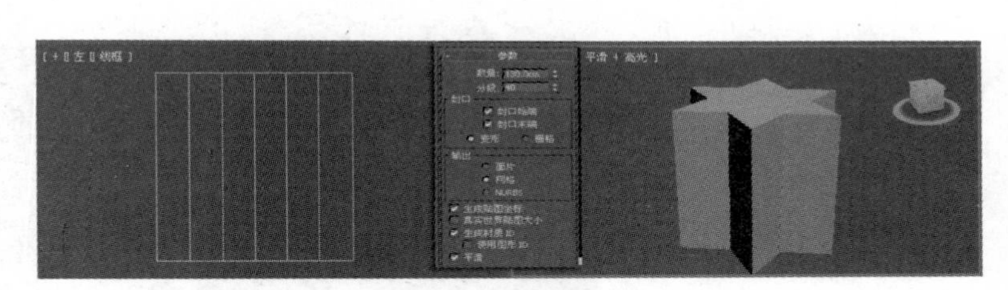

图5.34 设置参数

06 将光标放置在“光束”上，单击鼠标右键，在弹出的快捷菜单中执行“转换为”→“转换为可编辑多边形”命令，将球体转换为可编辑多边形对象，如图5.35所示。

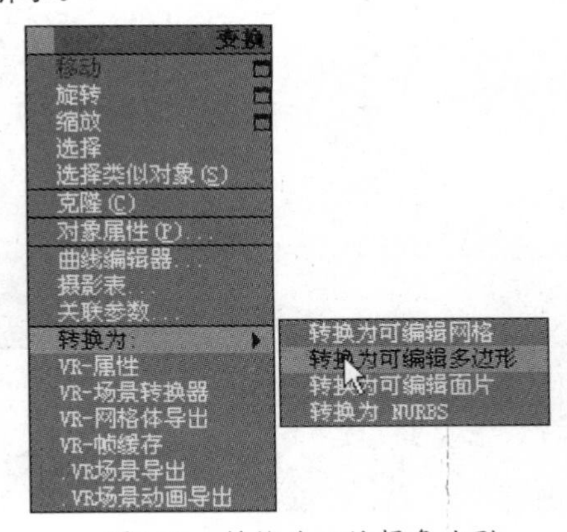

图5.35 转换为可编辑多边形

07 确认“光束”处于选中状态，在修改命令面板的 修改器列表 下拉列表中选择“FFD3×3×3”选项，如图5.36所示。

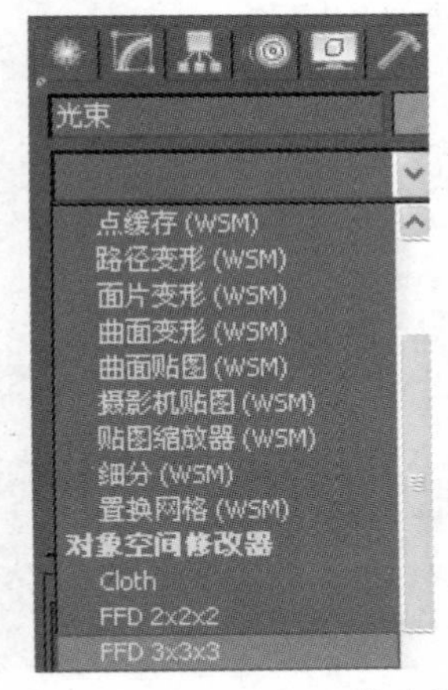

图5.36 FFD3×3×3修改器

08 打开修改命令面板，在修改器堆栈中单击激活“控制点”，如图 5.37所示。

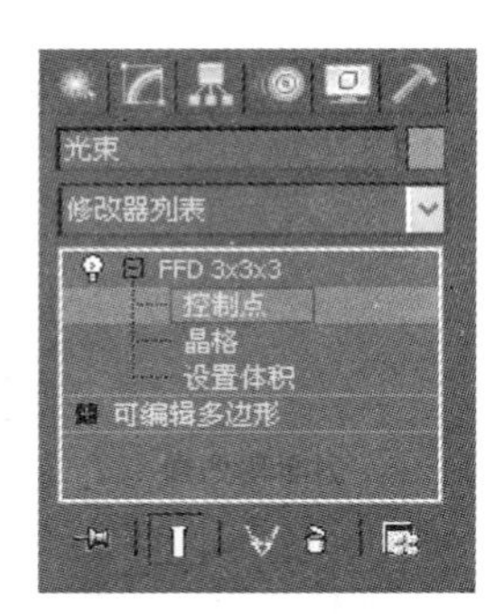

图5.37　激活控制点

09 激活工具栏上的 “选择并均匀缩放”工具，在前视图中框选“光束”顶部的控制点，此时会发现，控制点变成了黄色。效果如图5.38所示。

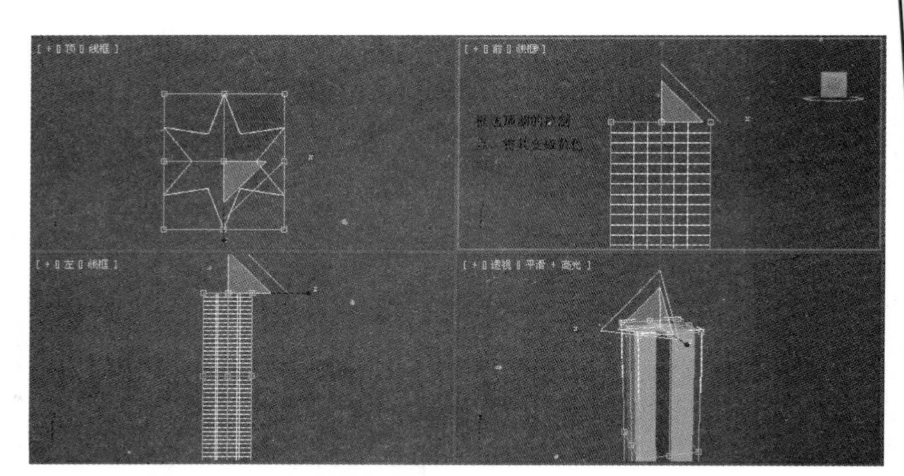

图5.38　激活控制点

10 拖曳鼠标并沿着X轴缩放，如图5.39所示。

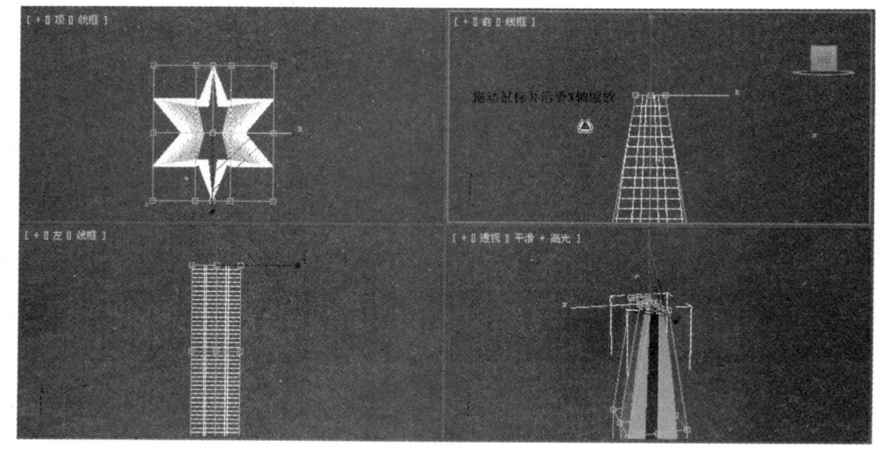

图5.39　缩放顶点

11 按照上述的方法将底部的顶点选中并缩放，效果如图5.40所示。

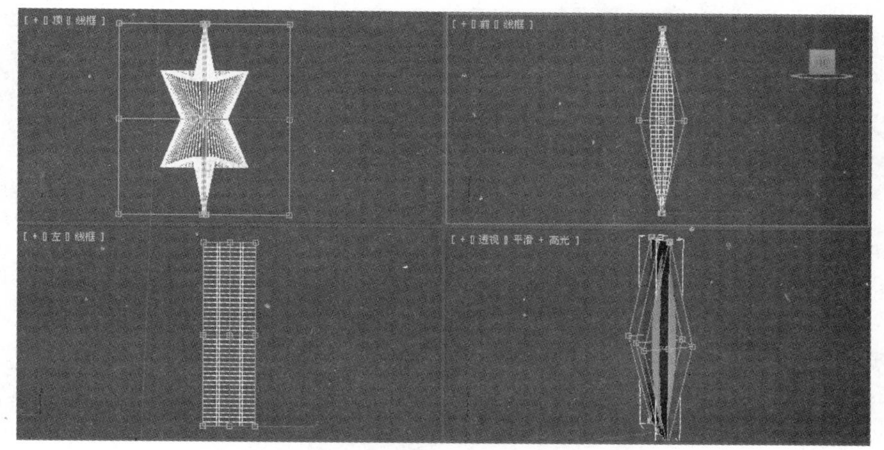

图5.40 缩放

12 选中中间的控制点，激活工具栏上的 "选择并均匀缩放"工具，将其放大，效果如图5.41所示。

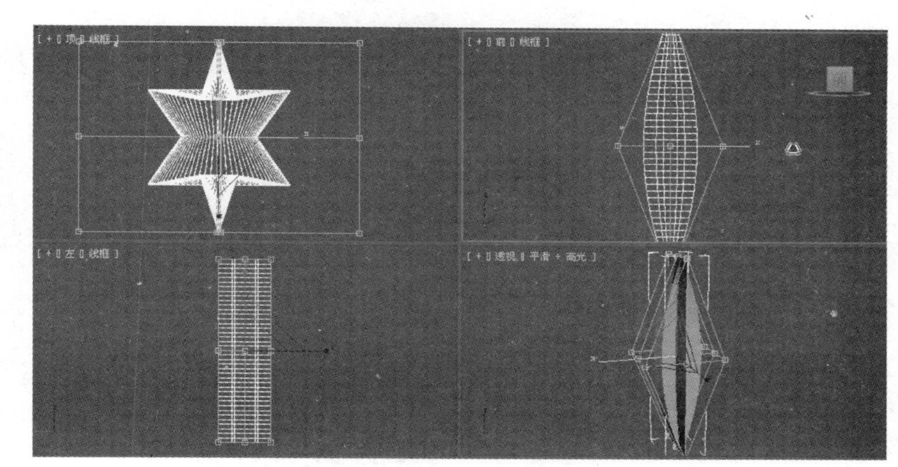

图5.41 放大

13 在透视图中框选顶部的控制点，沿着Y轴缩放顶点，效果如图5.42所示。

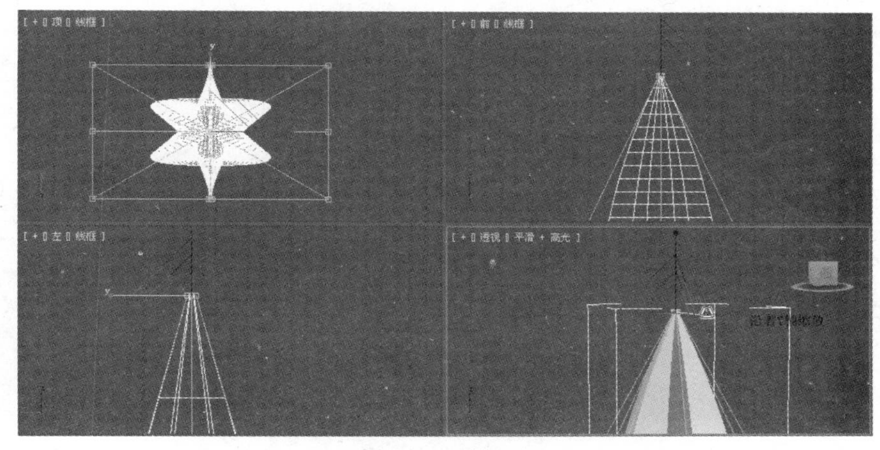

图5.42 调整顶点

14 在透视图中框选底部的控制点，沿着Y轴缩放顶点，效果如图5.43所示。

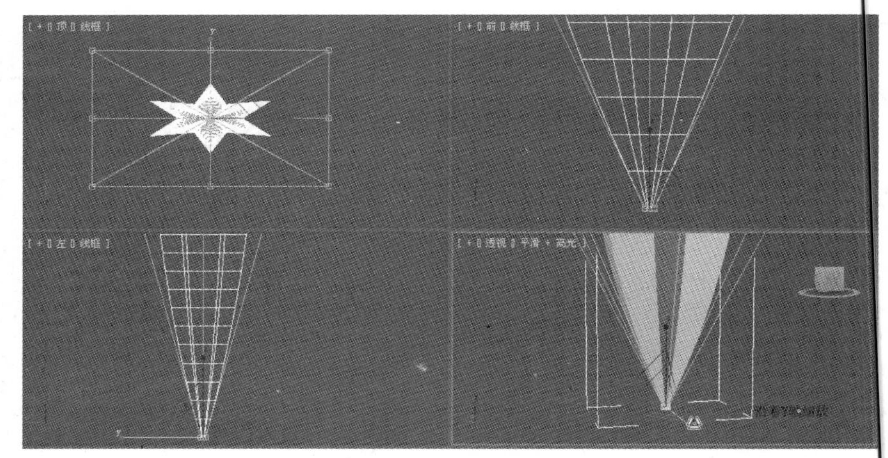

图5.43 调整底部顶点

15 至此，整个“光束”的建模过程全部结束，效果如图5.44所示。

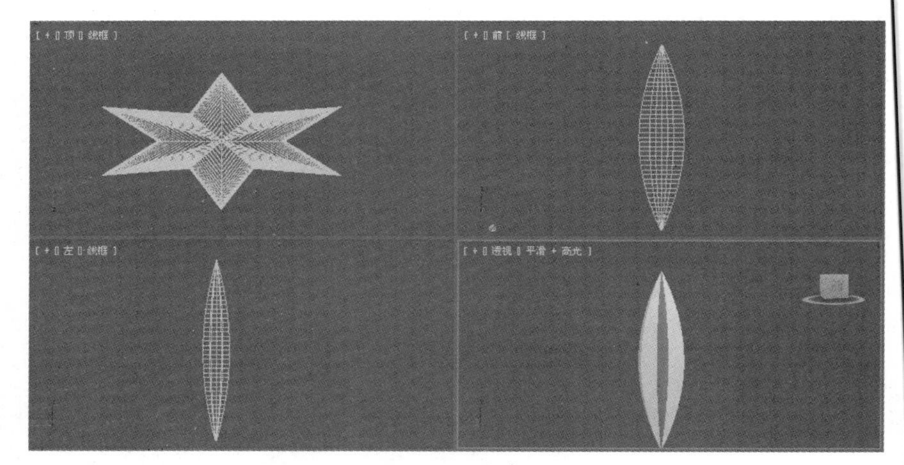

图5.44 “光束”

16 单击 螺旋线 按钮，在左视图中创建一条开放的螺旋线并将其命名为“光束路径”。设置具体参数，如图5.45所示。

17 在视图中选中“光束”，在修改命令面板的 修改器列表 下拉列表中选择“路径变形绑定(WSM)”选项，如图5.46所示。

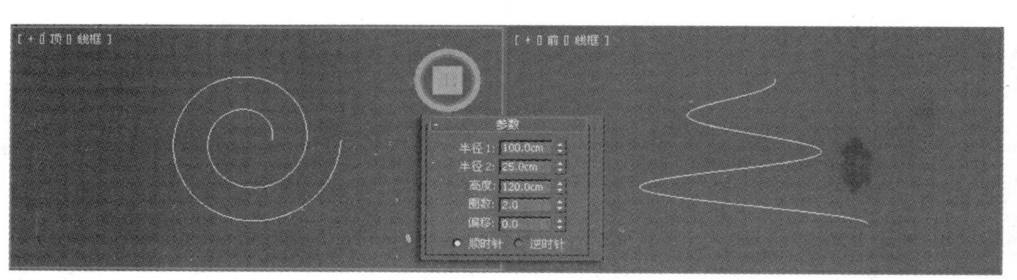

图5.45 创建“光束路径”

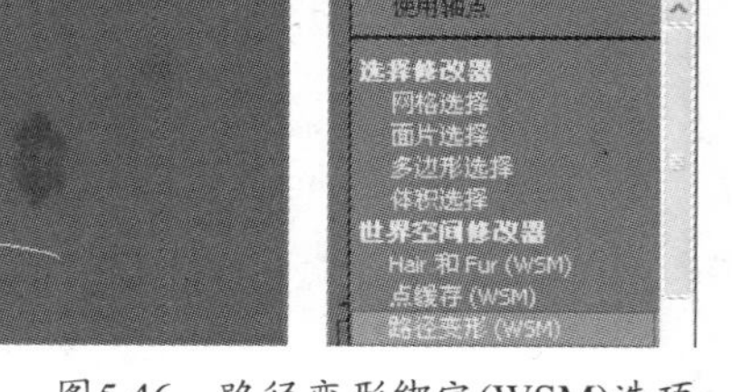

图5.46 路径变形绑定(WSM)选项

18 在修改命令面板单击“参数”卷展栏中 拾取路径 按钮，在视图中单击拾取“光束路径”，效果如图5.47所示。

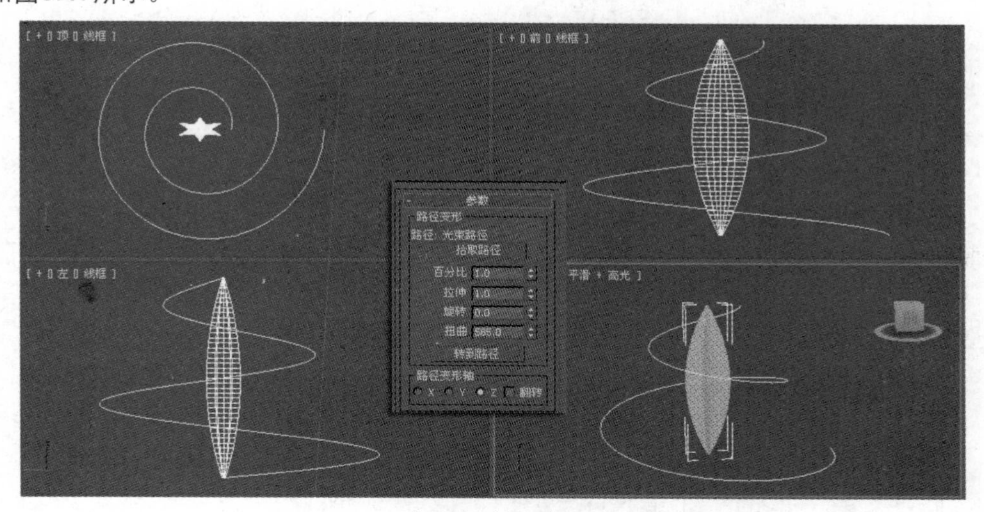
图5.47 拾取路径

19 拾取后的效果，如图5.48所示。

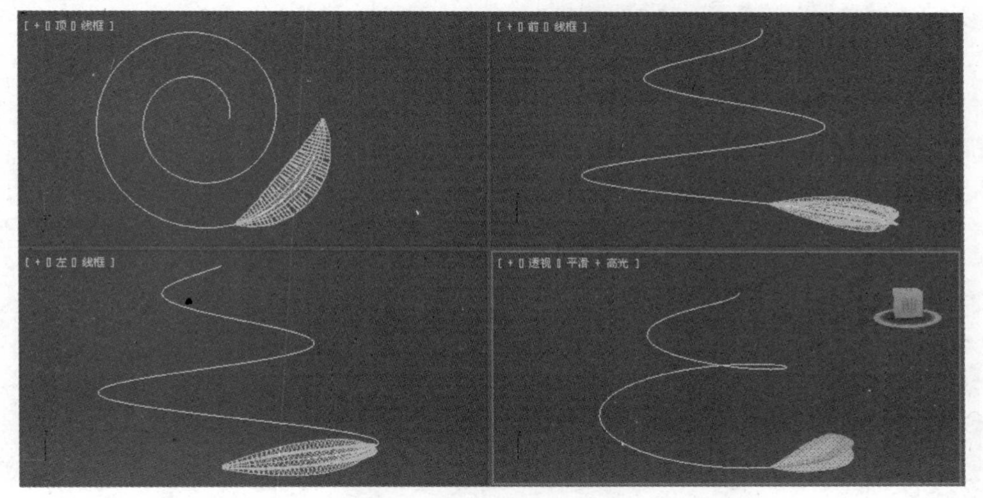
图5.48 拾取路径后的效果

20 单击 转到路径 按钮，模型移动到路径上，然后设置修改命令的具体参数，如图5.49所示。

图5.49 设置参数

21 在动画控制区内单击“时间配置”按钮，弹出“时间配置”对话框，将帧速率设置为“PAL”格式，动画总长度设置为100，如图5.50所示。

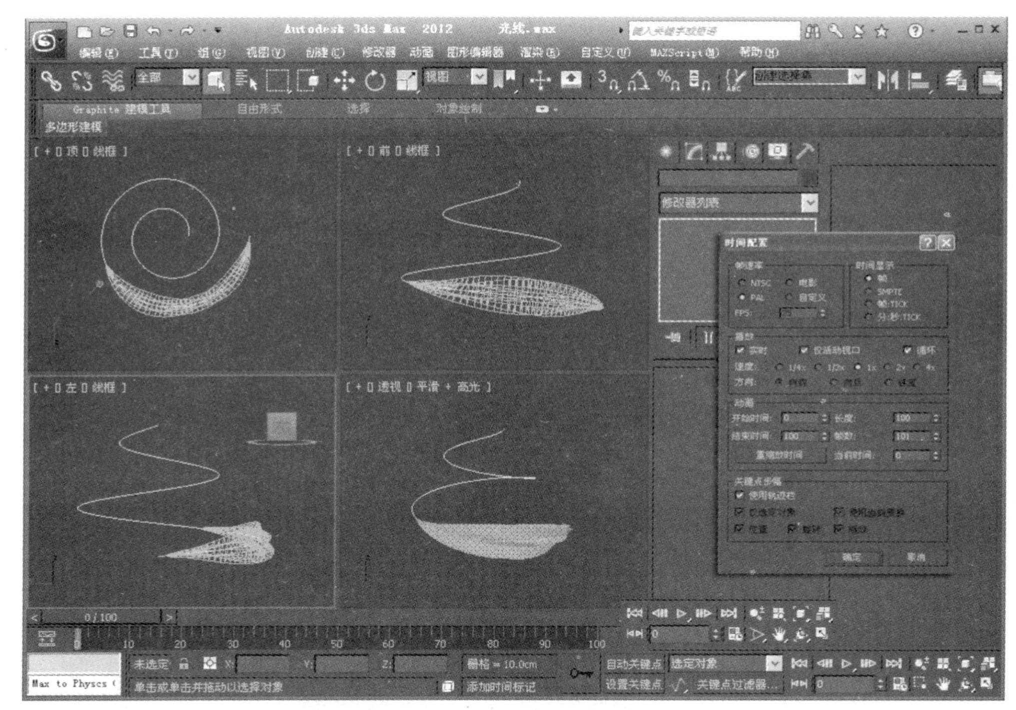

图5.50　时间配置

本例制作了一个简单的动画，具体的动画知识将在后面的课节中详细介绍。

22 在动画控制区中单击激活自动关键点按钮，时间关键帧栏呈红色显示，拖曳时间滑块至100帧，如图5.51所示。

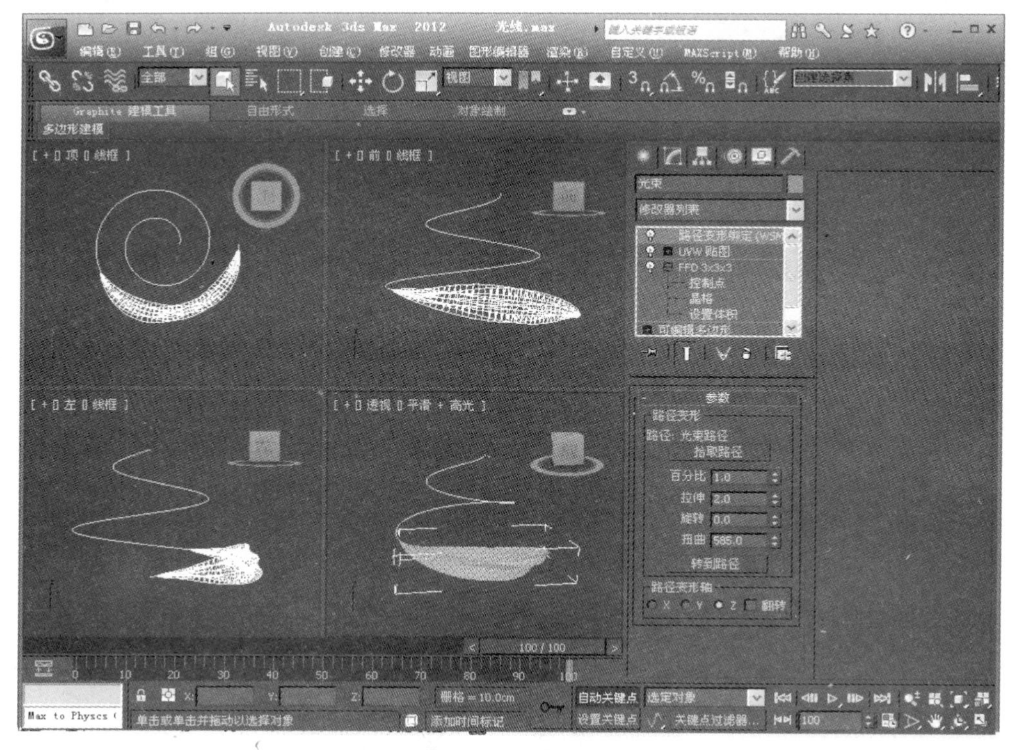

图5.51　设置动画

23 在“参数”卷展栏中设置拉伸的数值，如图5.52所示。

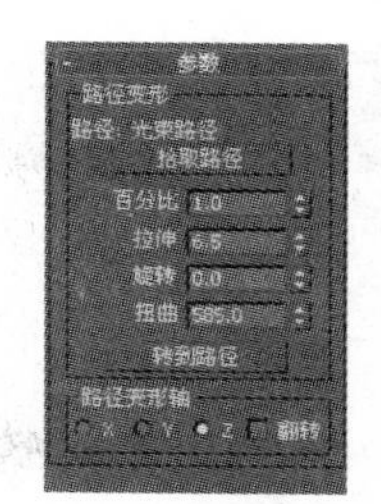

图5.52 设置参数

24 关闭自动关键点，激活透视图，在动画控制区单击“播放动画”按钮，如图5.53所示。

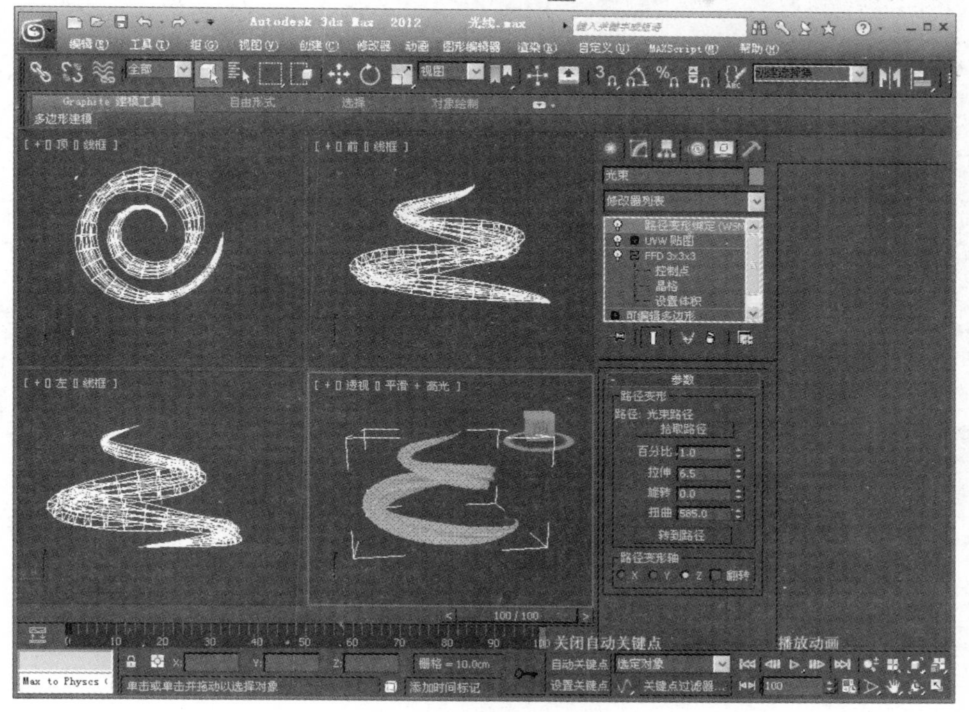

图5.53 关闭自动关键点

25 至此，流动光束已经制作完成，最终模型如图5.54所示。单击工作界面左上角的按钮，执行“保存”命令，保存文件。

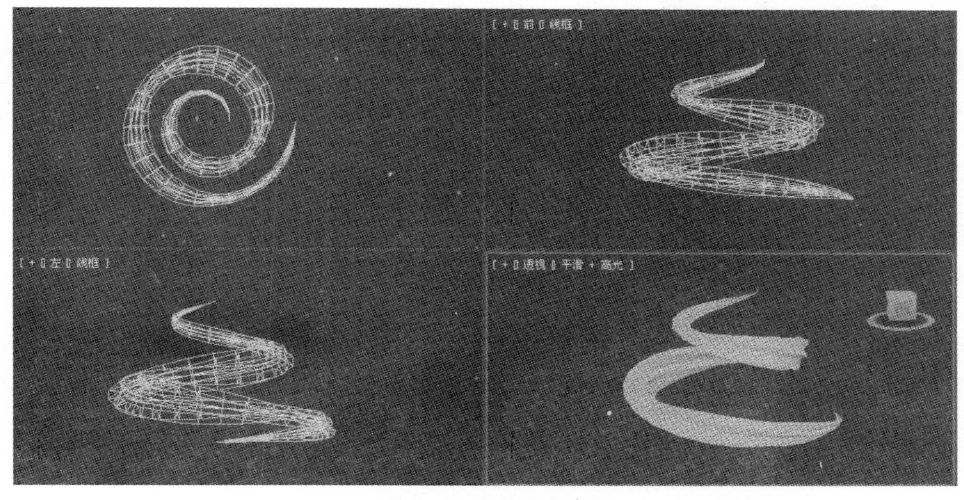

图5.54 流动的光束

5.4 课后练习

1. 熟练使用常用的修改命令。
2. 使用修改命令创建弧形廊架，如图5.55所示。

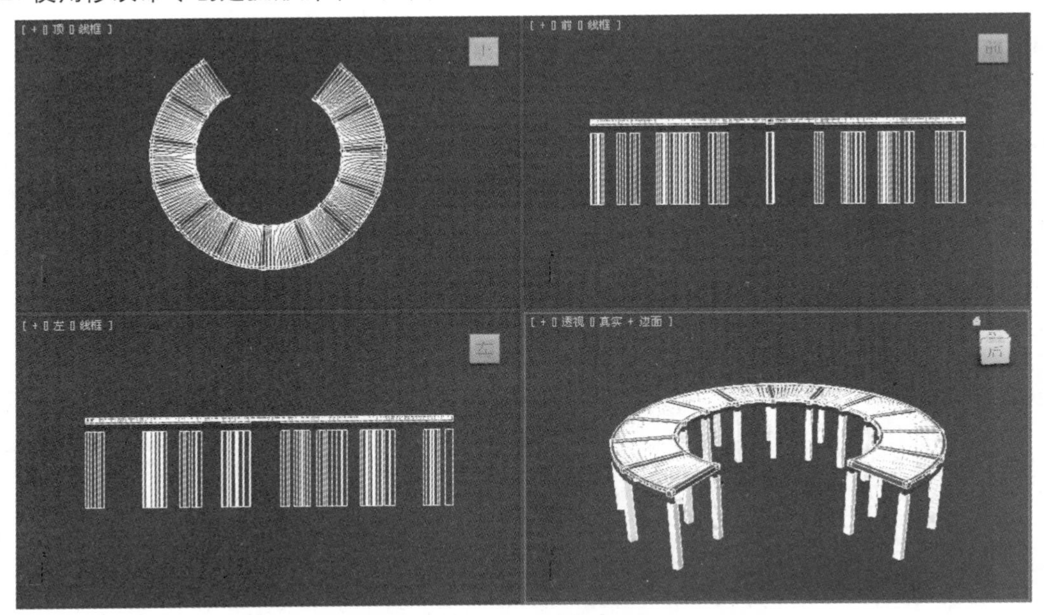

图5.55　廊架

第6课 创建复杂模型

在模型的创建过程中，一些复杂的模型需要结合了各种创建命令才能完成的，其中可编辑多边形和可编辑网格是复杂模型创建的主要途径。“可编辑网格”是一种可变形对象，适用于创建简单、少边的对象或用于Mesh Smooth和HSDS建模的控制网格；“可编辑多边形”是一个多边形网格，与可编辑网格不同，其使用超过三面的多边形。

本课内容：

◎ 编辑网格
◎ 编辑多边形
◎ 石墨工具
◎ 网格平滑
◎ 制作飞机模型
◎ 制作卡通小狗

6.1 复杂模型基础

编辑网格和编辑多边形功能强大，但是也包含着多个不同的操作命令和操作技巧。石墨工具是编辑多边形的建模工具；网格平滑则是使用多边形建模制作角色模型时不可缺少的辅助工具。

6.1.1 编辑网格

可编辑网格是一种可变形对象，适用于创建简单、少边的对象。在3ds Max中可以将大多数的对象转化为可编辑网格，它只占很少的内存，但是对于没有闭合的样条线对象，其只有顶点可以用。

选择一个模型对象后在修改器列表中可以选择“编辑网格”修改器，然后便能进行编辑网格的各种操作。除此之外，还可以将模型直接转换为可编辑网格对象。使用“编辑网格”修改器与直接转换为可编辑网格对象的区别在于，前者在修改器堆栈中保留了对象的原始参数。

将对象转换为“可编辑网格”的常用方法是创建或选择一个对象，并单击鼠标右键，在弹出的四联菜单中执行“转换为”→“转换为可编辑网格”命令，如图6.1所示。

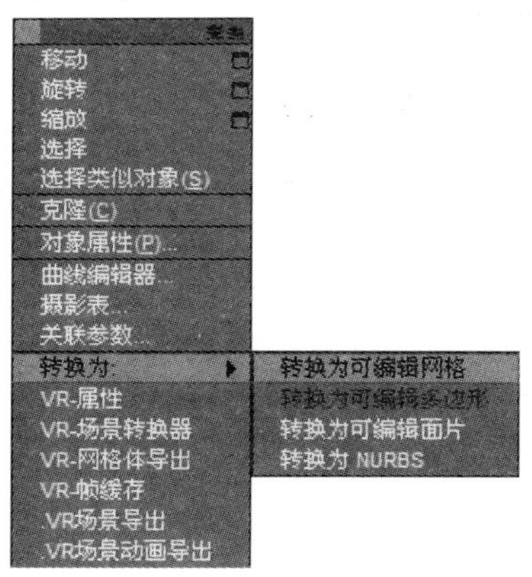

图6.1　转换为可编辑网格

可编辑网格不是状态修改器，但它与“编辑网格”修改器一样，在3种子物体层级上提供由三角面组成的网格对象的操纵方式：顶点、边、面。它的功能与可编辑网格几乎相同，所以可编辑网格中描述的功能也适用于编辑网格的对象，除非特别指出。

要生成可编辑网格可以创建或在视口中选择一个对象，单击鼠标右键，在弹出的关联菜单中选择“转换为”，然后选择“转换为可编辑网格”选项。还可以在创建或在视口中选择一个对象后，在创建面板中单击按钮，并单击“塌陷”按钮，在“塌陷”卷展栏下单击“塌陷选定对象”按钮，即可转换为可编辑网格。以长方体为例，如图6.2所示。

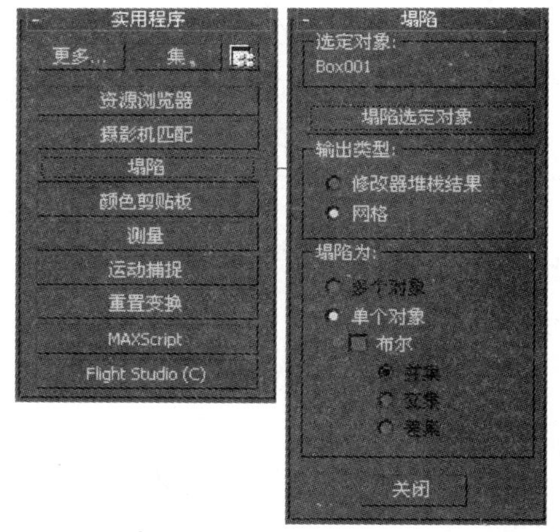

图6.2　转换为可编辑网格

将对象转换为可编辑网格的操作会移除所有的参数控件，包括创建参数。应用于对象的任何修改器也遭到塌陷；转换后，在堆栈中只有一个“可编辑网格”，如图6.3所示。

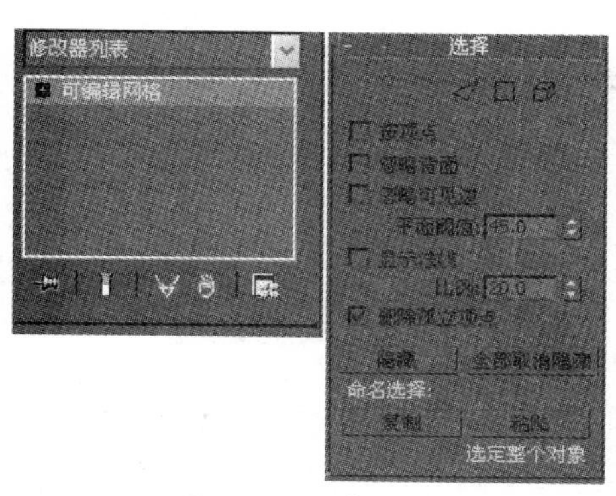

图6.3 可编辑网格

在修改器堆栈中可以看到可编辑网格对象的5个子对象，这些子对象在“选择”卷展栏中也可以激活或关闭。激活一个级别的子对象后，便能进行相应的操作。

1. 顶点

此处的![]顶点是空间中的点，它们定义面的结构。当移动或编辑顶点时，它们形成的面也会受影响。顶点也可以独立存在，孤立的顶点可以用来构建面，但在渲染时，它们是不可见的。

2. 边

选择的![]边是一条线，可见或不可见，组成面的边并连接两个顶点，两个面可以共享一条边。在可编辑网格(边)的子物体层级上，可以选择一条或多条边，然后使用标准方法对其进行变换。

3. 面、多边形、元素

选择![]面可能是最小的网格对象，是由3个顶点组成的三角形，面可以提供可渲染的对象曲面。虽然顶点可以在空间中孤立存在，但没有顶点也就没有面。在“可编辑网格(面)”层级，可以选择一个和多个面，然后使用标准方法对其进行变换，这一点对于多边形和元素同样适用。

6.1.2 编辑多边形

可编辑多边形是一种可变形对象，是一个多边形网格。其功能强大，使用率也非常高，可以避免看不到边缘。例如，对可编辑多边形进行切割和切片操作，程序并不会沿着任何看不到的边缘插入额外的顶点，NURBS曲线、可编辑网格、样条线、各种基本体和面片曲面均可转换为可编辑多边形。

与可编辑网格相似，单击右键将选中的对象转换为可编辑多边形后，修改器堆栈中原有的参数将全部消除，包括创建参数。转换后，在堆栈中只有一个可编辑多边形，如图6.4所示。

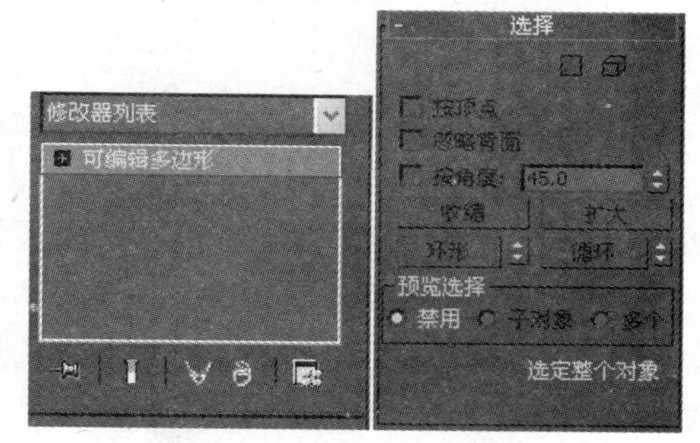

图6.4 可编辑多边形

可编辑多边形无论在工程装修或效果图等方面的应用都非常广泛，是一种可编辑对象，包含顶点、边、边界、多边形和元素5个子物体层级，用法与可编辑网格对象的用法相同。

在视口中创建或选择一个对象，然后执行下列操作之一，即可生成可编辑多边形对象。

(1) 创建或者选择一个对象，然后单击鼠标右键，在弹出的四联菜单中执行“转换为：”→“可编辑多边形”命令。

(2) 除了单击右键进行转换外，还可以选中对象后在其修改器堆栈中单击右键，在弹出的关联菜单中进行转换，如图6.5所示。

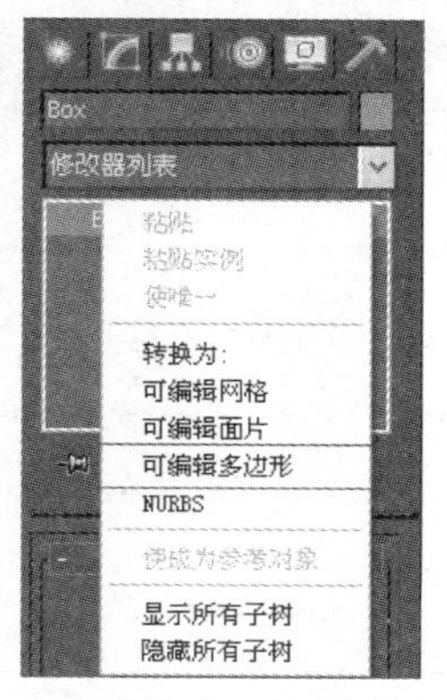

图6.5 转换为可编辑多边形

(3) 对参数对象应用可以将对象转变成堆栈显示中的多边形对象修改器，然后塌陷堆栈，例如：可以应用“转换为多边形”修改器，要塌陷堆栈，可以使用塌陷工具，然后将“输出类型”设置为修改器堆栈结果。

> **提示**
>
> 可编辑多边形有各种控件，可以在不同的子对象层级将对象作为多边形网格进行操纵。但是，与三角形面不同的是，多边形对象的面是包含任意数量顶点的多边形。

将对象转化成可编辑多边形格式时，将会删除所有的参数控件，包括创建参数。例如，可以不再增加长方体的分段数、对圆形基本体执行切片处理或更改圆柱体的边数。应用于某个对象的任何修改器同样可以合并到网格中。转化后，留在堆栈中唯一的项是可编辑多边形。

在转换为可编辑多边形后，在修改面板中有6个卷展栏，通过设置可以将多边形变换成多种不同的造型。常用的4个卷展栏，如图6.6所示。

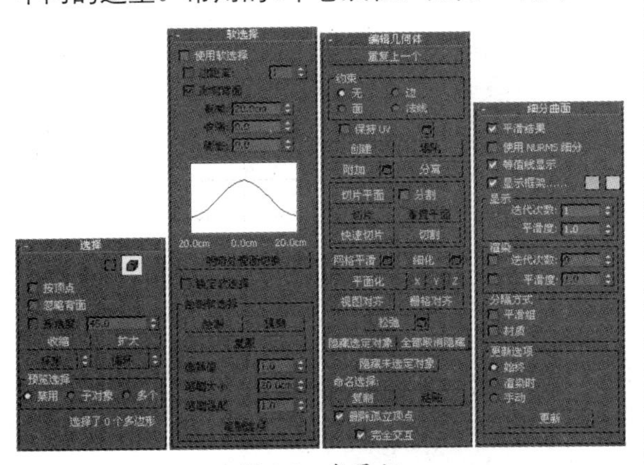

图6.6　卷展栏

> **提示**
>
> 转换为“可编辑多边形”后，按键盘上的1、2、3、4、5键，可以分别激活顶点、边、边界、多边形、元素5个子物体层级，再按一次可关闭。

在激活子物体层级后，在修改面板中会出现相应的卷展栏，能提供子物体特有的功能，用于编辑可编辑的多边形对象及其子物体。

1．“编辑顶点”卷展栏

此卷展栏包含了用于编辑顶点的命令，如图6.7所示。

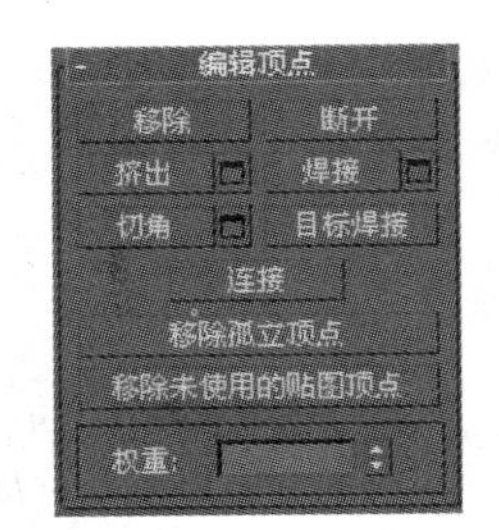

图6.7　“编辑顶点”卷展栏

- 移除：删除选中的顶点，并接合起使用它们的多边形。
- □挤出设置：在执行手动挤出后单击该按钮，与先选定对象和预览对象上执行的挤出相同。此时，将会打开对话框，其中挤出高度值被设置为最后一次挤出时的高度值。
- 目标焊接：可以选择一个顶点，并将其焊接到相邻目标顶点。目标焊接只焊接成对的连续顶点。也就是说，顶点有一个边相连。
- 移除孤立顶点：将不属于任何多边形的所有顶点删除。

2．“编辑边”卷展栏

该卷展栏包括特定于编辑边的命令，如图6.8所示。

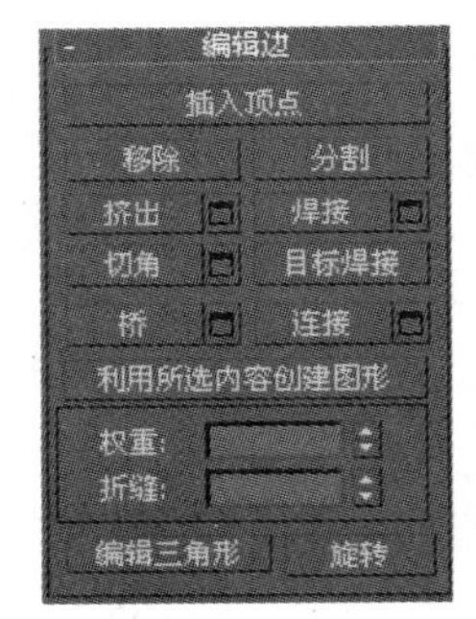

图6.8　“编辑边”卷展栏

- 切角：单击该按钮，拖曳活动对象中的边，或者单击切角右侧的小按钮，在弹出的对话框中设置参数。
- 桥：使用多边形“桥”连接对象的边，桥只连接界边，也就是在一侧有多边形的边。创建边循环或剖面时，该工具特别有用。
- 分割：沿着选定边分割网格。
- 目标焊接：用于选择边并将其焊接到目标边。它只能焊接仅附着一个多边形的边，即边界上的边。另外，不能执行可能会生成非法几何体(例如，由两个以上的多边形共享的边)的焊接操作。例如，不能焊接已移除一个面的长方体边界上的相对边。

- 旋转：用于通过单击对角线修改多边形细分为三角形的方式。激活“旋转”时，对角线可以在线框和边面视图中显示为虚线。

3. “编辑边界”卷展栏

该卷展栏包括特定于编辑边界的命令，如图6.9所示。

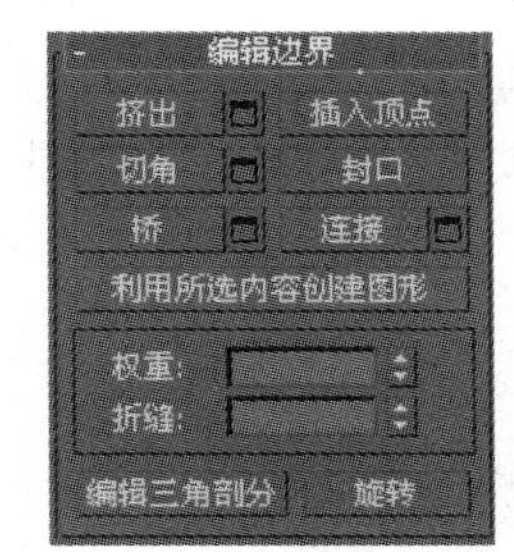

图6.9 “编辑边界”卷展栏

- 插入顶点：用于手动细分边界边。
- 封顶：使用单个多边形封住整个边界环。选择该边界，然后单击“封顶”按钮。
- 利用所选内容创建图形：选择一个或多个边后，单击该按钮，以便通过选定的边创建样条线形状。

4. “编辑多边形”和“编辑元素”卷展栏

该卷展栏包括特定于编辑边界的命令，如图6.10所示。

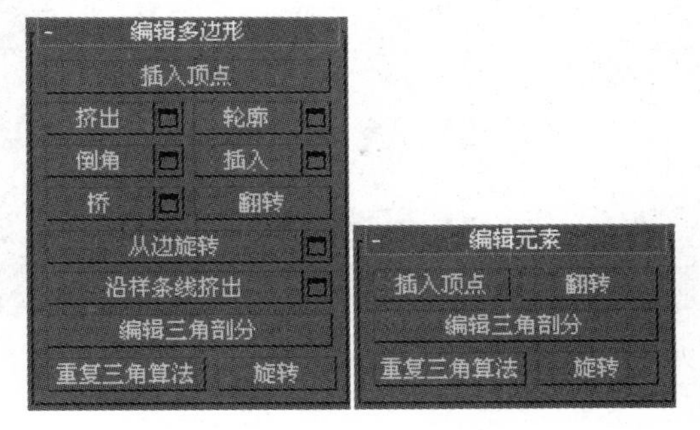

图6.10 “编辑多边形”和“编辑元素”卷展栏

- 从边旋转：通过在视口中直接执行手动旋转操作。选择“多边形”子物体层级，单击该按钮，沿着垂直方向拖曳任何边，以便旋转选定多边形。如果光标在某条边上，将会变成十字形状。
- 沿样条线挤出：沿样条线挤出当前的选定内容。
- 编辑三角形剖分：可以通过绘制内边，修改多边形细分为三角形的方式。
- 重复三角法：允许软件对当前选定的多边形，执行最佳的三角剖分操作。

> **提示**
>
> 在元素子物体层级，该卷展栏包括常见的多边形和元素命令。在多边形子物体层级，包含这些命令和多边形特有的命令。要删除多边形或元素可以将其选中，然后按“Delete”键，此时，将会弹出一个对话框，询问是否需要删除孤立的顶点。

编辑多边形与可编辑多边形大多数功能相同，如图6.11所示。

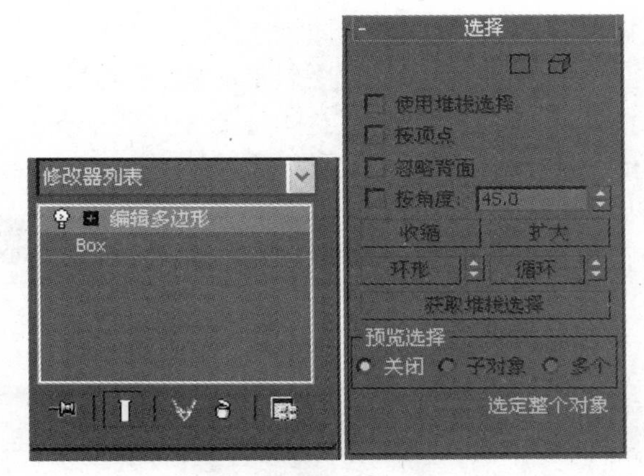

图6.11 编辑多边形

可以看到，与“可编辑多边形”相比，在修改面板中多了一个“编辑多边形模式”卷展栏，通过此卷展栏可以访问“编辑多边形”的两个操作模式：模型(用于建模)和动画(用于反映建模效果的动画)。

编辑多边形与3ds Max中的其他“编辑”修改器的不同之处在于，它提供了两个可通过“编辑多边形模式”卷展栏访问的不同模式，在默认的情况下，“编辑多边形”在“模型”模式下，其中的大多数功能与“可编辑多边形”中的大多数功能相同。另外，可在“动画”模式下工作，其中只有用于设置动画的功能可用。

6.1.3 石墨工具

3ds Max 2012把多边形建模工具向上提升到全新层级，用户可以自定义工具显示或隐藏命令面板，在专家模式下建模。除了建模与贴图工具外，Graphite还比它的前身有更多的功能，石墨工具包括一些全新的工具，例如用笔刷来做雕塑、快速重新拓扑、颗粒的多边形编辑、将Transforms锁定到任意表面、自由地产生顶点、智慧选取、快速产生表面与形状等。

PolyBoost是由Carl-Mikael Lagnecrantz开发的3ds Max工具集，能快速有效的完成一系列Poly建模工作。PolyBoost提供复杂灵活的Poly子对象选择，同时也有强大的模型辅助编辑工具、变换工具、UV编辑工具、视口绘图工具等。PolyBoost主要针对可编辑多边形开发，大部分功能在编辑多边形修改器中也可使用。

石墨建模工具实际上就是内置了Polyboost模块，把多边形建模工具向上提升到全新层级。提供用户至少有100种新的工具，用户可以自由地设计和制作复杂的多边形模型。此外，Graphite Modeling Tools会显示在画面中央，使用户更容易地找到所需要的工具。

石墨建模工具分为3个部分：Graphite Modeling Tools(石墨建模工具)、Freeform(自由形式)和Selection(选择)。鼠标放置在对应的按钮上，就会弹出相应的命令面板。值得一提的是，这套工具中还提供了雕塑和直接绘制贴图的功能。其中雕塑功能和ZBrush软件的操作方式类似，可以随意控制模型表面的凸起和凹陷。

默认情况下，3ds Max 2012的石墨建模组件位于工具栏的下方，石墨工具的界面，如图6.12所示。

图6.12　石墨工具默认界面

展开的界面如图6.13所示。

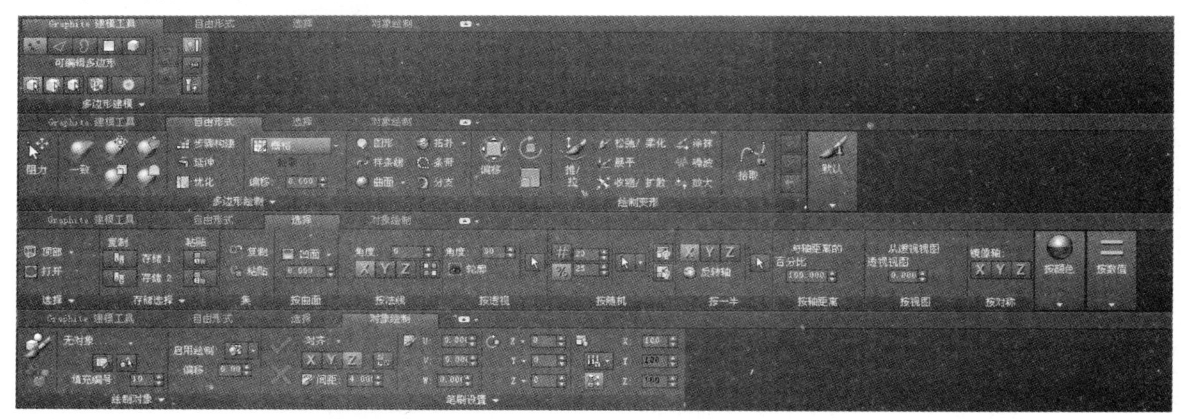

图6.13　界面

6.1.4　网格平滑

网格平滑修改命令可以使三维对象的边角变圆滑。其修改器堆栈，如图6.14所示。

图6.14　网格平滑堆栈

对于网格平滑对象，它包含了“顶点”、“边”两种子对象，在这两个子对象中的卷展栏都是相同的，分别为“细分方法”、“细分量”、“局部控制”、“软选择”、“参数”、“设置”、“重置”卷展栏。

“细分方法”卷展栏可以设置网格平滑的细分方式，应用对象和贴图坐标的类型，细分方式不同，平滑效果也有所区别。“细分方法”卷展栏，如图6.15所示。

图6.15　细分方法卷展栏

- NURMS：减少非均匀有理数网格平滑对象，可为每个控制顶点设置不同权垂。
- 经典：生成三面或四面的多面体。
- 四边形输出：仅生成四面多面体。

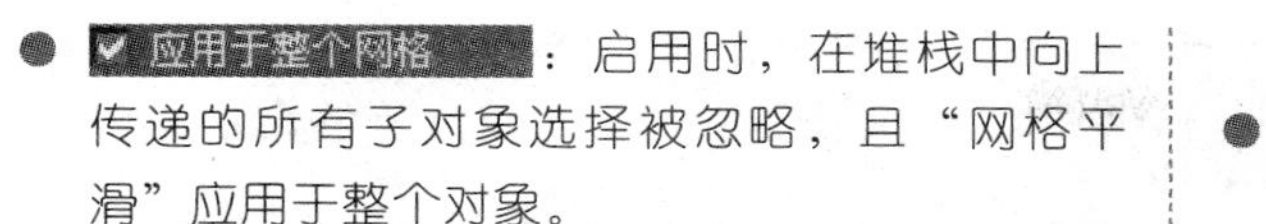

- 应用于整个网格：启用时，在堆栈中向上传递的所有子对象选择被忽略，且“网格平滑”应用于整个对象。

“细分量”卷展栏可以设置网格平滑的效果。“细分量”卷展栏，如图6.16所示。

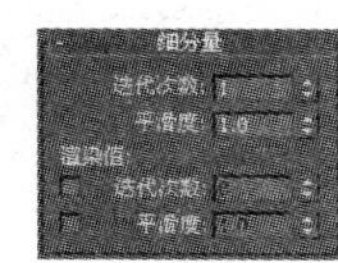

图6.16　“细分量”卷展栏

- 迭代次数：重复次数越高，网格平滑的效果越好。但系统的运算量也成倍增加。“迭代次数”最好不要过高，若系统运算不过来，可按下“Esc”键返回上一次的设置。
- 平滑度：确定对多尖锐的锐角添加面以平滑它。

“局部控制”卷展栏可以修改子对象级别点和边的平滑程度。“局部控制”卷展栏，如图6.17所示。

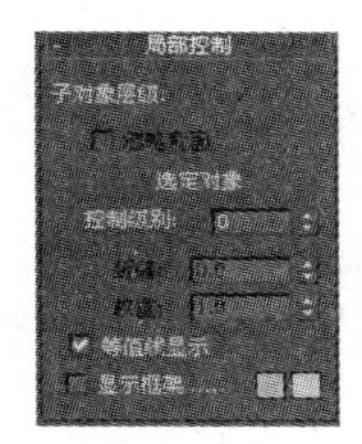

图6.17　“局部控制”卷展栏

- 子对象层级：同一个堆栈中“网格平滑”的子物体顶点航和边。
- 控制级别：用于设置了一次或多次迭代后查看、控制网格，在数值框中输入数值可以开启对应的级别，并可以在该级别编辑子对象。
- 显示框架 .....：显示控制网格。
- 折缝：获得褶皱或唇状结构等清晰边界，折缝显示在与选定边关联的曲面上。只在“边”子对象层级下才可以使用。
- 权重：设置选定顶点或边的权重。增加顶点权重会朝该顶点“拉动”平滑结果，增加边权重会将平滑结果推走。如果使用权重 0，结果中将形成纽结。

“参数”卷展栏能够修改对象平滑数值。如图6.18所示。

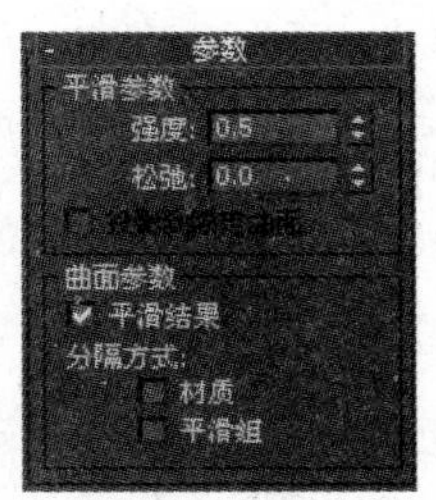

图6.18　“参数”卷展栏

- 平滑参数：调整“经典”和“四边形输出”细分方式下网格平滑的效果。
- 曲面参数：控制是否为对象表面指定相同的平滑组，并设置对象表面各面片间平滑处理的分隔方式。

6.2 课堂实例1：制作飞机模型

编辑多边形是后来在网格编辑基础上发展起来的一种多边形编辑技术，与编辑网格非常相似，它将多边形划分为四边形的面，实质上和编辑网格的操作方法相同，只是换了另一种模式。本例通过制作飞机模型，学习编辑多边形中各对象的编辑命令，其最终效果如图 6.19 所示。

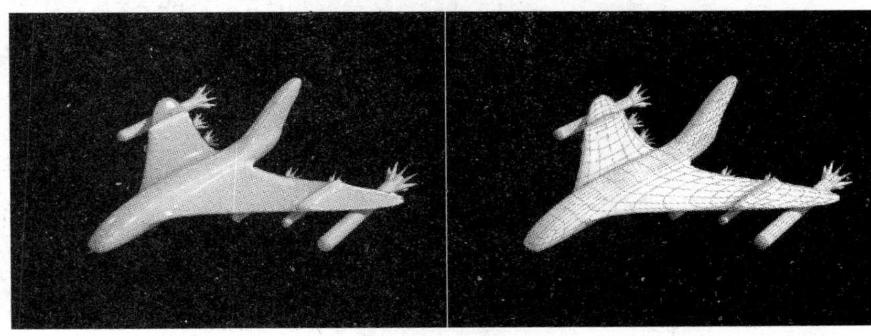

图6.19　飞机效果

01 在桌面上双击图标，启动3ds Max 2012中文版软件。

02 在菜单栏中执行“自定义”→“单位设置”命令，在弹出的“单位设置”对话框中设置单位为“厘米”，如图6.20所示。

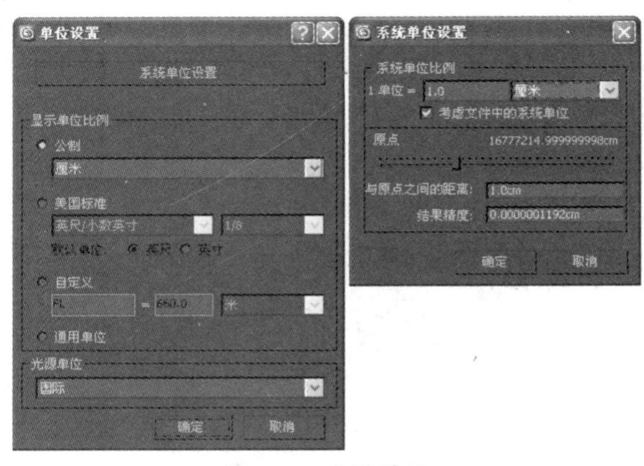

图6.20　设置单位

03 单击 长方体 按钮，在顶视图中创建一个长方体并将其命名为“飞机机身”。设置参数，如图6.21所示。

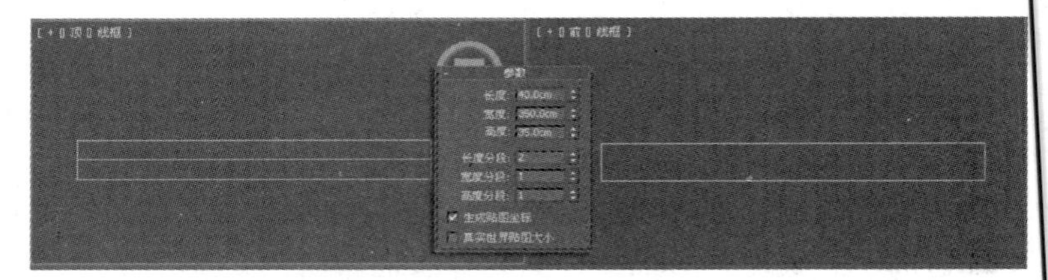

图6.21　创建“飞机机身”

04 将光标放置在“飞机机身”上，单击鼠标右键，在弹出的快捷菜单中执行“转换为”→“转换为可编辑多边形”命令，将“飞机机身”转换为可编辑多边形对象，如图6.22所示。

05 打开修改命令面板，在修改器堆栈中单击激活“控制点”，如图6.23所示。

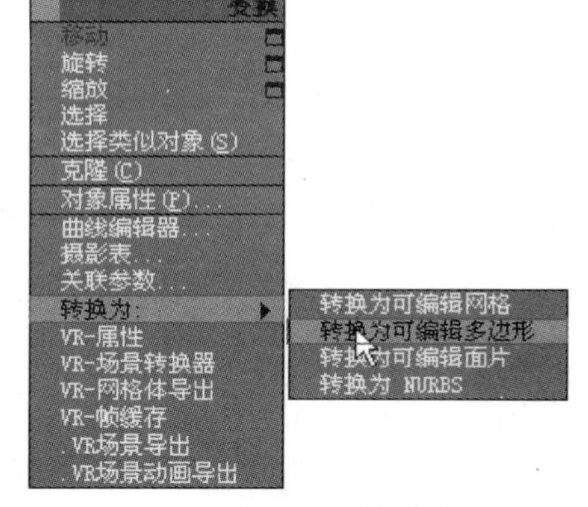

图6.22　转换为可编辑多边形

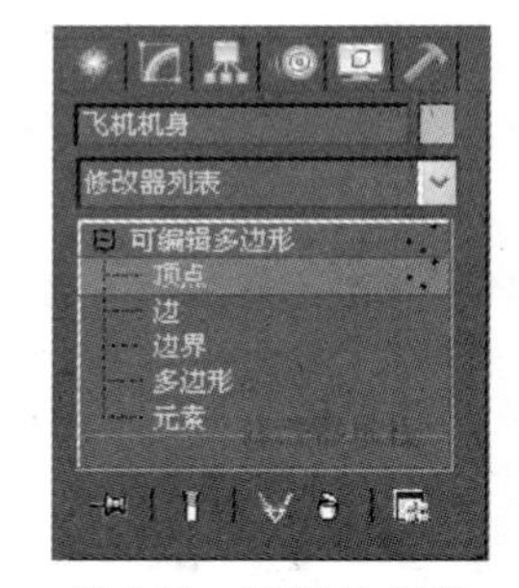

图6.23　激活控制点

06 在前视图中选中如图6.24所示的顶点，激活工具栏上的“移动”工具，沿着X轴向后移动。

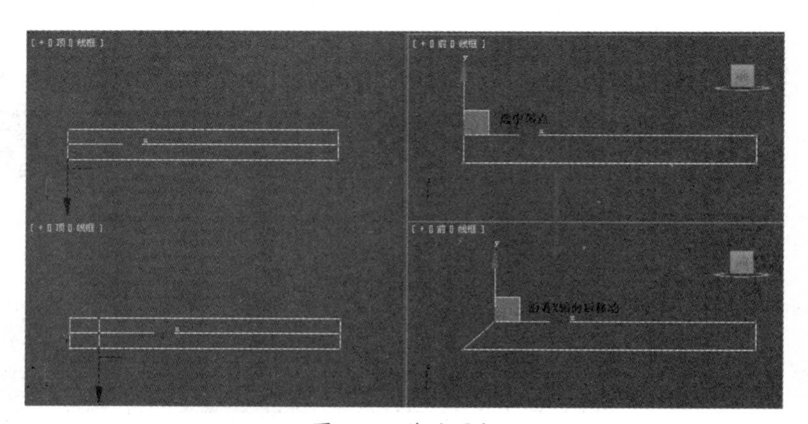

图6.24　移动顶点

07 在“编辑几何体”卷展栏中单击快速切片工具，如图6.25所示。

图6.25 快速切片工具

08 在透视图中单击鼠标左键，出现了一根虚线，此时物体就增加了一条边，再单击一次，增加第2条边，鼠标右键退出“快速切片”工具，效果如图6.26所示。

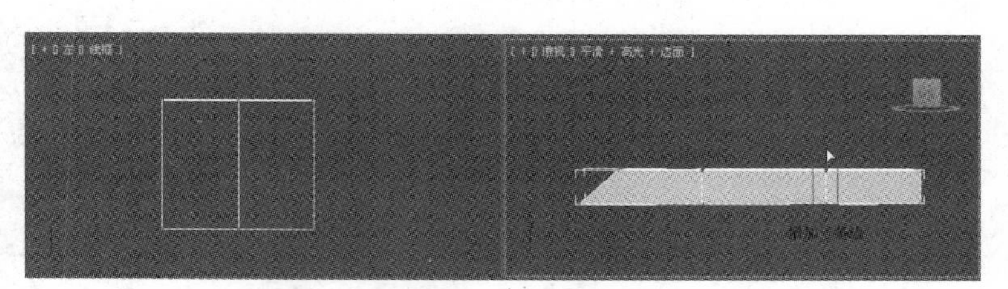

图6.26 增加边

09 在前视图中选中如图6.27所示的点，沿着Y轴向上移动。

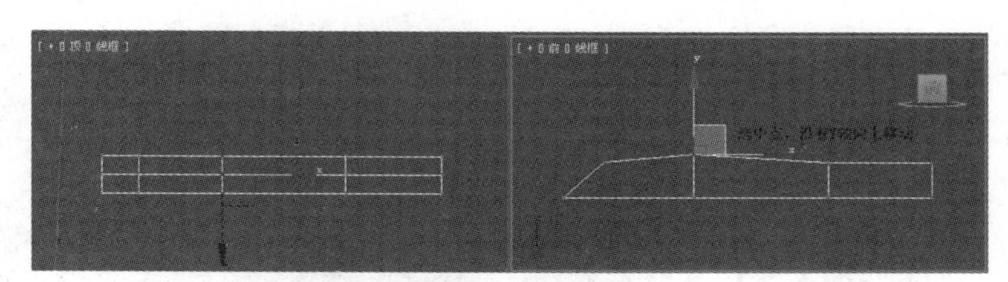

图6.27 调整顶点

10 按照上述的方法调整顶点，效果如图6.28所示。

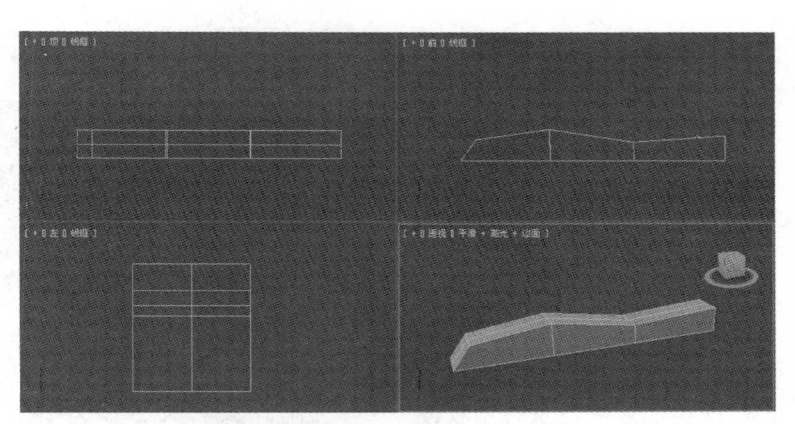

图6.28 调整顶点

11 在“编辑几何体”卷展栏中单击“切割”工具切割，如图6.29所示。

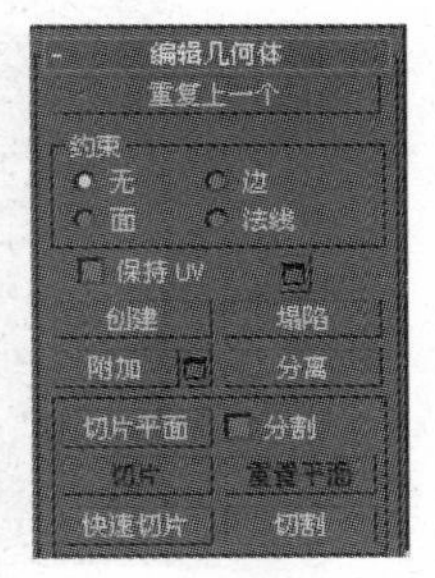

图6.29 切割工具

12 将鼠标放在如图6.30所示的位置，图标发生变化的时候单击左键，从左到右切割第1条边，再次单击切割第2条边，单击鼠标右键退出“切割”工具。

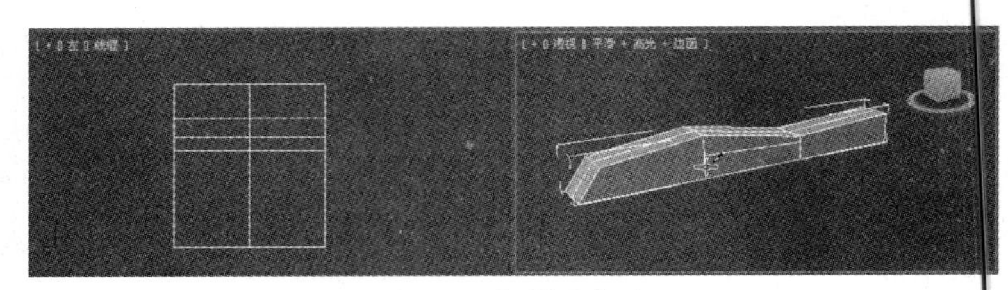

图6.30 切割两条边

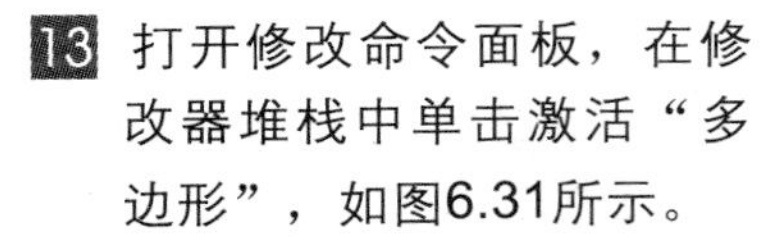

13 打开修改命令面板，在修改器堆栈中单击激活“多边形”，如图6.31所示。

图6.31 激活多边形

14 在视图中选中如图6.32所示的多边形，单击“编辑多边形”卷展栏中的 挤出 工具，并设置具体参数。

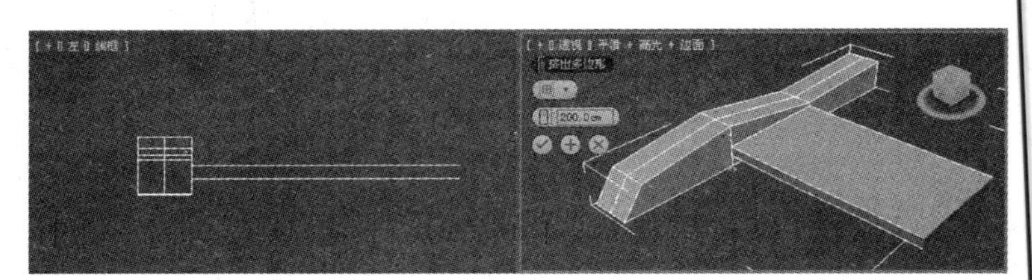

图6.32 挤出

15 单击工具栏上的“移动”工具，在透视图中沿着Z轴向下移动并调整位置，效果如图6.33所示。

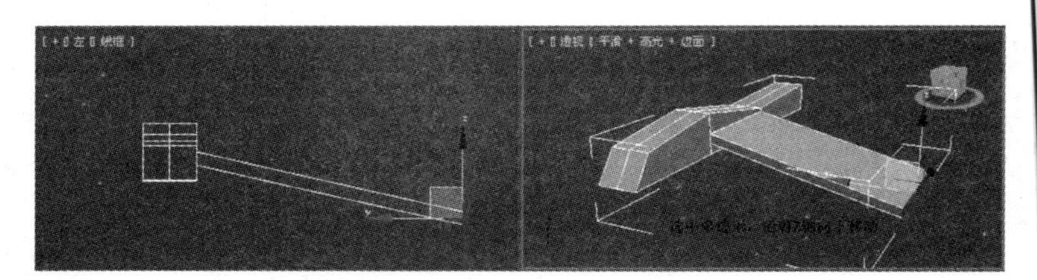

图6.33 调整位置

16 按照上述的方法在顶视图中调整顶点的位置，效果如图6.34所示。

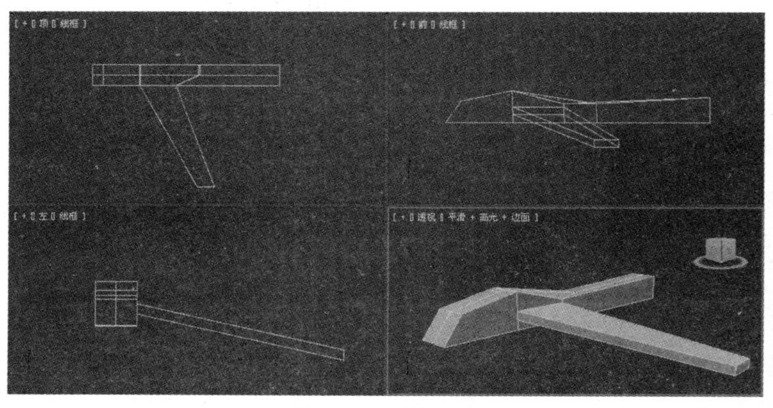

图6.34 调整位置

17 选中如图6.35所示的点，单击工具栏上的“选择并缩放”工具，沿着Z轴向下缩放“机翼”，并调整造型的位置。

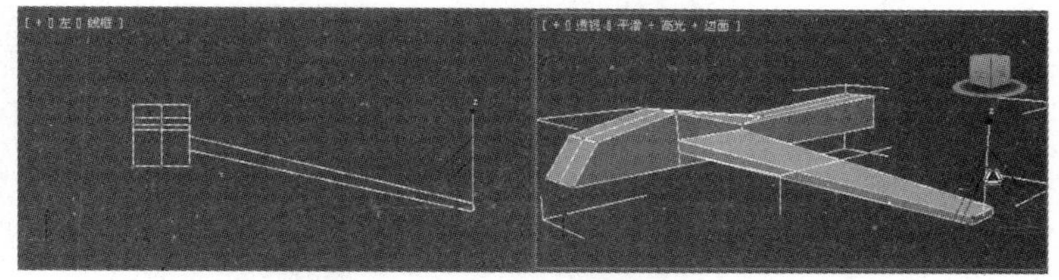

图6.35 缩放

18 在左视图中使用划框选择的方法，选中如图6.36所示的多边形。

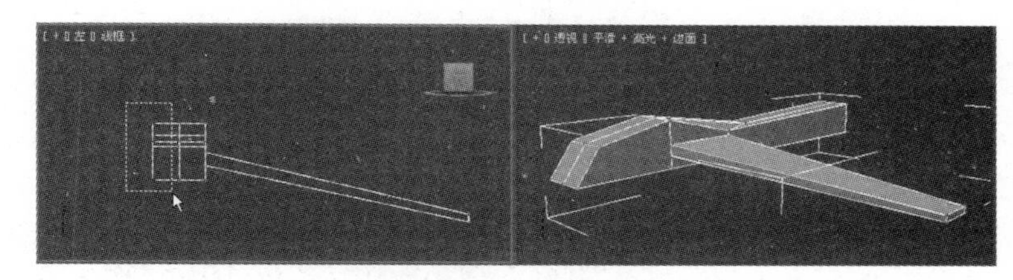

图6.36 选中多边形

19 按 Delete键将选中的多边形删除，如图6.37所示。

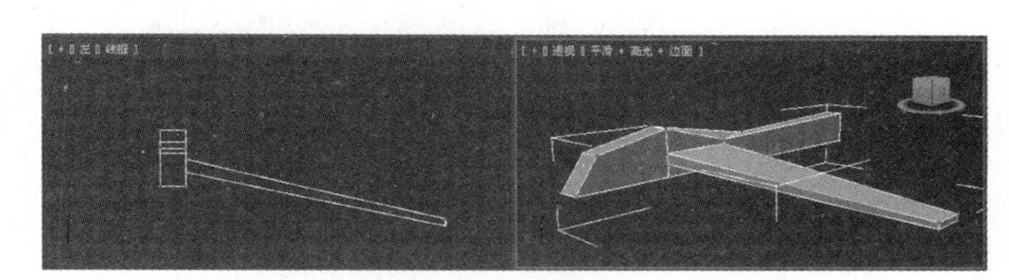

图6.37 删除多边形

20 确认“飞机机身”处于选中状态，在修改命令面板的 修改器列表 下拉列表中选择“对称”修改器，如图6.38所示。

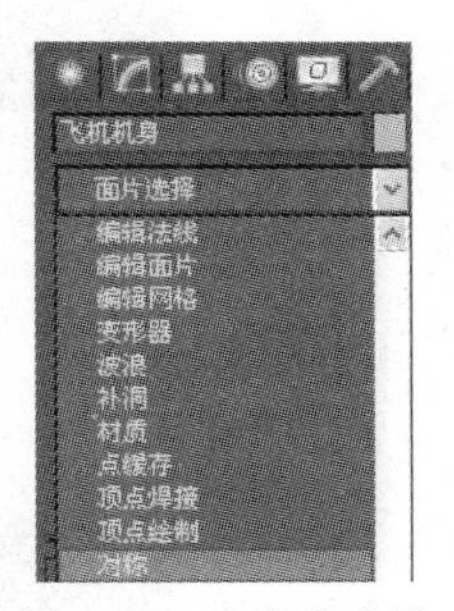

图6.38 对称修改器

21 在“参数”卷展栏中设置具体参数，如图6.39所示。

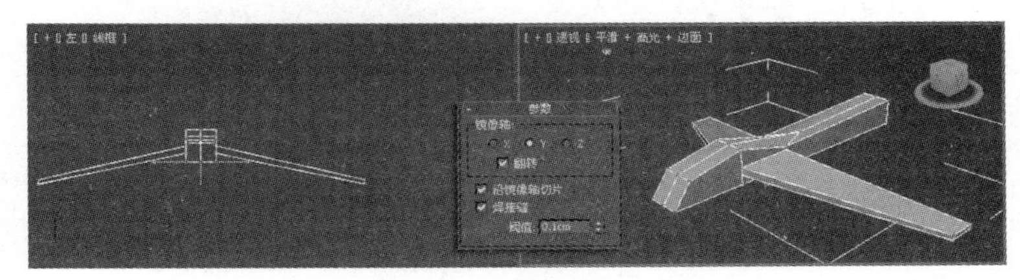

图6.39 设置参数

22 打开修改命令面板，在修改器堆栈中单击激活“对称”修改器，单击“显示最终结果开/关切换” 按钮，开启此功能后，调整左边的时候右边就会跟着变化。在可编辑多边形级别下单击 按钮，如图6.40所示。

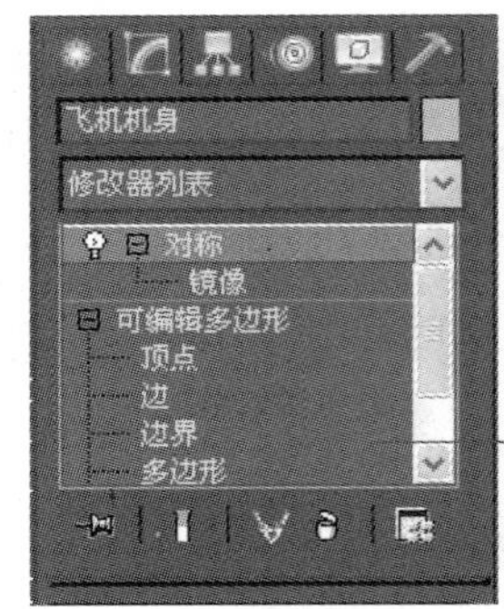

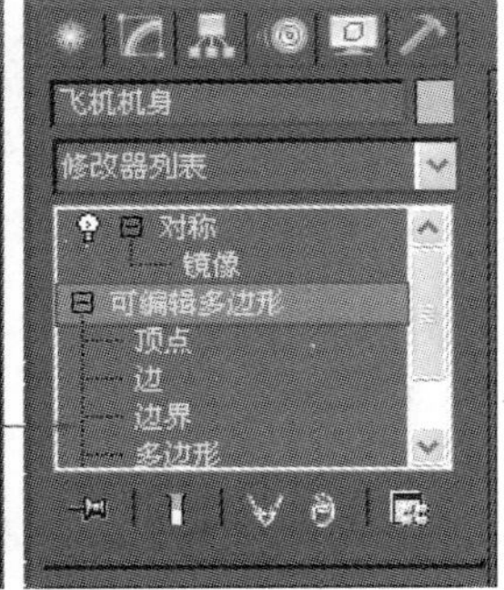

图6.40　显示最终结果开/关切换

23 在“编辑几何体”卷展栏中单击 切割 按钮，鼠标放在如图6.41所示的位置，图标发生变化的时候单击左键，切割两条边，单击鼠标右键退出“切割”工具。在修改器堆栈中再次单击关闭“多边形”子对象。

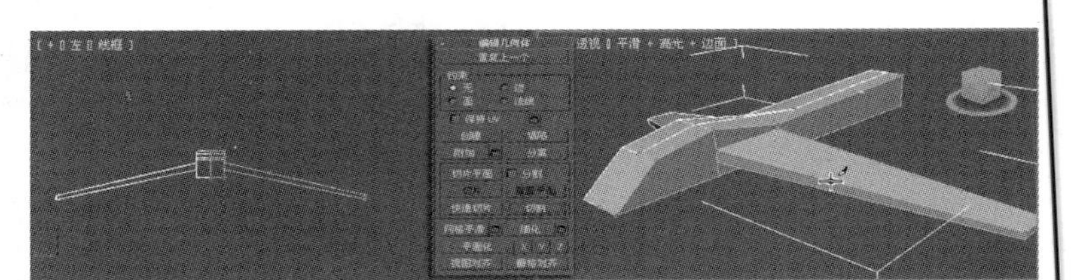

图6.41　切割

24 打开修改命令面板，在修改器堆栈中单击激活“多边形”子对象，在视图中选中多边形，在“编辑多边形”卷展栏中单击 挤出 按钮，设置具体参数，如图6.42所示。在修改器堆栈中再次单击关闭“多边形”子对象。

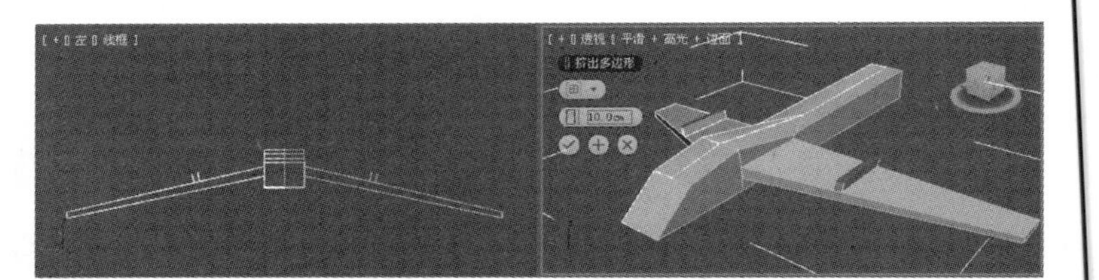

图6.42　挤出

25 在“编辑几何体”卷展栏中单击 切割 按钮，鼠标放在如图6.43所示的位置，图标发生变化的时候单击鼠标左键，切割两条边，单击鼠标右键退出“切割”工具。

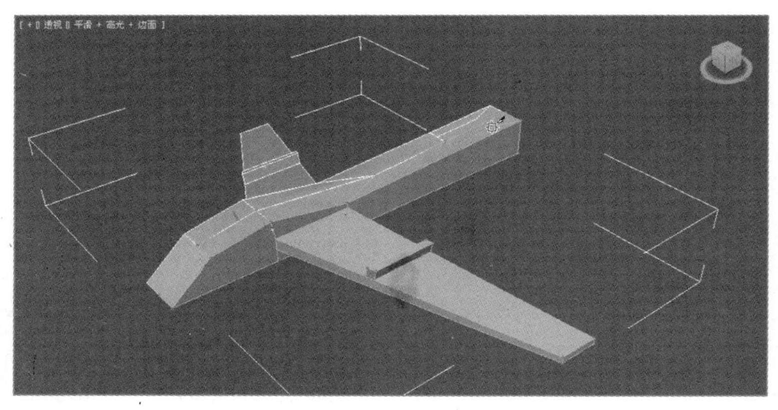

图6.43　切割两条边

26 打开修改命令面板，在修改器堆栈中单击激活“多边形”子对象，在顶视图中选中多边形，按Delete键将选中的多边形删除，效果如图6.44所示。

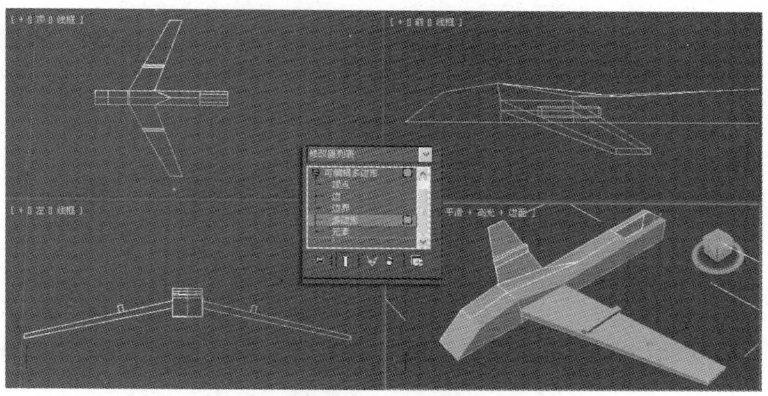

图6.44 删除多边形

27 打开修改命令面板，在修改器堆栈中单击激活“多边形”子对象，在透视图中选中如图6.45所示的边，按住Shift键，使用“移动”工具在透视图中沿着Z轴向上移动。

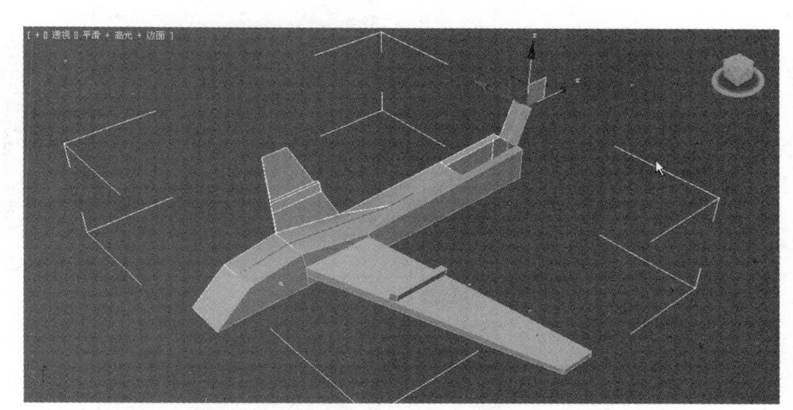

图6.45 挤出

28 按照上述的方法再次挤出尾翼轮廓，效果如图6.46所示。

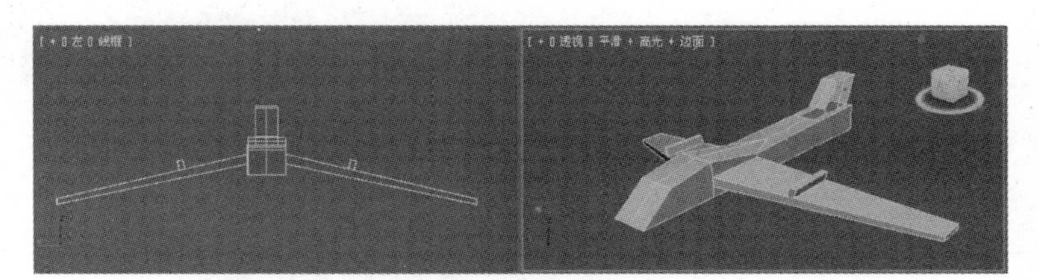

图6.46 挤出尾翼轮廓

29 打开修改命令面板，在修改器堆栈中单击激活“多边形”子对象，选中如图6.47所示的顶点。在“编辑顶点”卷展栏上单击 目标焊接 按钮，在透视图中焊接顶点。

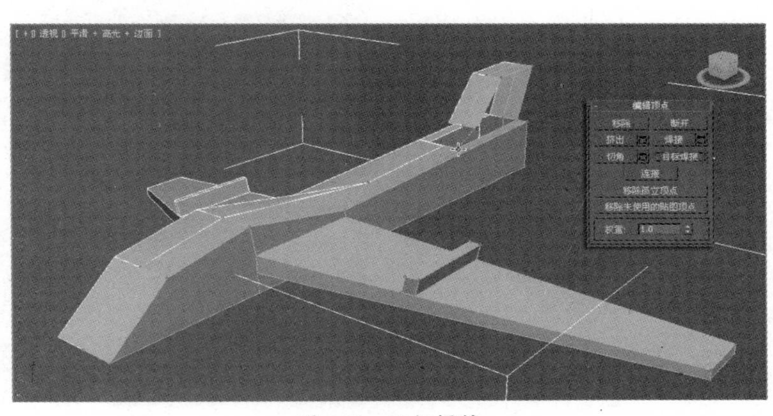

图6.47 目标焊接

30 按照上述的方法继续焊接顶点，效果如图6.48所示。

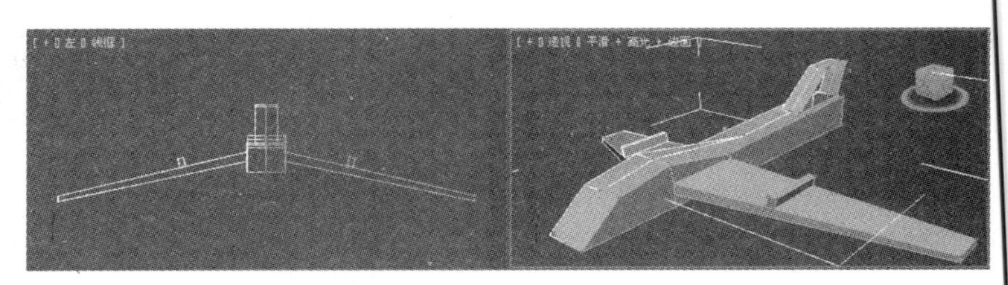

图6.48 目标焊接

31 在视图中选中尾翼并调整造型。在修改器堆栈中单击激活“多边形”子对象。在视图中选中如图6.49所示的边，在“编辑边界”卷展栏中单击 封口 按钮。

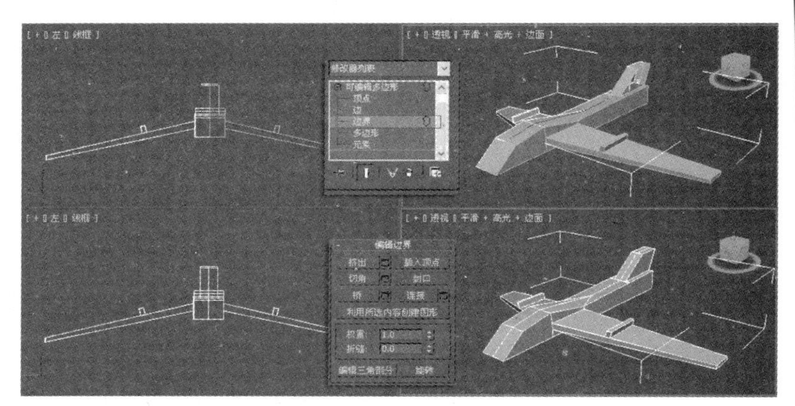

图6.49 封口

32 在创建命令面板的 标准基本体 下拉列表中选择“扩展基本体”选项，打开扩展基本体创建命令面板。单击 胶囊 按钮，在左视图中创建一个胶囊，并将其命名为“飞机导弹”，设置导弹的参数，如图6.50所示。

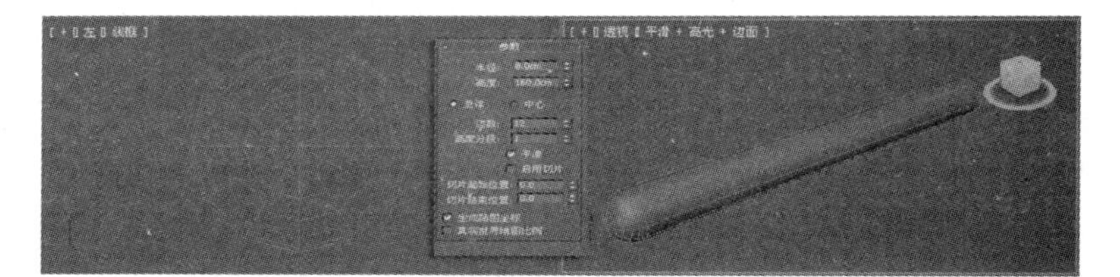

图6.50 创建导弹

33 将光标放置在“飞机导弹”上，单击鼠标右键，在弹出的快捷菜单中执行“转换为”→“转换为可编辑多边形”命令，将球体转换为可编辑多边形对象。

34 打开修改命令面板，在修改器堆栈中单击激活“多边形”子对象，在视图中选中如图6.51所示的边，在“编辑边”卷展栏中单击 连接 按钮。

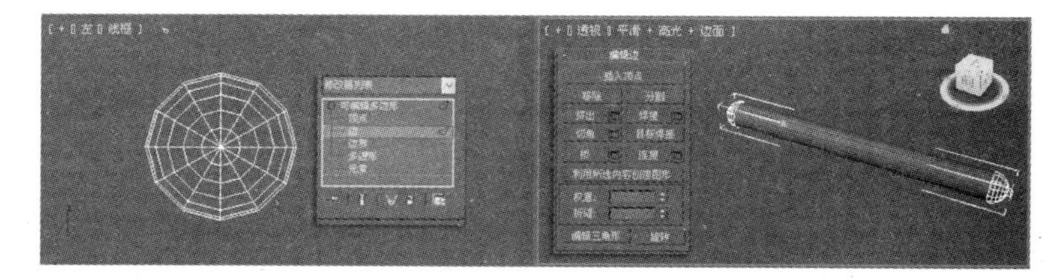

图6.51 连接边

35 设置具体参数，如图6.52所示。

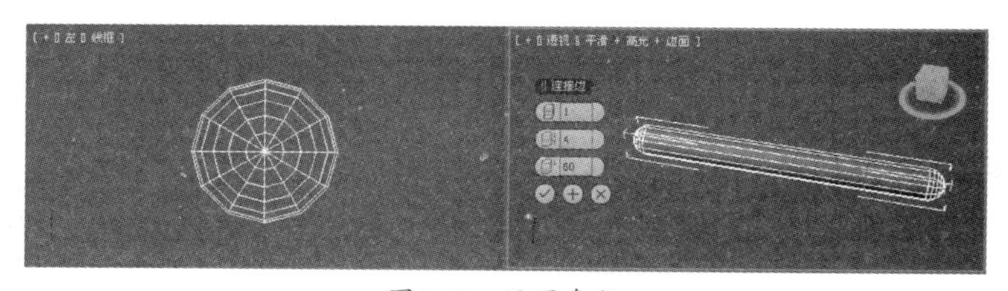

图6.52 设置参数

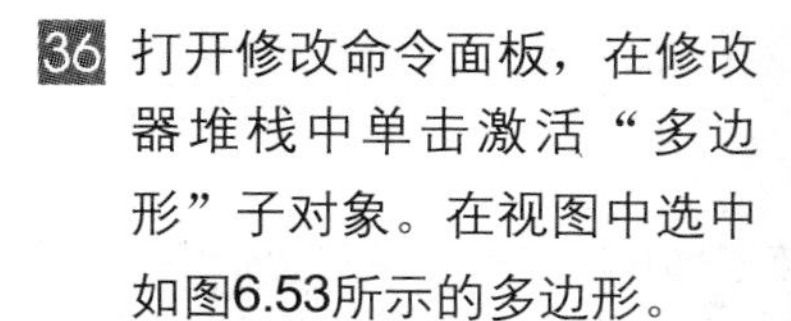

36 打开修改命令面板，在修改器堆栈中单击激活“多边形”子对象。在视图中选中如图6.53所示的多边形。

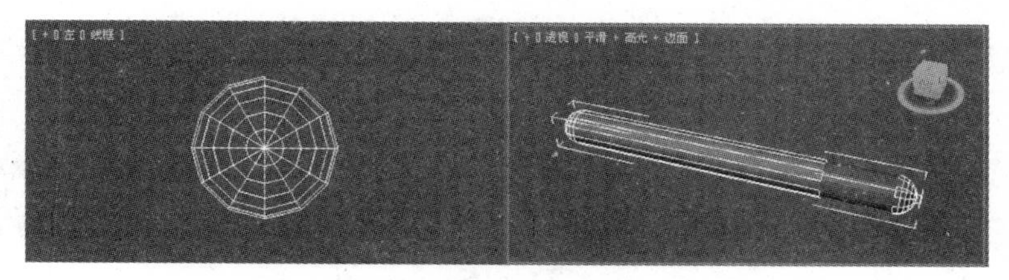

图6.53　选择多边形

37 在“编辑多边形”卷展栏中单击 倒角 按钮，设置具体参数，如图6.54所示。

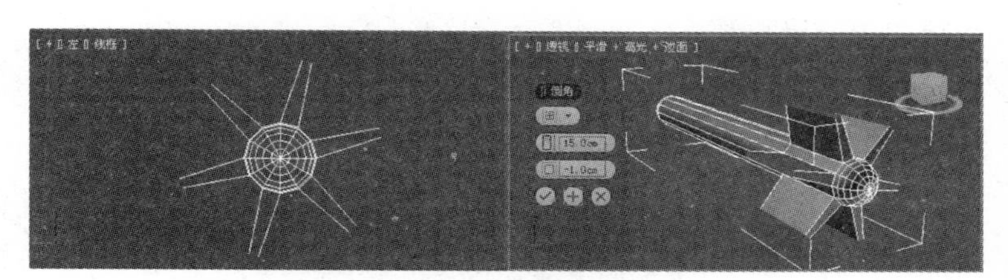

图6.54　设置参数

38 在透视图中选中如图6.55所示的多边形，沿着X轴向右移动。

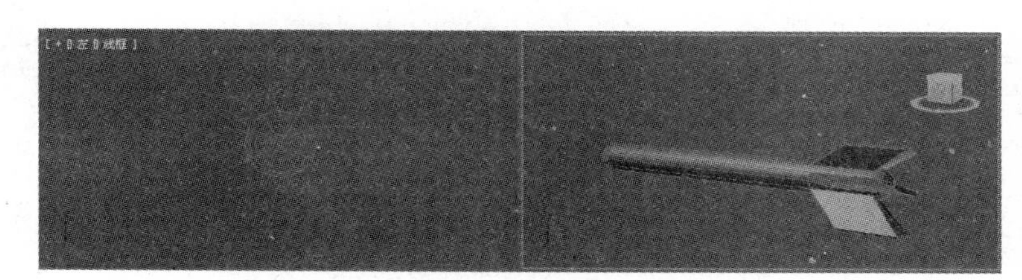

图6.55　完成飞机导弹的制作

39 按住Shift键，使用“移动”工具复制几个“飞机导弹”，效果如图6.56所示。

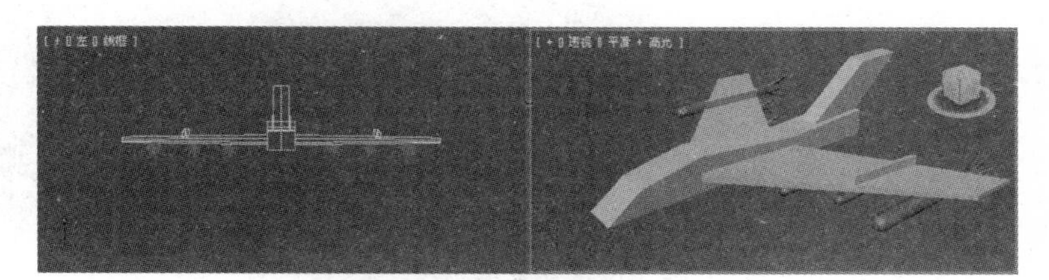

图6.56　飞机模型

40 确认“飞机”模型处于选中的状态，在修改命令面板 修改器列表 下拉列表中选择“网格平滑”选项，并设置参数，如图6.57所示。

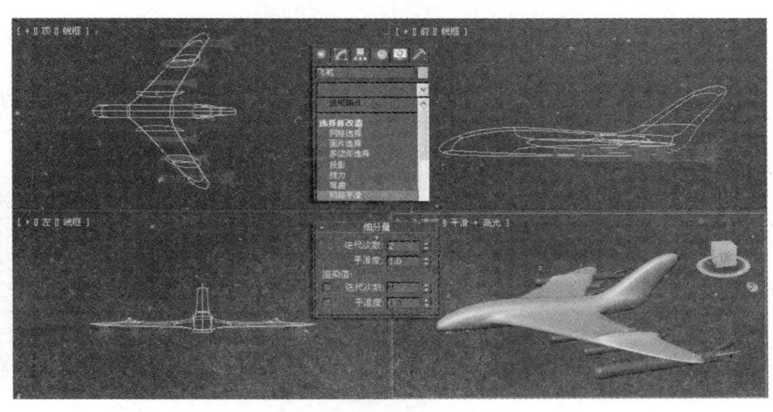

图6.57　网格平滑命令

41 至此，整个飞机的建模过程全部结束，单击工作界面左上角的按钮，执行“保存”命令，保存文件。

6.3 课堂实例2：制作卡通小狗

本例利用“编辑多边形”、“网格平滑”修改器制作卡通小狗，需要注意的是通过调整顶点、边修改出狗的造型，然后利用“网格平滑”命令使卡通小狗的边缘光滑，效果如图6.58所示。

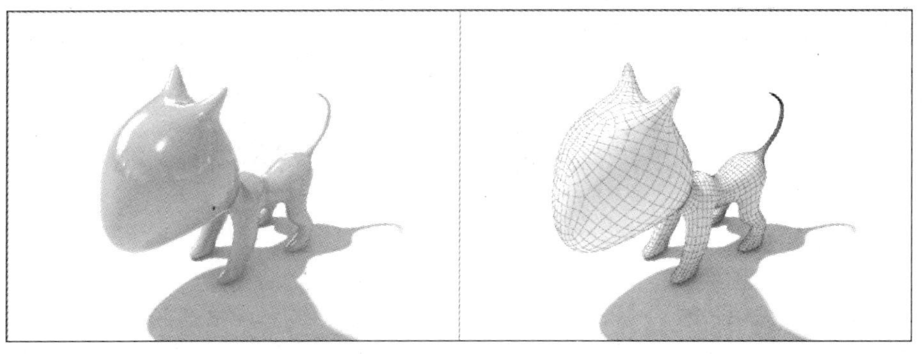

图6.58 卡通小狗

01 在桌面上双击图标，启动3ds Max 2012中文版软件。

02 在菜单栏中执行“自定义”→“单位设置”命令，在弹出的“单位设置”对话框中设置单位为“厘米”，如图6.59所示。

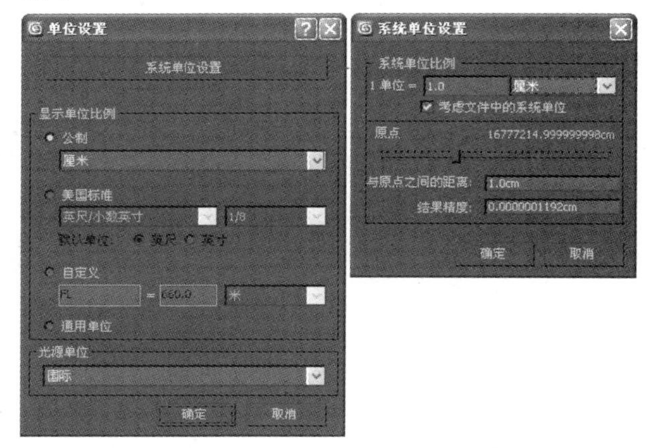

图6.59 设置单位

03 单击 球体 按钮，在顶视图中创建一个球形并将其命名为“头部”。设置具体参数，如图6.60所示。

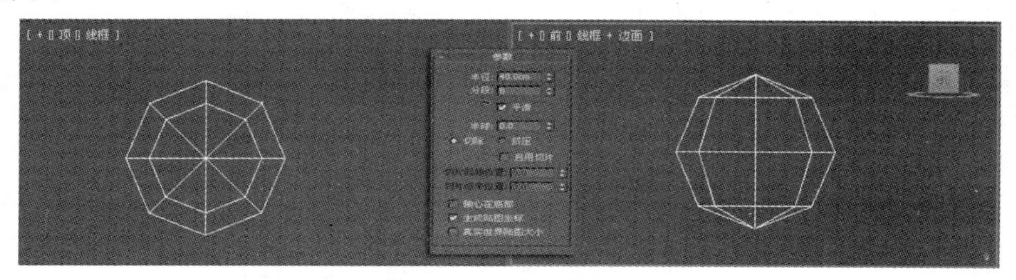

图6.60 创建“头部”

04 在时间控制区的下方将“头部”的坐标设置为0，如图6.61所示。

图6.61 设置坐标

05 单击 球体 按钮，在顶视图中创建一个球形并将其命名为“身体A”。设置具体参数，如图6.62所示。

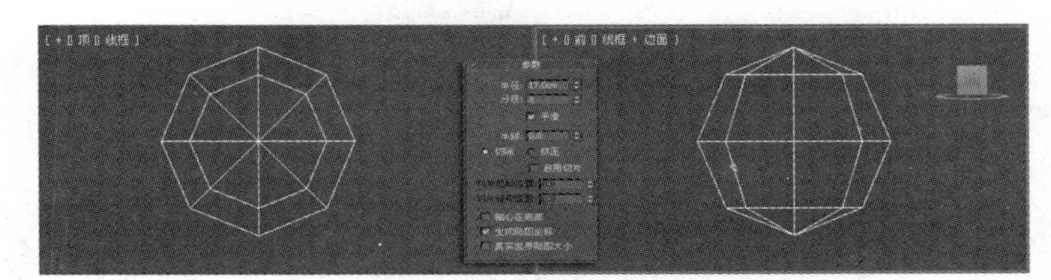

图6.62 创建“身体”

06 按照上述的方法将“身体A”的坐标设置为0。

07 按住Shift键，使用“移动”工具复制一个物体，将其命名为“身体B”，效果如图6.63所示。

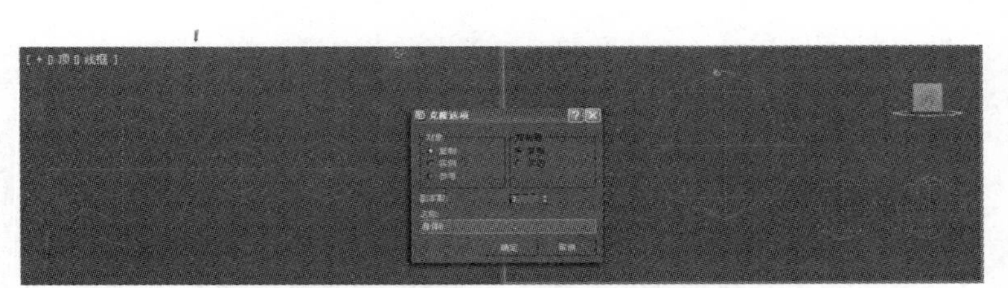

图6.63 复制

08 将光标放置在“头部”上，单击鼠标右键，在弹出的快捷菜单中执行“转换为”→“转换为可编辑多边形”命令，将球体转换为可编辑多边形对象。

09 在工具栏上激活按钮，在前视图中旋转“身体A”和“身体B”，使它们的中线形成一条弧线，效果如图6.64所示。

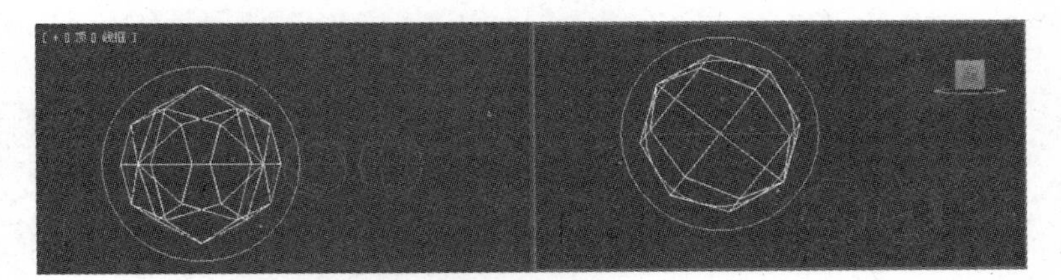

图6.64 旋转

10 在视图中选中“头部”，在“编辑几何体”卷展栏中单击 附加 按钮，单击“身体A”，再单击第2个物体“身体B”，此时，物体全部附加在一起，如图6.65所示。

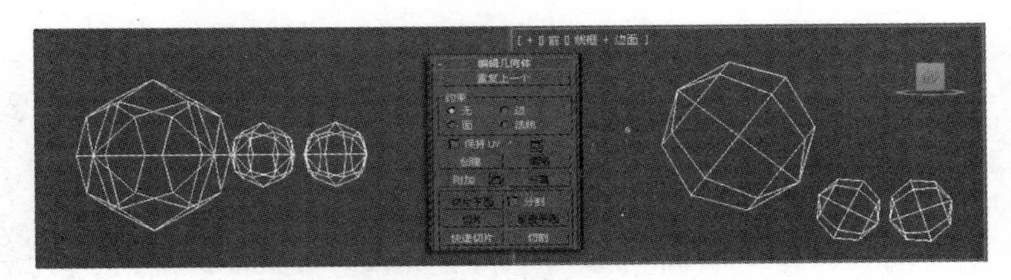

图6.65 附加

11 在命令面板中单击“工具面板”按钮，进入后单击 重置变换 按钮，在弹出的“重置变换”卷展栏中单击 重置选定内容 按钮，此时，物体完全被重置了。如图6.66所示。

12 此时，在修改命令面板中单击“变换”按钮，右键单击执行“塌陷全部”命令，如图6.67所示。

13 在弹出的“塌陷全部”对话框中进行设置，如图6.68所示。

图6.66 重置变换

图6.67 塌陷全部

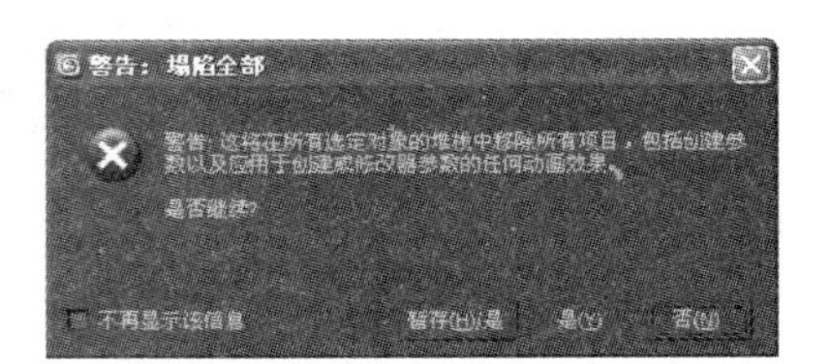

图6.68 完成塌陷全部

14 此时，塌陷全部完成之后，将自动转换为“可编辑多边形”修改命令。打开修改命令面板，在修改器堆栈中单击激活“多边形”子对象，在视图中选择如图6.69所示的多边形。

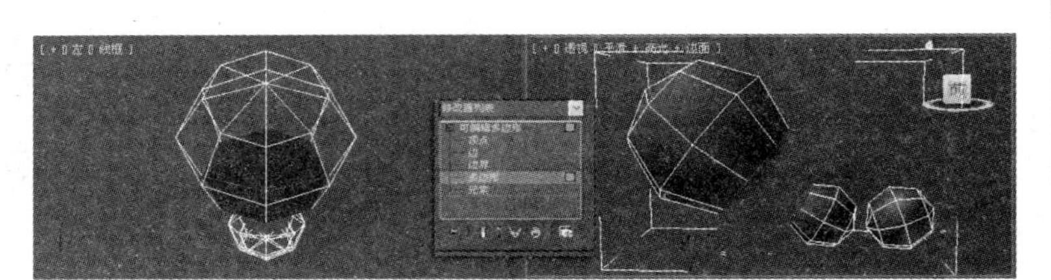

图6.69 选中多边形

15 在“编辑多边形”卷展栏中单击 桥 按钮，设置具体参数，如图6.70所示。

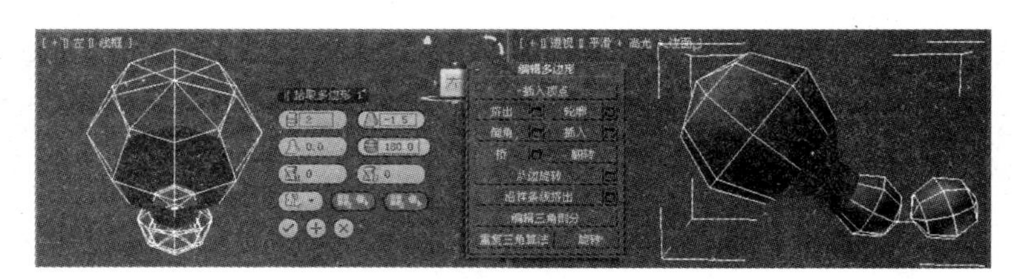

图6.70 桥命令

16 接下来连接“身体”部分，在视图选中如图6.71所示的多边形，在“编辑多边形”卷展栏中单击 桥 按钮，并设置具体参数。

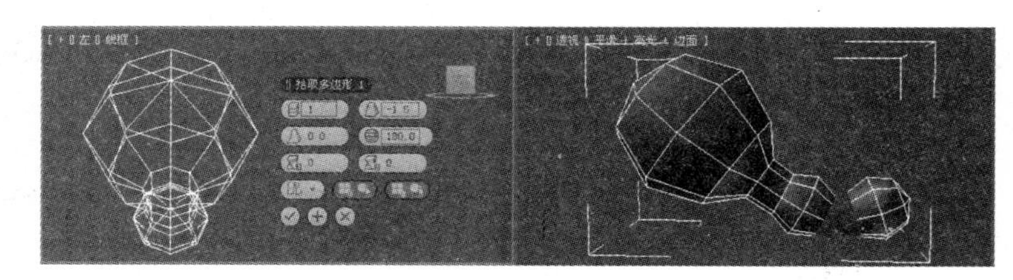

图6.71 桥命令

17 打开修改命令面板，在修改器堆栈中单击激活“多边形”子对象，在视图中选中“身体”。在“多边形：平滑组”卷展栏中单击 清除全部 按钮，所有的多边形都不进行平滑。再单击 自动平滑 按钮，效果如图6.72所示。

图6.72 自动平滑

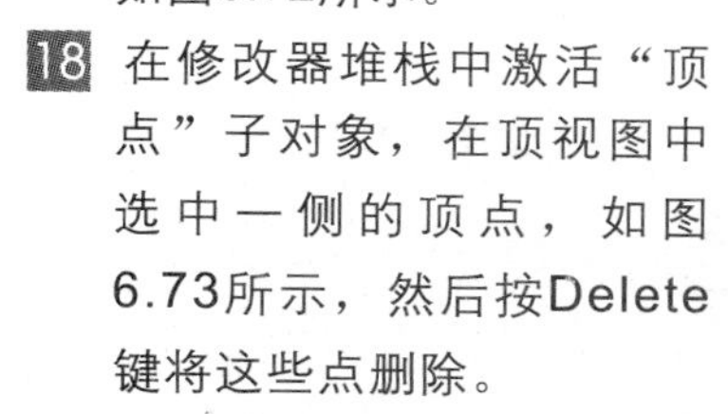

18 在修改器堆栈中激活“顶点”子对象，在顶视图中选中一侧的顶点，如图6.73所示，然后按Delete键将这些点删除。

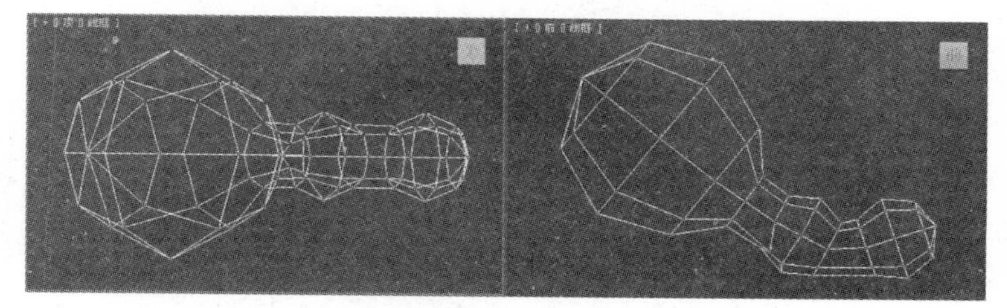

图6.73 选择顶点

19 打开修改命令面板，在修改器堆栈中单击激活“多边形”子对象。在透视视图中选中如图6.74所示的多边形。

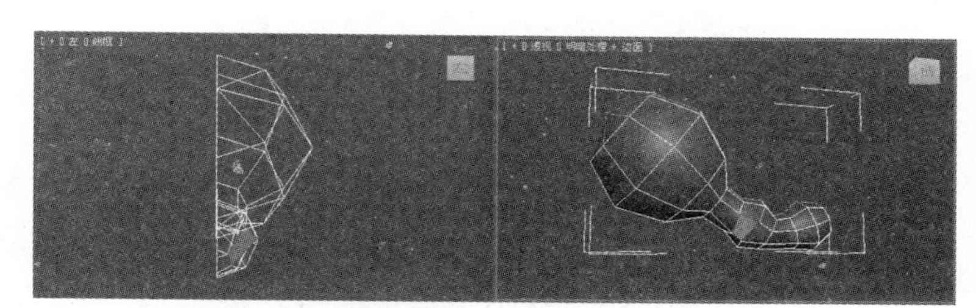

图6.74 选中多边形

20 在“编辑多边形”卷展栏中单击 挤出 按钮，将鼠标放置在选中的多边形上拖曳，挤出多边形，如图6.75所示。

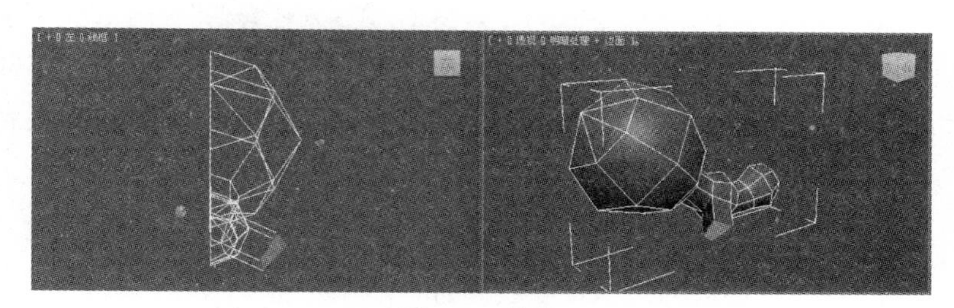

图6.75 挤出

21 在修改器堆栈中激活“顶点”，在视图中调整挤出顶点的位置，如图6.76所示。

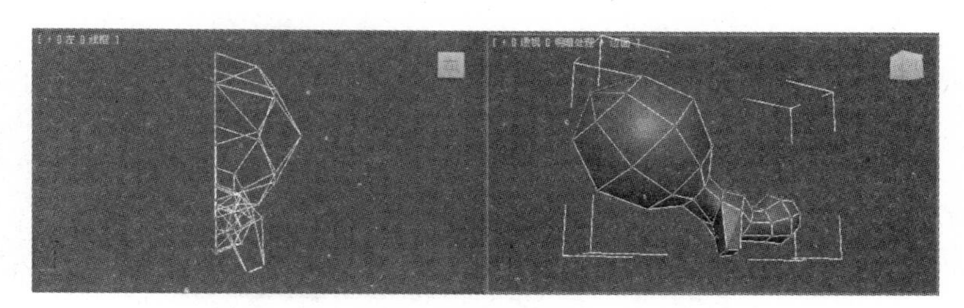

图6.76 调整顶点

22 使用同样的方法再次挤出多边形并调整顶点位置，制作出前腿，如图6.77所示。

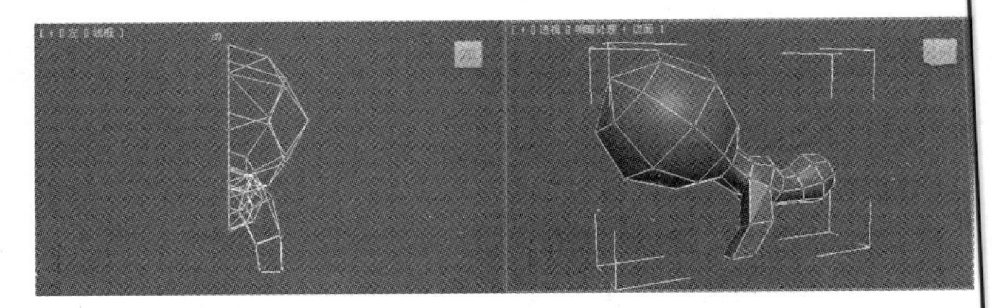

图6.77 挤出并调整顶点

23 再次挤出多边形并调整顶点，如图6.78所示。

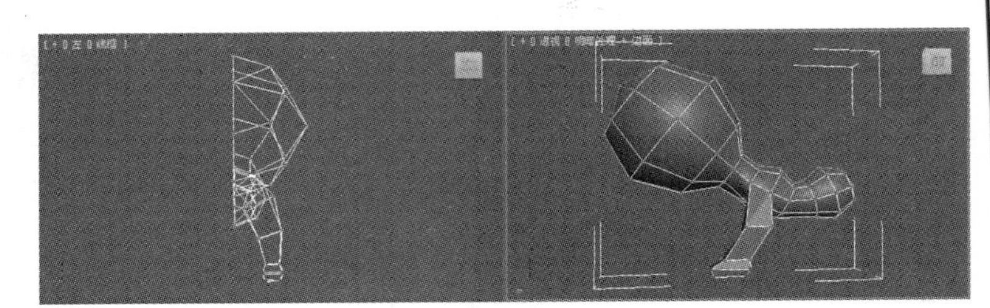

图6.78 挤出并调整顶点

24 激活多边形子对象，选择如图6.79所示的多边形。

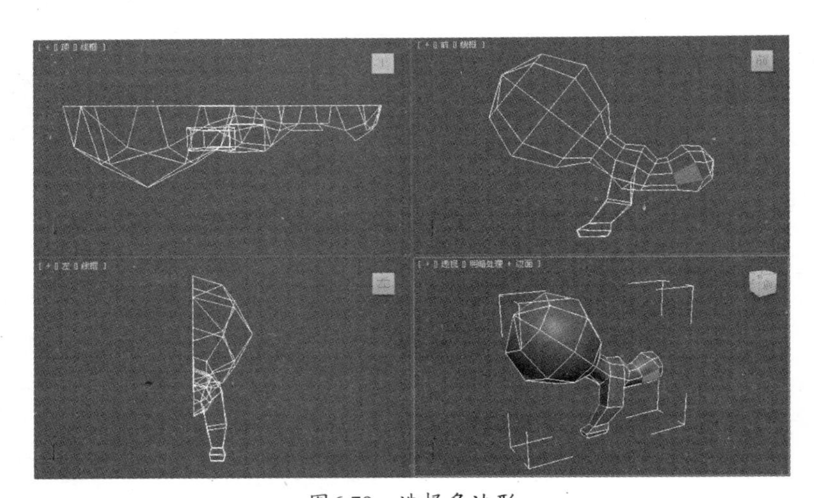

图6.79 选择多边形

25 将多边形挤出一定的厚度，然后激活修改器堆栈中的顶点子对象，调整顶点的位置，如图6.80所示。

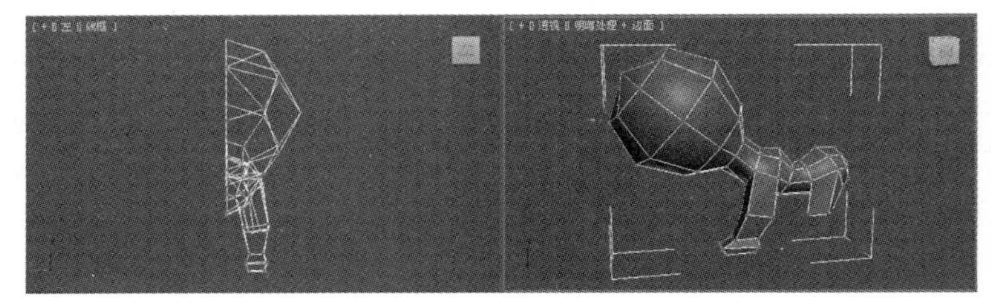

图6.80 调整顶点

26 使用同样的方法再挤出一段，然后调整顶点的位置，如图6.81所示。

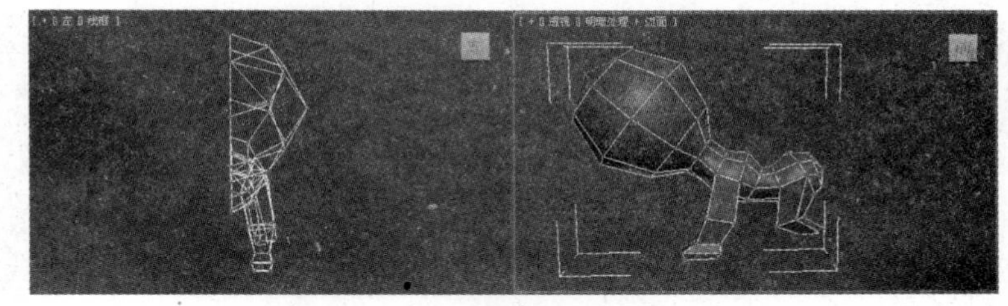

图6.81 调整顶点位置

27 再次挤出多边形，然后调整顶点位置，如图6.82所示。

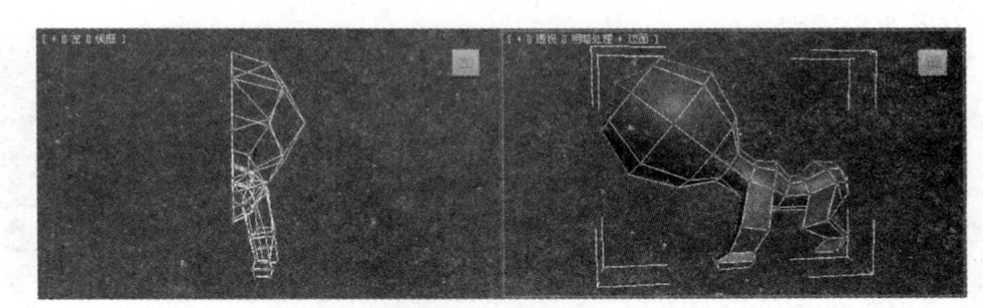

图6.82 调整顶点

28 再次挤出两段多边形，然后调整顶点位置，制作出后脚的模型，如图6.83所示。

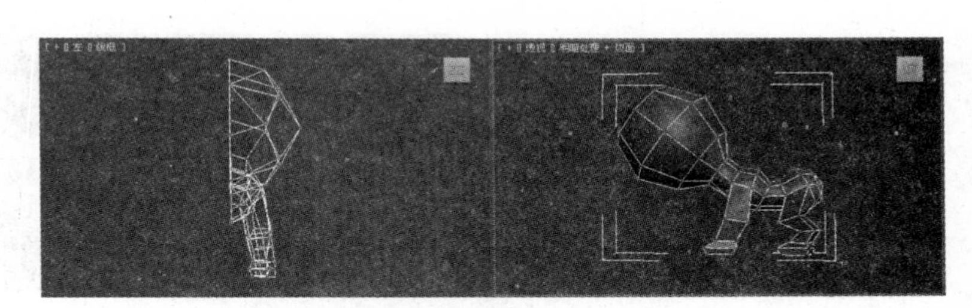

图6.83 调整顶点

29 关闭顶点子对象，在修改命令面板中打开修改器列表，执行“对称”命令，设置对称轴，如图6.84所示。

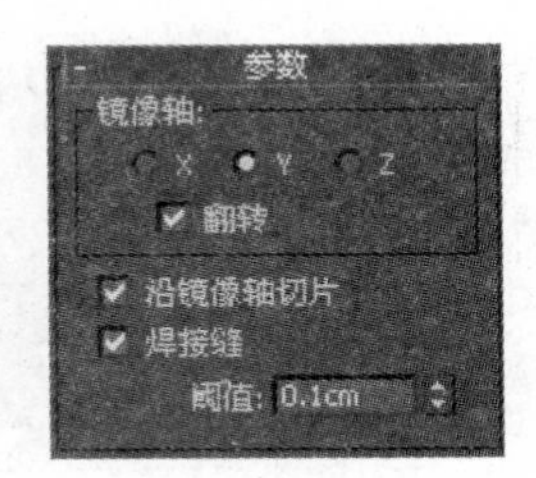

图6.84 设置对称轴

30 在修改器堆栈中激活“对称”修改器的子对象“镜像”，在视图中调整子对象的位置，得到一个完整的模型，如图6.85所示。

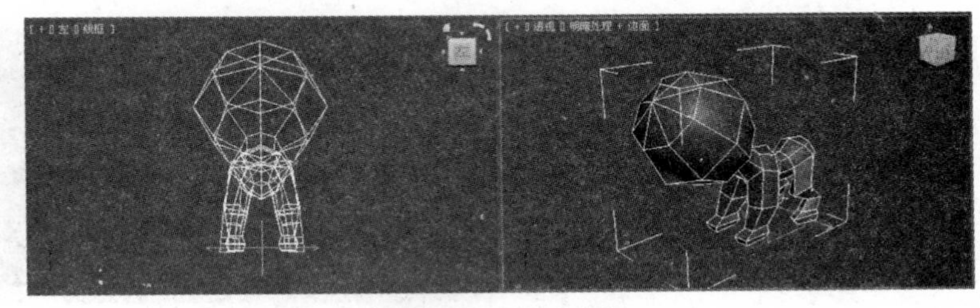

图6.85 调整镜像轴

31 将模型转换为可编辑多边形，在修改器堆栈中激活多边形子对象，选择尾部的多边形，如图6.86所示。

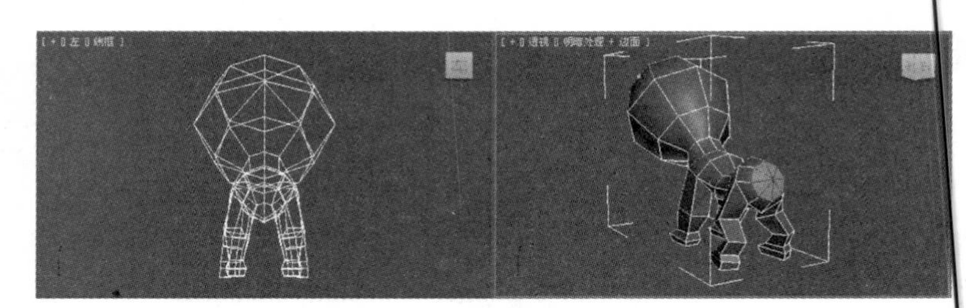

图6.86 选择多边形

32 在“编辑多边形”卷展栏中单击 挤出 按钮，将鼠标放置在选中的多边形上拖曳，挤出多边形，然后使用工具栏中的工具缩小多边形，如图6.87所示。

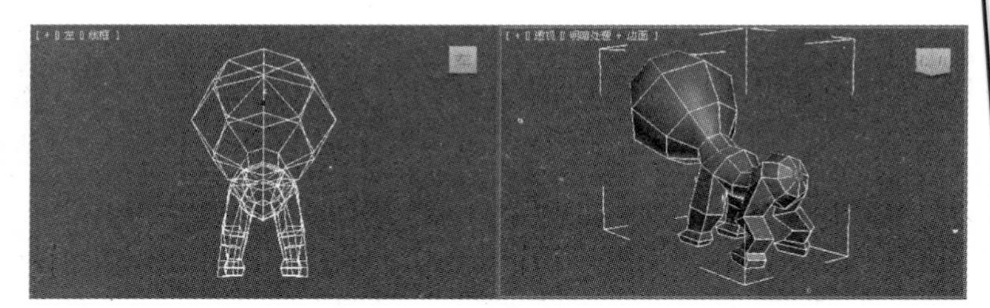

图6.87 挤出并缩放多边形

33 使用同样的方法将多边形挤出多段，并调整位置，制作出尾巴模型，如图6.88所示。

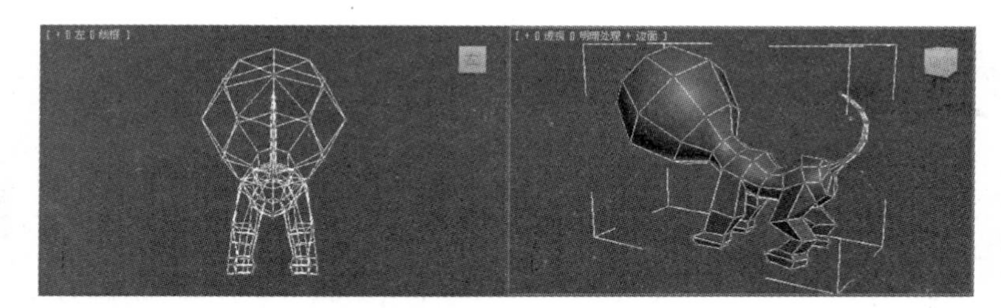

图6.88 挤出尾巴

34 打开修改命令面板，在修改器堆栈中激活多边形子对象，选择头顶的两个多边形，单击修改命令面板的“编辑多边形”卷展栏中“倒角”后面的按钮，选择模式为“按多边形”，然后设置参数，最后确认倒角，如图6.89所示。

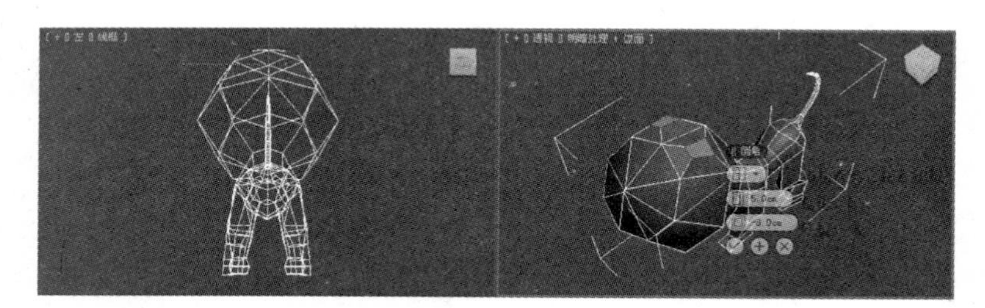

图6.89 倒角

35 使用同样的方法，再次倒角制作出小狗的耳朵模型，并调整顶点的位置，使模型更加逼真，如图6.90所示。

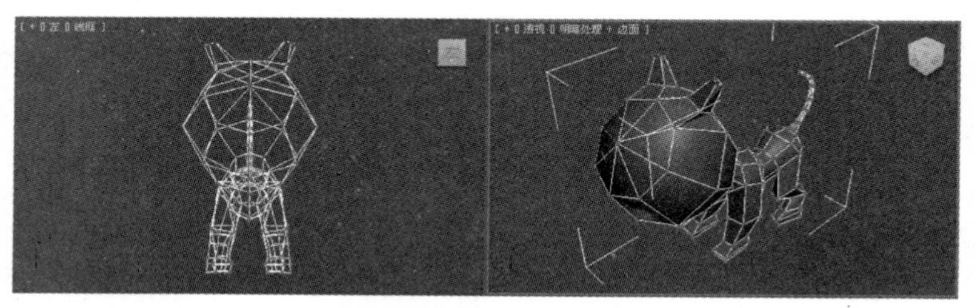

图6.90 制作耳朵模型

36 在修改器堆栈中激活多边形子对象，在视图中选中头部的多边形，如图6.91所示。

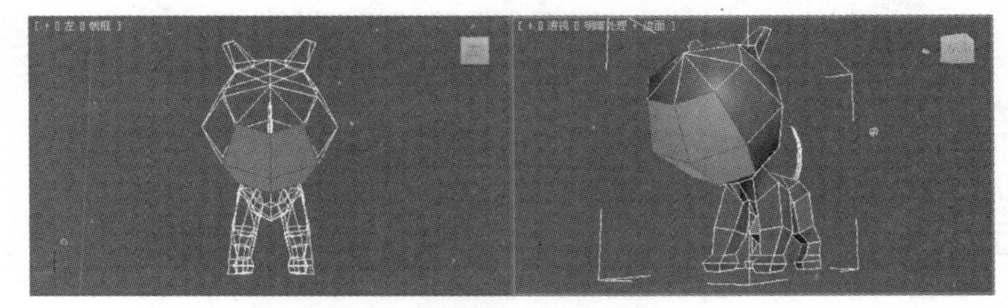

图6.91 选择多边形

37 单击修改命令面板的“编辑多边形”卷展栏中“倒角”后面的按钮，选择模式为“按多边形”，然后设置参数，最后确认倒角，如图6.92所示。

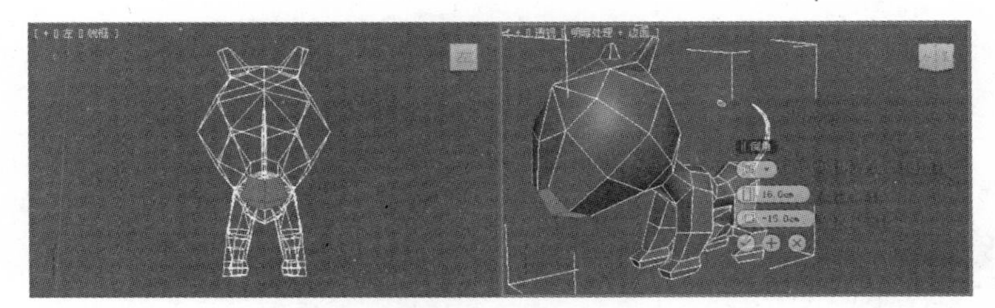

图6.92 倒角多边形

38 至此，卡通小狗的基本建模制作完成。在修改器堆栈中激活顶点子对象，对整体进行细节调整，最终模型如图6.93所示。

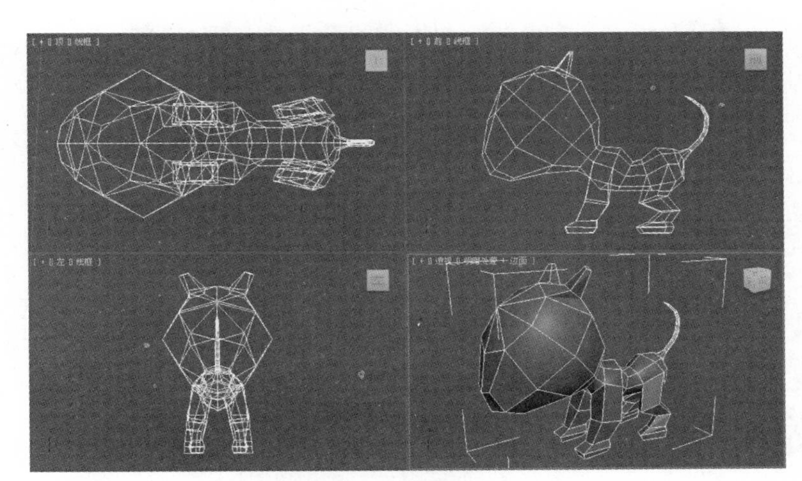

图6.93 最终模型

39 在修改命令面板的 修改器列表 下拉列表中选择“网格平滑”选项，平滑后的模型，如图6.94所示。

40 至此，整个建模过程全部结束，单击工作界面左上角的按钮，执行“保存”命令，保存文件。

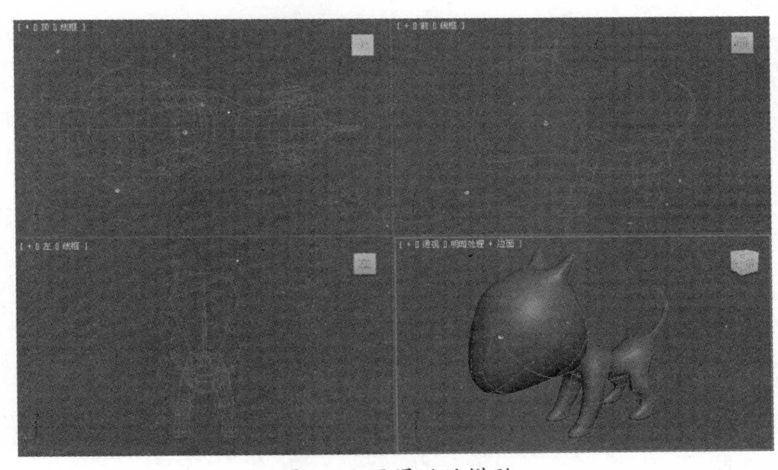

图6.94 平滑后的模型

6.4 课后练习

1. 熟练使用常用的修改命令。
2. 使用“编辑网格”命令和“网格平滑”命令制作艺术座椅，如图6.95所示。

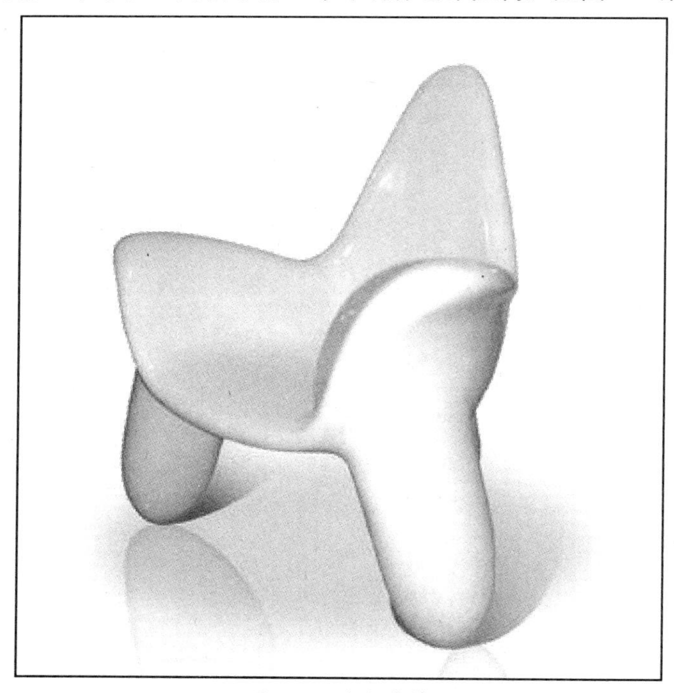

图6.95 艺术座椅

第7课 图形的应用

在3ds Max中，二维线形包括线、矩形、圆形、弧、螺旋线等。因为二维线形可以通过修改或创建命令转换为造型复杂的几何体，因此在一般情况下，二维线形可以认为是构成其他形体的基础。

本课内容：

◎ 创建图形

◎ 修改图形

◎ 将图形转换为几何体

◎ 制作三维文字

◎ 制作酒瓶

7.1 图形应用基础

图形是一个由一条、多条曲线或直线组成的对象。图形是常用作为其他对象组件的2D和3D直线及直线组，大多数默认的图形都是由样条线组成。使用样条线图形，可以生成面片和薄的3D曲面；可以定义放样组件，如路径和图形，并拟合曲线；还可以生成旋转曲面、生成挤出对象等。

7.1.1 创建图形

单击创建命令面板中的按钮，进入图形命令面板。图形面板中共有11种图形工具，如图7.1所示。

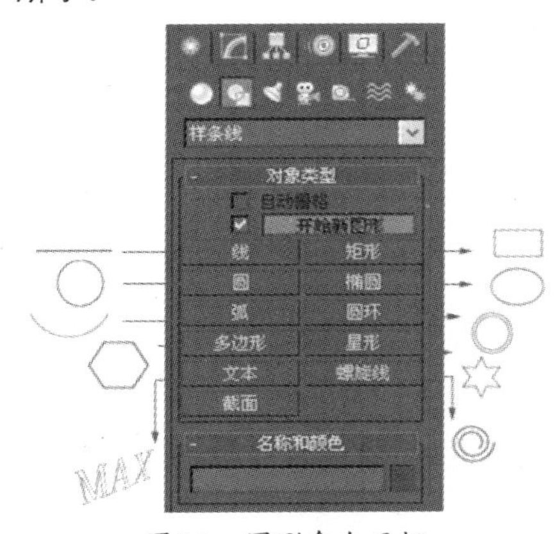

图7.1 图形命令面板

对于11种图形创建工具来说，它们的创建参数略有不同，但因为都是创建样条线的工具，所以参数面板中有一部分参数的作用和调整是相同的。这部分参数主要是渲染和插值，如图7.2所示。

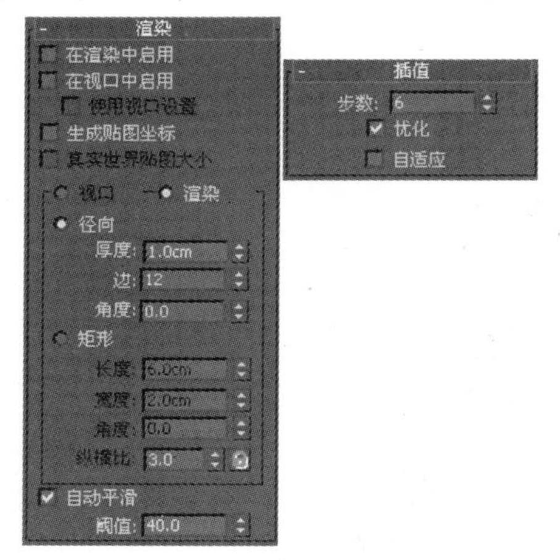

图7.2 参数设置

- 在渲染中启用：启用该选项后，使用为渲染器设置的径向或矩形参数，将图形渲染为3D网格。在该软件的以前版本中，可渲染开关执行相同的操作。
- 在视口中启用：启用该选项后，使用为渲染器设置的径向或矩形参数将图形作为3D网格显示在视口中。在该软件的以前版本中，“显示渲染网格”执行相同的操作。
- 径向：将3D网格显示为圆柱形对象，可以设置厚度、边数和角度。
- 矩形：将样条线网格图形显示为矩形，可以设置长度、宽度、角度和纵横比。
- 步数：样条线步数可以自适应，或者手动指定。当“自适应”处于禁用状态时，使用“步数”字段/微调器可以设置每个顶点之间划分的数量。带有急剧曲线的样条线需要许多步数才能显得平滑，而平缓曲线则需要较少的步数。范围为0～100。

1．可编辑样条线的使用

可编辑样条线包含各种控件，用于直接操纵自身及其子对象。例如，在“顶点”子对象层级，可以移动顶点或调整Bezier控制柄。使用可编辑样条线，可以创建没有基本样条线选项规则，但比其形式更加自由的图形。

线 工具创建的图形是可编辑样条线，但是 矩形 等工具创建的图形则不是可编辑样条曲线。

2．转换可编辑多边形

“线”工具绘制的图形是可编辑样条曲线，自身具有3个级别的次级物体，修改起来非常方便，而其他工具绘制的图形不是可编辑样条曲线，需要通过转换的方法使其成为可编辑样条线。将图形转换为可编辑样条线可以通过两种方式。

(1) 右键菜单转换样条线

在视图中选中绘制的图形，然后单击鼠标右键，在弹出的右键菜单中执行“转换为”→“转换为可编辑样条线”命令，如图7.3所示。

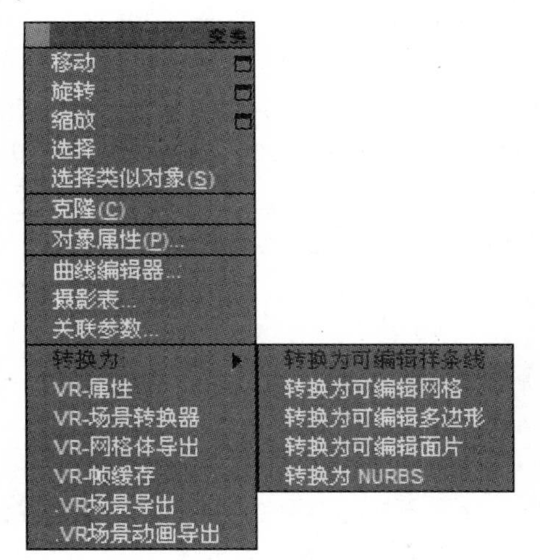

图7.3 转换为可编辑样条线

通过右键菜单转换样条线，修改器堆栈，如图7.4所示。

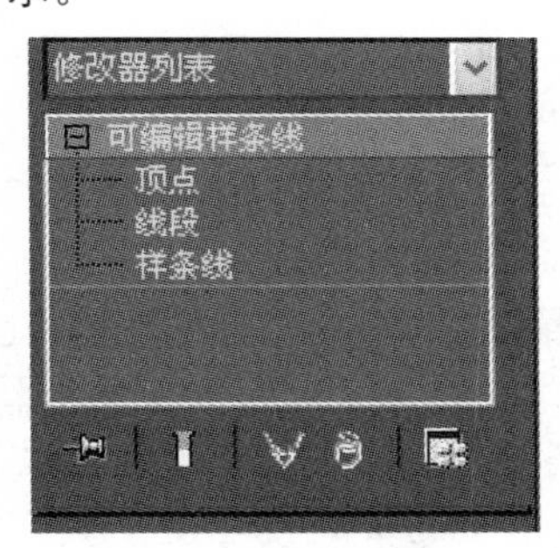

图7.4 修改器堆栈

(2) 添加编辑样条线修改器

选中绘制的图形，在修改器列表下拉列表中选择“编辑样条线”修改器，如图7.5所示。

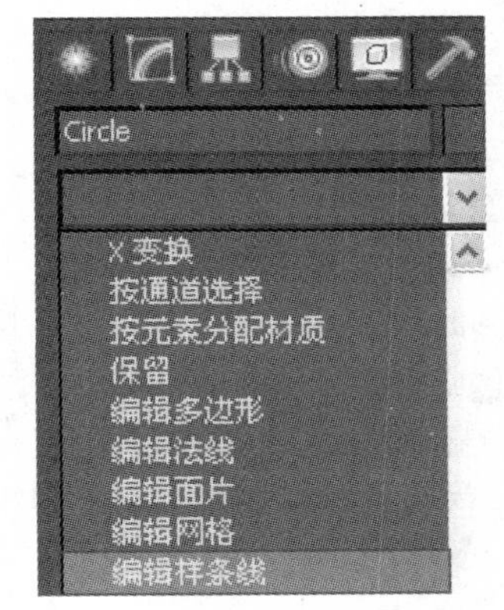

图7.5 编辑样条线修改器

7.1.2 修改图形

图形的修改主要是基于可编辑样条线的修改。在可编辑样条线对象层级可用的功能也可以在所有子对象层级使用，并且在各个层级的作用方式完全相同，其命令面板如图7.6所示。

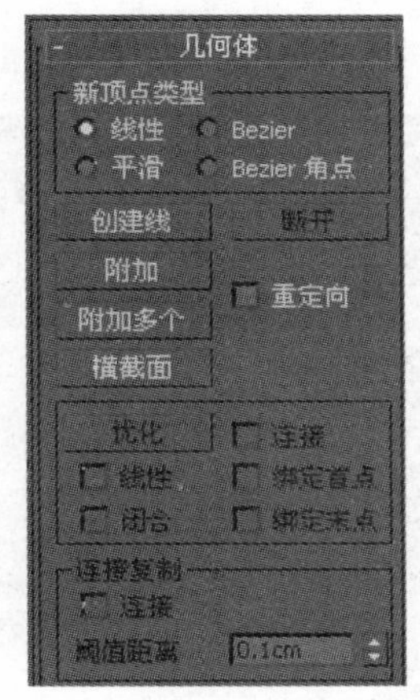

图7.6 命令面板

- 新顶点类型：可使用此组中的单选按钮，确定在按住Shift键的同时，克隆线段或样条线时创建的新顶点的切线。如果之后使用“连接复制”，则对于将原始线段或样条线与新线段或样条线相连的样条线，其上的顶点在此组中具有指定的类型。
- 创建线：将更多样条线添加到所选样条线。这些线是独立的样条线子对象，创建它们的方式与创建线形样条线的方式相同。要退出线的创建，可以右键单击或单击以禁用“创建线”。
- 附加：允许用户将场景中的另一个样条线附加到所选样条线。单击要附加到当前选定的样条线对象的对象。要附加到的对象也必须是样条线。
- 附加多个：单击此按钮可以弹出“附加多个”对话框，它包含场景中所有其他图形的列表。选择要附加到当前可编辑样条线的形状，然后单击“确定”按钮。
- 横截面：在横截面形状外面创建样条线框架。单击“横截面”按钮，选择一个形状，然后选择第2个形状，将创建连接这两个形状的样条线。继续单击形状将其添加到框架。此功能与“横截面”修改器相似，但用户可以在此确定横截面的顺序。可以通过在“新顶点类型”组中选择“线性”、Bezier、“Bezier角点”或“平滑”来定义样条线框架切线。

1．调整顶点

将图形转换为可编辑样条线后，单击修改器堆栈中的“顶点”子对象，进入顶点编辑层级。在这个层级的修改命令面板的“几何体”卷展栏中有几个常用的工具按钮，如图7.7所示。

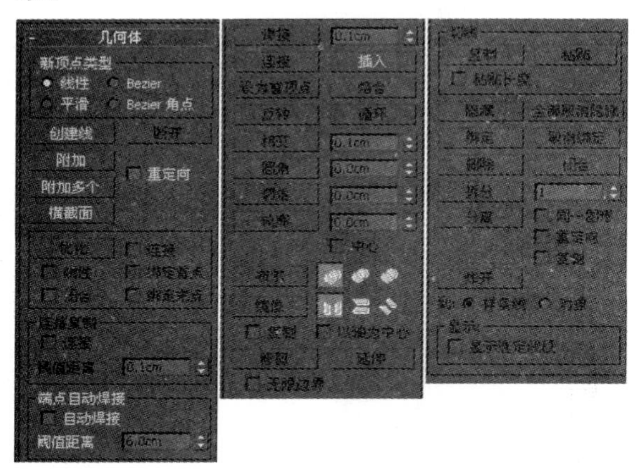

图7.7　顶点子对象“几何体”卷展栏

- 优化：在样条线上单击鼠标左键，在不改变曲线形状的前提下增加点。
- “自动焊接”：移动样条曲线的一个端点，当其与另一个端点的距离小于“阈值距离”规定的数值时，两个点就自动焊接为一个点。
- 焊接：选取要焊接的点，在按钮旁边的文本框中输入大于两点距离的值，单击该按钮就把两点焊接在一起了。
- 连接：连接两个端点顶点以生成一个线性线段，而无论端点顶点的切线值是多少。单击连接按钮，将鼠标光标移过某个端点顶点，直到光标变成一个十字形，然后从一个端点顶点拖曳到另一个端点顶点。
- 插入：插入一个或多个顶点，以创建其他线段。单击线段中的任意某处可以插入顶点并将鼠标附加到样条线。可以选择性地移动鼠标，并单击以放置新顶点。继续移动鼠标，然后单击以添加新顶点。单击一次可以插入一个角点顶点，而拖曳则可以创建一个Bezier(平滑)顶点。
- 设为首顶点：指定所选形状中的哪个顶点是第一个顶点。样条线的第一个顶点指定为四周带有小框的顶点。选择要更改的当前已编辑的形状中每个样条线上的顶点，然后单击设为首顶点按钮。
- 熔合：将所有选定顶点移至它们的平均中心位置。
- 循环：选择连续的重叠顶点。选择两个或更多在3D空间中处于同一位置的顶点中的一个，然后重复单击，直到选中了想要的顶点。
- 相交：在属于同一个样条线对象的两个样条线的相交处添加顶点。单击“相交”按钮，然后单击两个样条线之间的相交点。如果样条线之间的距离在由“相交阈值”微调器(在按钮的右侧)设置的距离内，单击的顶点将添加到两个样条线上。
- 圆角：在线段会合的地方设置圆角，添加新的控制点。用户可以交互地(通过拖动顶点)应用此效果，也可以通过使用数字(使用“圆角”微调器)来应用此效果。单击圆角按钮，然后在活动对象中拖曳顶点。拖曳时，“圆角”微调器将相应地更新，以指示当前的圆角量。
- 切角：设置形状角部的倒角。可以交互式地(通过拖曳顶点)或在数字上(通过使用“切角”微调器)应用此效果。单击切角按钮，然后在活动对象中拖曳顶点。“切角”微调器更新显示拖动的切角量。
- 隐藏：隐藏所选顶点和任何相连的线段。选择一个或多个顶点，然后单击隐藏按钮。
- 全部取消隐藏：显示任何隐藏的子对象。
- 绑定：创建绑定顶点。单击绑定按钮，然后从当前选择中的任何端点顶点拖曳到当前选择中的任何线段。拖动之前，当光标在合格的顶点上时，会变成一个十字形光标。在拖动过程中，会出现一条连接顶点和当前鼠标位置的虚线，当鼠标光标经过合格的线段时，会变成一个“连接”符号。在合格线段上释放鼠标按钮时，顶点会跳至该线段的中心，并绑定到该中心。
- 取消绑定：断开绑定顶点与所附加线段的连接。选择一个或多个绑定顶点，然后单击取消绑定按钮。
- 删除：删除所选的一个或多个顶点，以及与每个要删除的顶点相连的那条线段。

在这个层级修改样条线主要包括3个方面的内容。

(1) 通过改变顶点的类型、位置或增删顶点来改变样条线。

选中编辑样条线上的某一点，在其上单击鼠标右键，在弹出的右键菜单中可以看到顶点可以变换的4种类型："Bezier 角点"、"Bezier"(贝塞尔)、"角点"、"平滑"，如图7.8所示。

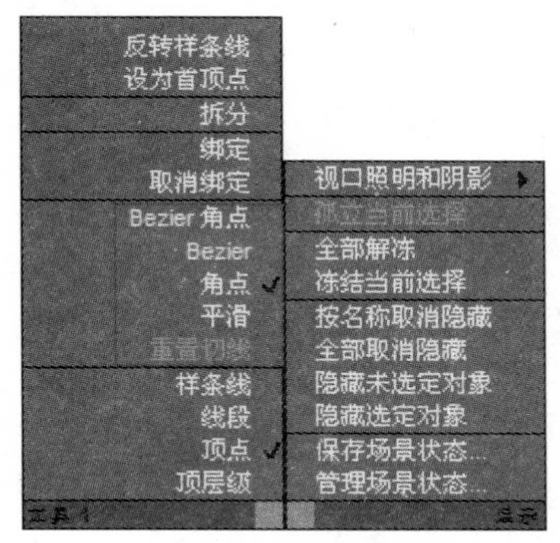

图7.8 顶点的4个类型

(2) 闭合开放的样条线

闭合开放的样条线可以用 焊接 的方式，也可以采取 连接 的办法，如图7.9所示。

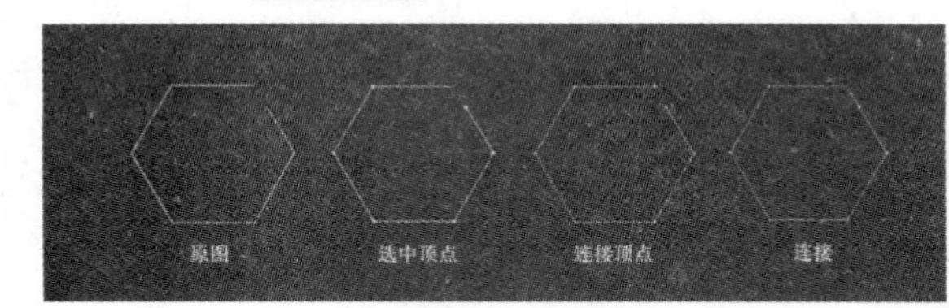

图7.9 闭合开放的样条线

(3) 合并多条样条线

合并是图形创建过程中使用非常频繁的命令，经常与"Extrude"(挤出)配合使用。合并样条线使用的命令是"Attach"(附加)。附加命令使原来的多个图形个体，成为一个整体的样条线。如图7.10所示。

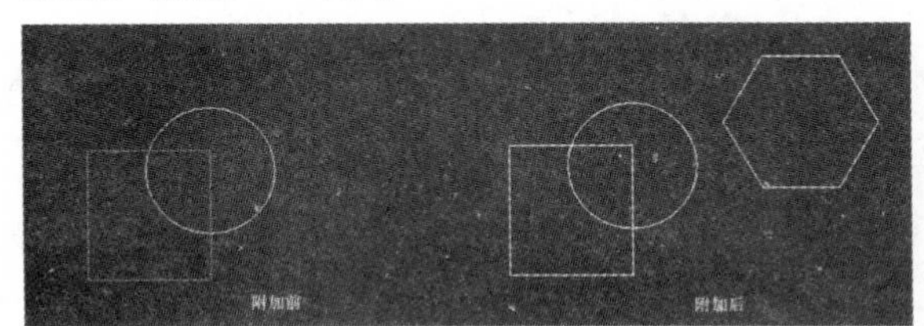

图7.10 附加前后

2．调整线段

线段是样条线曲线的一部分，在两个顶点之间。在"可编辑样条线(线段)"层级，可以选择一条或多条线段，并使用标准方法移动、旋转、缩放或克隆它。单击修改器堆栈中的"Segment"(线段)子对象，进入线段编辑层级。在这个层级上常用的工具按钮，如图7.11所示。

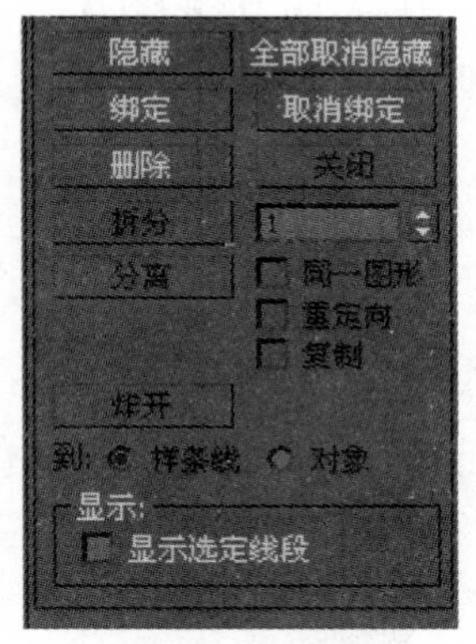

图7.11 工具按钮

- 拆分：通过添加由微调器指定的顶点数来细分所选线段。选择一个或多个线段，设置"拆分"微调器(在按钮的右侧)，然后单击 拆分 按钮，如图7.12所示。每个所选线段将被"拆分"微调器中指定的顶点数拆分。顶点之间的距离取决于线段的相对曲率，曲率越高的区域得到的顶点越多。

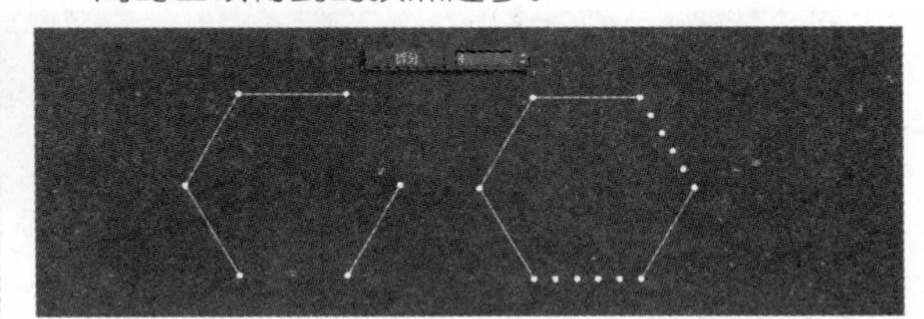

图7.12 拆分线段

- 分离：选择不同样条线中的几个线段，然后拆分(或复制)它们，以构成一个新图形。有以下3个可用选项。
- 同一图形：启用后，将禁用"重定向"，并且"分离"操作将使分离的线段保留为形状的一部分。如果还启用了"复制"，则可以结束在同一位置进行的线段的分离副本。
- 重定向：分离的线段使用源对象局部坐标系，此时，将会移动和旋转新的分离对象，以便对局部坐标系进行定位，并使其与当前活动栅格的原点对齐。
- 复制：复制分离线段，而不是移动它。

3．调整样条线

在"可编辑样条线(样条线)"层级，用户

可以选择一个样条线对象中的一条或多条样条线，并使用标准方法移动、旋转和缩放它们。单击修改器堆栈中“Spline”(样条线)子对象，进入样条线编辑层级。在这个层级的常用修改命令，如图7.13所示。

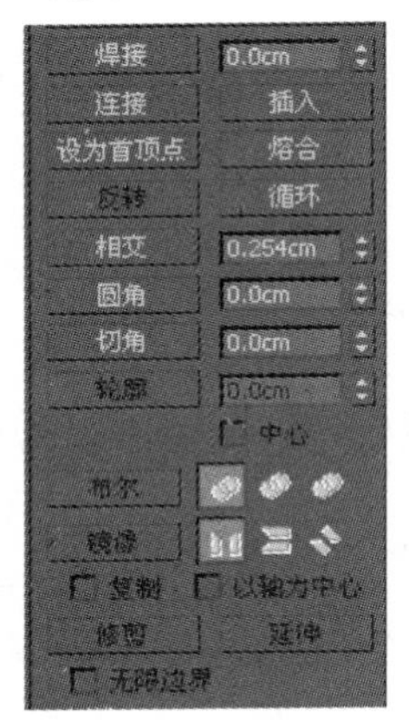

图7.13　修改命令

- 轮廓：为使由图形生成的建筑构件产生一定的厚度，需要给曲线加一个双线勾边，如图7.14所示。制作轮廓的方法有两种：一是单击 Outline 按钮，在视图中拖曳选中的图形；二是在按钮后面的文本框中输入数值，按Enter键创建。

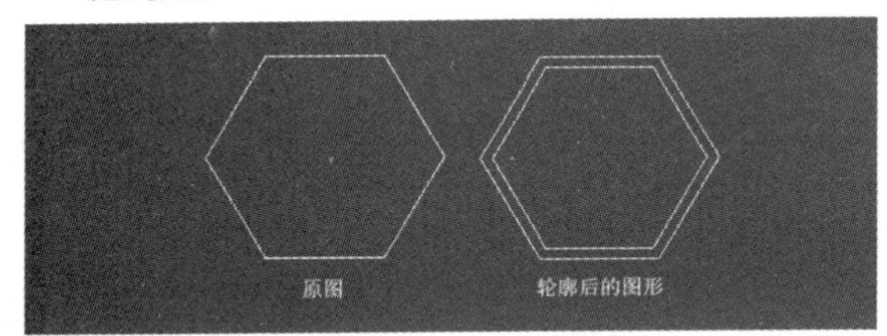

图7.14　轮廓图形

图形布尔运算效果，如图7.15所示。

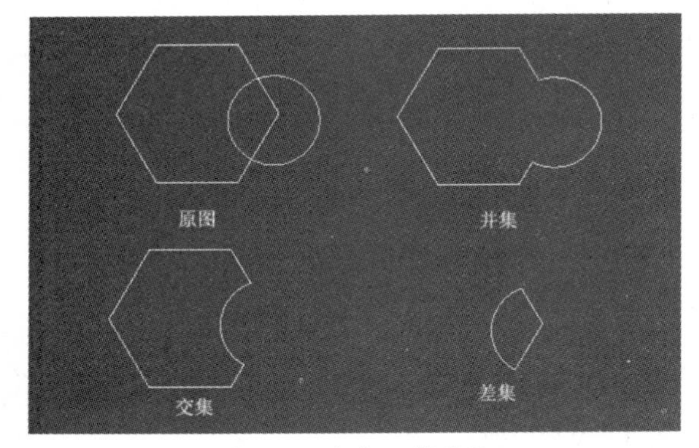

图7.15　布尔运算效果

- 镜像(镜像)：可以将选中的对象进行垂直、水平和对角线镜像操作。包括水平镜像、垂直镜像、双向镜像。镜像效果，如图7.16所示。

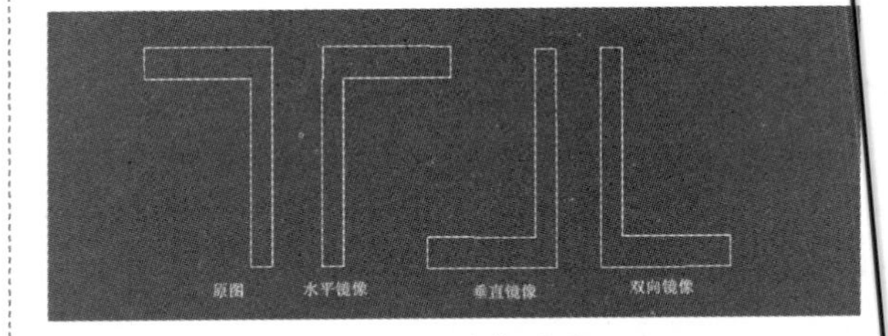

图7.16　镜像效果

- 复制：复制选择后，在镜像样条线时复制(而不是移动)样条线。
- 以轴为中心：启用后，以样条线对象的轴点为中心镜像样条线；禁用后，以它的几何体中心为中心镜像样条线。

7.1.3　将图形转换为几何体

图形建模是通过图形创建出三维几何体的建模方法，将图形转换为三维造型的命令有创建命令，也可以对其添加修改器命令。

1．“挤出”修改器

以二维线形作为截面或路径可以生成较为复杂的、不规则的造型。其中“挤出”修改器是最常使用的命令之一，它可以将深度添加到图形中，并使其成为一个参数对象，如图7.17所示。

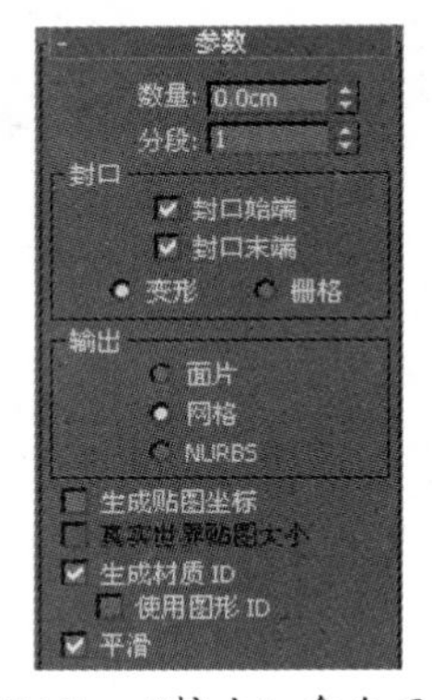

图7.17　“挤出”命令面板

- 数量：设置挤出的深度。
- 分段：指定将要在挤出对象始端生成的一个平面。
- 封口始端：在挤出对象始端生成一个平面。
- 封口末端：在挤出对象末端生成一个平面。
- 变形：在一个可预测、可重复模式下安排封口面，这是创建渐进目标所需要的。渐进封口可以产生细长的面，而不像栅格封口那样需要渲染或变形。如果要挤出多个渐进目标，则主要使用渐进封口的方法。

- 栅格：在图形边界上的方形修剪栅格中安排封口面。此方法产生尺寸均匀的曲面，可使用其他修改器将这些曲面变形。当选中“栅格”封口选项时，栅格线是隐藏边而不是可见边。
- 面片：产生一个可以折叠到面片对象中的对象。
- 网格：产生一个可以折叠到网格对象中的对象。
- NURBS：产生一个可以折叠到NURBS对象中的对象。
- 生成贴图坐标：将贴图坐标应用到挤出对象中，默认设置为禁用状态。启用此项时，将独立贴图坐标应用到末端封口中，并在每一封口上放置一个1×1的平铺图案。
- 生成材质ID：将不同的材质ID指定给挤出对象侧面与封口。
- 使用图形ID：使用挤出样条线中指定给线段的材质ID值，或使用挤出NURBS曲线中的曲线子对象。
- 平滑：将平滑应用于挤出图形。

2．“车削”修改器

“车削”修改器常用于制作花瓶、酒杯等造型，可以将二维线形通过围绕一个轴向旋转一周从而生成一个三维几何体，如图7.18所示。

图7.18 “车削”修改器

- 轴：在此子物体层级上，可以进行变换和设置绕轴旋转动画。
- 度数：确定对象绕轴旋转的度数（范围从0°~360°，默认值是360°）。可以给“度数”设置关键帧，从而设置车削对象圆环增强的动画。“车削”轴自动将尺寸调整到需要车削图形同样的高度。
- 焊接内核：通过将旋转轴中的顶点焊接来简化网格。如果要创建一个变形目标，禁用此选项。
- 翻转法线：依赖图形上顶点的方向和旋转方向，旋转对象可能会内部外翻。可以用此选项来修正。
- 分段：在起始点之间，确定在曲面上创建插值线段的数量。也可用此参数设置动画，默认值为16。

> **提示**
> 使用微调器可以创建上万条线段，但通常使用平滑组或平滑修改器获得满意的效果，几何体较复杂，不要用它创建几何体。

- 方向：相对对象轴点，设置轴的旋转方向。
- 对齐：将旋转轴与图形的最小、居中或最大范围对齐。

3．“倒角”修改器

“倒角”修改器包含了3个级别的拉伸，也就是对一个二维线形添加一个“倒角”修改器，可以对其进行3次拉伸，并可以在每次拉伸时指定轮廓量，控制缩放的比例，产生锥化的效果。其“参数”卷展栏如图7.19所示。

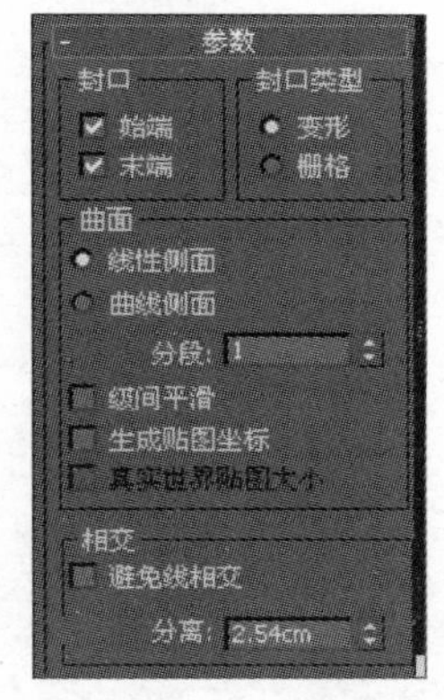

图7.19 “倒角”参数卷展栏

- 封口类型：两个单选按钮设置使用的封口类型。
- 变形：为变形创建适合的封口类型。
- 栅格：在栅格图案中创建封口曲面。封装类型的变形和渲染要比渐进变形封装的效果好。

- 曲面：控制曲面侧面的曲率、平滑度和贴图。开始的两个单选按钮设置级别之间使用的插值方法；有一个数字字段设置要插值的片段数量。
- 线性侧面：此项默认时处于选中状态，级别间会沿着一条直线进行分段插值。
- 曲线侧面：激活此项后，级别间会沿着一条Bezier曲线进行分段插值。对于可见曲率，使用曲线侧面的多个分段。
- 级间光滑：控制是否将平滑组应用于倒角对象侧面，封口会使用与侧面不同的平滑组。此项默认时处于未选中状态，启用后对侧面应用平滑组，侧面显示为弧状；禁用此项后不应用平滑组，侧面显示为平面倒角。
- 相交：防止从重叠的临近边产生锐角。倒角操作最适合于弧状图形或角大于90°的图形。锐角会产生极化倒角，常常会与邻边重合。
- 避免线相交：防止轮廓彼此相交。通过在轮廓中插入额外的顶点并用一条平直的线段覆盖锐角来实现。
- 分离：设置边之间所保持的距离，最小值为0.01。

“倒角值”卷展栏包含设置高度和4个级别的倒角量参数。倒角对象需要起始和结束两个级别的最小值。添加更多的级别来改变倒角从开始到结束的量和方向。级别1的参数定义了第1层的高度和大小。启用级别2或级别3对倒角对象添加另一层，将其高度和轮廓指定为前一级别的改变量。最后级别始终位于对象的上部。必须始终设置级别1的参数，如图7.20所示。

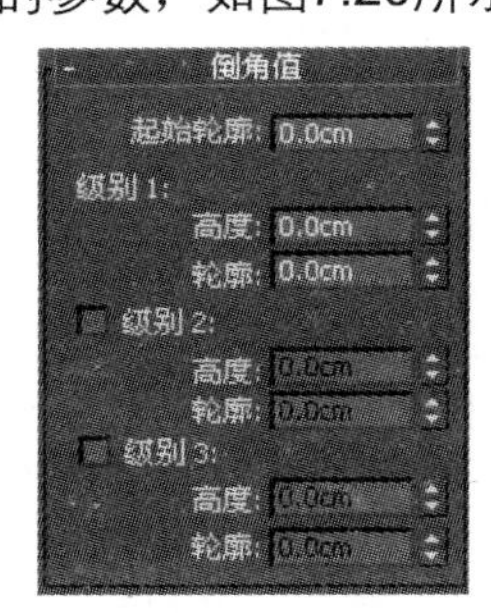

图7.20 “倒角值”卷展栏

- 起始轮廓：调整开始斜切的轮廓大小，数值大于0时开始轮廓在初始轮廓的基础之上放大，小于0则缩小。
- 级别1：包含“高度”和“轮廓”两项，表示起始级别的改变。
- 高度：设置级别1在起始级别上的距离。
- 轮廓：设置级别1的轮廓到起始轮廓的偏移距离。
- 知识链接：级别2和级别3是可选的，可以改变倒角量和方向。在默认的情况下未被启用。
- 级别2：在级别1之后添加一个级别。
- 高度：设置级别1之上的距离。
- 轮廓：设置级别2的轮廓到级别1轮廓的偏移距离。
- 级别3：在前一级别之后添加一个级别。如果未启用级别2，级别3添加于级别1之后。
- 高度：设置到前一级别之上的距离。
- 轮廓：设置级别3的轮廓到前一级别轮廓的偏移距离。

传统的“倒角”文本带有以下条件的所有级别。

- 起始轮廓：可以是任意值，通常为0.0。
- 级别1：轮廓为正值。
- 级别2：轮廓值为0.0，不改变级别1。
- 级别3：轮廓为级别1值的负值。将级别3的值返回为与起始轮廓相同的大小。
- 倒角剖面：修改器能使一个截面沿着一个路径产生这个截面的倒角效果。需要使用另一个图形路径作为“倒角截剖面”来挤出一个图形，它是“倒角”修改器的一种变量。所以如果要使用该命令必须有两个二维线形做前提，一个二维线形用来做截面，另一个用来做路径。

4．“倒角剖面”修改器

“倒角剖面”修改器命令面板，如图7.21所示。

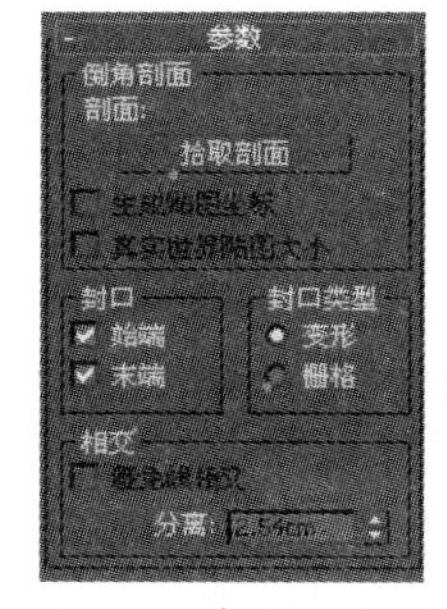

图7.21 “参数”卷展栏

- 拾取剖面：选中一个图形或NURBS曲线来用于剖面路径。

如果删除原始倒角剖面，则倒角剖面失效。与提供图形的放样对象不同，“倒角剖面”是一个简单的修改器。

- 始端：对挤出图形的底部进行封口。
- 末端：对挤出图形的顶部进行封口。

封口类型：

- 变形：选中确定性的封口方法，为对象间的变形提供相等数量的顶点。
- 栅格：创建更适合封口变形的栅格封口。

相交：

- 避免线相交：防止倒角曲面自相交。勾选此项需要更多的处理器计算，应用于复杂的几何体会消耗大量的时间。
- 分离：设定侧面为防止相交而分开的距离。

7.2 课堂实例1：制作三维字幕

三维文字是效果图制作、影视制作中经常见到的元素，本例介绍使用“倒角”命令制作三维文字的具体过程。本例最终的制作效果，如图7.22所示。

图7.22　三维文字

01 在桌面上双击图标，启动3ds Max 2012中文版软件。

02 在菜单栏中执行“自定义”→“单位设置”命令，在弹出的“单位设置”对话框中设置单位为“厘米”，如图7.23所示。

03 单击 文本 按钮，在“参数”卷展栏中设置参数，如图7.24所示。

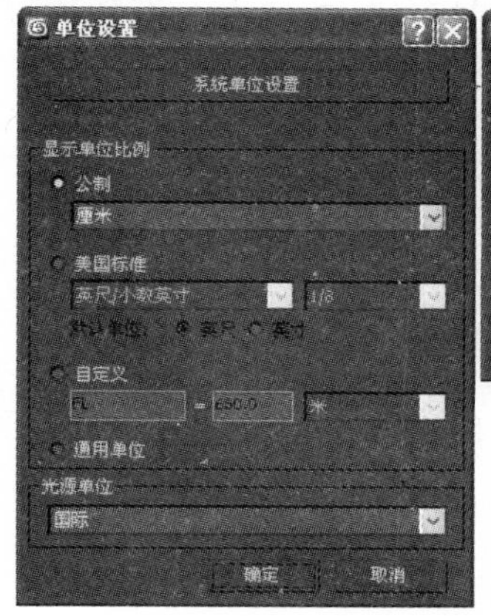

图7.23　设置单位

图7.24　创建文本

04 确认“文字”处于选中状态，在修改命令面板的 修改器列表 下拉列表中选择“倒角”修改器，如图7.25所示，并将其命名为“文字”。

05 设置具体参数，如图7.26所示。

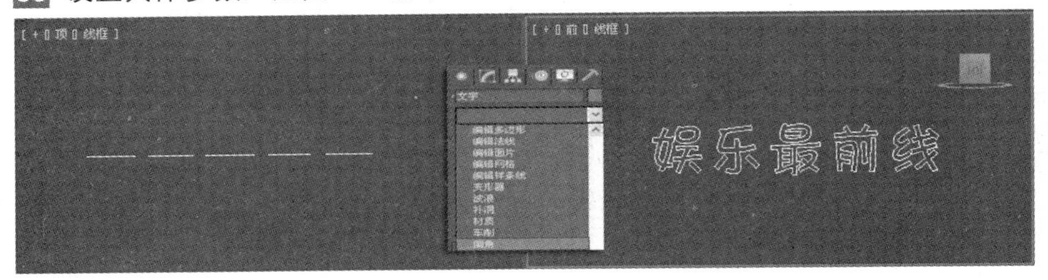

图7.25 “倒角”修改器

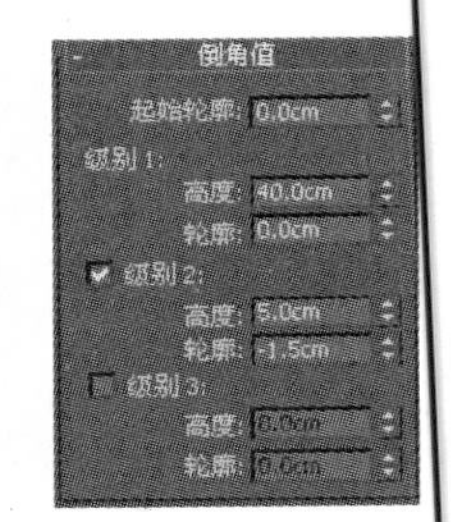

图7.26 设置参数

06 至此，整个特效字幕的建模过程全部结束，最终模型如图7.27所示。单击工作界面左上角的按钮，执行“保存”命令，保存文件。

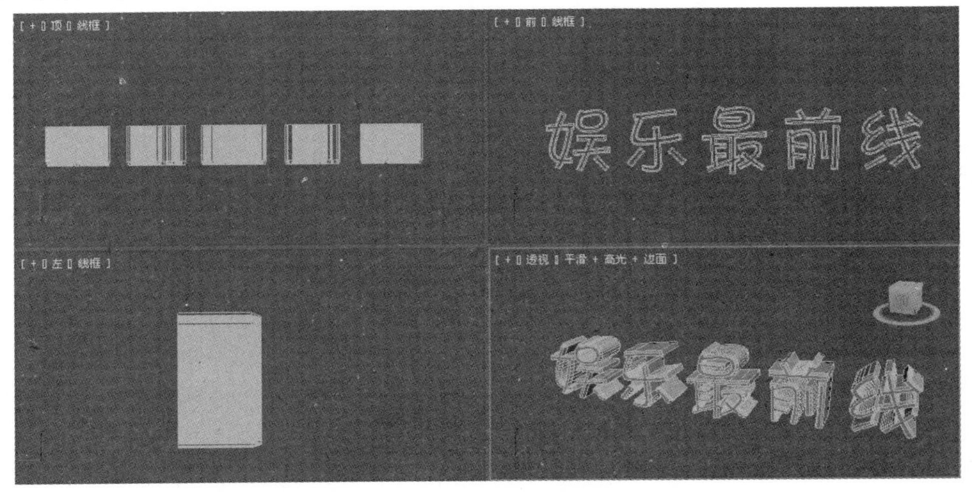

图7.27 最终模型

7.3 课堂实例2：制作酒瓶

酒瓶、碗、罐等截面为圆的模型都可以使用“车削”修改器来制作，本例介绍一个酒瓶的制作过程，本例最终的制作效果，如图7.28所示。

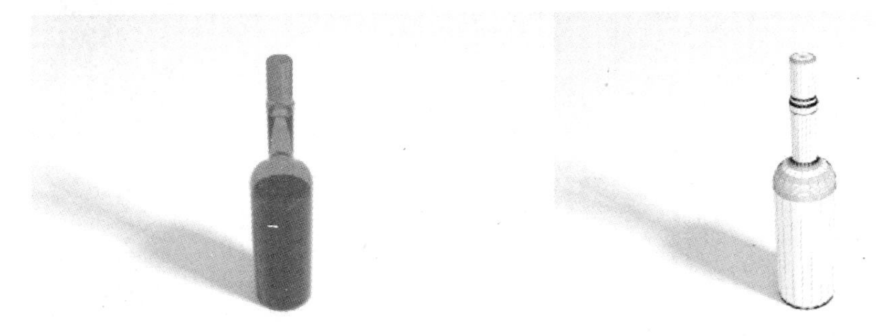

图7.28 红酒瓶

01 在桌面上双击图标，启动3ds Max 2012中文版软件。

02 在菜单栏中执行“自定义”→“单位设置”命令，在弹出的“单位设置”对话框中设置单位为“厘米”，如图7.29所示。

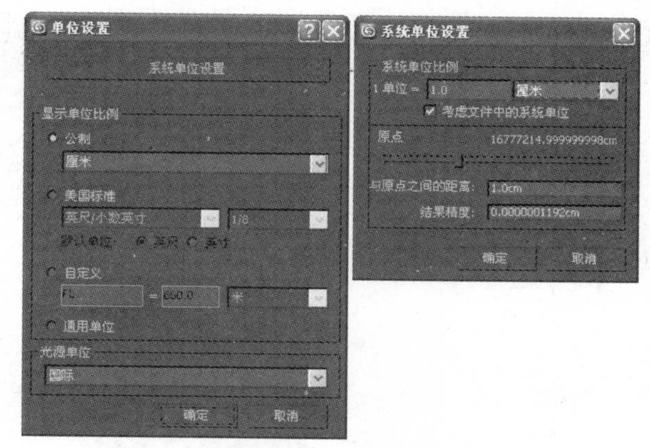

图7.29 设置单位

03 单击 线 按钮，在前视图中创建一条曲线，并将其命名为“红酒瓶”，如图7.30所示。

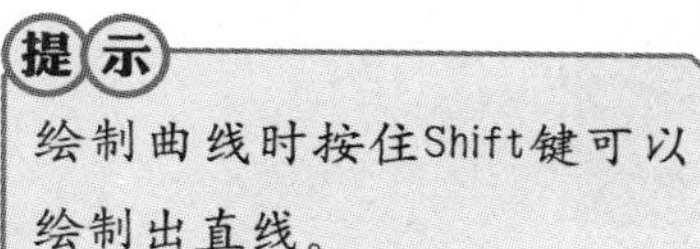

提示

绘制曲线时按住Shift键可以绘制出直线。

图7.30 创建曲线

04 打开修改命令面板，在修改器堆栈中单击激活“顶点”子对象，在视图中选中如图7.31所示的顶点。

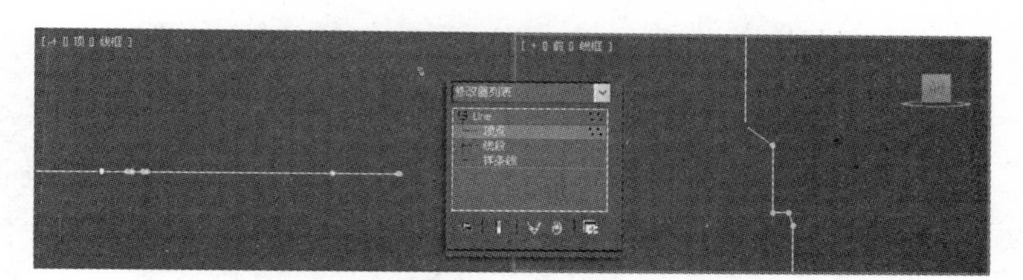

图7.31 选择顶点

05 在修改命令面板“几何体”卷展栏中单击激活 圆角 按钮，在视图中选中如图7.32所示的顶点。

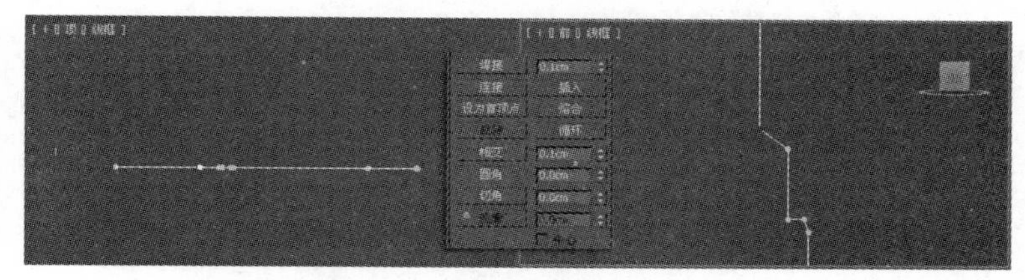

图7.32 圆角

06 当光标变为圆角符号时，单击鼠标左键并向上拖曳，如图7.33所示。

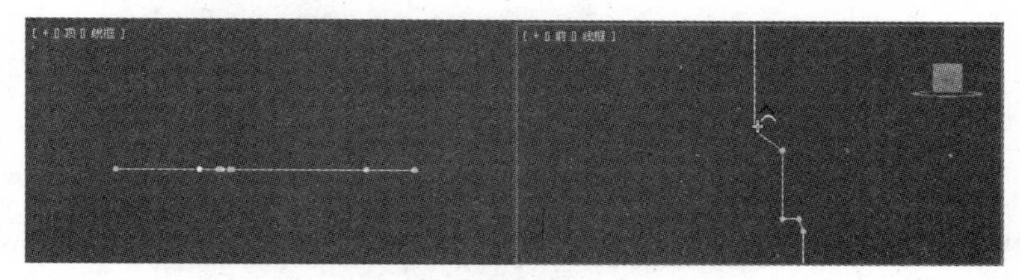

图7.33 调整顶点

07 拖曳鼠标后制作出顶点的圆角效果，如图7.34所示。

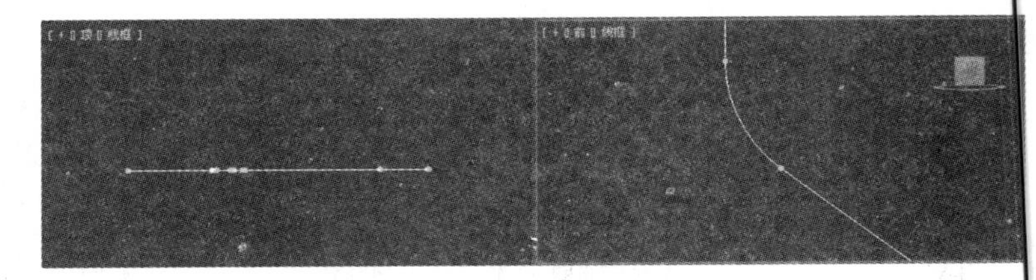

图7.34 调整造型

08 按照上述的方法调整“红酒瓶”其他顶点，使整个曲线圆滑流畅，效果如图7.35所示。

图7.35 调整完成

09 打开修改命令面板，在修改器堆栈中单击激活“样条线”子对象，如图7.36所示。

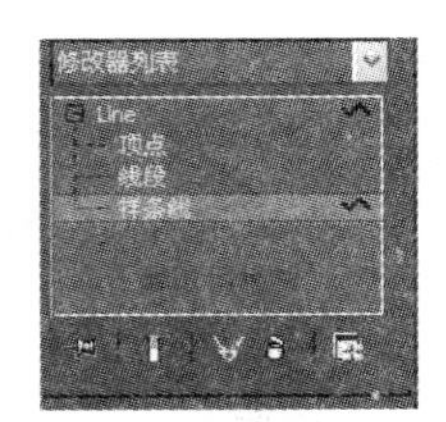

图7.36 激活子对象

10 在视图中选中样条线，并在“几何体”卷展栏的 轮廓 按钮后面的文本框中输入0.5，然后按Enter键，曲线变为轮廓线，如图7.37所示。

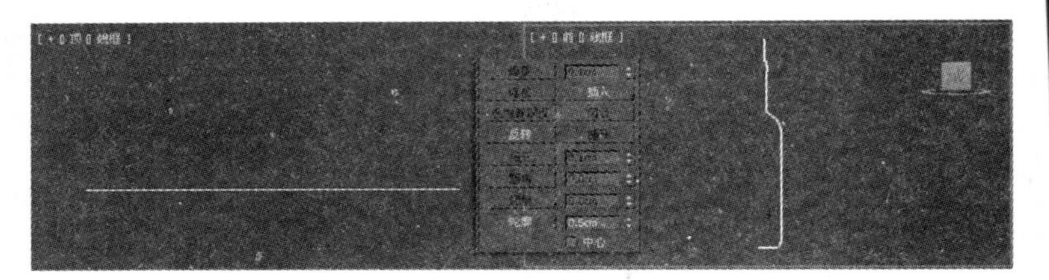

图7.37 调整位置

11 在修改命令面板的 修改器列表 下拉列表中选择“车削”修改器，如图7.38所示。

12 设置修改命令的参数，然后单击 最小 按钮，如图7.39所示。

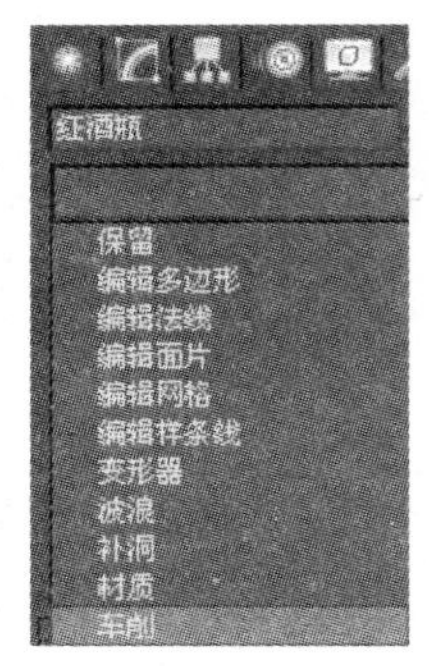

图7.38 车削

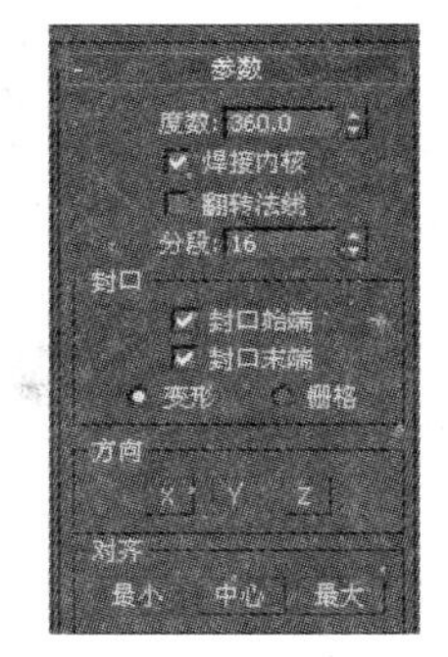

图7.39 设置参数

提示

车削的轴向和对齐方式与截面有关，读者在练习时可以选择不同的按钮观察相应的效果。

13 在修改器堆栈中单击激活“车削”子对象，如图7.40所示，在视图中移动轴可以改变车削对象的形状。

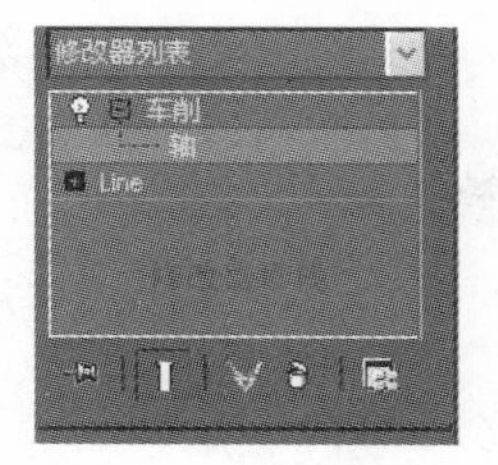

图7.40 激活子对象

14 使用同样的方法，在前视图中绘制瓶盖的截面，如图7.41所示。

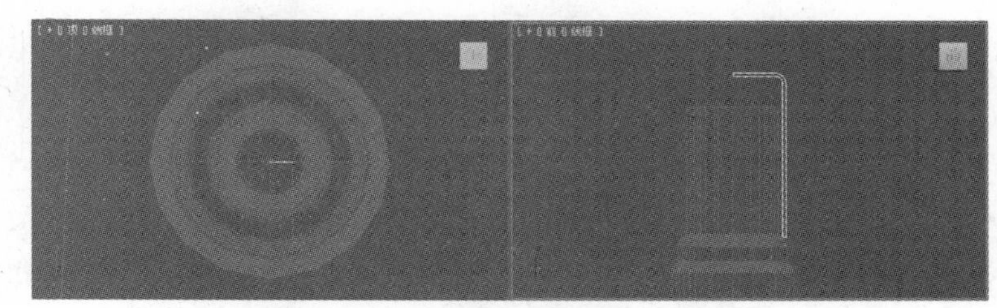

图7.41 绘制曲线

15 为曲线添加一个“车削”修改器并调整参数，最终模型如图7.42所示。

图7.42 瓶盖模型

16 至此，整个红酒瓶的建模过程全部结束，最终模型如图7.43所示。单击工作界面左上角的按钮，执行“保存”命令，保存文件。

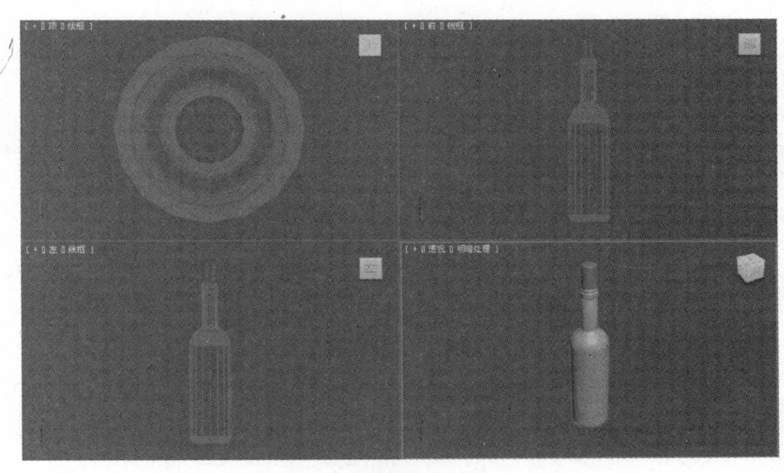

图7.43 红酒瓶

7.4 课后练习

1. 使用“车削”命令制作花瓶，如图7.44所示。
2. 使用“倒角轮廓”命令制作三维字体，如图7.45所示。

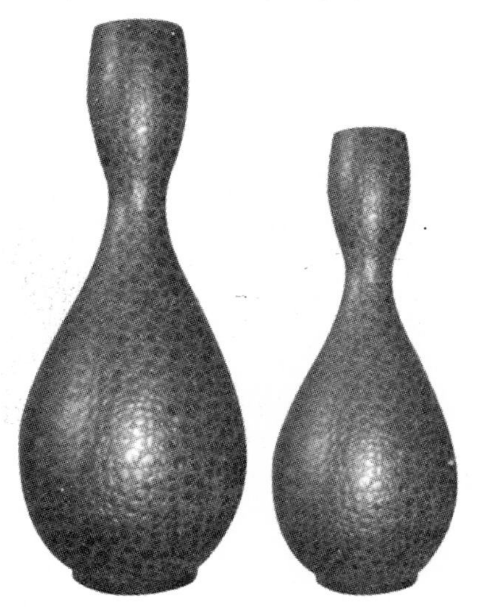

图7.44　花瓶

图7.45　三维文字

第8课 材质和贴图

材质是3ds Max中的重要内容，而且可以使生硬的造型变得生动、富有生活气息，无论在哪一个应用领域，材质的制作都占据极其重要的地位。但是，材质的制作是一个复杂的过程，包括众多参数与选项的设置。

通过应用贴图，可以将图像、图案，甚至表面纹理添加至对象。材质可使场景看起来更加真实。

本课内容：

◎ 材质编辑器
◎ 贴图
◎ 贴图坐标
◎ 材质
◎ 模拟金属材质
◎ 模拟陈旧材质

8.1 材质和贴图基础

材质是对视觉效果的模拟，视觉因素的变化与组合使各种物质呈现各不相同的视觉特征，材质正是通过这些因素进行模拟，使场景对象具有某种材料特有的视觉特征，材质由若干参数组成，每一参数负责模拟一种视觉因素，如颜色、反光、透明、纹理等。

8.1.1 材质编辑器

材质的制作是通过材质编辑器完成的。材质编辑器的功能是制作及编辑材质和贴图。3ds Max中的材质编辑器功能十分强大，可以创建出非常真实的自然材质和不同质感的人造材质，只要能熟练掌握材质编辑和贴图设置的方法，就可以轻而易举地创建出任何效果的材质。

在3ds Max 2012的工具栏中单击按钮，打开Slate材质编辑器窗口，如图8.1所示。

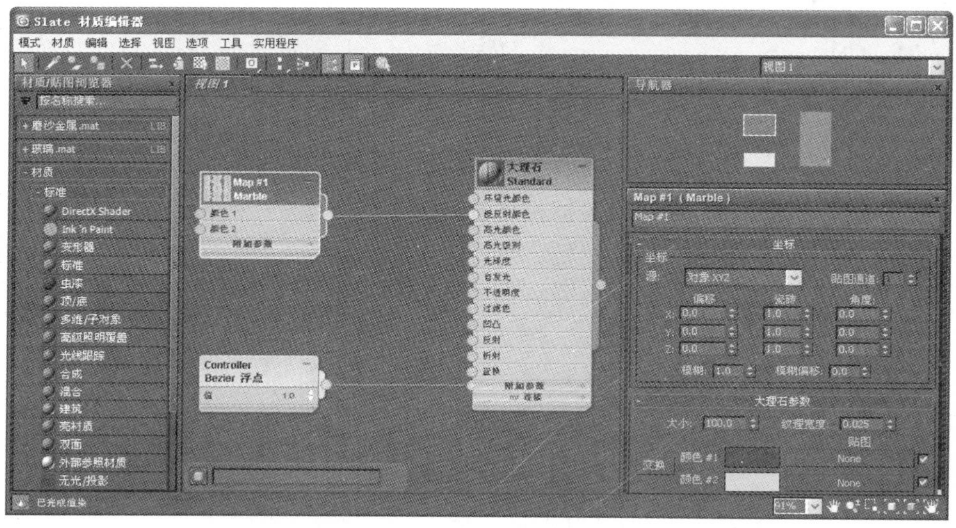

图8.1　材质编辑器

除了Slate材质编辑器窗口外还有一种精简材质编辑器，本课主要以这种方式介绍材质的使用。在“模式”下单击精简材质编辑器，如图8.2所示。材质编辑器中的参数选项较多，因此材质编辑器窗口包括了菜单栏、固定界面和活动界面3部分。

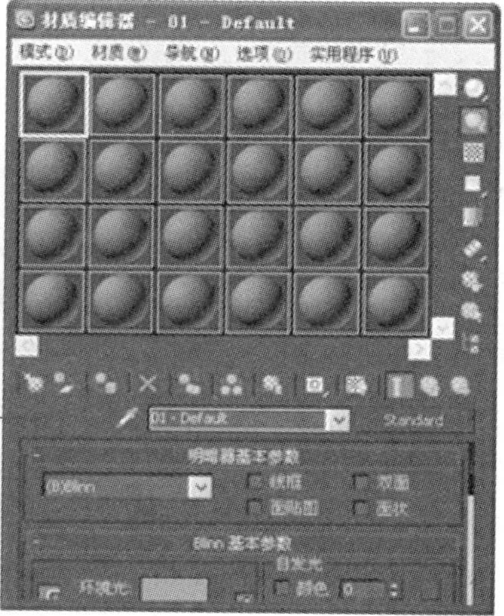

图8.2　材质编辑器窗口

1．菜单栏

菜单栏以菜单的形式将各种材质命令组织到一起，但是，在使用软件的过程中，用户往往不是通过菜单栏使用命令的，因为在这些菜单中的命令在工具行、工具列等部分都有对应的快捷按钮，工具栏及命令面板都是这些命令的快捷方式，在这对菜单栏就不做详细介绍了，菜单栏中的“材质”、“导航”、“选项”、“工具”菜单如图 8.3 所示。

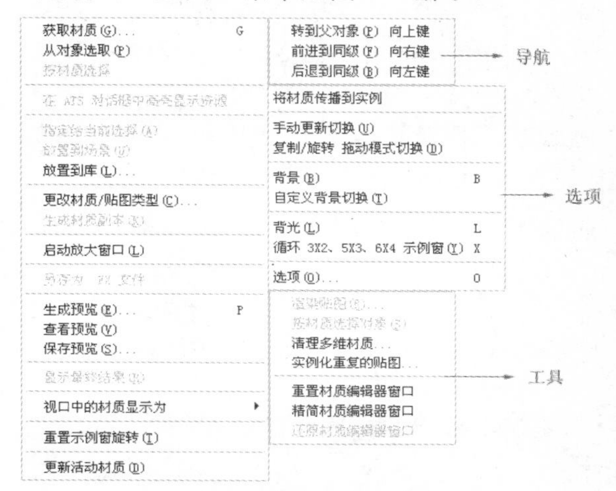

图8.3 菜单栏中的菜单

2．固定界面

材质编辑器的固定界面是指材质编辑器中不可以上下拖动的部分，主要包括了材质制作中通用的工具，可分为菜单栏、示例窗、工具列、工具行4部分，如图8.4所示。

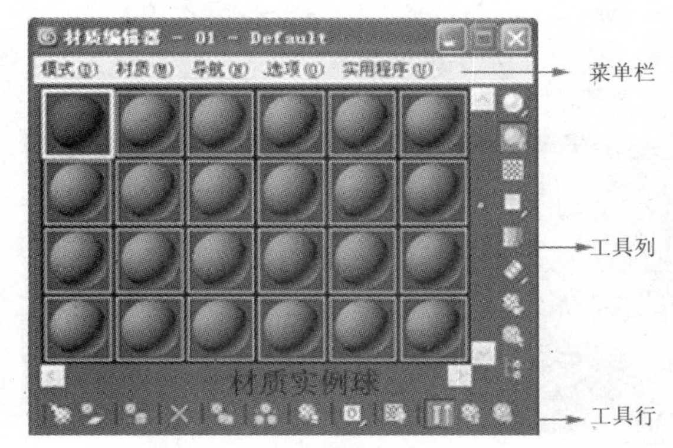

图8.4 材质编辑器的固定界面

(1) 材质示例球

示例窗显示材质的预览效果，是“材质编辑器”界面最突出的功能。示例窗的下方和右侧是“材质编辑器”的各种工具按钮。工具按钮下方是显示材质名称的名称字段。

默认情况下，一次可显示6个示例窗。“材质编辑器”一次可存储24种材质，可以使用滚动栏在示例窗之间移动，或者可以将一次可显示示例窗数量更改为15~24个。如果处理的是复杂场景，一次查看多个示例窗非常有帮助。

要增大一次可见的示例窗数量，执行菜单栏中的“选项”→“3×2示例窗”、“5×3示例窗”、“6×4示例窗”，如图8.5所示。

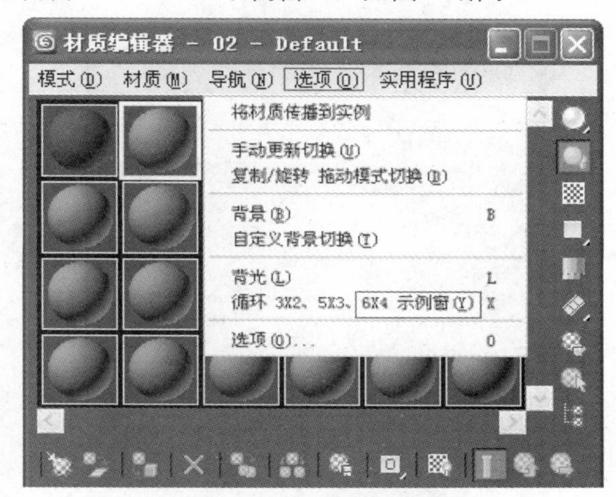

图8.5 设置示例窗数量

如果可见的示例窗越多，图像越小，但可以通过双击要仔细查看的示例窗，显示更大的、浮动的并且可调整大小的材质示例。

在示例窗中的示例球有3种工作状态：没有被使用的示例球；处于当前编辑状态的示例球，该示例球的四周边界以白色显示；如果示例球中所显示的材质，被场景中的对象使用，那么，在示例球的4个角上会显示出4个白色三角形，这种材质也被称为“同步材质”。

如图8.6所示，从左到右依次为：没有被使用的示例球、处于编辑状态的示例球和激活状态场景中正在使用的示例球。

材质示例窗的功能是显示材质的当前编辑状态，以方便用户观察材质的编辑效果。为了更方便用户观察材质的编辑情况。3ds Max还提供了示例窗的放大功能。右键单击需要放大的示例球，在弹出的菜单中选中“放大”选项，或在示例球上双击鼠标左键将会弹出一个单独的示例窗口，如图8.7所示。

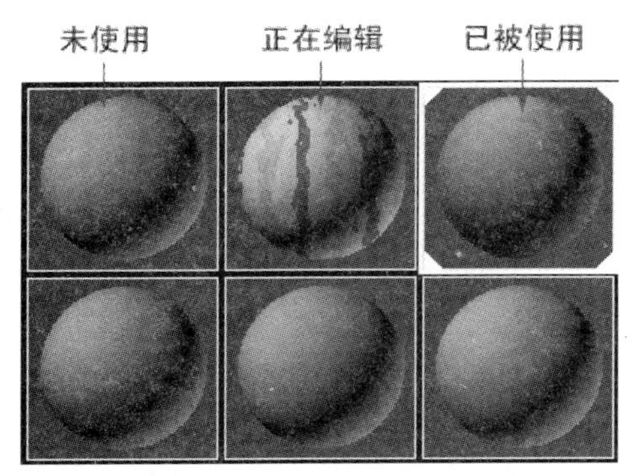

图8.6　示例球的3种工作状态

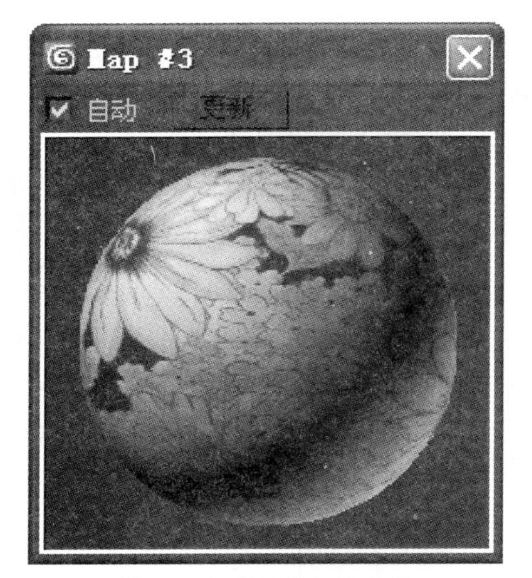

图8.7　打开的放大显示窗

(2) 工具列

工具列如图8.8所示，包含9个按钮，这些工具主要控制示例球的显示状态，以便于观察所调整的材质效果，这些工具的设置对材质本身的设置没有关系。下面将介绍工具列中各按钮的基本用法。

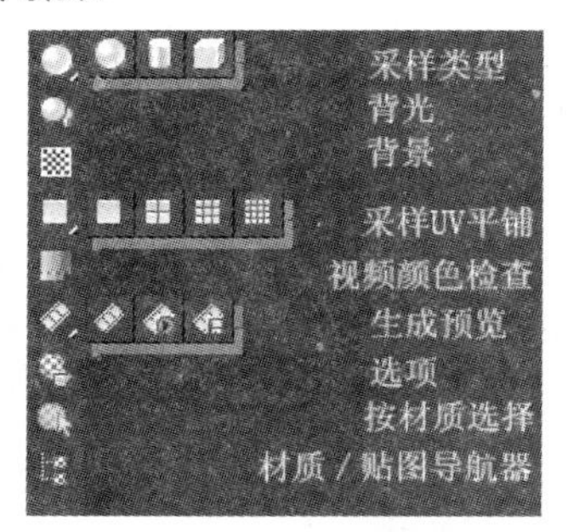

图8.8　工具列

- "示例球的显示方式"：在系统默认状态下，示例球显示为球体，在材质编辑器中按住按钮不放，可以展开工具条，可选择圆柱、立方体显示方式。

示例球的显示方式是为了使用户能更好地预测材质的渲染效果，如果在场景需要对一个立方体赋予材质。那么，便可使用立方体示例窗方式，这样在观察材质编辑效果时将更直观。如图8.9所示为3种示例球的显示方式。

图8.9　示例球的显示方式

- "背光"：用来切换在示例窗是否使用背光效果，背光能够很好地体现出材质的光效，以及提醒用户编辑某些材质时可能会出现的强亮光情况，在系统默认状态下，背光按钮始终处于激活状态，如图8.10所示。

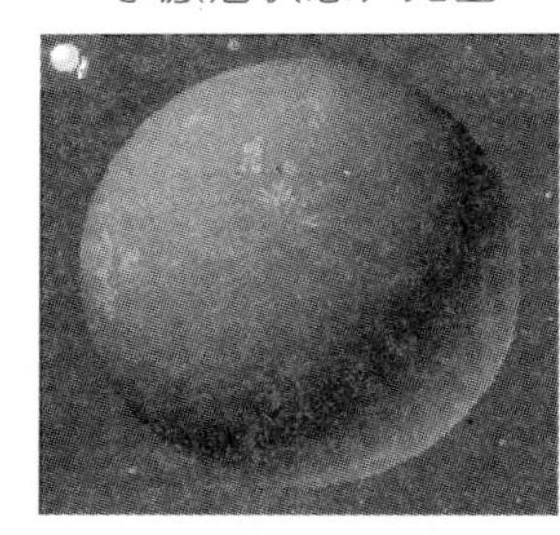

图8.10　材质背光的激活与关闭状态

- "背景"：将示例球原有的纯灰色背景转变为彩色的方格图案背景。这一功能非常有助于观察透明材质的编辑效果，如图8.11所示。

图8.11　示例窗背景的关闭与激活状态

- "采样UV平铺"：用来确定样本球中贴图的重复次数，这也是一个弹出式按钮组，共有1次、4次、9次和16次4种选择，其预览贴图重复的效果，如图8.12所示。

  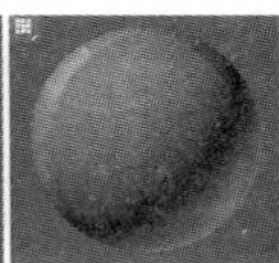 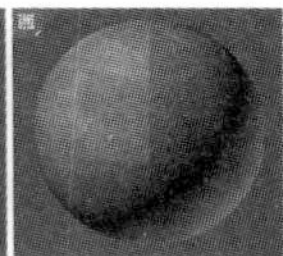

图8.12　采用UV平铺的显示方式

- “1×1(默认设置)”：在U维和V维中各平铺一次。这相当于根本未平铺；2×2在U维和V维中各平铺2次；3×3在U维和V维中各平铺3次；4×4在U维和V维中各平铺4次。
- “视频颜色检查”：检查除NTSC和PAL制式以外的视频信号颜色。
- “生成预览”：用于给动画材质生成预览文件，并且是一个弹出式按钮组，共有生成预览、播放预览、保存预览，3种方式。
- “选项”：单击该按钮将打开如图8.13所示的“材质编辑器选项”对话框，并可以在其中设置示例窗口的显示方式。

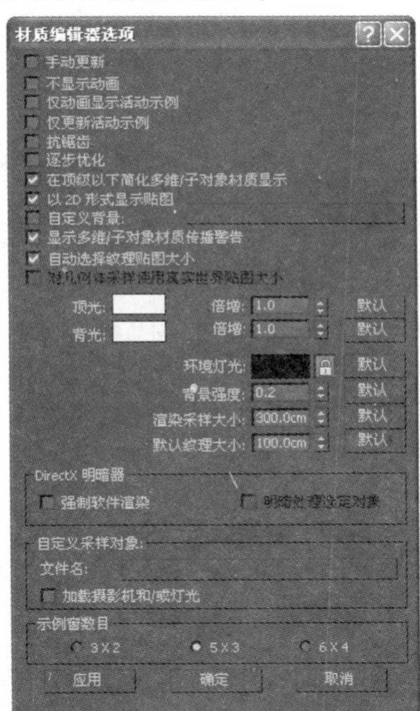

图8.13　“材质编辑器选项”对话框

- “按材质选择”：根据材质编辑器中选定的材质，在场景中选择物体。
- “材质/贴图导航器”：贴图和材质的导航器。

(3) 工具行

工具行中的工具主要用于获取材质、贴图，以及将制作好的材质赋给场景中的造型，工具行如图8.14所示。下面将分别介绍各按钮的用法。

图8.14　工具行

- “获取材质”：获取制作好的材质或系统提供的材质。
- “将材质放入场景”：将材质放回场景。
- “将材质指定给选中对象”：当编辑好材质后，在场景中选中被赋予的造型，单击工具行中的按钮，即可将材质赋予到场景中。
- “重置贴图/材质默认设置”：恢复材质的默认状态。
- “生成材质副本”：给当前材质制作副本(复制材质)。
- “使唯一”：创建独立的材质，还可以将一个子材质关联复制成一个独立的子材质。
- “放入库”：保存编辑好的材质到材质库中。
- “在视口中显示标准贴图”：当将编辑好的材质指定给场景中选中的对象后，可通过单击按钮，将贴图效果显示在视图中的对象上，这样，便于更为直观地观察贴图的应用效果，但这种效果与真实的渲染效果差别较大，而且会耗费较多的系统资源，在此建议用户直接通过渲染方式来观察材质及贴图的应用效果。如图8.15所示为激活或不激活按钮时，贴图在视图中的显示状态。

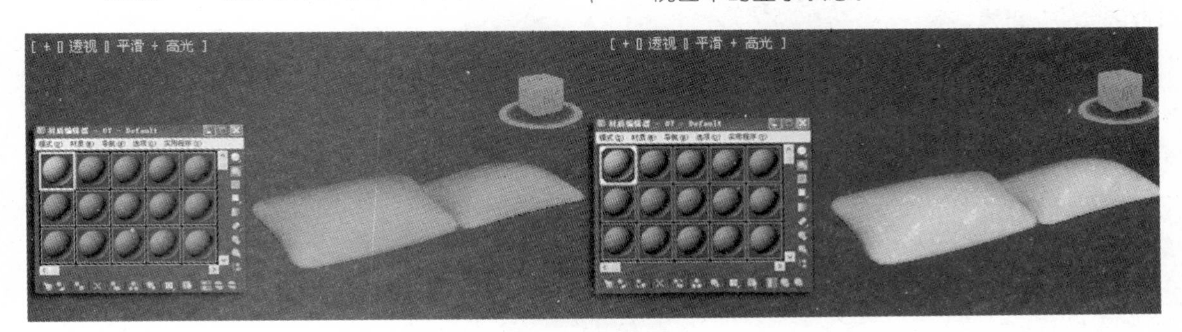

图8.15　贴图显示

- “显示最终结果”：显示当前材质的最后效果。
- “转到父对象”：用于材质编辑过程中各层级之间的切换，最终，将回到材质的最顶层。
- “转到下一个同级层”：用于在同一层级间进行相互切换。
- “从对象拾取对象”：能够方便地从视图内的对象上吸取材质到材质示例窗内，并可使其继续进行编辑，编辑效果将直接影响图中被吸取材质的对象。

在视图中的某一对象上单击鼠标，此时，该对象所应用的材质将被吸取到选中的示例球中，如图8.16所示。

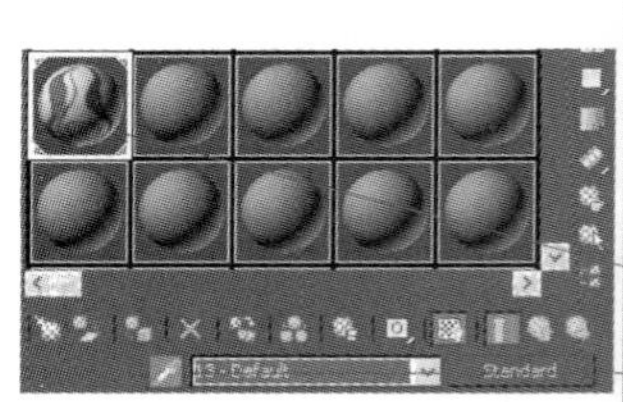
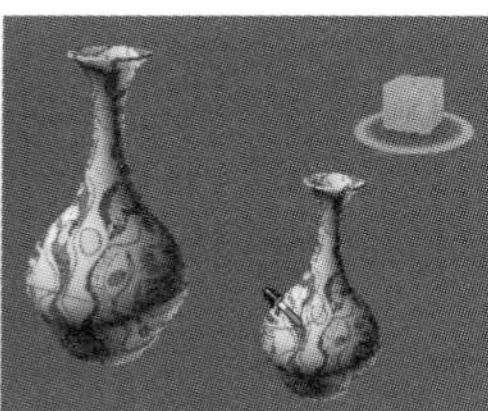

图8.16　从对象上吸取材质

3．活动界面

在材质编辑器中，工具行下面的部分内容繁多，包括7部分的卷展栏。材质编辑器的活动界面内容在不同的材质设置时会发生不同的变化。一种材质的初始设置是标准材质，其他材质类型的参数与标准材质的大同小异，在这里只介绍标准材质的活动窗口。标准材质的参数设置主要包括“明暗器基本参数”、“Blinn基本参数”、“扩展参数”、“超级采样”、“贴图”、“动力学属性”和“mental ray 连接”等卷展栏，如图8.17所示。

图8.17　材质编辑器的活动界面

活动界面也可以说是动态参数区，其界面不仅随着材质类型的改变而改变，也随贴图层级的变化而变化，在3ds Max中材质编辑器默认材质编辑类型为标准材质。标准材质是系统缺省的材质编辑类型，同时也是最基本最重要的一种，材质的基本参数与扩展参数设置包括“明暗器基本参数”、“Blinn基本参数”和“扩展参数”3个卷展栏，如图8.18所示。

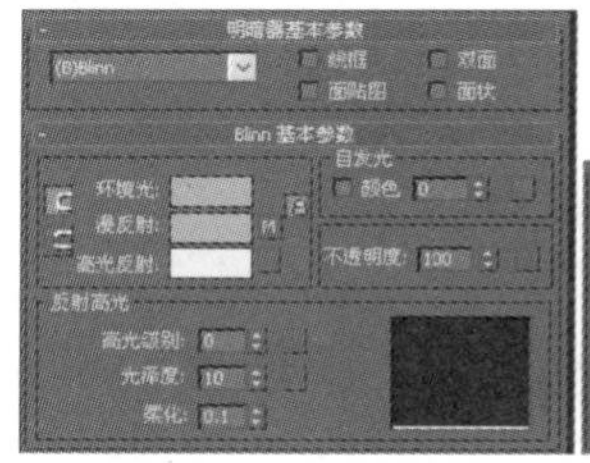
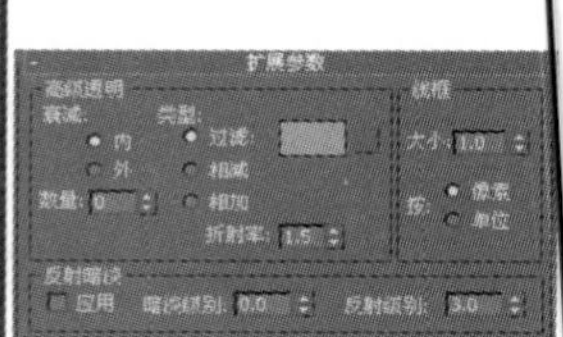

图8.18　“基本参数”和“扩展参数”卷展栏

(1) 材质的明暗器基本参数设置

材质编辑器中，明暗器基本参数卷展栏主要包括材质的明暗方式与材质的渲染类型两部分。

“明暗器基本参数”卷展栏内的明暗方式下拉列表中，包含有8种材质的明暗方式选项，如图8.19所示。在系统默认下所使用的为“Blinn”明暗方式，在编辑材质中最重要的选项就是明暗方式，明暗方式是渲染过程的第一部分，用来控制使用何种方法来计算和渲染材质的颜色和反光。下面将重点讲述几种常用的明暗方式。

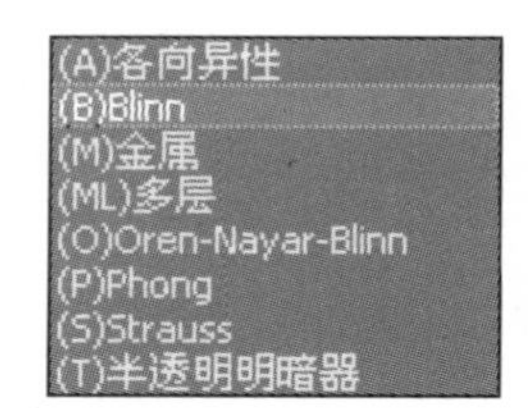

图8.19　材质的明暗方式

“(M)金属明暗方式”：

使用金属明暗方式可以生成多种材质效果，但其主要还是用于表现具有金属质感的材质，“(M)金属”基本参数卷展栏如图8.20所示。“(M)金属”和“Blinn”稍有不同，“(M)金属”明暗方式没有“高光反射”和“柔化”。

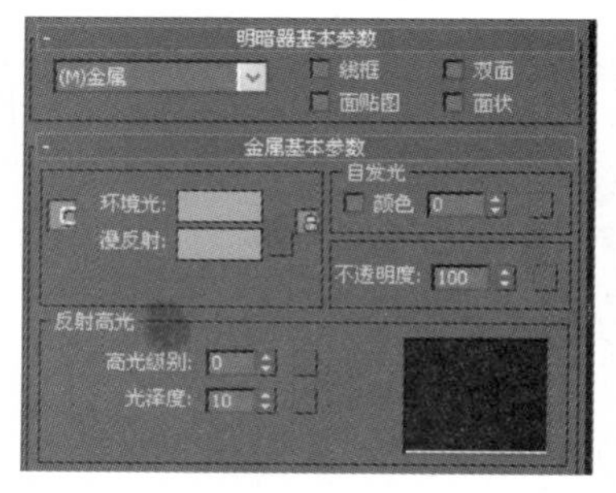

图8.20　“金属基本参数”卷展栏

“Phong明暗方式与Blinn明暗方式”：

塑性明暗方式主要用于表现冷色调的硬质，塑性明暗方式与胶性明暗方式基本参数设置相同，但在相同的参数设置下，塑性明暗方式的高光亮度比胶性明暗方式更亮，而且高光区域的形状也是不相同的。胶性明暗方式主要应用于暖色调的柔性质感。

(2) 材质的塑性基本参数设置

“Phong基本参数”卷展栏与选择的材质明暗方式相对应，如果在“明暗器基本参数”卷展栏中将明暗方式设置为“(A)各向异性”，那么，“Phong基本参数”卷展栏名称前的“Phong”变为“(A)各向异性”，同时卷展栏内的内容也随之改变，如图8.21所示。

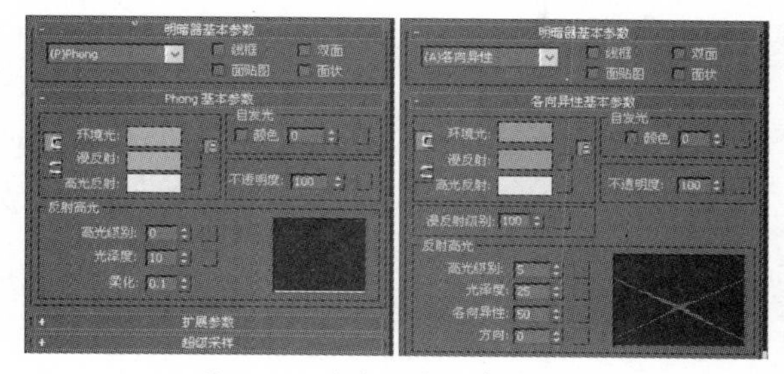

图8.21　材质的基本参数设置

材质的基本参数卷展栏中主要设置材质的颜色特性和材质的光感特性。材质的颜色特性包括材质的环境光、漫反射和高光反射的设置。材质的光感特性包括自发光、不透明度和反射高光的设置。

(3) 材质的扩展参数设置

材质编辑器中的每一种材质，除了受基本参数的控制外，有时还需要进一步定义和调整，扩展参数卷展栏是基本参数的延伸，使用户能够更进一步地调控材质的编辑效果，如图8.22所示。在“扩展参数”卷展栏中有“高级透明”、“线框”、“反射暗淡”3个选项。

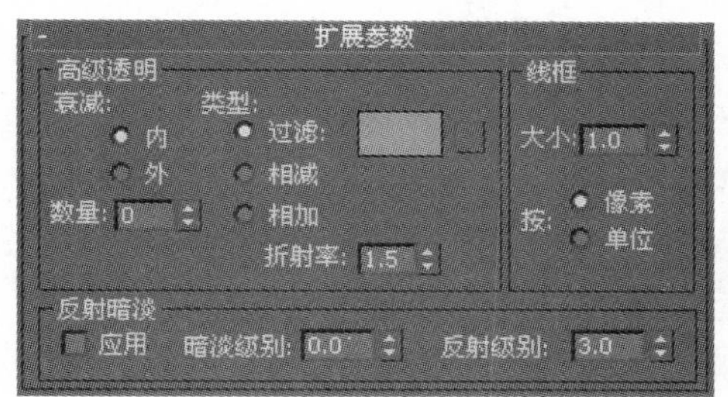

图8.22　“扩展参数”卷展栏

8.1.2 贴图

一个真实材料的视觉效果中有一种因素是基本参数不可能模拟出来的，这就需要纹理，纹理是材料的重要特征之一，在基本参数中却无法体现。因为基本参数是单一颜色或单一数值来改变材质某些通道效果的，只会使材质具有材料的基本质感属性，为了使材质具有真实性，就必须有贴图，贴图可以用纹理去改变材质各个通道的效果。

贴图能够在不增加物体几何结构复杂程度的基础上增加物体的细节，最大的用途是提高材质的真实程度。

贴图就是图像，是材质整体的一部分，贴图的作用是多方面的，可以调整材质的颜色特性，也可以调整材质的光感特性。材质的不同作用是通过不同的贴图通道实现的。

根据贴图的作用和使用方法可以得知，贴图的使用必须要解决3个问题：贴图通道的选择、贴图类型的选择，以及贴图坐标的选择。

贴图主要包括二维平面贴图和三维程序贴图，二维平面贴图将图像文件直接投射到物体的表面，或者指定给环境贴图作为背景贴图；而三维程序贴图可以自动产生各种纹理，如水、木纹、大理石等，在使用时也无须指定贴图坐标，系统将对物体的内外全部进行自动指定。

3ds Max 2012提供了多种类型的贴图，共33种，按其功能可以分为5大类。

1．2D贴图

2D贴图是二维图像，通常贴图到几何对象的表面，或用做环境贴图来为场景创建背景。最简单的2D贴图是位图；其他种类的2D贴图按程序生成。

- 位图：图像以很多静止图像文件格式之一保存为像素阵列，如.tga、.bmp等，或动画文件如.avi、.flc或.ifl(动画本质上是静止图像的序列)。3ds Max支持的任何位图(或动画)文件类型可以用做材质中的位图。
- 方格：方格图案组合为两种颜色，也可以通过贴图替换颜色。

- Combustion：与Discreet Combustion产品配合使用。可以在位图或对象上直接绘制并且在“材质编辑器”和视口中可以看到效果更新，该贴图可以包括其他Combustion效果。绘制并且可以将其他效果设置为动画。
- 渐变：创建3种颜色的线性或径向坡度。
- 渐变坡度：使用许多的颜色、贴图和混合，创建各种坡度。
- 旋涡：创建两种颜色或贴图的旋涡(螺旋)图案。
- 平铺：使用颜色或材质贴图创建砖或其他平铺材质，通常包括已定义的建筑砖图案，也可以自定义图案。

2．3D贴图

3D贴图是根据程序以三维方式生成的图案。例如，“大理石”拥有通过指定几何体生成的纹理。如果将指定纹理的大理石对象切除一部分，那么，切除部分的纹理与对象其他部分的纹理相一致。以下3D贴图在3ds Max中可用。

- 细胞：生成用于各种视觉效果的细胞图案，包括马赛克平铺、鹅卵石表面和海洋表面。
- 凹痕：在曲面上生成三维凹凸。
- 衰减：基于几何体曲面上面法线的角度衰减生成从白色到黑色的值。在创建不透明的衰减效果时，衰减贴图提供了更大的灵活性。其他效果包括“阴影/灯光”、“距离混合”和Fresnel。
- 大理石：使用两个显式颜色和第三个中间色模拟大理石的纹理。
- 噪波：噪波是三维形式的湍流图案。与2D形式的棋盘一样，其基于两种颜色，每一种颜色都可以设置贴图。
- 粒子年龄：基于粒子的寿命，更改粒子的颜色(或贴图)。
- 粒子运动模糊：基于粒子的移动速率更改其前端和尾部的不透明度。
- Perlin大理石：带有湍流图案的备用程序大理石贴图。
- 行星：模拟空间角度的行星轮廓。
- 烟雾：生成基于分形的湍流图案，以模拟一束光的烟雾效果或其他云雾状流动贴图效果。
- 斑点：生成带斑点的曲面，用于创建可以模拟花岗石和类似材质的带有图案的曲面。
- 泼溅：生成类似于泼墨画的分形图案。
- 灰泥：生成类似于灰泥的分形图案。
- 波浪：通过生成许多球形波浪中心并随机分布生成水波纹或波形效果。
- 木材：创建3D木材纹理图案。

3．合成贴图

- 合成贴图：合成多个贴图。与“混合”不同，对于混合的量合成没有明显的控制。相反，合成基于贴图的alpha通道上的混合量。
- 遮罩：遮罩本身就是一个贴图，在这种情况下用于控制第二个贴图应用于表面的位置。
- 混合：使用“混合”混合两种颜色或两种贴图。可以使用指定混合级别调整混合的量。混合级别可以设置为贴图。
- RGB倍增：通过倍增其RGB和Alpha值组合两个贴图。

4．颜色修正贴图

使用颜色修改器贴图可以改变材质中像素的颜色。下面每个贴图使用特定方法修改颜色。

- 输出：将位图输出功能应用到没有这些设置的参数贴图中，如方格。这些功能调整贴图的颜色。
- RGB染色：基于红色、绿色和蓝色值，对贴图进行染色。
- 顶点颜色：显示渲染场景中指定顶点颜色的效果。从可编辑的网格中指定顶点颜色。

5．反射和折射贴图

这些贴图在材质/贴图浏览器中作为“其他”的组，是创建反射和折射的贴图。下列每个贴图都有特定用途。

- 平面镜：生成平面的反射。可以将其指定面，而不是作为整体指定给对象。
- 光线跟踪：创建精确的、全部光线跟踪的反射和折射。
- 反射/折射：基于周围的对象和环境，自动生成反射和折射。
- 薄壁折射：自动生成折射，用于模拟通过折射材质(如玻璃或水)看到的对象和环境。

8.1.3 贴图坐标

当材质调用了贴图后，材质在赋给造型的时候就会出现贴图与造型表面适配的问题。贴图并不是随机铺在造型表面上的，贴图坐标就是指定贴图按照何种方式、尺寸在物体表面显示的坐标系统。

贴图坐标包括内建贴图坐标和外在贴图坐标两种形式，内建贴图坐标是造型自带的贴图坐标；外在贴图坐标是通过修改器添加的贴图坐标。

1．材质编辑器中贴图坐标的调整

当材质调用了贴图后，材质便有了材质和贴图两个级别，通过材质编辑器工具行中的“级别转换”按钮可以在贴图与材质级别之间转换。单击任意贴图按钮，在材质/贴图浏览器中选中位图，调用一幅位图后材质进入贴图级别，贴图调整参数如图8.23所示。

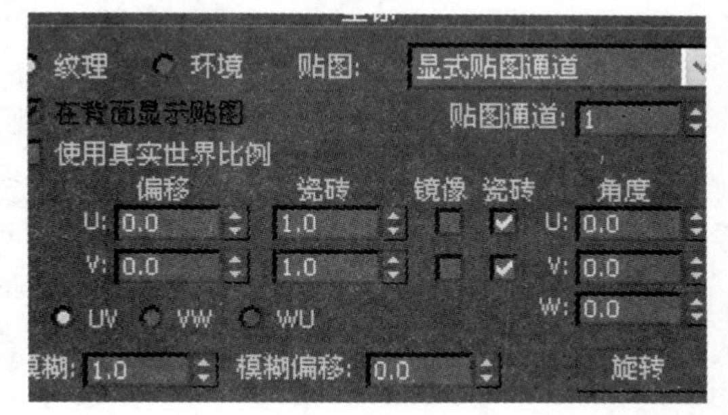

图8.23　贴图参数

- 偏移：设置贴图在造型表面各轴向上位置的移动。
- 平铺：设置贴图在造型表面各轴向上位置的平铺。
- 角度：对造型沿着某个轴向进行旋转。

2．“UVW贴图”修改器

当一个造型被创建出来后，就具有一个自己的贴图坐标，也就是内建的贴图坐标。但是当造型做了某些修改后，其贴图坐标就会被破坏，此时就需要重新指定一个外在的贴图坐标。

造型的内建贴图坐标就是造型本身自带的贴图坐标，与造型的表面分布相一致，因此比较容易理解。外在的贴图坐标则不同，它是系统预先设置好的几种贴图方式。对造型施加“UVW贴图”修改器可以指定一个外在贴图坐标。

在场景中选中造型，在修改命令面板的 修改器列表 下拉列表中选择“UVW贴图”选项。贴图坐标贴图的参数，如图8.24所示。

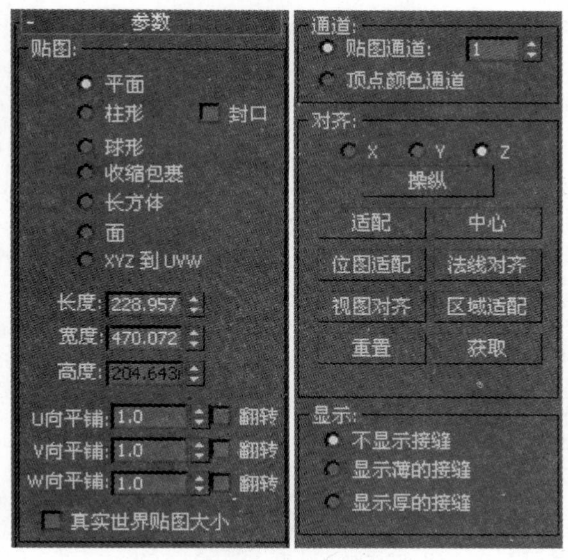

图8.24　“UVW贴图”参数面板

- 平面：即二维图片以平面方式投射到三维对象上，是投影方式中最简单的一种，在建筑中多适用于平面对象，如天花板、地面、玻璃等。
- 柱形：一张二维图片以柱状方式投影至对象表面，适用于柱状对象模型。由于柱状贴图等于是将二维图形卷起来赋予圆柱，这样在端面会产生条纹变形，此时只须单击顶盖选项，系统自动给对象两个端面贴图。但是这种贴图方式会在柱状对象的一侧产生接缝，避免这种情况的方法是将Gizmo旋转，使接缝背对视角。
- 球形：这种贴图方式就仿佛是用糖纸去包糖球一样。对球状贴图，要改变表面纹理的大小需要通过调整贴图的平铺次数来实现。
- 收缩包裹：这是一种对球状贴图方式的补充。
- 长方体：这是一种给场景6个表面同时赋予贴图的一种贴图方式，就好像有一个盒子将对象包裹起来。

- 面：该贴图不是以投影的形式来赋给场景对象，而是根据场景对象表面面片的分布来布局贴图。
- XYZ到UVW：将3D程序坐标贴图到UVW坐标，这会将程序纹理贴到表面。如果表面被拉伸，3D程序贴图也被拉伸。在具有动画拓扑的对象上，将此选项与程序纹理(如细胞)一起使用。当前，如果选择了NURBS对象，那么，“XYZ到UVW”不能用于NURBS对象且被禁用。
- 通道：每个对象最多可拥有99个UVW贴图坐标通道。默认贴图(通过“生成贴图坐标”切换)始终为通道1。“UVW贴图”修改器可向任何通道发送坐标。这样，在同一个面上可同时存在多组坐标。
- 对齐：X/Y/Z选择其中之一，可翻转贴图Gizmo的对齐。每项指定Gizmo的哪个轴与对象的局部Z轴对齐。
- 显示：此设置确定贴图不连续性(也称为“缝”)是否并如何显示在视口中。仅在Gizmo子对象层级处于活动状态时显示缝。默认缝的颜色为绿色。要更改颜色，执行菜单栏中的“自定义”→“自定义用户界面”→“颜色”命令，然后从“元素”下拉列表中选择“UVW贴图”选项。

8.1.4 材质

所谓材质，是指物体在渲染后能显示出不同的质感、色彩的性质，并且能够综合反映物体的颜色、反光度、透明度和自发光等，并且影响物体的纹理、反射、折射及凹凸等特性。

1．复合材质

所谓“复合材质”就是通过某种方式将两种或两种以上的材质组合到一起产生特殊效果的材质，“双面材质”和“多维/子对象材质”是复合材质中较为典型的。

(1) “双面材质”

要调制双面材质，首先要打开材质编辑器，在材质编辑器中选择一个未用的材质示例球，单击 Standard 按钮，在弹出的“材质/贴图浏览器”对话框中选择“双面”选项，单击 确定 按钮关闭对话框，如图8.25所示。在弹出的“替换材质”对话框中单击 确定 按钮，关闭对话框。

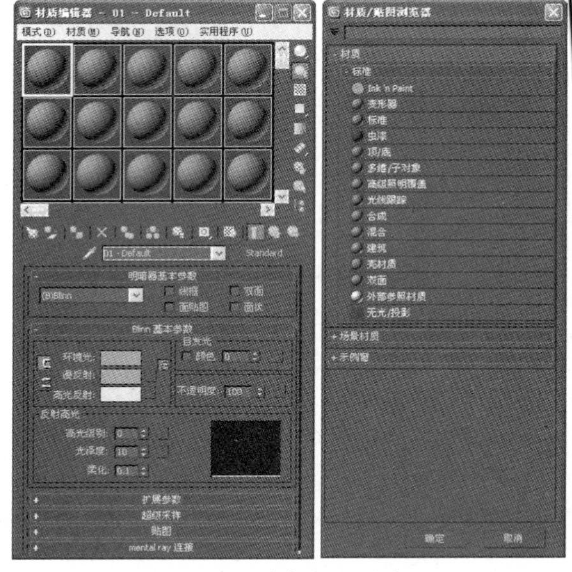

图8.25　选择双面材质

双面材质的参数看似简单，但每一个按钮都包含着一个完整的标准材质界面，双面材质参数面板，如图8.26所示。

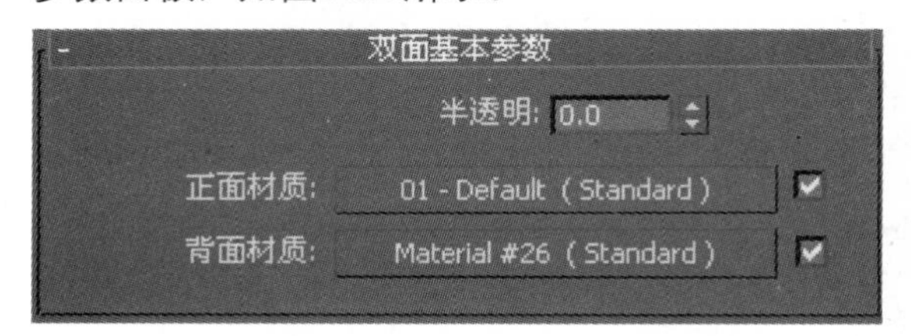

图8.26　双面材质基本参数面板

- 半透明：设定两个材质混合透明的程度。“半透明”为 0 时，没有混合。“半透明”为100% 时，可以在内部面上显示外部材质，并在外部面上显示内部材质。设置为中间的值时，内部材质指定的百分比将下降，并显示在外部面上。
- 正面材质：单击右侧按钮便进入标准材质界面来调整正面的材质。
- 背面材质：单击右侧按钮便进入标准材质界面来调整背面的材质。

双面材质包含着两种独立的标准材质，并将其分别赋予三维模型的内外面，使之均成为可见面，如图8.27所示。

图8.27 双面材质的效果

(2) “多维/子对象材质”

多维/子对象材质由多个标准材质或其他材质类型组成，多维/子对象材质根据模型ID号的设置将不同材质赋予模型的各面片上，从而达到给一个对象赋予多个材质的目的，如图8.28所示。

图8.28 多维/子对象材质效果

多维/子对象材质的子材质个数可以设置，默认状态下“多维/子对象”材质的参数面板如图8.29所示。

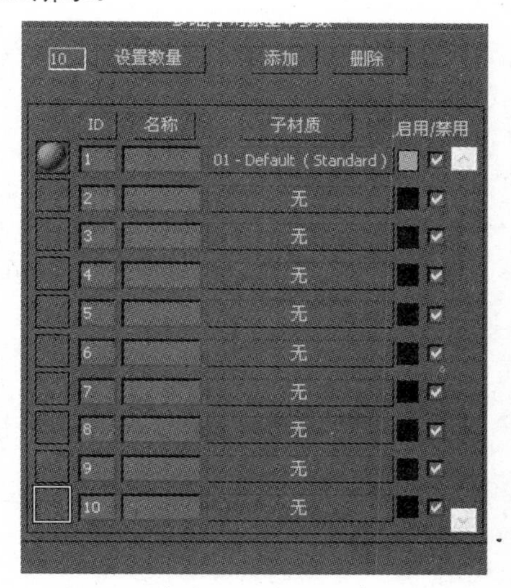

图8.29 多维/子对象材质参数面板

● 设置数量：设定一个三维模型中使用的子材质的数量。单击设置数量按钮，在弹出的“设置材质数量”对话框中设置材质数量。

左侧的1、2、3等数字是材质的ID号，系统根据子材质的ID号具体指定在造型的哪一部分显示。

2．非复合材质

非复合材质主要包括墨水材质、光线跟踪材质、建筑材质和无光/投影材质。

(1) Ink 'n Paint(墨水)材质

“墨水材质”是3ds Max新增的一种材质类型。该材质不同于其他材质，其他材质类型是用于模拟真实世界里的材质类型，而墨水材质专用于制作二维卡通材质，这一特性一般被称为“Toon 明暗器卡通光影着色类型”，但在3ds Max 2010中将其作为一种单独的材质类型来使用，其效果如图8.30所示。

图8.30 墨水材质

(2) 光线跟踪材质

Raytrace(光线跟踪)材质是一种比Standard(标准)材质更高级的材质类型，它不仅包括了标准材质具备的全部特性，并用于创建完全的光线跟踪反射和折射效果，光线跟踪材质还支持雾、颜色密度、半透明、荧光等特殊效果。光线跟踪材质所创建的反射与折射效果比反射/折射贴图模拟的反射与折射效果更为精确、真实，当然也要花费更多的渲染输出时间。如图8.31所示。

图8.31 光线跟踪材质

光线跟踪材质也可以在标准材质中使用光

线跟踪贴图，光线跟踪材质与光线跟踪贴图使用相同的线跟踪器，并共享通用的参数设置。光线跟踪材质的参数面板，如图8.32所示。

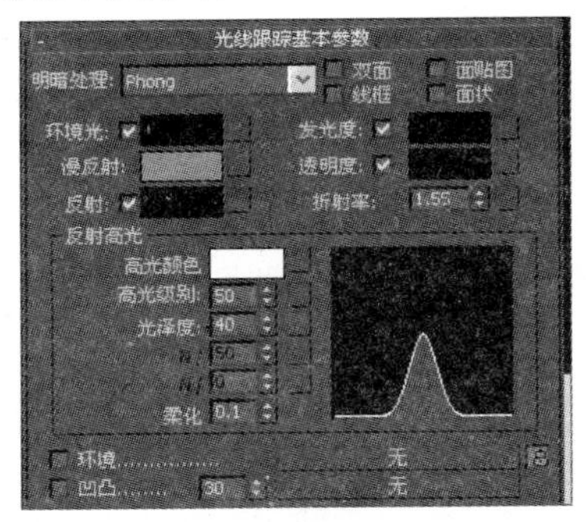

图8.32　光线跟踪材质基本参数面板

- 明暗处理：这里提供5种明暗器方式，它们是“各向异性”、Blinn、“金属”、Oren-Nayar-Blinn和Phong。
- 双面：和标准材质类似，打开它时，明暗器与光线跟踪计算会在内外表面上同时进行，但这会使渲染时间极大地增加，默认设置是关闭状态。
- 面贴图：将材质指定给模型的全部面，如果是一个贴图材质，则无需贴图坐标，贴图会自动指定到物体的每个表面。
- 线框：与标准材质中的线框属性相同。
- 面状：将物体的每个表面均作为平面进行渲染。
- 透明度：类似于标准材质的过滤色，还包含标准材质的不透明度控制(黑色不透明，白色全透明)。
- 折射率：指定光线跟踪材质的折射率，如果指定折射率为1.0(空气折射率)，在透明对象后面的其他对象不发生扭曲变形；如果折射率设定为1.5，透明对象后的其他对象如同透过玻璃一样产生扭曲变形。单击右侧的快速贴图按钮，可以为材质指定折射率贴图。
- 环境：在这里指定的环境贴图会替代在环境编辑器中指定的通用环境贴图。
- 凹凸：类似于标准材质中的凹凸贴图，单击右侧的按钮可以指定贴图。

(3) 无光/投影材质

“无光/投影”材质能够使物体(或任何次级表面)成为一种不可见物体，从而显露出当前的环境贴图。不可见物体在渲染时无法看到，也不会对环境背景进行遮挡，但对于其后的场景物体却可以起到遮挡作用，并且还可以表现出投影或接受投影的效果，还可以接受反射。

“无光/投影”材质通过给场景中的对象增加阴影，使物体真实地融入背景，造成阴影的物体在渲染时见不到，不会遮挡背景，“无光/投影基本参数”卷展栏，如图8.33所示。

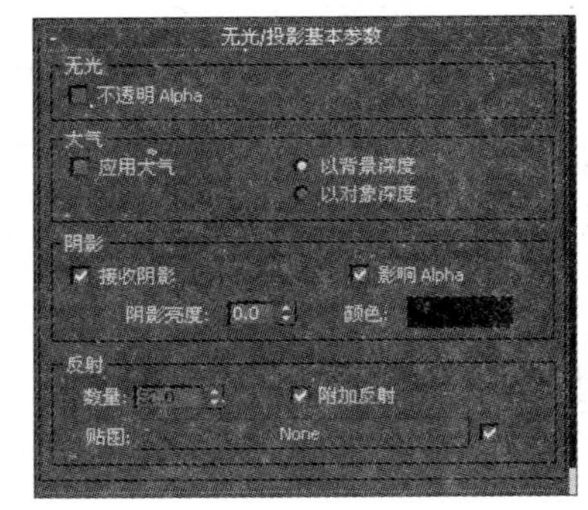

图8.33　“无光/投影基本参数”卷展栏

- 不透明Alpha：确定无光材质是否显示在Alpha通道中。如果禁用“不透明Alpha”，无光材质将不会构建Alpha通道，并且图像将用于合成就像场景中没有隐藏对象一样。默认设置为禁用状态。
- 应用大气：确定不可见物体是否受到场景中大气设置的影响。应用“雾”后，可以在两个不同方法间进行选择。可以应用“雾”使无光曲面好像距离摄影机无限远，或者使无光曲面好像确实位于被着色对象上的那一点。换句话说，可以对无光表面在2D　或3D上应用雾效果。以下控件确定其应用的方式。
- 以背景深度：这是2D方法。扫描线渲染器雾化场景并渲染场景的阴影。这种情况下，阴影不会因为雾化而变亮。如果希望使阴影变亮，需要提高阴影的亮度。
- 以对象深度：这是3D方法。渲染器先渲染阴影然后雾化场景。因为此操作使3D无光曲面上雾的量发生变化，因此生成的无光/Alpha通道不能很好地混入背景。在以2D背景表现的场景中要使隐藏对象为一个3D对象时，可以使用“以对象深度”。
- 接收阴影：打开此项目，不可见物体表面将会渲染出来自其他物体的投影。
- 影响Alpha：将不可见物体接受的阴影渲染到Alpha通道中，产生一种半透明的阴影通道图像，以便于将它进行其他的合成操作，此时应将“不透明 Alpha(不透明Alpha通道)”选项关闭。

- 阴影亮度：设置阴影的亮度。此值为0.5时，阴影将不会在无光曲面上衰减；此值为1.0时，阴影使无光曲面的颜色变亮；此值为0.0时，阴影变暗使无光曲面完全不可见。
- 颜色：显示颜色选择器允许对阴影的颜色进行选择，默认设置为黑色。

当使用“无光/阴影”材质将阴影合成于背景之下的图像(如视频)时，设置阴影颜色特别有用。此操作允许对阴影染色使之与图像中已经存在的阴影相匹配。

- 数量：控制要使用的反射数量。这是一个百分比，范围为0～100。如果没有指定一个贴图此控件不可用。默认值为50。
- 贴图：显示材质贴图浏览器，以便可以指定一个贴图使用反射。除非选择反射和折射或者平面镜贴图，否则反射独立于环境。

8.2 课堂实例1：模拟金属材质

金属材质也是日常生活中常见的材质之一。同时金属材质也有差别很大的多种类型，例如表面光滑、反射强烈的不锈钢材质、表面凹凸不平的磨砂金属，以及受到腐蚀后的锈蚀材质等。

不锈钢材质最大的特点在于表面光滑，反射强烈，能够将周围的环境反射在物体表面。本例就制作不锈钢材质，其最终效果如图8.34所示。

图8.34 不锈钢材质

01 在桌面上双击图标，启动3ds Max 2012中文版软件。

02 打开随书光盘中的“模型”/“第8课”/“金属材质.max”文件，文件如图8.35所示。

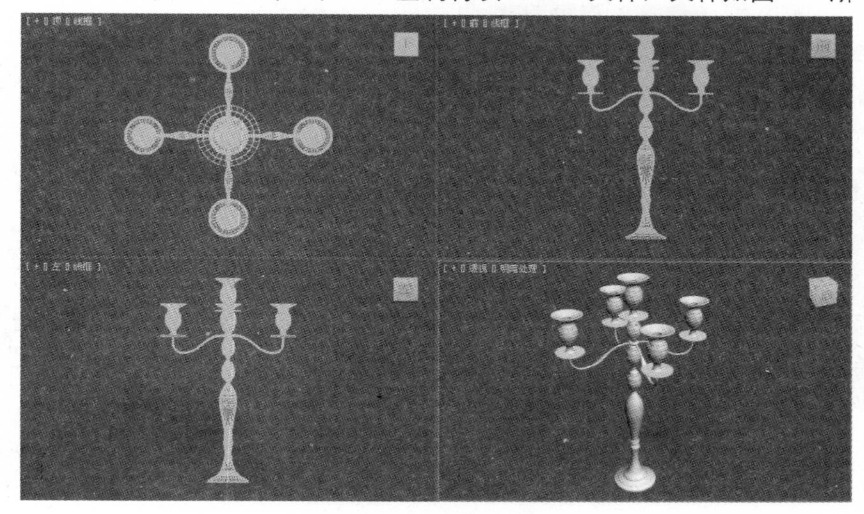

图8.35 场景文件

03 在工具栏中单击按钮打开材质编辑器，选择一个材质示例球，将材质命名为“不锈钢”。

04 在“明暗器基本参数”卷展栏中设置材质的明暗方式为“(M)金属”，在“金属基本参数”卷展栏中将材质的环境光、漫反射设置为灰色，并设置材质的高光，如图8.36所示。

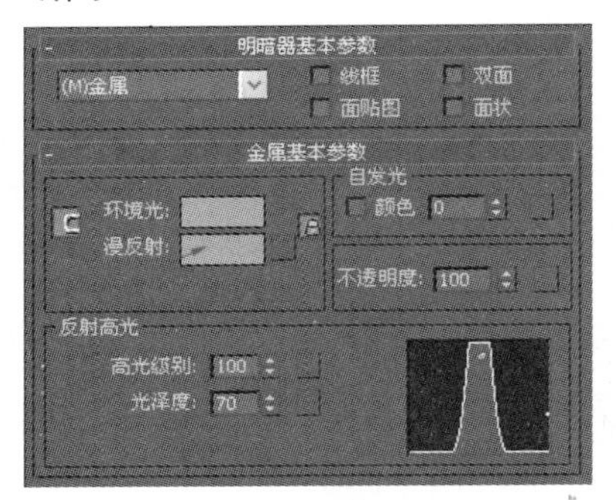

图8.36 材质参数设置

05 在“贴图”卷展栏中单击“反射”后面的贴图按钮，从弹出的“材质/贴图浏览器”中双击选择“光线跟踪”选项，材质进入贴图级别，如图8.37所示。

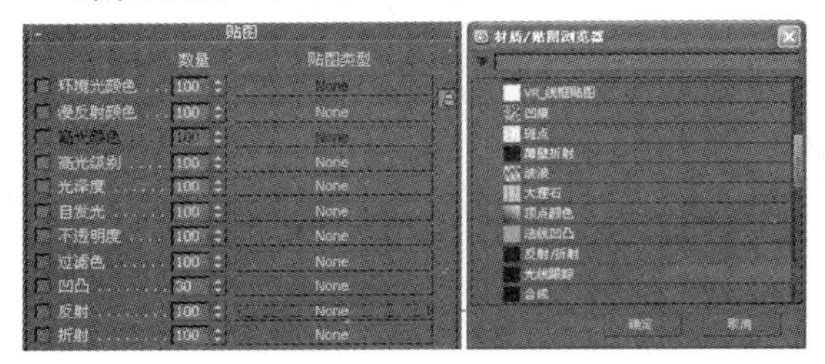

图8.37 光线跟踪

06 在贴图级别中单击“背景”下的贴图按钮，从弹出的“材质/贴图浏览器”中双击“衰减”选项，设置反射的背景，如图8.38所示。

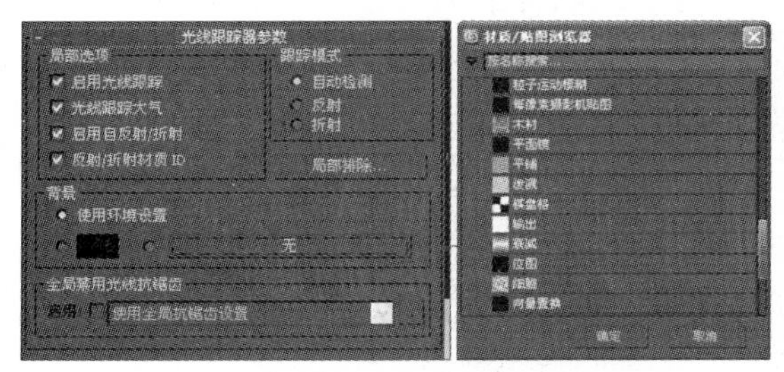

图8.38 调用背景贴图

07 选择贴图后材质进入衰减贴图级别，设置衰减的颜色，如图8.39所示。

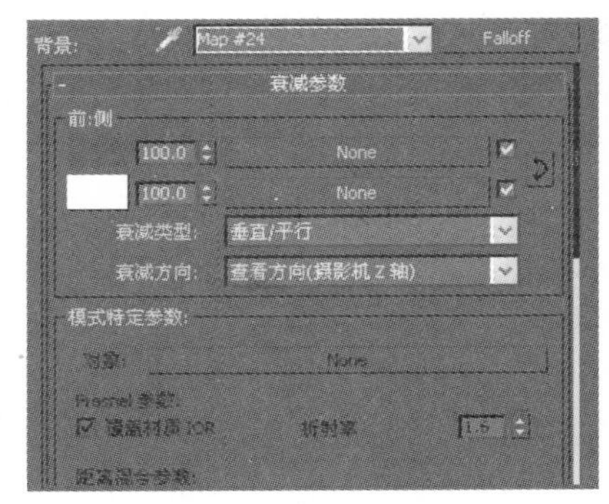

图8.39 设置颜色

08 单击工具行中的按钮两次，材质由贴图级别返回材质级别，设置不锈钢的反射值为70%，如图8.40所示。

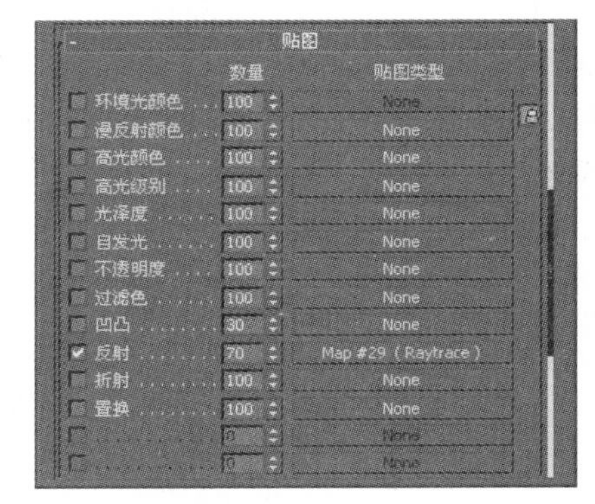

图8.40 设置反射数量

09 至此，不锈钢的材质制作完成。在视图中选中“烛台”造型，在材质编辑器中，单击按钮，将材质赋予。

10 至此，整个金属材质的制作全部结束，最终金属材质渲染效果，如图8.41所示。单击工作界面左上角的按钮，执行“保存”命令，保存文件。

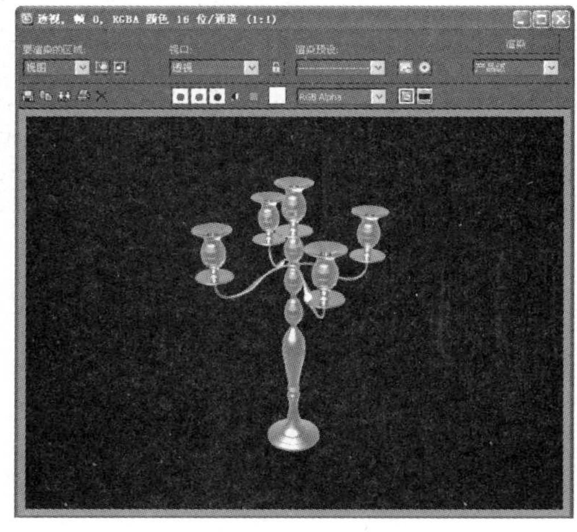

图8.41 金属材质

8.3 课堂实例2：模拟陈旧材质

金属表面在受到腐蚀后，会在表面出现锈蚀的斑点，这些斑点与金属原来的材质是不同的。因此，在3ds Max中表现这种材质的时候应该使用复合材质类型，将两种不同的材质通过某种方式组织起来。本例通过使用混合材质，打造锈蚀的铜币，其最终效果如图8.42所示。

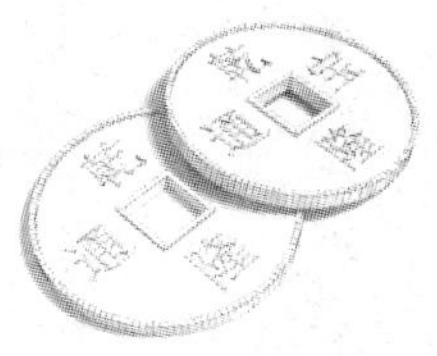

图8.42 陈旧材质效果

01 在桌面上双击图标，启动3ds Max 2012中文版软件。

02 打开随书光盘中的"模型"/"第8课"/"陈旧材质.max"文件，如图8.43所示。

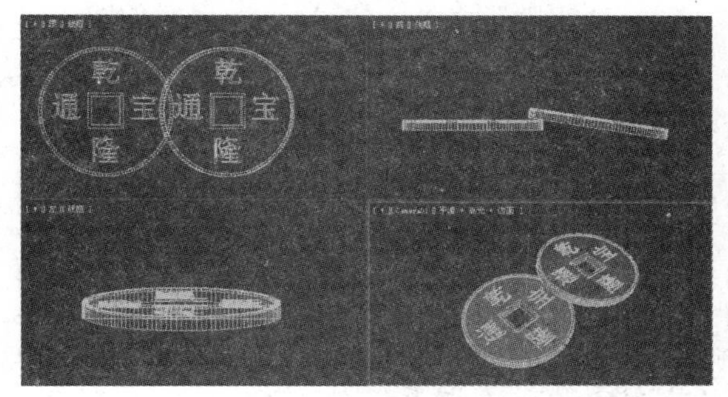

图8.43 场景文件

03 在这个场景中已经创建出一个铜币的模型，同时设置了灯光。单击按钮，渲染相机视图，渲染效果如图8.44所示。

图8.44 渲染效果

04 在工具栏中单击按钮打开材质编辑器，选择一个材质编辑器，选择一个材质示例球，将材质命名为"锈蚀材质"。

05 在材质编辑器中单击 Standard 按钮，从弹出的"材质/贴图浏览器"中选择"混合"选项，在弹出的替换材质对话框中单击 确定 按钮，同时进入混合材质级别，如图8.45所示。

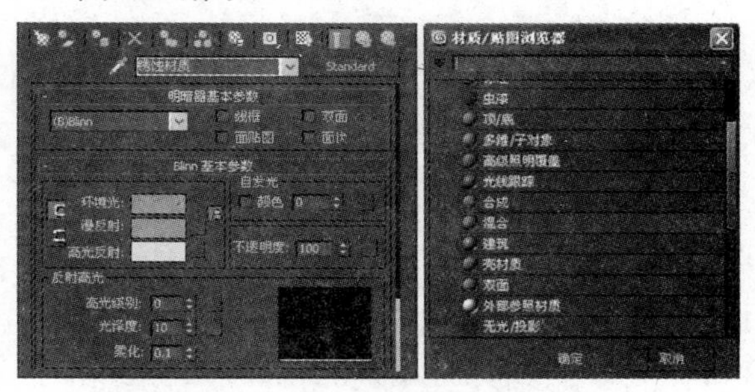

图8.45 混合材质

06 在"混合基本参数"卷展栏中单击"材质1"后面的按钮，进入标准材质级别，如图8.46所示。

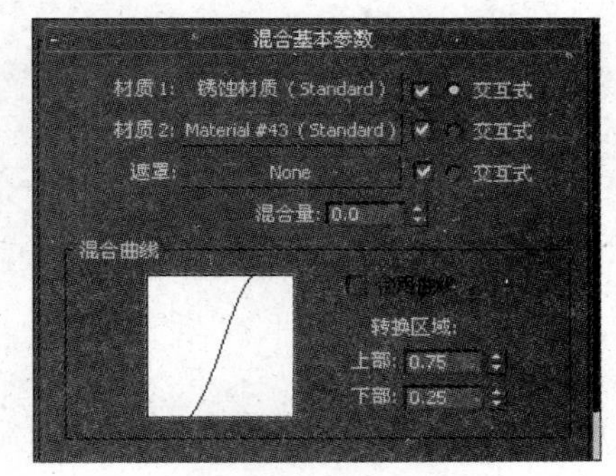

图8.46 进入混合材质级别

07 设置材质的明暗方式为"(M)金属"，并设置"金属基本参数"卷展栏下的颜色和高光，将材质命名为"光亮部分"，如图8.47所示。

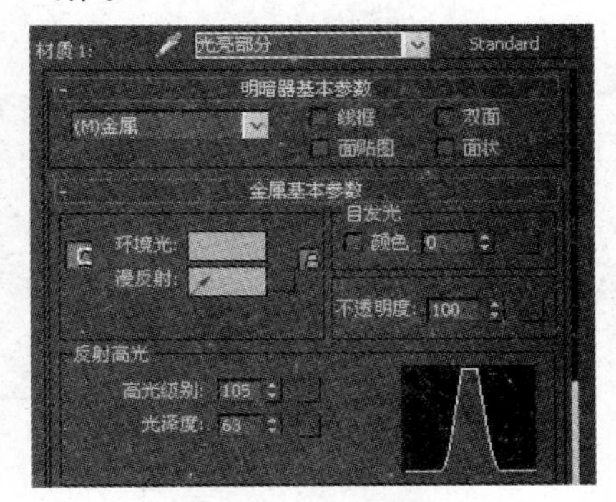

图8.47 设置材质参数

08 在“贴图”卷展栏中单击“反射”贴图按钮，从弹出的“材质/贴图浏览器”中双击位图，从随书光盘的Maps目录下选择名为“金属(70).Gif”的位图，如图8.48所示。同时进入贴图级别。

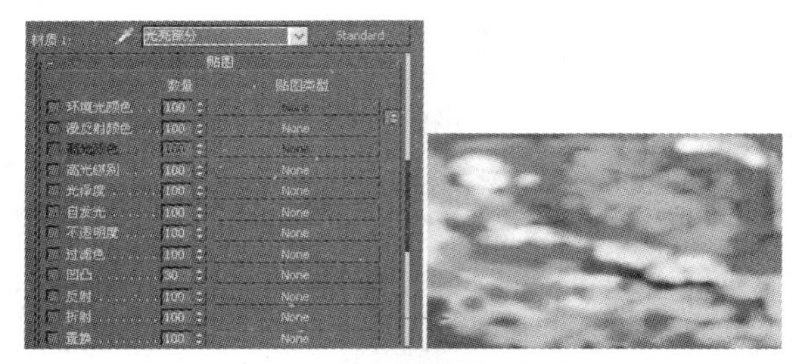

图8.48 调用贴图

09 设置“光亮部分”的反射值为90%，效果如图8.49所示。

材质 1: 光亮部分 Standard

贴图

	数量	贴图类型
环境光颜色	100	None
漫反射颜色	100	None
高光颜色	100	None
高光级别	100	None
光泽度	100	None
自发光	100	None
不透明度	100	None
过滤色	100	None
凹凸	30	None
✔ 反射	90	Map #10 (金属 (70).gif)
折射	100	None
置换	100	None

图8.49 设置反射值

10 在材质编辑器工具栏中单击“转到父对象”按钮回到混合材质级别，单击“材质2”后的按钮，进入标准材质级别，并将其命名为“铁锈部分”，效果如图8.50所示。

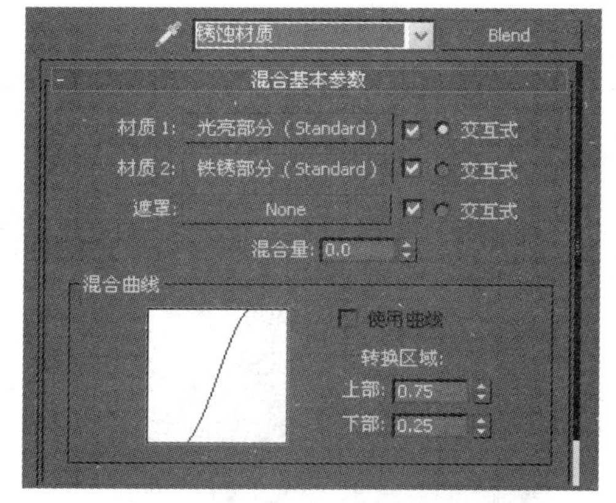

图8.50 进入混合材质级别

11 设置材质的明暗方式为 (P)phong，并设置“明暗基本参数”卷展栏下的颜色和高光，如图8.51所示。

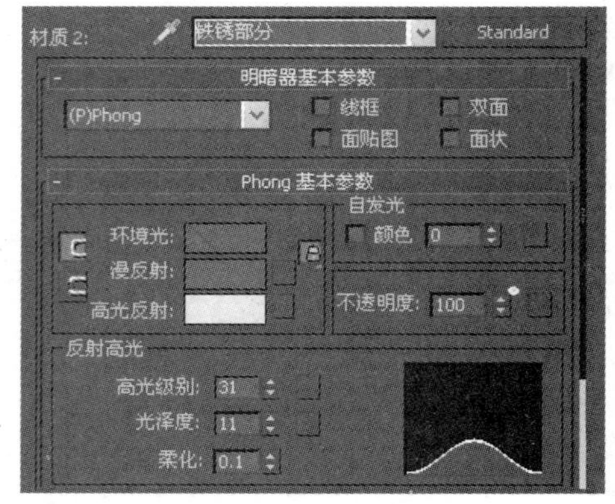

图8.51 材质参数设置

12 在“贴图”卷展栏中单击“漫反射颜色”后的贴图按钮，从弹出的“材质/贴图浏览器”中双击选择位图，从随书光盘中的Maps目录中选择名为“金属(23).jpg”的位图，如图8.52所示。

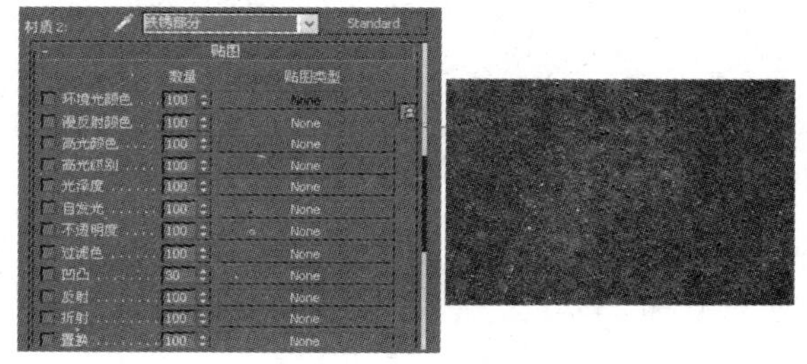

图8.52 调用贴图

13 将 Map #4 (金属 (23).JPG) 单击拖曳到 凹凸 .... 后的按钮上，释放鼠标左键。在弹出的“复制(实例)贴图”对话框中设置参数，如图8.53所示。

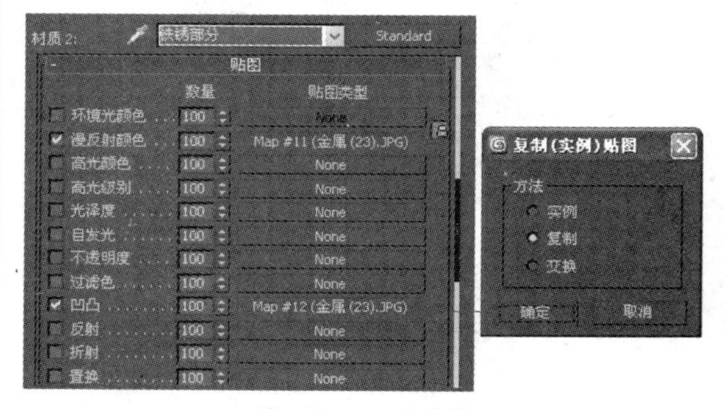

图8.53 凹凸贴图

14 在材质编辑器工具栏中单击“转到父对象”按钮回到混合材质级别，单击“遮罩”后的按钮，进入标准材质级别，从随书光盘的“Maps”目录中选择一幅名为bump032.jpg的位图，如图8.54所示。

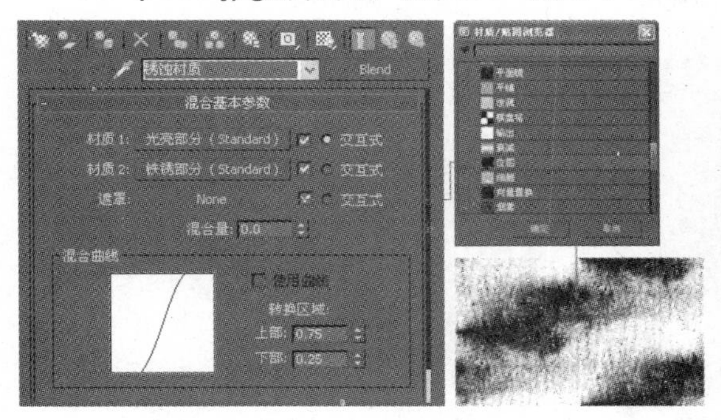

图8.54 调用贴图

15 渲染视图发现锈斑面积大了些。将 铁锈部分（Standard） 单击拖曳到 光亮部分（Standard） 中，释放鼠标左键，在弹出的“实例(副本)材质”对话框中设置具体参数，如图8.55所示。这样可以使铁锈部位和光亮部位在模型上互换位置。

16 至此，陈旧材质制作完成。在视图中选中同步造型。在材质编辑器中，单击按钮将材质赋予它。

17 至此，整个陈旧材质的制作全部结束，最终陈旧材质渲染效果，如图8.56所示。

单击工作界面左上角的按钮，执行“保存”命令，保存文件。

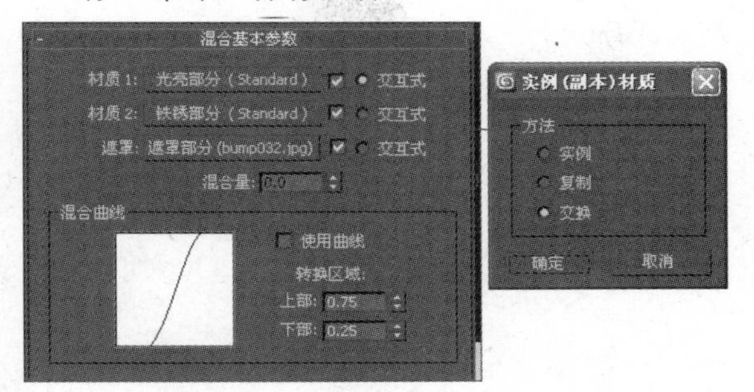

图8.55 交换材质

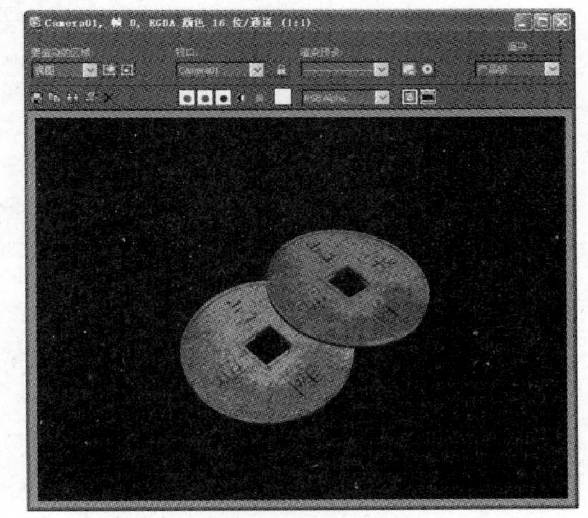

图8.56 渲染效果

8.4 课后练习

1. 制作陶瓷材质，陶瓷材质可以使用 (P)phong明暗方式，“高光级别”可以设置为70左右，“高光范围”可以设置为50左右，还可以使用“光线跟踪”来模拟微弱的反射效果，参考效果如图8.57所示。

图8.57 陶瓷效果

2. 制作木纹材质，木纹材质可以使用 (P)phong明暗方式，“高光级别”可以设置为40左右，“高光范围”可以设置为30左右，还可以使用“凹凸”来模拟材质表面的凹凸效果，参考效果如图8.58所示。

图8.58 木纹效果

第9课
灯光和照明

3ds Max 2012的灯光主要用于模拟现实生活中不同类型光源的物体，不同类型的灯光将产生不同的照明效果，也就形成了3ds Max 2012中多种类型的灯光。

灯光在3ds Max中主要用于模拟自然光照效果。但3ds Max中的灯光工作原理与自然界的灯光有所不同，如果要模拟自然界的光反射、漫反射、辐射、光能传递、透光效果等特殊属性，就必须运用多种手段进行模拟。

本课内容：

◎ 标准灯光
◎ 光度学灯光
◎ 常用灯光
◎ 布光原理
◎ 静物的照明
◎ 室内一角的照明

9.1 灯光和照明基础

灯光与材质是相辅相成的，在创建一个三维场景时，首先是创建场景中的模型，再将各个模型进行基本的材质指定，接下来就需要对场景进行布光，在对场景进行布光的同时需要不断修改材质，这个过程的效率是整幅图成功与否及制作速度的关键。

9.1.1 标准灯光

标准灯光是3ds Max的传统灯光类型，它属于一种模拟光源，3ds Max 2012提供了8种标准的灯光，分别是目标聚光灯、Free Sport(自由聚光灯)、目标平行光、自由平行光、泛光灯、天光、mr区域泛光灯、mr区域聚光灯。

使用过3ds Max的用户都知道，在系统场景中有默认的灯光，添加了新灯光后默认的灯光即被取消，场景中默认的灯光可以通过右键单击视图左上方的“+”图标，在弹出的关联菜单中选择“配置视口”选项，在对话框中的“照明和阴影”标签下进行设置，如图9.1所示。

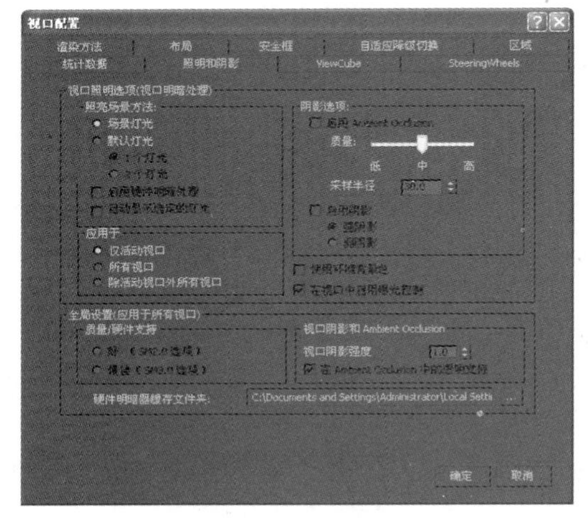

图9.1　设置灯光

在创建面板中单击(灯光)按钮，可以看到3ds Max有两种类型的灯光系统：“光度学”灯光和“标准”灯光，如果系统安装了渲染插件，则还会出现其他的灯光系统，如图9.2所示。

图9.2　插件类型

不同类型的灯光通常要有相应的渲染器才能得到较好的照明效果，例如，光度学灯光和能够计算全局光的渲染器配合，才能够得到较好的效果。各种不同的灯光可以混合应用在同一个场景中。

在3ds Max中，灯光是以具体可操作对象的形式出现的，这些对象具有特定的符号，不同的符号对应着不同的灯光类型，其中最常用的是“标准”灯光。

“标准”灯光是基于计算机的模拟灯光对象，如台灯。不同类型的灯光对象可用不同的方法投射灯光，模拟不同种类的光源。

与“光度学”灯光不同，“标准”灯光不具有基于物理的强度值，在 光度学 下拉列表中选择“标准灯光”选项，可以看到如图9.3所示的8种灯光。

图9.3　标准灯光

1．聚光灯

聚光灯分为目标聚光灯与自由聚光灯。目标聚光灯可以投射聚焦的光束，其使用目标对象指向摄影机；与目标聚光灯不同，自由聚光灯没有目标对象，可以将其移动或旋转指向任何方向，如图9.4所示。

图9.4　目标聚光灯和自由聚光灯

目标聚光灯和自由聚光灯同属于聚光灯的范畴，其光线从一个点出发，在光线传播过程中照亮的范围逐渐变大，形成一个锥形的照亮区，与手电筒相似，在效果图制作中常用来当做主光源。

目标聚光灯的参数主要包括命令面板中的9个卷展栏，分别是“常规参数”、“强度/颜色/衰减”、“聚光灯参数”、“高级效果”、“阴影参数”、“阴影贴图参数”、“大气和效果”、“mental ray间接照明”和“mental ray灯光明暗器”，如图9.5所示。

图9.5　聚光灯参数

通用参数：主要控制灯光的打开和关闭，排除或包括对象，是否投射阴影及所投射阴影的渲染类型等。

- 光类型/开：决定灯光对场景是否起作用。
- 阴影/开：决定灯光是否投射阴影。
- 使用全局阴影颜色：对已设置具有投影功能的灯光而言，一旦激活此项，则场景中所有已选中该项的灯光，其阴影参数将保持一致，修改其中任何一个灯光的阴影设置都会关联地改变其他灯光，在调整室内具备相同阴影设置的一排灯光时，可以避免在各个灯光之间调整。
- 阴影贴图：选择阴影渲染方式，单击下拉列表可看到多种阴影类型。
- 排除...：使物体不受灯光的影响，如图9.6所示。

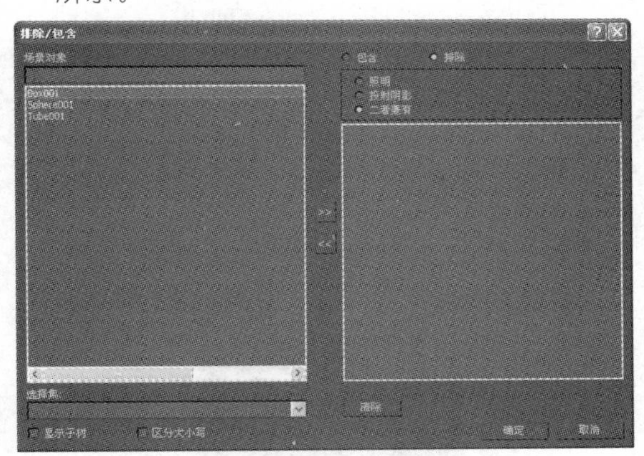

图9.6　“排除/包括”对话框

“排除/包括”对话框中左侧列表是场景中物体，右侧是被排除的物体，通过>>和<<按钮，可以调整排除物体。我们还可以通过对“照明”、“投射阴影”或“两者兼有”的选择，分别排除照明、阴影或全部排除。如果选中“包括”(Include)选项，则只有右侧中物体受到照明影响，左侧中物体全部不受影响。

强度/颜色/衰减：用于设置灯光的强度、

颜色、衰减的参数，如图9.7所示。

图9.7 “强度/颜色/衰减”卷展栏

- 倍增：用于增加或减小光源亮度。
- 衰减设置：设置灯光衰减的类型，包括无、倒数、反平方比3种方式。
- 无：不使用自然衰减，衰减完全由衰减参数中的远处衰减和近处衰减控制。
- 倒数：使灯光的强度与距离为反比例关系变化。
- 反平方比：这是真实世界灯光衰减的方式，即灯光强度与到灯光的距离为反比例平方关系。
- 衰减：是灯光在传播过程中由于受到大气及尘埃的阻挡，距离发光点越远光照强度越小，光线越弱的现象。
- 近衰减：控制近处衰减，出现灯光由暗变亮的现象。
- 远衰减：控制远处衰减，出现灯光由亮变暗的现象。
- 开始：控制灯光最强的区域距离。
- 结束：控制灯光不可见的区域距离。
- 使用：使远衰减起作用。
- 显示：是控制灯光强度最大时距离。

聚光灯参数：主要用于控制灯光照亮范围的参数与选项，如图9.8所示。

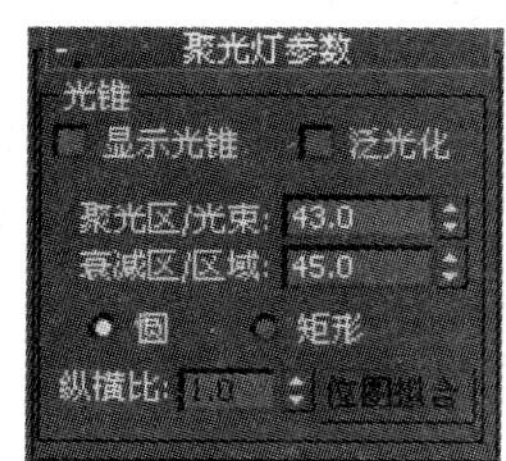

图9.8 “聚光灯参数”卷展栏

- 显示锥形框：激活该项，显示聚光灯范围(Hotspot)和衰减范围(Falloff)区域。
- 泛光化：强迫聚光灯照亮锥形区以外的区域。
- 热点/光束：确定聚光灯聚光范围。
- 衰减/视野：确定聚光灯的衰退范围。
- 圆形/矩形：用于调聚光灯投影面的形状。
- 长宽比：当投影平面选择矩形时，可用来调整矩形的长宽比。

高级效果：用来控制光线照亮物体表面的高级效果，如图9.9所示。

图9.9 “高级效果”卷展栏

- 对比度：调整阴影区与表面区的对比度，场景中光线越强对比度越大。
- 柔化过渡边缘：调整阴影区与表面区的明暗柔和度。
- 漫反射、高光反射、环境光：确定光线照亮物体表面的区域，可以打开一个区域，也可以打开两个区域。在效果图制作中为了照亮空间的同时表现空间的层次一般要打开表面区和高光。
- 投影图像：在贴图的图案投射到物体表面，在制作效果图时用于模拟太阳投射树叶阴影的效果。

阴影参数、阴影贴图参数：阴影参数可以产生阴影，也可以不产生阴影，主要用于调整阴影的颜色和深浅，如图9.10所示。

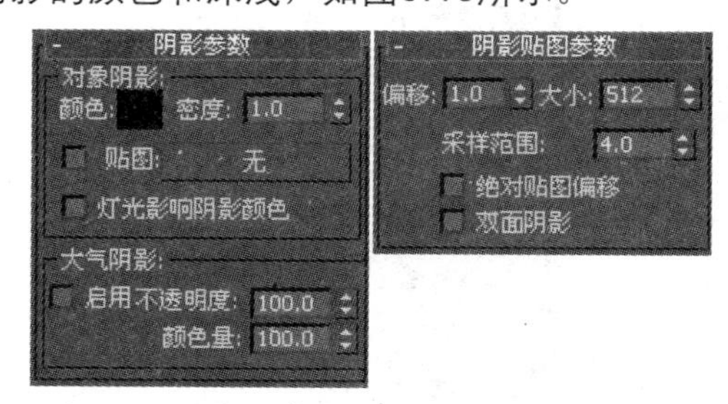

图9.10 “阴影参数”和“阴影贴图参数”卷展栏

- 颜色：设置阴影的颜色，根据自然规律，阴影的颜色为黑色。
- 密度：设置阴影的深浅。
- 灯光影响阴影颜色：勾选此项系统将光的颜色同阴影的颜色混合在一起，从而改变阴影的显示。

- 颜色数量：调整阴影颜色与环境颜色的混合程度。
- 大气阴影：打开此选项系统将光的颜色同阴影的颜色混合到一起，从而改变阴影的显示。
- 打开：打开时，当光线通过设置的环境如质量光时在环境上投射阴影。
- 启用不透明度：调整投射到环境上，阴影的不透明度，数值的设置是按照百分比来计算的。
- 颜色数量：调整阴影颜色与环境颜色的混合程度。

“阴影贴图参数”卷展栏是阴影的渲染方式为阴影贴图时调整阴影的参数，当选择其他的阴影渲染方式的时候，该卷展栏显示其他的内容。

- 偏差：调整阴影与投射物体的距离。
- 大小：主要指阴影贴图质量，如果值很小，则产生的阴影贴图质量很低。若使阴影贴图，此值在500以上，否则场景渲染会产生一些难看的条纹。
- 采样范围：确定系统使用多少阴影区域，用于表现在阴影边缘的柔软化程度。
- 绝对贴图偏移：以绝对值方式计算阴影的偏移值。
- 双面阴影：打开此选项，在计算阴影的时候将背面计算在内；关闭此选项在计算阴影的时候将忽略背面。

大气和效果：此卷展栏在灯光创建的时候是不存在的，只有在它的修改命令面板中存在。这个卷展栏主要设置灯光的特殊效果，如图9.11所示。

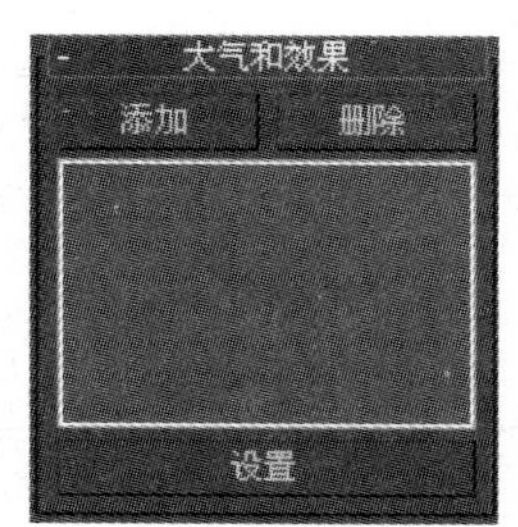

图9.11　“大气和效果”卷展栏

- 添加：单击此按钮打开“添加大气与效果”对话框，为选中的灯光添加特殊效果。
- 删除：删除选中的效果。
- 设置：设置选中特效的参数。

mental ray间接照明与mental ray灯光明暗器：“mental ray间接照明”卷展栏中的参数只有使用mental ray渲染器时才起作用。在使用mental ray渲染器渲染场景时，“mental ray灯光明暗器”卷展栏可以使灯光使用mental ray灯光明暗器，从而改变或调整灯光效果，如图9.12所示。

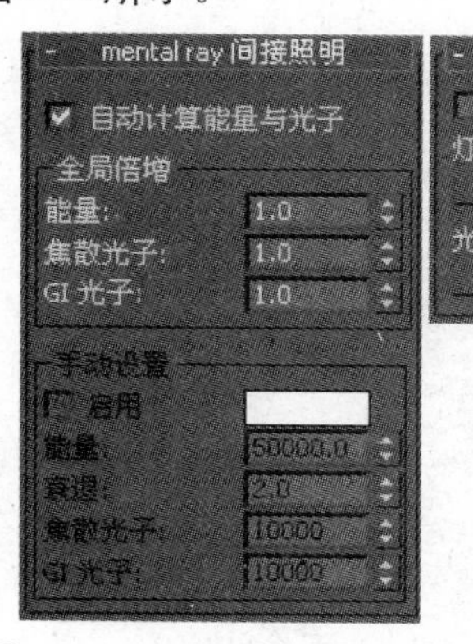

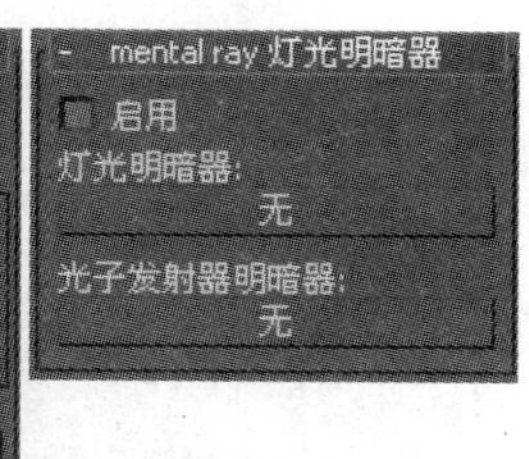

图9.12　“mental ray间接照明”和“mental ray灯光明暗器”卷展栏

- 自动计算能量与光子：打开这个选项时，渲染器使用全局灯光设置来计算能量与光子。
- 全局倍增：设置灯光的全局照明参数。
- 能量：提高或减弱全局灯光的能量，能量越大，光线越亮。
- 焦散光子：设置全局焦散光子的数量，数值越大，焦散计算的越精确。
- GI光子：设置全局照明光子的数量，数值越大，全局光计算的越精确。
- 手动设置：当关闭“自动计算能量与光子”时，这组参数才能使用，使用这组参数可以手动控制间接照明。
- 衰退：设置能量远离光源时衰减的方式。

mental ray Light Shader卷展栏

- 启用：开启或者关闭mental ray灯光明暗器。
- 灯光明暗器：选择可以使用的灯光明暗器。
- 光子发射器明暗器：选择可以使用的光子发射器明暗器。

2．平行光与泛光灯

目标平行光和自由平行光属于平行光，平行光线呈圆形或矩形，主要用于模拟太阳光。目标平行光使用目标对象指向灯光，自由平行光没有目标对象，如图9.13所示。

图9.13　平行光

泛光灯是一种点光源，光线从一点出发向四周投射，因此其照亮的范围没有限制，在场景中常用做辅助光，模拟点光源。若设置了泛光灯的衰减可以控制其照亮范围，照亮的区域是一个球形，如图9.14所示。

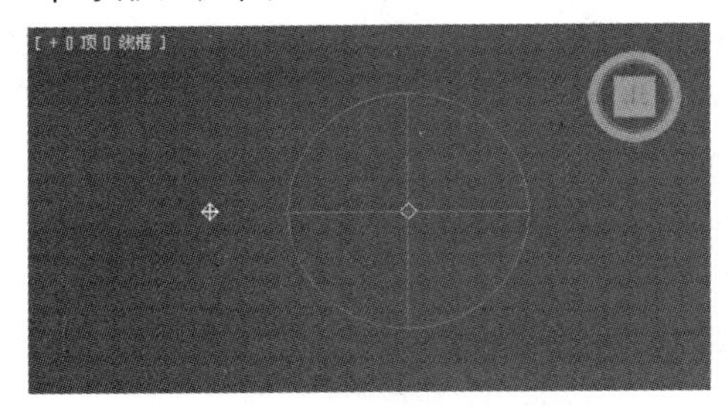

图9.14　泛光灯

泛光灯是一种点光源，照亮所有面向它的对象，它不能控制光束的大小，也就是说它不能将光束只照在一点上，因此一般作为辅助光使用。

天光是一种较为特殊的灯光工具，用于模拟自然光受到大气的反射后形成的漫反射光。由于是受大气反射形成，天光从各个方向均匀地投射过来，因此天光在场景中的位置不影响照明效果。“天光参数”卷展栏如图9.15所示。

图9.15　“天光参数”卷展栏

- 启用：启用和禁用灯光。当“启用”选项处于启用状态时，使用灯光着色和渲染以照亮场景；当该选项处于禁用状态时，进行着色或渲染时不使用该灯光。默认设置为启用。
- 倍增：将灯光的功率放大一个正或负的量。
- 使用场景环境：使用“环境”面板上的环境设置的灯光颜色。除非光跟踪处于活动状态，否则该设置无效。
- 天空颜色：单击色样可显示颜色选择器，并选择为天光染色。
- 贴图控件：可以使用贴图影响天光颜色。
- 投影阴影：使天光投射阴影。默认设置为禁用。
- 每采样光线数：用于计算落在场景中指定点上天光的光线数。对于动画，应将该选项设置为较高的值可消除闪烁。值为30左右时应该可以消除闪烁。
- 光线偏移：对象可以在场景中指定点上投射阴影的最短距离。将该值设置为0可以使该点在自身上投射阴影，并且将该值设置为大的值可以防止点附近的对象在该点上投射阴影。

3．mr区域泛光灯和mr区域聚光灯

当使用mental ray渲染器渲染场景时，区域泛光灯从球体或圆柱体区域发射光线，而不是从点源发射光线。使用默认的扫描线渲染器，区域泛光灯像其他标准的泛光灯一样发射光线。“区域灯光参数”卷展栏如图9.16所示。

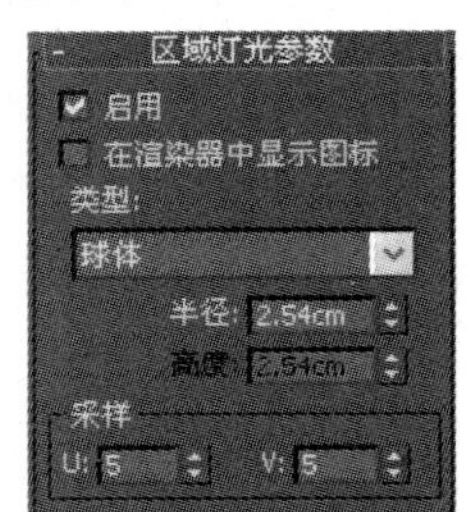

图9.16　“区域灯光参数”卷展栏

- 启用：启用和禁用区域灯光。当“启用”选项处于启用状态时，mental ray渲染器将使用灯光照亮场景。当“启用”选项处于禁用状态时，mental ray渲染器不使用灯光。默认设置为启用状态。
- 在渲染器中显示图标：当启用此选项后，mental ray渲染器将渲染区域灯光的黑色形状；当禁用此选项后，区域灯光不可见。默认设置为禁用状态。
- 类型：更改区域灯光的形状。对于球形区域灯光而言可以是“球体”；而对于圆柱形区域灯光而言则是“圆柱体”。默认设置为“矩形”。
- U和V：调整区域灯光投射的阴影的质量。这些值将指定灯光区域中使用的采样数。值越高可以改善质量，但是以渲染时间为代价。对于球形灯光，U将沿着半径指定细分数，而V将指定角度细分数。

9.1.2 光度学灯光

光度学灯光使用光度学(光能)值，通过这些值可以更精确地定义灯光，就像在真实世界一样。用户可以创建具有各种分布和颜色特性灯光，或导入照明制造商提供的特定光度学文件。

1．目标灯光

3ds Max 2012将原来版本的目标点光源、目标线光源和目标面光源归结为“目标灯光”。在创建命令面板中单击→光度学→目标灯光按钮。便能在视图中创建目标灯光。

目标灯光使用目标对象指向灯光。在创建命令面板中单击→光度学，在标准类型下选择目标灯光选项，此时会弹出“创建光度学灯光”对话框，如图9.17所示。

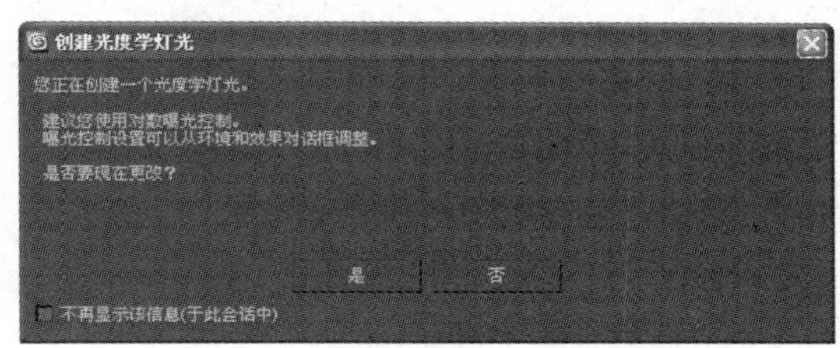

图9.17 “创建光度学”对话框

2．自由灯光

自由灯光没有目标对象。用户可以使用变换工具以指向灯光。目标灯光和自由灯光的参数控制面板和标准灯光的参数有很多类似之处。

“模板”和“常规参数”卷展栏如图9.18所示。

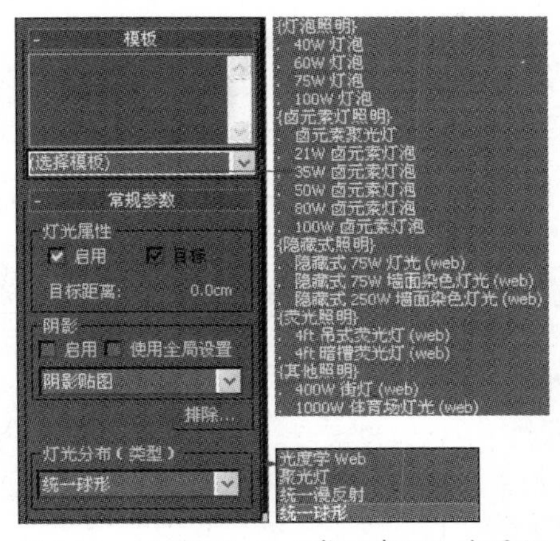

图9.18 “模板”和“常规参数”卷展栏

- 灯光分布(类型)：描述光源发射的灯光的方向分布，有4种不同的分布。
- 光度学Web：Web分布使用光域网定义分布灯光。光域网是光源的灯光强度分布的3D表示。Web定义存储在文件中。许多照明制造商可以提供为其产品建模Web文件，这些文件通常在Internet上可用。Web文件可以是IES、LTLI或CIBSE格式。用于指定Web文件的控件位于“Web参数”卷展栏上。

在灯光分布(类型)下选择“光度学Web”或“聚光灯”，就会增加“分布(光度学Web)”卷展栏或“分布(聚光灯)”卷展栏，如图9.19所示。

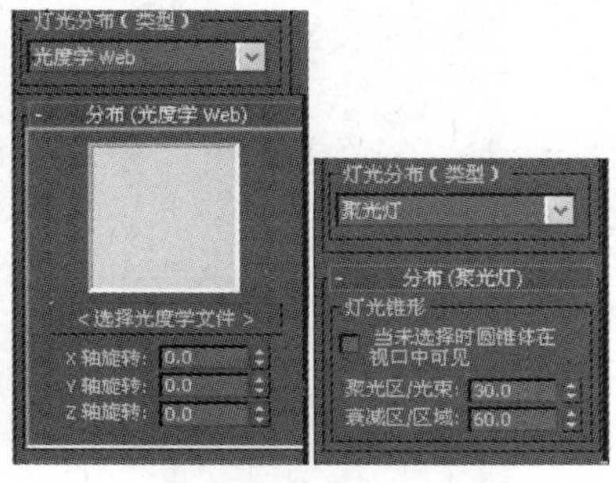

图9.19 参数设置

当选择“光度学Web”时，在“分布(光度学Web)”卷展栏中单击<选择光度学文件>按钮，在打开的“选择光域Web文件”对话框中选择光域网文件并调整Web的方向。3ds Max可以使用IES、CIBSE或LTLI光域网格式，“打开光域Web文件”对话框，如图9.20所示。

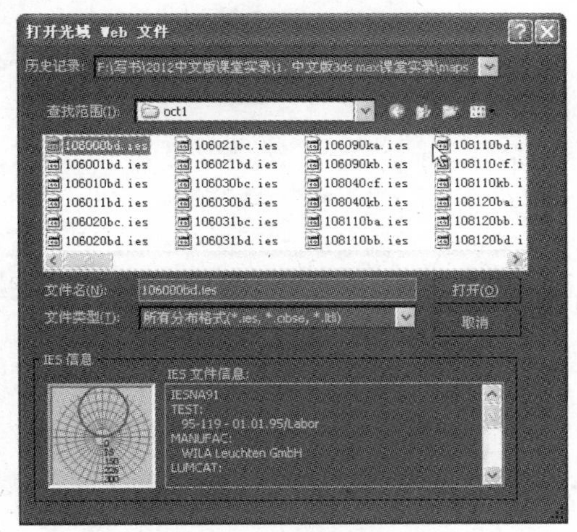

图9.20 “打开光域Web文件”卷展栏

- <选择光度学文件>：选择用做光域网的IES文件。默认的Web是从一个边缘照射的漫反射分布。

- X轴旋转：沿着X轴旋转光域网。旋转中心是光域网的中心。范围为－180°~180°。
- Y轴旋转：沿着Y轴旋转光域网。旋转中心是光域网的中心。范围为－180~180°。
- Z轴旋转：沿着Z轴旋转光域网。旋转中心是光域网的中心。范围为－180°~180°。
- 光域网图标：显示灯光分布的三维表示。

使用“强度/颜色/分布”卷展栏可以定义灯光的颜色和强度，如图9.21所示。

图9.21 “强度/颜色/分布”卷展栏

- D65 Illuminant (基准：系统提供了一些常见的灯光标准。
- 开尔文：通过调整色温微调器来设置灯光的颜色。色温以开尔文度数显示。相应的颜色在温度微调器旁边的色样中可见。
- 过滤颜色：使用颜色过滤器模拟置于光源上的过滤色效果。
- lm(流明)：测量整个灯光(光通量)的输出功率。100w的通用灯炮约有1750lm的光通量。
- cd(坎迪拉)：测量灯光的最大发光强度，通常是沿着目标方向进行测量。100w的通用灯泡约有139cd的光通量。
- lx(lux)：测量由灯光引起的照度，该灯光以一定距离照射在曲面上，并面向光源的方向。勒克斯(Lux)是国际场景单位，等于1Lm／m 。

3．Mr Sky 门户

IES太阳光是模拟漫反射光的基于物理的灯光对象。“Mr Sky 门户”卷展栏，如图9.22所示。

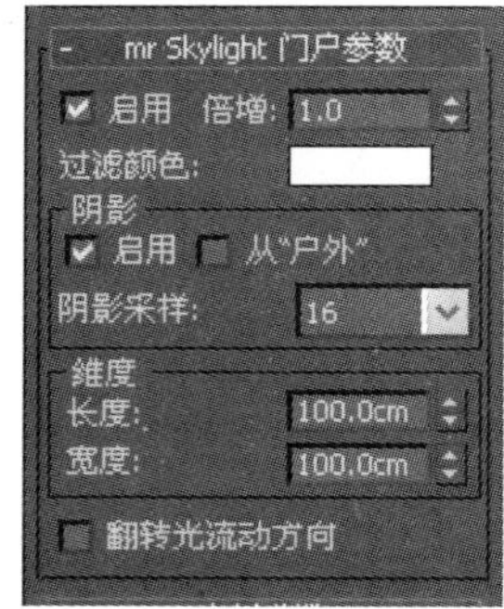

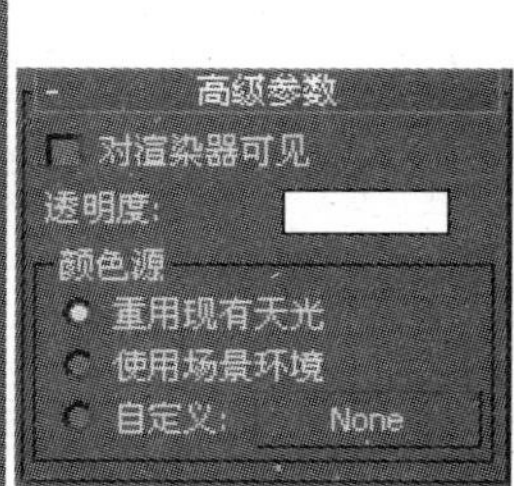

图9.22 “Mr Sky 门户”卷展栏

9.1.3 常用灯光

灯光的共同参数如图9.23所示，这是所有灯光都有的参数控制区。

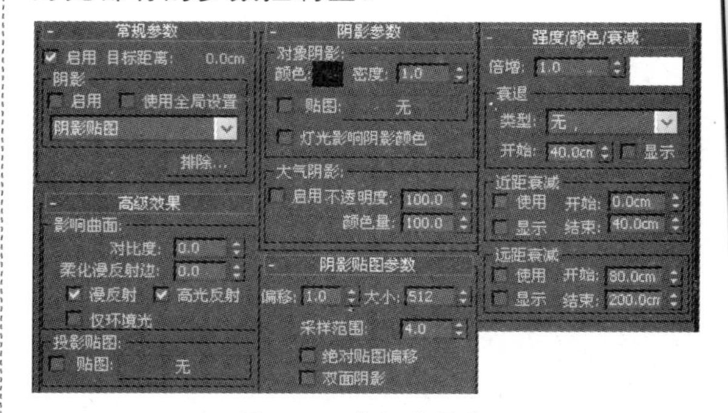

图9.23 参数卷展栏

1．常规参数卷展栏

该卷展栏中的启用用于设置灯光的开关。

阴影下的启用复选框用于决定当前的灯光使用何种阴影方式进行渲染，阴影的方式有：高级光线跟踪、mental ray阴影贴图、区域阴影、阴影贴图、光线跟踪阴影、VRayShadow、VR-阴影贴图。

排除...可以使一部分物体不受该灯光的照射。

2．强度／颜色／分布

在该卷展栏中的倍增值用于对灯光的照明强度进行增效控制，标准值为1，如果设置为2，则灯光强度增加一倍，在倍增右边的颜色框中可以调节灯光的颜色。

- 衰退：衰退栏下的“无”下拉列表是一种附加的光线衰减控制，共有3种衰减方式：无、倒数、平方反比。
- 近距衰减：可以设置灯光照射的起点位置和灯光达到最大值的位置。
- 远距衰减：可以设置灯光开始衰减的位置和灯光

亮度降为0时的位置。

3．高级效果

- 对比度：用于调节高光区与过渡区之间表面的对比度。
- 柔化漫反射边：用于柔化过渡区与阴影区之间的边缘，避免产生很明显的分界线。
- ☑漫反射、☑高光反射、☐仅环境光：用于灯光对单独区域进行照明的控制，“投影贴图”栏用于为灯光的阴影设置一幅图片。

4．阴影参数

- 对象阴影下的颜色框用于调节当前灯光产生阴影的颜色。
- 密度：用于调节阴影的浓度，贴图用于为阴影指定一幅图片。
- ☐灯光影响阴影颜色：勾选时将使用阴影的颜色显示为灯光颜色和阴影颜色的混合效果。
- 大气阴影：用于设置大气是否对阴影产生影响。
- ☐启用不透明度：用于调节阴影的透明程度。
- 颜色量：用于调节大气颜色与阴影颜色混合的程度。

5．阴影贴图参数

- 偏移：用于设置阴影与物体的距离。
- 大小：用于设置阴影贴图的大小
- 采样范围：用于设置阴影中边缘区域的柔和程度。
- ☐绝对贴图偏移：用于以绝对值方式计算“偏移值”。
- ☐双面阴影：计算阴影时将不再忽略物体的背面，但渲染时间会增加。

9.1.4 布光原理

在3ds Max中，系统提供了多种灯光工具，不同的灯光工具用于模拟不同的光线传播方式。因此，了解现实生活中的光线类型可以指导灯光工具的选择。实际生活中光线大体分为自然光、人工光和漫反射光三种类型。

“自然光”：自然光是指自然界光源发出的光线，自然界光源主要指太阳和月亮，由于这两种光源的特殊性，我们一般使用目标平行光来模拟，自然光主要出现在室外场景制作中，当然室内场景也有采用自然光作为光源的情况。

“人工光”：人工光是指人工光源发出的光线。人工光源主要有用电灯具等，这种光源是大多室内照亮的主要途径。我们一般使用泛光或者目标聚光灯来模拟。

“漫反射光”：光线在传播过程中受到一些物体表面的反射后会改变传播的方向，从而使一些背光的物体被一定程度地照亮，这种现象就叫做“漫反射”。室外的漫反射我们一般用Skylight(天光)；室内的漫反射常用Omni(泛光灯)。

1．灯光的设置顺序

在设置灯光的时候，一个造型或空间的照明往往需要多个灯光共同作用，这些灯光的作用也不是等同的，有的灯光起作用大一些，有的灯光起作用小一些。由于它们的作用不同，它们的设置先后顺序也有区别。一般的情况下，设置灯光总是按照主次分，先设置主光源，然后设置辅助光源，最后设置背景光源。

- 主光源：主光源是指在照明中起主要作用的光源，主光源提供场景照明的主要光线，确定光线的方向，确定场景中造型的阴影，决定整个场景的明暗程度。因此，在灯光设置的过程中，主光源的设置是第一步。
- 辅助光源：辅助光源是指在照明中起次要辅助作用的光源，辅助光源改善局部照明情况，但是对场景中照明情况不起主要决定作用。辅助光源附属于主要光源，因此在设置的时候在主要光源之后。
- 背景光：背景光是指照亮背景，突出主体的光源，背景光并不是所有的场景都需要设置，如果没有背景，背景光也就没有设置的必要。

2．灯光的设置原则

灯光的设置方法会根据每个人的布光习惯，以及审美观点不同而有很大的区别，因此灯光的设置没有一个固定的原则，这也是灯光布置难于掌握的原因之一。但凡事都是有规律可循的，根据光线传播的规律，在灯光的设置中应该注意以下几点。

(1) 灯光设置之前明确光线的类型，是自然光、人工光，还是漫反射光。

(2) 明确光线的方向、阴影的方向。

(3) 明确光线的明暗透视关系。不要将灯光设置太多、太亮，使整个场景没有一点层次和变化，使其显得更加“生硬”，谨慎地使用黑色，可以产生微妙的光影变化。

(4) 灯光的设置不要有随意性，随意摆放灯光，至使成功率非常低。明确每一盏灯的控制对象是灯光布置中的首要因素。使每盏灯尽量负担少的光照任务。

(5) 在布光时，不要滥用排除、衰减，这会加大对灯光控制的难度。

3．室内灯光设置技巧

对室内空间而言，由于需要照亮的是组成空间的各个面，以及空间内的构件，因此室内空间的照明相对要复杂一些，这在制作室内效果图的时候体现得更充分，但室内灯光的设置也要遵循先主光源后辅助光的顺序，由于室内空间没有背景，也就不存在背景光。

(1) 主光源的设置

室内主光源有多种形式，可以是自然光，也有灯具发出的光线。

模拟主光源时，可以使用光度学灯光，也可以使用标准灯光。使用光度学灯光需要注意空间的尺寸，根据空间的大小来确定灯光的大小；使用标准灯光时则需要注意衰减的使用，主光源类型如图9.24所示。

图9.24　主光源类型

(2) 辅助光源的设置

在室内照明中，辅助光源包括两种光线。一种是有实际发光灯具的光线，另一种是没有实际发光灯具的漫反射光。

有实际发光灯具的光线主要是指一些装饰性灯具发出的光线，如筒灯、台灯等，如图9.25所示。

图9.25　辅助光的设置

这一类的辅助光在设置的时候，可以使用光度学灯光的光域网，在墙壁上投射出不同颜色的光斑，它通常不会影响较大的空间亮度。

漫反射光是非发光物体对照射在其表面上光线的反射，由于反射物体的多样性、反射物体表面的不平整性，漫反射光没有固定的方向，在渲染时如果使用了能够计算全局光的渲染器，系统会自动计算这类光线。但是使用的渲染器不能计算全局光，如默认的扫描线渲染器，这类光线需要手动模拟。由于漫反射光线的特点，在室内空间设置灯光模拟漫反射光线的时候，一般使用灯光阵列。

9.2 课堂实例1：静物的照明

一个完整的场景中，灯光的设置是最重要的一部分，标准灯光只会计算直射光，不能计算出其他对象的反射光源，因而产生的效果生硬、明暗的反差过强，这些都是3ds Max在模拟现实灯光方面的不足之处，也正是我们要用补光技术、技巧来弥补的地方。

本例通过表现昏暗灯光下的静物效果，学习灯光的设置、“目标聚光灯”和“泛光灯”的创建，以及参数的设置。桌面静物效果，如图9.26所示。

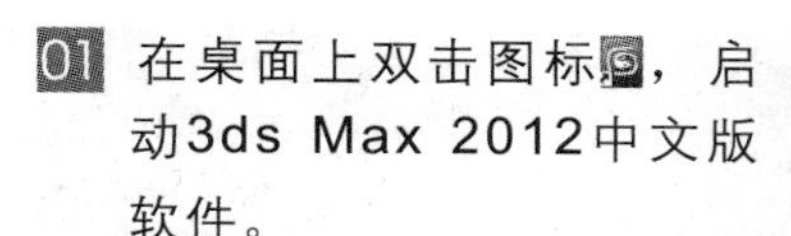

01 在桌面上双击图标，启动3ds Max 2012中文版软件。

图9.26 桌面静物

02 打开随书光盘中的“模型”/“第9课”/“桌面静物.max”文件，如图9.27所示。

03 在这一场景中材质和相机已经设置好了，下面就需要为场景设置灯光，从而表现静物效果。

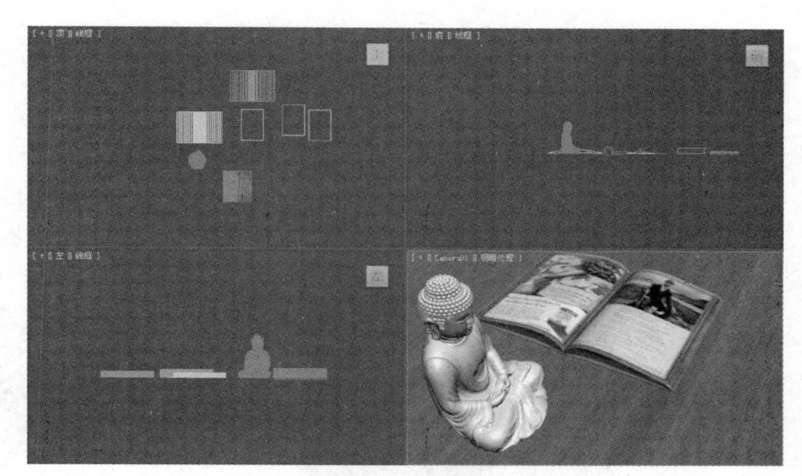

图9.27 场景文件

04 单击（创建）→（灯光）→ 标准 → 目标聚光灯 按钮，在顶视图中创建一盏目标聚光灯，如图9.28所示。

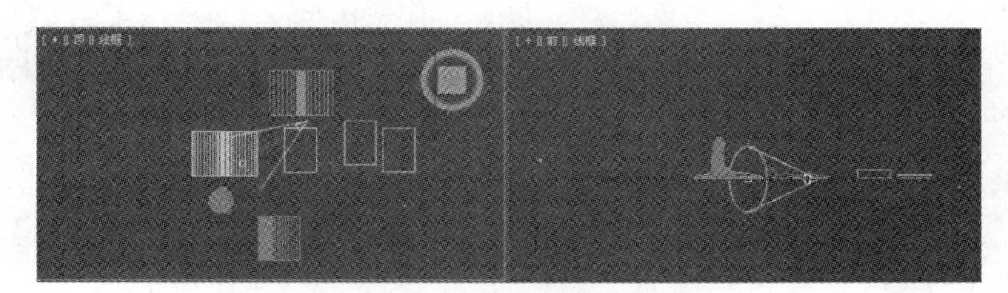

图9.28 创建目标聚光灯

05 在视图中调整灯光和目标点的位置，使光线自上而下投射，此灯光作为主光源，确定光线的方向及阴影等，如图9.29所示。

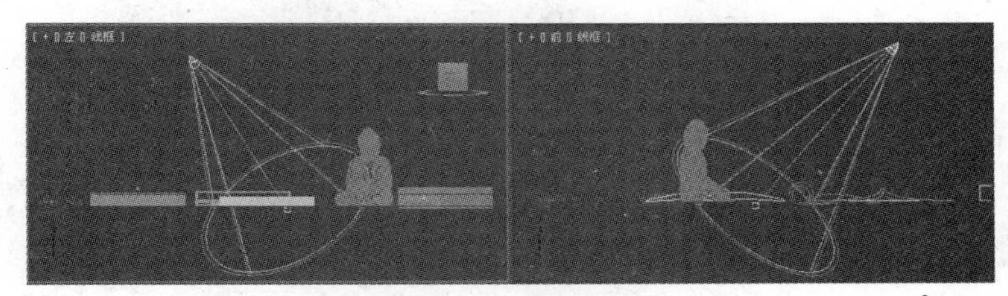

图9.29 灯光的位置

06 选中创建的目标聚光灯，打开修改命令面板，在“常规参数”、“强度/颜色/衰减”和“聚光灯参数”卷展栏下设置各项参数，如图9.30所示。

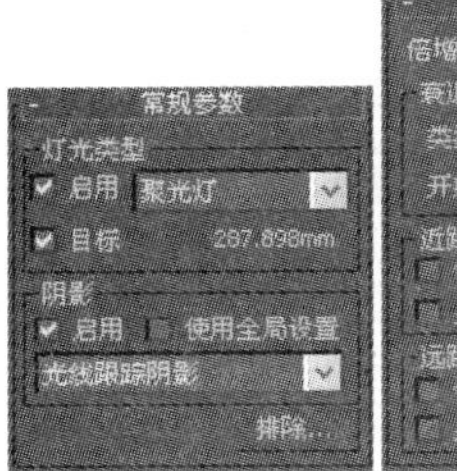

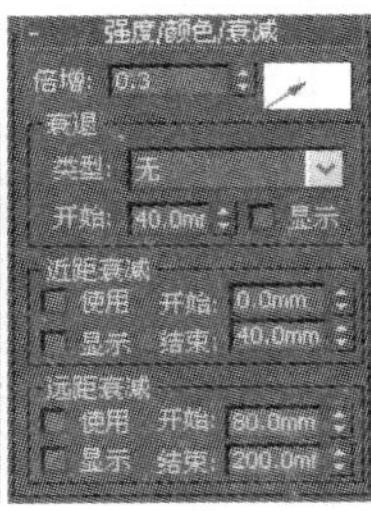

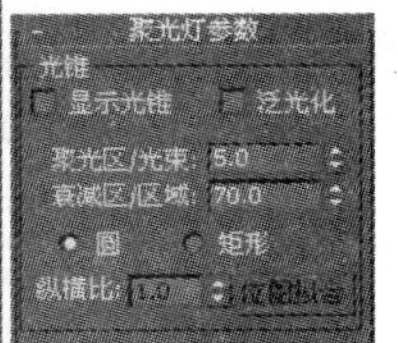

图9.30 设置参数

07 激活相机视图，单击工具栏中(渲染)按钮，渲染场景，如图9.31所示。

图9.31 渲染效果

08 单击 泛光灯 按钮，在顶视图中创建一盏泛光灯，并调整泛光灯的位置，如图9.32所示，此灯光作为辅助光源提高整体的亮度。

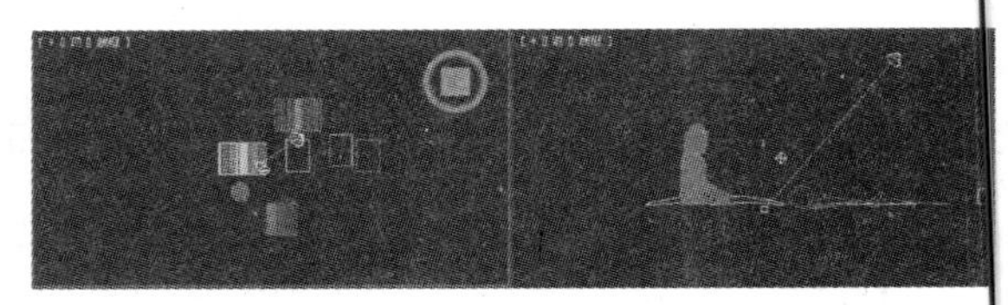

图9.32 创建泛光灯

09 在修改面板中，设置泛光灯的各项参数，如图9.33所示。

图9.33 设置参数

10 至此，整个场景的灯光全部设置完成，最终桌面静物渲染效果，如图9.34所示。单击工作界面左上角的按钮，执行“保存”命令，保存文件。

图9.34 渲染效果

9.3 课堂实例2：室内一角的照明

本例通过渲染书房场景，学习目标聚光灯和泛光灯的使用，效果如图9.35所示。

图9.35 室内一角

01 在桌面上双击图标，启动3ds Max 2012中文版软件。打开随书光盘中的“模型”/“第9课”/“室内的一角.max”文件，如图9.36所示。

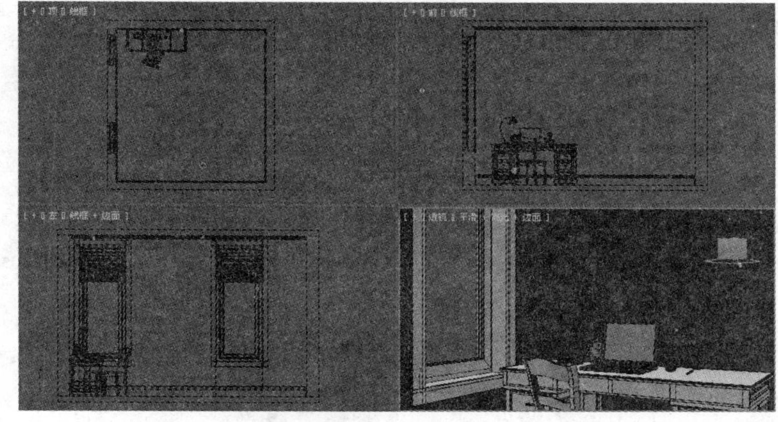

图9.36 场景文件

02 单击(创建)→(摄影机)→ 标准 → 目标 按钮，在顶视图中创建一架摄影机，并调整其位置，如图9.37所示。

图9.37 创建相机

03 激活透视视图，按C键，将其转换为相机视图，如图9.38所示。

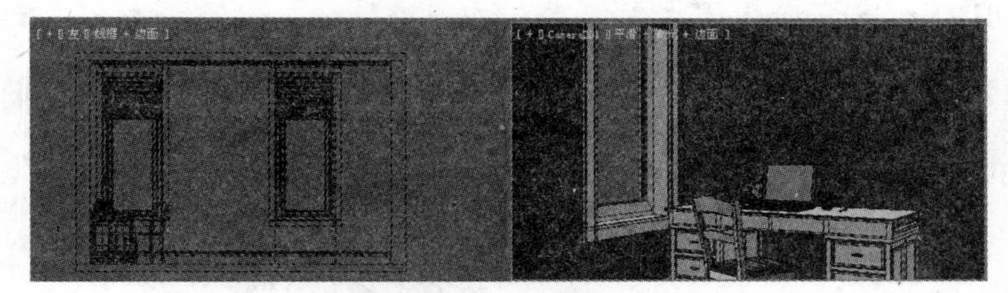

图9.38 相机视图

04 单击(显示)进入显示面板，在“按类别隐藏”卷展栏下勾选“摄影机”选项，如图9.39所示。

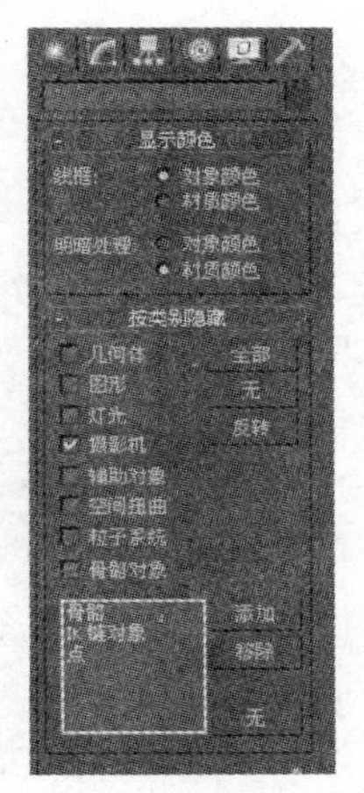

图9.39 隐藏摄像机

提示

将相机设置完成后，进行隐藏，可避免在视图工作时误操作了相机的位置，也可使视图表现得更清晰。

05 在工具栏中激活按钮，打开“渲染设置”对话框，展开“指定渲染器”卷展栏，在“选择渲染器”对话框中设置渲染器类型为“默认扫描线渲染器”，如图9.40所示。

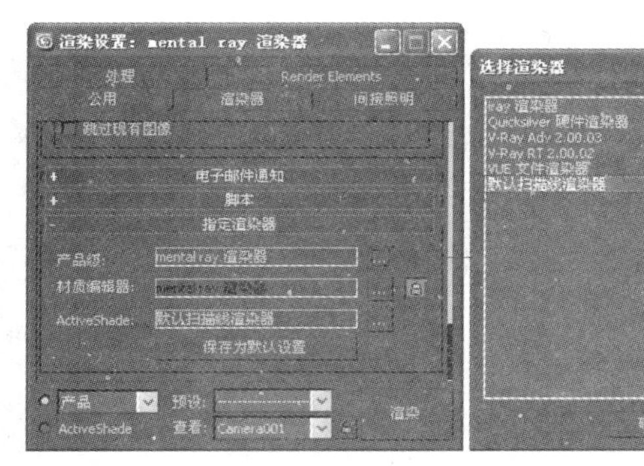

图9.40 设置渲染器

06 单击目标聚光灯按钮，在顶视图中创建一盏目标聚光灯，并将其命名为“主光源”，如图9.41所示。

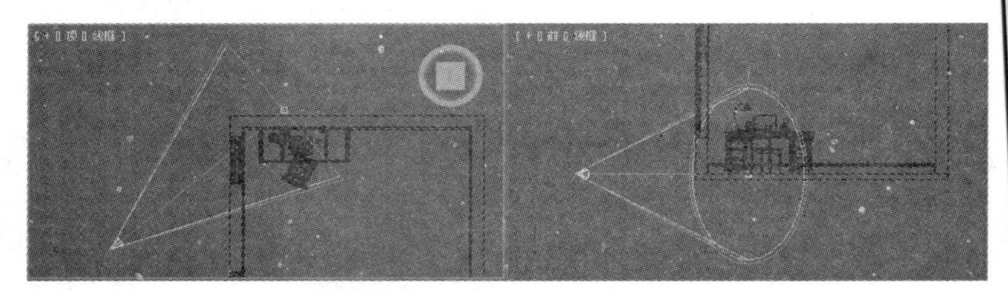

图9.41 创建目标聚光灯

07 在视图中调整灯光的位置，使光线从窗口投射到室内，如图9.42所示。

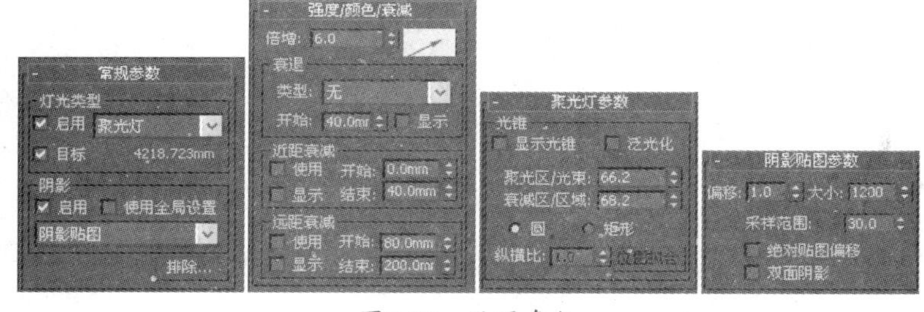

图9.42 灯光的位置

08 在修改面板中设置其参数，改变灯光的亮度、颜色及照射范围，如图9.43所示。

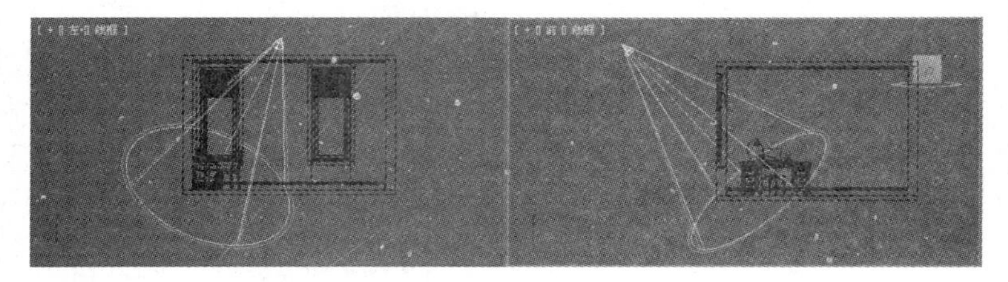

图9.43 设置参数

09 激活相机视图，单击工具栏中(渲染)按钮，渲染场景，如图9.44所示。

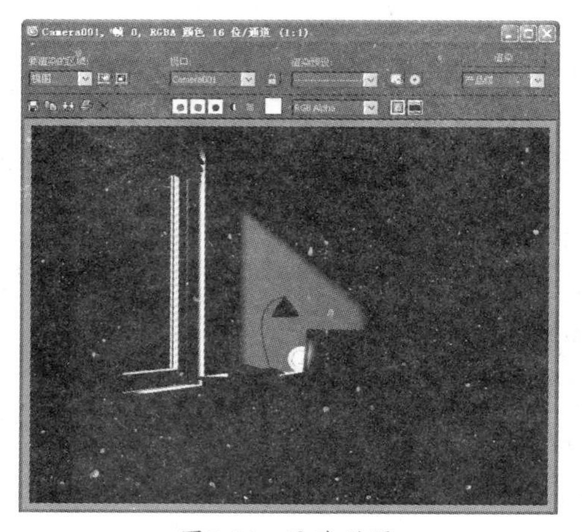

图9.44 渲染效果

10 在标准灯光创建面板中单击 泛光灯 按钮，在顶视图中创建一盏泛光灯，并将其命名为“天光”，如图9.45所示。

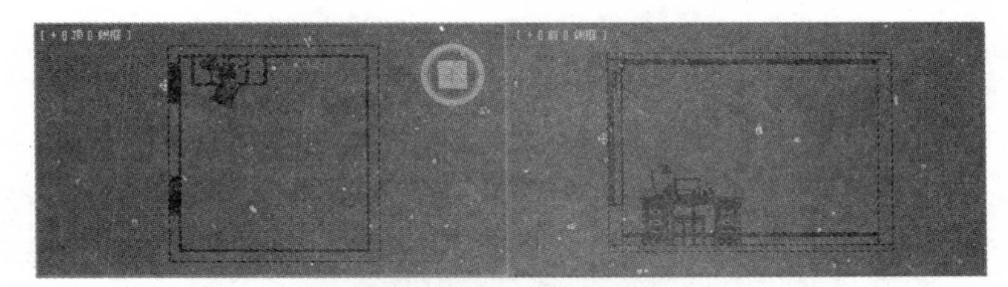

图9.45 创建泛光灯

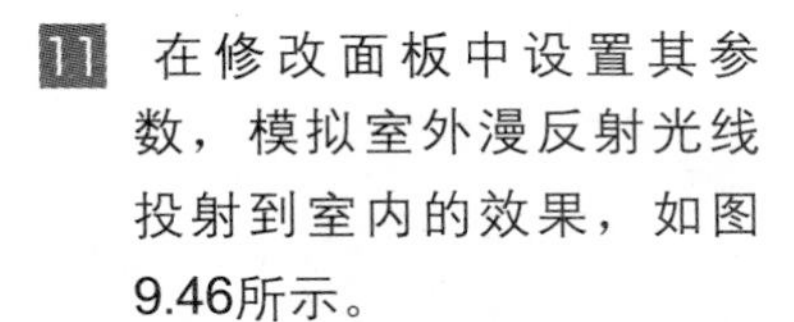

11 在修改面板中设置其参数，模拟室外漫反射光线投射到室内的效果，如图9.46所示。

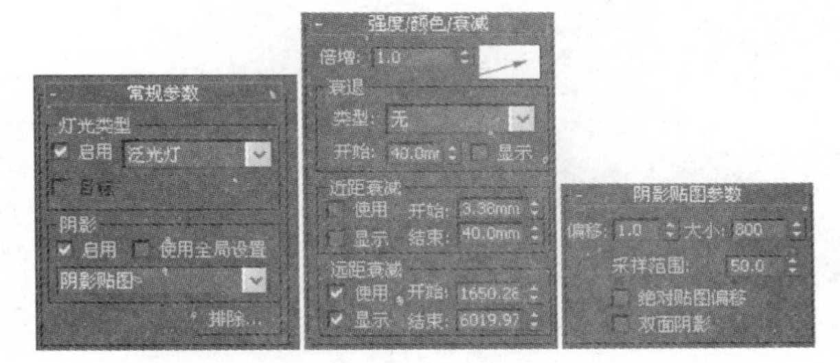

图9.46 设置参数

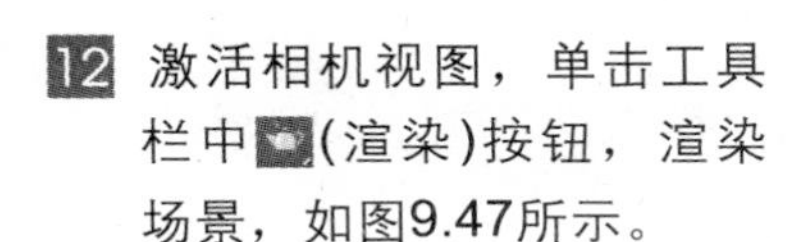

12 激活相机视图，单击工具栏中 (渲染)按钮，渲染场景，如图9.47所示。

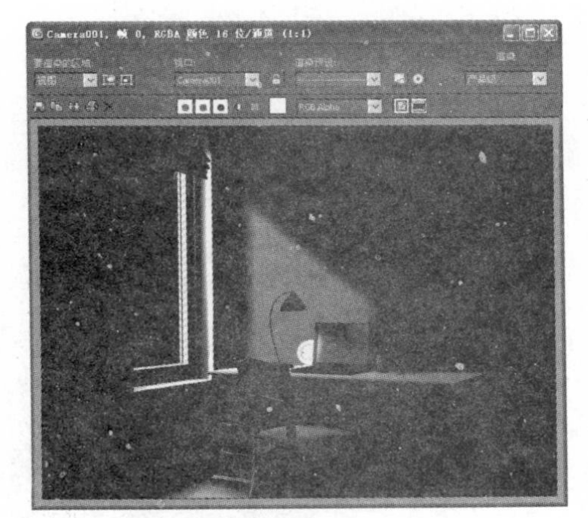

图9.47 渲染效果

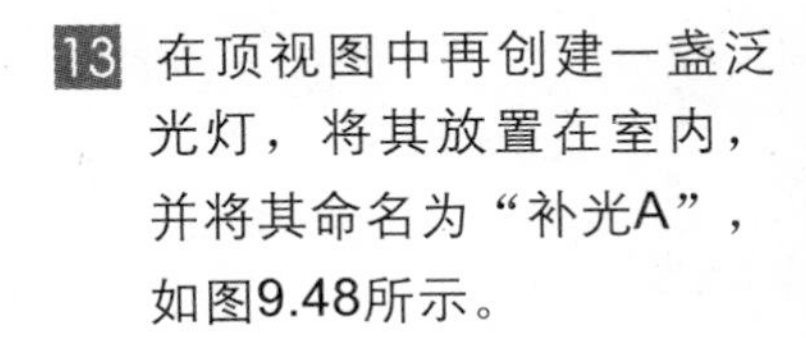

13 在顶视图中再创建一盏泛光灯，将其放置在室内，并将其命名为“补光A”，如图9.48所示。

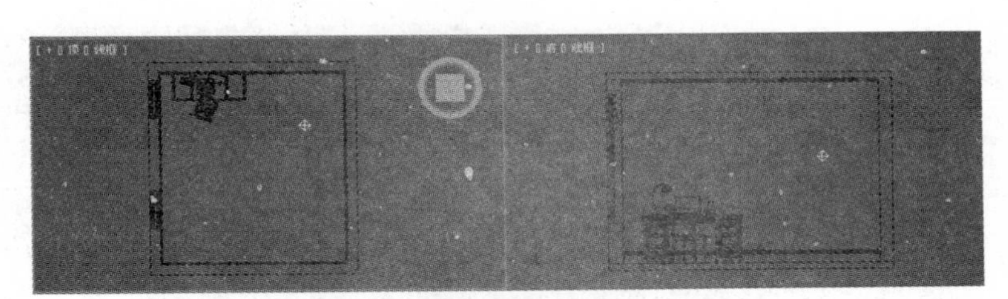

图9.48 创建泛光灯

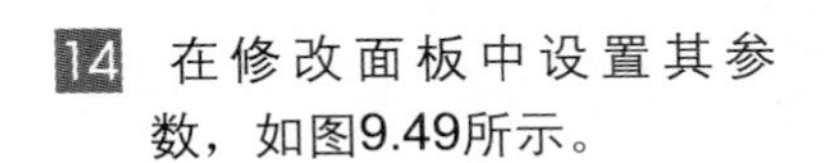

14 在修改面板中设置其参数，如图9.49所示。

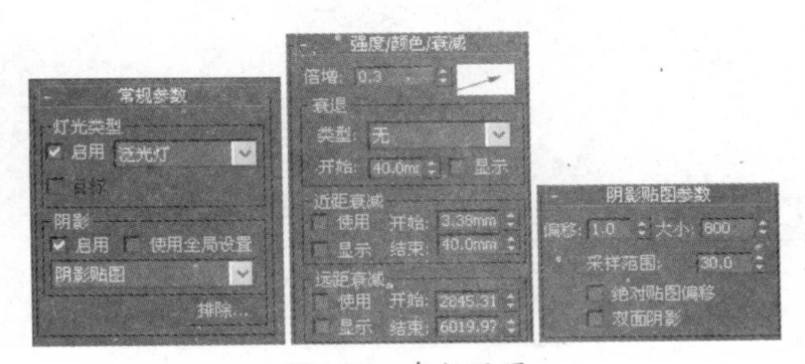

图9.49 参数设置

15 激活相机视图，单击工具栏中的 (渲染)按钮，渲染场景，如图9.50所示。

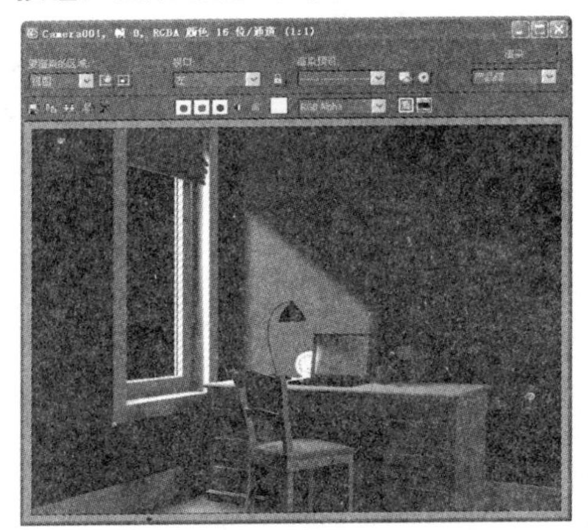

图9.50 渲染效果

16 使用移动复制的方法，复制一个泛光灯，使补光更加柔和，在视图中调整位置如图9.51所示。

17 激活相机视图，单击工具栏中的 (渲染)按钮，渲染场景，如图9.52所示。

18 至此，室内一角的照明已经制作完成，单击工作界面左上角的 按钮，执行“保存”命令，保存文件。

图9.51 复制泛光灯

图9.52 渲染效果

9.4 课后练习

1. 熟练使用目标聚光灯和泛光灯，练习室内灯光的照明，如图9.53所示。
2. 使用目标聚光灯和泛光灯，模拟室内照明效果，如图9.54所示。

图9.53 室外照明

图9.54 室内照明

第10课 摄影机的应用

在3ds Max中，摄影机为用户提供了特殊的观察角度，还可以通过设置摄影机的运动制作浏览动画。3ds Max系统中的摄影机与实际生活中的照相机一样，也有镜头长短、视角大小的变化。不光如此。用户还可以为摄影机施加特效，创建多架摄影机可以在一个场景中得到多个不同的视图。

本课内容：

◎ 摄影机类型
◎ 摄影机的参数
◎ 摄影机取景分析
◎ 摄影机与特效
◎ 室外效果图的视角设置
◎ 室内效果图的视角设置

10.1 摄影机基础

在这一课中，首先介绍了3ds Max中摄影机的类型，以及摄影机的使用，从中可以看出摄影机可以提供专门的摄影机视图，好的摄影机视图可以增强效果图的表现力。对于室内空间来说，摄影机设置除了要有一个好的视角以外，还应该符合日常的观察习惯。

另外，如果场景已经包含有一个摄影机并且该摄影机也已选定，则“从视图创建摄影机”不会从该视图创建新摄影机。取而代之的是，它只是将选定的摄影机与活动的透视视口相匹配。该功能源自“匹配摄影机到视图”命令，它现在仅可作为可指定的主用户界面快捷键使用。

10.1.1 摄影机类型

3ds Max 2012为用户提供了两种摄影机，分别是目标摄影机和自由摄影机。其中目标摄影机包含两个部分，即摄影机和摄影机目标点。一般把摄影机所处的位置称为“观察点”，将目标称为“视点”。可以独立调整摄影机和其目标点，而自由摄影机因为没有目标点，所以只能依靠“旋转”工具对齐目标对象，在操作上复杂一些。

要创建摄影机对象，单击按钮，在创建命令面板中单击按钮进入面板内，从中选择所需的摄影机即可，如图10.1所示。

图10.1 摄影机的种类

1．目标摄影机

当创建目标摄影机时，目标摄影机沿着放置的目标图标查看区域。用户只须将目标对象定位在所需位置的中心即可。可以设置目标摄影机及其目标的动画来创建有趣的效果。要沿着路径设置目标和摄影机的动画，最好将它们链接到虚拟对象上，然后设置虚拟对象的动画。在顶视图中创建一架目标点摄影机，如图10.2所示。

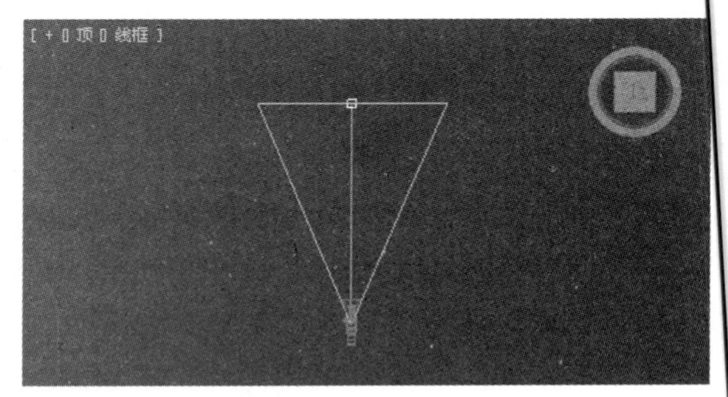

图10.2 目标摄影机

> **提示**
> 当添加目标摄影机时，3ds Max将自动为该摄影机指定注视控制器，摄影机目标对象指定为“注视”目标。用户可以单击按钮，在运动面板上的控制器设置将场景中的任何其他对象指定为“注视”目标。

2．自由摄影机

自由摄影机在摄影机指向的方向查看区域。与目标摄影机不同，它有两个用于目标和摄影机的独立图标，自由摄影机由单个图标表示，为的是更轻松地设置动画。当摄影机位置沿着轨迹设置动画时可以使用自由摄影机，与穿行建筑物或将摄影机连接到行驶中的汽车上是一样。当自由摄影机沿着路径移动时，可以将其倾斜。如果将摄影机直接置于场景顶部，则使用自由摄影机可以避免旋转，如图10.3所示。

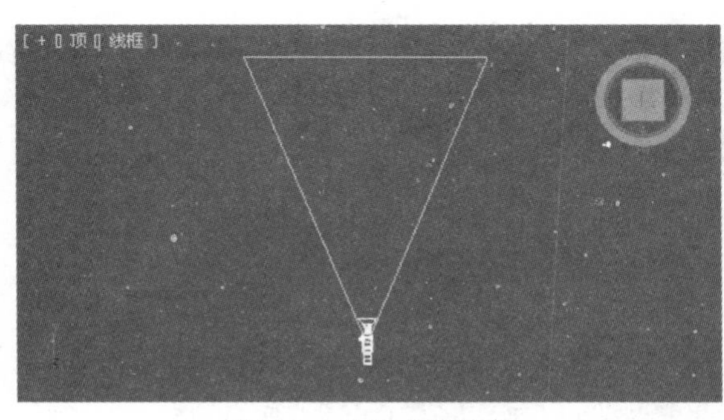

图10.3　目标点摄影机

自由摄影机的初始方向是沿着单击视口的活动构造网格的负Z轴方向的。换句话说，如果在正交视口中单击，则摄影机的初始方向是直接背离用户。单击顶视口将使摄影机指向下方，单击前视口将使摄影机从前方指向场景。在透视、用户、灯光或Camera(摄影机)视口中单击将使自由摄影机沿着“世界坐标系”的负Z轴方向指向下方。由于摄影机在活动的构造平面上创建，在此平面上也可以创建几何体，所以在Camera(摄影机)视口中查看对象之前必须移动摄影机。从若干视口中检查摄影机的位置以将其校正。

10.1.2 摄影机的参数

在创建命令面板中单击激活 目标 按钮，在视图中拖曳鼠标可以创建目标摄影机。目标摄影机的参数面板，如图10.4所示。

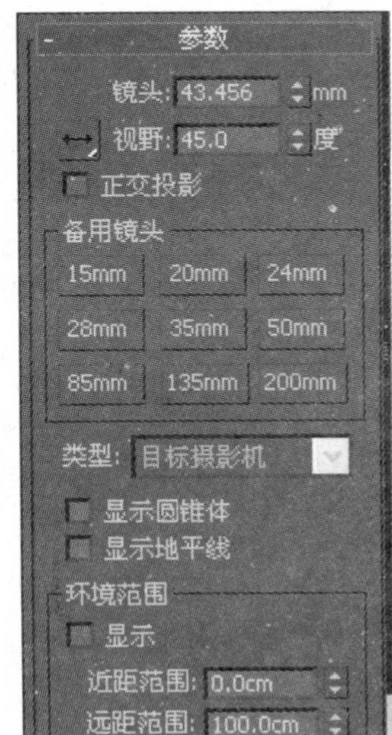

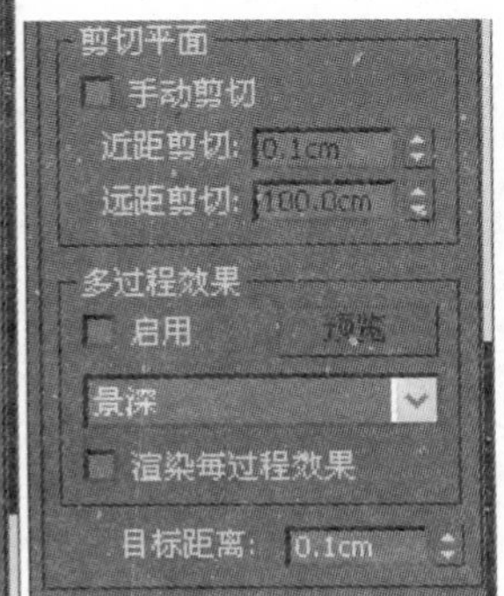

图10.4　摄影机“参数”卷展栏

- 镜头：以“毫米”为单位设置摄影机的焦距。
- 水平：该按钮用于选择怎样应用视野(视野)值。水平应用视野，这是设置和测量视野的标准方法。
- 垂直：垂直应用视野。
- 对角线：在对角线上应用视野，从视口的一角到另一角。
- 视野：决定摄影机查看区域的宽度即视野。当“视野方向”为水平(默认设置)时，视野参数直接设置摄影机的地平线弧形，以“度”为单位进行测量。也可以设置“视野方向”来垂直或沿对角线测量视野。
- 正交投影：启用此选项后，摄影机视图看起来就像“用户”视图；禁用此选项后，摄影机视图好像标准的“透视”视图。当“正交投影”有效时，视口导航按钮的行为如同平常操作一样，“透视”除外。“透视”功能仍然移动摄影机并且更改“视野”，但“正交投影”取消执行这两个操作，以便禁用“正交投影”后可以看到所做的更改。
- 备用镜头：这些预设值设置摄影机的焦距(以“毫米”为单位)。
- 类型：将摄影机类型从目标摄影机更改为自由摄影机，反之亦然。
- 显示圆锥体：显示摄影机视野定义的锥形光线(实际上是一个四棱锥)。锥形光线出现在其他视口但是不出现在摄影机视口中。
- 显示地平线：显示地平线。在摄影机视口中的地平线层级显示一条深灰色的线条。
- 近距范围和远距范围：确定在“环境”面板上设置大气效果的近距范围和远距范围限制。在两个限制之间的对象消失在远端百分比数值和近端百分比数值之间。
- 显示：显示在摄影机锥形光线内的矩形，以显示“近”距范围和“远”距范围的设置。
- 剪切平面：设置选项来定义剪切平面。在视口中，剪切平面在摄影机锥形光线内显示为红色的矩形，如图10.5所示。

- 手动剪切：启用该选项可自定义剪切平面，在制作室内效果图时经常使用该选项来避免墙体对视线的阻挡，如图10.6所示。

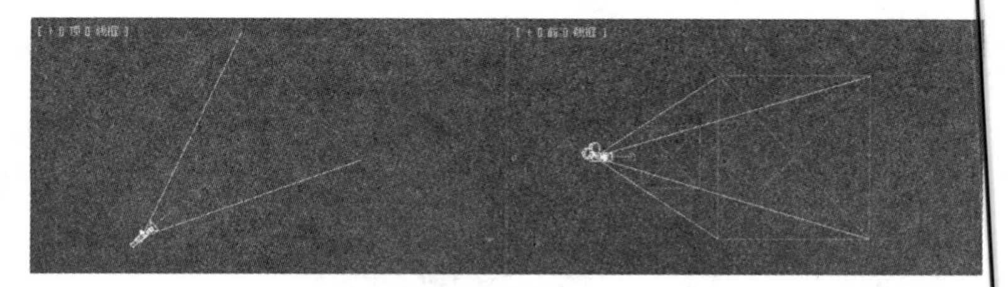

图10.5 剪切平面

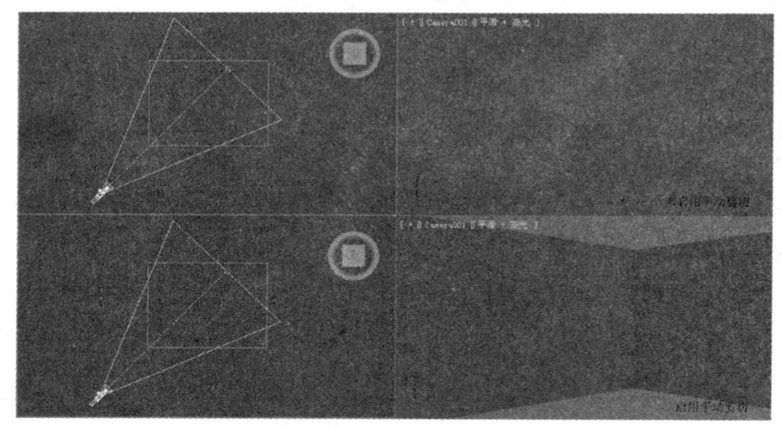

图10.6 手动剪切的作用

- 近距剪切和远距剪切：设置近距和远距平面。需要注意的是，极大的“远距剪切”值可以产生浮点错误，该错误可能引起视口中的Z缓冲区问题，如对象显示在其他对象的前面，而这是不应该出现的。
- 多过程效果：使用这些参数可以指定摄影机的景深或运动模糊效果。启用多过程效果会大大增加渲染时间。

提示

景深和运动模糊效果相互排斥。由于它们基于多个渲染通道，将它们同时应用于同一个摄影机会使速度慢得惊人。如果想在同一个场景中同时应用景深和运动模糊，则使用多通道景深(使用这些摄影机参数)并将其与对象运动模糊组合使用。

- 启用：启用该选项后，使用效果预览或渲染；禁用该选项后，不渲染该效果。
- 预览：单击该选项可在活动摄影机视口中预览效果。如果活动视口不是摄影机视图，则该按钮无效。
- 效果下拉列表：使用该选项可以选择生成哪种多过程效果，这些效果相互排斥。默认设置为景深。
- 渲染每过程效果：启用此选项后，如果指定任何一个，则将渲染效果应用于多过程效果的每个过程(景深或运动模糊)；禁用此选项后，将在生成多过程效果的通道之后只应用渲染效果。默认设置为禁用状态。
- 目标距离：使用自由摄影机，将点设置为用做不可见的目标，以便可以围绕该点旋转摄影机。使用目标摄影机，表示摄影机和其目标之间的距离。
- 开始：控制灯光最强的区域距离。
- 结束：控制灯光不可见的区域距离。
- 使用：使远衰减起作用。
- 显示：控制灯光强度最大时的距离。

10.1.3 摄影机取景分析

摄影机在使用过程中需要确定视高、视野和视点等各方面的元素，这些元素决定着摄影机视图中呈现出来的画面是怎样的。

1．视高的选择

摄影机与视高即视线的高度，也就是人眼的高度。人的高度千差万别，视高当然也就各不相同。对于摄影机来说，视高则是指摄影机距离地平面的高度。根据我国人均高度的实际情况，一般可以将视高定位在1700mm左右。不同的视高可以实现不同的视觉感受，这一点在室内空间设计中体现得特别明显，因此设计者也可以根据客户的实际情况设置不同的视高。

(1) 室内视高的选择

室内空间是一种有边际的空间，封闭的墙体阻挡了观察者的视线，也限制了观察的角度，在居室等小空间中摄影机视高一般要低于人的标准视高，可以定位在1200~1500mm之间，如图10.7所示。这样的视高较好地分配了视野中的空间顶部与底部，既全面而又不失真实。

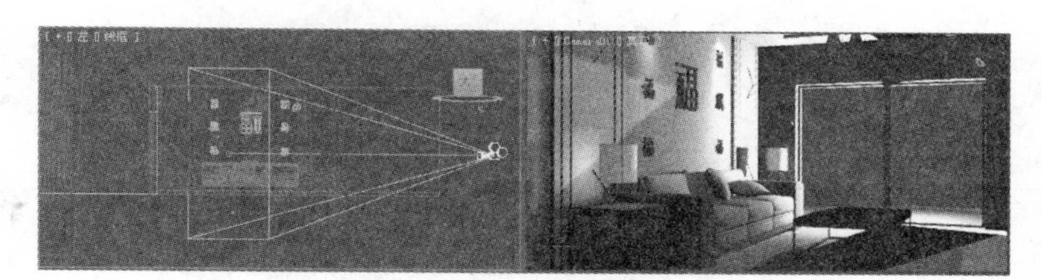

图10.7　室内摄影机视高

在一些大厅等室内大空间中，视高则要相应地提高一些，一般和人的标准视高相近，即1700mm左右，如图10.8所示。

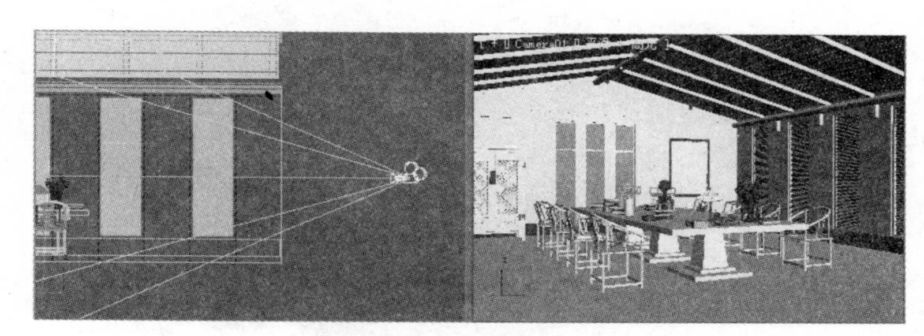

图10.8　会议室视高

当然，视高的选择不是固定的，不同的视高能够实现不同的视觉感受，例如，在同样一个空间中，标准视高增强空间的真实感，而较低的视高能够增加空间的高度感，如图10.9所示。

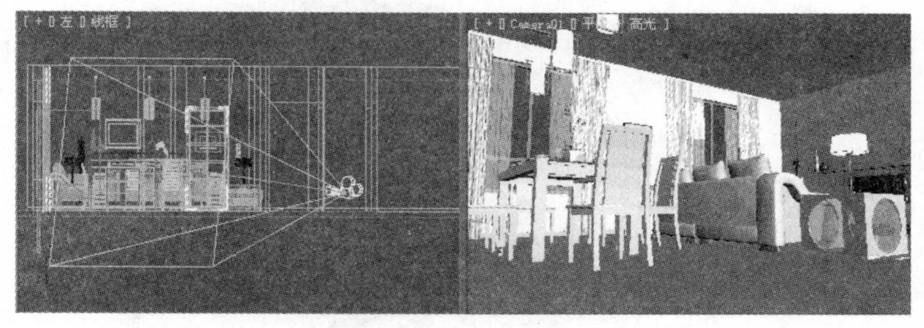

图10.9　较低的视高

(2) 室外视高的选择

室外效果图的制作中，最常用的视角有3种：平视、俯视和仰视。与此相对应，室外视高也有3种选择。

平视是一种最为常见的视角，这种视角真实、直观，因此在室内外效果图的制作中被广泛应用。由于室外空间是一种没有边际的空间，从整体看是非常广阔的，因此平视视角所采用的视高也要比标准视高稍高，但是一般不能高于第一层建筑的2/3，如图10.10所示。

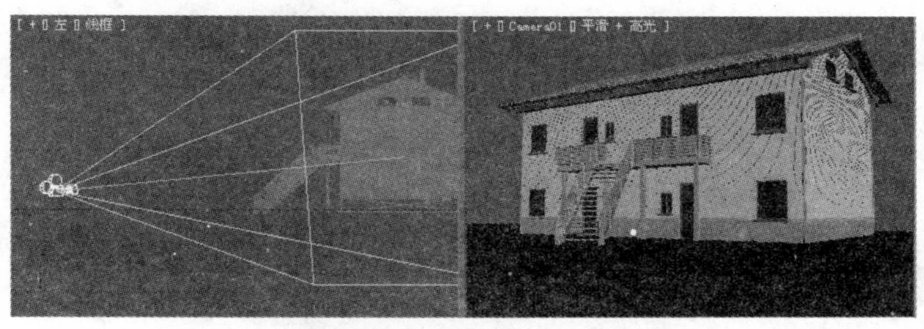

图10.10　室外平视视高

俯视是室外表现的另外一种视角，模拟的是从高处往低处看的效果。俯视视角常用于表现大场景，采用俯视视角的摄影机则需要悬在空中，因此视高较高，如图10.11所示。

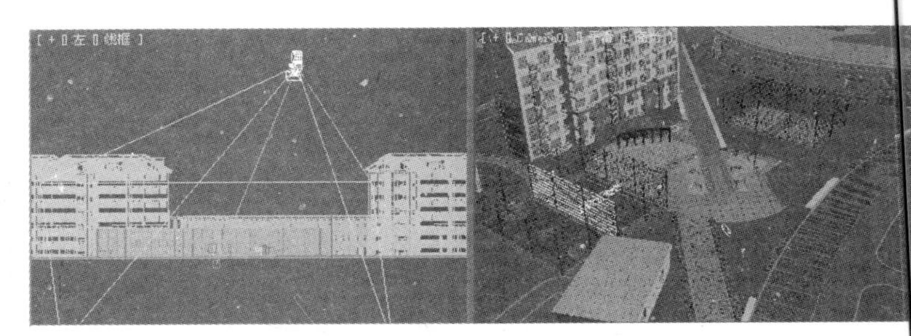

图10.11 俯视视高

仰视视角主要用于表现建筑的雄伟、高大，仰视摄影机的视高较为灵活，主要以表现内容为标准，如图10.12所示。

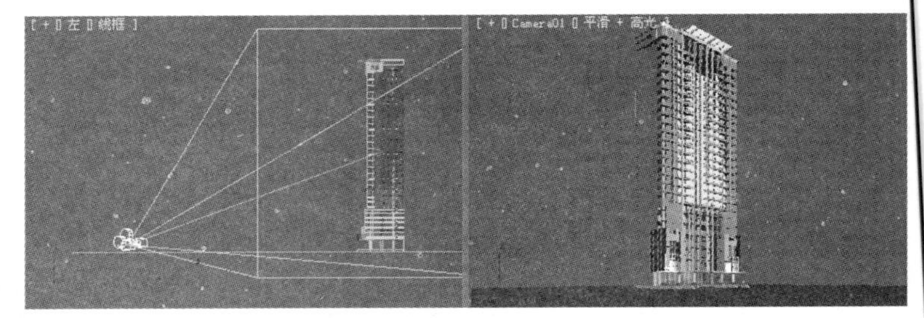

图10.12 仰视视高

2．视野的选择

视野决定着摄影机视角表现的内容量，大的视角能够表现较多的内容，但是大视角的透视感较为强烈；小的视野只能表现较少的内容，但其透视感较弱。因此采用哪种视野要以具体的场景为标准。

在3ds Max中，标准视野为45°，这种视野符合人的生理特征，因此给人一种舒适、真实的视觉感受，但是这种视野包含的信息量较少，如图10.13所示。

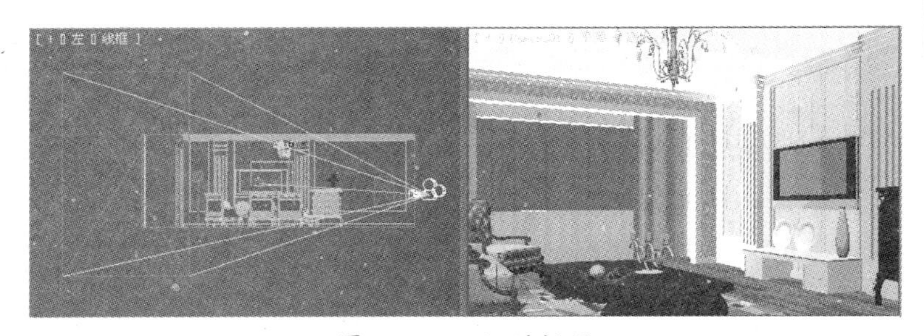

图10.13 45°的视野

在室内外设计中，效果图需要表现更多的信息量，因此45°的视野往往不能满足设计的需求。一般情况下，60°左右的视野足以能够表现场景的大部分空间，因此被大多数效果图设计师采用，如图10.14所示。

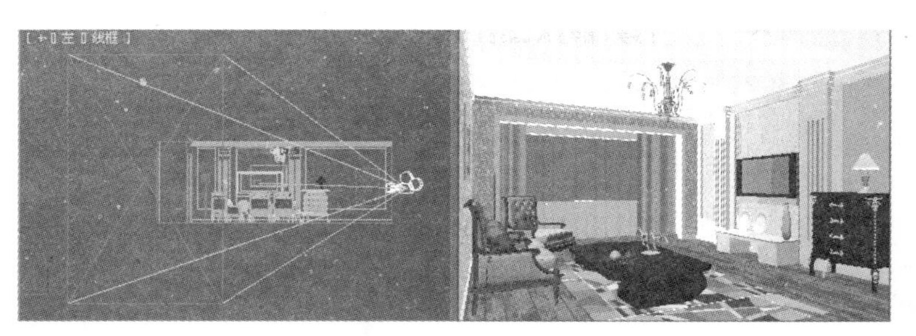

图10.14 60°的视野

3．视点的选择

视点是指视野的中心，对于摄影机来讲，视点则是其目标点。视点是画面中心，决定着画面的内容，因此视点的选择非常重要。

视点的选择需要考虑视高。对于摄影机来讲，目标点与视高的不同关系决定着视角的不同形式，例如目标点的高度与视高相同，摄影机的视角为平视；目标点的高度低于视高，摄影机的视角为俯视；目标点的高度高于视高，摄影机的视角为仰视，如图10.15所示。

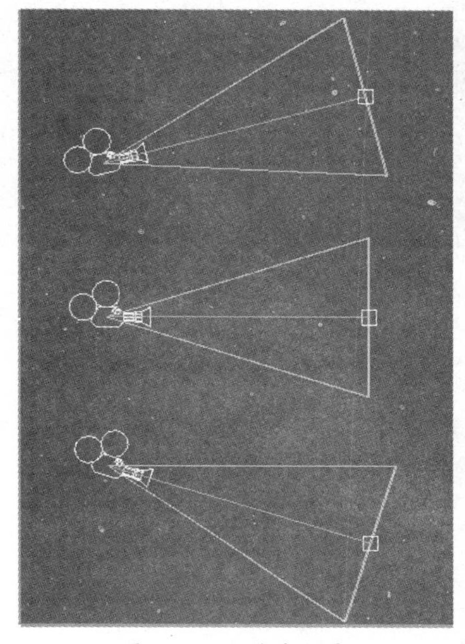

图10.15　视点与视高

需要注意的是，视点并不等同于画面的兴趣中心。画面的兴趣中心是指画面主体，也就是画面所要展示的内容，这个主体可能在画面的正中心，也可能在其他位置。视点则是画面的物理中心，因此视点有时是和画面的兴趣中心分离的。

10.1.4　摄影机与特效

摄影机可以生成景深效果，景深是多重过滤效果。可以在“参数”卷展栏中将其启用。通过模糊到摄影机焦点(也就是说，其目标或目标距离)某种距离处的帧的区域，景深模拟摄影机的景深。摄影机景深特效表现在Multi-Pass Effect (多过程效果组)中，如图10.16所示。

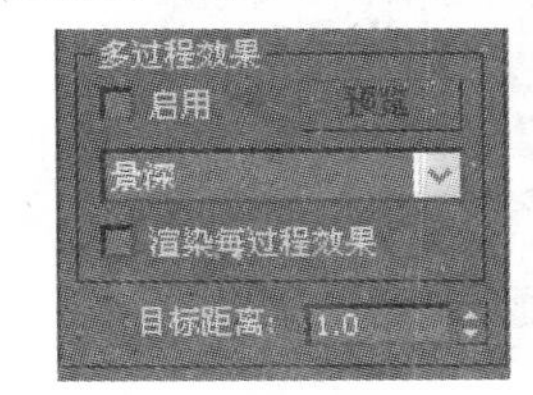

图10.16 “多过程效果”组

通过景深设置可以得到效果图的近实远虚的特殊效果，在相机的参数面板的“景深参数”卷展栏中调整景深参数，如图10.17所示。

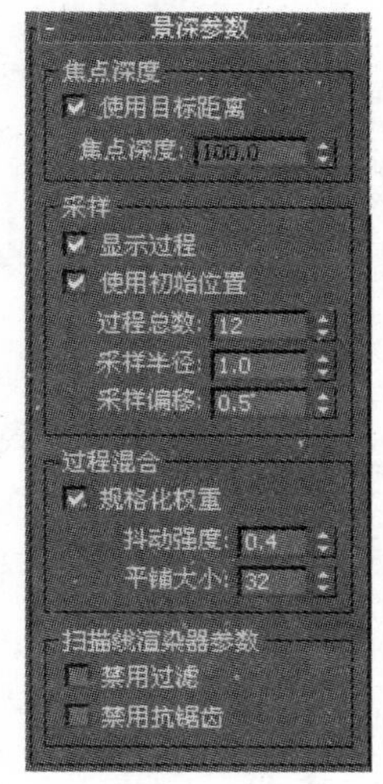

图10.17　“景深参数”卷展栏

- 使用目标距离：启用该选项后，将摄影机的目标距离作为偏移摄影机的点；禁用该选项后，使用“焦点深度”值偏移摄影机。默认设置为启用。
- 焦点深度：当“使用目标距离”处于禁用状态时，设置距离偏移摄影机的深度。范围为0.0~100.0，其中0.0为摄影机的位置，并且100.0是极限距离。默认设置为100.0。
- 显示过程：启用此选项后，渲染帧窗口显示多个渲染通道；禁用此选项后，该帧窗口只显示最终结果。此控件对于在摄影机视口中预览景深无效。默认设置为启用。
- 使用初始位置：启用此选项后，第一个渲染过程位于摄影机的初始位置。禁用此选项后，与所有随后的过程一样偏移第一个渲染过程。默认设置为启用。
- 过程总数：用于生成效果的过程数。增加此值可以增加效果的精确性，但却以渲染时间为代价。默认设置为12。
- 采样半径：通过移动场景生成模糊的半径。增加该值将增加整体模糊效果；减小该值将减少模糊。默认设置为1.0。
- 采样偏移：模糊靠近或远离“采样半径”的权重。增加该值将增加景深模糊的数量级，提供更均匀的效果。减小该值将减小数量级，提供更随机的效果。范围为0.0～1.0，默认值为0.5。

- 规格化权重：使用随机权重混合的过程可以避免出现诸如条纹等人工效果。当启用“规格化权重”后，将权重规格化，会获得较平滑的结果；当禁用此选项后，效果会变得清晰一些，但通常颗粒状效果更明显。默认设置为启用。
- 抖动强度：控制应用于渲染通道的抖动程度。增加此值会增加抖动量，并且生成颗粒状效果，尤其在对象的边缘上。默认值为0.4。
- 平铺大小：设置抖动时图案的大小。此值是一个百分值，0是最小的平铺；100是最大的平铺。默认设置为32。
- 禁用过滤：启用此选项后，禁用过滤过程。默认设置为禁用状态。
- 禁用抗锯齿：启用此选项后，禁用抗锯齿。默认设置为禁用状态。

使用景深的图像效果，如图10.18所示。

图10.18　使用景深的前后效果

10.2 课堂实例1：室外效果图的摄影

摄影机在效果图制作过程中，有统筹全局的作用，它会影响场景的构建和调整，我们可以用摄影机来确定画面构图，同时摄影机的设置会影响场景建模，它还会影响灯光的设置。具体说，在室外效果图中，摄影机的位置将决定建筑在画面中的位置。本例介绍室外效果图制作中的摄影机设置技巧，最终效果如图10.19所示。

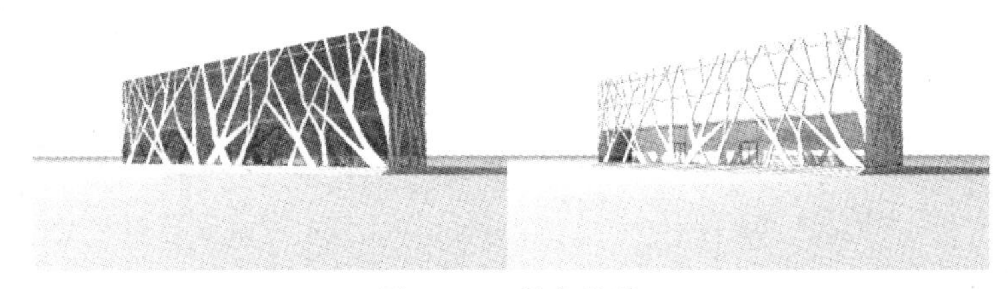

图10.19　视角效果

01 在桌面上双击图标，启动3ds Max 2012中文版软件。

02 打开随书光盘中的“模型”/“第10课”/“室外效果图的视角设置.max”文件，如图10.20所示。

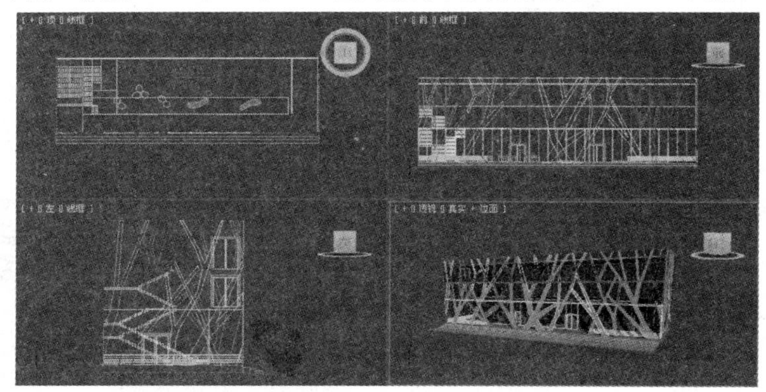

图10.20　场景文件

03 在创建命令面板中单击按钮。单击 目标 按钮，在顶视图中创建一架摄影机，如图10.21所示。

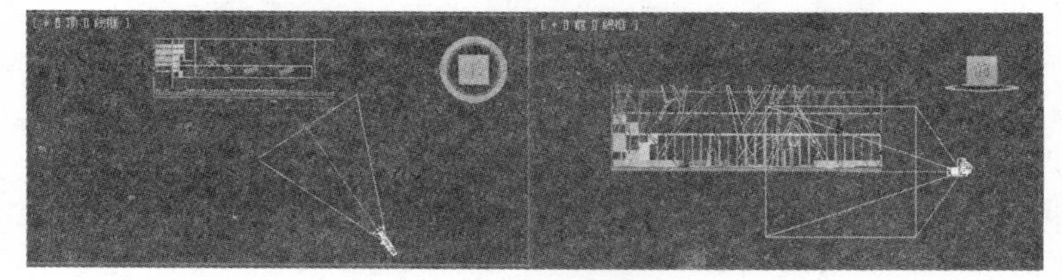

图10.21 创建相机

04 激活透视视图。按C键，将视图转换为相机视图，以便于随时观察调整效果，如图10.22所示。

图10.22 转换相机视图

提示

首先转换摄影机视图，方便更好地调整相机位置，从相机视口中观察相机角度效果。

05 打开修改命令面板，在"参数"卷展栏设置摄影机的具体参数，如图10.23所示。

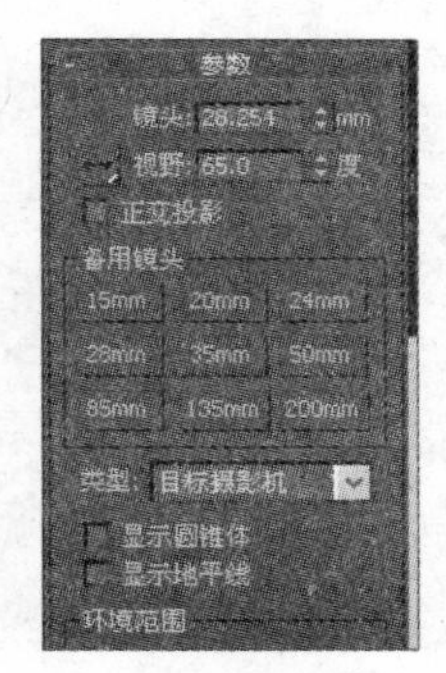

图10.23 设置参数

提示

在调整摄影机参数时需要首先选择摄影机，如果选择摄影机的目标点或同时选中摄影机和目标点则不能显示这些参数。

06 使用"移动"工具在各视图中调整摄影机和目标点的位置，取得一个略带仰视的视角，如图10.24所示。

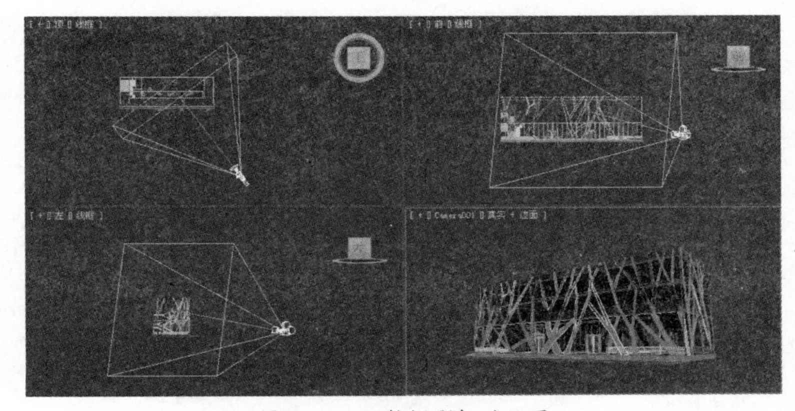

图10.24 调整摄影机的位置

07 确定摄影机处于选中的状态，在菜单栏上执行“修改器”→“摄影机”→“摄影机校正”命令，如图10.25所示。

图10.25　校正摄影机

08 校正后的摄影机不再出现不自然的透视效果。激活相机视图，单击工具栏中(渲染)按钮，渲染场景，如图10.26所示。

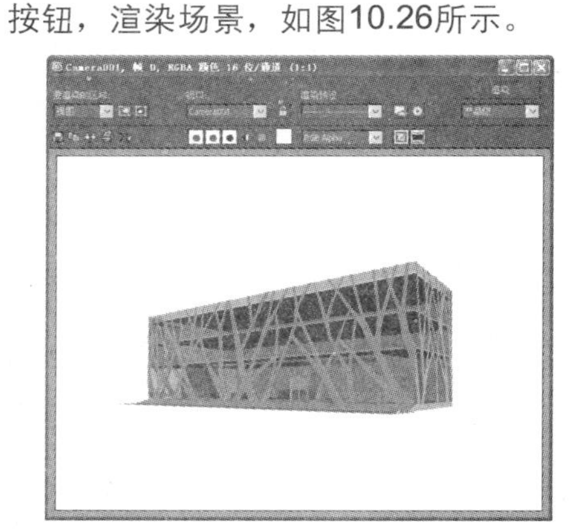

图10.26　渲染效果

09 至此，室外效果图的视角设置已经制作完成，最终效果如图10.27所示。单击工作界面左上角的按钮，执行“保存”命令，保存文件。

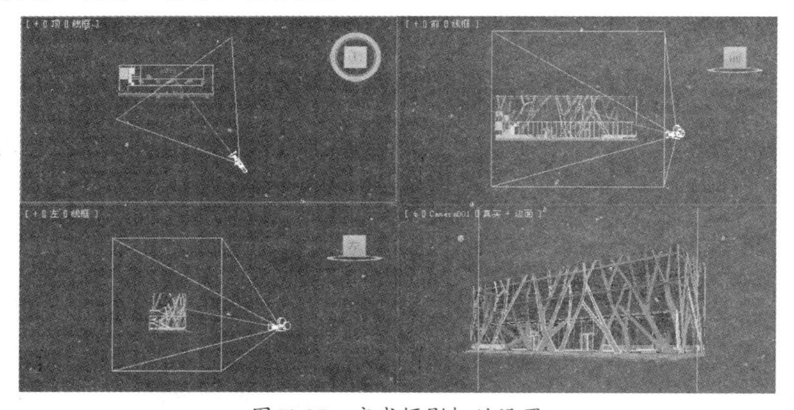

图10.27　完成摄影机的设置

10.3 课堂实例2：室内效果图的视角设置

室内效果图营造的是一个封闭的空间，如何设置摄影机是一个重要的内容。本例通过一个简单的书房场景，介绍摄影机的使用，效果如图10.28所示。

图10.28　室内摄影机

01 在桌面上双击图标，启动3ds Max 2012中文版软件。

02 打开随书光盘中的“模型”/“第10课”/“室内效果图的视角设置.max”文件，如图10.29所示。

03 在这一场景中材质和灯光已经设置好了，下面就需要设置一个相机，从而表现室内效果图的视角。

04 单击 目标 按钮，在顶视图中创建一架摄影机，如图10.30所示。

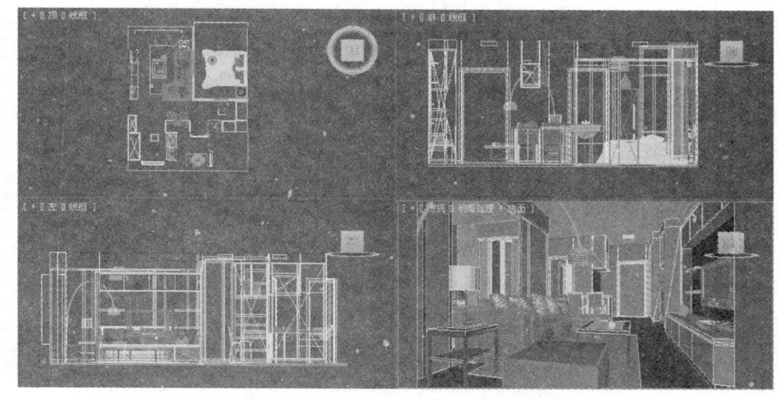

图10.29 场景文件

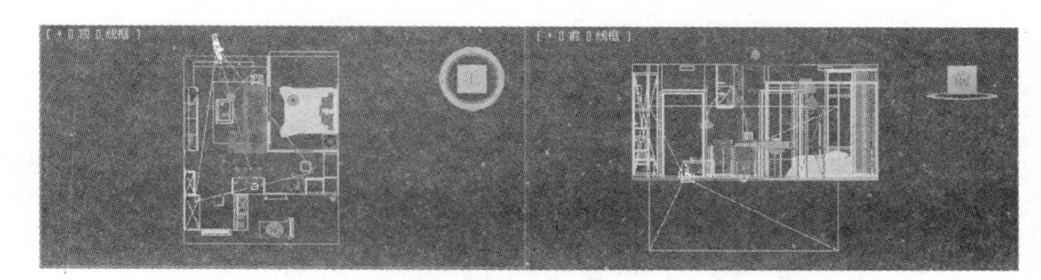

图10.30 创建相机

05 在视图中调整摄影机和目标点的位置，模拟平视视角。激活透视视图，按C键，将其转换为相机视图，观察摄影机视角效果，如图10.31所示。

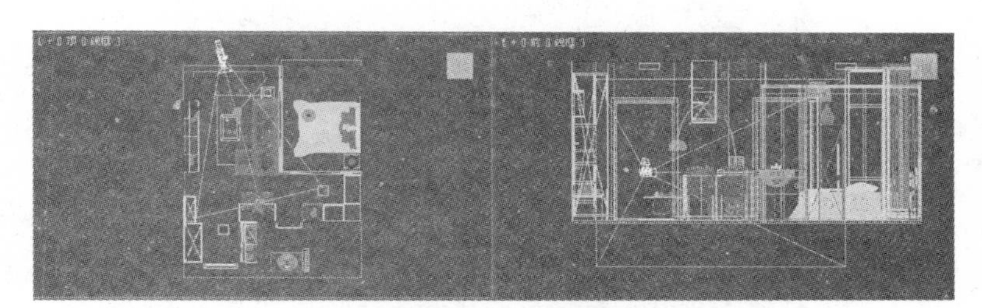

图10.31 创建摄影机

06 在视图中选中摄影机，打开修改命令面板，在“参数”卷展栏中设置具体参数，如图10.32所示。

07 由于摄影机在室内空间外面，墙体阻挡了镜头，因此看不到室内场景，这就需要使用剪切平面。在“参数”卷展栏中设置剪切平面，如图10.33所示。

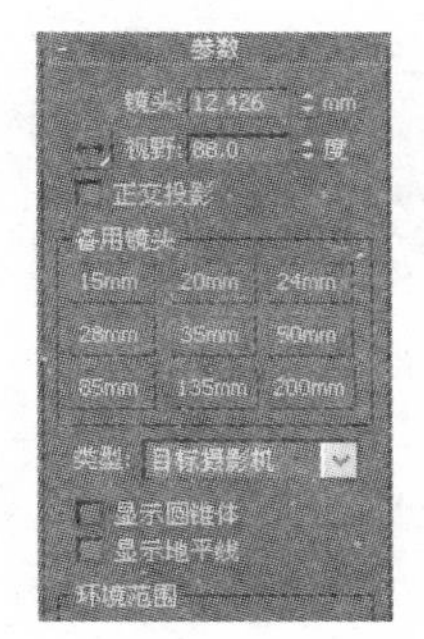

图10.32 设置参数

图10.33 剪切平面

08 设置剪切平面后墙体不再出现在镜头中，效果如图10.34所示。

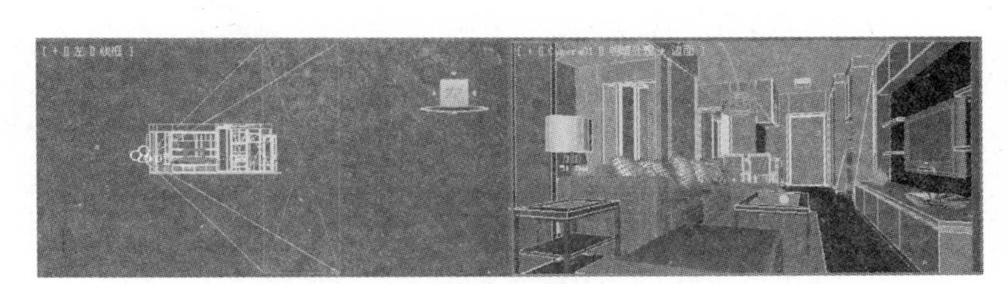

图10.34 完成摄影机的创建

09 单击工具栏中按钮，观察渲染效果，如图10.35所示。

10 至此，室内效果图的视角设置已经完成，单击工作界面左上角的按钮，执行“保存”命令，保存文件。

图10.35 渲染效果

10.4 课后练习

1. 熟练使用目标摄影机，并设置室内的一角为视角，如图10.36所示。
2. 使用目标摄影机设置室外的视角，如图10.37所示。

图10.36 室内摄影机

图10.37 室外摄影机

第11课 渲染与V-Ray

在室内效果图的制作中要用到一些第三方开发的插件，其中最著名的就有V-Ray渲染器插件，本课主要介绍V-Ray渲染器的基本知识。V-Ray渲染器能够快速的实现反射、折射、焦散效果，以及全局照明的效果，因此现阶段被广泛地应用于室内表现、建筑表现、影视动画的制作中。

本课内容：

◎ V-Ray常用渲染参数
◎ 渲染器的选择
◎ 高级光能
◎ V-Ray灯光的应用
◎ 渲染小动画
◎ 使用V-Ray渲染庭院的一角

11.1 V-Ray基础

V-Ray是由chaosgroup和asgvis公司出品，中国由曼恒公司负责推广的一款高质量渲染软件。V-Ray是目前业界最受欢迎的渲染引擎。基于V-Ray内核开发的有VRay for 3ds Max、Maya、Sketchup、Rhino等诸多版本，为不同领域的优秀3D建模软件提供了高质量的图片和动画渲染。除此之外，V-Ray也可以提供单独的渲染程序，方便使用者渲染各种图片。使用V-Ray渲染器渲染效果图，如图11.1所示。

图11.1　V-Ray渲染器渲染场景

V-Ray渲染器不仅仅是一个单纯的渲染器，它是一个包括建模、灯光、材质和渲染的整体。同时V-Ray灯光、材质和渲染器与其他的灯光材质相互兼容，能够使用在同一个场景中。V-Ray几何体通常用于辅助渲染，可以提高渲染速度。正确安装V-Ray渲染器插件后，在创建命令面板中可以看到V-Ray几何体，如图11.2所示。

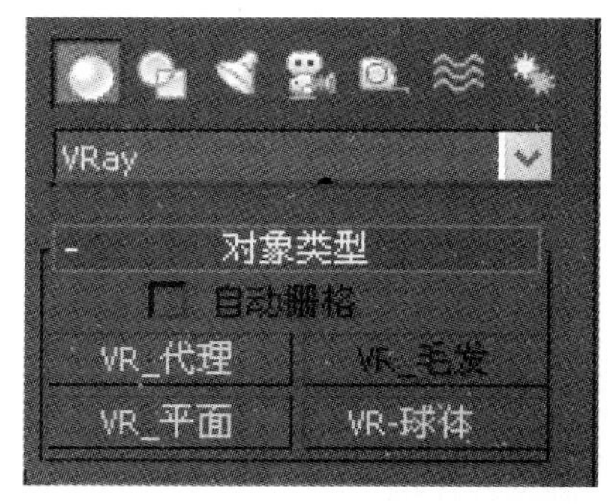

图11.2　V-Ray几何体

V-Ray材质、贴图可以模拟任何材质效果。V-Ray材质、贴图配合V-Ray渲染器使用，在材质效果和渲染速度方面有很大的优势，特别是在模拟反射、折射材质时可以取得非常逼真的材质效果。将当前渲染器指定为V-Ray渲染器后，V-Ray材质、贴图可以在材质编辑器中找到并使用，如图11.3所示。

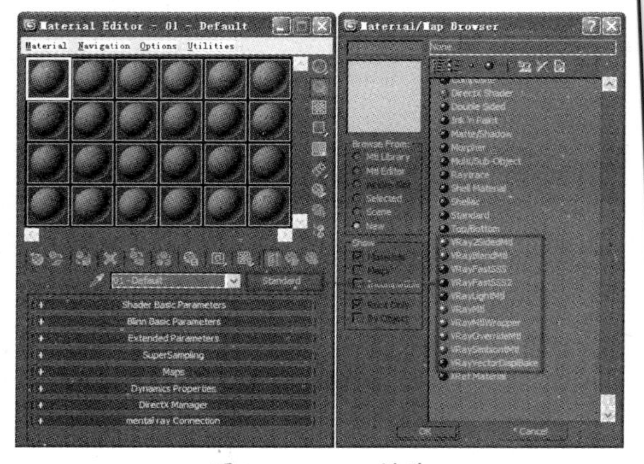

图11.3　V-Ray材质

V-Ray灯光包括了4个灯光工具，分别用于模拟平面光源、点光源和太阳光，如图11.4所示。V-Ray灯光与V-Ray渲染器配合使用也能取得较好的效果，特别是面光源，常用于室内效果图的制作中。

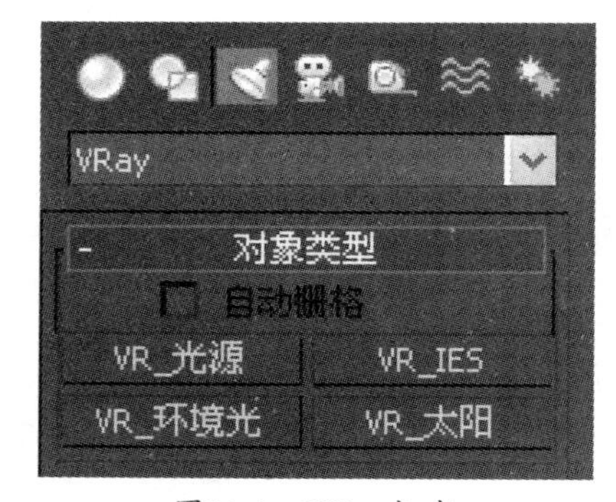

图11.4　V-Ray灯光

V-Ray渲染器凭借其强悍的计算全局光照的功能，能够实现照片级别的建筑效果图，并以此获得了众多用户的青睐。总体说来，这个渲染器具有参数设置简单、支持的软件多、计算速度快等优势。

11.1.1 V-Ray常用渲染参数

V-Ray渲染器参数主要有3个面板：V-Ray、Indirect illumination和Settings。这些参数控制着渲染的方式、精细程度等。在“渲染设置”对话框中的另外两个面板中也有V-Ray的相应参数，这在具体的应用中将会提到。

“V-Ray”面板中的参数主要包括插件授权信息、版本信息、全局设置、抗锯齿设置、环境，以及摄影机的设置，如图11.5所示。其中全局设置、抗锯齿设置和环境设置在建筑效果图的制作中经常用到。

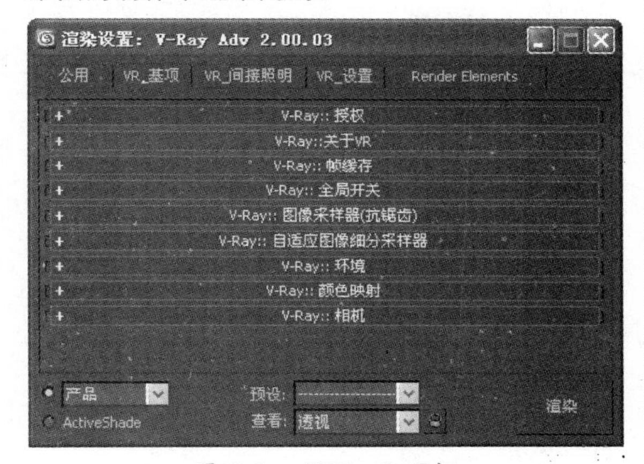

图11.5 “V-Ray”面板

“V-Ray::全局开关”卷展栏主要设置场景中的全局灯光，如图11.6所示。

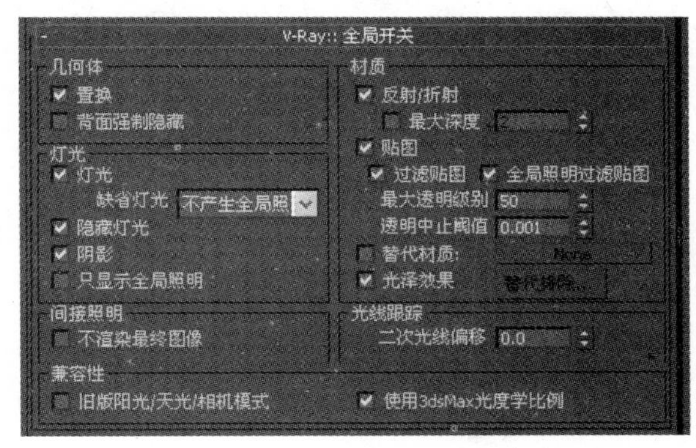

图11.6 “V-Ray::全局开关”卷展栏

- 置换：决定是否使用VR自己的置换贴图。注意：这个选项不会影响3ds Max自身的置换贴图。
- 灯光：决定是否使用灯光。也就是说这个选项是VR场景中的直接灯光的总开关，当然这里的灯光不包含3ds Max场景的默认灯光。如果不勾选，系统不会渲染手动设置的任何灯光，即使这些灯光处于勾选状态，自动使用场景默认灯光渲染场景。所以当不渲染场景中的直接灯光时，只需要勾选这个选项和下面的默认灯光选项。
- 默认灯光：是否使用3ds Max的默认灯光。
- 隐藏灯光：勾选的时候，系统会渲染隐藏的灯光效果而不会考虑灯光是否被隐藏。
- 阴影：决定是否渲染灯光产生的阴影。
- 只显示全局光：勾选时直接光照将不包含在最终渲染的图像中；在计算全局光的时候直接光照仍然会被考虑，但是最后只显示间接光照明的效果。
- 不渲染最终的图像：勾选的时候，VR只计算相应的全局光照贴图(光子贴图、灯光贴图和发光贴图)，这对于渲染动画过程很有用。
- 反射/折射：是否考虑计算VR贴图或材质中光线的反射/折射效果。
- 最大深度：用于用户设置VR贴图或材质中反射/折射的最大反弹次数。在不勾选的时候，反射/折射的最大反弹次数使用材质/贴图的局部参数来控制。当勾选的时候，所有的局部参数设置将会被它所取代。
- 贴图：是否使用纹理贴图。
- 过滤贴图：是否使用纹理贴图过滤。
- 最大透明级别：控制透明物体被光线追踪的最大深度。
- 透明中止阈值：控制对透明物体的追踪何时中止。如果光线透明的累计低于这个设定的极限值，将会停止追踪。
- 覆盖材质：勾选这个选项的时候，允许用户通过使用后面的材质槽指定的材质来替代场景中所有物体的材质来进行渲染。这个选项在调节复杂场景的时候还是很有用的。用3ds Max标准材质的默认参数来替代。
- 二级光线偏移：设置光线发生二次反弹时的偏置距离。

“V-Ray::图像采样器(抗锯齿)”卷展栏中，将图像采样器类型分为3种，分别是“自适应细分”、“固定”和“自适应准蒙特卡

洛”，选择不同的类型，如图11.7所示。

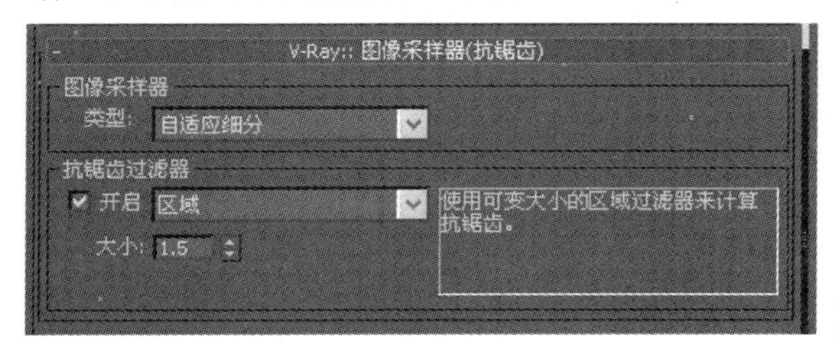

图11.7 “V-Ray::图像采样器(抗锯齿)”卷展栏

- 类型：图像采样器类型，分为自适应细分、固定和自适应准蒙特卡洛。
- 抗锯齿过滤器：除了不支持Plate Match类型外，VR支持所有3ds Max内置的抗锯齿过滤器。在区域下拉列表中包含13种过滤器，如图11.8所示。

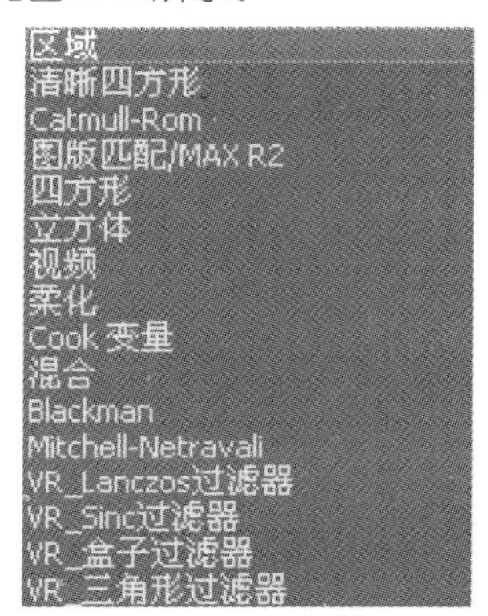

图11.8 抗锯齿过滤器

“V-Ray::环境”卷展栏，如图11.9所示。

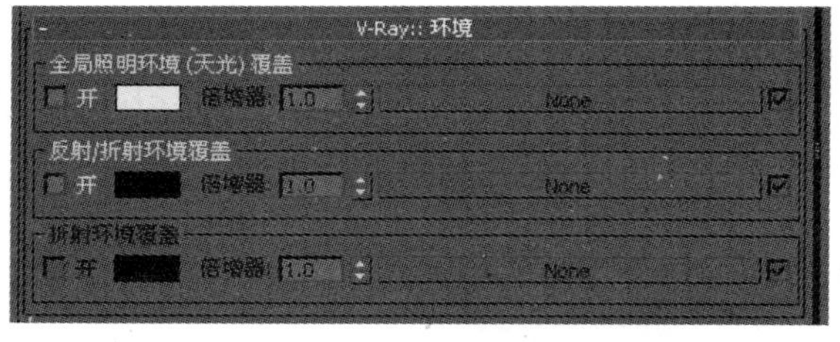

图11.9 “V-Ray::环境”卷展栏

- 全局照明环境(天光)覆盖：允许在计算间接照明时替代3ds Max的环境设置，这种改变GI环境的效果类似于天空光。实际上，VR并没有独立的天空光设置。
- 开：只有勾选此项后，其后的参数才会被激活，在计算GI的过程中，VR才能使用指定的环境色或纹理贴图，否则，使用3ds Max默认的环境参数设置。
- (颜色)：指定背景颜色。
- 倍增器：上面所指定颜色的亮度倍增值。
- None：指定背景贴图。
- “反射/折射环境覆盖”：在计算反射/折射时替代3ds Max自身的环境设置。也可以选择在每一个材质或贴图的基础设置部分来替代3ds Max的反射/折射环境。其后面的参数含义与前面讲解的基本相同，就不再做解释了。

“V-Ray”面板中的参数主要包括插件间接照明、发光贴图、焦散的设置，如图11.10所示。其中间接照明和发光贴图的设置，在效果图制作中经常应用。

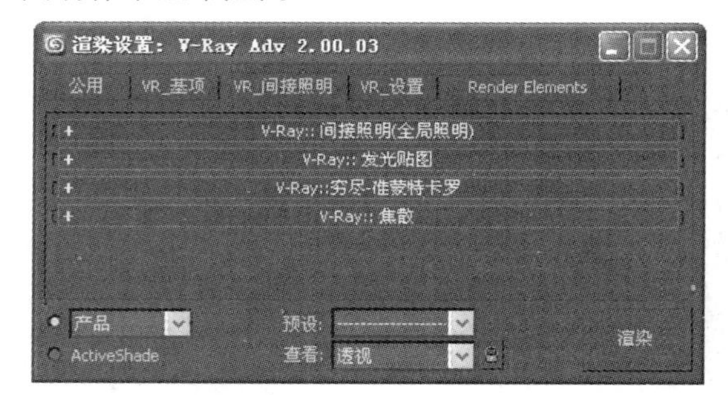

图11.10 “V-Ray”面板

“V-Ray::间接照明(全局照明)”卷展栏，如图11.11所示。

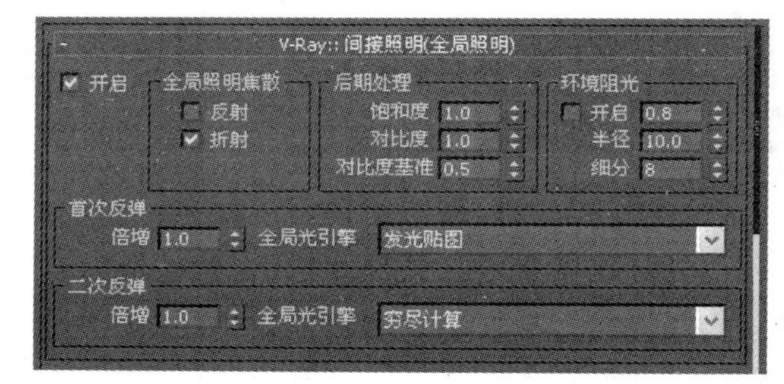

图11.11 “V-Ray::间接照明(全局照明)”卷展栏

- 全局光散焦：全局光焦散描述的是GI产生的焦散这种光学现象。它可以由天光、自发光物体等产生。但是由直接光照产生的焦散不受这些参数的控制，可以使用单独的“焦散”卷展栏的参数来控制直接光照的焦散。不过，GI焦散需要更多的样本，否则会在GI计算中产生噪波。
- 后期处理：这里主要是对间接光照明在增加到最终渲染图像前进行一些额外修正。这些默认的设定值可以确保产生物理精度效果，当然用户也可以根据需要进行调节。建议一般情况下使用默认参数值。

- 首次反弹：决定为最终渲染图像贡献多少初级漫射反弹。注意默认的取值1.0，可以得到一个很好的效果。其他数值也是允许的，但是没有默认值精确。
- 二次反弹：确定在场景照明计算中次级漫射反弹的效果。注意默认的取值1.0，可以得到一个很好的效果。其他数值也是允许的，但是没有默认值精确。

"V-Ray::发光贴图"卷展栏，如图11.12所示。

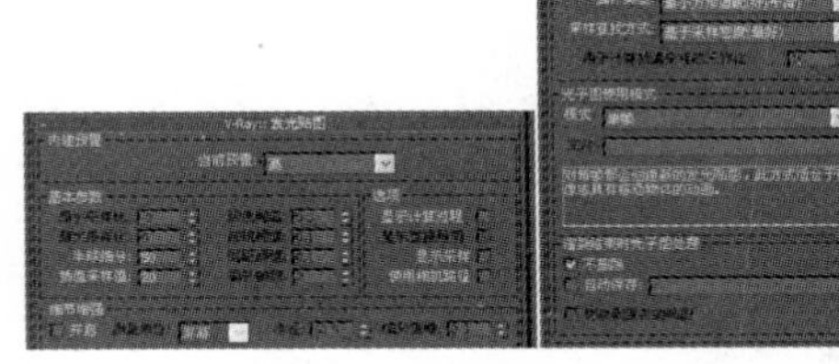
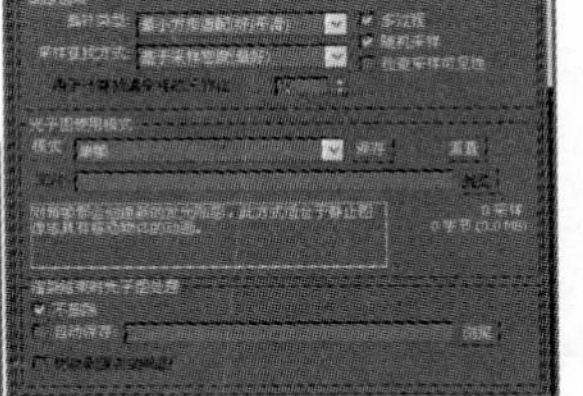

图11.12 "V-Ray::发光贴图"卷展栏

- 当前预置：系统提供了8种系统预设的模式供用户选择，如无特殊情况，这几种模式应该可以满足一般需要，如图11.13所示。

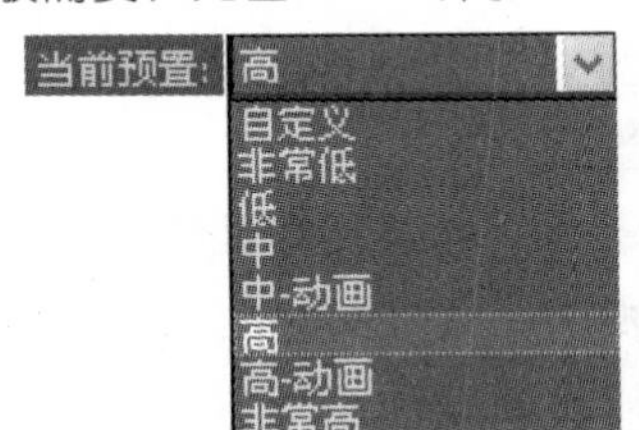

图11.13 预置列表

- 最小比率：这个参数确定GI首次传递的分辨率。0意味着使用与最终渲染图像相同的分辨率，这将使得发光贴图类似于直接计算GI的方法，-1意味着使用最终渲染图像一半的分辨率。通常需要设置它为负值，以便快速地计算大而平坦的区域GI，这个参数类似于自适应细分图像采样器的最小比率参数。
- 最大比率：该参数确定GI的最终分辨率，类似于自适应细分图像采样器的最大比率参数。
- 模型细分：该参数决定单独的GI样本的品质。较小的取值可以获得较快的速度，但是也可能会产生黑斑，较高的取值可以得到平滑的图像。它类似于直接计算的细分参数。
- 插补采样：定义被用于插值计算的GI样本数量。较大的值会趋向于模糊GI的细节，虽然最终的效果很光滑，较小的取值会产生更光滑的细节，但是也可能会产生黑斑。
- 颜色阈值：该参数确定发光贴图算法对间接照明变化的敏感程度。较大的值意味着较小的敏感性；较小的值将使发光贴图对照明的变化更加敏感。
- 标准阈值：该参数确定发光贴图算法对表面法线变化的敏感程度。
- 间距阈值：该参数确定发光贴图算法对两个表面距离变化的敏感程度。
- 显示计算状态：勾选时，VR在计算发光贴图的时候将显示发光贴图的传递。同时会减慢渲染速度，特别是在渲染大的图像的时候。
- 显示直接光：只在勾选"显示计算状态"选项的时候才能被激活。它将促使VR在计算发光贴图的时候，显示初级漫射反弹除了间接照明外的直接照明。
- 显示采样：勾选的时候，VR将在VFB窗口以小原点的形态直观地显示发光贴图中使用的样本情况。
- 多过程：这个模式在渲染仅摄影机移动的帧序列时很有用。VRay将会为第一个渲染帧计算一个新的全图像发光贴图，而对于剩下的渲染帧，VRay设法重新使用或精练已经计算了的、存在的发光贴图。如果发光贴图具有足够高的品质也可以避免图像闪烁。这个模式也能够被用于网络渲染中。
- 随机采样：在发光贴图计算过程中使用。勾选的时候，图像样本将随机放置；不勾选的时候，将在屏幕上产生排列成网络的样本。
- 检查采样可见度：在渲染过程中使用。它将促使VR仅仅使用发光贴图中的样本，样本在插补点直接可见。可以有效地防止灯光穿透两面接受完全不同照明的薄壁物体时产生的漏光现象。
- 计算传递插值采样：它描述的是已经被采样算法计算的样本数量。较好的取值范围是10～25，较低的数值可以加快计算传递，但是会导致信息存储不足，较高的取值将减慢速度，增加更多的附加采样。一般情况下，参数设置为默认的15左右。
- 模式：系统提供了如图11.14所示的几种模式。

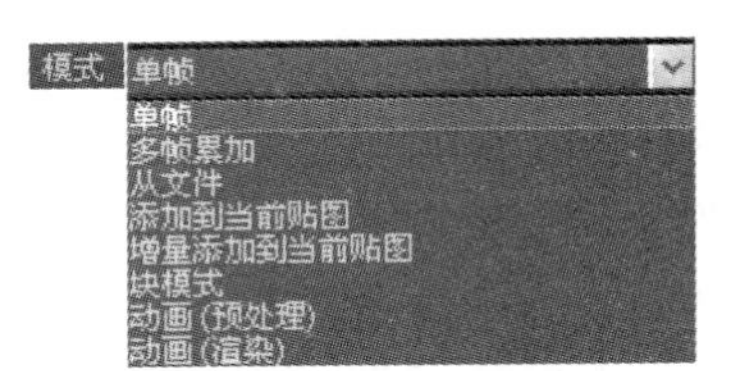

图11.14 模式列表

- 不删除：选项默认是勾选的，意味着发光贴图将保存在内存中直到下一个渲染前；如果不勾选，VRay会在渲染任务完成后删除内存中的发光贴图。
- 自动保存：如果勾选该选项，在渲染结束后，VRay将发光贴图文件自动保存到用户指定的目录。
- 切换到保存的贴图：该选项只有在自动保存勾选时才被激活，勾选的时候，VRay渲染器也会自动设置发光贴图为"从文件"模式。

11.1.2 渲染器的选择

使用V-Ray渲染器渲染场景，总体分为6步，首先要指定渲染器，然后调制模型的材质，设置场景灯光，再设置渲染器的渲染参数，之后渲染并保存光子图，最后进行最终的效果图渲染，下面具体介绍每一步的具体操作内容。

使用V-Ray渲染器，必须首先指定V-Ray渲染器为当前渲染器。按F10键，打开"渲染设置"窗口，在"公用"选项卡下，打开"指定渲染器"卷展栏，然后单击产品级选项后的 ... 按钮，打开"选择渲染器"对话框，从中选择V-Ray渲染器，然后单击 确定 按钮，此时V-Ray渲染器成为当前渲染器，如图11.15所示。

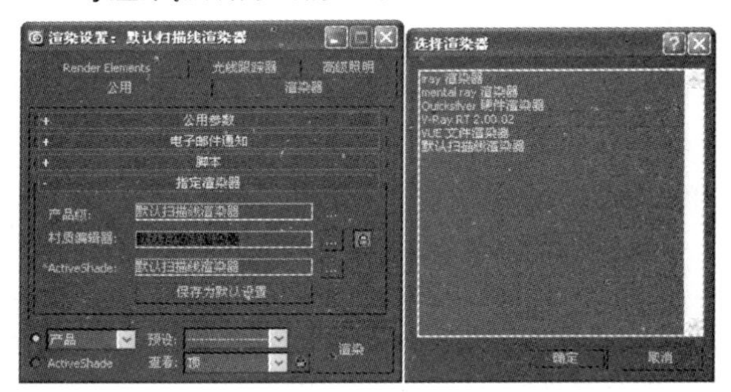
图11.15 指定V-Ray渲染器

将V-Ray渲染器指定为当前渲染器后，V-Ray渲染器的参数便出现在"渲染设置"对话框中，如图11.16所示。

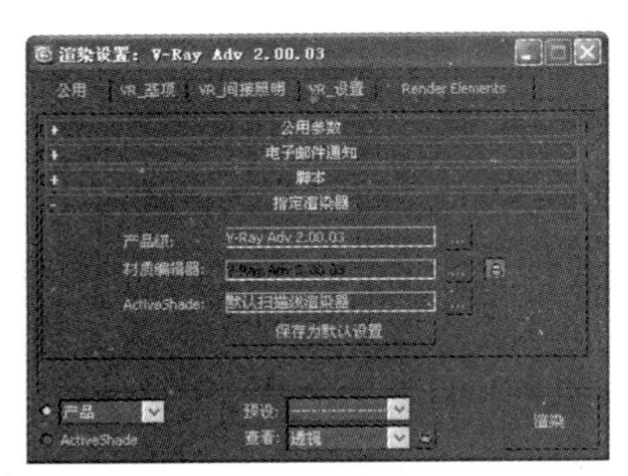
图11.16 V-Ray渲染器的参数

11.1.3 高级光能

讲到V-Ray渲染器就不能不讲高级光能。V-Ray渲染器包含了高级光能技术，除此之外，3ds Max还提供了使用自带渲染器时可以使用的高级光能。高级光能技术主要包括光能传递和光线跟踪。

1．光能传递

光能传递是用于计算间接光的技术。尤其是光能传递计算在场景中所有表面间漫反射光的来回反射。要进行这类计算，光能传递要考虑所设置的灯光、所应用的材质，以及所设置的环境设置。

对场景进行光能传递处理与渲染进程截然不同。无须采用光能传递也可以进行渲染。然而，要使用光能传递进行渲染，始终首先必须计算光能传递。

场景的光能传递解决方案计算完毕后，将在多个渲染中使用，包括动画的多个帧。如果场景中存在移动的对象，则可能需要重新计算光能传递。

"光能传递处理参数"卷展栏，如图11.17所示。

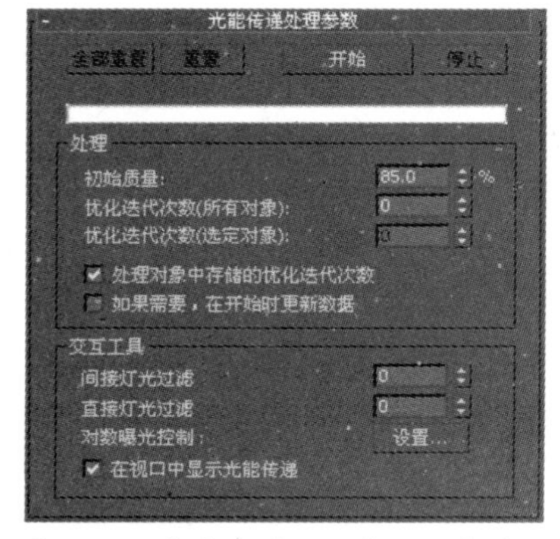

图11.17 "光能传递处理参数"卷展栏

- 全部重置：单击“开始”按钮后，将3ds Max场景的副本加载到光能传递的引擎中。单击“全部重置”按钮，从引擎中清除所有的几何体。
- 重置：从光能传递引擎清除灯光级别，但不清除几何体。
- 开始：开始光能传递处理。一旦光能传递解决方案达到“初级质量”所指定的百分比数量。此按钮就会变成“继续”。

如果在达到全部的“初级质量”百分比之前单击“停止”，然后再单击“继续”按钮会使光能传递处理继续进行，直到达到全部的百分比或再次单击“停止”按钮。可以多次地在单击“停止”按钮之后再单击“继续”按钮。

另外，可以计算光能传递直到低于100%的“初始质量”，然后增加“初始质量”的值，单击“继续”按钮以继续解算光能传递。

在任何一种情况中，“继续”避免了重新生成草图的光能传递解决方案而节省了时间。一旦达到全部的“初始质量”百分比，单击“继续”就不会有任何的效果。

- 停止：停止光能传递处理。“开始”按钮将变成“继续”。可以在之后单击“继续”按钮以继续进行光能传递处理，如在描述“开始”按钮时一样。
- ‘处理’组：此组中的选项用以设置光能传递解决方案前两个阶段的行为，即“初始质量”和“细化”。
- 初始质量：设置停止“初始质量”阶段的质量百分比，最高到100%。例如，如果指定为80%，将会得到一个能量分布精确度为 80%的光能传递解决方案。目标的初始质量设为80%～85% 通常就足够了，它可以得到比较好的效果。

在“初始质量”阶段期间，光能解决方案引擎会绕着场景反弹光线，并将能量分布在曲面上。在每个迭代期间，引擎会测量计算的变化(曲面间的噪波)数量。

场景的大多数亮度在迭代的早期就进行了分布。对场景平均亮度的作用在迭代之间以对数递减。在最初的几个迭代后，场景的亮度并没有增加很多，而随后的迭代则减少了场景中的变化。

提示

“质量”指的是能量分布的精确度，而不是解决方案的视觉质量。即使“初始质量”百分比比较高，场景仍然可以显示明显的变化。变化由解决方案后面的阶段来解决。

优化迭代次数(所有对象)：设置“优化”迭代次数的数量以作为一个整体来为场景执行。“优化迭代次数”阶段将增加场景中所有对象上的光能传递处理的质量。使用“初始质量”阶段其他的处理来从每个面上聚集能量以减少面之间的变化。这个阶段并不会增加场景的亮度，但是它将提高解决方案的视觉质量并显著地减少曲面之间的变化。如果在处理了一定数量的“优化迭代次数”后没有达到可接受的结果，可以增加“细化迭代次数”的数量并继续进行处理。

提示

如果要在渲染时间使用“重聚集”，通常不需要执行“优化”阶段以获得高质量的最终渲染。在 3ds Max 处理“优化迭代次数”之后，将禁用“初始质量”，只有在单击“重置”或“全部重置”按钮之后才能对其进行更改。

优化迭代次数(选定对象)：设置“优细化”迭代次数的数目来为选定对象执行，所使用的方法和“优化迭代次数(所有对象)”相同。选定对象并设置所需的迭代次数。细化选定的对象而不是整个场景能够节省大量的处理时间。通常，对于那些有着大量的小曲面并且有大量变化的对象来说，该选项非常有用，诸如栏杆或椅子或高度细分的墙。

提示

在 3ds Max 处理“优化迭代次数”之后，将禁用“初始质量”，只有在单击“重置”或“全部重置”按钮之后才能对其进行更改。

处理对象中存储的优化迭代次数：每个对象都有一个叫做“优化迭代次数”的光能传递属性。每当细分选定对象时，与这些对象一起存储的步骤就会增加。

如果启用了此切换，在重置光能传递解决方案然后再重新开始时，每个对象的步骤就会自动优化。这在创建动画、需要在每一帧上对光能传递进行处理，以及须维持帧之间相同层级的质量时非常有用。

如果需要，在开始时更新数据：启用此选项之后，如果解决方案无效，则必须重置光能传递引擎，然后再重新计算。在这种情况下，将更改“开始”菜单，以阅读“更新与开始”。当单击该按钮时，将重置光能传递解决方案，然后再开始进行计算。

禁用此切换之后，如果光能传递解决方案无效，则无须要重置。可以使用无效的解决方案继续处理场景。

提示

当以任何方式添加、移除、移动或更改对象或灯光时，光能传递解决方案都无效。

- ‘交互工具’组：该组中的选项有助于调整光能传递解决方案在视口中和渲染输出中的显示。这些控件在现有光能传递解决方案中立即生效，而无须任何额外的处理就能看到它们的效果。
- 间接灯光过滤：用周围的元素平均化间接照明级别以减少曲面元素之间的噪波数量。通常，值设为3或4已足够。如果使用太高的值，则可能会在场景中丢失详细信息。因为“间接灯光过滤”是交互式的，可以根据自己的需要对结果进行评估然后再对其进行调整。
- 直接灯光过滤：用周围的元素平均化直接照明级别以减少曲面元素之间的噪波数量。通常，值设为3或4已足够。如果使用太高的值，则可能会在场景中丢失详细信息。然而，因为“直接灯光过滤”是交互式的，可以根据自己的需要对结果进行评估，然后再对其进行调整。

提示

只在使用投影直射光时“直接灯光过滤”才可工作。如果未使用“投影直射光”，则将每个对象视为间接照明。

- 未选择曝光控制 ：显示当前曝光控制的名称。

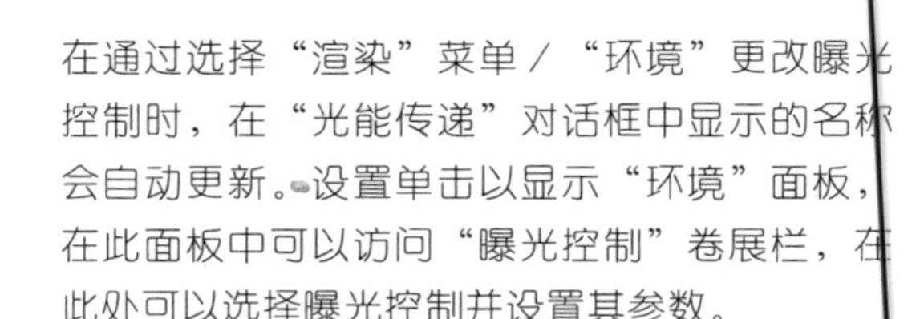

在通过选择“渲染”菜单／“环境”更改曝光控制时，在“光能传递”对话框中显示的名称会自动更新。设置单击以显示“环境”面板，在此面板中可以访问“曝光控制”卷展栏，在此处可以选择曝光控制并设置其参数。

- 在视口中显示光能传递：在光能传递和标准3ds Max着色之间切换视口中的显示。可以禁用光能传递着色以增加显示性能。

2．光跟踪器

光跟踪器是为明亮场景(例如室外场景)提供柔和边缘的阴影和映色。但与光能传递不同，“光跟踪器”并不试图创建物理上精确的模型，而且可以方便地对其进行设置。要快速获得照明跟踪器产生效果的预览，要降低光线/采样数和过滤器大小的值。这样获得的结果将是全部效果的颗粒状版本。

获得快速预览的另一个方法是确保启用“自适应欠采样”。在该组中，将“初始采用间距”设置为与“向下细分至”相同的值。在“常规设置”组中，降低“光线/采样数”的值，并将“反弹”设置为0.0。这样将得到快速但却不细致的渲染预览。增加光线/采样数和过滤器大小的值来改善图像质量。

通常，可以在启用“自适应欠采样”的条件下使用较低的过滤器大小并保持较大的光线/采样数值，这样可以得到很好的结果。

光跟踪器的“参数”卷展栏，如图11.18所示。

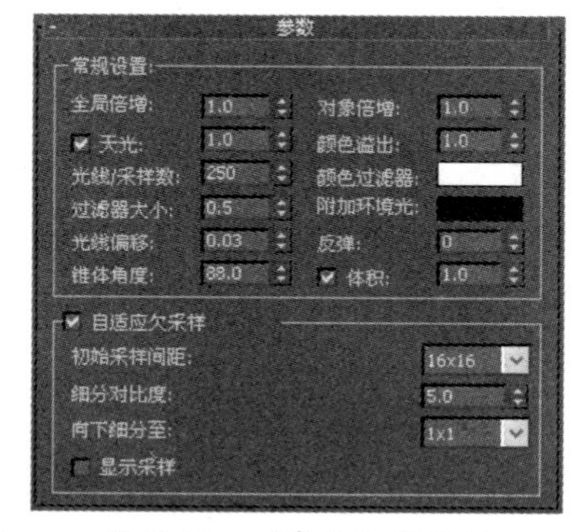

图11.18 “参数”卷展栏

“常规设置”组

- 全局倍增：控制总体照明级别，默认设置为1.0。
- 对象倍增：控制由场景中的对象反射的照明级别，默认设置为1.0。

- 天光切换：启用该选项后，启用从场景中天光的重聚集(一个场景可以含有多个天光)，默认设置为启用。
- 天光：缩放天光强度，默认设置为1.0。
- 颜色溢出：控制映色强度，当灯光在场景对象间相互反射时，映色发生作用。默认设置为1.0。
- 光线/采样数：每个采样(或像素)投射的光线数量。增大该值可以增加效果的平滑度，但同时也会增加渲染时间。减少该值会导致颗粒状效果更明显，但是渲染可以进行得更快，默认设置为250。
- 颜色过滤器：过滤投射在对象上的所有灯光。设置为除了闭塞外的其他颜色以丰富整体色彩效果。默认设置为白色。
- 过滤器大小：用于减少效果中噪波的过滤器大小(以“像素”为单位)，默认值为0.5。
- 附加环境光：当设置为除黑色外的其他颜色时，可以在对象上添加该颜色作为附加环境光。默认设置为黑色。
- 光线偏移：像对阴影的光线跟踪偏移一样，“光线偏移”可以调整反射光效果的位置。使用该选项更正渲染的不真实效果，例如，对象投射阴影到自身所可能产生的条纹。默认值为0.03。
- 反弹：被跟踪的光线反弹数。增大该值可以增加映色量。值越小，快速结果越不精确，并且通常会产生较暗的图像。较大的值允许更多的光在场景中流动，这会产生更亮、更精确的图像，但同时也将使用较多渲染时间。默认设置为0。
- 锥体角度：控制用于重聚集的角度。减少该值会使对比度稍微升高，尤其在有许多小几何体向较大结构上投射阴影的区域中更明显。范围为33.0~90.0。
- 体积切换：启用该选项后，“光跟踪器”从体积照明效果(如体积光和体积雾)中重聚集灯光。默认设置为启用，对使用光跟踪器的体积照明，反弹值必需大于0。
- 体积：增加从体积照明效果重聚集的灯光量。增大该值可增加其对渲染场景的影响；减小该值可减少其效果。默认设置为1.0。

“自适应欠采样”组：

这些控件可以帮助用户减少渲染时间，并且减少所采用的灯光采样数。欠采样的理想设置根据场景的不同而不同。

- 自适应欠采样：启用该选项后，光跟踪器使用欠采样；禁用该选项后，则对每个像素进行采样。禁用欠采样可以增加最终渲染的细节，但是同时也将增加渲染时间。默认设置为启用。
- 初始采样间距：图像初始采样的栅格间距。以“像素”为单位进行衡量。默认设置为16×16。
- 细分对比度：确定区域是否应进一步细分的对比度阈值。增加该值将减少细分，该值过小会导致不必要的细分。默认值为5.0。
- 向下细分至：细分的最小间距。增加该值可以缩短渲染时间，但是以精确度为代价。默认值为1×1。
- 显示采样：启用该选项后，采样位置渲染为红色圆点。该选项显示发生最多采样的位置，这可以帮助用户选择欠采样的最佳位置。默认设置为禁用状态。

11.1.4 V-Ray灯光的应用

VRay的灯光照明技术对最终的渲染效果影响很大，只有合理地建立灯光才能保证灯光的真实。VRay的灯光系统和3ds Max的区别在于是否具有面光。现实世界所有的光源都是有体积的，体积灯光主要表现在范围照明和柔和投影。

在VRay中，只要打开“间接照明”开关，就会产生真实的全局照明效果，VRay渲染器对3ds Max的大部分内置灯光都支持，还自带了两种专用灯光，分别为VRay光源和VRay太阳，渲染效果如图11.19所示。

图11.19 渲染效果

1．Ray光源

Ray光源是VRay渲染器的专用灯光，可被设置为纯粹的、不被渲染的照明虚拟体，也可以被渲染出来，甚至可以作为环境天光的入口。VRay光源的最大特点是可以自动产生极其真实的自然光影效果。

VRay光源可以创建平面光、球体光和半球光。VRay光源可以双面发射，可以在渲染图像上不可见，可以更加均匀地向四周发散，VRay光源“参数”卷展栏，如图11.20所示。

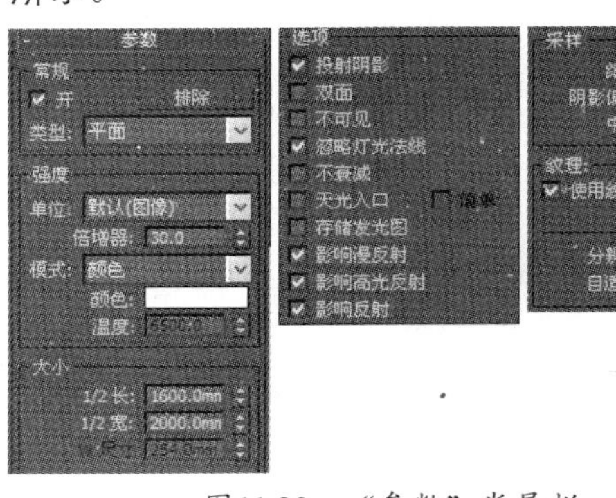

图11.20　“参数”卷展栏

(1) 常规

- 平面：将VRay灯光设置成长方形形状。
- 半球：将VRay灯光设置成半球形状。
- 球状：将VRay灯光设置成球状。

(2) 强度

- 颜色：设置灯光的颜色。
- 倍增值：设置灯光颜色的倍增值。

(3) 选项

- 双面：在灯光被设置为平面类型的时候，该选项决定是否在平面的两边都产生灯光效果。此选项对球形灯光不起作用。
- 不可见：设置在最后的渲染效果中光源形状是否可见。
- 忽视灯光法线：一般情况下，光源表面在空间的任何方向上发射的光线都是均匀的，在不勾选该复选框时，VRay会在光源表面的法线上发射更多的光线。
- 不衰减：在真实的世界中远离光源的表面会比靠近光源的表面显得更暗，勾选该选框后，灯光的亮度将不会因为距离衰减
- 天光入口：选中该复选框后，前面设置的颜色和倍增值都将被VRay忽略，代之以环境的相关参数设置。
- 储存发光贴图：勾选该复选框后，如果计算GI的方式为发光贴图方式，系统将计算VRay灯光的光照效果，并将计算结果保存在发光贴图中。把间接光的计算结果保存到Irradiance map中备用。

(4) 区域

- U向尺寸：设置光源的U向尺寸(若光源为球状，则这个参数相应地将设置球的半径)。
- V向尺寸：设置光源的V向尺寸(若光源为球状，这个参数没有效果)。
- W向尺寸：当前这个参数设置没有效果，是一个预留的参数，若将VRay支持方体形状的光源类型，可以用来设置其W向的尺寸。

(5) 区域

- 样本细分：设置在计算灯光效果时使用的样本数量，较高的取值将产生平滑的效果，但会耗费更多的渲染时间。

VRay的全局光计算速度受灯光数量影响很大，灯越多计算越慢，制作夜景肯定比日景慢很多。但发光体的数量对速度影响不大，所以尽可能使用发光体而不要使用光源。例如灯槽，放一个面光VRay光源，就会很慢，如图11.21所示。

图11.21　渲染效果

2．VRay太阳

VRay太阳是VRay渲染器新增的灯光类型，功能比较简单，主要用于模拟场景的太阳光照射，如图11.22所示。

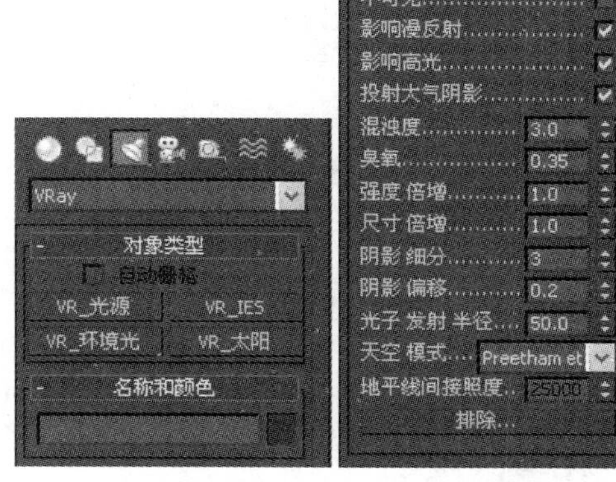

图11.22　VRay太阳参数

- 开启：灯光的开关。
- 混浊度：设置空气的混浊度，参数越大，空气越不透明，而且会呈现出不同的阳光色，早晨和黄昏混浊度较大，正午混浊度较低。
- 臭氧：设置臭氧的稀薄指数，该值对场景影响较小，值越小，臭氧层越薄，到达地面的光能辐射越多(光子漫射效果越强)。
- 强度 倍增：设置阳光的亮度，一般情况下设置较小的值即可。
- 尺寸 倍增：设置太阳的尺寸。
- 阴影 细分：设置阴影的采样值，值越高画面越细腻，但渲染速度会越慢。
- 阴影 偏移：设置物体阴影的偏移距离。值为1.0时阴影正常；大于1.0时阴影远离投影对象；小于1.0时阴影靠近投影对象。如图11.23所示。

VRay太阳经常配合VRay环境光专用环境贴图使用，改变VRay太阳位置的同时，VRay环境光也会随之自动变化，模拟出天空变化。

VRay环境光是一种天空球贴图，属于贴图类型。

图11.23　阴影效果

设置了3ds Max内置的灯光后，为了产生较好的阴影效果，可以选择VRay阴影模式，VRay阴影通常被3ds Max标准灯光或VRay光源用于光影追踪阴影。

标准的3ds Max光线追踪阴影无法在VRay中正常工作，此时必须使用VRay的阴影，VRay阴影除了支持模糊(或面积)阴影外，还可以正确表现来自VRay置换物体或透明物体的阴影，如图11.24所示。

图11.24　阴影效果

11.2 课堂实例1：使用V-Ray渲染器渲染小动画

本例主要学习V-Ray材质的使用及渲染动画的设置，渲染帧效果，如图11.25所示。

图11.25 渲染效果

01 在桌面上双击图标，启动3ds Max 2012中文版软件。

02 打开随书光盘中的“模型”/“第11课”/“渲染小动画.max”文件，如图11.26所示。

图11.26 场景文件

03 在这一场景中灯光和相机已经设置好了，下面就需要为场景设置材质，从而表现动画的效果。

04 在视图中选中蓝色小方块，单击(材质编辑器)按钮，并在打开的材质编辑器对话框中设置参数，如图11.27所示。

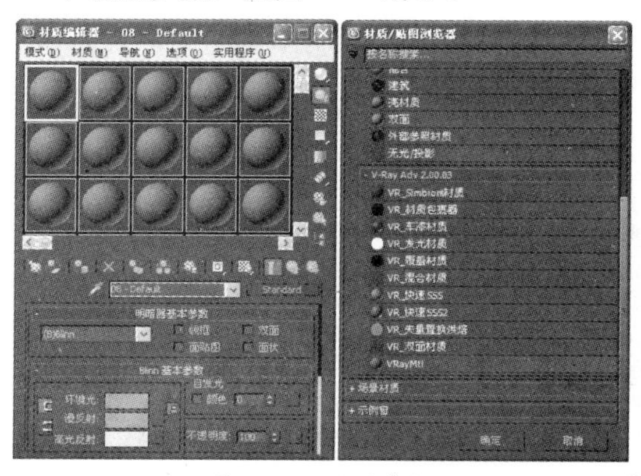

图11.27 设置参数

05 单击材质球，并命名为“蓝色”，设置具体参数，如图11.28所示。

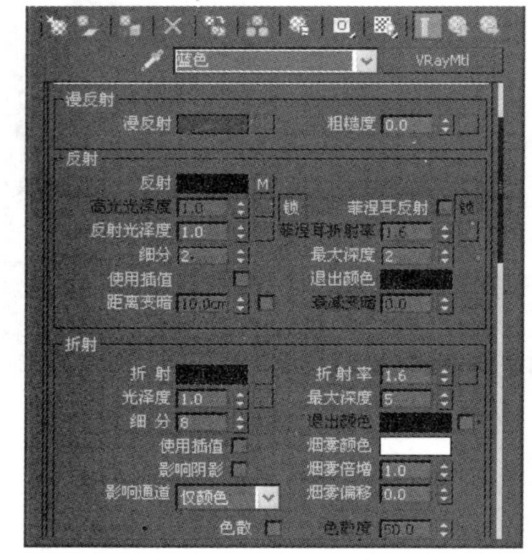

图11.28 设置材质参数

06 打开材质编辑器，在工具列上单击(显示背景)按钮，如图11.29所示。

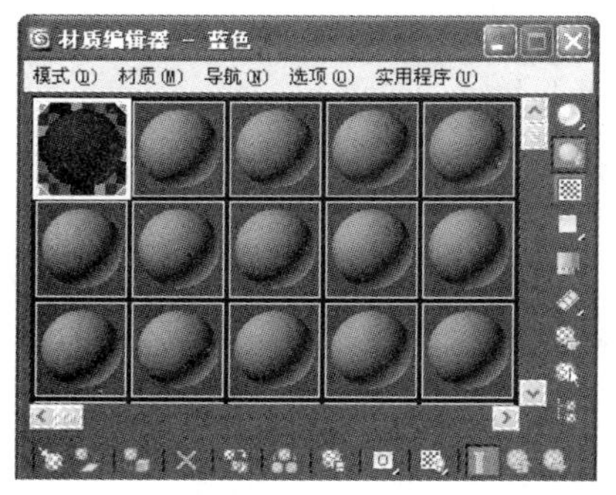

图11.29 显示背景

07 在“贴图”卷展栏中单击 反射 100.0 按钮，并选择“衰减”选项，如图11.30所示。

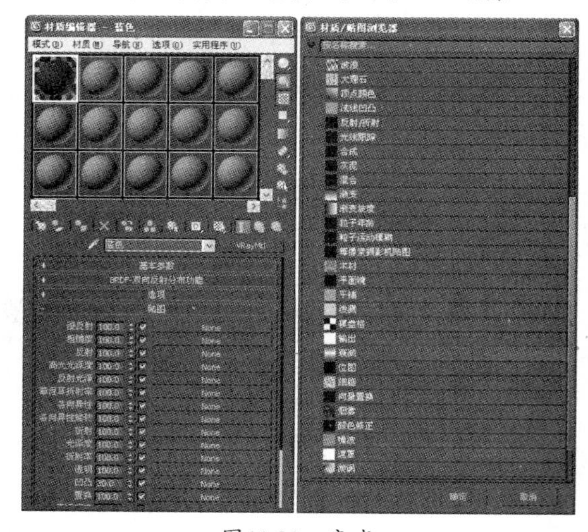

图11.30 衰减

08 单击反射 100.0 后的按钮，进入“衰减参数”卷展栏，在衰减类型后的下拉列表中选择Fresnel选项，效果如图11.31所示。

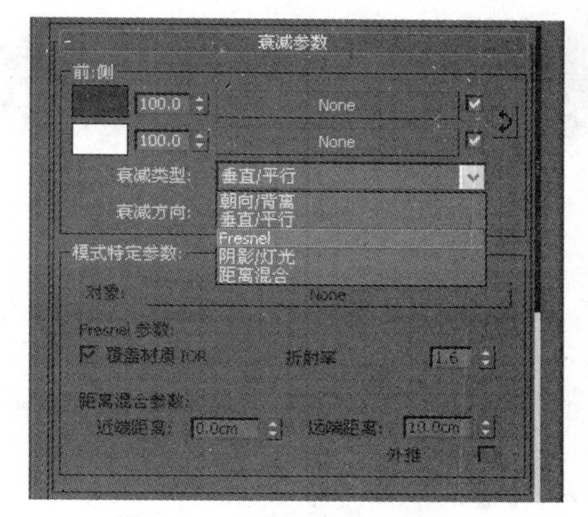

图11.31 “衰减参数”卷展栏

09 在“贴图”卷展栏下单击环境按钮，从弹出的“材质/贴图浏览器”对话框中选择位图选项，效果如图11.32所示。

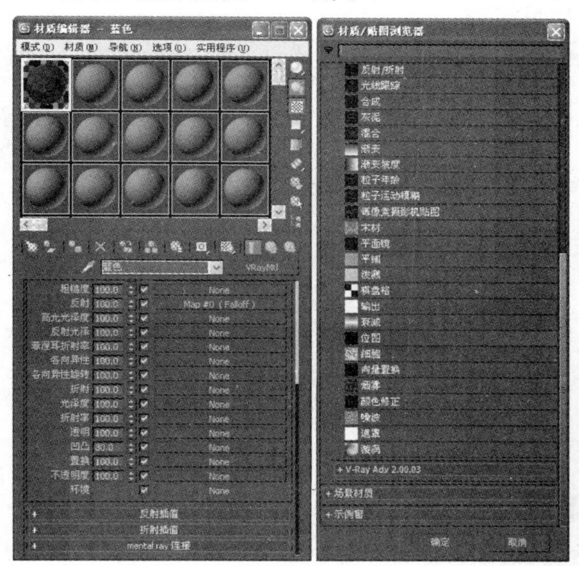

图11.32 位图

10 从弹出的“选择位图图像文件”对话框中选择4-HEM15-embed.hdr，单击打开(O)按钮，并从弹出的“HDRI加载设置”对话框中单击确定按钮，效果如图11.33所示。

11 选择一个空白材质球，并将其命名为“黄色”，设置具体参数，如图11.34所示。

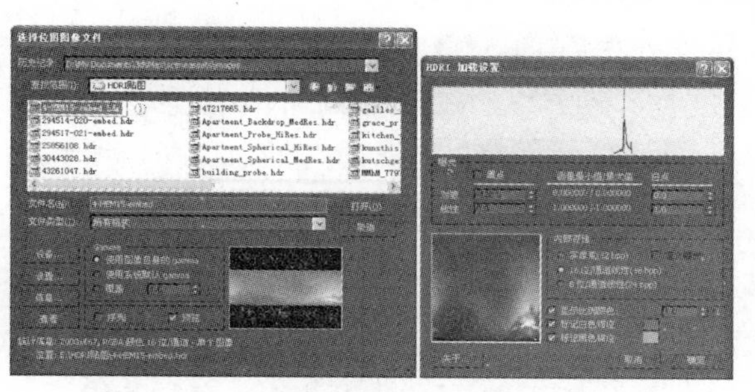

图11.33 HDRI贴图

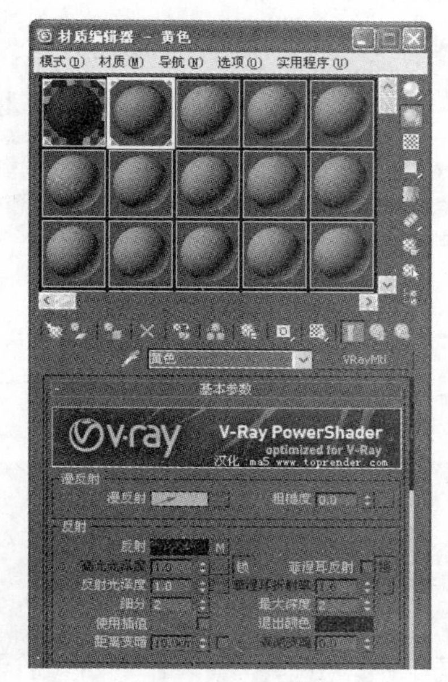

图11.34 设置参数

12 在“贴图”卷展栏中单击反射 100.0 按钮，并选择“衰减”选项，并在工具列中单击(显示背景)按钮，如图11.35所示。

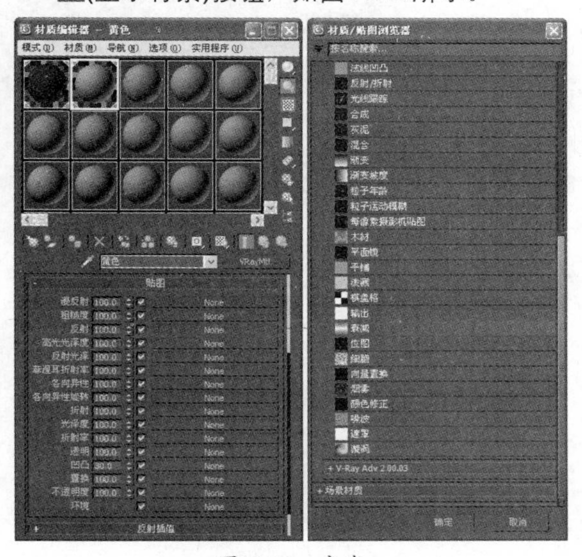

图11.35 衰减

13 单击 反射 100.0 后的按钮，进入“衰减参数”卷展栏，在衰减类型:后的下拉列表中选择 Fresnel 选项，效果如图11.36所示。

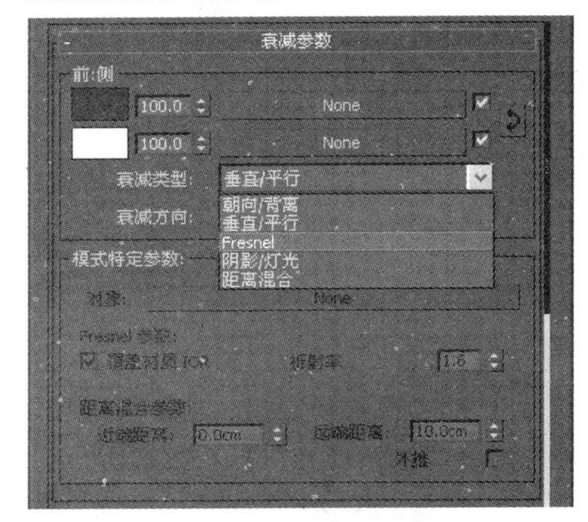

图11.36 “衰减参数”卷展栏

14 在“贴图”卷展栏下单击环境按钮，从弹出的“材质/贴图浏览器”对话框中选择“位图”选项，效果如图11.37所示。

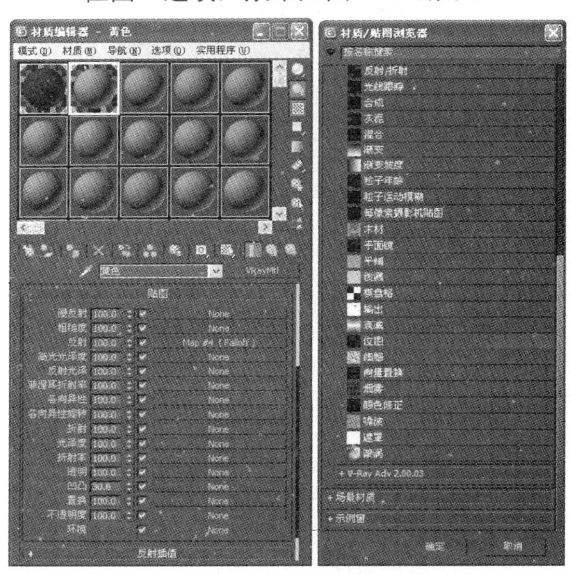

图11.37 位图

15 从弹出的“选择位图图像文件”对话框中选择4-HEM15-embed.hdr，单击 打开(O) 按钮，并从弹出的“HDRI加载设置”对话框中单击 确定 按钮，效果如图11.38所示。

16 至此，材质已经制作完成。确认蓝色小方块处于选中的状态，单击工作栏上的(将材质指定给选定对象)按钮，选中News对象，赋予材质，如图11.39所示。

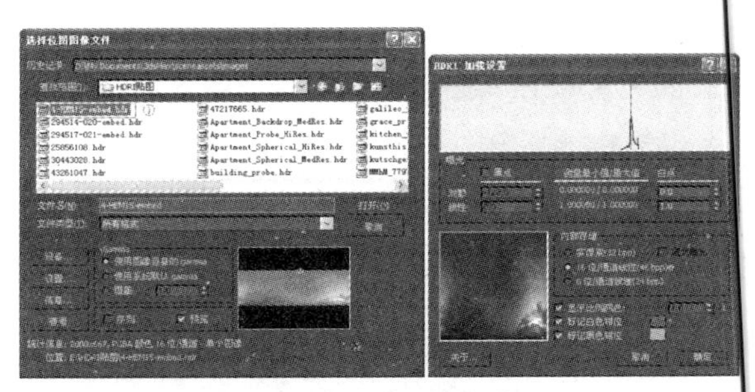

图11.38 HDRI贴图

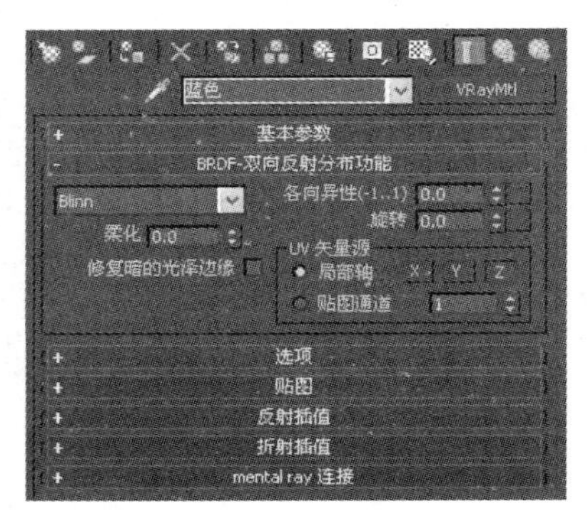

图11.39 赋予材质

17 在工具栏上单击(渲染设置)按钮，打开“渲染设置”对话框，在“指定渲染器”卷展栏中单击...按钮，在弹出的“选择渲染器”对话框中设置参数，如图11.40所示。

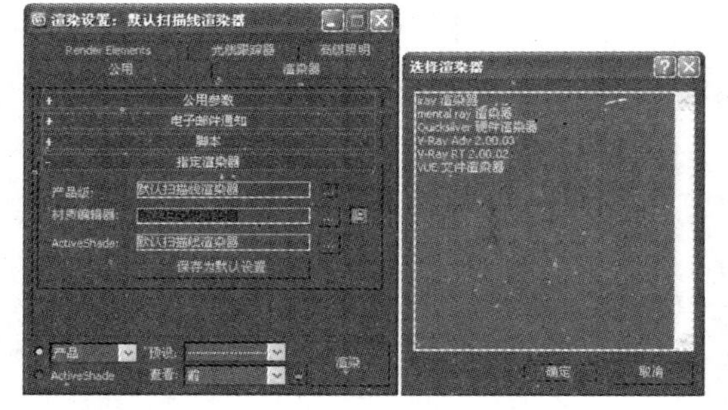

图11.40 选择渲染器

18 打开“渲染设置”对话框，在“公用”选项卡上单击“公共参数”卷展栏，并设置具体参数，如图11.41所示。

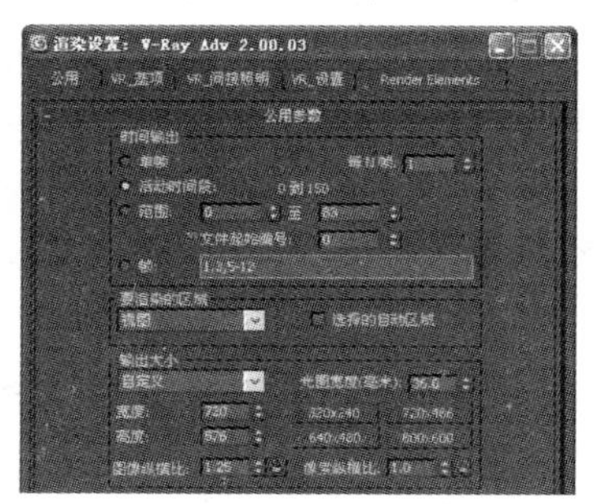

图11.41 “公共参数”卷展栏

19 在“公用参数”卷展栏下设置渲染输出的路径，在弹出的“渲染输出文件”对话框中设置具体参数，如图11.42所示。

20 在弹出的“Targa图像控制”对话框中，设置参数如图11.43所示。

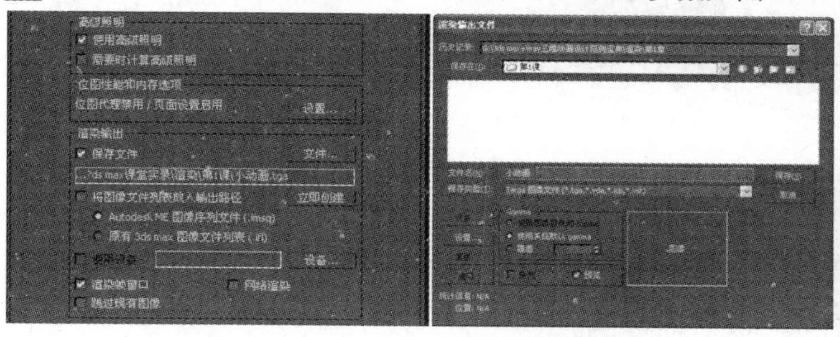

图11.42 渲染输出路径

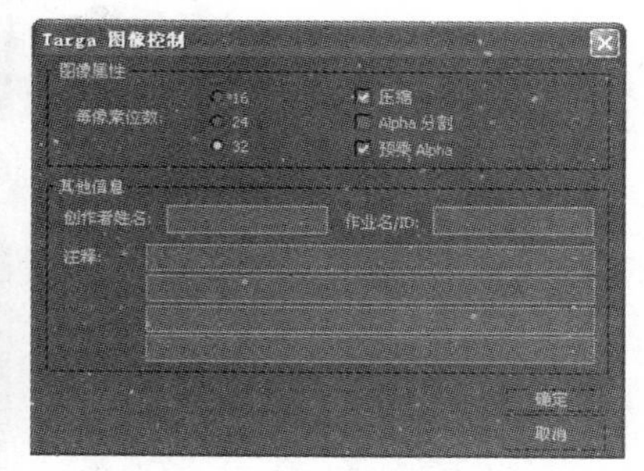

图11.43 “Targa图像控制”对话框

21 至此，小动画的渲染设置已经制作完成。单击工作界面左上角的按钮，执行“保存”命令，保存文件。

11.3 课堂实例2：使用V-Ray渲染庭院的一角

本例通过渲染一个室外场景，介绍V-Ray渲染器在室外效果中的基本应用，效果如图11.44所示。

图11.44 渲染效果

01 在桌面上双击图标，启动3ds Max 2012中文版软件。

02 打开随书光盘中的“模型”/“第11课”/“渲染庭院的一角.max”文件，结果如图11.45所示。

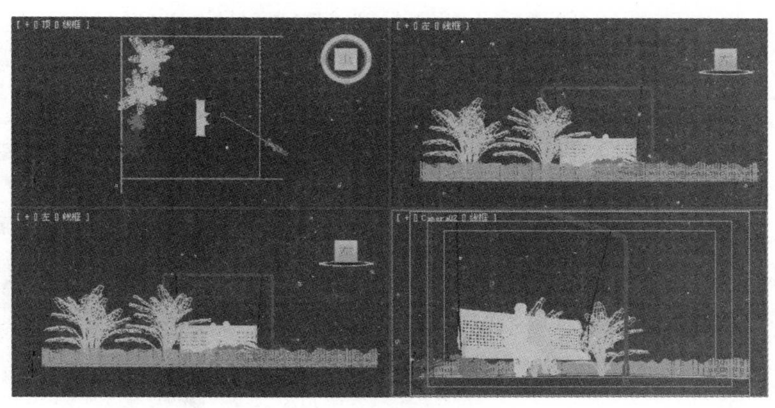

图11.45 场景文件

03 在这一场景中材质和相机已经设置好了，下面就需要设置场景的灯光，从而表现庭院一角的视角效果。

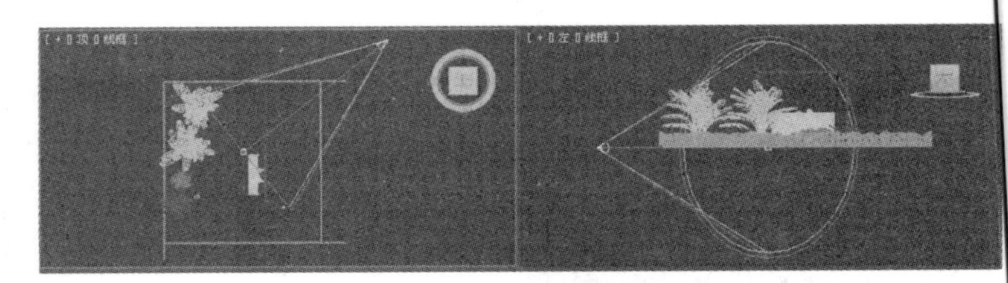

图11.46 创建目标聚光灯

04 单击(创建)→(灯光)→ 标准 → 目标聚光灯 按钮，在顶视图中创建一个目标聚光灯，如图11.46所示。

05 在视图中调整灯光的位置，如图11.47所示。

图11.47 调整灯光的位置

06 打开修改器列表，在“常规参数”卷展栏中设置具体参数，如图11.48所示。

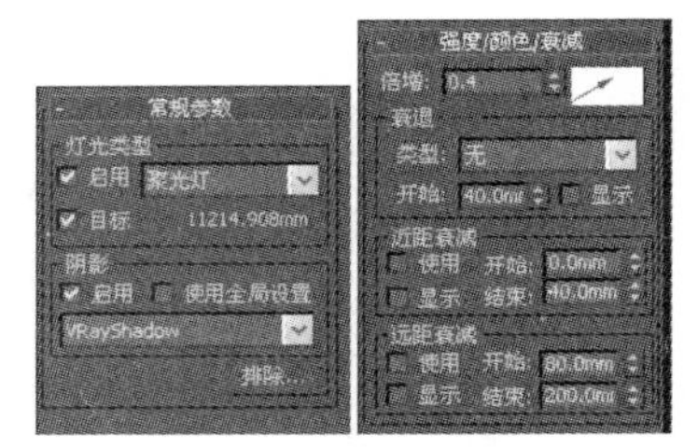

图11.48 设置参数

07 在工具栏上单击(渲染设置)按钮，在“指定渲染器”卷展栏中单击按钮，从弹出的“选择渲染器”对话框中设置渲染器类型，如图11.49所示。

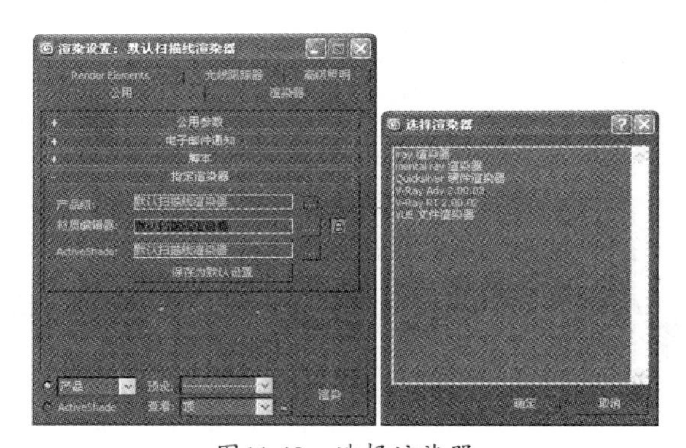

图11.49 选择渲染器

08 在“VR基项”选项卡上单击“V-Ray::图像采样器(抗锯齿)”卷展栏，设置各项参数，如图11.50所示。

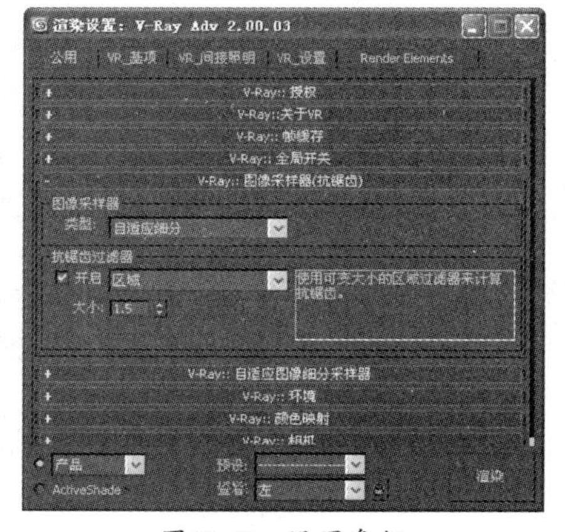

图11.50 设置参数

09 在“VR基项”标签页上单击“V-Ray::环境”卷展栏，设置具体参数，如图11.51所示。

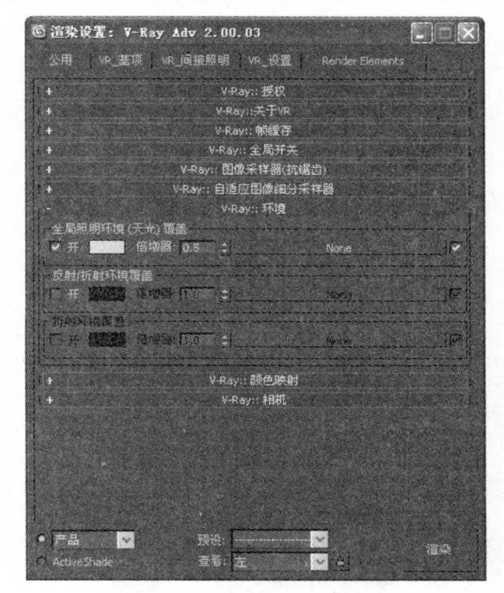

图11.51 设置参数

10 在“VR基项”选项卡上单击“V-Ray::间接照明(全局照明)”卷展栏，设置各项参数，如图11.52所示。

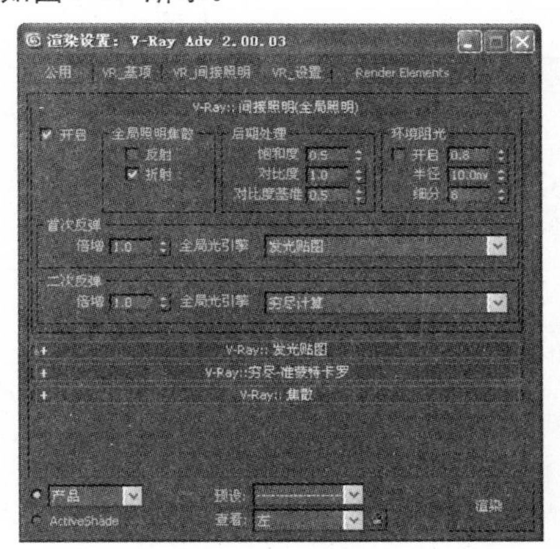

图11.52 设置参数

11 单击“V-Ray::发光贴图”卷展栏，设置具体参数，如图11.53所示。

12 在“公用”标签页上单击“公共参数”卷展栏，并设置具体参数，如图11.54所示。

13 至此，庭院的一角的渲染设置已经完成，单击“公用参数”卷展栏中的渲染按钮开始渲染，最终效果如图11.55所示。单击工作界面左上角的按钮，执行“保存”命令，保存文件。

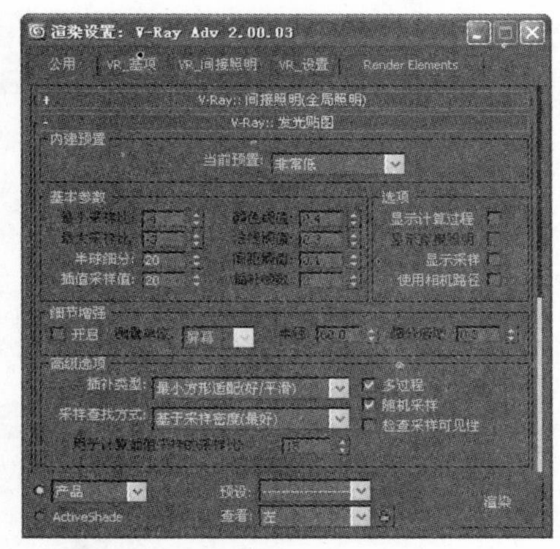

图11.53 设置参数

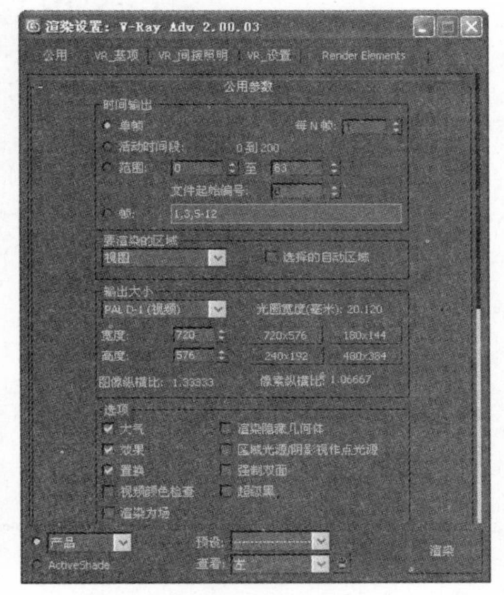

图11.54 设置参数

图11.55 渲染

11.4 课后练习

1. 熟练使用V-Ray设置灯光。
2. 使用V-Ray灯光、材质和渲染器渲染一个小的室内空间，如图11.56所示。

图11.56　室内空间

第12课 环境与特效

在3ds Max中制作各种特效效果，例如胶片颗粒、景深和镜头模拟，作为渲染效果提供。另一些效果，例如雾，作为环境效果提供。还可以在场景中使用大气插件完成特效效果的制作。

本课内容：

◎ 基础知识讲解
◎ 晨雾
◎ 太阳光晕

12.1 基础知识讲解

在3ds Max中使用环境设置，可以设置大气效果和背景效果。使用环境功能可以执行以下操作：设置背景颜色和设置背景颜色动画；在渲染场景(屏幕环境)的背景中使用图像，或者使用纹理贴图作为球形环境；柱形环境或收缩包囊环境；设置环境光和设置环境光动画；在场景中使用大气插件(例如体积光)执行；将曝光控制用于渲染。

12.1.1 环境基本参数

在工具栏中执行“渲染”→“环境”命令，在弹出的“环境和效果”对话框中，可以看到“公共参数”卷展栏，如图12.1所示。

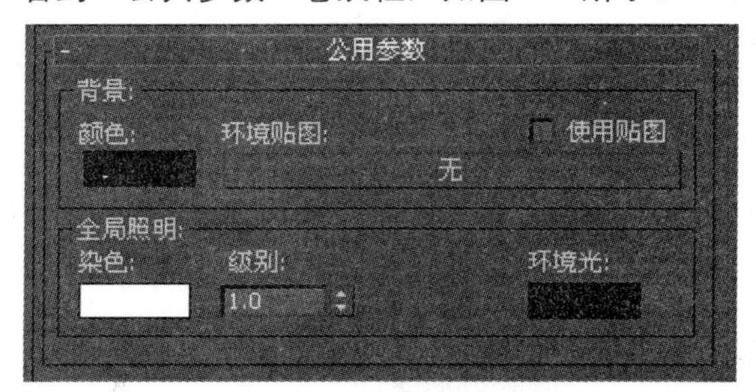

图12.1 “公用参数”卷展栏

“背景”组：

- 颜色：设置场景背景的颜色。单击颜色，并在“颜色选择器”中选择所需的颜色。通过在启用“自动关键点”按钮的情况下，更改非零帧的背景颜色，设置颜色效果动画。
- 环境贴图：环境贴图的按钮会显示贴图的名称，如果尚未指定名称，则显示为“无”。贴图必须使用环境贴图坐标（球形、柱形、索索包囊和屏幕）。
- 使用贴图：使用贴图作为背景而不是背景颜色。

“全局照明”组：

- 染色：如果此颜色不是白色，则为场景中的所有灯光（环境光除外）染色。单击颜色显示“颜色选择器”，用于选择色彩颜色。通过在启用“自动关键点”按钮的情况下更改非零帧的色彩颜色，设置彩色颜色动画。
- 级别：增强场景中的所有灯光。如果级别为1.0，则保留各个灯光的原始设置。增大级别将增强总体场景的照明，减小级别将减弱总体照明。此参数可设置动画。默认设置为1.0。
- 环境光：设置环境光的颜色。单击颜色，然后在“颜色选择器”中选择所需的颜色。通过在启动“自动关键点”按钮的情况下更改非零帧的环境光颜色，设置灯光效果动画。

12.1.2 大气的应用

在工具栏中执行“渲染”→“环境”命令，在弹出的“环境和效果”对话框中，可以看到“大气”卷展栏，如图12.2所示。

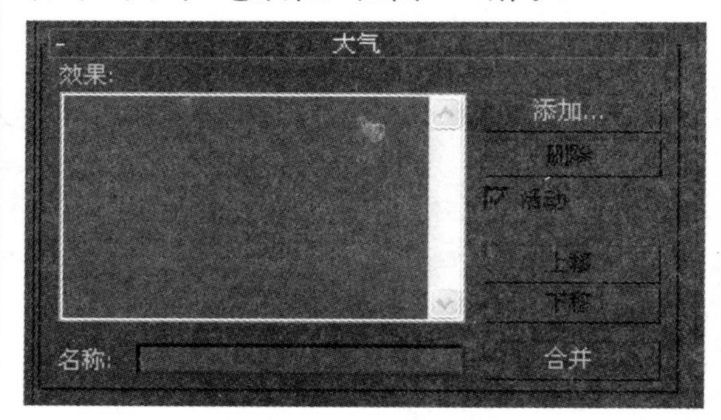

图12.2 “大气”卷展栏

- 效果：显示已添加的效果队列。在渲染期间，效果在场景中按线性顺序计算。根据所选的效果，“环境”对话框添加适合效果参数的卷展栏。
- 名称：为列表中的效果自定义名称。例如，不同类型的火焰可以使用不同的自定义设置，可以命名为“火花”和“火球”。
- 添加：显示“添加大气效果”对话框（所有当前安装的大气效果），如图12.3所示。选择效果，并单击“确定”按钮将效果指定给列表。

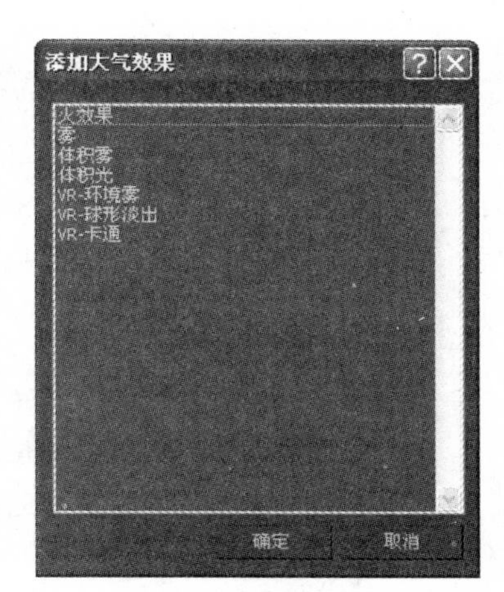

图12.3 “添加大气效果”对话框

- 删除：将所选大气效果从列表中删除。
- 活动：为列表中的各个效果设置启用/禁用状态。这种方法可以方便地将复杂的大气功能列表中的各种效果孤立。
- 上移/下移：将所选项在列表中上移或下移，更改大气效果的应用顺序。
- 合并：合并其他3ds Max场景文件中的效果。

1．“曝光控制”卷展栏

“曝光控制”是用于调整渲染的输出级别和颜色范围的插件组件，就像调整胶片曝光一样。如果渲染使用光能传递，曝光控制尤其有用。

曝光控制可以补偿显示器有限的动态范围。显示器的动态范围大约有两个数量级。显示器上显示的最亮颜色比最暗颜色亮大约100倍。比较而言，眼睛可以感知大约16个数量级的动态范围。可以感知的最亮颜色比最暗的颜色亮大约10^{16}次方倍。曝光控制调整颜色，使颜色可以更好地模拟眼睛的大动态范围，同时仍适合可以渲染的颜色范围。

使用未衰减的标准灯光时，渲染的动态范围通常较低，因为整个场景的灯光强度不会剧烈变化。在这种情况下，只须调整灯光值即可获得良好的渲染效果。反之，灯光衰减时，近距曲面上的灯光可能过亮，或者远距曲面上的灯光可能过暗。在这种情况下，可以使用自动曝光控制，因为自动曝光控制可以将较大的(模拟)物理场景动态范围调整为较小的显示动态范围。

“曝光控制”卷展栏，如图12.4所示。

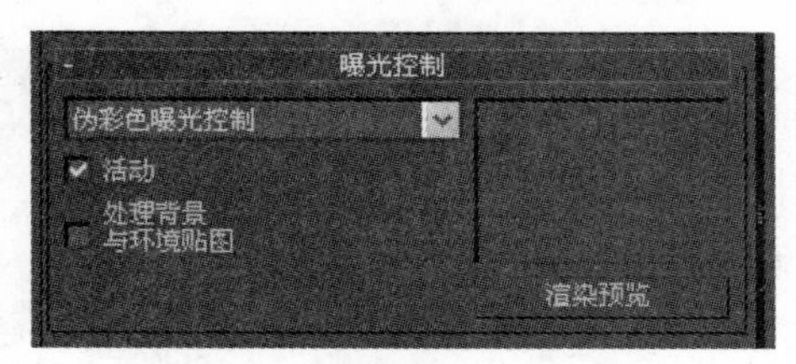

图12.4 “曝光控制”卷展栏

- 下拉列表：选择要使用的曝光控制。
- 活动：启用时，在渲染中使用该曝光控制；禁用时，不使用该曝光控制。
- 处理背景与环境贴图：启用时，场景背景题图和场景环境贴图受曝光控制的影响；禁用时，则不受曝光控制的影响。
- 预览缩略图：缩略图显示应用了活动曝光控制渲染场景的预览。渲染了预览后，在更改曝光控制设置时将交互式更新。
- 渲染预览：单击可以渲染预览缩略图。

大气是用于创建照明效果(例如雾、火焰等)的插件组件。常用环境大气包括：火焰环境效果、雾环境效果、体积雾环境效果、体积光环境效果。

2．火焰环境效果

使用“火焰”可以生成动画的火焰、烟雾和爆炸效果。火焰效果用法包括篝火、火炬、火球、烟云和星云。

可以向场景中添加任意数量的火焰效果。效果的顺序很重要，因为列表底部附近的效果其层次置于在列表顶部附近的效果的前面。每个效果都有自己的参数。在“效果”列表中选择火焰效果时，其参数将显示在“环境”对话框中。

“火效果参数”卷展栏，如图12.5所示。

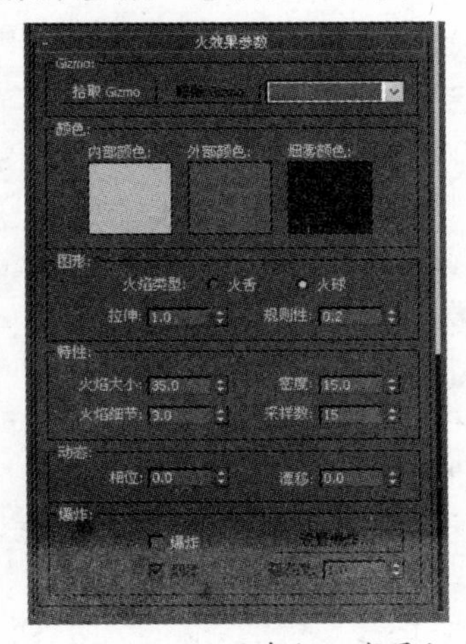

图12.5 “火效果参数”卷展栏

必须为火焰效果指定大气装置，才能渲染火焰效果。使用Gizmo区域中的按钮可以管理装置对象的列表。

Gizmo组：

- 拾取Gizmo：通过单击进入拾取模式，然后单击场景智能的某个大气装置。在渲染时，装置会显示火焰效果。装置的名称将添加到装置列表中。多个装置对象可以显示相同的火焰效果。例如，墙上的火炬可以全部使用相同的效果。为每个装置指定不同的种子可以改变效果。
- 移除Gizmo：移除Gizmo列表中所选的Gizmo。Gizmo仍在列表中，但是不再显示火焰效果。
- Gizmo列表：列出为火焰效果指定的装置对象。

“颜色”组：

- 内部颜色：设置效果中最密集部分的颜色。对于典型的火焰，此颜色代表火焰中最热的部分。
- 外部颜色：设置效果中最稀薄部分的颜色。对于典型的火焰，此颜色代表火焰中较冷的散热边缘。

火焰效果使用内部颜色和外部颜色之间的渐变进行着色。效果中的密集部分使用内部颜色，效果的边缘附近逐渐混合为外部颜色。

- 烟雾颜色：设置用于“爆炸”选项的烟雾颜色。如果启用了“爆炸”和“烟雾”，则内部颜色和外部颜色将对烟雾颜色设置动画；如果禁用了“爆炸”和“烟雾”，将忽略烟雾颜色。

“图形”组：

- 火舌：沿着中心使用纹理创建带方向的火焰。火焰方向沿着火焰装置的局部Z轴。“火舌”创建类似篝火的火焰。
- 火球：创建圆形的爆炸火焰，“火球”很适合爆炸效果。
- 拉伸：将火焰沿着装置的Z轴缩放。拉伸最合适火舌的火焰。但是，可以使用拉伸为火球提供椭圆形状。如果值小于1.0，将压缩火焰，使火焰更短更粗；如果值大于1.0，将拉伸火焰，使火焰更长、更细。
- 规则性：修改火焰填充装置的方式，范围为

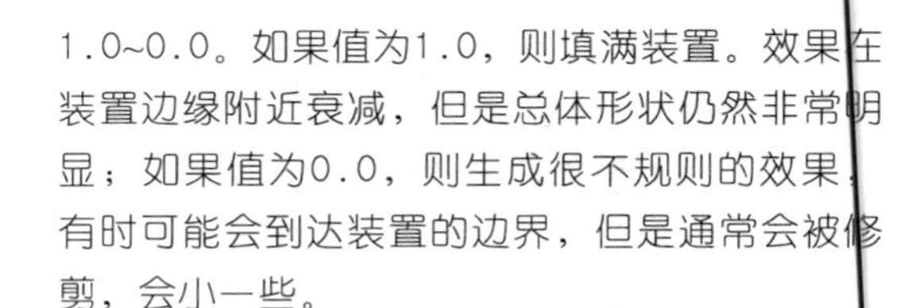

1.0~0.0。如果值为1.0，则填满装置。效果在装置边缘附近衰减，但是总体形状仍然非常明显；如果值为0.0，则生成很不规则的效果，有时可能会到达装置的边界，但是通常会被修剪，会小一些。

“特性”组：

- 火焰大小：设置装置中各个火焰的大小。装置大小会影响火焰大小。装置越大，需要的火焰也越大。使用15.0~30.0的值可以获得最佳效果。较大的值最适合火球效果。较小的值最适合火舌效果。如果火焰很小，可能需要增大“采样数”才能看到各个火焰。
- 火焰细节：控制每个火焰中显示的颜色更改量和边缘尖锐度。范围为0.0~10.0。较低的值可以生成平滑、模糊的火焰，渲染速度较快。较高的值可以生成带图案的、清晰的火焰，渲染速度较慢。对大火焰使用较高的细节值。如果细节值大于4，可能需要增大“采样数”才能捕获细节。
- 密度：设置火焰效果的不透明度和亮度。装置大小会影响密度。密度与小装置相同的大装置因为更大，所以更加不透明并且更亮。较低的值会降低效果的不透明度，更多地使用外部颜色；较高的值会提高效果的不透明度，并通过逐渐使用白色替换内部颜色，加亮效果。值越高，效果的中心越白。如果启用了“爆炸”，则“密度”从爆炸起始值0.0开始变化到所设置的爆炸峰值的密度值。
- 采样数：设置效果的采样率。值越高，生成的结果越准确，渲染所需的时间也越长。

“动态”组：

- 相位：控制更改火焰效果的速率。启用“自动关键点”，更改不同的相位值倍数。
- 漂移：设置火焰沿着火焰装置的Z轴的渲染方式。值是上升量（单位数），较低的值提供燃烧较慢的冷火焰，较高的值提供燃烧较快的热火焰。为了获得最佳火焰效果，漂移应为火焰装置高度的倍数。还可以设置火焰装置位置和大小，以及大多数火焰参数的动画。例如，火焰效果可以设置颜色、大小和密度的动画。

“爆炸”组：

- 爆炸：根据相位值动画自动设置大小、密度和颜色的动画。

- 烟雾：控制爆炸是否产生烟雾。启用时，火焰颜色在相位值100~200之间变为烟雾；烟雾在相位值200~300之间清除；禁用时，火焰颜色在相位值200~300之间逐渐衰减。
- 剧烈度：改变相位参数的涡流速度。
- 如果值大于1.0，会加快涡流速度；如果值小于1.0，会减慢涡流速度。
- 设置爆炸：显示“设置爆炸相位曲线”对话框。输入开始时间和结束时间，然后单击“确定”按钮。相位值自动为典型的爆炸效果设置动画。

3．雾环境效果

此命令提供雾和烟雾的大气效果。此插件提供雾等效果，使对象随着与摄影机距离的增加逐渐褪光（标准雾），或提供分层雾效果，使所有对象或部分对象被雾笼罩。只有摄影机视图或透视视图中会渲染雾效果。正交视图或用户视图不会渲染雾效果。

在“环境”对话框的“效果”下选择“雾”时，将出现“雾参数”卷展栏。“雾参数”卷展栏，如图12.6所示。

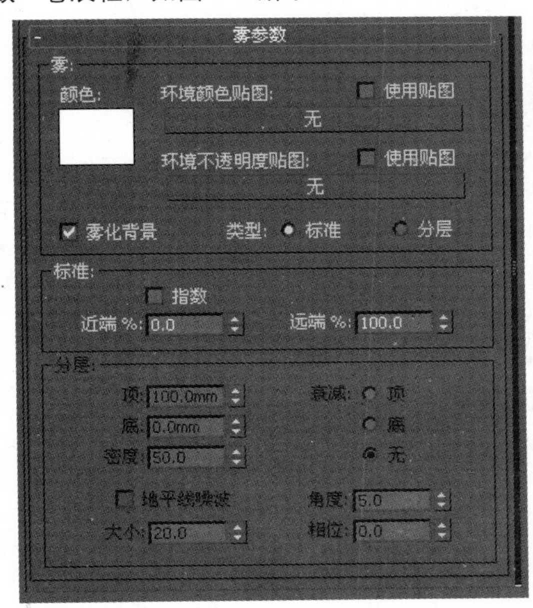

图12.6 “雾参数”卷展栏

“雾”组：

- 颜色：设置雾的颜色。单击色样，然后在颜色选择器中选择所需的颜色。通过在启用“自动关键点”按钮的情况下更改非零帧的雾颜色，可以设置颜色效果动画。
- 环境颜色贴图：从贴图导出雾的颜色。可以为背景和雾颜色添加贴图，可以在“轨迹视图”或“材质编辑器”中设置程序贴图参数的动画，还可以为雾添加不透明度贴图。大按钮显示颜色贴图的名称，如果没有指定贴图，则显示“无”。贴图必须使用环境贴图坐标（球形、柱形、收缩包裹和屏幕）。
- 使用贴图：切换此贴图效果的启用或禁用。
- 环境不透明度贴图：更改雾的密度。指定不透明度并进行编辑，按照“环境颜色贴图”的方法切换其效果。
- 雾背景：将雾功能应用于场景的背景。
- 类型：选择“标准”时，将使用“标准”部分的参数；选择“分层”时，将使用“分层”部分的参数。
- 标准：启用“标准”部分的参数。
- 分层：启用“分层”组。

“标准”组：

- 指数：随距离按指数增大密度。禁用时，密度随距离线性增大。只有希望渲染体积雾中的透明对象时，才应激活此复选框。
- 近端100%：设置雾在近距范围的密度（“摄影机环境范围”参数）。
- 远端100%：设置雾在远距范围的密度（“摄影机环境范围”参数）。

“分层”组：

- 顶：设置雾层的上限（使用世界单位）。
- 底：设置雾层的下限（使用世界单位）。
- 衰减（顶/底/无）：添加指数衰减效果，使密度在雾范围的“顶”或“底”减小到0。
- 地平线噪波：启用地平线噪波系统。“地平线噪波”仅影响雾层的地平线，增加真实感。
- 大小：应用于噪波的缩放系数。缩放系数值越大，雾越大。默认设置为20。
- 角度：确定受影响的与地平线的角度。例如，如果角度设置为5（合理值），从地平线以下5°开始，雾开始散开。
- 相位：设置此参数的动画将设置噪波的动画。如果相位沿着正向移动，雾将向上漂移（同时变形）。如果雾高于地平线，可能需要沿着负

向设置相位的动画，使雾卷下落。

4．体积雾环境效果

“体积雾”提供雾效果，雾密度在3D空间中不是恒定的。此插件提供吹动的云状雾效果，似乎在风中飘散。只有摄影机视图或透视视图中会渲染体积雾的效果。在“环境”对话框中的“效果”下选择“体积雾”时，将出现“体积雾参数”卷展栏。“体积雾参数”卷展栏如图12.7所示。

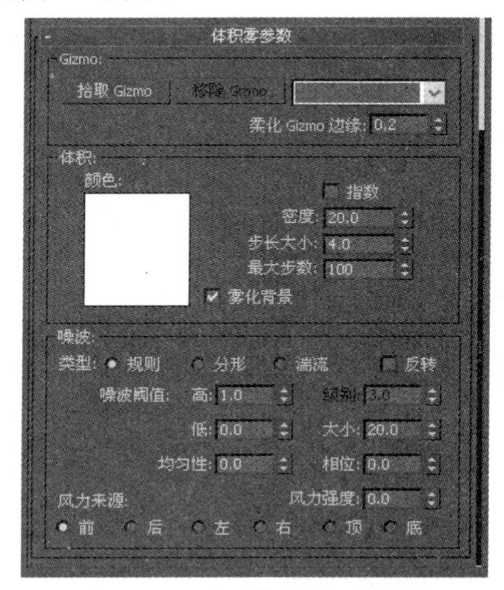

图12.7 “体积雾参数”卷展栏

Gizmo组：

- 拾取Gizmo：通过单击进人拾取模式，然后单击场景中的某个大气装置。在渲染时，装置会包含体积雾。装置的名称将添加到装置列表中。多个装置对象可以显示相同的雾效果。
- 移动Gizmo：将Gizmo从体积雾效果中移除。在列表中选择Gizmo，然后单击“移除Gizmo”按钮。
- 柔化Gizmo边缘：羽化体积雾效果的边缘。值越大，边缘越柔化。范围为0~1.0。

“体积”组：

- 颜色：设置雾的颜色。单击色样，然后在颜色选择器中选择所需的颜色。通过在启用“自动关键点”按钮的情况下更改非零帧的雾颜色，可以设置颜色效果动画。
- 指数：随距离按指数增大密度。禁用时，密度随距离线性增大。只有希望渲染体积雾中的透明对象时，才应激活此复选框。
- 密度：控制雾的密度。范围为0~20（超过该值可能会看不到场景）。
- 步长大小：确定雾采样的粒度，雾的“细度”。步长较大，会使雾变粗糙（到了一定程度，将变为锯齿）。
- 最大步数：限制采样量，以便雾的计算不会永远执行。如果雾的密度较小，此选项尤其有用。
- 雾背景：将雾功能应用于场景的背景。

“噪波”组：

- 类型：从3种噪波类型中选择要应用的一种类型。
- 规则：标准的噪波图案。
- 分形：迭代分形噪波图案。
- 湍流：迭代湍流图案。
- 反转：反转噪波效果，浓雾将变为半透明的雾，反之亦然。
- 噪波阈值：限制噪波效果。范围为0～1.0。如果噪波值高于“低”阈值而低于“高”阈值，动态范围会拉伸到填满0～1。这样，在阈值转换时会补偿较小的不连续（第1级而不是0级）。因此，会减少可能产生的锯齿。
- 高：设置高阈值。
- 低：设置低阈值。
- 均匀性：范围为－1～1，作用与高通过滤器类似。值越小，体积越透明，包含分散的烟雾泡。如果在－0.3左右，图像开始看起来像灰斑。因为此参数越小，雾越薄，所以，可能需要增加密度，否则，体积雾将开始消失。
- 级别：设置噪波迭代应用的次数。范围为1~6，包括小数值。只有“分形”或“湍流”噪波才启用。
- 大小：确定烟卷或雾卷的大小。值越小，卷越小。
- 相位：控制风的种子。如果“风力强度”的设置大于0，雾体积会根据风向产生动画。如果没有“风力强度”，雾将在原处涡流。因为相位有动画轨迹，所以可以使用“功能曲线”编辑器准确定义希望风如何“吹”。风可以在指定时间内使雾体积沿着指定方向移动。风与相位参数绑定，所以，在相位改变时，风就会移动。如果“相位”没有设置动画，则不会有风。

- 风力强度：控制烟雾远离风向（相对于相位）的速度。如上所述，如果相位没有设置动画，无论风力强度有多大，烟雾都不会移动，通过使相位随着大的风力强度慢慢变化，雾的移动速度将大于其涡流速度。此外，如果相位快速变化，而风力强度相对于较小，雾将快速涡流、慢速漂移。如果希望雾仅在原位涡流，应设置相位动画，同时保持风力强度为0。
- 风力来源：定义风来自于哪个方向。

5．体积光环境效果

“体积光”根据灯光与大气（雾、烟雾等）的相互作用提供灯光效果。此插件提供泛光灯的径向光晕、聚光灯的锥形光晕和平行光的平行雾光束等效果。如果使用阴影贴图作为阴影生成器，则体积光中的对象可以在聚光灯的锥形中投射阴影。只有摄像机视图或透视视图中会渲染体积光效果。正交视图或用户视图不会渲染体积光效果。在“环境”对话框的“效果”下选择“体积光”时，将出现“体积光参数”卷展栏。“体积光参数”卷展栏如图12.8所示。

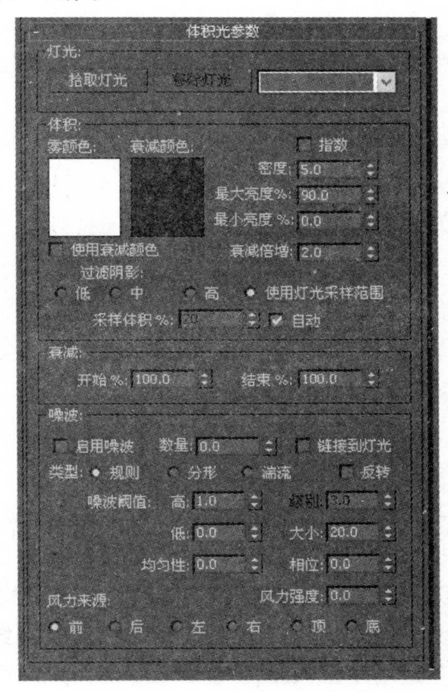

图12.8 “体积光参数”卷展栏

“灯光”组：

- 拾取灯光：在任意视口中单击要为体积光启用的灯光。可以拾取多个灯光。单击“拾取灯光”按钮，然后按H键，此时将显示“从场景选择”对话框，用于从列表中选择多个灯光。
- 移除灯光：将灯光从列表中移除。

“体积”组：

- 雾颜色：设置组成体积光的雾的颜色。单击色样，然后在颜色选择器中选择所需的颜色。通过在启用“自动关键点”按钮的情况下更改非零帧的雾颜色，可以设置颜色效果动画，与其他雾效果不同，此雾颜色与灯光的颜色组合使用。最佳的效果可能是使用白雾，然后使用彩色灯光照射。
- 衰减颜色：体积光随距离而衰减。体积光经过灯光的近距衰减距离和远距衰减距离，从“雾颜色”渐变到“衰减颜色”。单击色样将显示颜色选择器，这样可以更改衰减颜色。
- “衰减颜色”与“雾颜色”相互作用。例如，如果雾颜色是红色，衰减颜色是绿色，在渲染时，雾将衰减为紫色。通常，衰减颜色应很暗，中灰色是一个比较好的选择。
- 使用衰减颜色：激活衰减颜色。
- 指数：随距离按指数增大密度。禁用时，密度随距离线性增大。只有希望渲染体积雾中的透明对象时，才应激活此复选框。
- 密度：设置雾的密度。雾越密，从体积雾反射的灯光就越多。密度为2%～6%，可能会获得最具真实感的雾体积。
- 最大亮度%：表示可以达到的最大光晕效果（默认设置为90%）。如果减小此值，可以限制光晕的亮度，以便使光晕不会随距离灯光越来越远而越来越浓，而出现“一片全白”。
- 最小亮度%：与环境光设置类似。如果“最小亮度%”大于0，光体积外面的区域也会发光。
- 衰减倍增：调整衰减颜色的效果。
- 过滤阴影：用于通过提高采样率（以增加渲染时间为代价）获得更高质量的体积光渲染。其中包括以下选项。
- 低：不过滤图像缓冲区，而是直接采样。此选项适合8位图像、AVI文件等。
- 中：对相邻的像素采样并求均值。对于出现条带类型缺陷的情况，这可以使质量得到非常明显的改进。速度比“低”要慢。

- 高：对相邻的像素和对角像素采样，为每个像素指定不同的权重，这种方法速度最慢，提供的质量要比“中”好一些。
- 使用灯光采样范围：根据灯光的阴影参数中的“采样范围”的值，使体积光中投射的阴影变模糊。因为增大“采样范围”的值会使灯光投射的阴影变模糊，这样使雾中的阴影与投射的阴影更加匹配，有助于避免雾阴影中出现锯齿。
- 采样体积%：控制体积的采样率。范围为1~10000（其中1是最低质量，10000是最高质量）。
- 自动：自动控制“采样体积%”参数，禁用微调器（默认设置）。预设的采样率如下：“低”为8；“中”为25；“高”为50。因为该参数最大可以设置为100，所以，仍有设置得高一些的余地。增大“采样体积%”参数肯定会减慢速度，但是有时，用户可能需要增大该参数（为了获得非常高的采样质量）。

“衰减”组：

- 开始%：设置灯光效果的开始衰减，与实际灯光参数的衰减相对。默认设置为100%，意味着在“开始范围”值（即更接近灯光本身的值）的减小的百分比开始衰减。因为通常需要平滑的衰减区，所以，可以保持此值为0，无论灯光的实际“开始范围”是多少，这样总是可以获得没有聚光区的平滑光晕。
- 结束%：设置照明效果的结束衰减，与实际灯光参数的衰减相对。通过设置此值低于100%，可以获得光晕衰减的灯光，此灯光投射的光比实际发光的范围要远得多。默认值为100。

“噪波”组：

- 启用噪波：启用和禁用噪波。启用噪波时，渲染时间会稍有增加。
- 数量：应用于雾的噪波的百分比。如果数量为0，则没有噪波。如果数量为1，雾将变为纯噪波。
- 链接到灯光：将噪波效果链接到其灯光对象，而不是世界坐标。通常，用户会希望噪波看起来像大气中的雾或尘埃，随着灯光的移动，噪波应该保持世界坐标。不过，对于某些特殊效果，可能需要将噪波链接到灯光的坐标上，在这种情况下，启用“链接到灯光”。
- 类型：从3种噪波类型中选择要应用的一种类型。
    - ◆ 规则：标准的噪波图案。
    - ◆ 分形：迭代分形噪波图案。
    - ◆ 湍流：迭代湍流图案。
- 反转：反转噪波效果。浓雾将变为半透明的雾，反之亦然。
- 噪波阈值：限制噪波效果。如果噪波值高于“低”阈值且低于“高”阈值，动态范围会拉伸到填满0～1。这样，在阈值转换时会补偿较小的不连续（第1级而不是0级），因此，会减少可能产生的锯齿。
- 高：设置高阈值。范围为0～1.0。
- 低：设置低阈值。范围为0～1.0。
- 均匀性：作用类似高通过滤器：值越小，体积越透明，包含分散的烟雾泡。如果在-0.3左右，图像开始看起来像灰斑。因为此参数越小，雾越薄，所以，可能要增大密度，否则，体积雾将开始消失，范围为-1~1。
- 级别：设置噪波迭代应用的次数。此参数可设置动画。只有“分形”或“湍流”噪波才启用。范围为1~6，包括小数值。
- 大小：确定烟卷或雾卷的大小。值越小，卷越小。
- 相位：控制风的种子。如果“风力强度”的设置也大于0，雾体积会根据风向产生动画。如果没有“风力强度”，雾将在原处涡流。因为相位有动画轨迹，所以可以使用“功能曲线”编辑器准确定义希望风如何“吹”。风与相位参数绑定，所以，在相位改变时，风就会移动。如果“相位”没有设置动画，则不会有风。
- 风力强度：控制烟雾远离风向（相对于相位）的速度。如上所述，如果相位没有设置动画，无论风力强度有多大，烟雾都不会移动。通过使相位随着大的风力强度慢慢变化，雾的移动速度将大于其涡流速度。此外，如果相位快速变化，而风力强度相对较小，雾将快速涡流、慢速漂移。如果希望雾仅在原位涡流，应要设置相位动画，同时保持风力强度为0。

- 风力来源：定义风来自于哪个方向。

12.1.3 效果的应用

使用“渲染效果”可以通过添加后期生成效果查看结果，不必渲染场景。通过“环境和效果”对话框上的“效果”面板，可以在最终渲染图像或动画之前添加各种效果并进行查看。渲染效果使用户可以交互工作。在调整效果的参数时，可选择渲染帧窗口使用场景几何体及应用效果的最终输出图像系统进行自动更新。也可以选择继续处理某个效果，然后手动更新该效果。

使用“效果”面板可以执行以下操作：指定渲染效果插件、应用图像处理但不使用Video Post。以交互方式调整和查看效果。为参数和对场景对象的参考设置动画。

“效果”面板中有一个“效果”卷展栏，如图12.9所示。

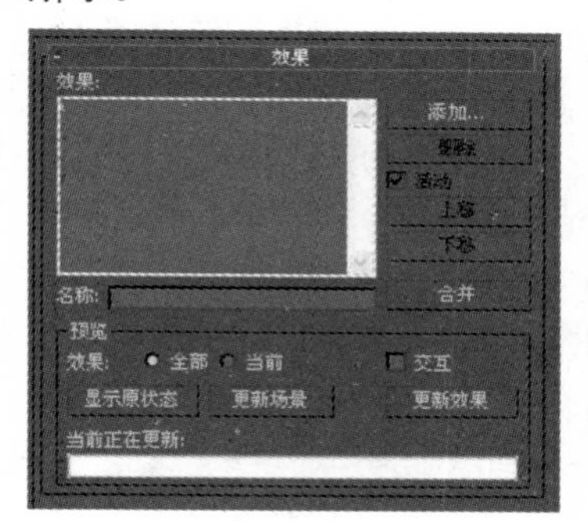

图12.9 “效果”卷展栏

- 效果：显示所选效果的列表。
- 名称：显示所选效果的名称，编辑此字段可以为效果重命名。
- 添加：显示一个列出所有可用渲染效果的对话框。选择要添加到窗口列表的效果，然后单击“确定”按钮。
- 删除：将高亮显示的效果从窗口和场景中移除。
- 活动：指定在场景中是否激活所选效果。默认设置为启用。可以通过在窗口中选择某个效果，禁用“活动”，取消激活该效果，而不必真正移除。
- 上移：将高亮显示的效果在窗口列表中下移。
- 合并：合并场景（.Max）文件中渲染效果。单击“合并”按钮将显示一个文件对话框，从中可以选择.Max文件。然后会出现一个对话框，列出该场景中所有的渲染效果。

“预览”组：

- 效果：选中“全部”时，所有活动效果均将应用于预览。选中“当前”时，只有高亮显示的效果将应用于预览。
- 交互：启用时，在调整效果的参数时，更改会在渲染帧窗口中交互进行。没有激活“交互”时，可以单击一个“更新”按钮预览效果。
- “显示原状态/显示效果”切换：单击“显示原状态”会显示未应用任何效果的原渲染图像。单击“显示效果”按钮会显示应用了效果的渲染图像。
- 更新场景：使用在渲染效果中所作的所有更改以及对场景本身所做的所有更改来更新渲染帧窗口。渲染帧窗口中只显示在渲染效果中所做的所有更改的更新。对场景本身所作的所有更改不会被渲染。

1．常用效果

“镜头效果”是用于创建真实效果(通常与摄影机关联)的系统。镜头效果包括以下几种效果。

- 光晕：可以用于在指定对象的周围添加光环。例如，对于爆炸粒子系统，给粒子添加光晕使它们看起来好像更明亮而且更热。
- 光环：是环绕源对象中心的环形彩色条带。
- 射线：是从源对象中心发出明亮的直线，为对象提供亮度很高的效果。使用射线可以模拟摄影机镜头元件的划痕。
- 自动二级光斑：二级光斑是可以正常看到的一些小圆，沿着与摄影机位置相对的轴从镜头光斑源中发出。这些光斑由灯光从摄影机中不同的镜头元素折射而产生。随着摄影机的位置相对于源对象更改，二级光斑也随之移动。
- 手动二级光斑：手动二级光斑是单独添加到镜头光斑中的附加二级光斑。这些二级光斑可以附加也可以取代自动二级光斑。如果要添加不希望重复使用的唯一光斑，应使用手动二级光斑。
- 星形：“星形”比射线效果要大，由0~30个辐射线组成，而不像射线由数百个辐射线组成。

- 条纹：条纹是穿过源对象中心的条带，在实际使用摄影机时，使用失真镜头拍摄场景时会产生条纹。

"镜头效果全局"卷展栏，如图12.10所示。

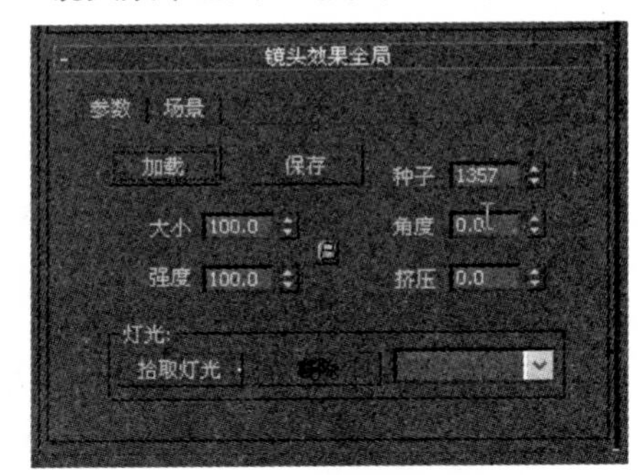

图12.10 "镜头效果全局"卷展栏

- 加载：显示"加载镜头效果文件"对话框，可以用于打开LZV文件。LZV文件格式包含从镜头效果的上一个配置保存的信息。这样，用户可以加载并使用以前的软件会话保存的镜头效果。
- 保存：显示"保存镜头效果文件"对话框，可以用于保存LZV文件。LZV文件格式包含从镜头效果的上一个配置保存的信息。这样，用户可以保存几种类型的镜头效果，并在多个3ds Max场景中使用。
- 大小：影响总体镜头效果的大小。此值是渲染帧的大小百分比。
- 强度：控制镜头效果的总体亮度和不透明度。值越大，效果越亮越不透明，值越小，效果越暗越透明。
- 种子：为镜头效果中的随机数生成器提供不同的起点，创建略有不同的镜头效果，而不更改任何设置。使用"种子"可以保证镜头效果不同，即使差异很小。例如，如果设置射线效果，则通过调整了种子值，可以在镜头光斑中获得略有不同的射线。
- 角度：影响在效果与摄影机相对位置的改变时，镜头效果从默认位置旋转的量。
- 挤压：在水平方向或垂直方向挤压总体镜头效果的大小，补偿不同的帧纵横比。正值在水平方向拉伸效果，而负值在垂直方向拉伸效果。此值是光斑的大小百分比。范围为100~－100。
- 灯光组：可以选择要应用镜头效果的灯光。
- "拾取灯光"：使用户可以直接通过视口选择灯光。也可以按H键显示"选择对象"对话框，从中选择灯光。
- 移除灯光：移除所选的灯光。
- 下拉列表：可以快速访问已添加到镜头效果中的灯光。

"镜头效果全局"卷展栏的"场景"选项卡，如图12.11所示。

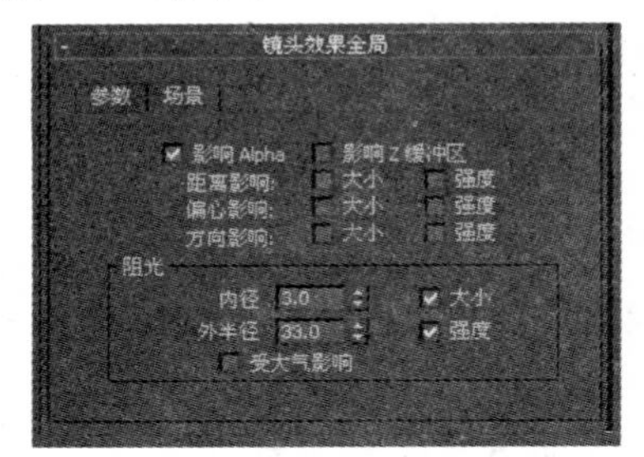

图12.11 "场景"选项卡

- 影响Alpha：指定如果图像以32位文件格式渲染，镜头效果是否影响图像的Alpha通道。Alpha通道是颜色的额外8位（256色），用于指示图像中的透明度。Alpha通道用于无缝地在一个图像的上面合成另外一个图像。如果要通过图像互相重叠合成镜头效果或包含镜头效果的图像，则启用此选项。如果不是渲染为32位文件，则不用启用此选项。
- 影响Z缓冲区：存储对象与摄影机的距离。Z缓冲区用于光学效果。启用此选项时，将记录镜头效果的线性距离，可以在利用Z缓冲区的特殊效果中使用。
- 距离影响：允许与摄影机或视口偏心的多少影响效果的大小和/或强度。
- 方向影响：允许聚光灯相对于摄影机的方向影响效果的大小和/或强度。灯光指向摄影机（或视口）时，效果的大小和强度为最大值。

"阻光"组：

阻光度用于确定镜头效果何时受到效果和摄影机之间出现的对象的影响。通过使用两个微调器确定阻光度，可以使场景对象真正影响效果外观，外径将确定另一个场景对象何时开始阻挡，内径将确定场景对象何时使效果达到最大阻光度。

- 内径：设置效果周围的内径，另一个场景对象必须与内径相交，才能完全阻挡效果。

- 外半径：设置效果周围的外径，另一个场景对象必须与外径相交，才能开始阻挡效果。
- 大小：减小所阻挡的效果大小。
- 强度：减小所阻挡的效果强度。
- 受大气影响：允许大气效果阻挡镜头效果。

2．模糊效果

使用模糊效果可以通过3种不同的方法使图像变模糊：均匀型、方向型和放射型。模糊效果根据“像素选择”面板中所作的选择应用于各像素。可以使整个图像变模糊，使非背景场景元素变模糊，按亮度值使图像变模糊，或使用贴图遮罩使图像变模糊。模糊效果通过渲染对象或摄影机移动的幻影，提高动画的真实感。

“模糊参数”卷展栏，如图12.12所示。

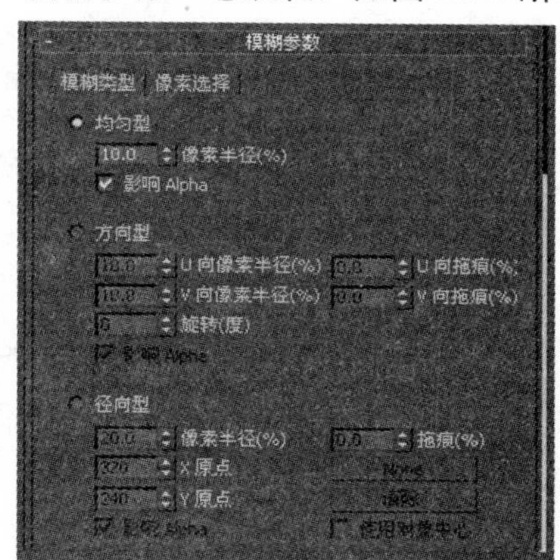

图12.12 “模糊参数”卷展栏

- 均匀型：将模糊效果均匀应用于整个渲染图像。
- 像素半径：确定模糊效果的强度。如果增大该值，将增大每个像素计算模糊效果时将使用的周围像素数。像素越多，图像越模糊。
- 影响Alpha：启用时，将均匀型模糊效果应用于Alpha通道。
- 方向型：按照“方向型”参数指定的任意方向应用模糊效果。“U向像素半径”和“U向拖痕”按照水平方向使像素变模糊，而“V向像素半径”和“V向拖痕”按照垂直方向使像素变模糊。“旋转”用于旋转水平模糊和垂直模糊的轴。
- U向像素半径：确定模糊效果的水平强度。如果增大该值，将增大每个像素计算模糊效果时将使用的周围像素数。像素越多，图像在水平方向越模糊。
- U向拖痕：通过为U轴的某一侧分配更大的模糊权重，为模糊效果添加“方向”。此设置将添加条纹效果，创建对象或摄影机正在沿着特定方向快速移动的幻影。
- V向像素半径：确定模糊效果的垂直强度。如果增大该值，将增大每个像素计算模糊效果时将使用的周围像素数，使图像在垂直方向更模糊。
- V向拖痕：通过为V轴的某一侧分配更大的模糊权重，为模糊效果添加“方向”。此设置将添加条纹效果，创建对象或摄影机正在沿着特定方向快速移动的幻影。
- 旋转：旋转将通过“U向像素半径”和“V向像素半径”微调器应用模糊效果的U向像素和V向像素的轴。“旋转”、“U向像素半径”和“V向像素半径”微调器配合使用，可以将模糊效果应用于渲染图像中的任意方向。如果旋转为0，U向对应于图像的X轴，而V向对应于图像的Y轴。
- 影响Alpha：启用时，将方向型模糊效果应用于Alpha通道。
- 径向：径向应用模糊效果。使用“放射性”参数可以将渲染图像中的某个点定义为放射型模糊效果的中心。可以使用对象作为中心，也可以使用“X原点”和“Y原点”微调器设置的任意位置。模糊效果对效果的中心原点应用最弱的模糊效果，像素距离中心越远，应用的模糊效果会逐渐增强。此设置可以用于模拟摄影机变焦产生的运动模糊效果。
- 像素半径：确定半径模糊效果的强度，如果增大该值，将增大每个像素计算模糊效果时将使用的周围像素数。像素越多，图像越模糊。
- 拖痕：通过为模糊效果的中心分配更大或更小的模糊权重，为模糊效果添加“方向”。此设置将添加条纹效果，创建对象或摄影机正在沿着特定方向快速移动的幻影。
- X/Y原点：以“像素”为单位，指渲染输出的尺寸范围指定模糊的中心。
- 无：可以指定其中心作为模糊效果的中心对象。单击该选项，选择对象，然后启用“使用对象中心”，对象的名称显示在按钮上。
- 清除：从上面的按钮中移除对象名称。

- 使用对象中心：启用此选项后，“无”按钮指定对象（工具提示：拾取要作为中心的对象）。作为模糊效果的中心。如果没有指定对象并且启用“使用对象中心”，则不向渲染图像添加模糊。
- 影响Alpha：启用时，将反射型模糊效果应用于Alpha通道。

“模糊参数”卷展栏的“像素选择”面板，如图12.13所示。

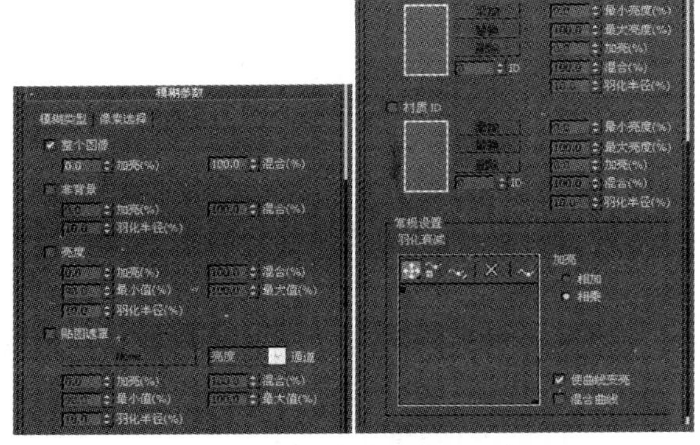

图12.13 “像素选择”面板

- 整个图像：选中时，将影响整个渲染图像，如果模糊效果使渲染图像变模糊，可以使用此设置。使用“加亮”和“混合”可以保持场景的原始颜色。
- 加亮：加亮整个图像。
- 混合：将模糊效果和“整个图像”参数与原始的渲染图像混合。可以使用此选项创建柔化焦点效果。
- 非背景：选中时，将影响除背景图像或动画以外的所有元素。如果模糊效果使场景对象变模糊，而没有使背景变模糊，可以使用此选项。使用“加亮”、“混合”“ 羽化半径”可以保持场景的原始颜色。
- 加亮：加亮除背景图像或动画以外的渲染图像。
- 混合：将模糊效果和“非背景”参数与原始的渲染图像混合。
- 羽化半径：羽化应用于场景的非背景元素的模糊效果。如果使用“非背景”作为“像素选择”，用户会发现，场景对象与模糊效果之间会有清晰的边界，因为对象变模糊，而背景没有变模糊。使用微调器羽化模糊效果，消除效果的清晰边界。
- 亮度：影响亮度值介于“最小”和“最大”微调器之间的所有像素。
- 加亮：加亮介于最小亮度值和最大亮度值之间的像素。
- 混合：将模糊效果和“亮度”参数与原始的渲染图像混合。
- 最小：设置每个像素要应用模糊效果所需的最小亮度值。
- 最大：设置每个像素要应用模糊效果所需的最大亮度值。
- 羽化半径：羽化应用于介于最小亮度值和最大亮度值之间的像素的模糊效果。如果使用“亮度”作为“像素选择”，模糊效果可能会产生清晰的边界。使用微调器羽化模糊效果，消除效果的清晰边界。
- 贴图遮罩：根据通过“材质/贴图浏览器”选择的通道和应用的遮罩应用模糊效果。选择遮罩后，必须从“通道”列表中选择通道。然后，模糊效果根据“最小”和“最大”微调器中设置的值检查遮罩和通道。遮罩中属于所选通道并且介于最小值和最大值之间的像素将应用模糊效果。如果要使场景的所选部分变模糊，例如，通过结霜的窗户看到的冬天的早晨，可以使用此选项。
- 通道：选择将应用模糊效果的通道。选择了特定通道后，使用最小和最大微调器可以确定遮罩像素要应用效果必须具有的值。
- 加亮：加亮图像中应用模糊效果的部分。
- 混合：将贴图遮罩模糊效果与原始渲染图像混合。
- 最小值：像素要应用模糊效果必须具有的最小值（RGB、Alpha或亮度）。
- 最大值：像素要应用模糊效果必须具有的最大值（RGB、Alpha或亮度）。
- 羽化半径：羽化应用于介于最小通道值和最大通道值之间的像素的模糊效果。如果使用“贴图遮罩”作为“像素选择”，模糊效果可能会产生清晰的边界。使用微调器羽化模糊效果，消除效果的清晰边界。
- 对象ID：如果对象匹配过滤器设置，会将模糊效果应用于对象或对象中具有特定对象ID的部分（在G缓冲区中）。要添加或替换对象ID，可以使用微调器或在ID文本框中输入值，然后按相应的按钮。

- 最小亮度：像素要应用模糊效果必须具有的最小亮度值。
- 最大亮度：像素要应用模糊效果必须具有的最大亮度值。
- 加亮：加亮图像中应用模糊效果的部分。
- 混合：将对象ID模糊效果与原始的渲染图像混合。
- 羽化半径：羽化应用于介于最小亮度值和最大亮度值之间的像素的模糊效果。如果使用“亮度”作为 “像素选择”，模糊效果可能会产生清晰的边界。使用微调器羽化模糊效果，消除效果的清晰边界。
- 材质：如果材质匹配过滤器设置，会将模糊效果应用于该材质或材质中具有特定材质效果通道的部分。要添加或替换材质效果通道，可以使用微调器或在ID文本框中输入值，然后单击相应的按钮。
- 最小亮度：像素要应用模糊效果必须具有的最小亮度值。
- 最大亮度：像素要应用模糊效果必须具有的最大亮度值。
- 加亮：加亮图像中应用模糊效果的部分。
- 混合：将材质模糊效果与原始的渲染图像混合。
- 羽化半径：羽化应用于介于最小亮度值和最大亮度值之间的像素的模糊效果。如果使用“亮度”作为“像素选择”，模糊效果可能会产生清晰的边界。使用微调器羽化模糊效果，消除效果的清晰边界。
- 常规设置：组的“羽化衰减”控制曲线：使用“羽化衰减”曲线可以确定基于图像的模糊效果的羽化衰减。可以向图形中添加点，创建衰减曲线，然后调整这些点中的插值。
- 移动：用于移动图形上的点。此按钮是弹出按钮，可以自由移动（默认设置）、水平移动和垂直移动。
- 调整点的比例：用于调整图形上点的比例。此选项还可以移动点，但是为相对移动。单击要调整比例的点，或在点的周围绘制选择矩形框，选择这些点。然后启用“调整点的比例”，按所选点中的任意点，调整所有点的比例。
- 添加点：用于在衰减曲线上创建其他点。此按钮是弹出按钮，提供线性点（默认设置）和带控制柄的Bezier点。
- 删除点：从图形中删除点。
- 加亮：使用这些单选项按钮可以选择相加或相乘加亮。相加加亮比相乘加亮更亮、更明显。如果将模糊效果光晕效果组合使用，可以使用相加加亮。相乘加亮为模糊效果提供柔化高光效果。
- 使曲线变亮：用于在“羽化衰减”曲线图中编辑加亮曲线。
- 混合曲线：用于在“羽化衰减”曲线图中编辑混合曲线。

3．亮度和对比度效果

使用“亮度和对比度”可以调整图像的对比度和亮度。可以用于将渲染场景对象与背景图像或动画进行匹配。“亮度和对比度参数”卷展栏，如图12.14所示。

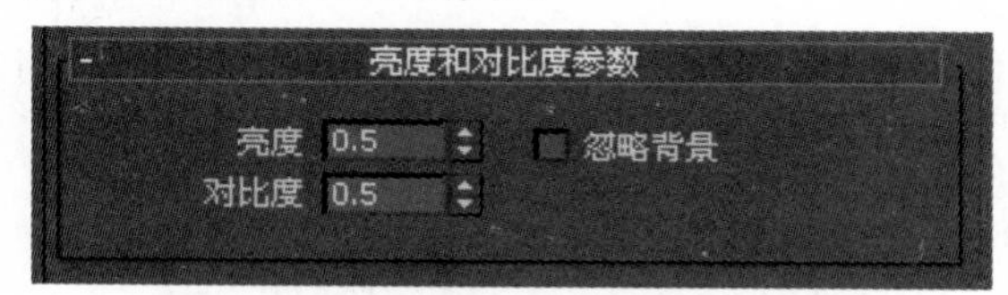

图12.14 “亮度和对比度参数”卷展栏

- 亮度：增加或减少所有色元（红色、绿色和蓝色），范围为0~1.0。
- 对比度：压缩或扩展最大黑色和最大白色之间的范围，范围为0~1.0。
- 忽略背景：将效果应用于3ds Max场景中除背景以外的所有元素。

4．颜色平衡效果

使用“颜色平衡渲染效果”可以通过独立控制RGB通道操纵相加/相减颜色。“色彩平衡参数”卷展栏如图12.15所示。

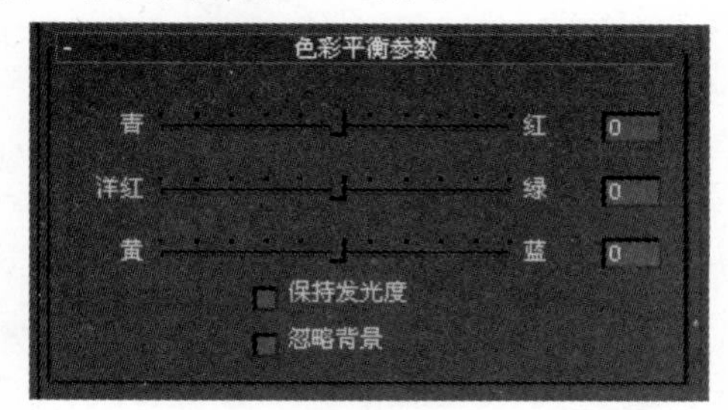

图12.15 “色彩平衡参数”卷展栏

- 青/红：调整红色通道。
- 洋红/绿：调整绿色通道。
- 黄/蓝：调整蓝色通道。
- 保持发光度：启用此选项后，在修正颜色的同时保留图像的发光度。
- 忽略背景：启用此选项后，可以在修正图像模型时不影响背景。

5．文件输出效果

使用“文件输出”，可以根据“文件输出”在“渲染效果”堆栈中的位置，在应用部分或所有其他渲染效果之前，获取渲染的“快照”。在渲染动画时，可以将不同的通道(例如亮度、深度或Alpha)保存到独立的文件中。也可以使用“文件输出”将RGB图像转换为不同的通道，并将该图像通道发送回“渲染效果”堆栈，然后再将其他效果应用于该通道。

“文件输出参数”卷展栏，如图12.16所示。

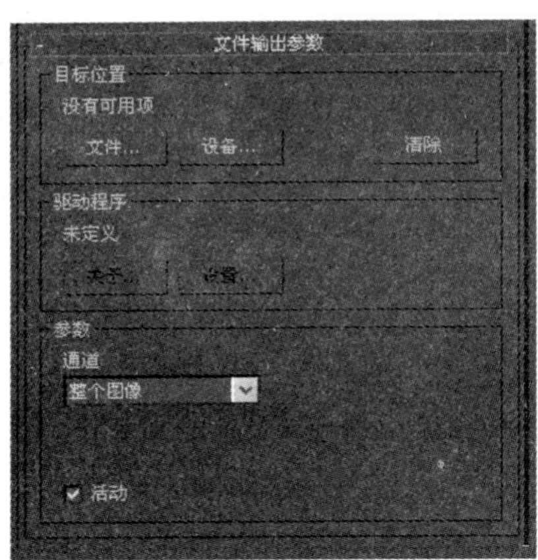

图12.16 “文件输出参数”卷展栏

“目标位置”组：

- 文件：打开一个对话框，使用户可以将渲染的图像或动画保存到磁盘上。
- 设备：打开一个对话框，以便将渲染的输出发送到录像机等设备。
- 清除：清除“目标位置”分组框中所选的任何文件或设备。

“驱动程序”组：

只有将选择的设备用作图像源时，这些按钮才可用。

- 关于：提供图像处理软件来源的有关信息。
- 设置：显示特定于插件的设置对话框，某些插件可能不能使用该按钮。

“参数”组：

- 通道：选择要保存或发送回“渲染效果”堆栈的通道。在“参数”分组框中选择“整个图像”、“亮度”、“深度”或“Alpha”，可以显示更多的选项。
- 影响源位图：激活时，将接收以前应用了效果的图像，将其转换为所选的通道，再发送回堆栈，以便应用其他效果。渲染图像将保存在所选的通道中。“整个图像”通道无法使用此参数。
- 活动：启用和禁用“文件输出”功能。与“渲染效果”卷展栏中的“活动”复选框不同，此复选框可设置动画，允许只保存渲染场景中所需的部分。

“深度参数”：

选择深度作为通道时，会提供一些新参数，用于确定应将场景中的哪些部分渲染为深度通道图像。

- 复制：单击“无”按钮选择用于复制剪切平面的摄影机，“无”按钮将变为绿色，直到在视口中选择了摄影机。随后按钮上将显示摄影机的名称，而不是“无”。
- 近端Z：指定与确定渲染深度通道图像文件中场景的几何体起始位置应使用的摄影机的起始距离。
- 远端Z：指定与确定渲染深度通道图像文件中场景的几何体起始位置应使用的摄像机的结束距离。
- 适应整个场景：使所有其他深度参数均不可用，并且为渲染深度通道图像文件中整个视口的场景几何体，自动计算所需的近端Z和远端Z。

6．景深效果

景深效果模拟在通过摄影机镜头观看时，前景和背景的场景元素的自然模糊。景深的工作原理是：将场景沿Z轴次序分为前景、背景和焦点图像。然后，根据在景深效果参数中设置的值使前景和背景图像模糊，最终的图像由经过处理的原始图像合成。

“景深参数”卷展栏，如图12.17所示。

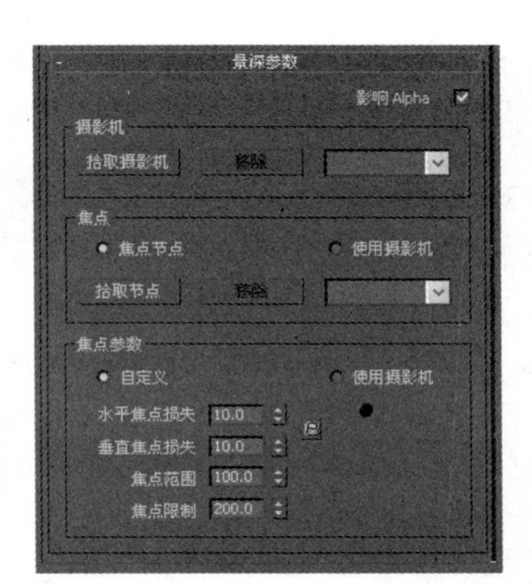

图12.17 “景深参数”卷展栏

- 影响Alpha：启用时，影响最终渲染的Alpha通道。

“摄影机”组：

- 拾取摄影机：使用户可以从视口中交互选择要应用景深效果的摄影机。
- 移除：删除下拉列表中当前所选的摄影机。
- 摄影机选择列表：列出所有要在效果中使用的摄影机。可以使用此列表高亮显示特定的摄影机，然后使用“移除”按钮从列表中将其移除。

“焦点”组：

- 拾取节点：使用户可以选择要作为焦点节点使用的对象。激活时，可以直接从视口中选择要作为焦点节点使用的对象。也可以按H键显示“选择对象”对话框，从中选择要作为焦点节点使用的对象。
- 移除：移除选作焦点节点的对象。
- 使用摄影机：指定在摄影机选择列表中所选的摄影机的焦距用于确定焦点。

“焦点参数”组：

- 自定义：使用“焦点参数”组框中设置的值，确定景深效果的属性。
- 使用摄影机：使用在摄影机选择列表中高亮显示的摄影机值确定焦点范围、限制和模糊效果。
- 水平焦点损失：在选中“自定义”选项时，确定沿着水平轴的模糊程度。
- 垂直焦点损失：在选择“自定义”选项时，确定沿着垂直轴的模糊程度。
- 焦点范围：在选中“自定义”选项时，设置到焦点任意一侧的Z向距离（以单位计），在该距离内图像将仍然保持聚焦。
- 焦点限制：在选择“自定义”选项时，设置到焦点任意一侧的Z向距离（以单位计），在该距离内模糊效果将达到其由聚焦损失微调器指定的最大值。

12.2 课堂实例1：晨雾

本课介绍如何使用环境大气制作雾效果，晨雾的参考效果如图12.18所示。

图12.18 晨雾效果

01 在桌面上双击图标，启动3ds Max 2012中文版软件。

02 在菜单栏上执行“视图”→“视口背景”→“视口背景”命令，如图12.19所示。

图12.19 视口背景

03 激活透视图，在弹出的“视口背景”对话框中，单击 文件... 按钮，在“选择背景图像”对话框中打开随书光盘中的Maps/“日出.jpg”文件，如图12.20所示。

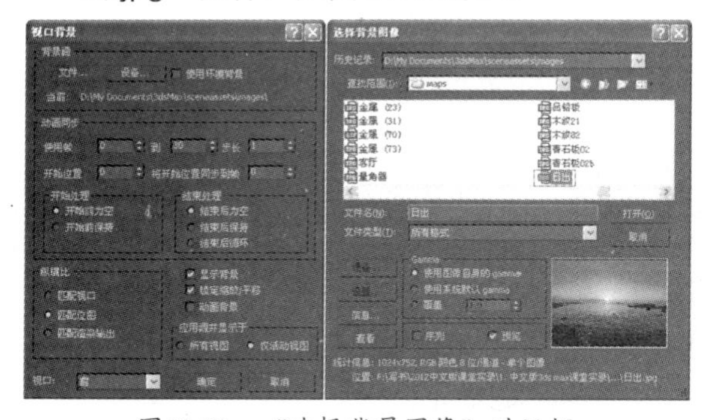

图12.20 “选择背景图像”对话框

04 在菜单栏中执行“渲染”→“环境”命令，在弹出的“环境和效果”对话框中选择环境选项卡。

05 在“公共参数”卷展栏中单击“环境贴图”按钮，在弹出的“材质/贴图浏览器”中双击选择“位图”，从随书光盘中的Maps目录下选择一幅名为“日出.jpg”的位图，效果如图12.21所示。

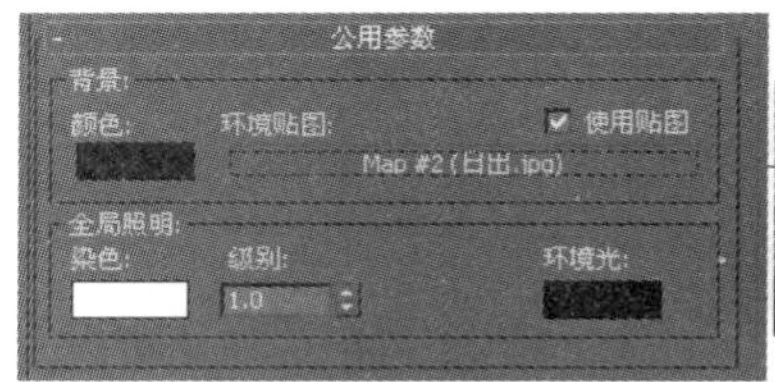

图12.21 调用贴图

06 给场景添加背景图片后，单击“环境和效果”对话框右上角的按钮，关闭对话框。

07 此时，视口背景里面的背景图片已经显示出来了，效果如图12.22所示。

图12.22 显示视口背景图片

08 在菜单栏上执行“渲染”→“环境”命令，在弹出的“环境和效果”对话框中设置具体参数，如图12.23所示。

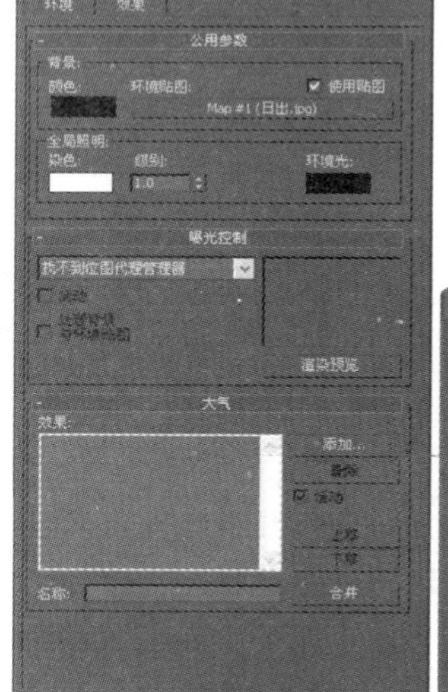

图12.23 环境与效果

09 在“雾参数”卷展栏中设置具体参数，如图12.24所示。

10 单击工具栏中按钮，观察渲染效果，如图12.25所示。

11 至此，此时，晨雾效果已经制作完成。

单击工作界面左上角的按钮，执行“保存”命令，保存文件。

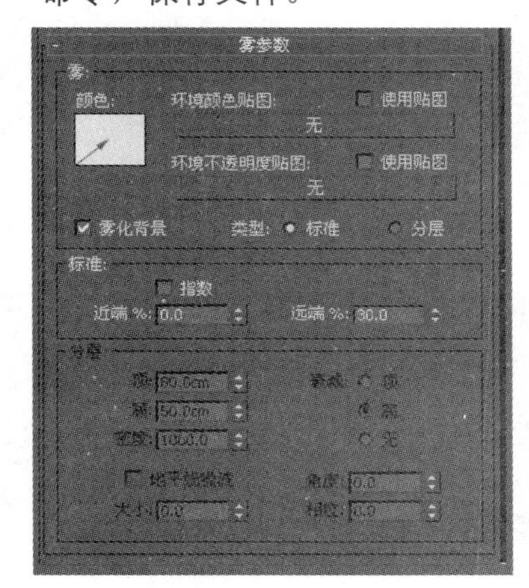

图12.24 “雾参数”卷展栏

图12.25 渲染效果

12.3 课堂实例2：太阳光晕

本例通过添加环境和效果，学习镜头效果的使用，效果如图12.26所示。

图12.26 太阳光晕的效果

01 在桌面上双击图标，启动3ds Max 2012中文版软件。

02 在菜单栏中执行“渲染”→“环境”命令，在弹出的“环境和效果”对话框中选择“环境”选项卡。

03 在“公共参数”卷展栏中双击“环境贴图”按钮，在弹出的“材质/贴图浏览器”中双击选择“位图”，从随书光盘中的“贴图”目录下选择一幅名为“天空.jpg”的位图，效果如图12.27所示。

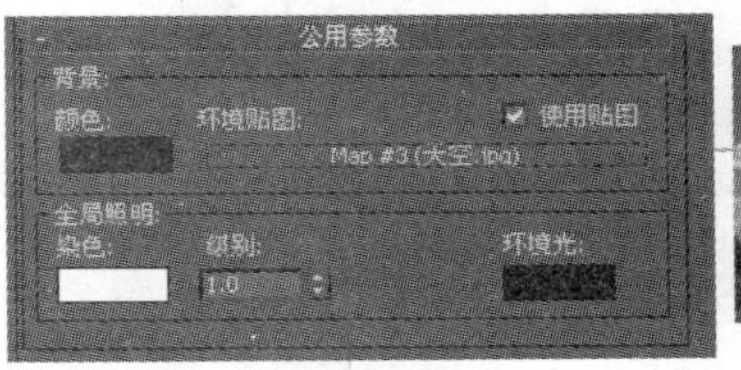

图12.27 调用图片

04 在给场景添加背景图片后，单击“环境和效果”对话框右上角的按钮，关闭对话框。

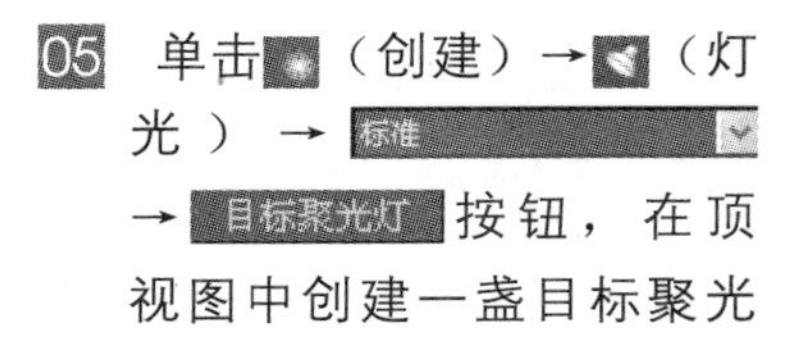

05 单击（创建）→（灯光）→ 标准 → 目标聚光灯 按钮，在顶视图中创建一盏目标聚光灯，如图12.28所示。

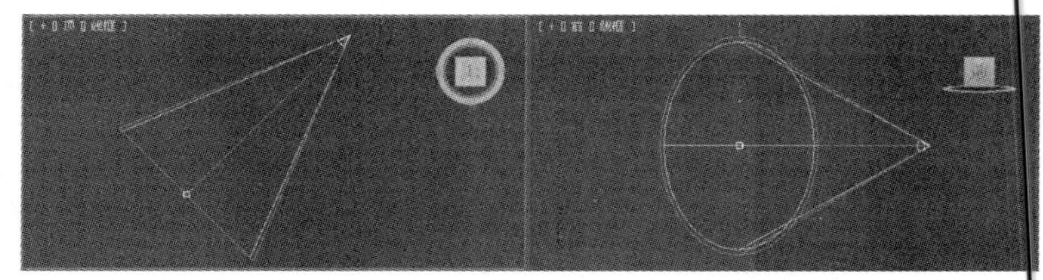

图12.28 创建目标聚光灯

06 在视图中调整目标聚光灯的位置，如图12.29所示。

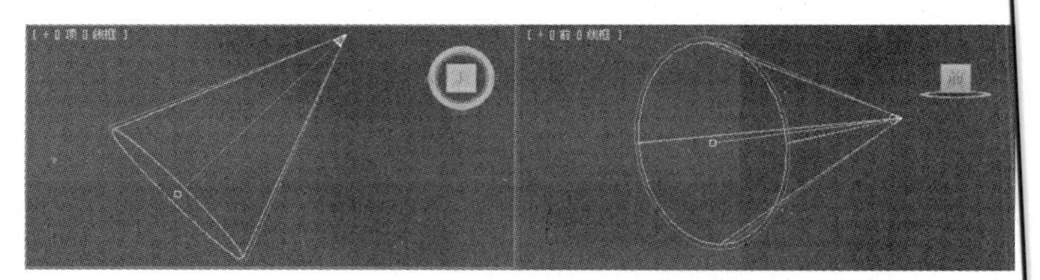

图12.29 调整位置

07 执行菜单栏上的“渲染”→“效果”命令，在弹出的“环境和效果”对话框中选择“效果”选项卡。

08 在“效果”卷展栏中单击“添加”按钮，在弹出的“添加效果”对话框中单击选择“镜头效果”，如图12.30所示。最后单击“确定”按钮，关闭对话框。

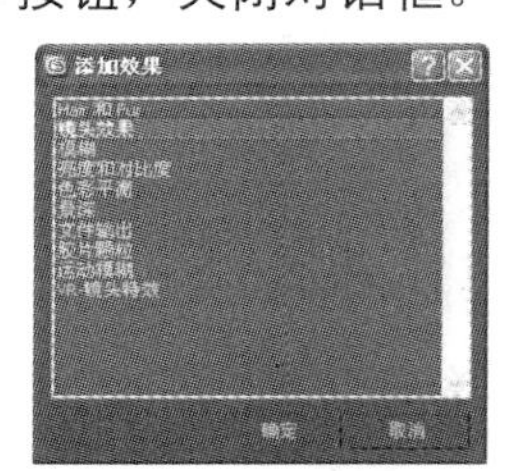

图12.30 添加效果

09 此时，“镜头效果”已在“大气和效果”的列表窗口中，单击选中添加的“镜头效果”，在“镜头效果参数”卷展栏中单击选择Glow选项，然后单击 > 按钮，将其添加到镜头效果中，如图12.31所示。

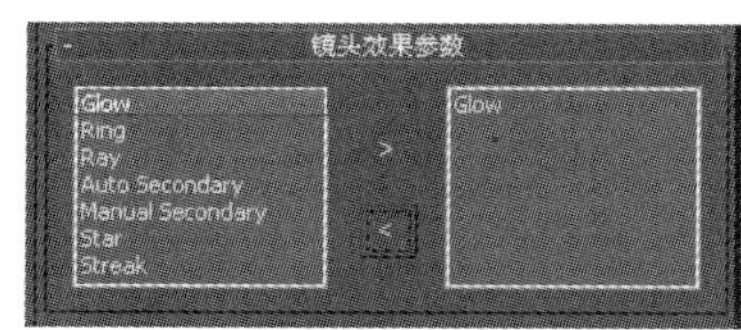

图12.31 添加的镜头效果

10 确认目标聚光灯处于选中的状态，单击选中Glow选项，在“镜头效果全局”卷展栏中的“参数”选项卡上单击 拾取灯光 按钮，如图12.32所示。

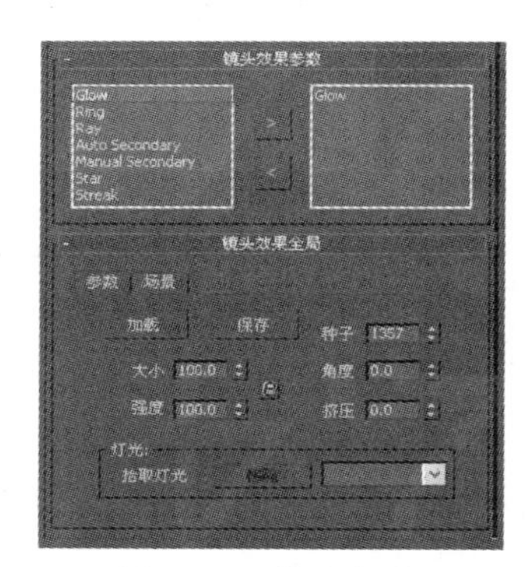

图12.32 拾取灯光

11 在“光晕元素”卷展栏中设置具体参数，如图12.33所示。

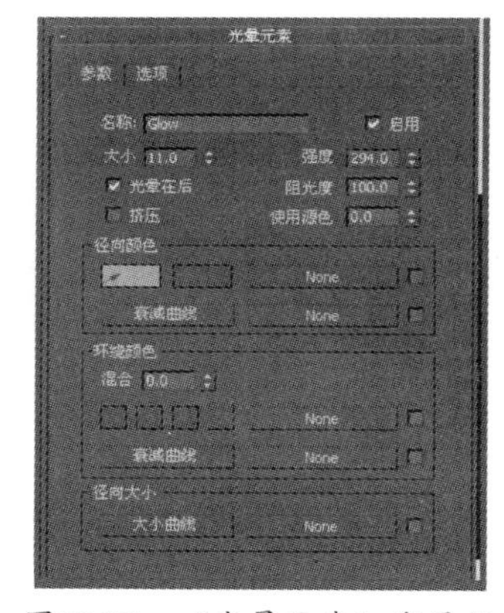

图12.33 “光晕元素”卷展栏

12 在“镜头效果参数”卷展栏中单击选中Auto Secondary选项，然后单击 > 按钮，将其添加到镜头效果中，如图12.34所示。

13 确认Auto Secondary处于选中的状态，在“自动二级光斑元素”卷展栏中设置具体参数，如图12.35所示。

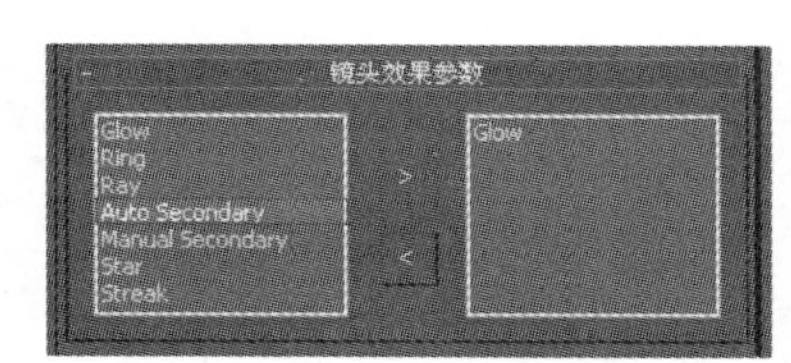

图12.34 “镜头效果参数”卷展栏

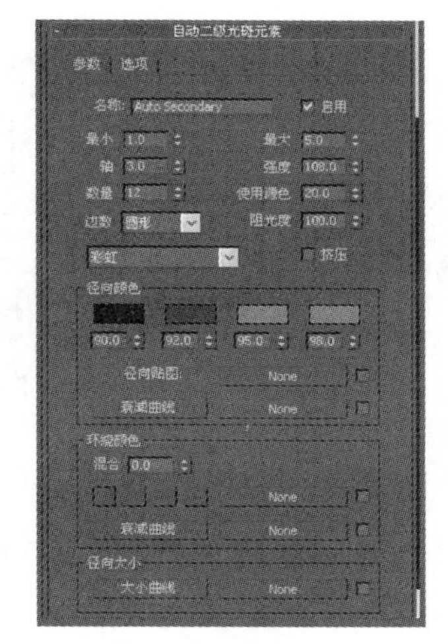

图12.35 参数设置

14 至此，太阳光晕效果已经制作完成。单击工具栏中按钮，观察渲染效果，如图12.36所示。

图12.36 渲染效果

15 至此，太阳光晕已经制作完成。单击工作界面左上角的按钮，执行“保存”命令，保存文件。

12.4 课后练习

1. 熟练使用环境和效果命令，并设置具体参数完成环境效果的模拟。
2. 使用大气和效果命令，制作路灯光晕效果，如图12.37所示。

图12.37 路灯光晕

第13课 现代别墅效果图的制作

本课内容：

◎ 模型的制作

◎ 建筑材质的模拟

◎ 环境的制作

◎ 日照效果的模拟

◎ 渲染效果图及后期处理

本课将以别墅效果图为实例，向读者讲述室外效果图快速制作的技巧，力求以最简捷、最优化的方式，向读者展现如何快速制作出高品质的室外效果图作品。

别墅是一种居住建筑，其结构、造型有着独特的魅力，与普通的民居楼相比，一幢别墅只居住一两户人家。别墅是一种低楼层建筑，不同功能的空间在外形上就能非常容易地分辨出来。别墅也是一种高档次的居住空间，往往与优美的环境结合在一起，别墅本身更是一种风景。本例模型参考效果，如图13.1所示。

图13.1 别墅效果图

13.1 模型的制作

别墅模型主要包括墙体、屋顶、门窗等部分的制作。在制作过程中主要使用了绘制截面挤出几何体的方法，还是用了堆砌几何体的方法，这些模型制作方法在前面的课节中已经做了详细介绍。

01 在桌面上双击图标，启动3ds Max 2012中文版软件。

02 在菜单栏中执行“自定义”→“单位设置”命令，在弹出的“单位设置”对话框中设置单位为毫米，如图13.2所示。

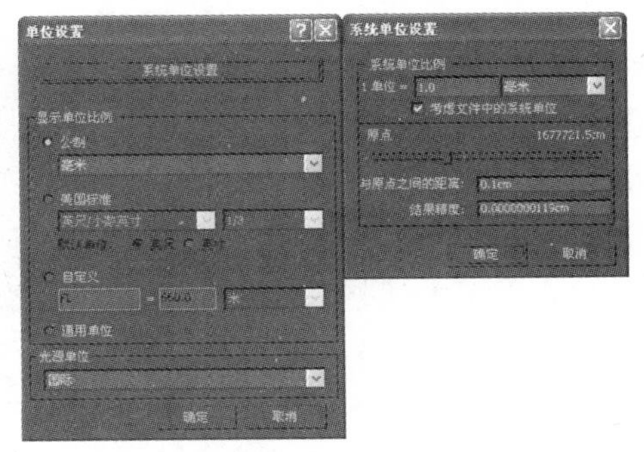

图13.2 设置单位

03 单击“创建”→“图形”→ 矩形 按钮，在顶视图中创建一个矩形，并将其命名为“地面A”，设置具体参数，如图13.3所示。

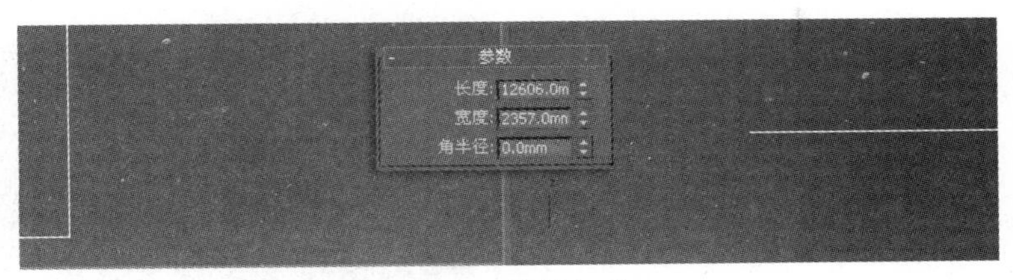

图13.3 绘制矩形

04 选中绘制的“地面A”，单击“修改”工具进入修改面板，在修改器下拉列表中选择“挤出”选项，设置“挤出”参数为300mm，并在视图中调整位置，如图13.4所示。

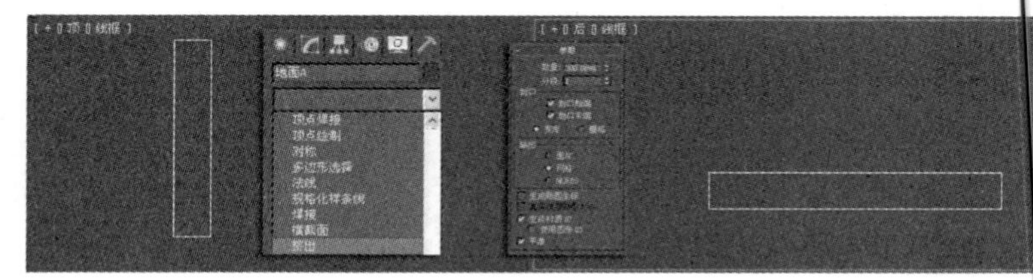

图13.4 挤出

05 单击“创建”→“几何体”→长方体按钮，在顶视图中创建一个长方体，并将其命名为“地面B”，设置具体参数，如图13.5所示。

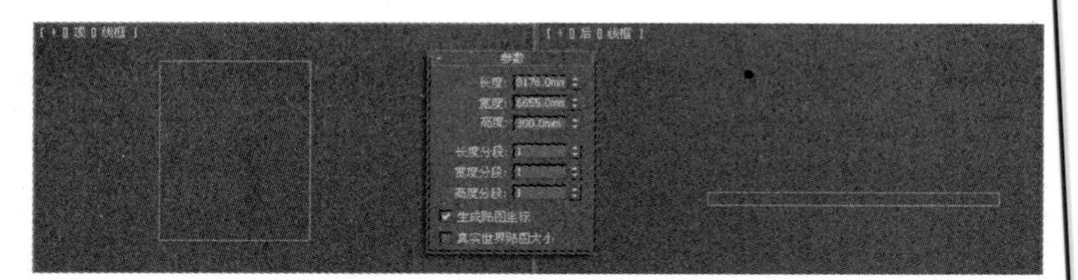

图13.5 创建长方体

06 单击“创建”→“图形”→线按钮，按住Shift键，在顶视图中绘制一条封闭的曲线，并将其命名为“地面C”，如图13.6所示。

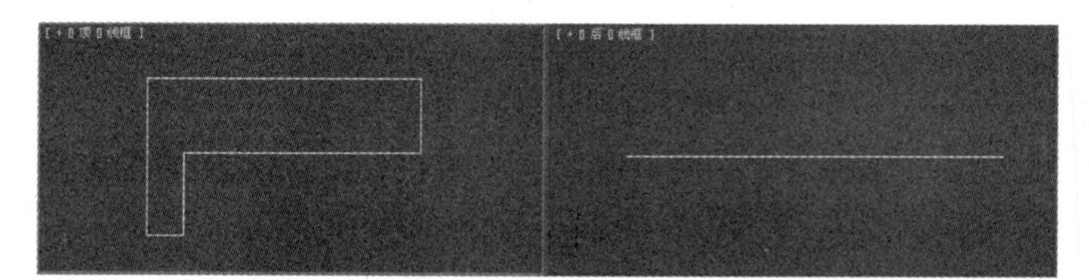

图13.6 绘制曲线

07 单击“修改”按钮进入修改面板，在修改器下拉列表中选择“挤出”选项，设置“挤出”参数为300mm，并在视图中调整位置，如图13.7所示。

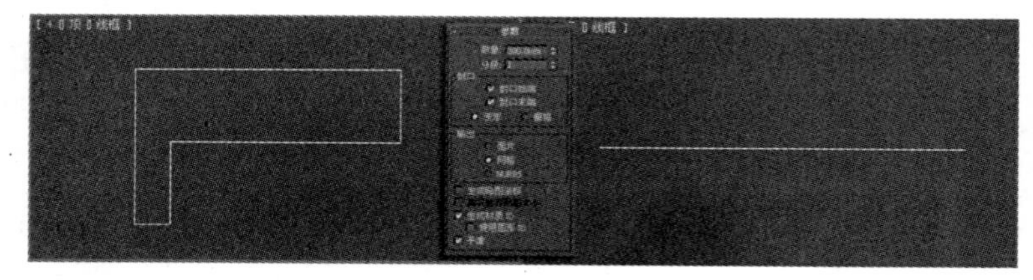

图13.7 挤出

08 至此，别墅地面已经制作完成，效果如图13.8所示。

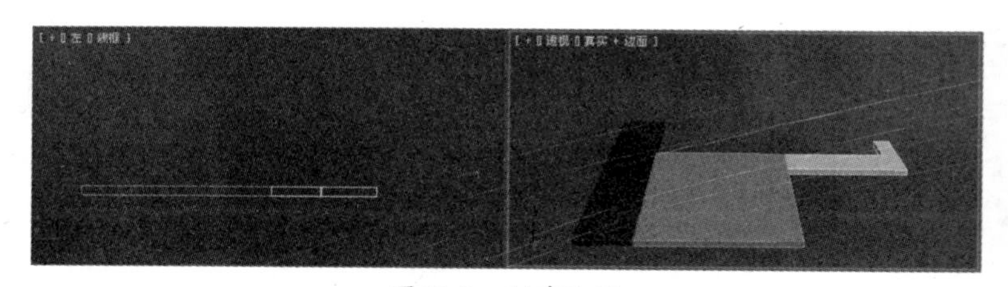

图13.8 创建地面

09 接下来开始制作别墅的墙体。在创建面板中单击 线 按钮，按住Shift键，在左视图中绘制一条封闭的曲线，并将其命名为"墙体A"，如图13.9所示。

图13.9　绘制闭合曲线

10 单击"修改"按钮进入修改面板，在修改器下拉列表中选择"挤出"选项，设置"挤出"参数为300mm，如图13.10所示。

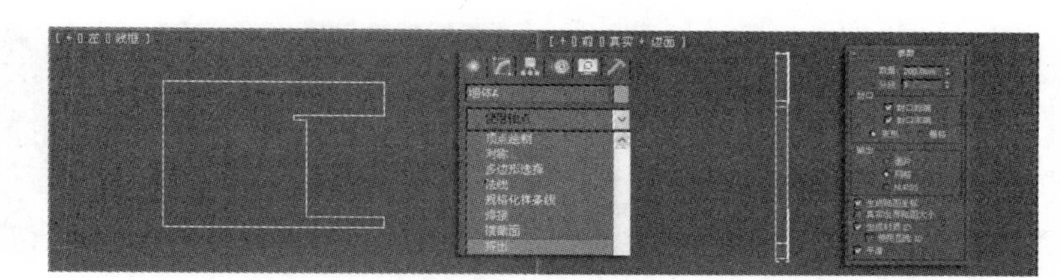

图13.10　挤出

11 在视图中调整造型的位置，效果如图13.11所示。

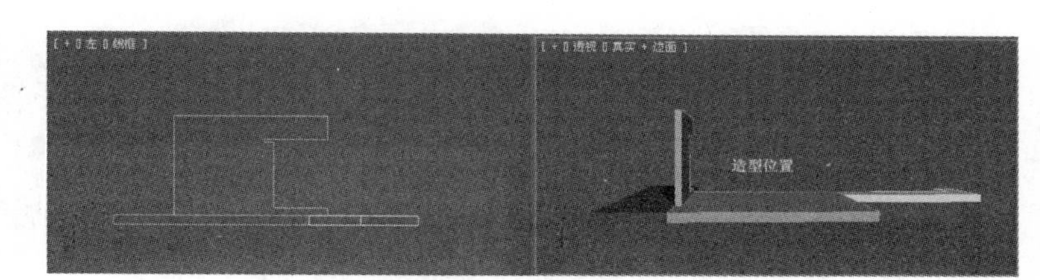

图13.11　造型位置

12 在创建面板中单击 矩形 按钮，在前视图中创建一个矩形，并将其命名为"墙体B"，单击"修改"按钮进入修改面板，在修改器下拉列表中选择"挤出"选项，设置"挤出"参数为400mm，如图13.12所示。

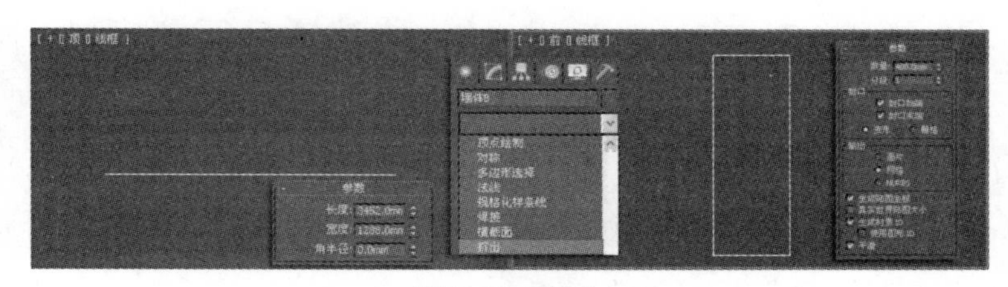

图13.12　挤出

13 调整造型的位置，效果如图13.13所示。

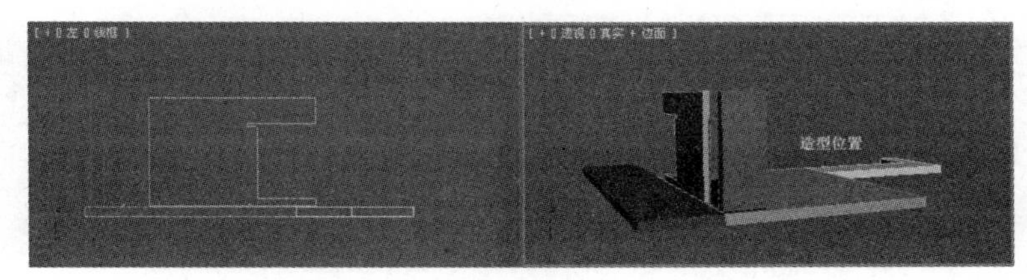

图13.13　调整造型位置

14 在创建面板中单击 矩形 按钮，在左视图中创建一个矩形，并将其命名为“墙体C”，设置具体参数，如图13.14所示。

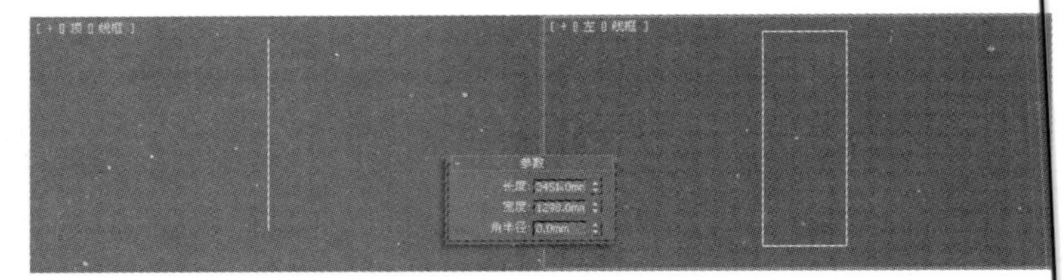

图13.14　绘制矩形

15 单击“修改”按钮进入修改面板，在修改器下拉列表中选择“挤出”选项，设置“挤出”参数为400mm，如图13.15所示。

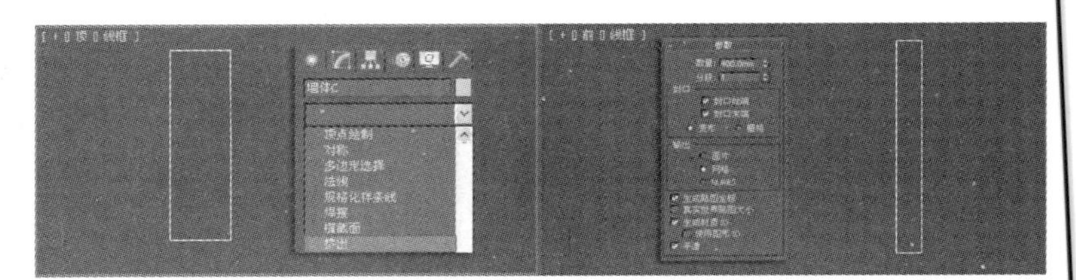

图13.15　挤出

16 在视图中调整造型的位置，效果如图13.16所示。

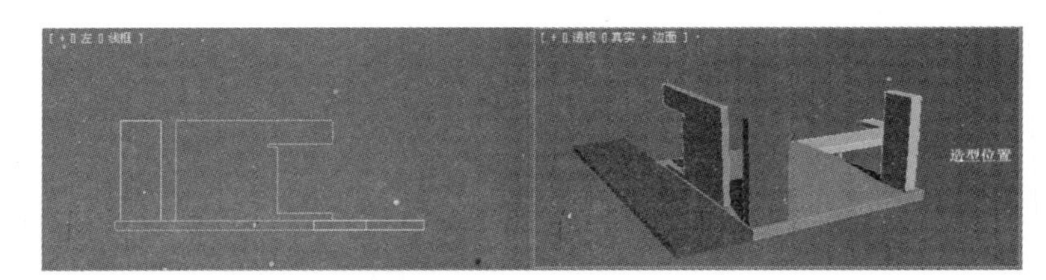

图13.16　调整造型的位置

17 在创建面板中单击 线 按钮，按住Shift键，在顶视图中绘制一条封闭的曲线，并将其命名为“墙体D”。单击“修改”按钮进入修改面板，在修改器下拉列表中选择“挤出”选项，设置“挤出”参数，如图13.17所示。

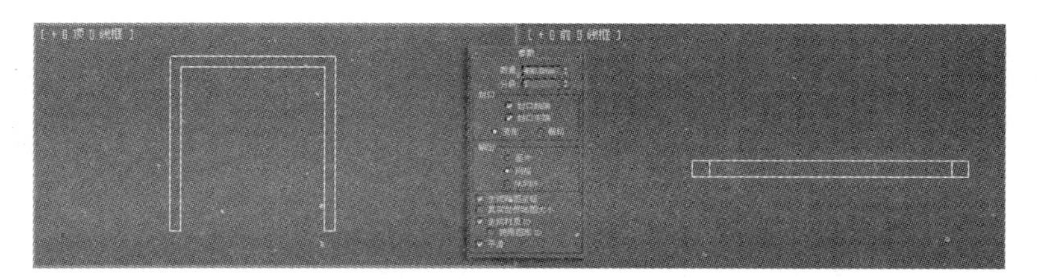

图13.17　挤出

18 在创建面板中单击 长方体 按钮，在顶视图中创建一个长方体，并将其命名为“天花板”，设置具体参数，如图13.18所示。

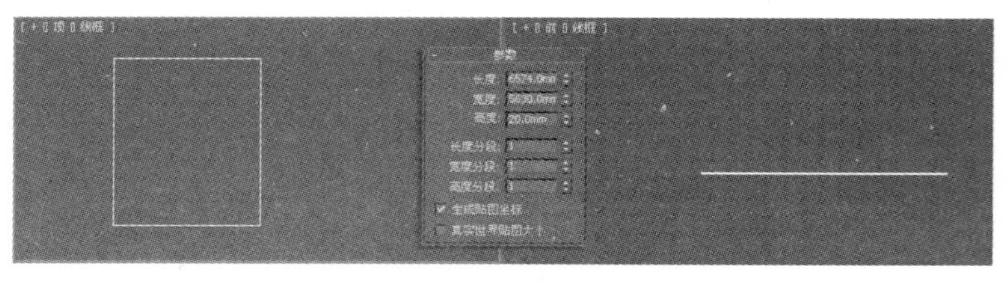

图13.18　创建长方体

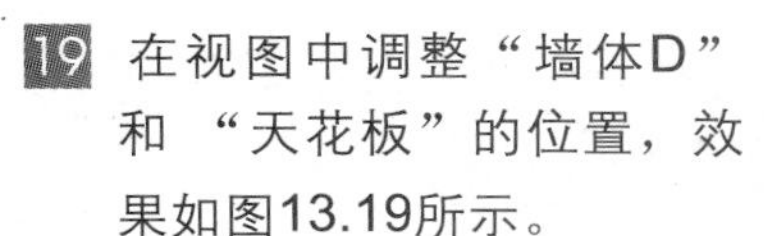

19 在视图中调整“墙体D”和“天花板”的位置，效果如图13.19所示。

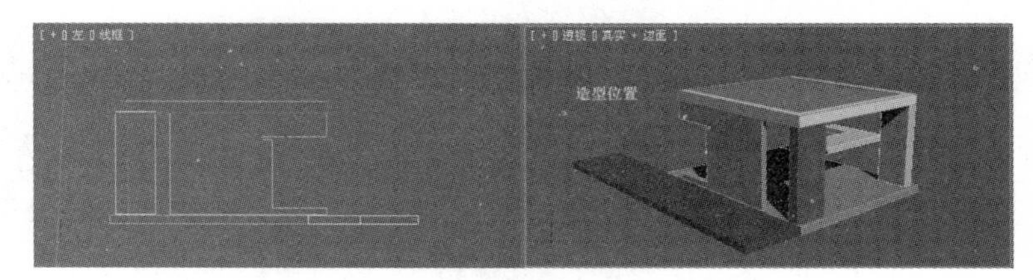

图13.19 调整造型位置

20 在创建面板中单击 矩形 按钮，在顶视图绘制两个矩形，并将其命名为“侧墙面A”和“侧墙面B”，如图13.20所示。

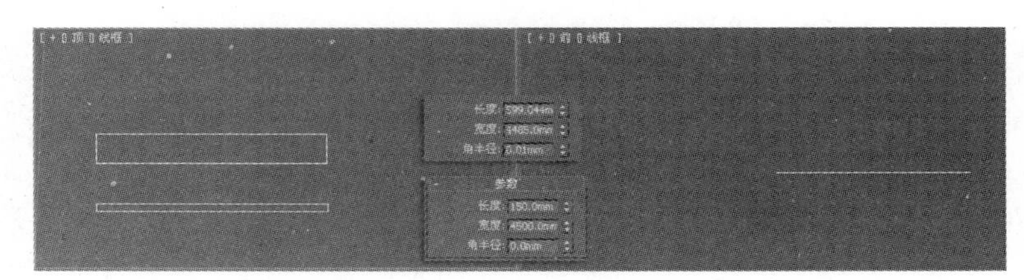

图13.20 绘制矩形

21 单击“修改”按钮进入修改面板，在修改器下拉列表中选择“挤出”选项，设置“挤出”参数，如图13.21所示。

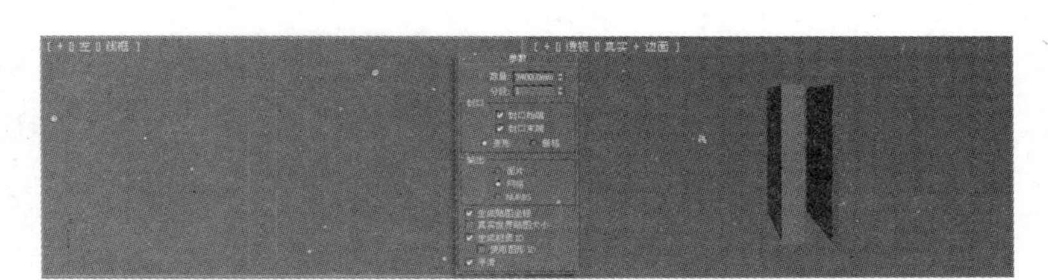

图13.21 挤出

22 在视图中调整造型的位置，效果如图13.22所示。

23 在创建面板中单击 线 按钮，按住Shift键，在前视图中绘制一条封闭的曲线，并将其命名为“墙A”。单击“修改”按钮进入修改面板，在修改器下拉列表中选择“挤出”选项，设置“挤出”参数为200mm，如图13.23所示。

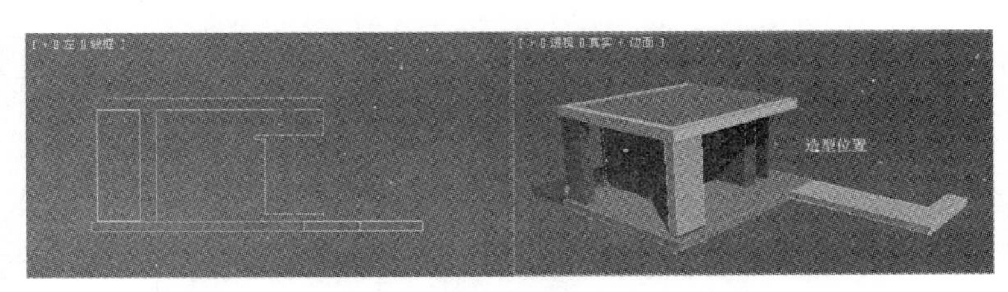

图13.22 造型位置

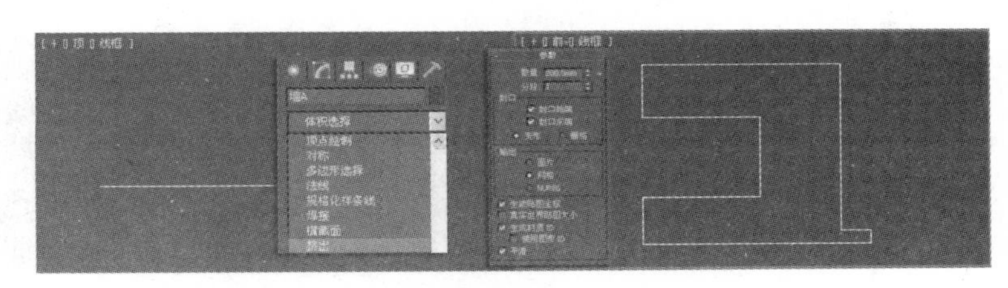

图13.23 挤出

24 在视图中调整造型的位置，效果如图13.24所示。

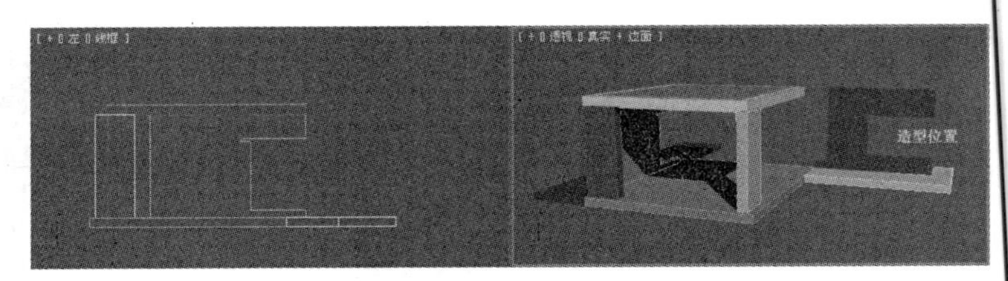

图13.24 调整造型位置

25 在创建面板中单击 线 按钮，按住Shift键，在左视图中绘制一条封闭的曲线，并将其命名为“墙B”。单击“修改”按钮进入修改面板，在修改器下拉列表中选择“挤出”选项，设置“挤出”参数为200mm，如图13.25所示。

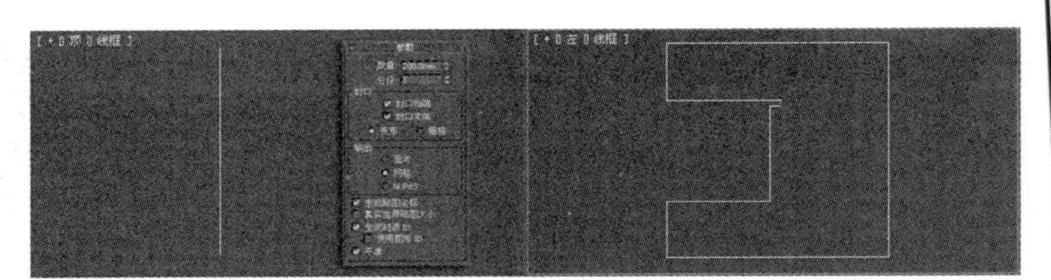

图13.25 挤出

26 调整造型的位置，效果如图13.26所示。

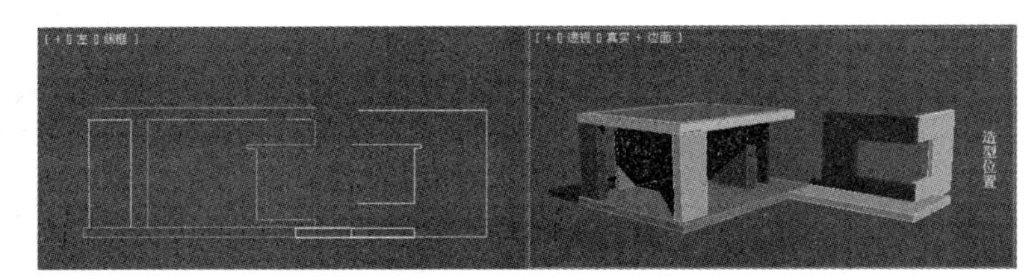

图13.26 调整造型的位置

27 在创建面板中单击 线 按钮，按住Shift键，在左视图中绘制一条封闭的曲线，并将其命名为“墙C”。单击“修改”按钮进入修改面板，在修改器下拉列表中选择“挤出”选项，设置“挤出”参数，如图13.27所示。

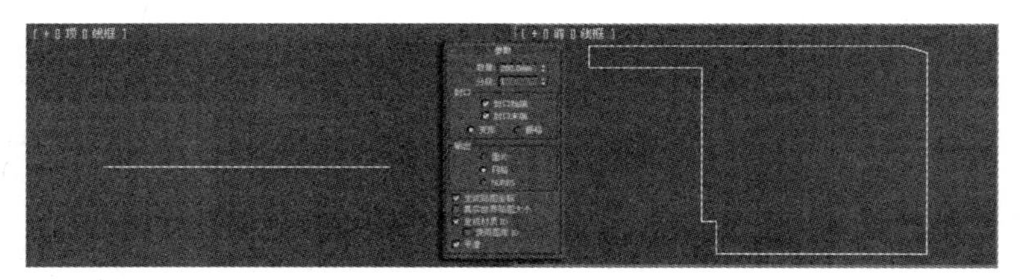

图13.27 挤出

28 在视图中调整造型的位置，效果如图13.28所示。

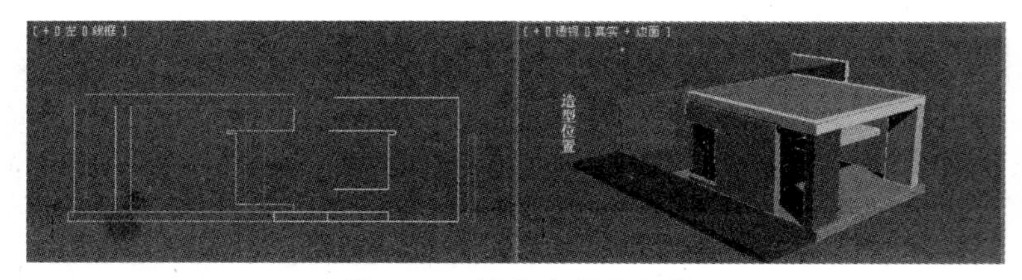

图13.28 调整造型的位置

29 在创建面板中单击 线 按钮，按住Shift键，在左视图中绘制一条封闭的曲线，并将其命名为“墙D”。单击“修改”按钮进入修改面板，在修改器下拉列表中选择“挤出”选项，设置“挤出”参数，如图13.29所示。

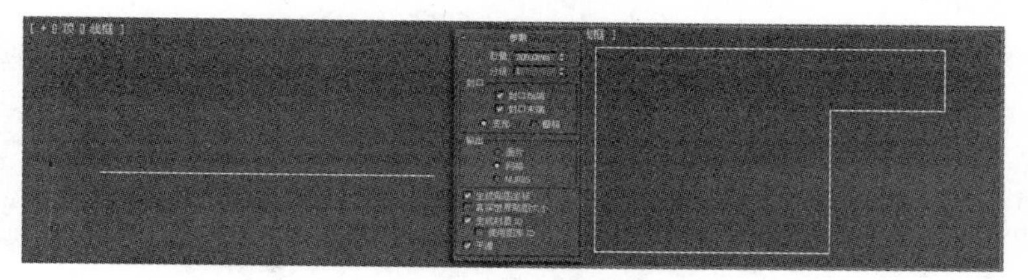

图13.29 挤出

30 在视图中调整造型的位置，效果如图13.30所示。

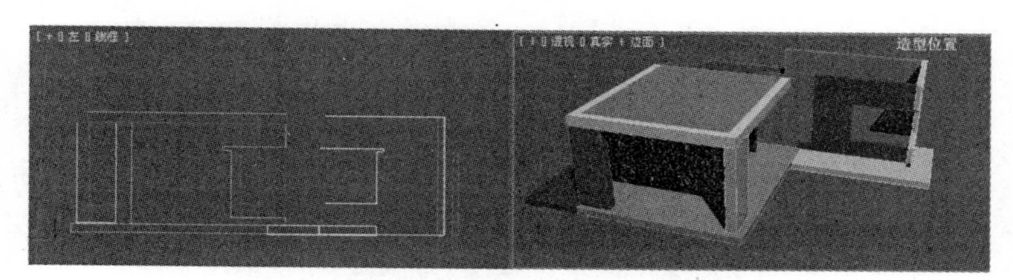

图13.30 调整造型的位置

31 在创建面板中单击 线 按钮，按住Shift键，在前视图中绘制两条封闭的曲线，如图13.31所示。

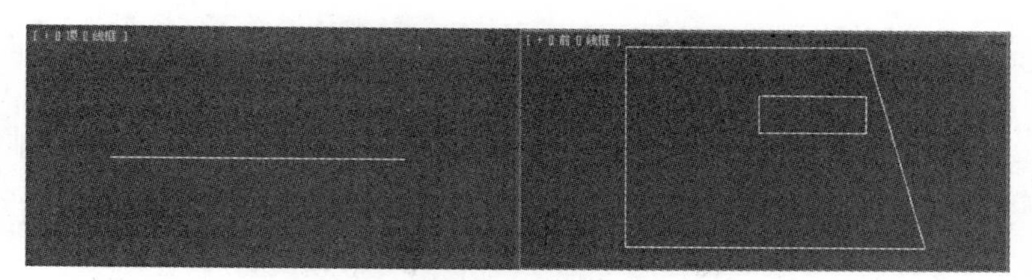

图13.31 绘制闭合曲线

32 将光标放置在绘制的曲线上，单击鼠标右键，在弹出的快捷菜单中执行“转换为”→“转换为可编辑样条线”命令，将绘制的曲线转换为可编辑样条线，如图13.32所示。

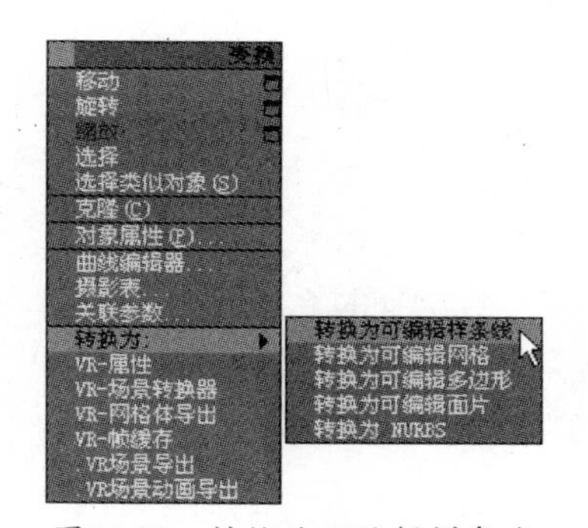

图13.32 转换为可编辑样条线

33 在“几何体”卷展栏中单击 附加 按钮，将绘制的曲线附加到一起，并将其命名为“墙E”，如图13.33所示。

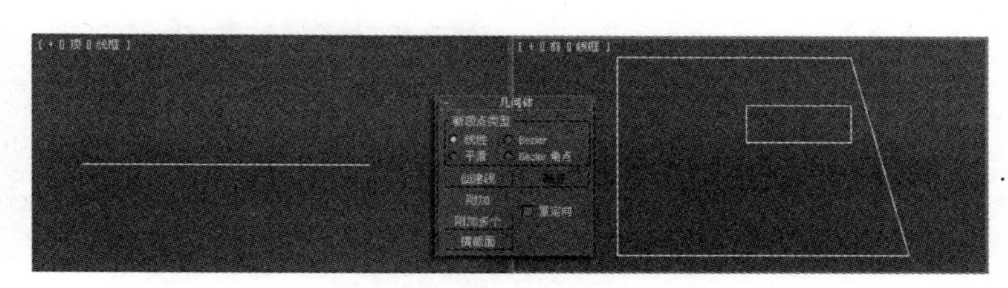

图13.33 附加

34 单击“修改”按钮进入修改面板，在修改器下拉列表中选择“挤出”选项，设置“挤出”参数，如图13.34所示。

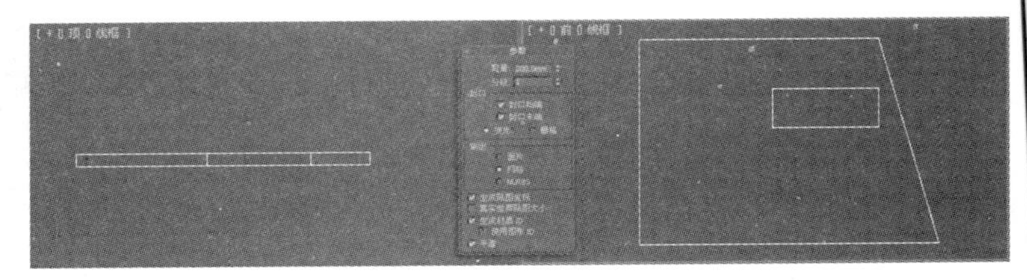

图13.34　挤出

35 在视图中调整造型的位置，效果如图13.35所示。

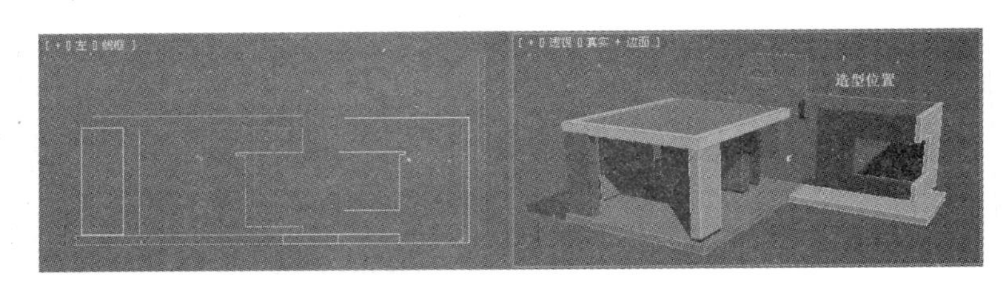

图13.35　造型位置

36 在创建面板中单击 线 按钮，按住Shift键，在前视图中绘制两条封闭的曲线，如图13.36所示。

图13.36　绘制曲线

37 将光标放置在绘制的曲线上，单击鼠标右键，在弹出的快捷菜单中执行“转换为”→“转换为可编辑样条线”命令，将绘制的曲线转换为可编辑样条线，如图13.37所示。

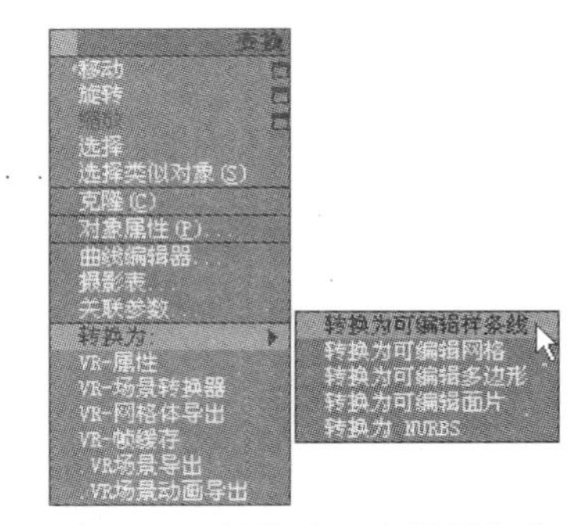

图13.37　转换为可编辑样条线

38 在“几何体”卷展栏中单击 附加 按钮，将绘制的曲线附加到一起，并将其命名为“墙F”，如图13.38所示。

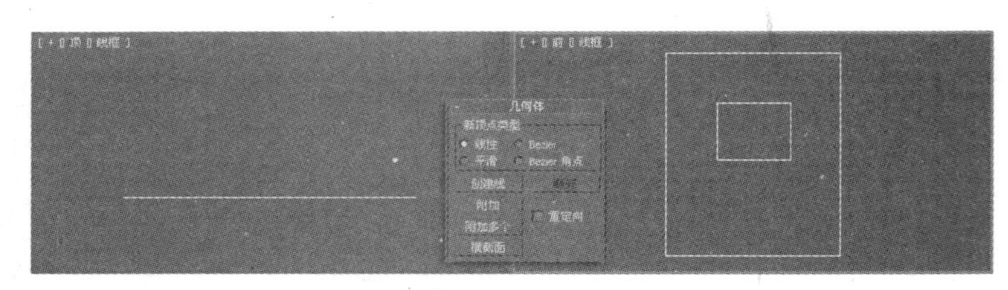

图13.38　附加

39 单击“修改”按钮进入修改面板，在修改器下拉列表中选择“挤出”选项，设置“挤出”参数，如图13.39所示。

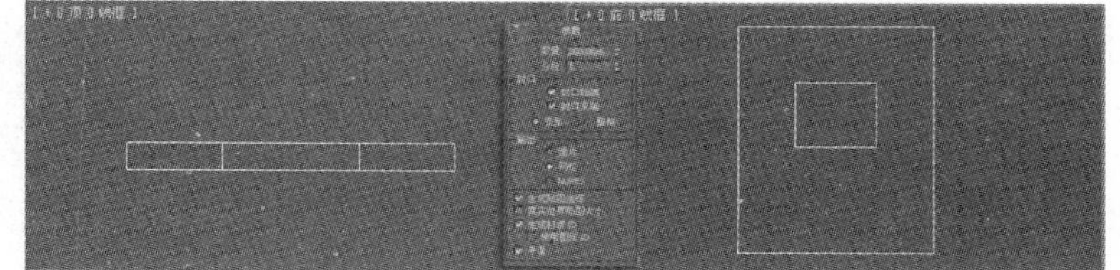

图13.39 挤出

40 在视图中调整造型的位置，效果如图13.40所示。

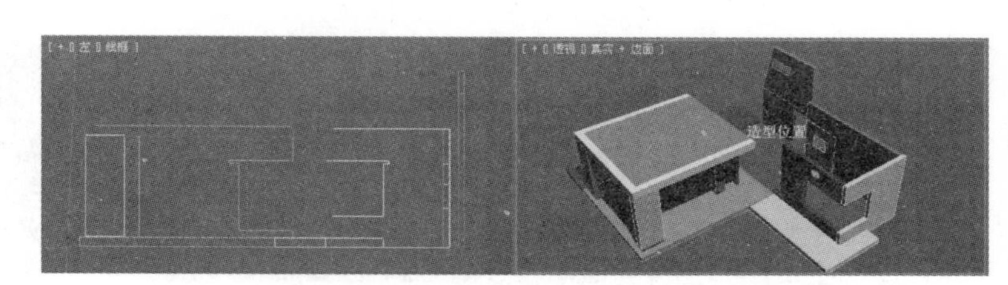

图13.40 调整造型位置

41 在创建面板中单击 线 按钮，在左视图中绘制3条封闭的曲线，如图13.41所示。

图13.41 绘制曲线

42 在“几何体”卷展栏中单击 附加 按钮，将绘制的曲线附加到一起，并将其命名为“墙G”，如图13.42所示。

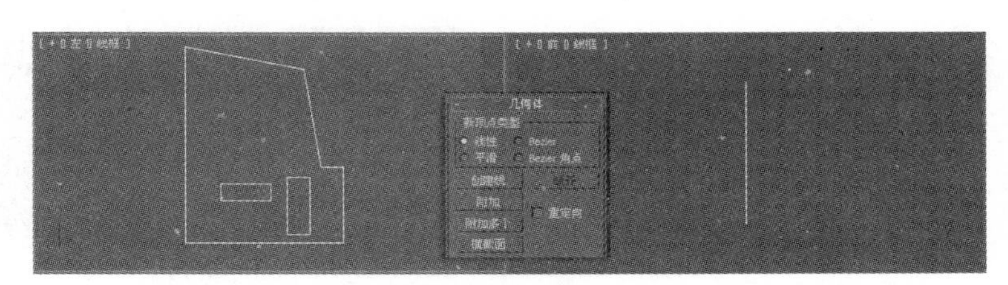

图13.42 附加

43 单击“修改”按钮进入修改面板，在修改器下拉列表中选择“挤出”选项，设置“挤出”参数，如图13.43所示。

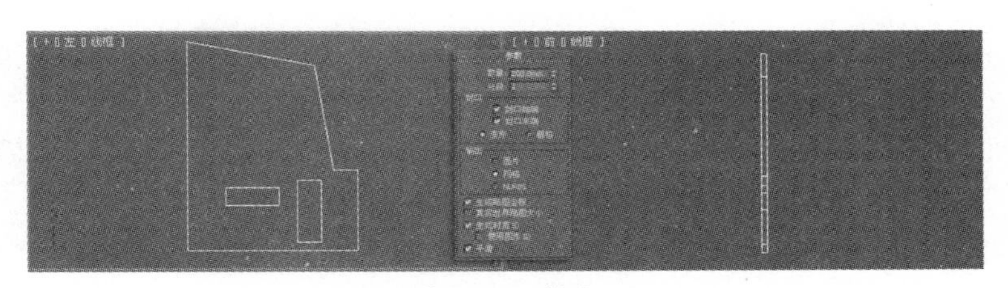

图13.43 挤出

44 在视图中调整造型的位置，效果如图13.44所示。

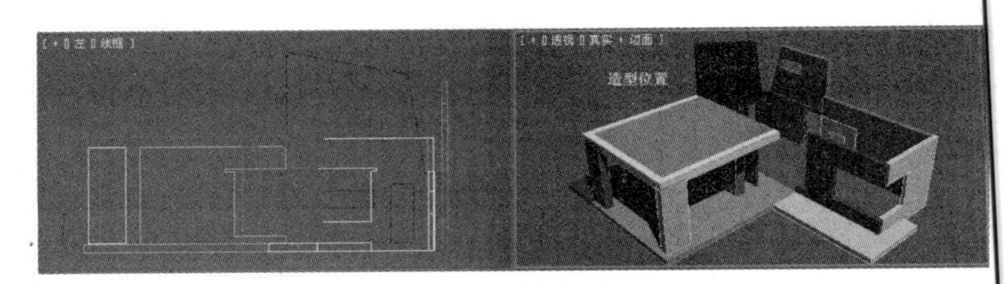

图13.44　调整造型位置

45 在创建面板中单击 线 按钮，按住Shift键，在前视图中绘制两条封闭的曲线，在“几何体”卷展栏中单击 附加 按钮，将绘制的曲线附加到一起，并将其命名为“墙H”，如图13.45所示。

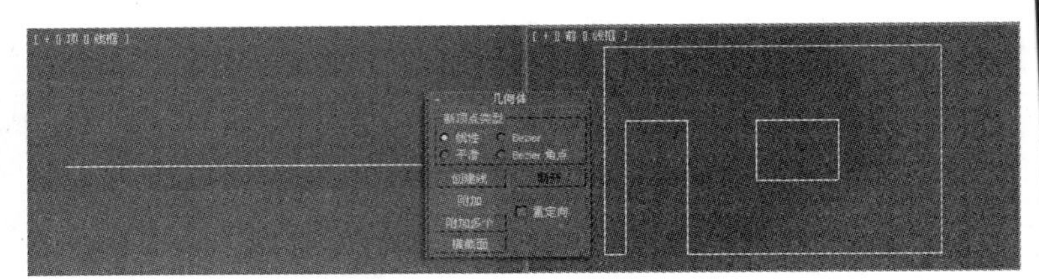

图13.45　附加

46 单击“修改”按钮进入修改面板，在修改器下拉列表中选择“挤出”选项，设置“挤出”参数，如图13.46所示。

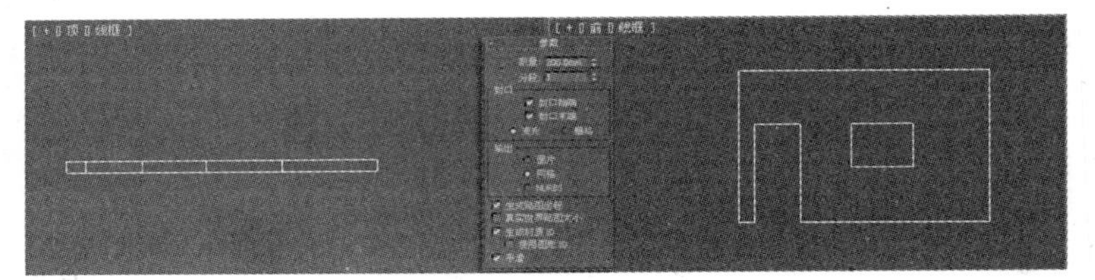
图13.46　挤出

47 在视图中调整造型的位置，效果如图13.47所示。

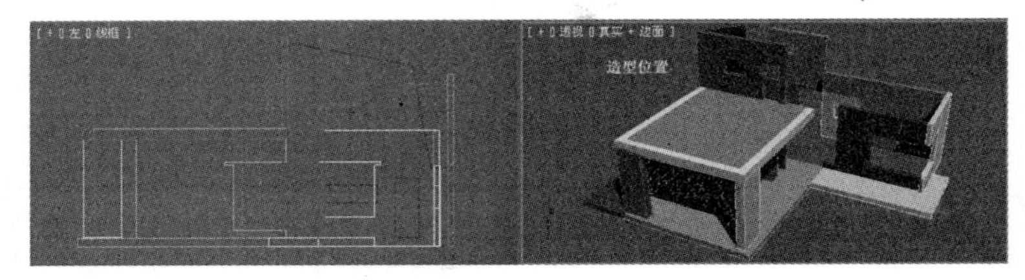

图13.47　造型位置

48 在创建面板中单击 矩形 按钮，在左视图中创建5个矩形，设置具体参数，如图13.48所示。

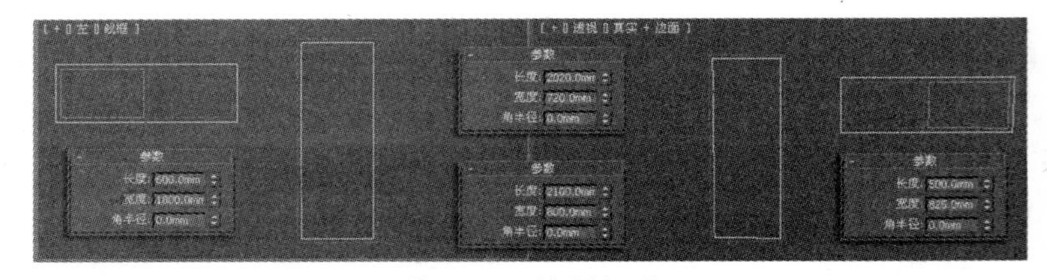

图13.48　绘制矩形

49 将光标放置在绘制的矩形上，单击鼠标右键，在弹出的快捷菜单中执行“转换为”→“转换为可编辑样条线”命令，将绘制的曲线转换为可编辑样条线。

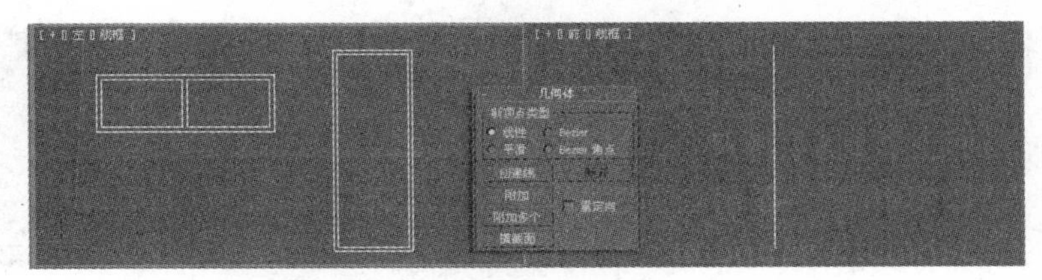

图13.49 附加

50 在“几何体”卷展栏下单击“附加”按钮，在视图中将绘制的矩形附加在一起，并将其命名为“窗框A”，如图13.49所示。

51 单击“修改”按钮进入修改面板，在修改器下拉列表中选择“挤出”选项，设置“挤出”参数，如图13.50所示。

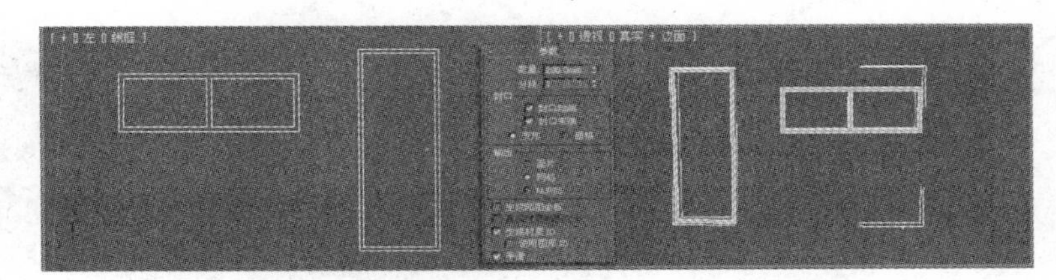

图13.50 挤出

52 在视图中调整造型的位置，效果如图13.51所示。

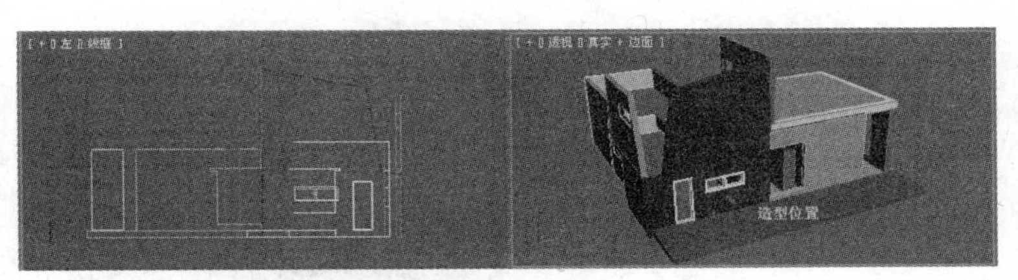

图13.51 调整造型位置

53 在顶视图中创建一个长方体，并将其命名为“门A”，设置具体参数，如图13.52所示。

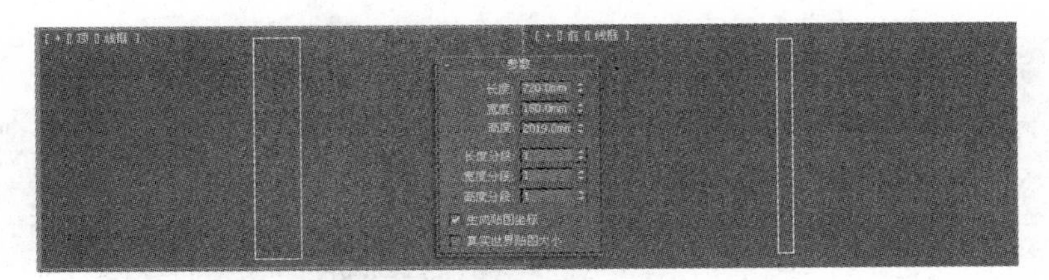

图13.52 创建长方体

54 将长方体转换为可编辑多边形，打开修改命令面板，在修改器堆栈中单击激活“多边形”子对象，如图13.53所示。

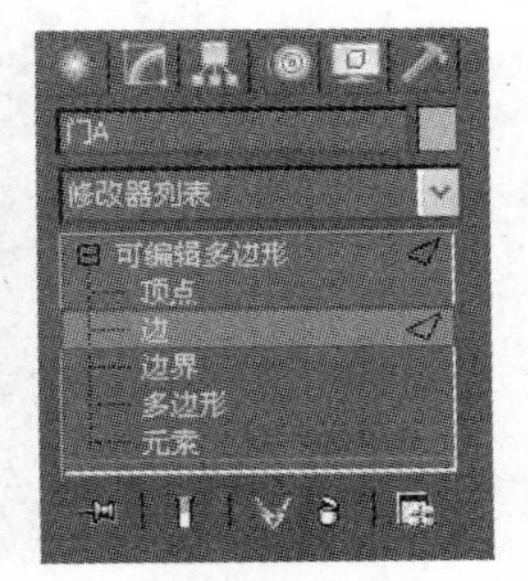

图13.53 修改器堆栈

55 在视图中选中如图13.54所示的边，并在“编辑边”卷展栏中单击 连接 后的□按钮。

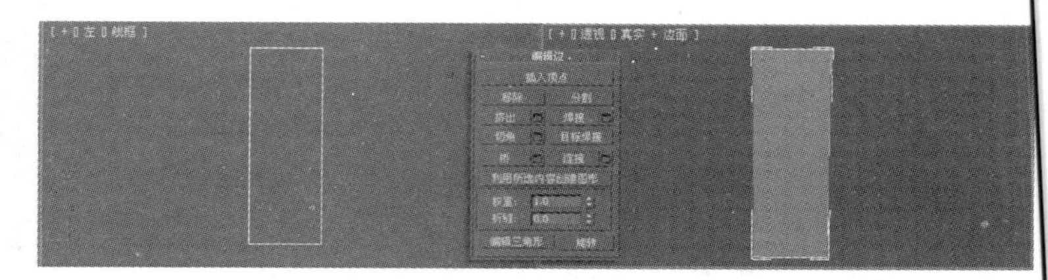

图13.54 “连接”命令

56 设置“连接”的具体参数，如图13.55所示。

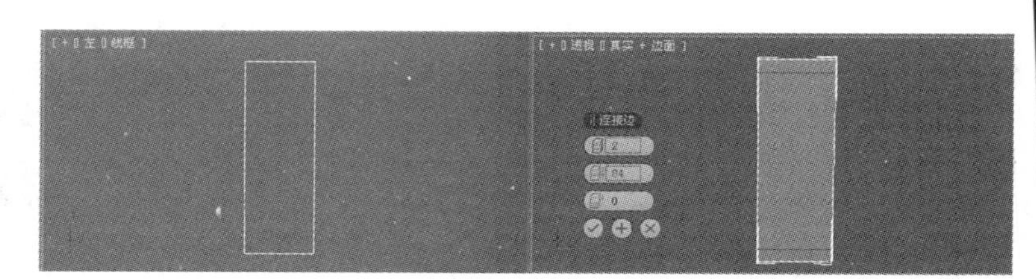

图13.55 连接边

57 在视图中选中如图13.56所示的边。

图13.56 选中边

58 在“编辑边”卷展栏中单击 连接 后的□按钮，并设置具体参数，如图13.57所示。

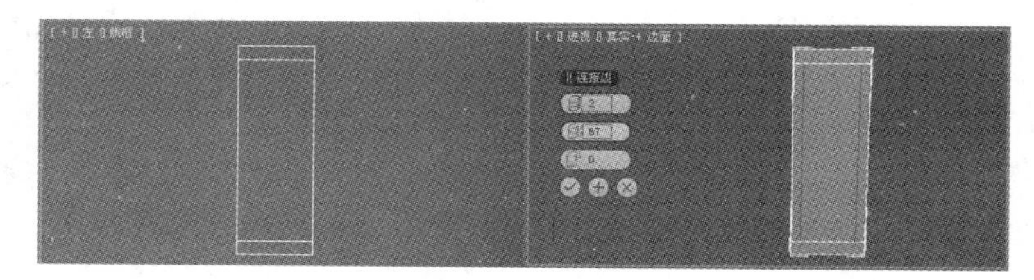

图13.57 连接边

59 在视图中选中如图13.58所示的边。

图13.58 选中边

60 在“编辑边”卷展栏中单击 连接 后的□按钮，并设置具体参数，如图13.59所示。

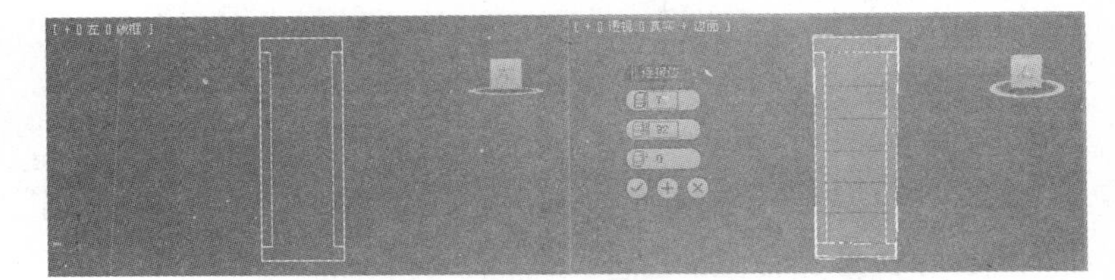

图13.59 连接边

61 在“编辑边”卷展栏中单击 切角 后的□按钮，并设置具体参数，如图13.60所示。

图13.60 切角

62 打开修改命令面板，在修改器堆栈中单击激活“多边形”子对象，在视图中选中如图13.61所示的多边形。

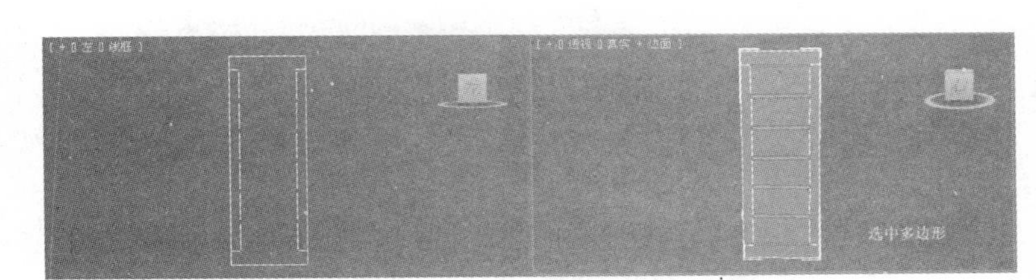

图13.61 选中多边形

63 在“编辑多边形”卷展栏中单击 挤出 按钮，并设置具体参数，如图13.62所示。

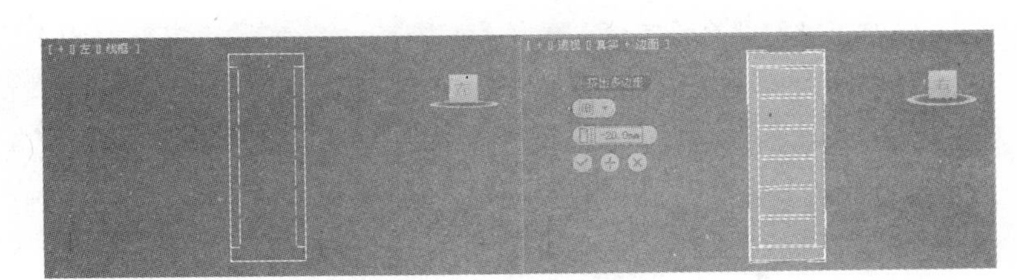

图13.62 挤出多边形

64 在视图中调整造型的位置，效果如图13.63所示。

图13.63 调整造型的位置

65 在创建面板中单击 矩形 按钮，在左视图中创建3个矩形，设置具体参数，如图13.64所示。

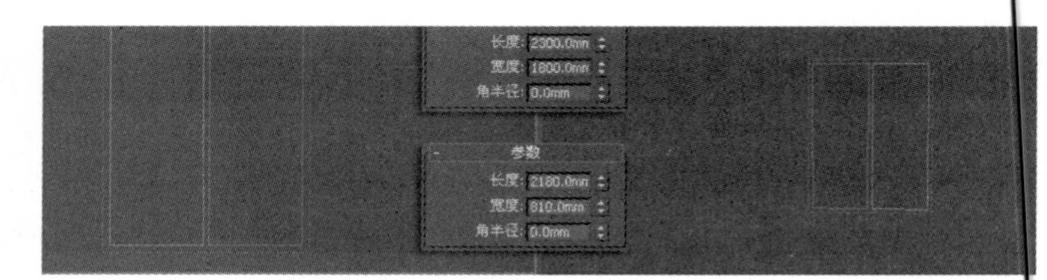

图13.64 创建矩形

66 将光标放置在绘制的矩形上，单击鼠标右键，在弹出的快捷菜单中执行“转换为”→“转换为可编辑样条线”命令，将绘制的曲线转换为可编辑样条线。打开修改命令面板，在“几何体”卷展栏中单击 附加 按钮，效果如图13.65所示。

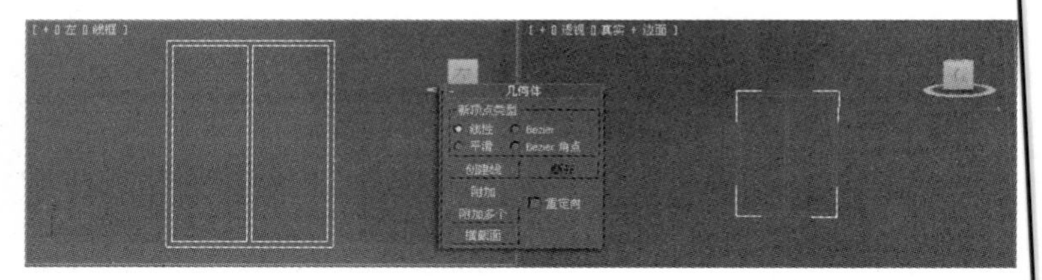

图13.65 附加

67 单击“修改”按钮进入修改面板，在修改器下拉列表中选择“挤出”选项，设置“挤出”参数，并将其命名为“窗框B”，如图13.66所示。

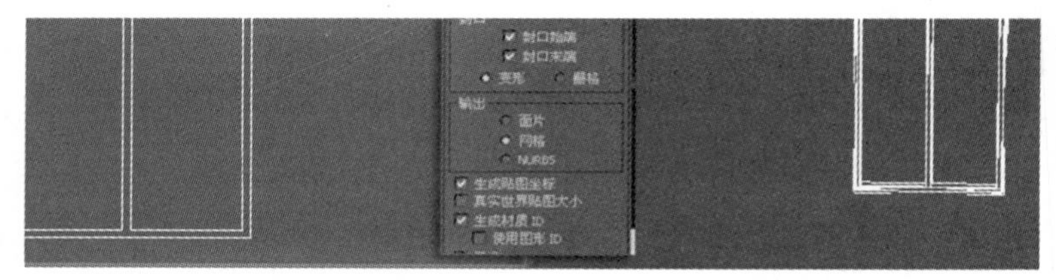

图13.66 挤出

68 在视图中调整造型的位置，效果如图13.67所示。

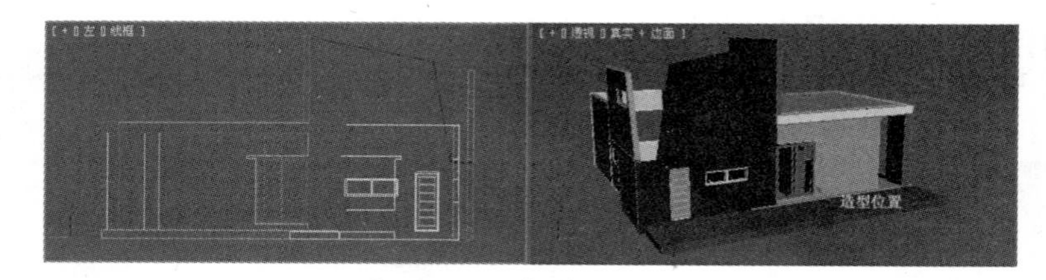

图13.67 调整造型的位置

69 在创建面板中单击 长方体 按钮，在左视图中创建一个长方体，并将其命名为“屋檐A”，设置具体参数，如图13.68所示。

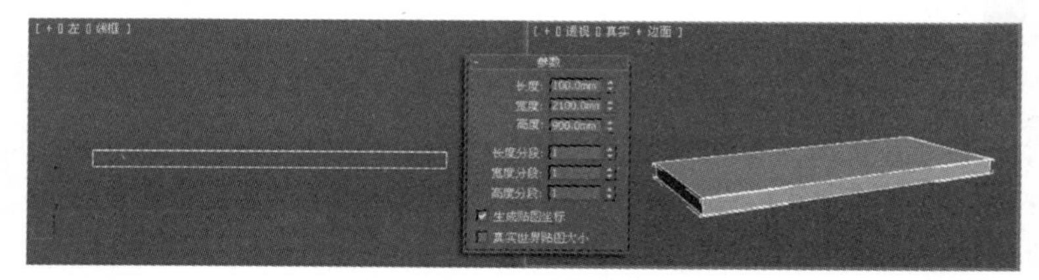

图13.68 创建长方体

70 在视图中调整造型的位置，效果如图13.69所示。

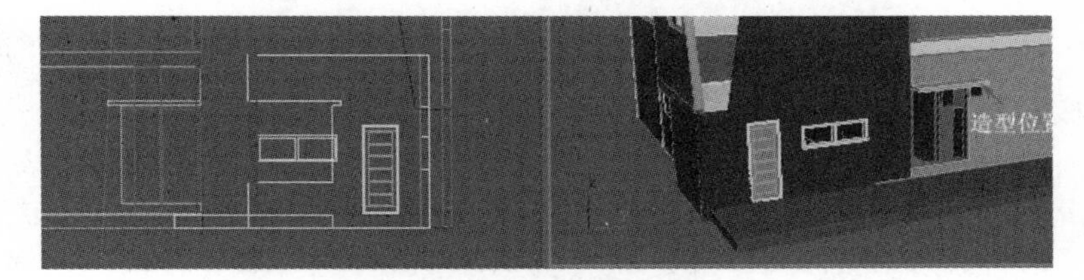

图13.69 调整造型的位置

71 在创建面板中单击 线 按钮，按住Shift键，在前视图中绘制封闭的曲线，效果如图13.70所示。

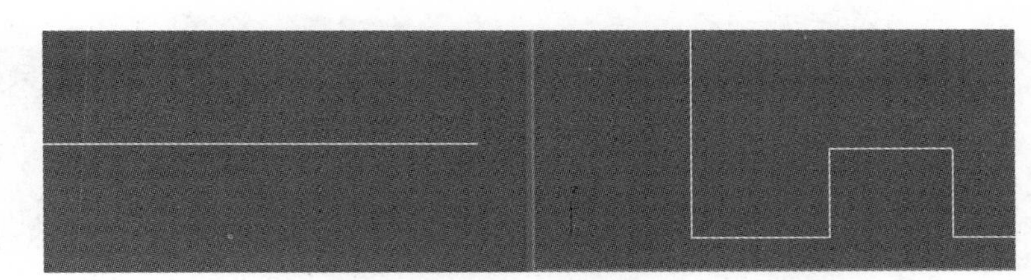

图13.70 绘制闭合曲线

72 在创建面板中单击 矩形 按钮，在左视图中绘制矩形，并设置具体参数，如图13.71所示。

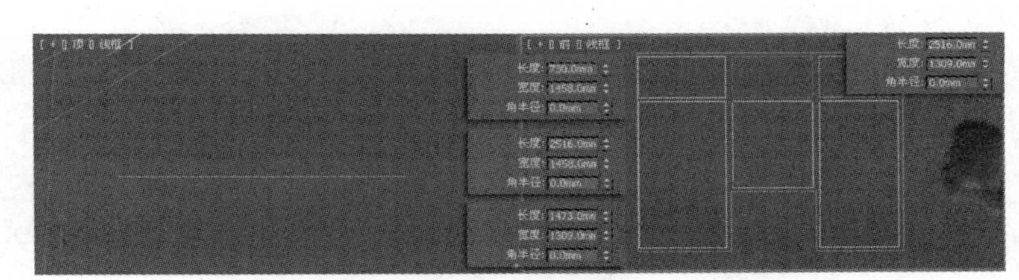

图13.71 绘制矩形

73 使用前面介绍的方法将所有曲线附加到一起，效果如图13.72所示。

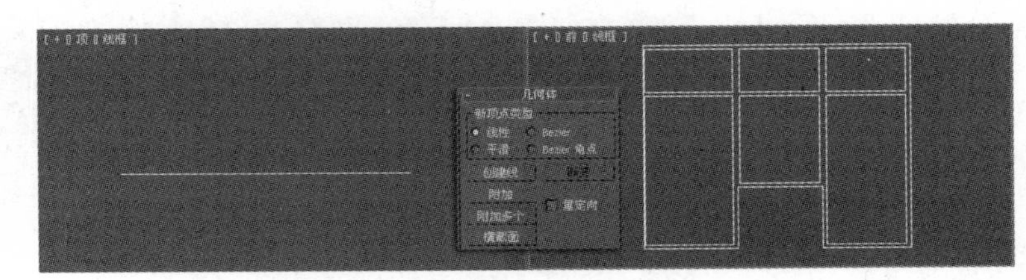

图13.72 附加

74 单击“修改”按钮进入修改面板，在修改器下拉列表中选择“挤出”选项，设置“挤出”参数，并将其命名为“窗框C”，如图13.73所示。

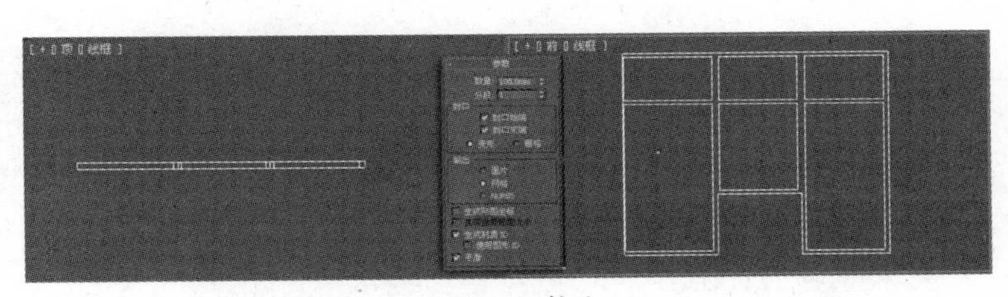

图13.73 挤出

75 在视图中调整造型的位置，效果如图13.74所示。

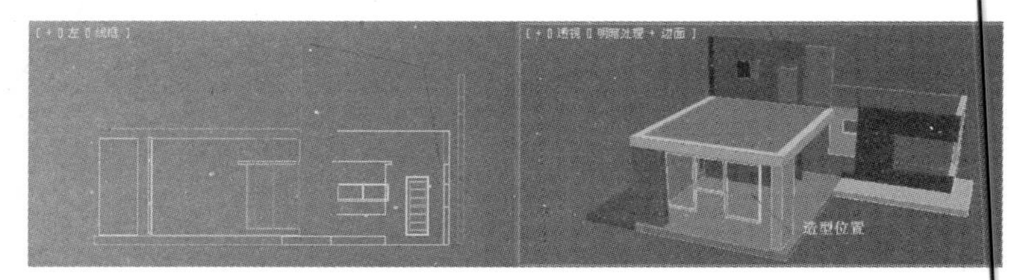

图13.74 调整造型的位置

76 在创建面板中单击 长方体 按钮，在顶视图中创建一个长方体，并将其命名为“墙I”，设置具体参数，如图13.75所示。

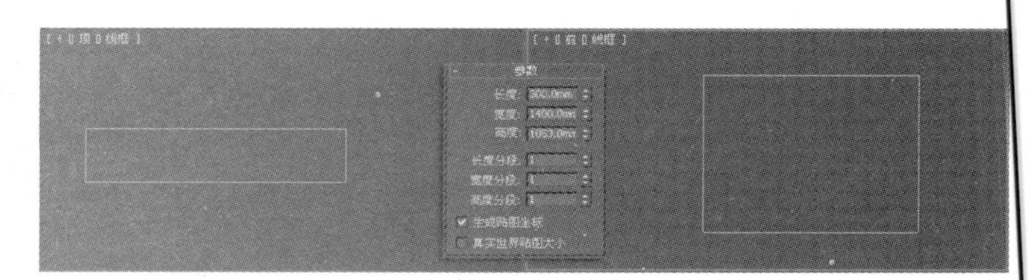

图13.75 创建长方体

77 在视图中调整造型的位置，效果如图13.76所示。

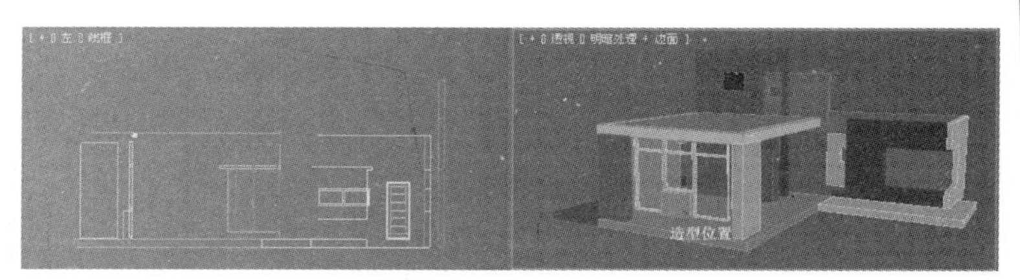

图13.76 调整造型的位置

78 在创建面板中单击 矩形 按钮，在左视图中绘制矩形，并设置具体参数如图13.77所示。

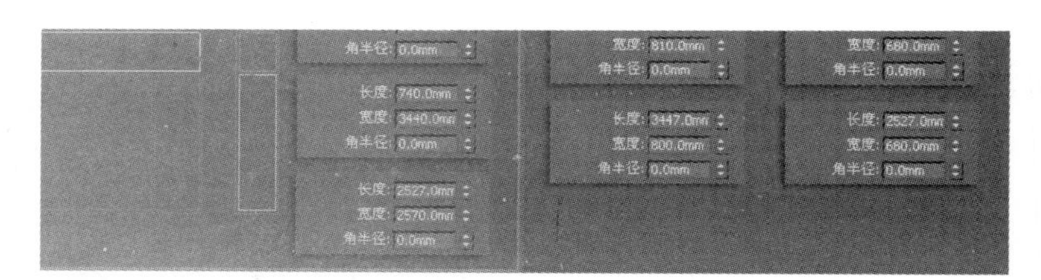

图13.77 绘制矩形

79 将矩形转换为可编辑样条线，并将所有矩形附加到一起。单击“修改”按钮 进入修改面板，在修改器下拉列表中选择“挤出”选项，设置“挤出”参数，并将其命名为“窗框D”，如图13.78所示。

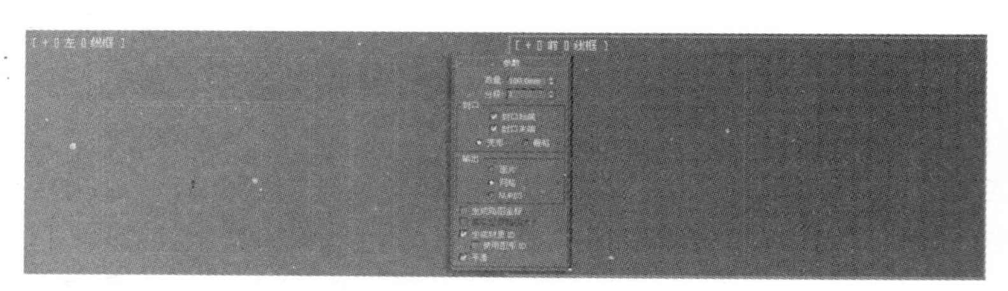

图13.78 挤出

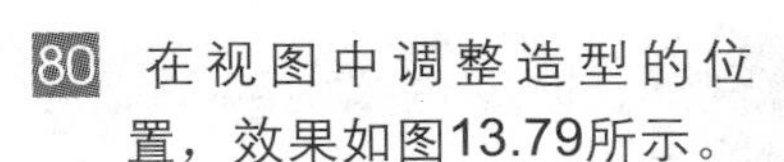

80 在视图中调整造型的位置，效果如图13.79所示。

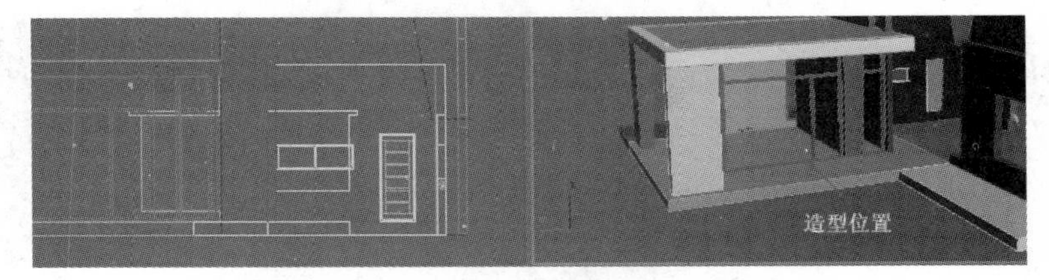

图13.79 调整造型的位置

81 在创建面板中单击 矩形 按钮，在前视图中绘制4个矩形，设置具体参数分别为：7169mm×2350mm、6567mm×2150mm、597mm×2150mm、540mm×2150mm，并按住Shift键，使用移动工具向下复制8个矩形，效果如图13.80所示。

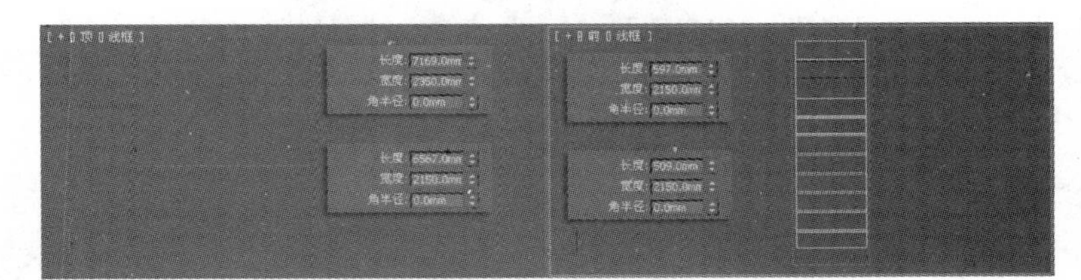

图13.80 绘制矩形

82 使用前面介绍的方法，将所有矩形附加到一起。单击“修改”按钮进入修改面板，在修改器下拉列表中选择“挤出”选项，设置“挤出”参数，并将其命名为“窗框E”，如图13.81所示。

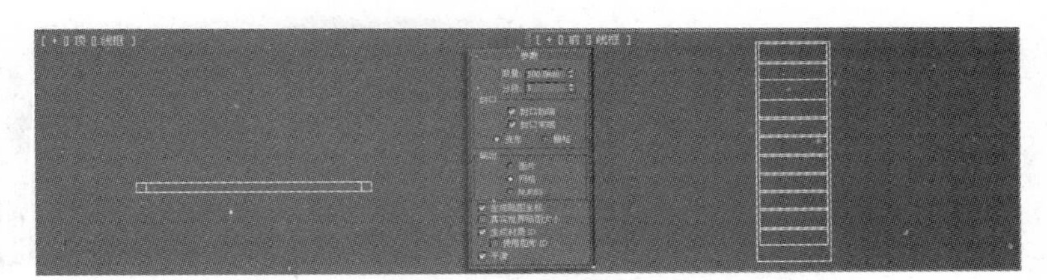

图13.81 挤出

83 在视图中调整造型的位置，效果如图13.82所示。

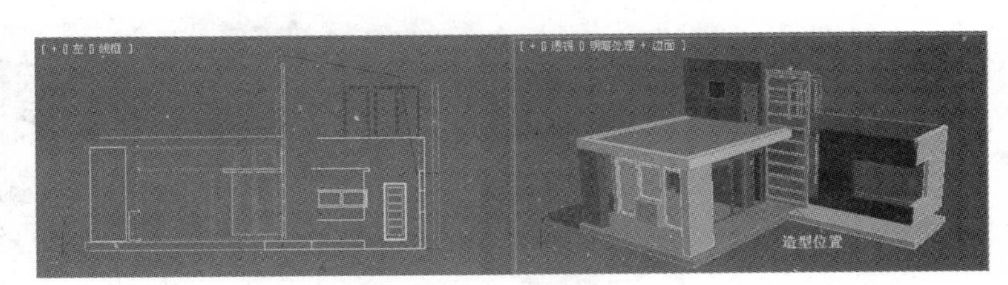

图13.82 调整造型的位置

84 在创建面板中单击 线 按钮，按住Shift键，在左视图中绘制封闭的曲线，效果如图13.83所示。

图13.83 绘制曲线

85 在创建面板中单击 矩形 按钮，在左视图中绘制1个矩形，矩形的大小为540mm×1950mm，并按住Shift键，使用“移动”工具，向下复制3个矩形，效果如图13.84所示。

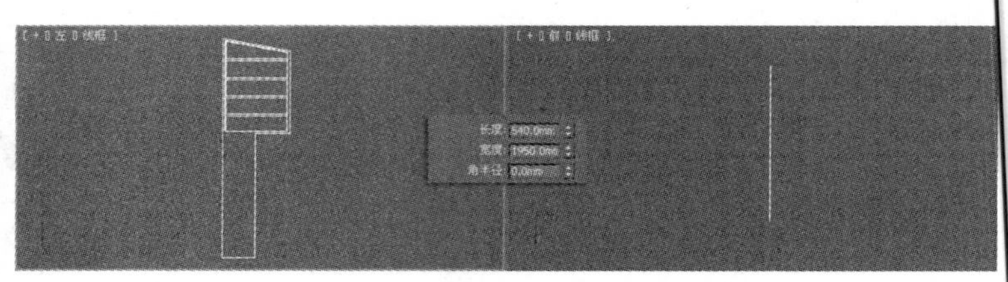

图13.84 绘制矩形

86 在创建面板中单击 矩形 按钮，在左视图中绘制1个矩形，矩形的大小为570mm×890mm，并按住Shift键，使用“移动”工具向下复制5个矩形，效果如图13.85所示。

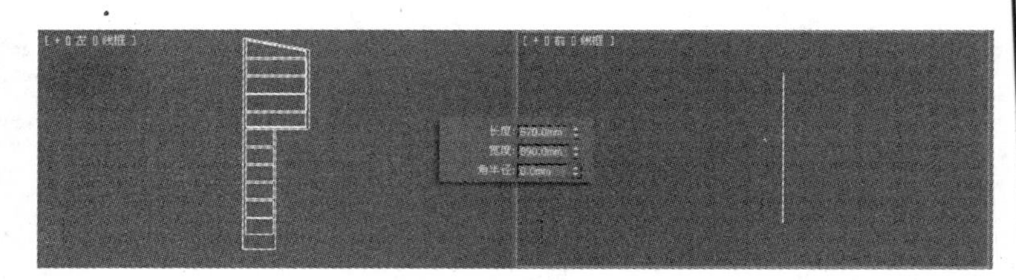

图13.85 绘制矩形

87 将所有图形附加在一起，单击“修改”按钮进入修改面板，在修改器下拉列表中选择“挤出”选项，设置“挤出”参数，并将其命名为“窗框F”，如图13.86所示。

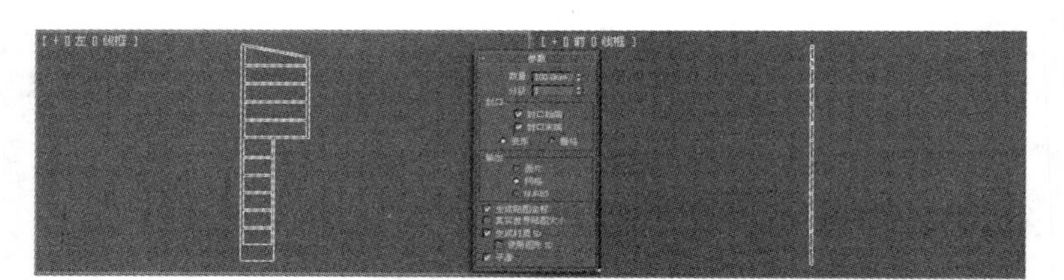

图13.86 挤出

88 在视图中调整造型的位置，效果如图13.87所示。

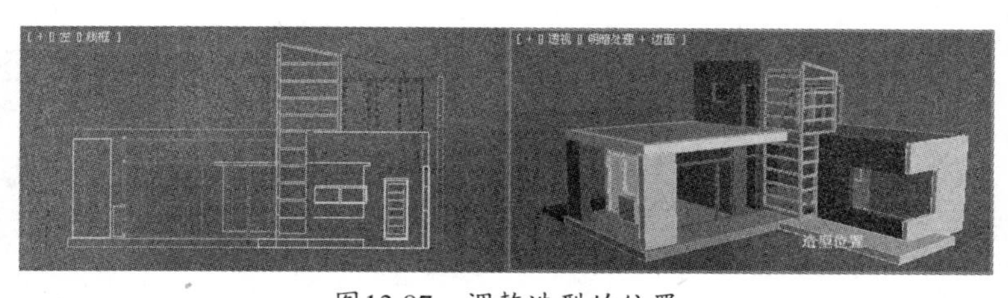

图13.87 调整造型的位置

89 在创建面板中单击 矩形 按钮，在前视图中绘制3个矩形，矩形的大小分别为6426mm×2350mm、158mm×2150mm、540mm×2150mm，并按住Shift键，使用移动工具向下复制9个矩形，效果如图13.88所示。

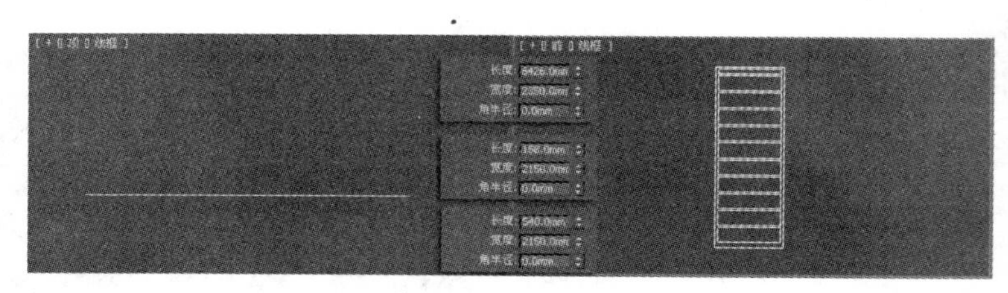

图13.88 绘制矩形

90 将所有图形附加到一起。单击“修改”按钮进入修改面板，在修改器下拉列表中选择“挤出”选项，设置“挤出”参数，并将其命名为“窗框G”，如图13.89所示。

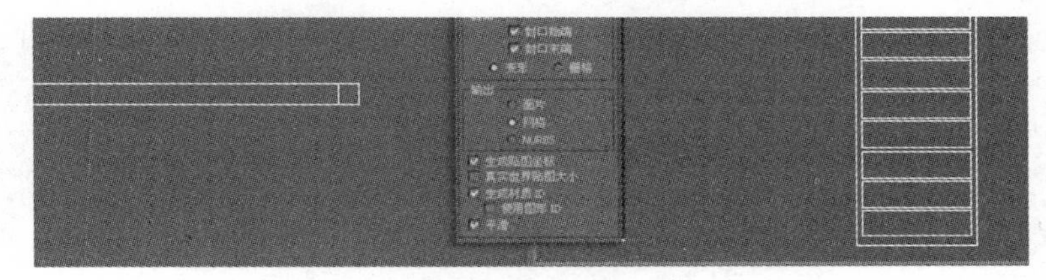

图13.89 挤出

91 在视图中调整造型的位置，效果如图13.90所示。

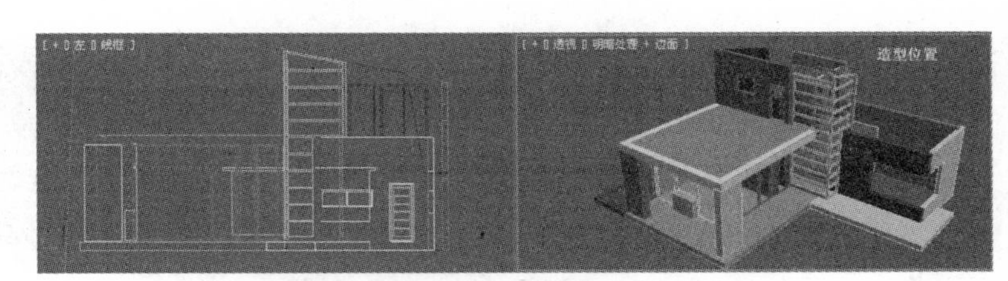

图13.90 调整造型的位置

92 在创建面板中单击 长方体 按钮，在顶视图中创建一个长方体，并将其命名为“地A”，设置具体参数，如图13.91所示。

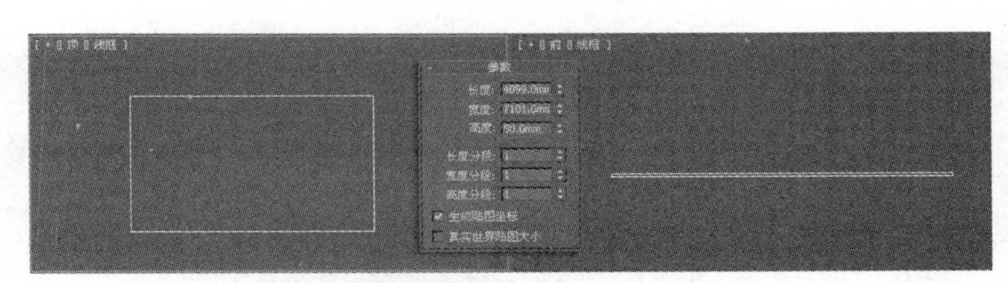

图13.91 创建长方体

93 在视图中调整造型的位置，效果如图13.92所示。

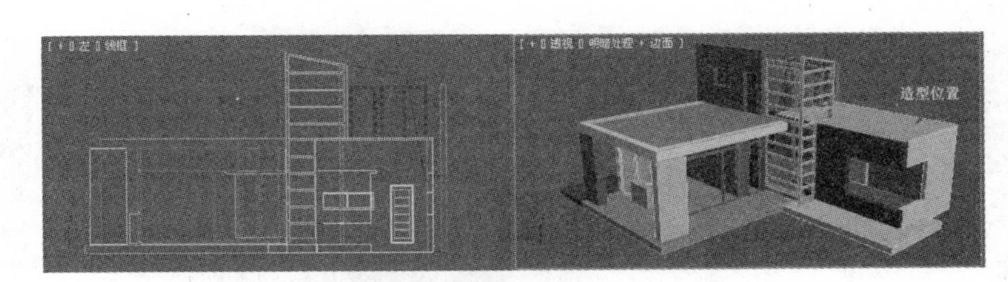

图13.92 调整造型的位置

94 在创建面板中单击 矩形 按钮，在前视图中绘制3个矩形，矩形的大小分别为1800mm×2700mm、1680mm×1710mm、1680mm×810mm，效果如图13.93所示。

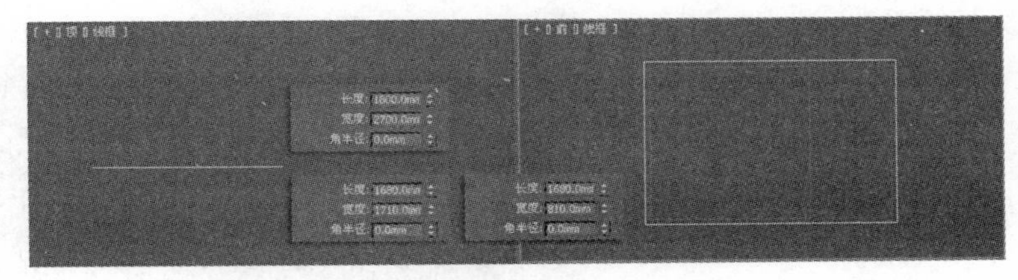

图13.93 绘制矩形

95 将所有图形附加到一起。单击“修改”按钮进入修改面板，在修改器下拉列表中选择“挤出”选项，设置“挤出”参数，并将其命名为“窗框H”，如图13.94所示。

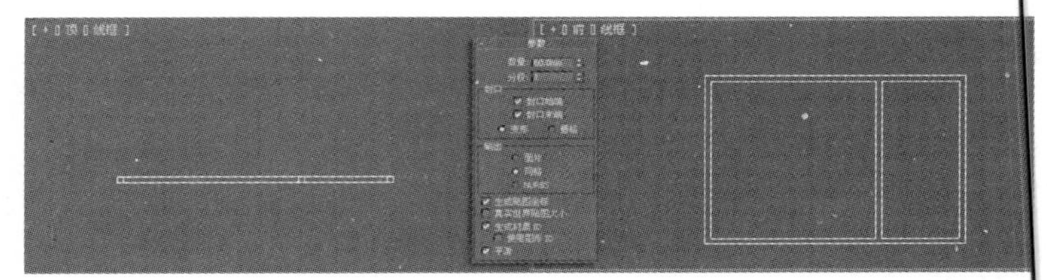

图13.94　挤出

96 在视图中调整造型的位置，效果如图13.95所示。

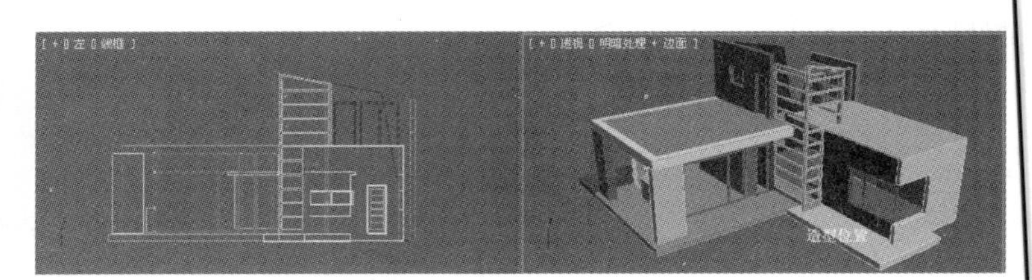

图13.95　调整造型的位置

97 在创建面板中单击 矩形 按钮，在左视图中绘制3个矩形，矩形的大小分别为1800mm×1899mm、1680mm×909mm、1680mm×810mm，效果如图13.96所示。

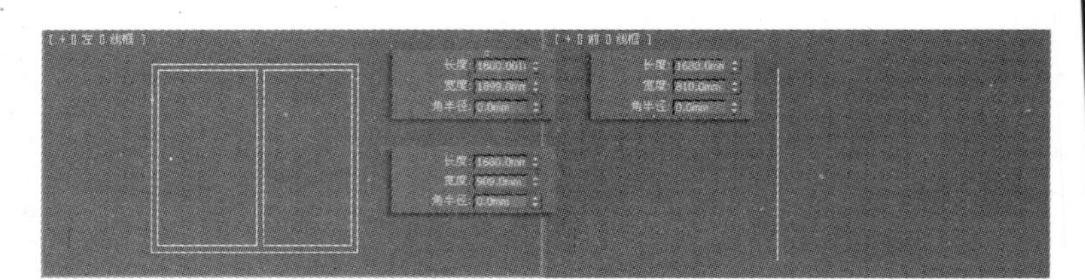

图13.96　绘制矩形

98 将所有图形附加到一起。单击“修改”按钮进入修改面板，在修改器下拉列表中选择“挤出”选项，设置“挤出”参数，并将其命名为“窗框I”，如图13.97所示。

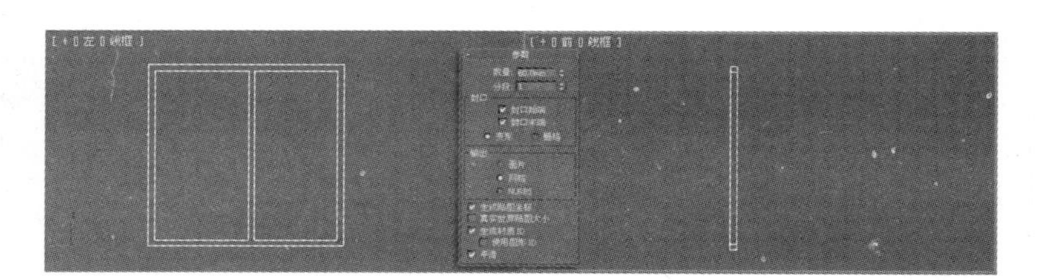

图13.97　挤出

99 在视图中调整造型的位置，效果如图13.98所示。

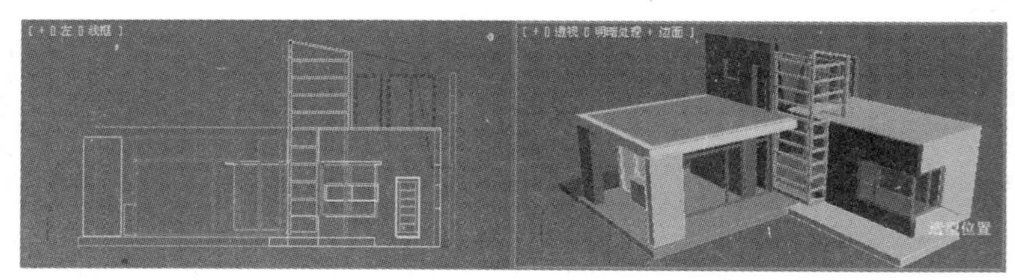

图13.98　调整造型的位置

100 在创建面板中单击 矩形 按钮，在前视图中绘制4个矩形，矩形的大小分别为800mm×400mm、720mm×320mm、800mm×1000mm、722mm×447mm，效果如图13.99所示。

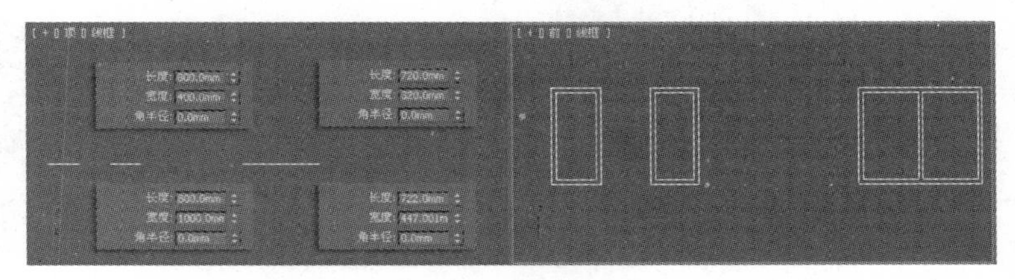
图13.99　绘制矩形

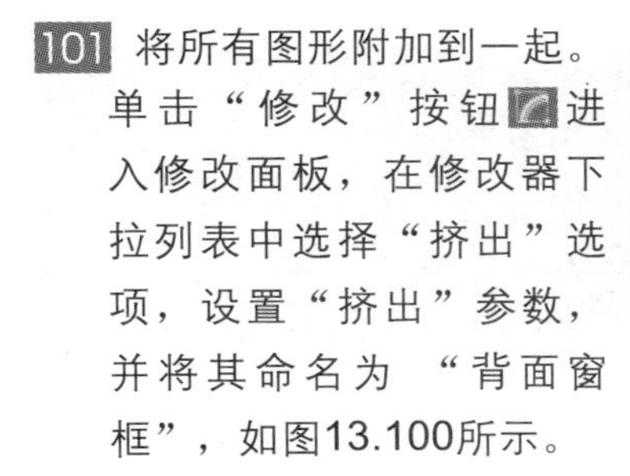
101 将所有图形附加到一起。单击“修改”按钮进入修改面板，在修改器下拉列表中选择“挤出”选项，设置“挤出”参数，并将其命名为“背面窗框”，如图13.100所示。

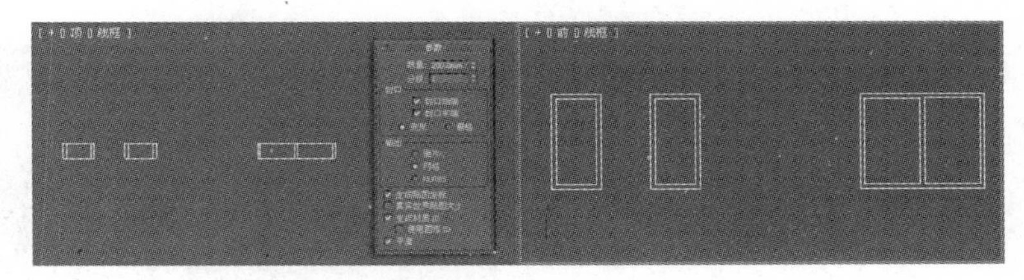
图13.100　挤出

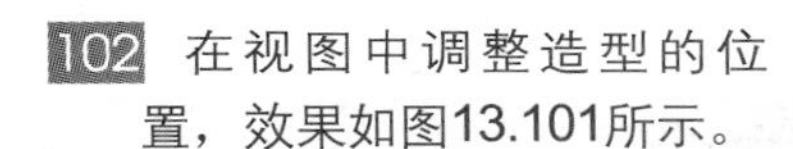
102 在视图中调整造型的位置，效果如图13.101所示。

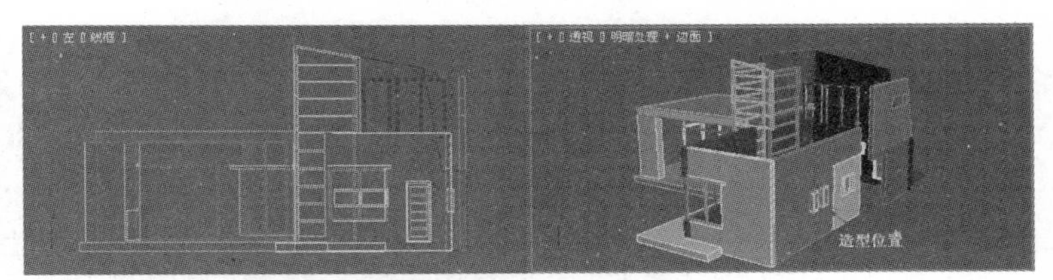

图13.101　调整造型位置

103 在创建面板中单击 长方体 按钮，在前视图中创建一个长方体，并将其命名为“门B”，设置具体参数，如图13.102所示。

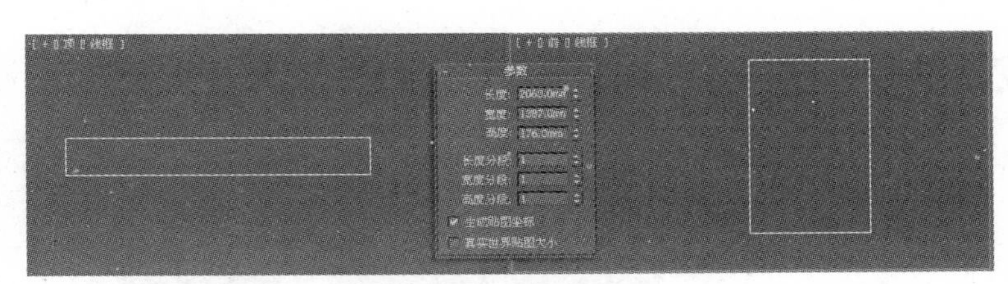
图13.102　创建长方体

104 将光标放置在绘制的长方体上，单击鼠标右键，在弹出的快捷菜单中执行“转换为”→“转换为可编辑多边形”命令，将绘制的曲线转换为可编辑多边形。

105 打开修改命令面板，在修改器堆栈中单击激活“多边形”子对象，如图13.103所示。

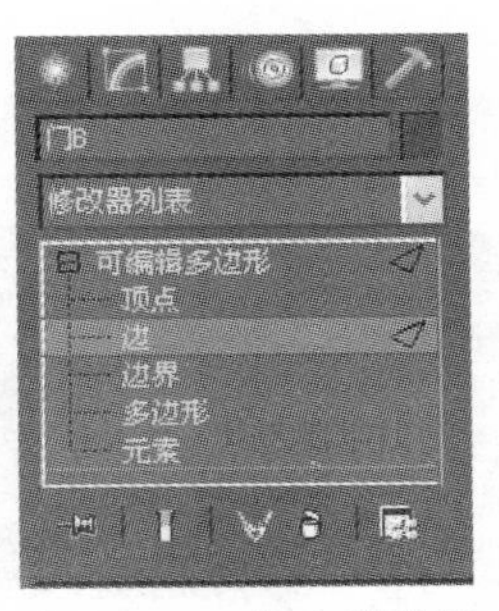

图13.103　修改器堆栈

106 在视图中选中如图13.104所示的边。

图13.104 选中边

107 在“编辑边”卷展栏中单击 连接 后的□按钮，并设置具体参数，如图13.105所示。

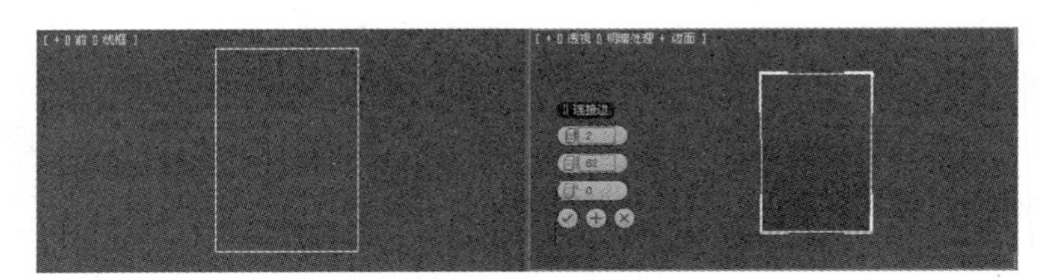

图13.105 连接边

108 再次单击 连接 后的□按钮，并设置具体参数，如图13.106所示。

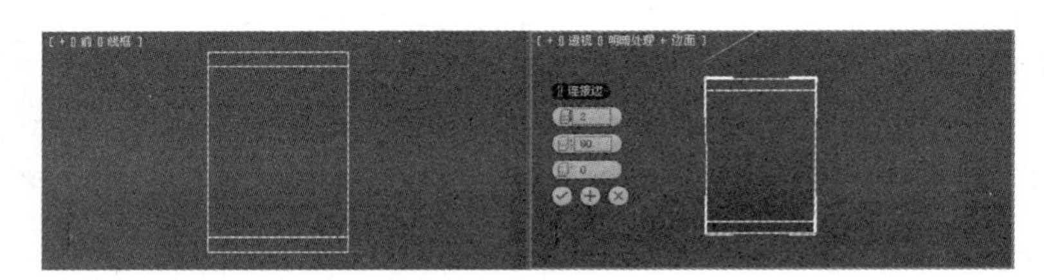

图13.106 连接边

109 再次单击 连接 后的□按钮，并设置具体参数，如图13.107所示。

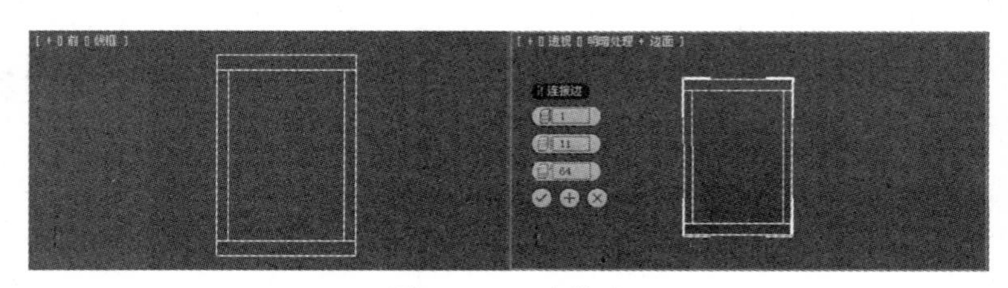

图13.107 连接边

110 再次单击 连接 后的□按钮，并设置具体参数，如图13.108所示。

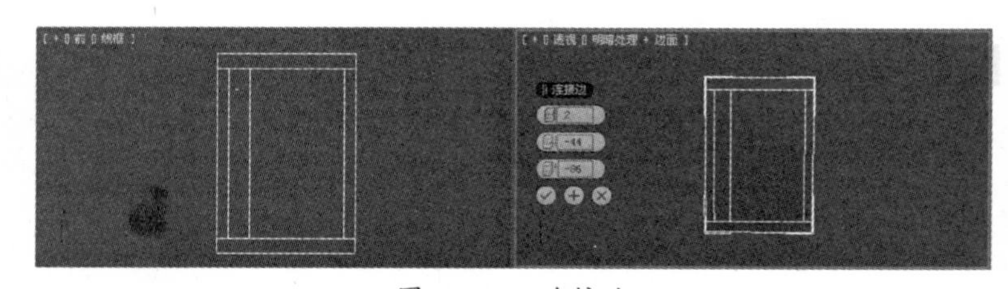

图13.108 连接边

111 在“编辑几何体”卷展栏中单击 切割 按钮，如图13.109所示。

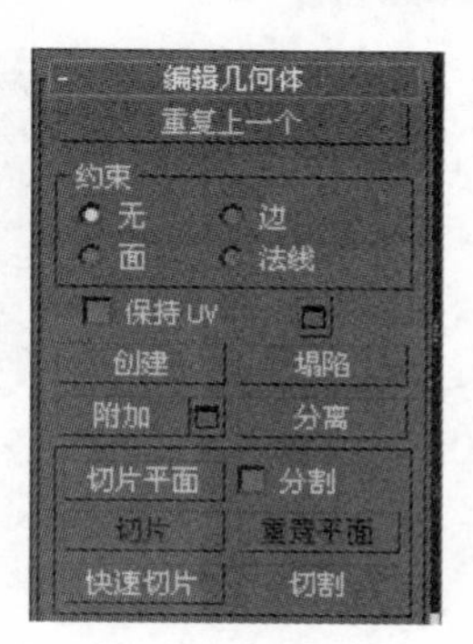

图13.109 切割

112 单击 切割 按钮，在如图13.110所示的位置切割10条边。

图13.110 切割边

113 单击 切割 按钮，在如图13.111所示的位置切割1条边。

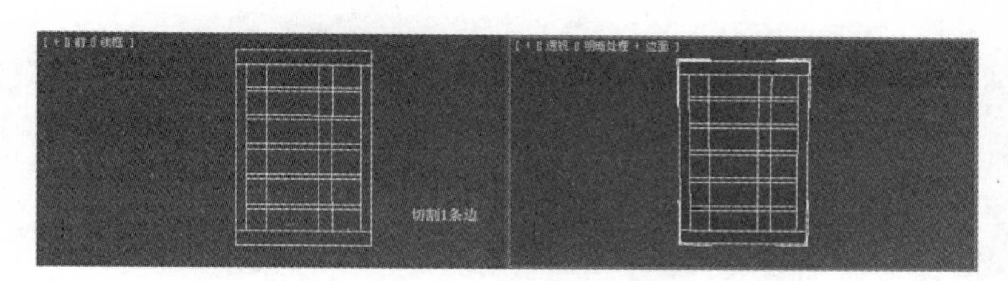

图13.111 连接边

114 打开修改命令面板，在修改器堆栈中单击激活“多边形”子对象，如图13.112所示。

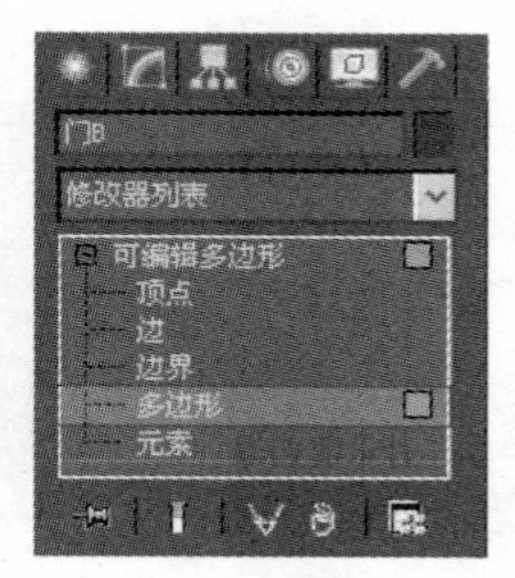

图13.112 修改器堆栈

115 在视图中选中如图13.113所示的多边形，在“编辑多边形”卷展栏中单击 倒角 按钮，并设置具体参数。

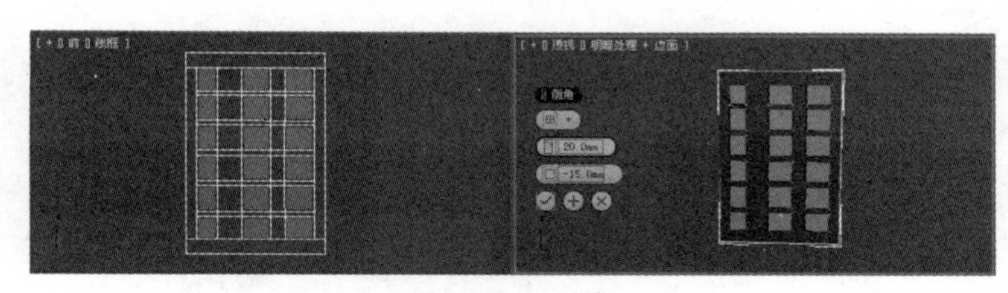

图13.113 倒角

116 在创建面板中单击 矩形 按钮，在前视图中绘制2个矩形，作为参考矩形，矩形的大小分别为2100mm×1499mm、2040mm×13790mm，效果如图13.114所示。

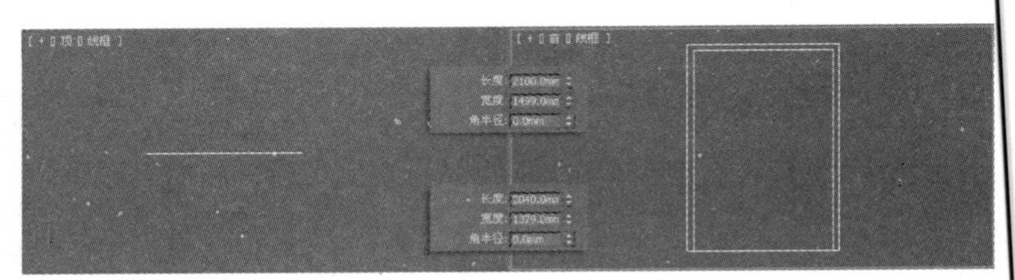
图13.114 绘制矩形

117 单击“创建”→“图形”→ 线 按钮，按住Shift键，在前视图中绘制一条封闭的曲线，并将其命名为“门框B”。完成曲线的绘制后将参考矩形删除。如图13.115所示。

图13.115 绘制闭合曲线

118 单击“修改”按钮进入修改面板，在修改器下拉列表中选择“挤出”选项，设置“挤出”参数，如图13.116所示。

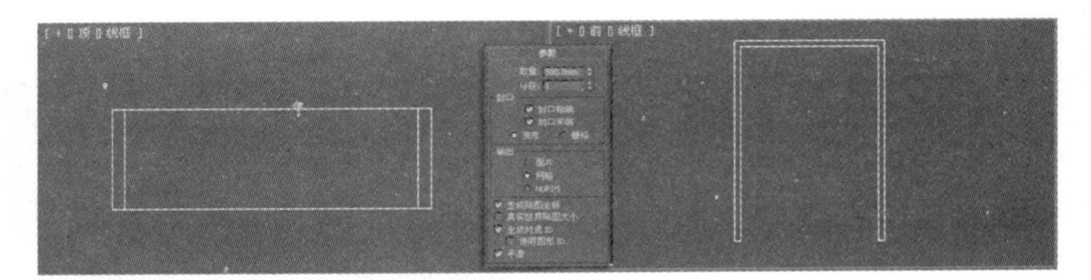
图13.116 挤出

119 在视图中调整“门B”和“门框B”的位置，效果如图13.117所示。

图13.117 造型位置

120 在创建面板中单击 长方体 按钮，在顶视图中创建3个长方体，长方体的大小分别为：1000mm×2499mm×150mm、800mm×2199mm×150mm、500mm×1899mm×150mm，并在视图中调整造型的位置，效果如图13.118 所示。

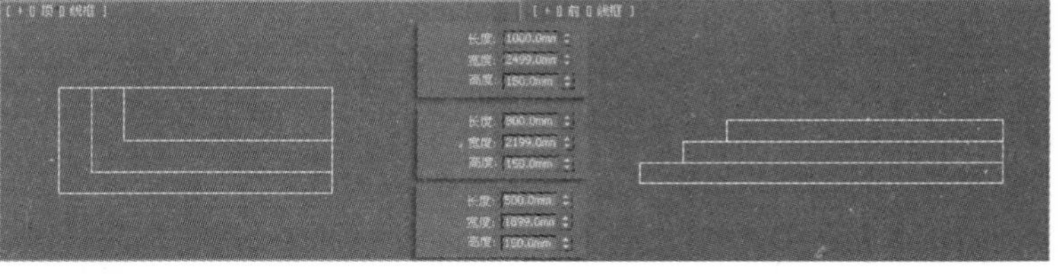
图13.118 创建长方体

121 将光标放置在绘制的长方体上，单击鼠标右键，在弹出的快捷菜单中执行“转换为”→“转换为可编辑多边形”命令，将绘制的曲线转换为可编辑多边形。在“编辑多边形”卷展栏中单击 附加 按钮，并将附加后的长方体命名为“台阶”。

122 在视图中调整造型的位置，效果如图13.119所示。

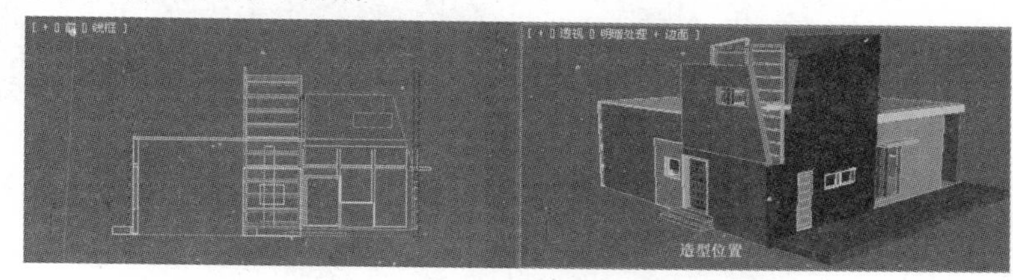

图13.119 调整造型的位置

123 在创建面板中单击 矩形 按钮，在前视图中绘制1个矩形，作为参考矩形，矩形的大小为2104mm×2288mm。单击 线 按钮，在前视图中绘制一条闭合的曲线，效果如图13.120所示。

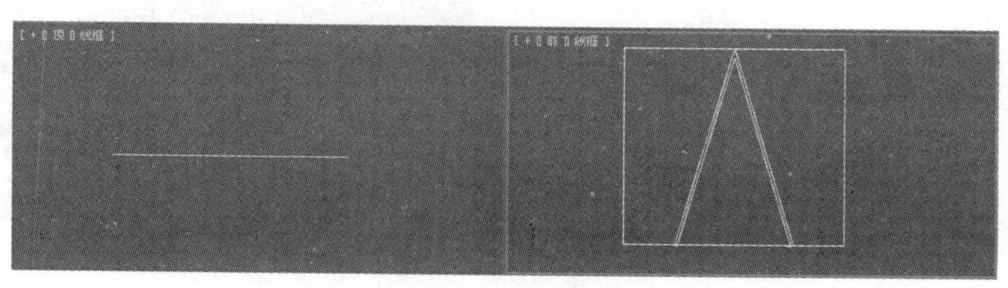
图13.120 绘制闭合曲线

124 将参考的矩形删除，单击“修改”按钮 进入修改面板，在修改器下拉列表中选择“挤出”选项，设置“挤出”参数，并将其命名为“支架”，如图13.121所示。

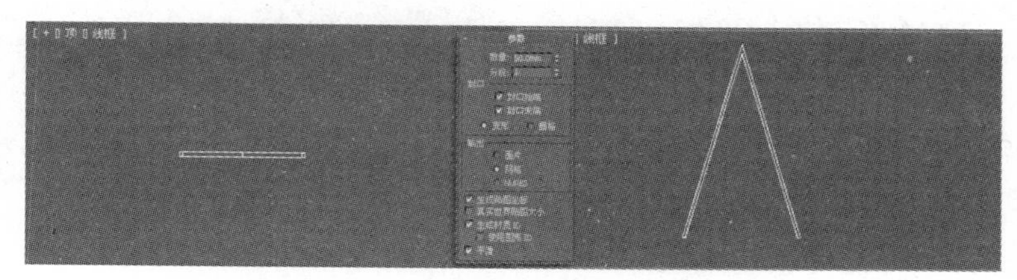
图13.121 挤出

125 在创建面板中单击 长方体 按钮，在顶视图中创建1个长方体，并将其命名为“屋檐B”,设置具体参数，如图13.122所示。

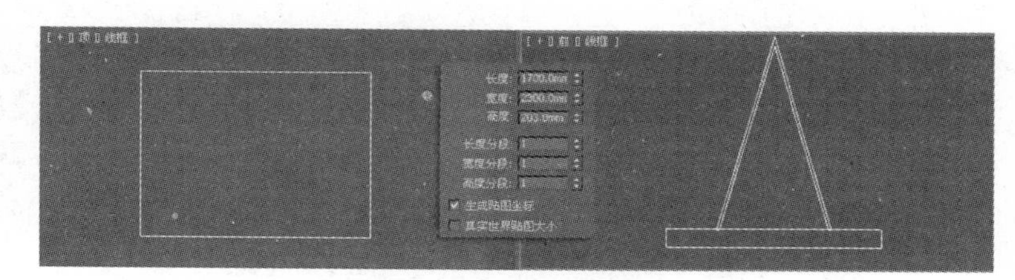
图13.122 创建长方体

126 在视图中调整造型的位置，效果如图13.123所示。

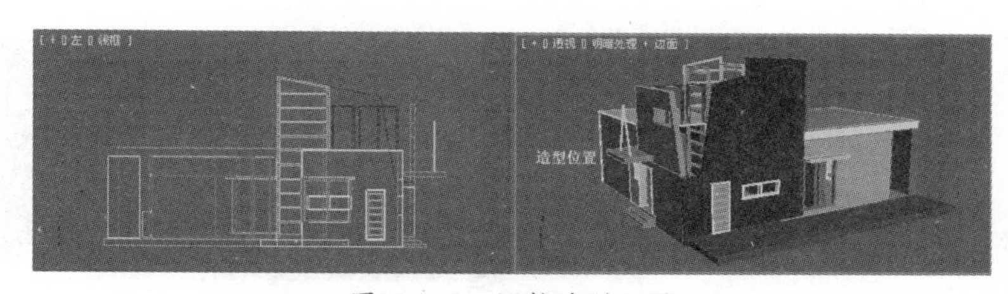

图13.123 调整造型位置

127 在工具栏中单击“选择并旋转”按钮，在视图中旋转“支架”，效果如图13.124所示。

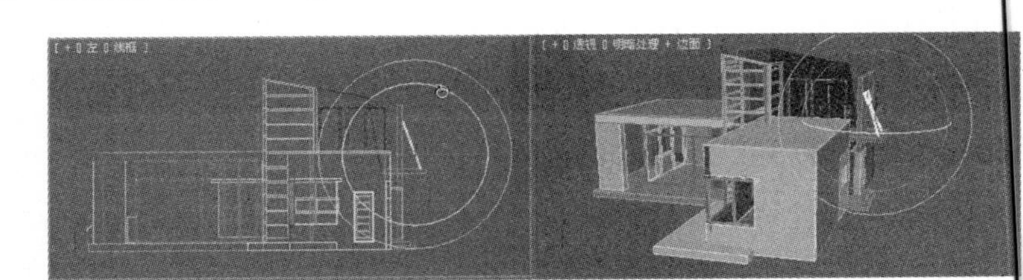

图13.124 旋转

128 在创建面板中单击线按钮，在顶视图中绘制一条闭合的曲线，并将其命名为“顶A”。单击“修改”按钮进入修改面板，在修改器列表下拉列表中选择“挤出”选项，设置“挤出”参数，如图 13.125 所示。

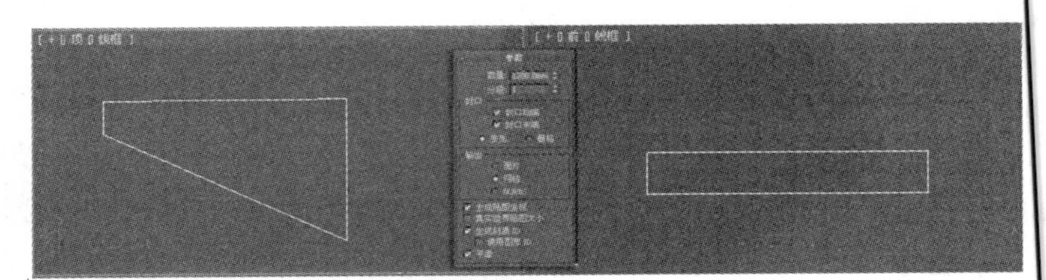

图13.125 挤出

129 将光标放置在绘制的长方体上，单击鼠标右键，在弹出的快捷菜单中执行“转换为”→“转换为可编辑多边形”命令，将绘制的长方体转换为可编辑多边形。

130 打开修改命令面板，在修改器堆栈中单击激活“多边形”子对象。在视图中调整绘制的长方体，效果如图13.126所示。

图13.126 调整造型

131 在创建面板中单击矩形按钮，在顶视图中绘制一个大小为5462mm×7905mm的参考矩形，并单击线按钮，在顶视图中绘制一条闭合的曲线，将其命名为“顶B”。单击“修改”按钮进入修改面板，在修改器下拉列表中选择“挤出”选项，设置“挤出”参数，如图13.127所示。

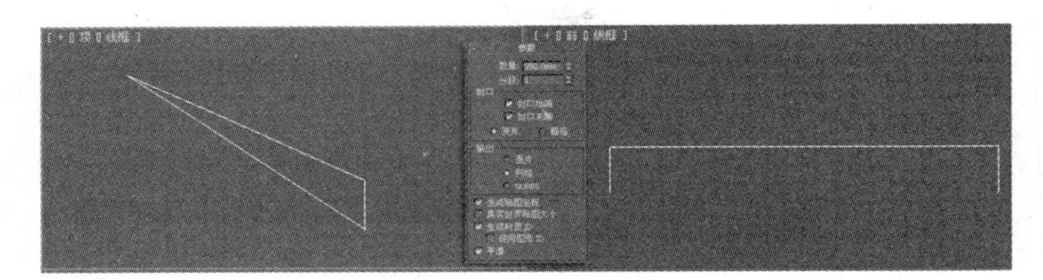

图13.127 挤出

132 将光标放置在绘制的长方体上，单击鼠标右键，在弹出的快捷菜单中执行“转换为”→“转换为可编辑多边形”命令，将绘制的长方体转换为可编辑多边形。在视图中调整造型，效果如图13.128所示。

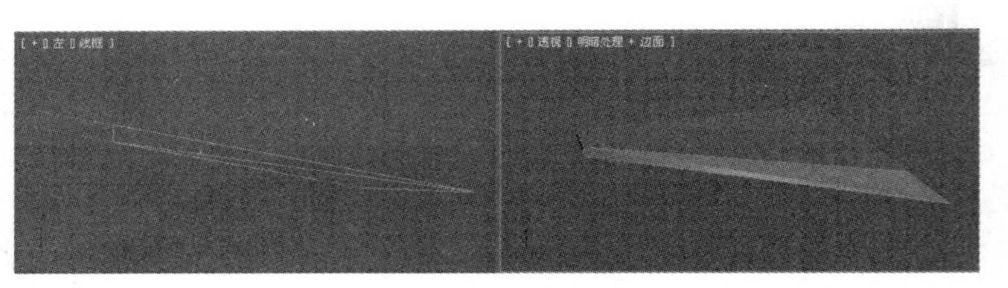

图13.128 调整造型

133 在创建面板中单击 线 按钮，在顶视图中绘制一个大小为5290mm×12420mm的参考矩形，并单击 线 按钮，在顶视图中绘制3条闭合的曲线，将其命名为“顶C”，效果如图13.129所示。

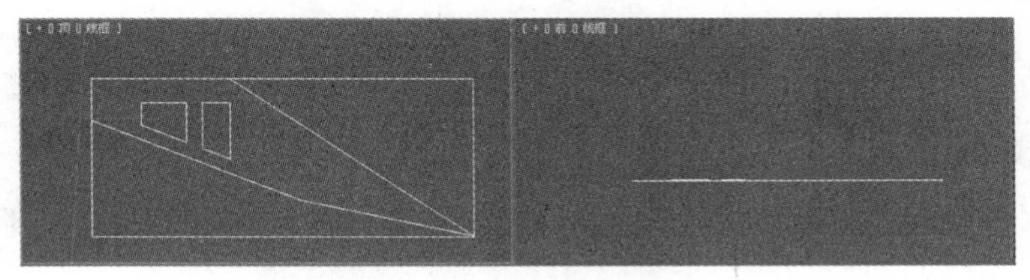
图13.129 绘制闭合曲线

134 将光标放置在绘制的矩形上，单击鼠标右键，在弹出的快捷菜单中执行“转换为”→“转换为可编辑样条线”命令，将绘制的矩形转换为可编辑样条线。

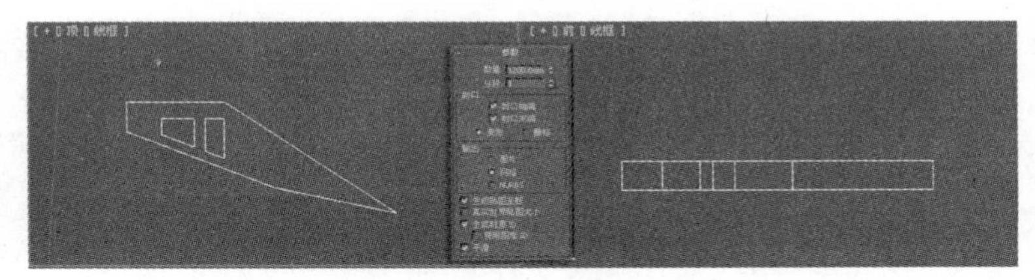
图13.130 挤出

135 将绘制的参考矩形删除。在“几何体”卷展栏中单击 附加 按钮，将绘制的矩形附加在一起。

136 单击“修改”按钮进入修改面板，在修改器下拉列表中选择“挤出”选项，设置“挤出”参数，如图13.130所示。

137 在视图中调整造型，效果如图13.131所示。

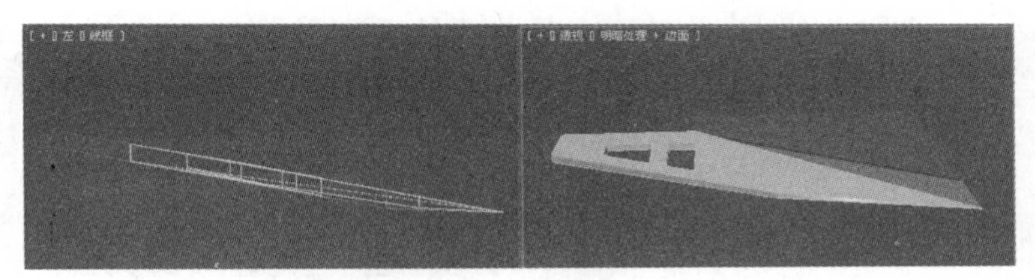
图13.131 调整造型

138 在创建面板中单击 矩形 按钮，在前视图中绘制一个大小为544mm×5589mm的参考矩形，并单击 线 按钮，在顶视图中绘制一条闭合的曲线，将其命名为“顶D”，如图13.132所示。

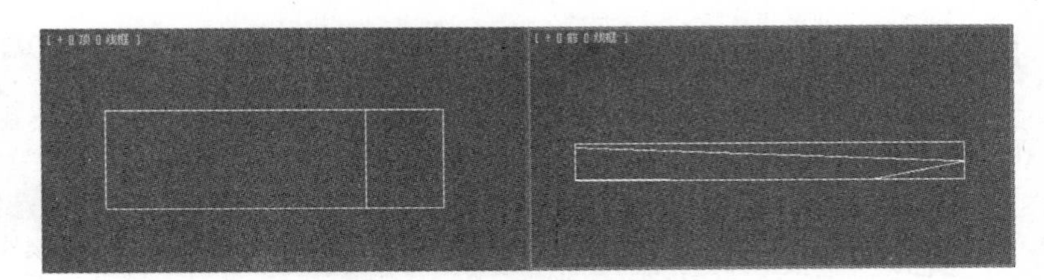
图13.132 绘制闭合曲线

139 将参考矩形删除。单击“修改”按钮进入修改面板，在修改器下拉列表中选择“挤出”选项，设置“挤出”参数，如图13.133所示。

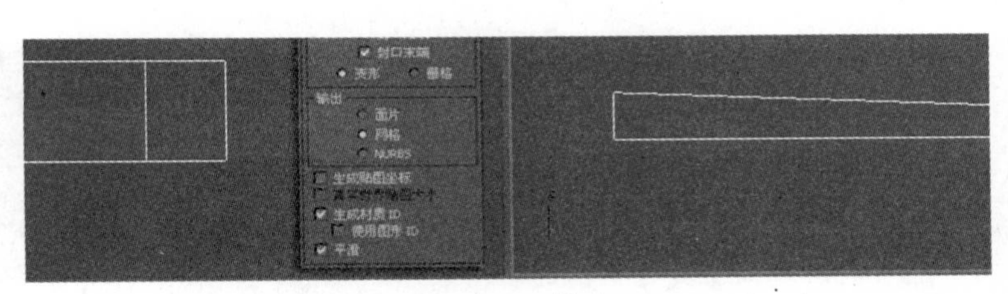

图13.133 挤出

140 在视图中调整造型，效果如图13.134所示。

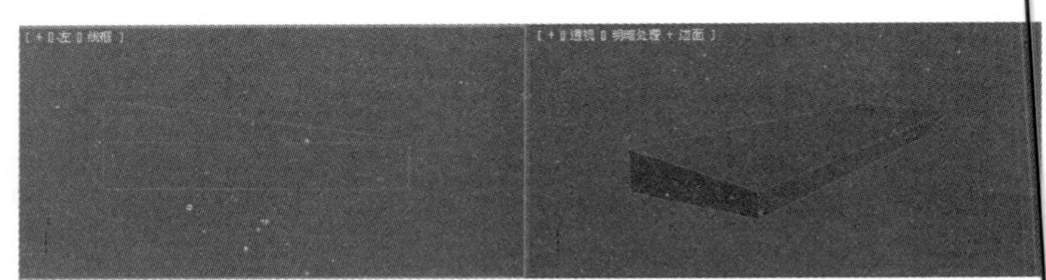

图13.134　调整造型

141 在创建面板中单击 矩形 按钮，在前视图中绘制一个大小为541mm×1220mm的参考矩形，并单击 线 按钮，在顶视图中绘制一条闭合的曲线。单击“修改”按钮进入修改面板，在修改器下拉列表中选择“挤出”选项，设置“挤出”参数，如图13.135所示。

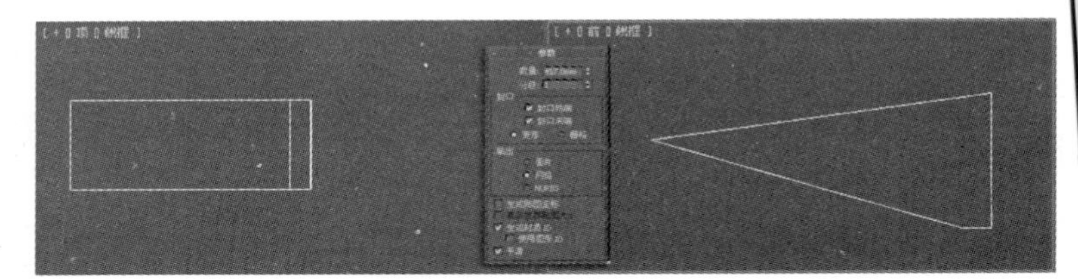

图13.135　挤出

142 在视图中调整造型，效果如图13.136所示。

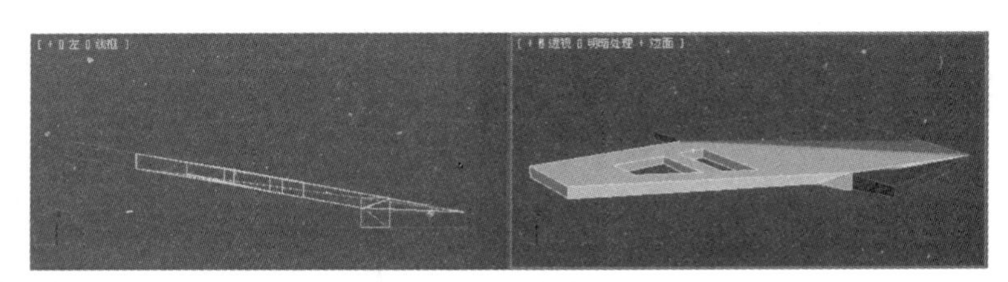

图13.136　造型位置

143 在创建面板中单击 矩形 按钮，在前视图中绘制一个大小为3602mm×1305mm的参考矩形，并单击 线 按钮，在顶视图中绘制一条闭合的曲线，如图13.137所示。

图13.137　绘制闭合曲线

144 将参考矩形删除。单击“修改”按钮进入修改面板，在修改器下拉列表中选择“挤出”选项，设置“挤出”参数，如图13.138所示。

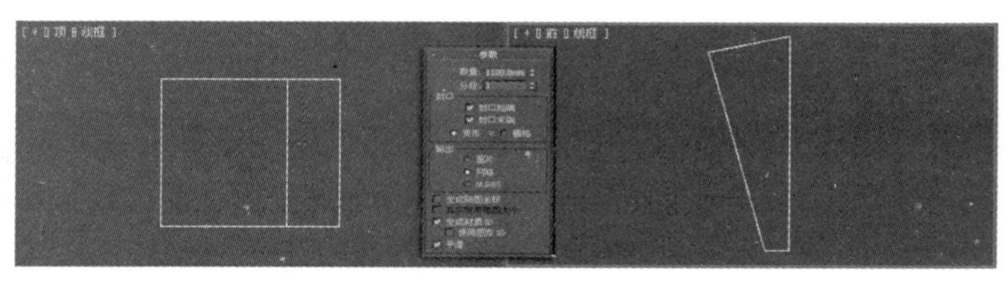

图13.138　挤出

145 将光标放置在绘制的长方体上，单击鼠标右键，在弹出的快捷菜单中执行“转换为”→“转换为可编辑多边形”命令，将长方体转换为可编辑多边形。

图13.139 附加

146 在“编辑几何体”卷展栏中单击 附加 按钮，将所有长方体附加在一起，并将其命名为“顶A”。效果如图13.139所示。

147 在视图中调整造型的位置，效果如图13.140所示。

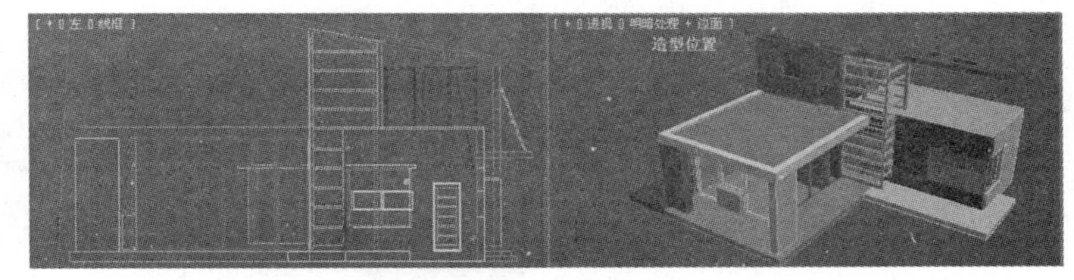

图13.140 调整造型位置

148 在创建面板中单击 长方体 按钮，在顶视图中创建1个长方体，长方体的大小为3500mm×100mm×150mm，效果如图13.141所示。

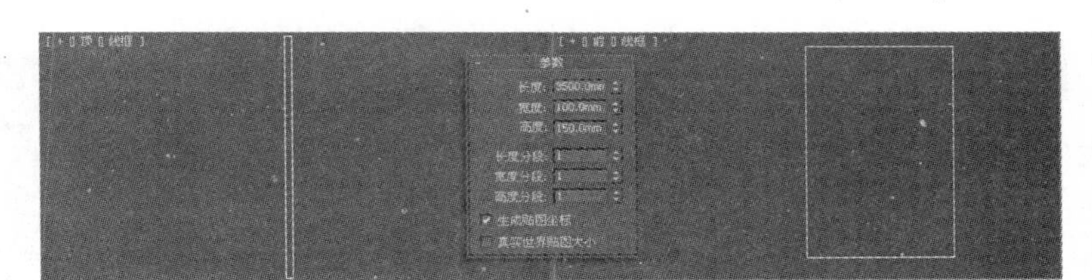

图13.141 创建长方体

149 按住Shift键，使用“移动”工具，复制18个长方体，效果如图13.142所示。

150 复制后的造型，如图13.143所示。

151 将光标放置在绘制的长方体上，单击鼠标右键，在弹出的快捷菜单中执行“转换为”→“转换为可编辑多边形”命令，将长方体转换为可编辑多边形。

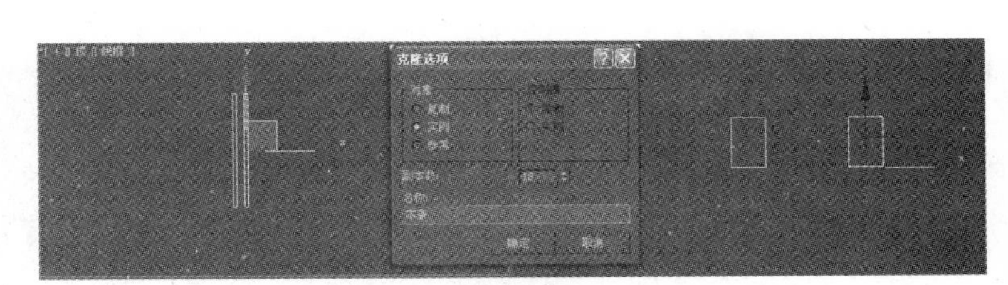

图13.142 复制

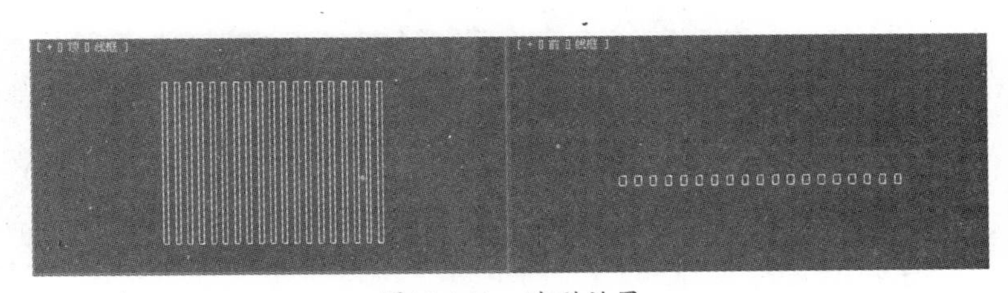

图13.143 造型效果

152 在“编辑几何体”卷展栏中单击 附加 按钮，将所有长方体附加在一起，并将其命名为“木条”。

153 在创建面板中单击 长方体 按钮，在顶视图中创建1个长方体，长方体的大小为2350mm×100mm×150mm，效果如图13.144所示。

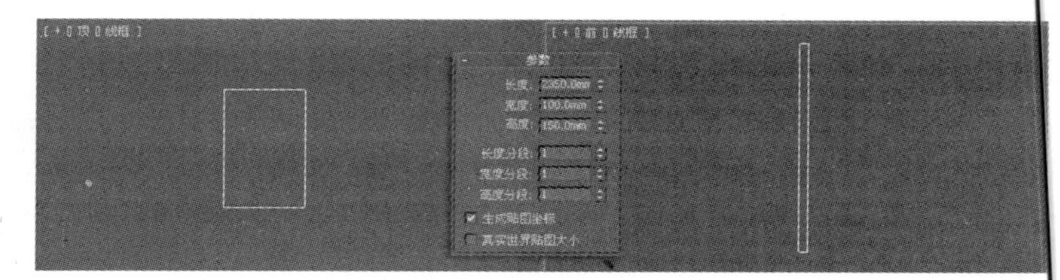

图13.144　创建长方体

154 在视图中调整造型，效果如图13.145所示。

图13.145　调整造型

155 按住Shift键，使用“移动”工具，复制1个长方体，并调整造型位置，效果如图13.146所示。

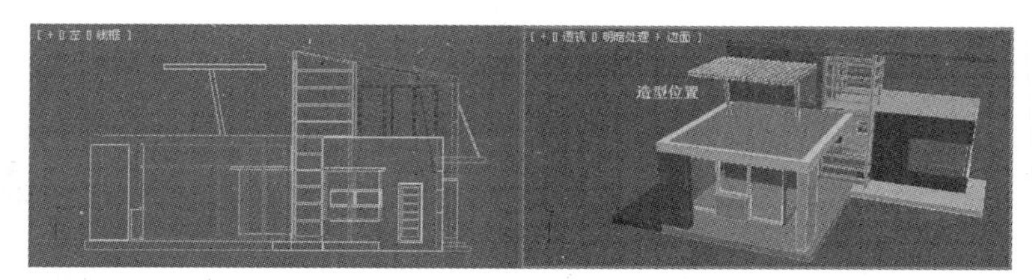

图13.146　调整造型位置

156 在创建面板中单击 矩形 按钮，在前视图中绘制一个大小为2872mm×1193mm的参考矩形，并单击 线 按钮，在顶视图中绘制一条闭合的曲线，效果如图13.147所示。

图13.147　绘制闭合曲线

157 将参考矩形删除。单击“修改”按钮进入修改面板，在修改器下拉列表中选择“挤出”选项，设置“挤出”参数，并将其命名为“支架B”，如图13.148所示。

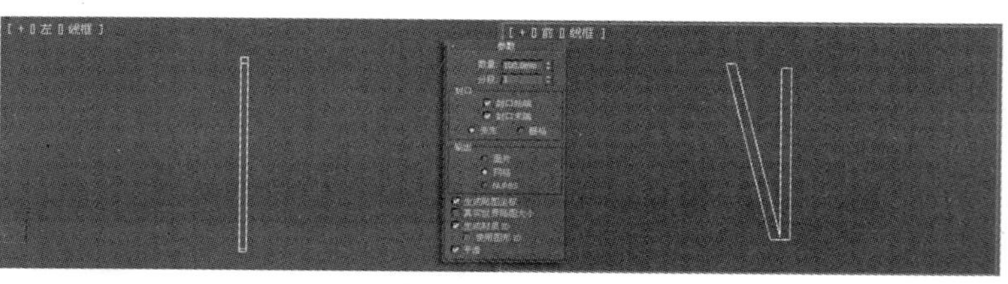

图13.148　挤出

158 在视图中调整造型的位置，效果如图13.149所示。

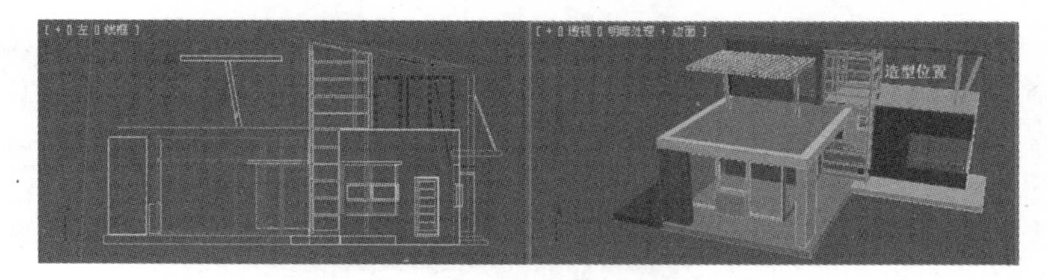

图13.149 调整造型位置

159 在创建面板中单击 平面 按钮，在前视图创建一个平面，并将其命名为“栏杆”，设置具体参数如图13.150所示。

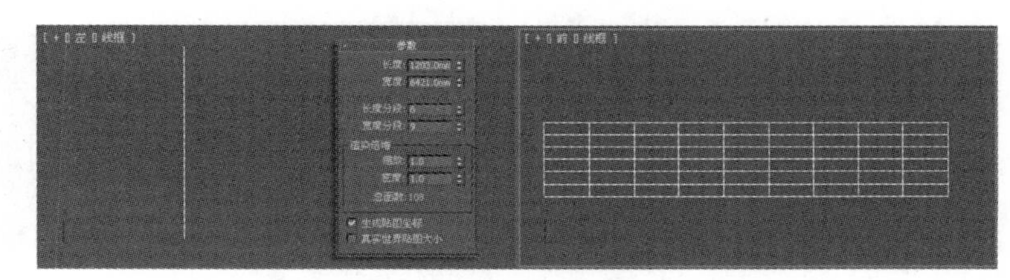

图13.150 创建平面

160 将光标放置在绘制的长方体上，单击鼠标右键，在弹出的快捷菜单中执行“转换为”→“转换为可编辑多边形”命令，将长方体转换为可编辑多边形。

161 打开修改命令面板，在修改器堆栈中单击激活“多边形”子对象，选中如图13.151所示的边。

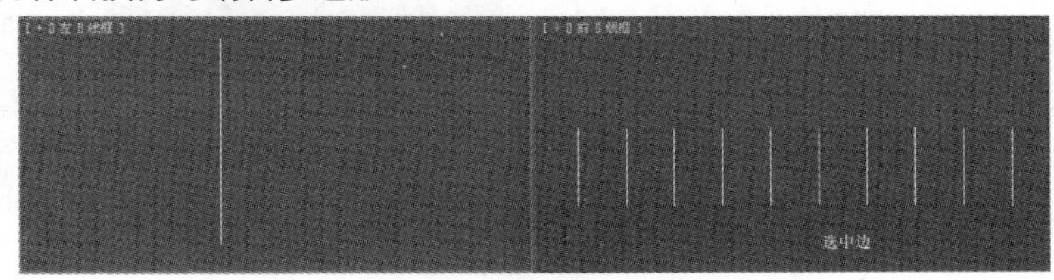

图13.151 选中边

162 在“编辑边”卷展栏中单击 切角 后的■按钮，并设置具体参数，如图13.152所示。

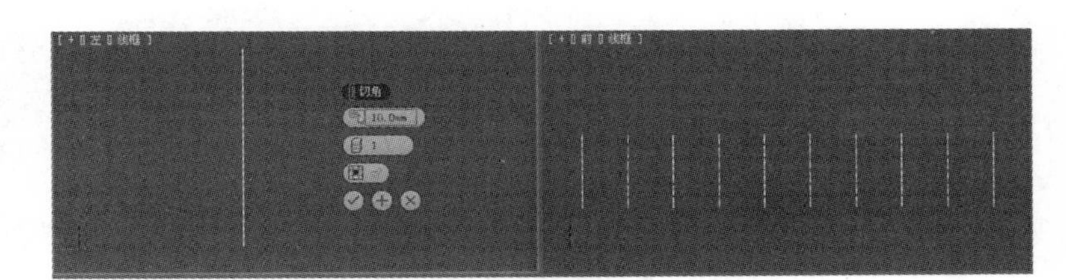

图13.152 切角

163 打开修改命令面板，在修改器堆栈中单击激活“多边形”子对象，选中如图13.153所示的边，并在“编辑边”卷展栏中单击 切角 后的■按钮，设置具体参数。

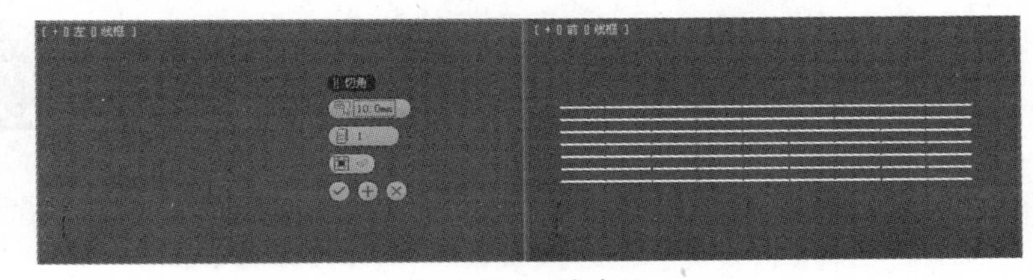

图13.153 选中边

164 打开修改命令面板，在修改器堆栈中单击激活“多边形”子对象，选中如图13.154所示的多边形。

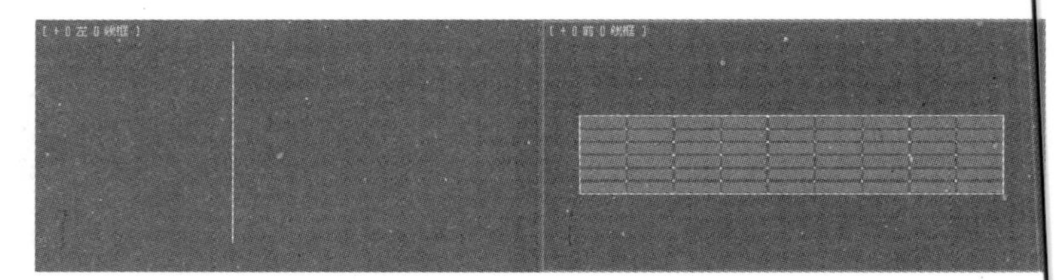

图13.154　选中多边形

165 按下Delete键，将选中的多边形删除，效果如图13.155所示。

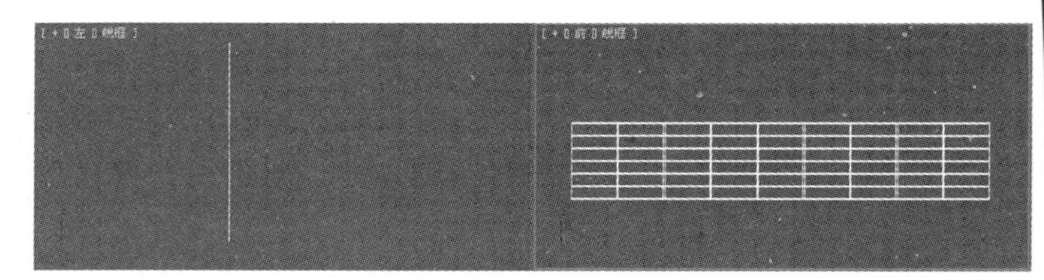

图13.155　删除多边形

166 在视图中选中如图13.156所示的多边形。

图13.156　选中多边形

167 在“编辑多边形”卷展栏中单击 挤出 按钮，并设置具体参数，如图13.157所示。

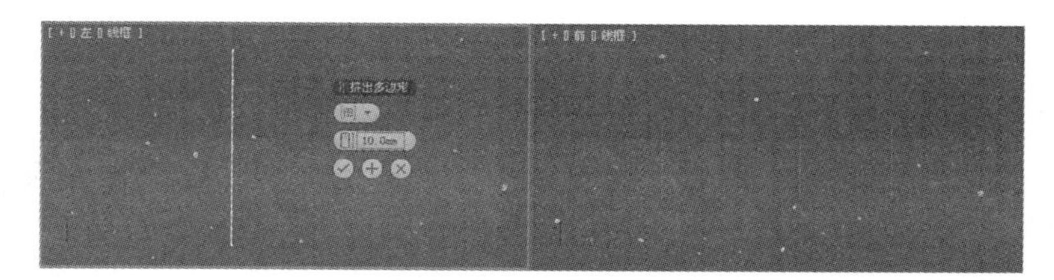

图13.157　挤出

168 按住Shift键，使用“移动”工具，复制2个栏杆，效果如图13.158所示。

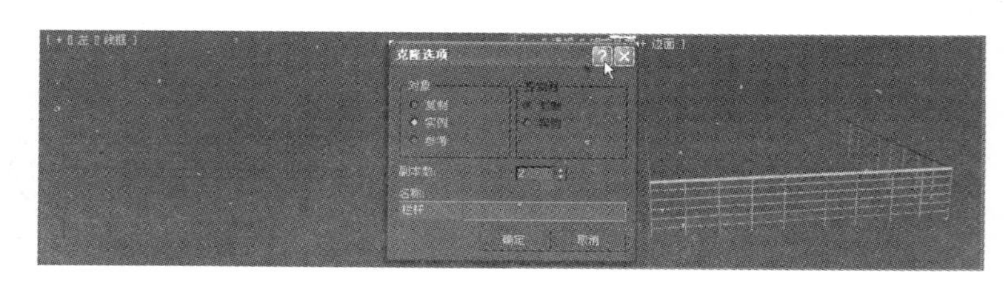

图13.158　复制

169 按照上述的方法将栏杆复制到另外一侧，调整造型效果如图13.159所示。

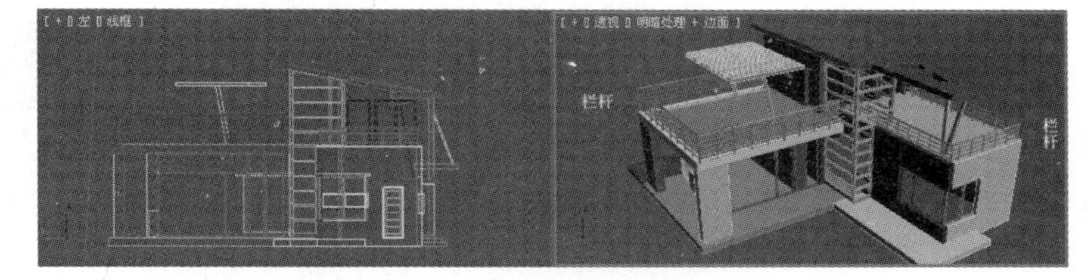

图13.159 调整造型位置

170 按照上述的方法制作别墅二层的门框和别墅的玻璃。至此，此时，别墅模型已经制作完成。效果如图13.160所示。

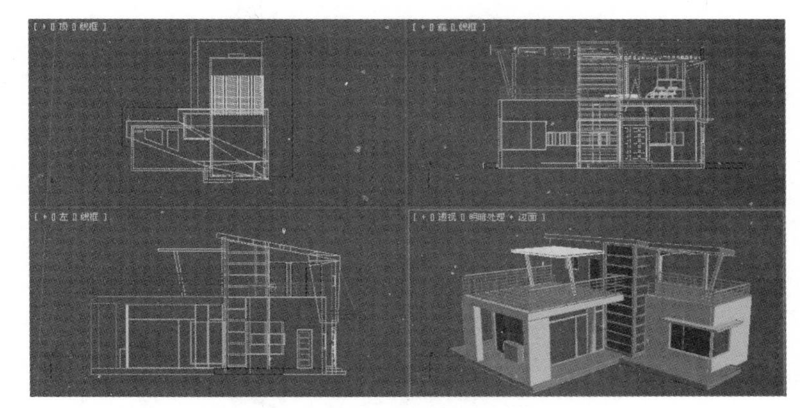
图13.160 完成模型的制作

13.2 调制材质

在室外效果图的制作中，常用材质为建筑表面材质。本例使用V-Ray渲染器进行渲染，为了增强表现效果，部分材质也使用了V-Ray材质。

01 在工具栏中单击“材质编辑器”按钮，打开“Slate材质编辑器”对话框，执行工具栏中的“模式”→“精简材质编辑器”命令，如图 13.161 所示。

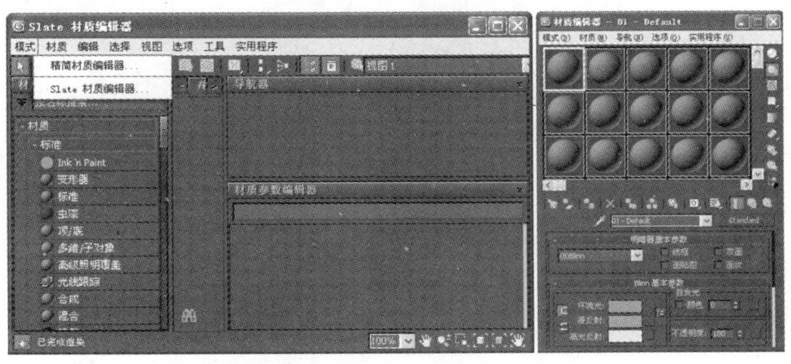

图13.161 材质编辑器

02 选中所有的墙体，再选择一个材质示例球，将材质命名为wall。在“Blinn基本参数”卷展栏中将材质的环境光、漫反射设置为淡黄色，如图13.162所示。

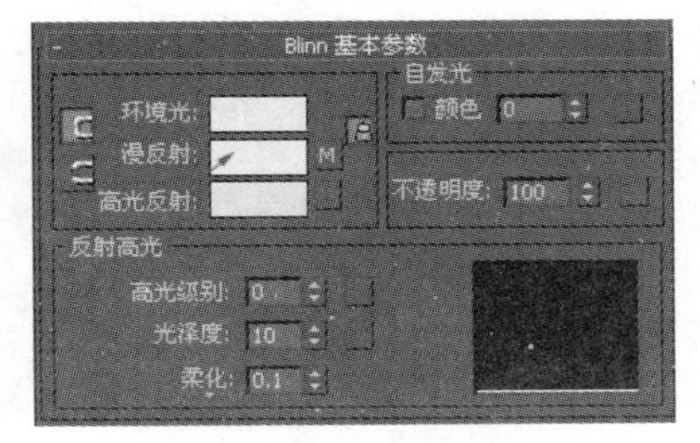

图13.162 材质参数设置

03 在“贴图”卷展栏中单击 漫反射颜色 贴图按钮，从弹出的“材质/贴图浏览器”中双击选择位图，从随书光盘中的Maps目录下选择一幅名为wall.jpg的位图，如图13.163所示。

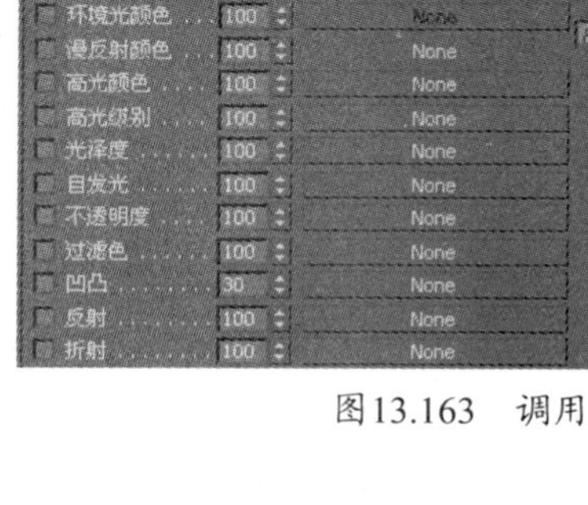

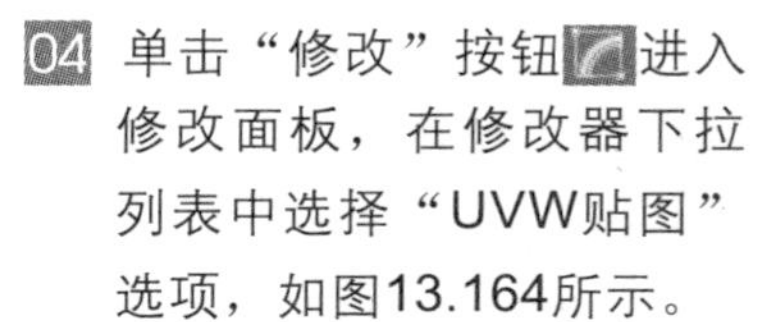

图13.163　调用贴图

04 单击“修改”按钮进入修改面板，在修改器下拉列表中选择“UVW贴图”选项，如图13.164所示。

05 设置具体参数，如图13.165所示。

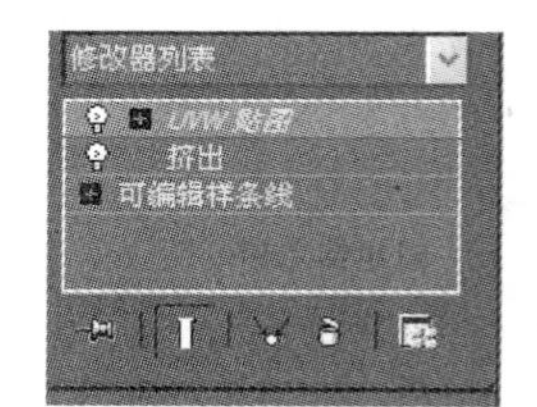

图13.164　修改器堆栈

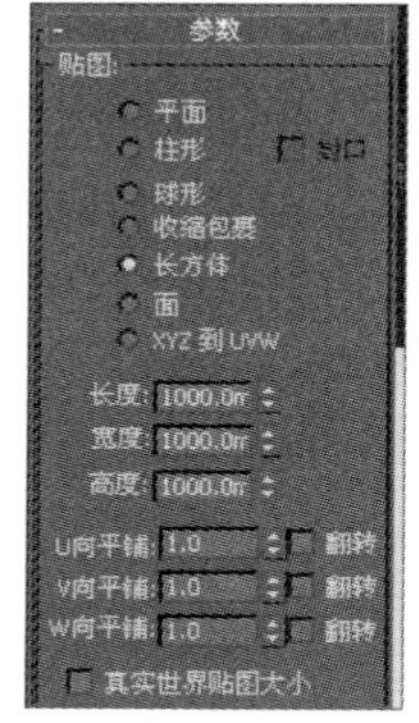

图13.165　设置参数

06 在视图中选中所有的“墙体”造型，在材质编辑器中，单击按钮，将材质赋予。

07 添加“UVW贴图”修改器后，墙体材质效果，如图13.166所示。

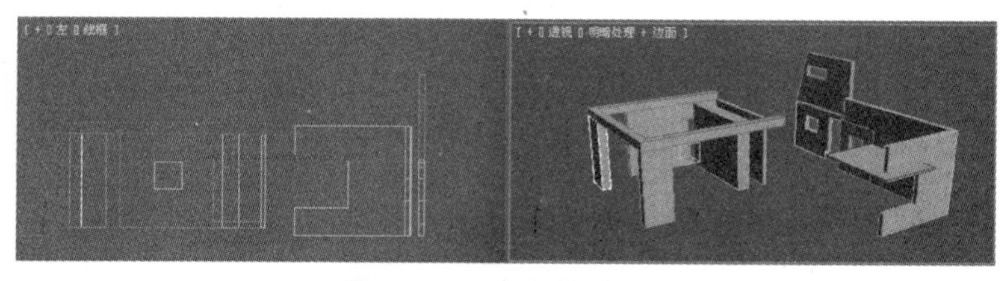

图13.166　墙体贴图效果

08 在视图中选中所有的 “地面”，如图13.167所示。

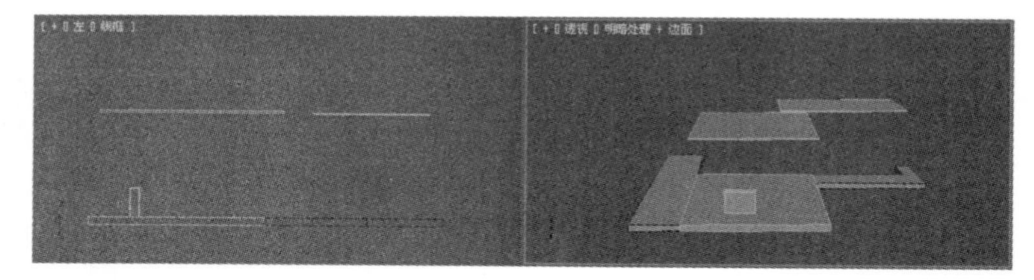

图13.167　选中“地面”

09 在“贴图”卷展栏中单击 漫反射颜色 贴图按钮，从弹出的“材质/贴图浏览器”中双击选择位图，从随书光盘中的Maps目录下选择一幅名为“地面.jpg”的位图，如图13.168所示。

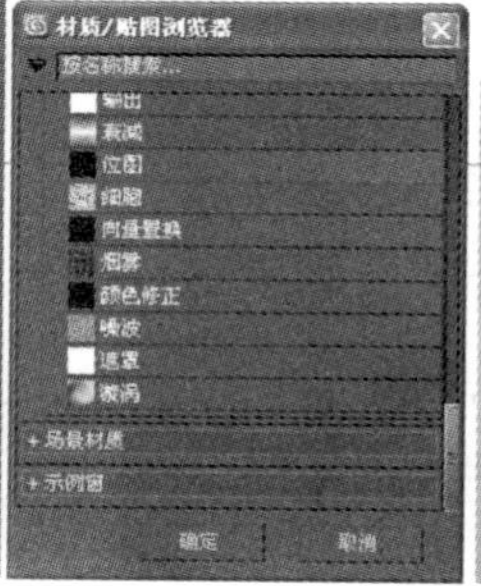

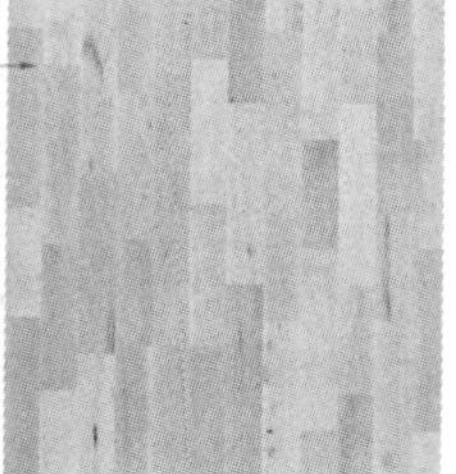

图13.168　调用贴图

10 添加“UVW贴图”修改器，并设置具体参数，如图13.169所示。

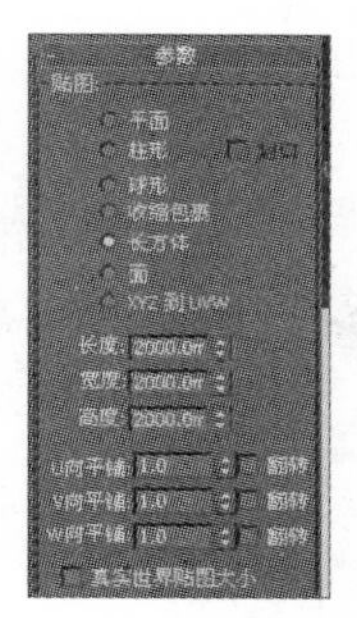

图13.169 “UVW贴图”命令

11 在视图中选中所有的“地面”造型，在材质编辑器中，单击按钮，将材质赋予。

12 添加“UVW贴图”修改器后，地面材质效果，如图13.170所示。

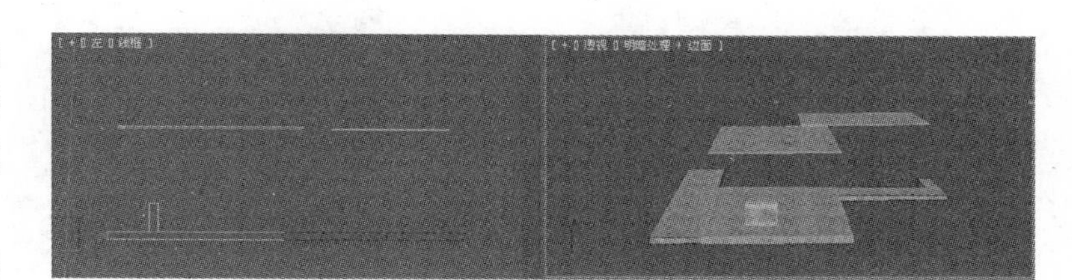

图13.170 “地面”材质

13 在视图选中如图13.171所示的墙体。

图13.171 选中墙体

14 在“贴图”卷展栏中单击漫反射颜色贴图按钮，从弹出的“材质/贴图浏览器”中双击选择位图，从随书光盘中的Maps目录下选择一幅名为“墙体A.jpg”的位图，如图13.172所示。

15 添加“UVW贴图”修改器，并设置具体参数，如图13.173所示。

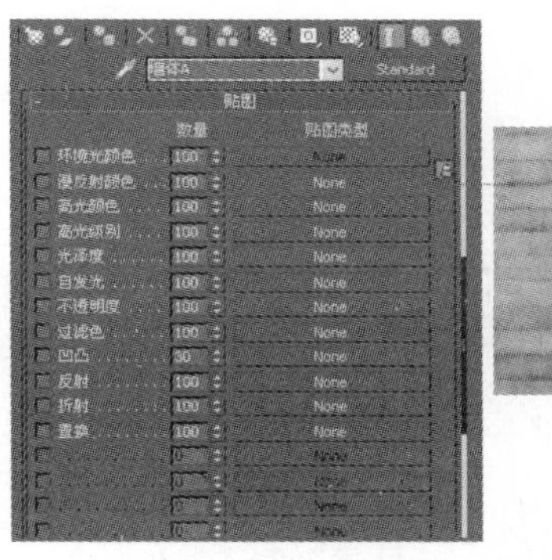

图13.172 调用贴图

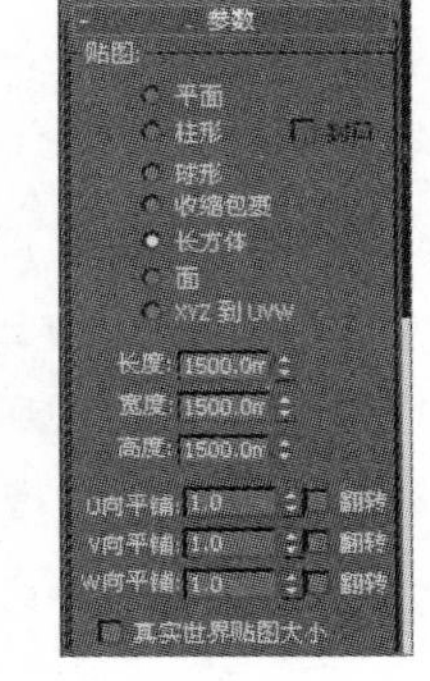

图13.173 “UVW贴图”修改器

16 在视图中选中“墙体”造型，在材质编辑器中，单击按钮，将材质赋予。

17 添加“UVW贴图”修改器后，墙体材质效果，如图13.174所示。

图13.174 墙体材质

18 在视图中选中如图13.175所示的物体。

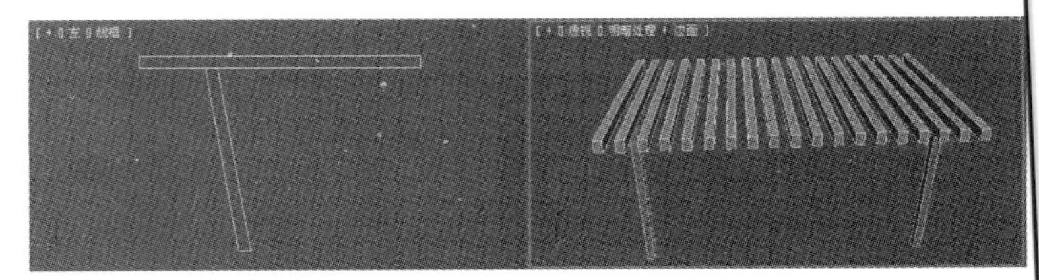

图13.175 选中物体

19 在“贴图”卷展栏中单击漫反射颜色贴图按钮，从弹出的“材质/贴图浏览器”中双击选择位图，从随书光盘中的Maps目录下选择一幅名为“木纹.jpg”的位图，如图13.176所示。

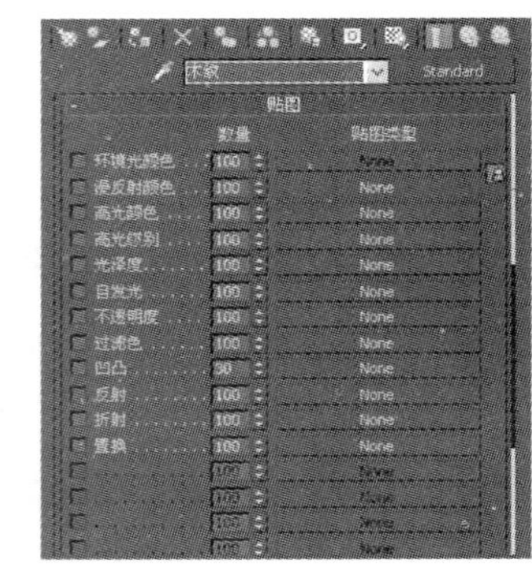

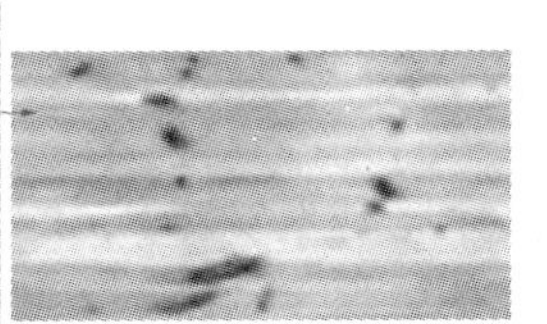

图13.176 调用贴图

20 在视图中选中“支架”造型，在材质编辑器中，单击按钮，将材质赋予。

21 添加“UVW贴图”修改器，并设置具体参数，如图13.177所示。

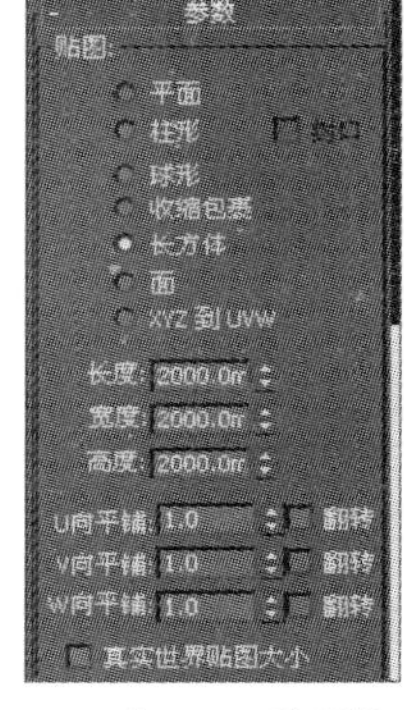

图13.177 “UVW贴图”修改器

22 在视图中选中“支架”造型，在材质编辑器中，单击按钮，将材质赋予。

23 添加“UVW贴图”修改器后，“支架”的材质效果，如图13.178所示。

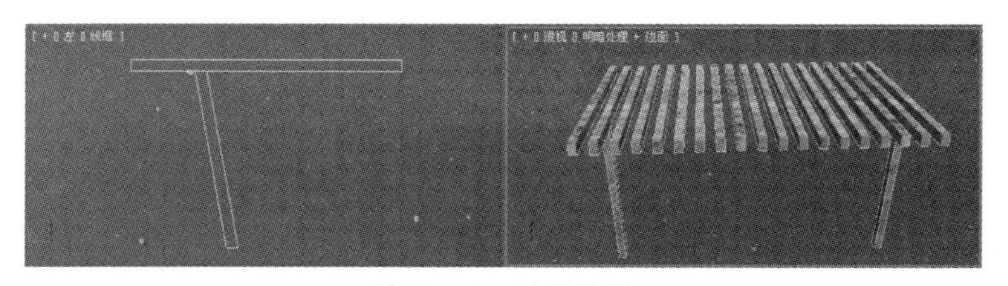

图13.178 贴图效果

24 在视图中选中如图13.179所示的物体。

图13.179 选中物体

25 在“贴图”卷展栏中单击 漫反射颜色 贴图按钮，从弹出的“材质/贴图浏览器”中双击选择位图，从随书光盘中的Maps目录下选择一幅名为“木纹.jpg”的位图，如图13.180所示。

26 添加“UVW贴图”修改器，并设置具体参数，如图13.181所示。

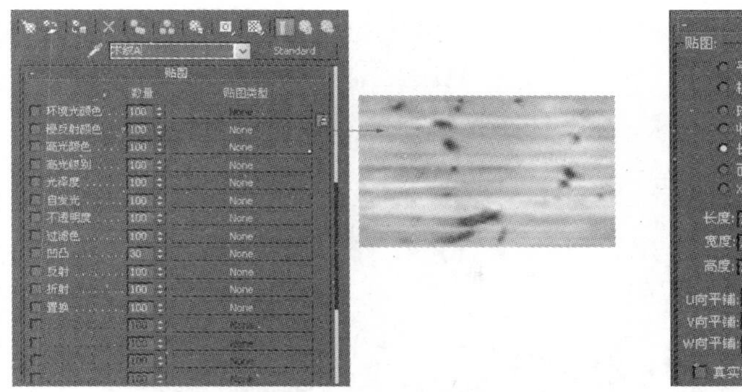

图13.180 调用贴图　　图13.181 “UVW贴图”修改器

27 在视图中选中“窗框”造型，在材质编辑器中，单击按钮，将材质赋予。

28 添加“UVW贴图”修改器后，“窗框”的材质效果，如图13.182所示。

图13.182 “窗框”材质

29 在视图中选中所有的“栏杆”，如图13.183所示。

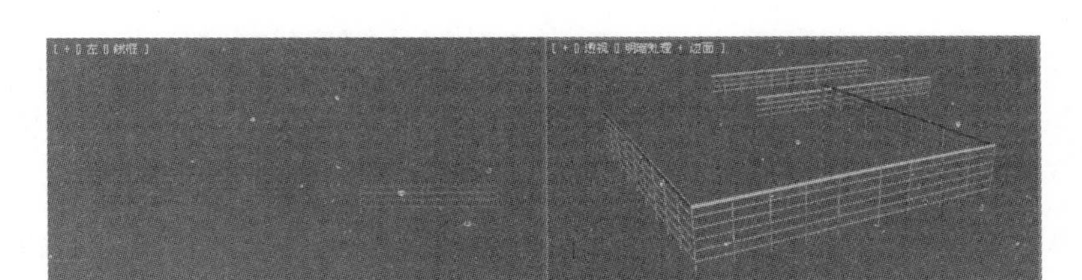

图13.183 选中物体

30 在工具栏中单击“渲染设置”按钮，在弹出的“渲染设置”对话框中，单击“公用”标签页，再单击“指定渲染器”卷展栏，具体操作如图13.184所示。

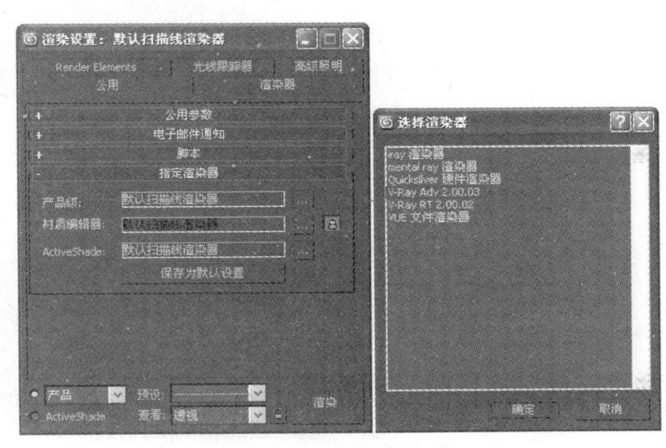

图13.184 渲染设置

31 在工具栏中单击(材质编辑器)按钮，打开材质编辑器，单击 Standard 按钮，在弹出的“材质/贴图浏览器”对话框中选择 VRayMtl 选项，如图13.185所示。

32 在“基本参数”卷展栏中设置具体参数，如图13.186所示。

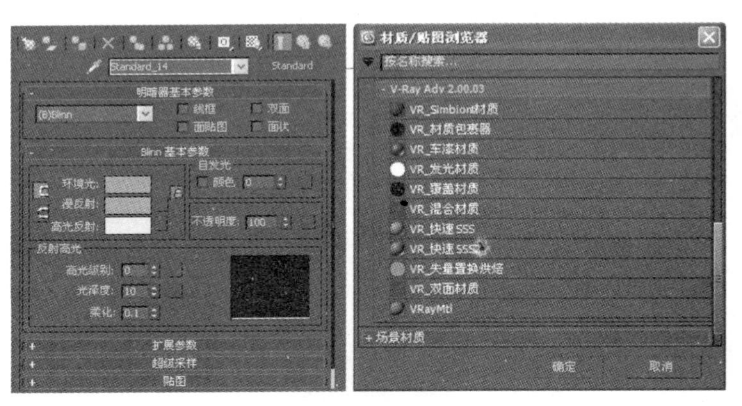

图13.185 VRayMtl

图13.186 设置参数

33 在视图中选中所有的“栏杆”造型，在材质编辑器中，单击按钮，将材质赋予。

34 在视图中选中“二层地面”，效果如图13.187所示。

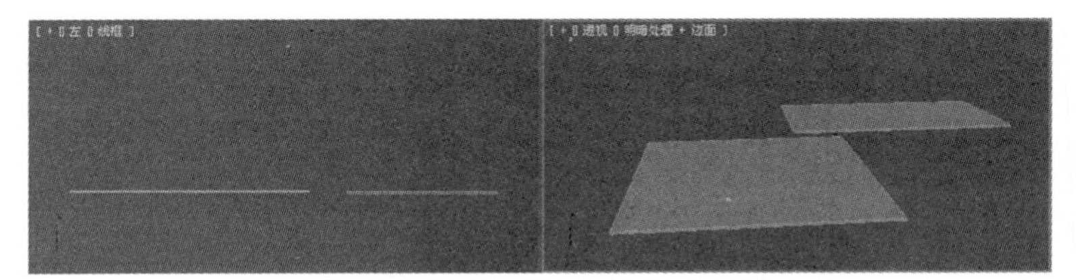

图13.187 选中物体

35 在“贴图”卷展栏中单击 漫反射颜色 贴图按钮，从弹出的“材质/贴图浏览器”中双击选择位图，从随书光盘中的Maps目录下选择一幅名为“地面.jpg”的位图，如图13.188所示。

36 添加“UVW贴图”修改器，并设置具体参数，如图13.189所示。

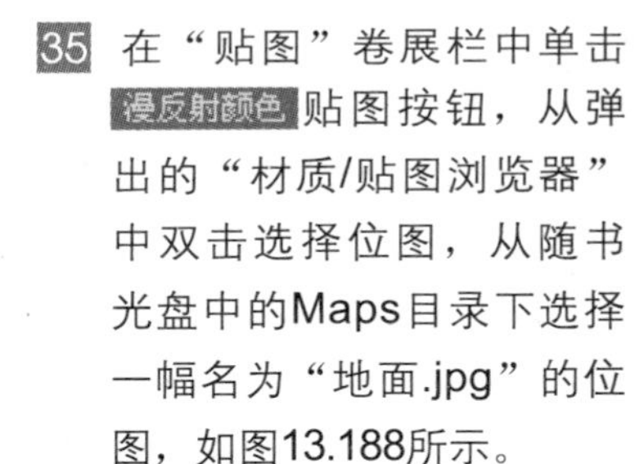

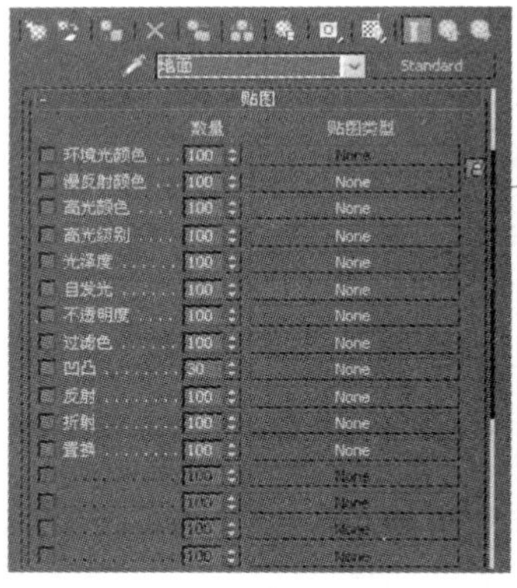

图13.188 调用贴图

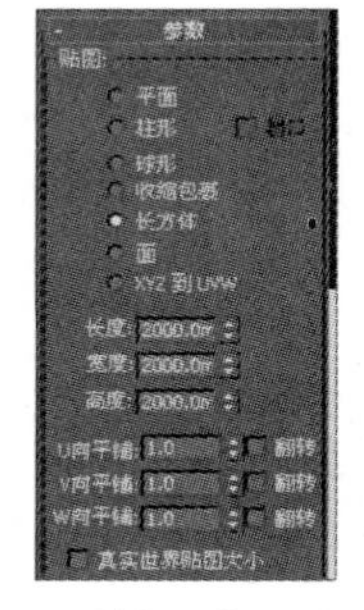

图13.189 “UVW贴图”修改器

37 在视图中选中所有的“地面”造型，在材质编辑器中，单击按钮，将材质赋予。

38 添加“UVW贴图”修改器后，“二层地面”的材质效果，如图13.190所示。

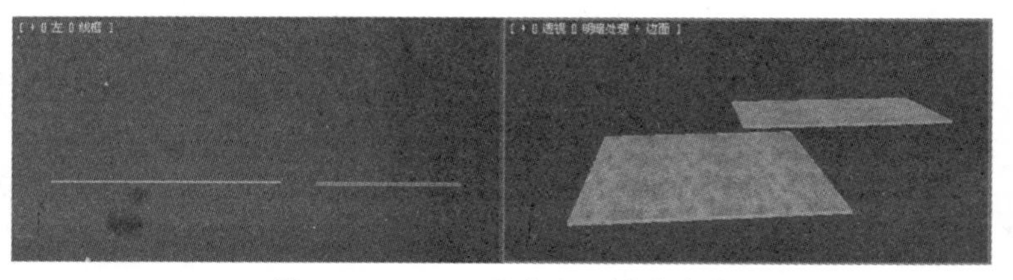

图13.190 “二层地面”材质效果

39 在视图中选中“顶”，效果如图13.191所示。

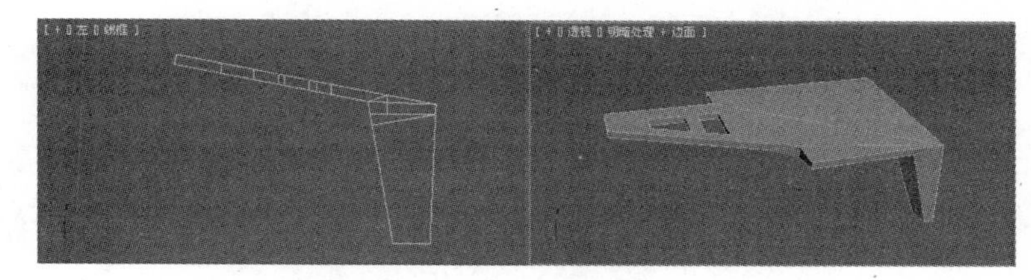

图13.191 选中物体

40 在工具栏中单击(材质编辑器)按钮，打开材质编辑器，单击 Standard 按钮，在弹出的“材质/贴图浏览器”对话框中选择 VRayMtl 选项。

41 在“基本参数”卷展栏中，设置具体参数，如图13.192所示。

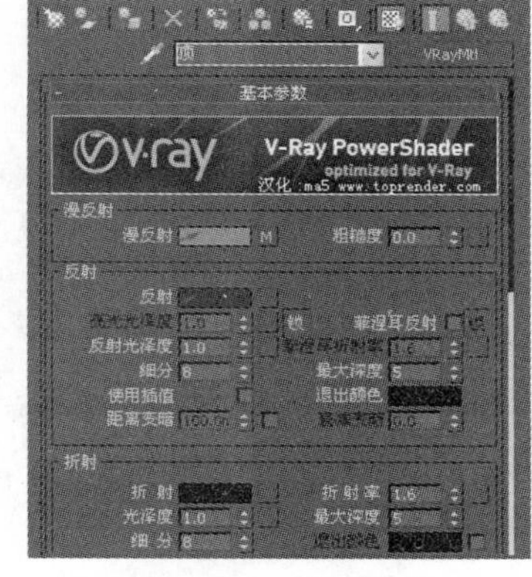

图13.192 设置参数

42 在视图中选中“顶”造型，在材质编辑器中，单击按钮，将材质赋予。

43 在视图中选中“支架A”，并在“材质编辑器”中选中“栏杆”材质示例球，单击(将材质指定给选定对象)按钮，将材质赋予，效果如图13.193所示。

图13.193 赋予材质

44 在视图中选中“楼梯”和“屋檐”，效果如图13.194所示。

图13.194 选中物体

45 在“贴图”卷展栏中单击 漫反射颜色 贴图按钮，从弹出的“材质/贴图浏览器”中双击选择位图，从随书光盘中的Maps目录下选择一幅名为“瓷砖.jpg”的位图，如图13.195所示。

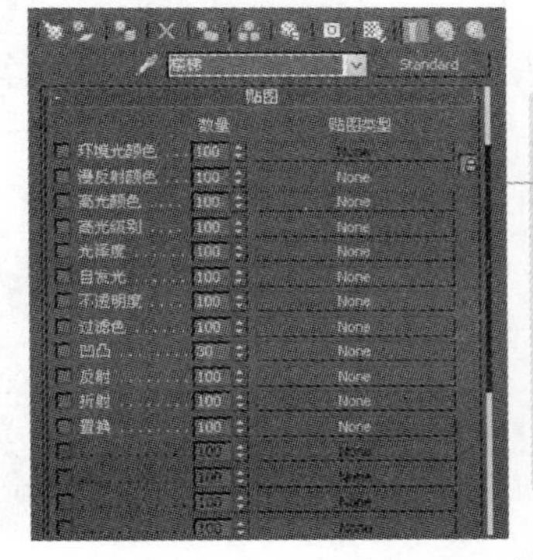

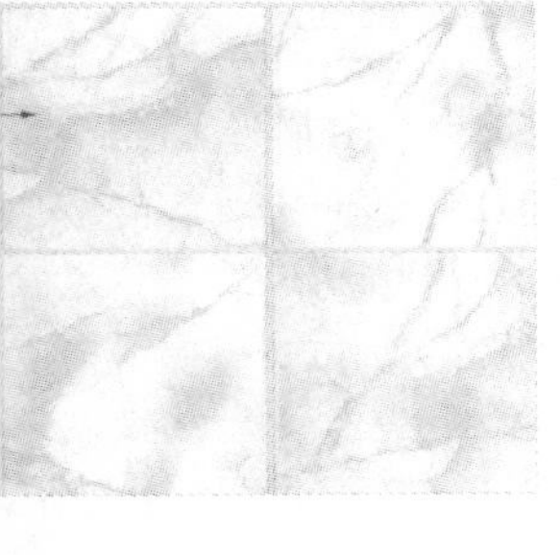

图13.195 调用贴图

46 添加“UVW贴图”修改器，并设置具体参数，如图13.196所示。

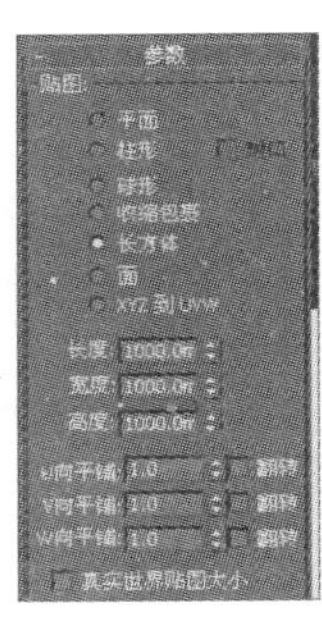

图13.196 “UVW贴图”修改器

47 在视图中选中“楼梯”和“屋檐”，造型，在材质编辑器中，单击按钮，将材质赋予。

48 添加“UVW贴图”修改器后，“楼梯”和“屋檐”的材质效果，如图13.197所示。

图13.197 材质效果

49 在视图中选中如图13.198所示的“门”和“门框”。

图13.198 选中物体

50 在“贴图”卷展栏中单击漫反射颜色贴图按钮，从弹出的“材质/贴图浏览器”中双击选择位图，从随书光盘中的Maps目录下选择一幅名为door.jpg的位图，如图13.199所示。

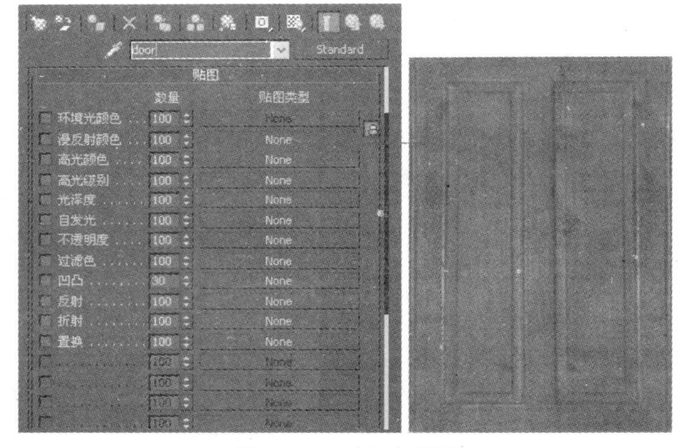

图13.199 调用贴图

51 在修改命令面板中为“门框”添加“UVW贴图”修改器，并设置具体参数，如图13.200所示。在视图中选中“门框”造型，在材质编辑器中，单击按钮，将材质赋予。

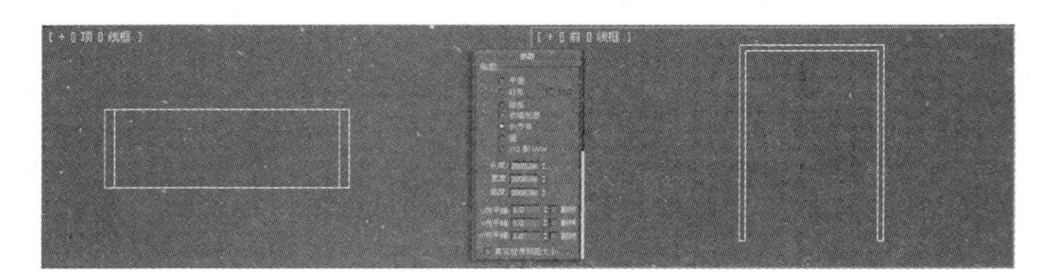

图13.200 “UVW贴图”修改器

52 在修改命令面板中为“门”添加“UVW贴图”修改器，并设置具体参数，如图13.201所示。在视图中选中“门”，在材质编辑器中，单击按钮，将材质赋予。

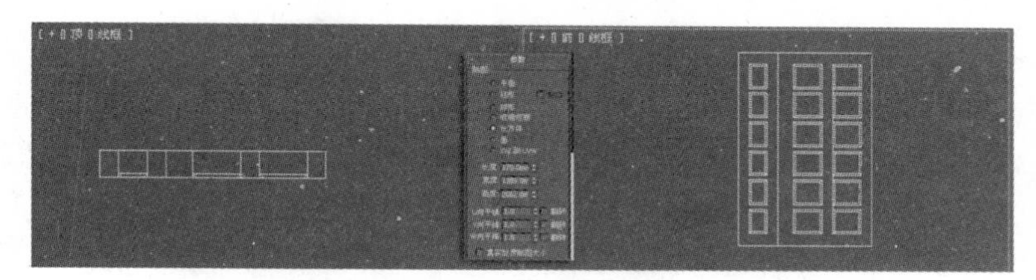
图13.201 “UVW贴图”修改器

53 在视图中选中侧面的“门”，效果如图13.202所示。

图13.202 选中物体

54 添加“UVW贴图”修改器，并设置具体参数，如图13.203所示。

55 按照上述的方法给“门框”添加材质和“UVW贴图”修改器。

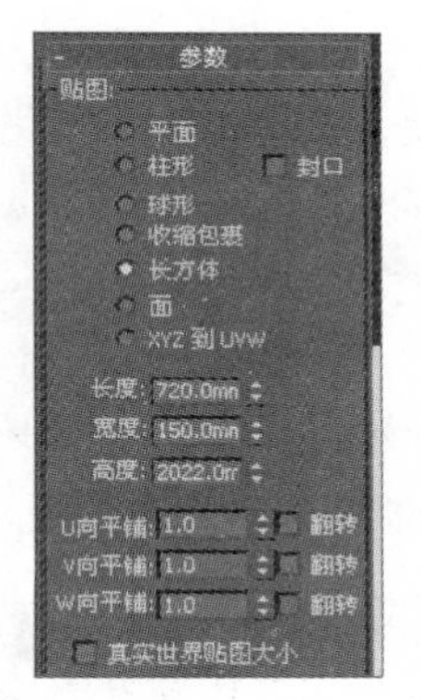

图13.203 “UVW贴图”修改器

56 在材质示例球中选中“栏杆”材质球，并在视图中选中所有的“窗框”，在材质编辑器中，单击按钮，将材质赋予，如图13.204所示。

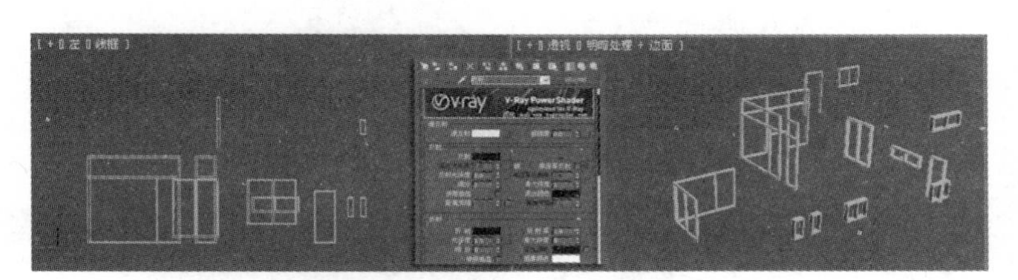
图13.204 “窗框”材质

57 在视图中选中所有的“玻璃”，如图13.205所示。

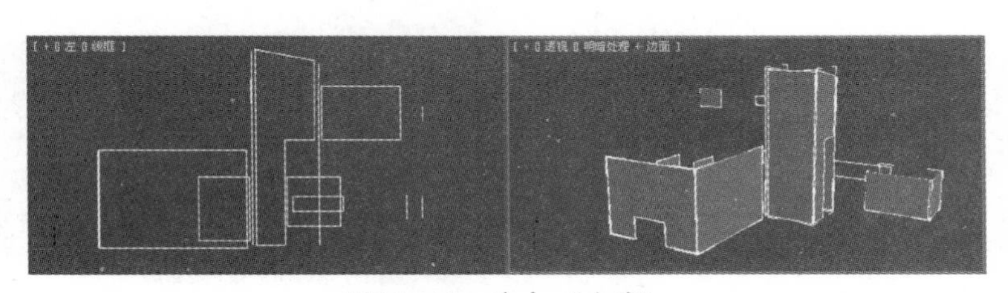
图13.205 选中“玻璃”

58 在工具栏中单击(材质编辑器)按钮，打开材质编辑器，单击 Standard 按钮，在弹出的“材质/贴图浏览器”对话框中选择 VRayMtl 选项。

59 在“基本参数”卷展栏中设置参数，如图13.206所示。

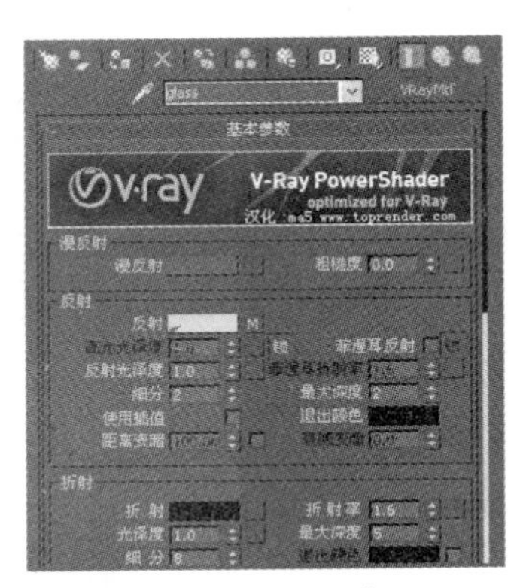

图13.206 设置参数

60 在材质编辑器中，单击按钮，将材质赋予，效果如图13.207所示。至此，别墅的材质全部调制完成。

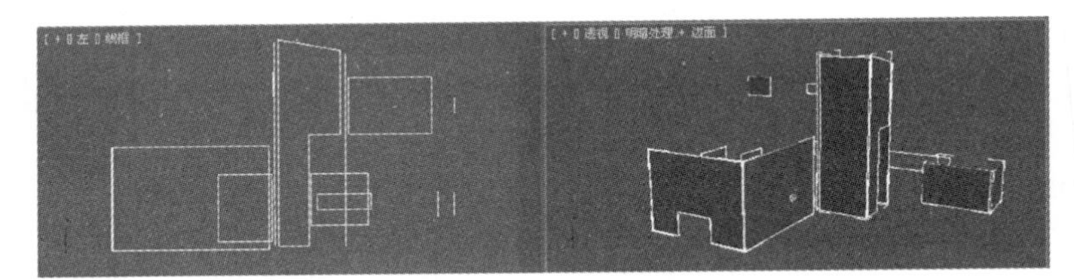

图13.207 赋予材质

13.3 设置灯光和摄影机

在效果图的制作中，灯光和摄影机的使用也非常重要，本例模拟一个白天光照效果的别墅，下面的内容中对这部分操作做了详细介绍。

01 在创建面板中单击 平面 按钮，在顶视图中创建一个大小为83681mm×105756mm的平面，并将其命名为“地面”，为其调整一种简单的白色材质，然后将平面移动到别墅的底部。效果如图13.208所示。

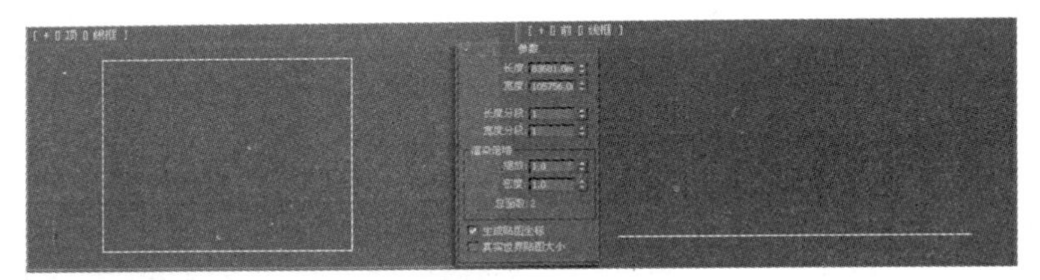

图13.208 创建平面

02 在创建命令面板中单击(摄影机)按钮，将其下的 目标 按钮激活，在顶视图通过拖曳鼠标创建如图13.209所示的目标摄影机。

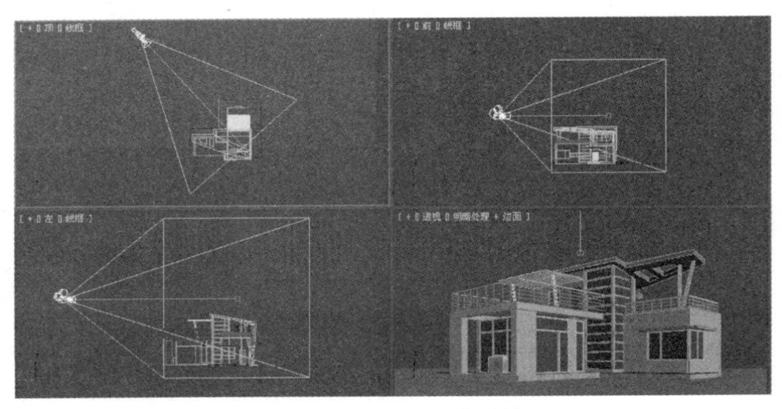

图13.209 设置目标摄影机

03 激活前视图，选择创建的摄影机，单击工具栏中的“移动”工具，在视图中调整摄像机的高度，如图13.210所示。

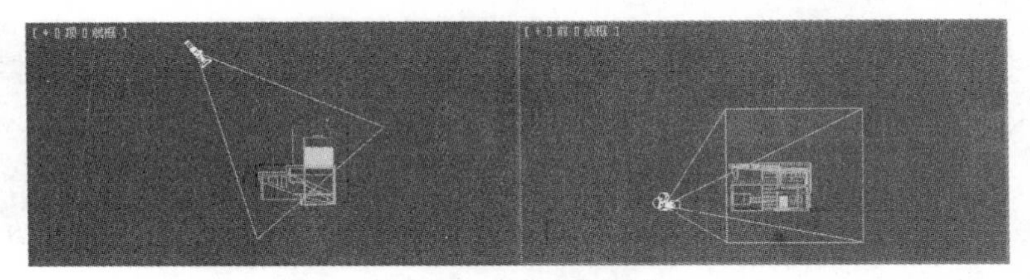
图13.210 调整摄影机

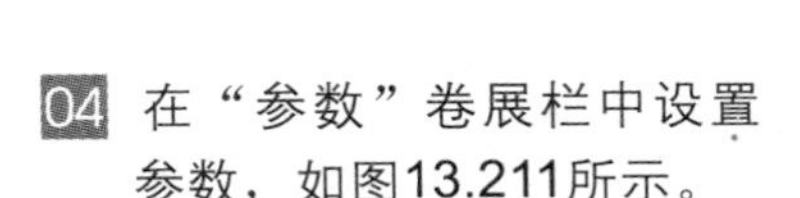
04 在“参数”卷展栏中设置参数，如图13.211所示。

05 在菜单栏中单击“修改器”→“摄影机”→“摄影机校正”命令，如图13.212所示。

06 在“2点透视校正”卷展栏中设置参数，如图13.213所示。

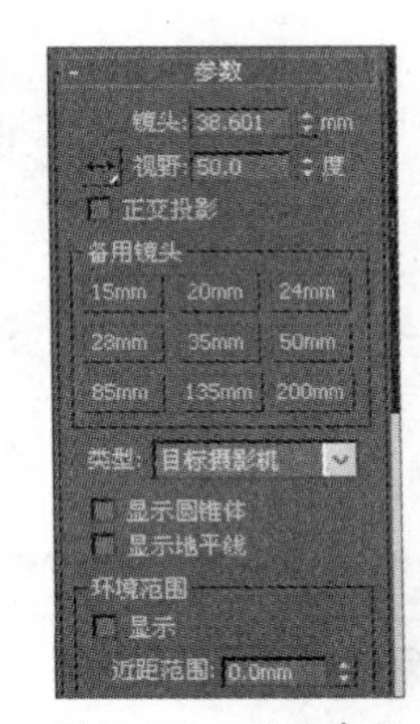

图13.211 设置参数

图13.212 摄影机校正

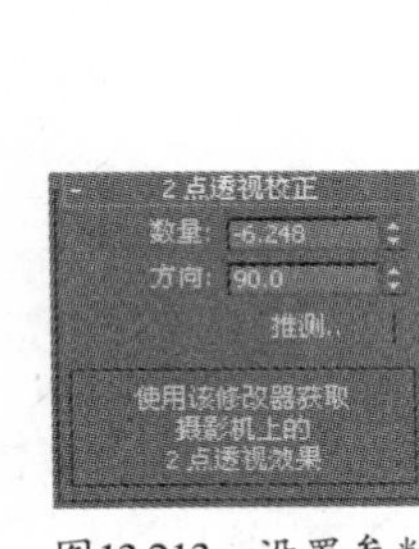

图13.213 设置参数

07 此时，摄影机已经设置完成了。接下来设置灯光。选择(灯光)→目标聚光灯按钮，在顶视图中创建一盏“目标聚光灯”，如图13.214所示。

图13.214 创建“目标聚光灯”

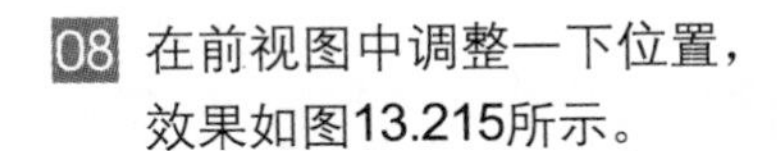
08 在前视图中调整一下位置，效果如图13.215所示。

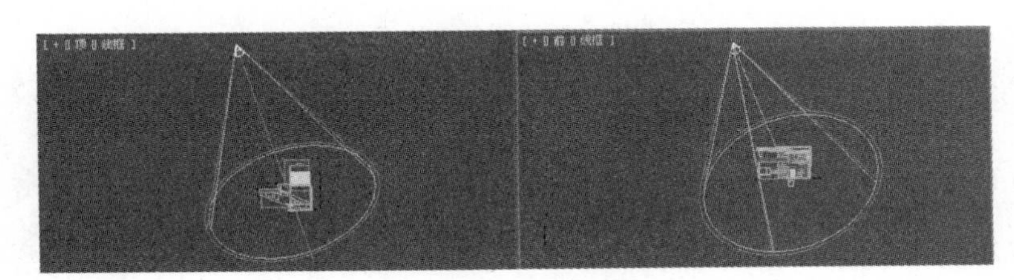
图13.215 调整位置

09 在前视图中选择目标聚光灯，单击“修改”按钮进入修改面板，修改各项参数，如图13.216所示。

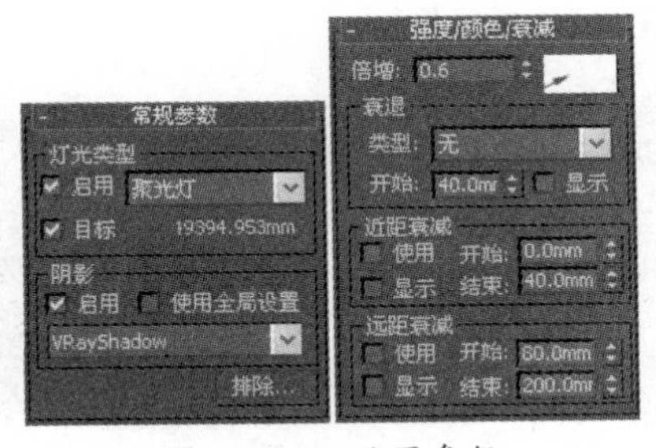

图13.216 设置参数

10 在前视图中选中目标聚光灯，按下Shift键，使用“移动”工具，复制一盏目标聚光灯，效果如图13.217所示。

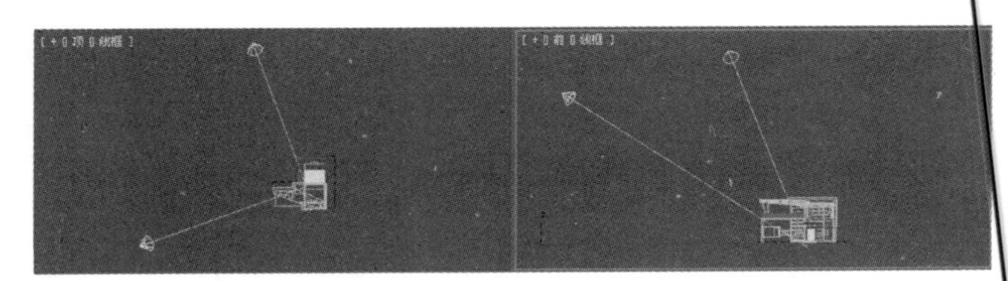

图13.217 复制目标聚光灯

11 单击“修改”按钮进入修改面板，修改各项参数，如图13.218所示。

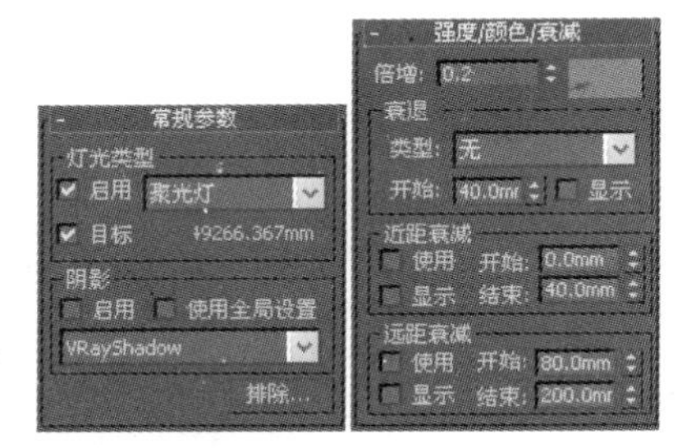

图13.218 设置参数

12 在视图中选中“地面”，在工具栏中单击(材质编辑器)按钮，打开材质编辑器，单击Standard按钮，在弹出的“材质/贴图浏览器”对话框中选择VR_材质包裹器按钮，如图13.219所示。

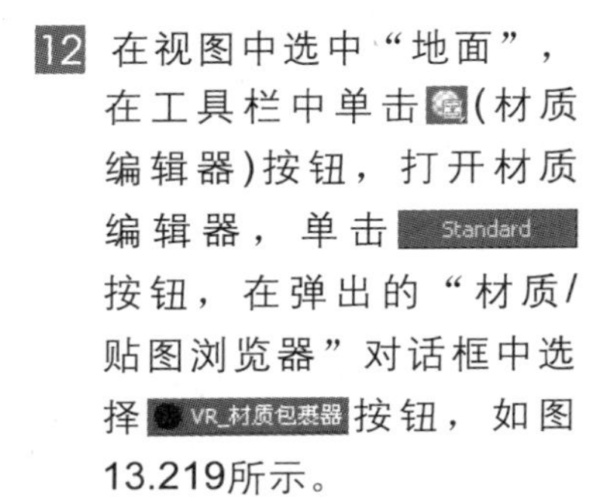

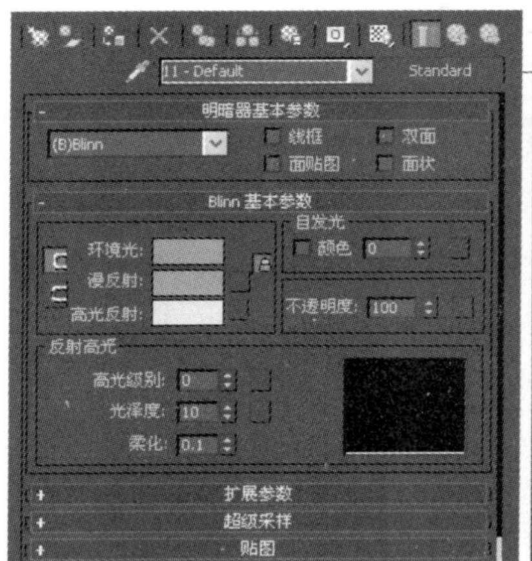

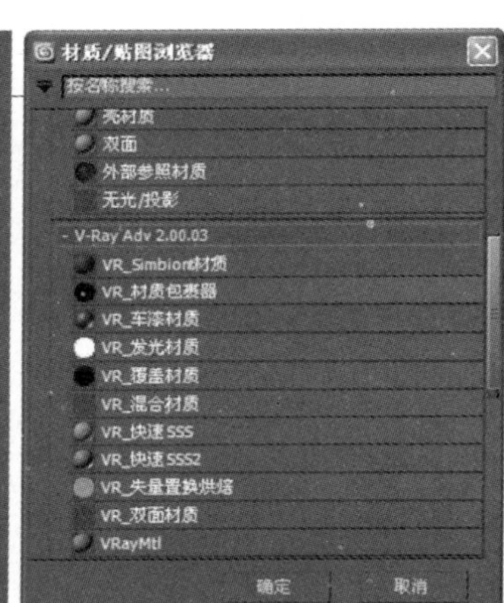

图13.219 VR-材质包裹器

13 在弹出的“替换材质”对话框中设置具体参数，如图13.220所示。

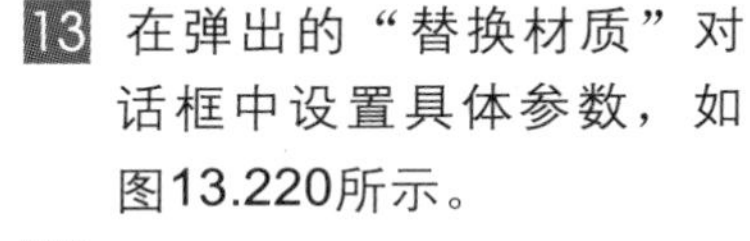

14 在“VR-材质包裹器参数”卷展栏中设置参数，并将材质示例球命名为“地面”，如图13.221所示。

15 在材质编辑器中，单击按钮，将材质赋予模型。

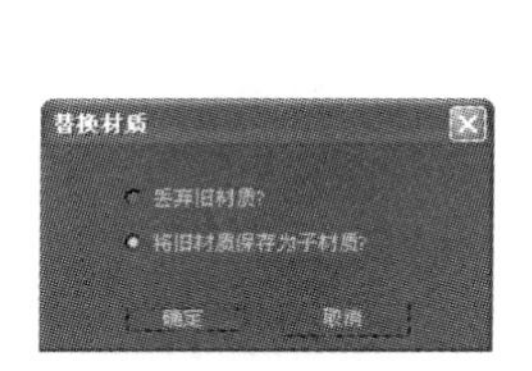

图13.220 “替换材质”

图13.221 设置参数

13.4 渲染效果图

渲染是效果图制作中的最后一个步骤，这个过程将模型、材质及灯光的设置综合计算，最终得出位图。

01 在工具栏中单击(渲染设置)按钮，在弹出的“渲染设置”对话框中，选择“VR-间接照明”标签页，调整“V-Ray::间接照明(全局照明)”的参数，如图13.222所示。

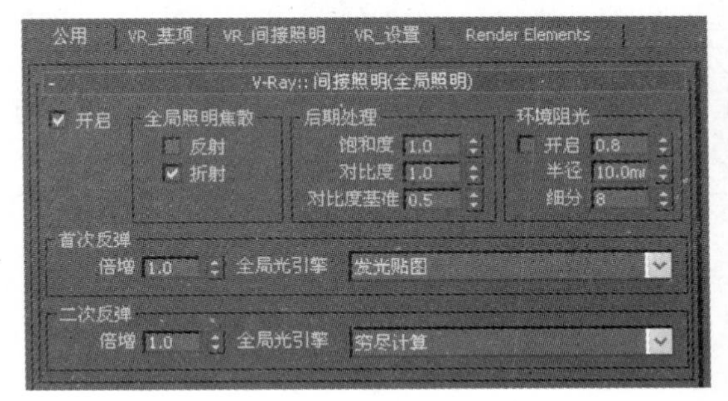

图13.222　设置参数

02 在“V-Ray::发光贴图”卷展栏中设置参数，如图13.223所示。

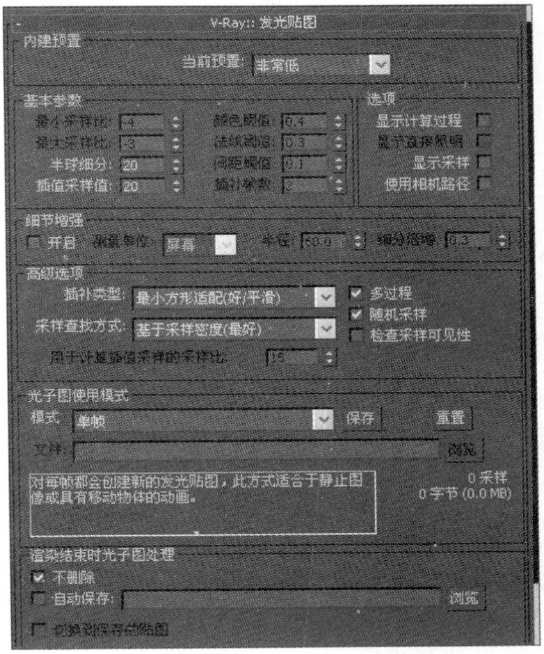

图13.223　渲染设置

03 在“公用”标签页上设置参数，如图13.224所示。

04 在“VR-基项”标签页中，选择“V-Ray::图像采样器(抗锯齿)”卷展栏，设置具体参数，如图13.225所示。

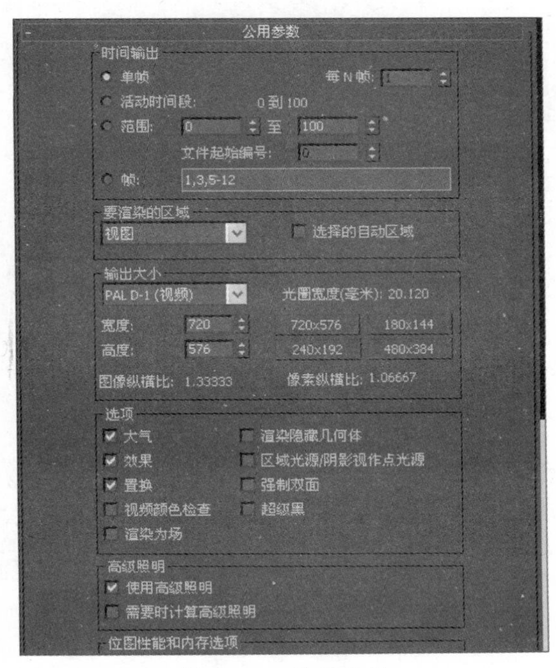

图13.224　设置参数

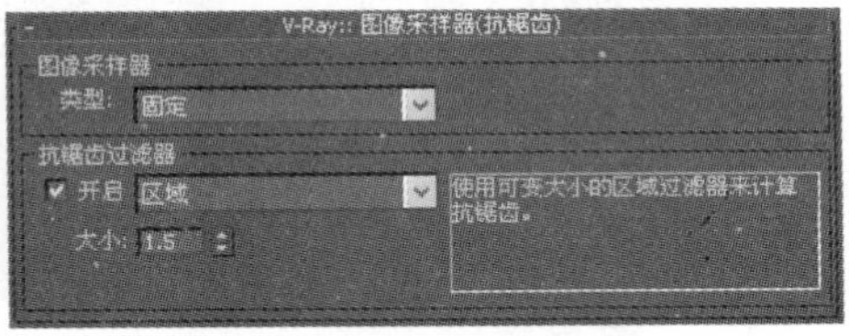

图13.225　设置参数

05 在“V-Ray::环境”卷展栏中设置具体参数，如图13.226所示。

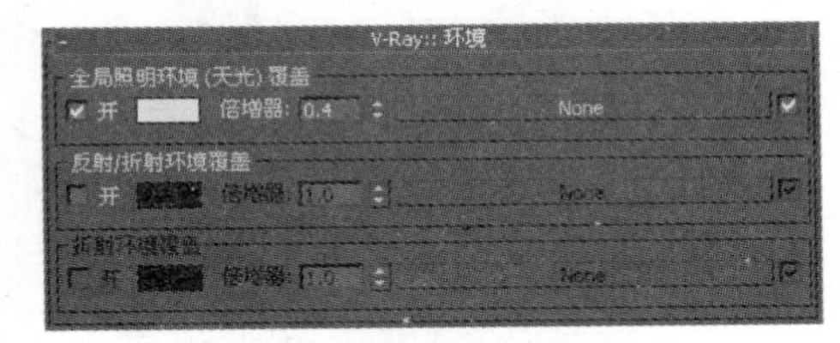

图13.226　设置参数

06 至此，场景中的灯光和相机已经全部设置完成。在视图中选中相机视图，单击(渲染产品)按钮，渲染后的效果，如图13.227所示。

07 至此，别墅的模型、灯光、材质和摄影机已经全部制作完成。单击工作界面左上角的按钮，执行“保存”命令，保存文件。

图13.227 渲染

08 效果渲染输出后往往还需要使用Photoshop等软件进行后期处理，在此这部分内容不做详细介绍，后期处理后的效果图，如图13.228所示。

图13.228 后期处理后的效果图

13.5 课后练习

通过本课的学习，自己练习制作一个类似的别墅效果图，参考效果，如图13.229所示。

图13.229 参考别墅

第14课
欧式客厅效果图的制作

本课内容：

- ◎ 模型的制作
- ◎ 建筑材质的模拟
- ◎ 添加家具模型
- ◎ 日照效果的模拟
- ◎ 渲染效果图并后期处理

室内效果图是建筑效果图的重要形式和内容。本课介绍一个客厅效果图的制作全过程，这个客厅在设计上采用了欧式与现代风格的融合设计理念，本课效果图，如图14.1所示。

图14.1 室内效果图

14.1 模型的制作

本节将详细介绍客厅中的墙体等主要框架的创建过程，沙发、茶几、吊灯等家具是将已经创建完成的模型文件合并到场景中来的，这个过程将在后面介绍。在桌面上双击图标，启动3ds Max 2012中文版软件。

01 在菜单栏中执行“自定义”→“单位设置”命令，在弹出的“单位设置”对话框中设置单位为“毫米”，如图14.2所示。

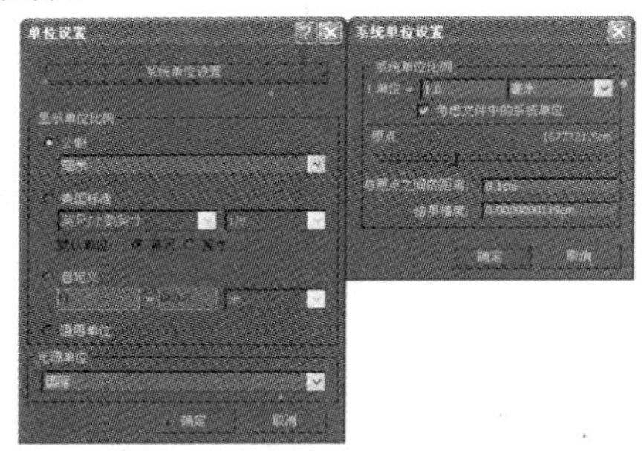

图14.2 设置单位

02 单击 长方体 按钮，在顶视图中创建一个长方体，并将其命名为“客厅墙体”，设置具体参数，如图14.3所示。

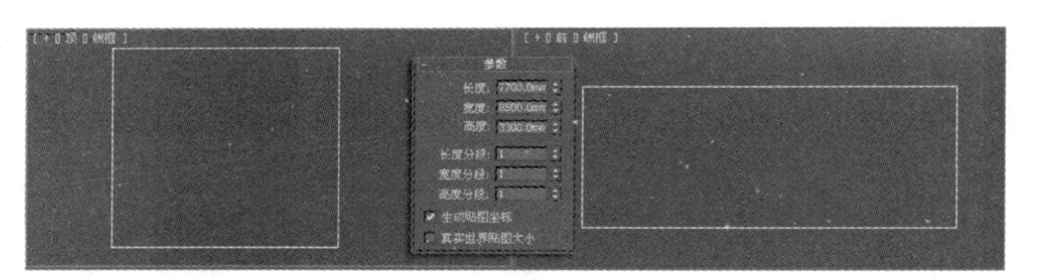

图14.3 创建长方体

03 单击创建面板中的“摄影机”→ 目标 按钮，在顶视图中创建一架摄影机，如图14.4所示。

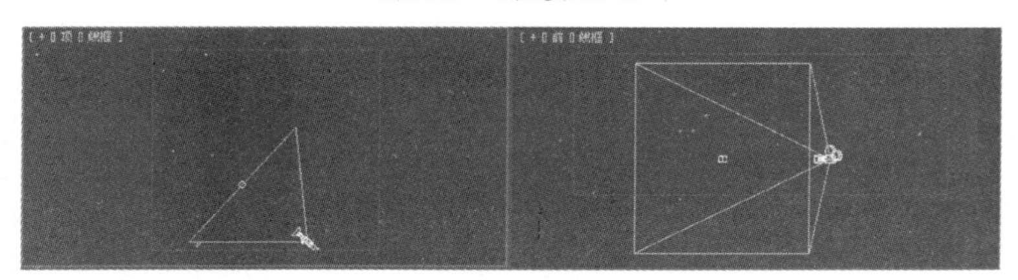

图14.4 设置摄影机

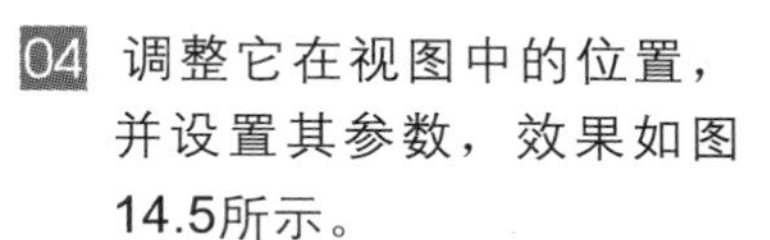

04 调整它在视图中的位置，并设置其参数，效果如图14.5所示。

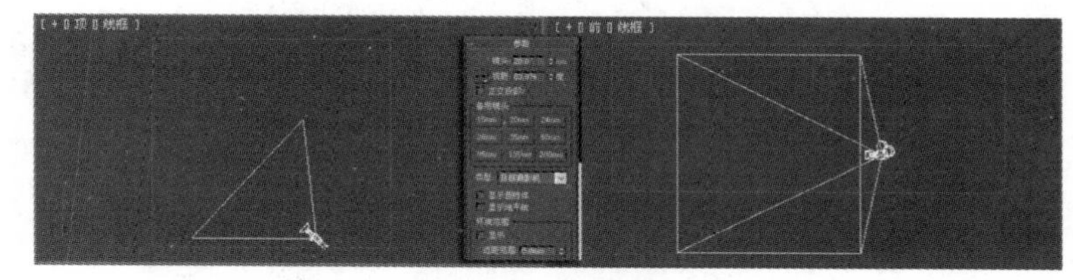

图14.5 设置参数

05 执行菜单栏中的“修改器”→“摄影机”→“摄影机校正”命令，如图14.6所示。

06 在“2点透视校正”卷展栏中单击 推测.. 按钮，如图14.7所示。

图14.6 “摄影机校正”命令

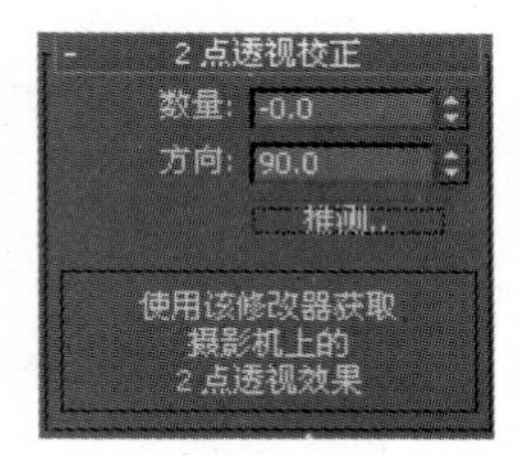

图14.7 “2点透视校正”卷展栏

07 激活透视视图，按住C键转换摄影机视图，如图14.8所示。

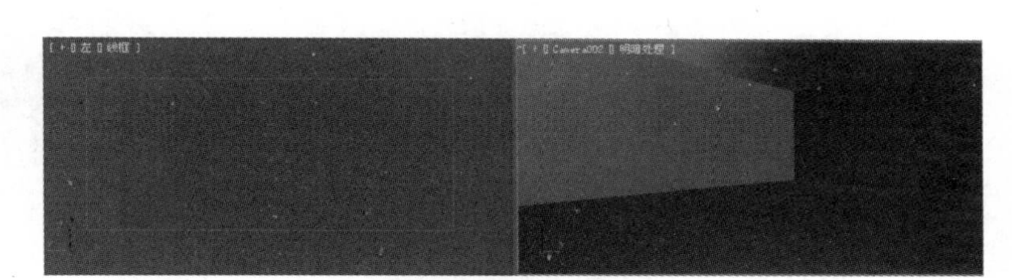

图14.8 摄影机视图

08 为了便于后面的建模，进入(显示)面板，在“按类别隐藏”卷展栏中，勾选“摄影机”选项将其隐藏，效果如图14.9所示。

提示

在创建模型过程中，随时可以将“摄影机”隐藏或显现，这样即保证视图表现的清晰，又方便从各个视角查看相机效果。

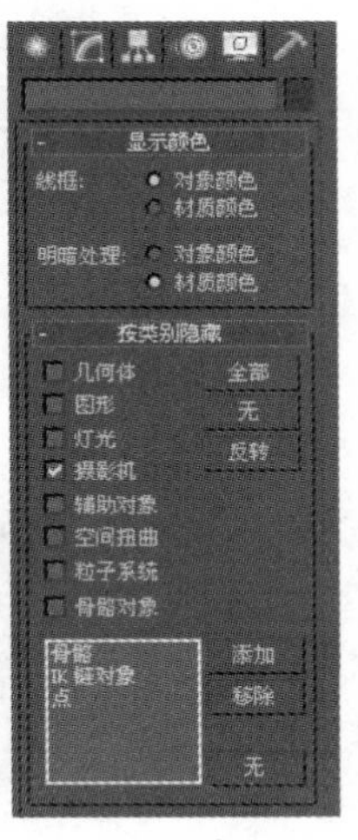

图14.9 隐藏摄影机

09 选中“墙体”，单击鼠标右键，在弹出的右键菜单栏中执行“转化为”→“转换为多边形”命令，如图14.10所示。

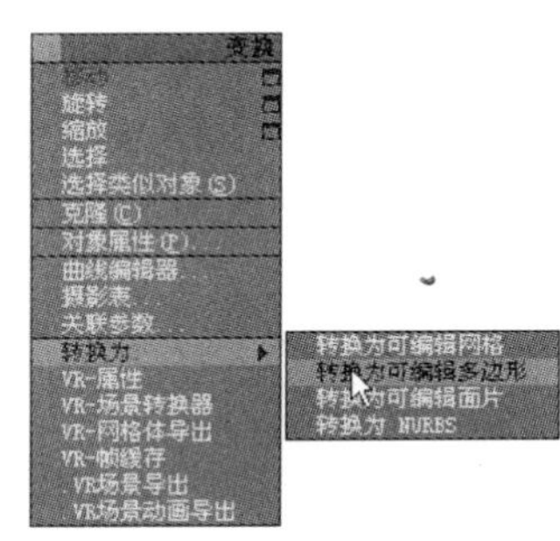

图14.10　转换为可编辑多边形

10 单击 矩形 按钮，在左视图中绘制3个矩形，大小分别为：2710mm×1000mm、1780mm×720mm、580mm×720mm，并将其命名为“装饰墙截面”，如图14.11所示。

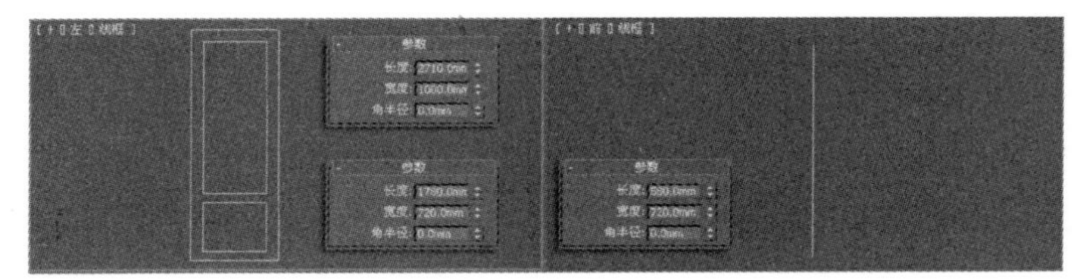

图14.11　绘制矩形

11 选中绘制的矩形，单击鼠标右键，在弹出的右键菜单栏中执行“转化为”→“转换为可编辑样条线”命令。

12 在“几何体”卷展栏中单击 附加 按钮，如图14.12所示。

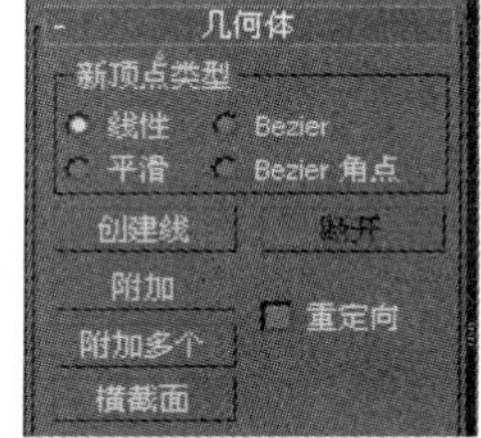

图14.12　附加

13 单击“修改”按钮进入修改面板，在修改器下拉列表中选择“挤出”选项，设置“挤出”参数为100mm，如图14.13所示。

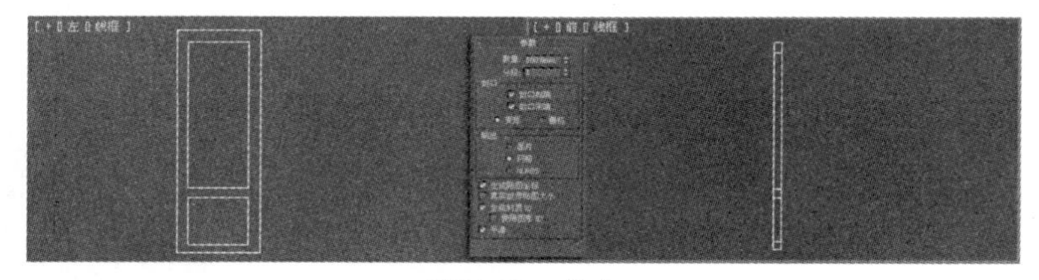

图14.13　挤出

14 单击 矩形 按钮，在左视图中创建一个大小为2703mm×993mm的矩形，并将其命名为“路径A”，如图14.14所示。

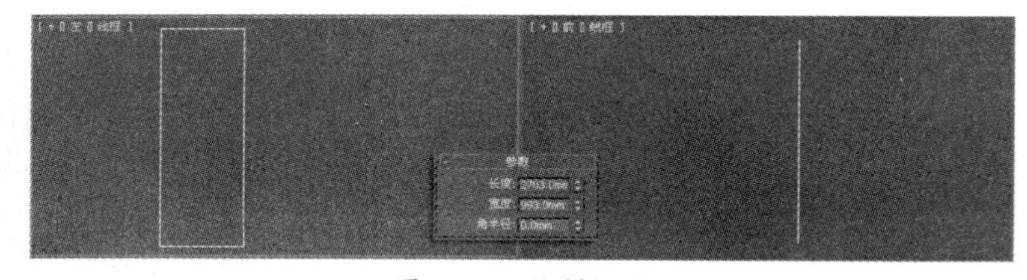

图14.14　绘制矩形

15 单击 线 按钮，在前视图中绘制一条闭合的曲线，并将其命名为“截面A”，效果如图14.15所示。

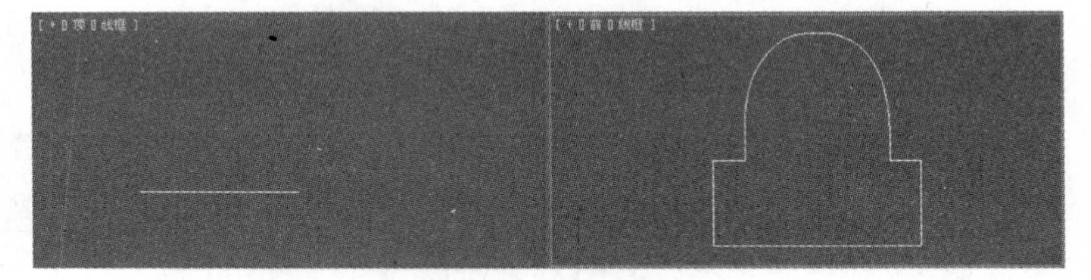

图14.15　绘制截面

16 在视图中选中“路径A”，单击“修改”按钮进入修改面板，在修改器下拉列表中选择“倒角剖面”选项，在“参数”卷展栏中单击 拾取剖面 按钮，如图14.16所示。

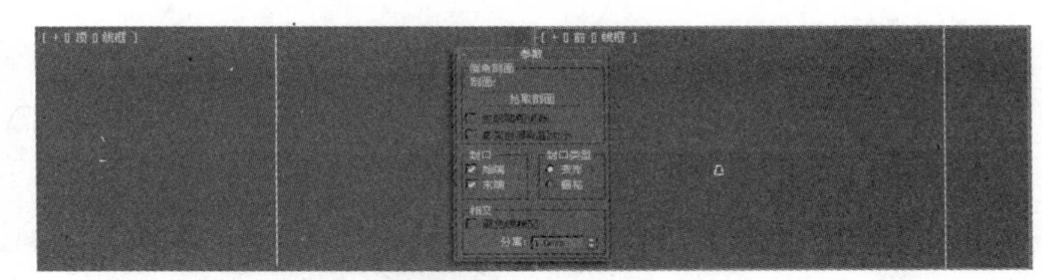

图14.16　拾取剖面

17 “拾取剖面”后的效果，如图14.17所示。

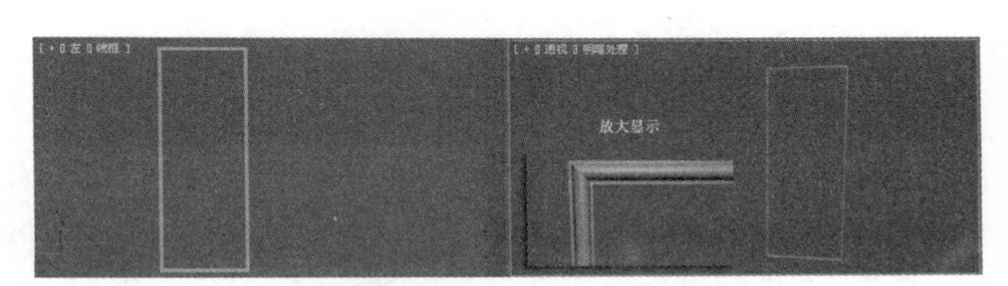

图14.17　“拾取剖面”后的效果

18 单击 矩形 按钮，在左视图中创建一个大小为1780mm×720mm的矩形，并将其命名为“路径B”，效果如图14.18所示。

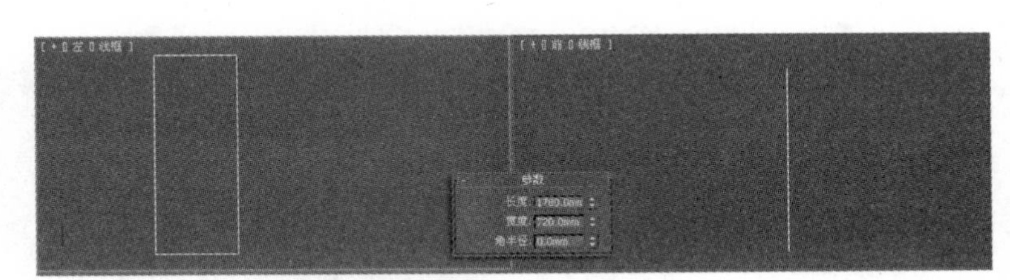

图14.18　创建矩形

19 单击 线 按钮，在前视图中绘制一条闭合的曲线，并将其命名为“截面B”，效果如图14.19所示。

图14.19　绘制截面

20 单击“修改”按钮进入修改面板，在修改器下拉列表中选择“倒角剖面”选项，在视图中选中“路径B”，在“参数”卷展栏中单击 拾取剖面 按钮，如图14.20所示。

图14.20 倒角剖面

21 “拾取剖面”后的效果，如图14.21所示。

图14.21 放大显示

22 单击 矩形 按钮，在左视图中创建一个大小为580mm×720mm的矩形，并将其命名为“路径C”，效果如图14.22所示。

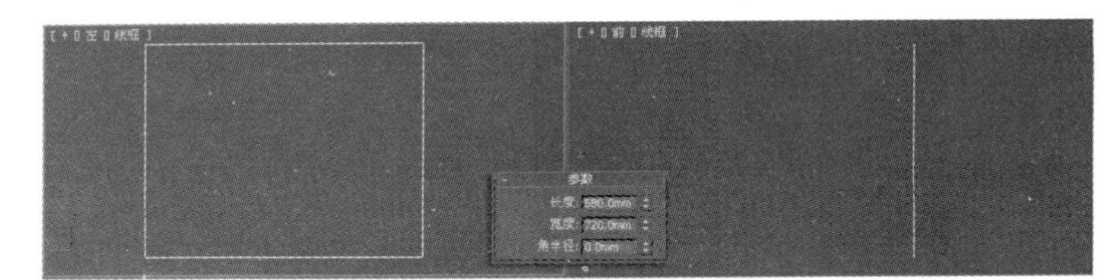

图14.22 绘制矩形

23 单击 线 按钮，在前视图中绘制一条闭合的曲线，并将其命名为“截面C”，效果如图14.23所示。

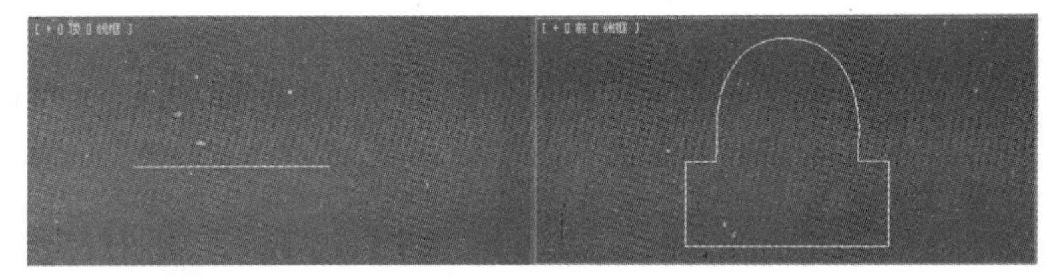

图14.23 绘制闭合曲线

24 单击“修改”按钮进入修改面板，在修改器下拉列表中选择“倒角剖面”选项，在视图中选中“路径C”，在“参数”卷展栏中单击 拾取剖面 按钮，如图14.24所示。

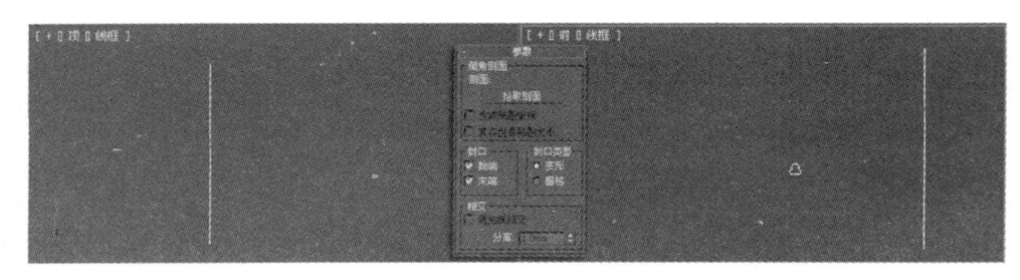

图14.24 倒角剖面

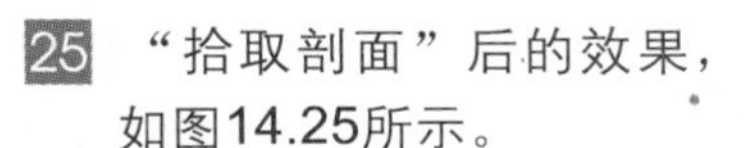

25 “拾取剖面”后的效果，如图14.25所示。

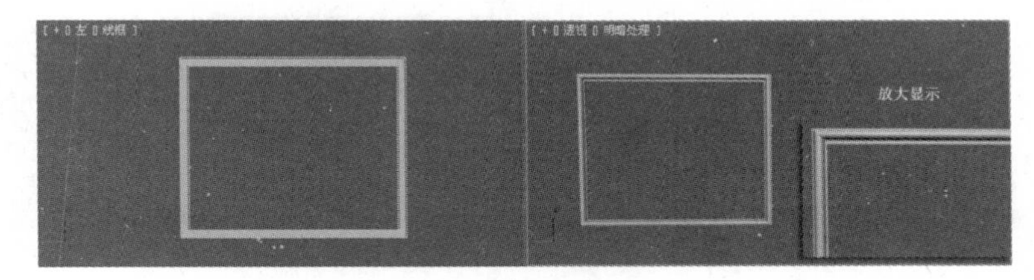

图14.25　“拾取剖面”后的效果

26 单击 长方体 按钮，在左视图中创建一个大小为580mm×720mm×50mm的长方体，并将其命名为“装饰墙体B”，如图14.26所示。

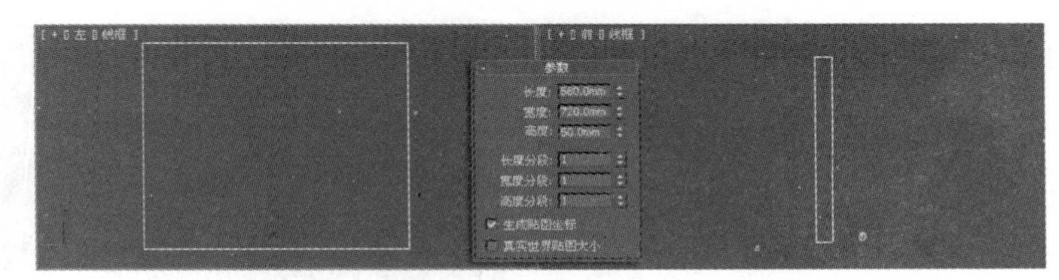

图14.26　创建长方体

27 选中“装饰墙体B”，单击鼠标右键，在弹出的右键菜单栏中执行“转化为”→“转换为多边形”命令。

28 打开修改命令面板，在修改器堆栈中单击激活“多边形”子对象，如图14.27所示。

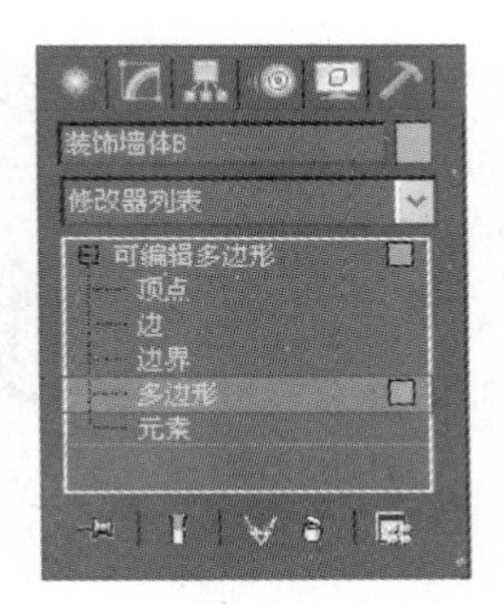

图14.27　修改器堆栈

29 在视图中选中如图14.28所示的多边形。

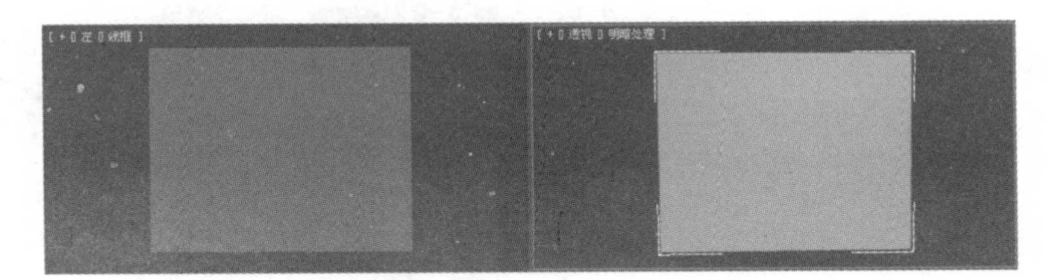

图14.28　选中多边形

30 在“编辑多边形”卷展栏中单击 倒角 按钮，如图14.29所示。

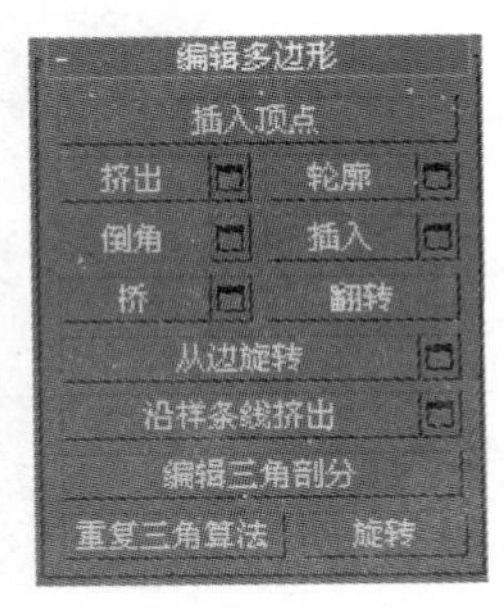

图14.29　倒角

31 设置具体的参数，如图14.30所示。

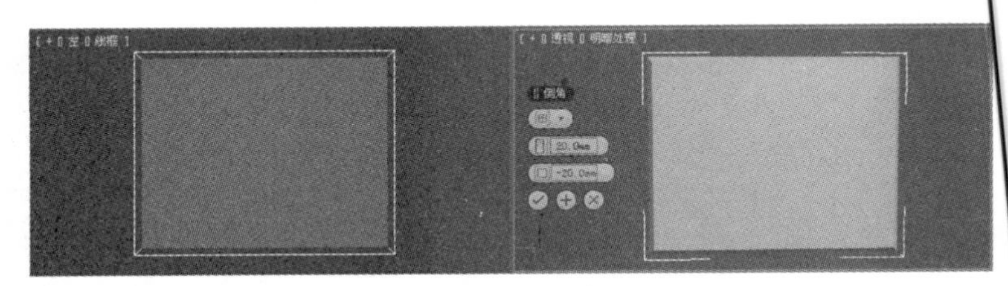

图14.30　设置参数

32 在修改器堆栈中再次单击关闭“多边形”子对象。设置“倒角”后造型的效果，如图14.31所示。

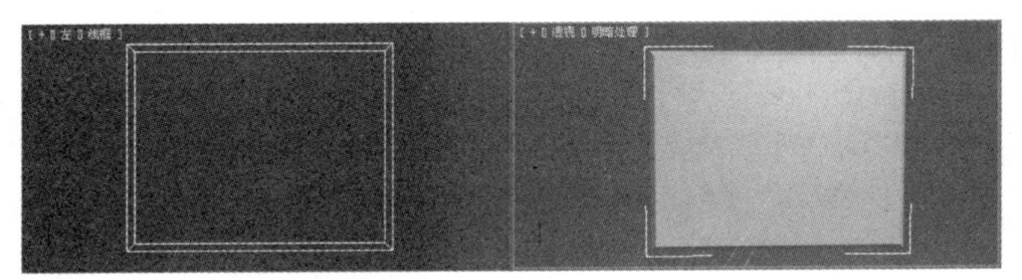

图14.31　“倒角”后的效果

33 单击 矩形 按钮，在顶视图中绘制一个大小为40mm×100mm的矩形，并将其命名为“装饰墙体A”，如图14.32所示。

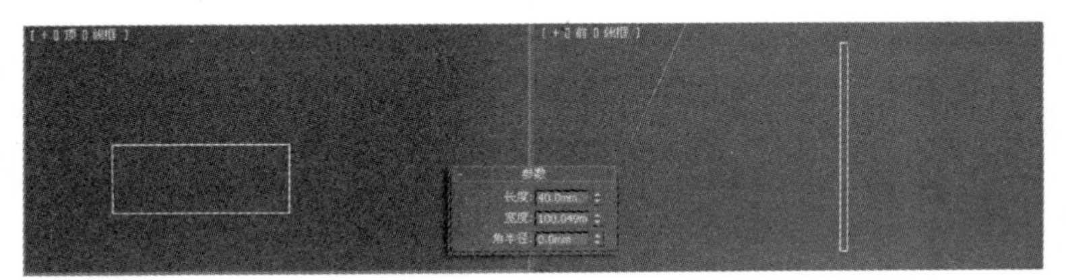

图14.32　绘制矩形

34 单击“修改”按钮进入修改面板，在修改器下拉列表中选择“挤出”选项，并设置具体参数，如图14.33所示。

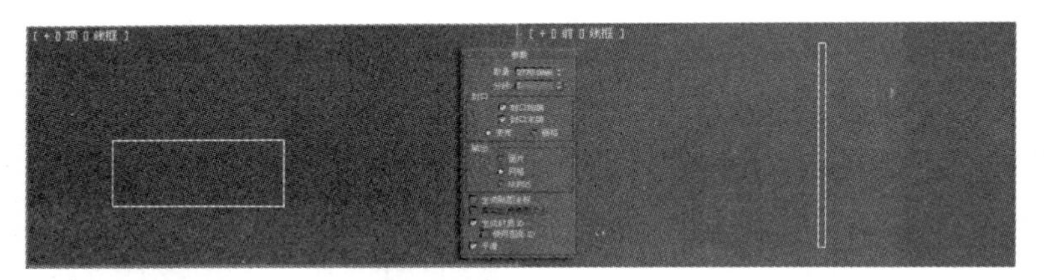

图14.33　挤出

35 在视图中调整所有创建的物体位置，效果如图14.34所示。

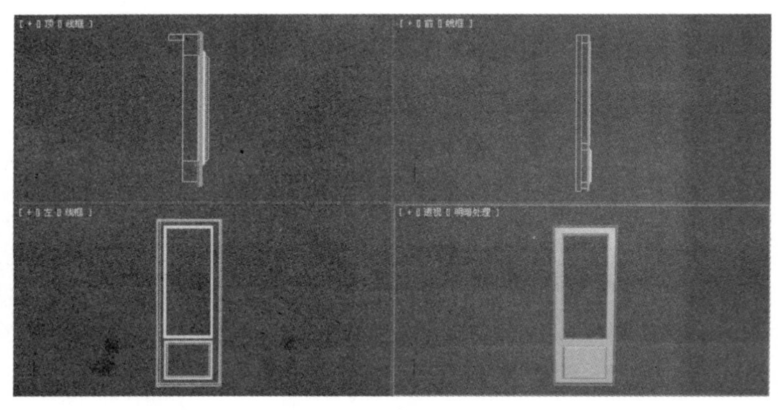

图14.34　调整造型位置

36 在视图中选中所有创建的物体，在菜单栏中执行“组”→“成组”命令，如图14.35所示。

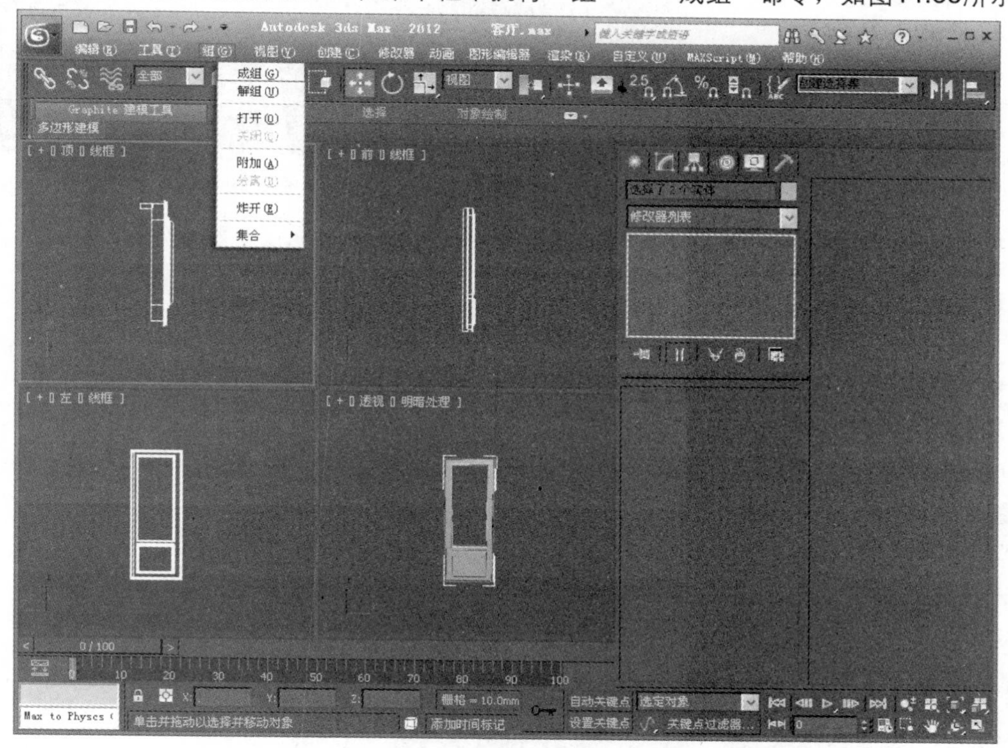

图14.35　成组

37 在弹出的“组”对话框中，将“组名”重命名为“左装饰墙”，如图14.36所示。

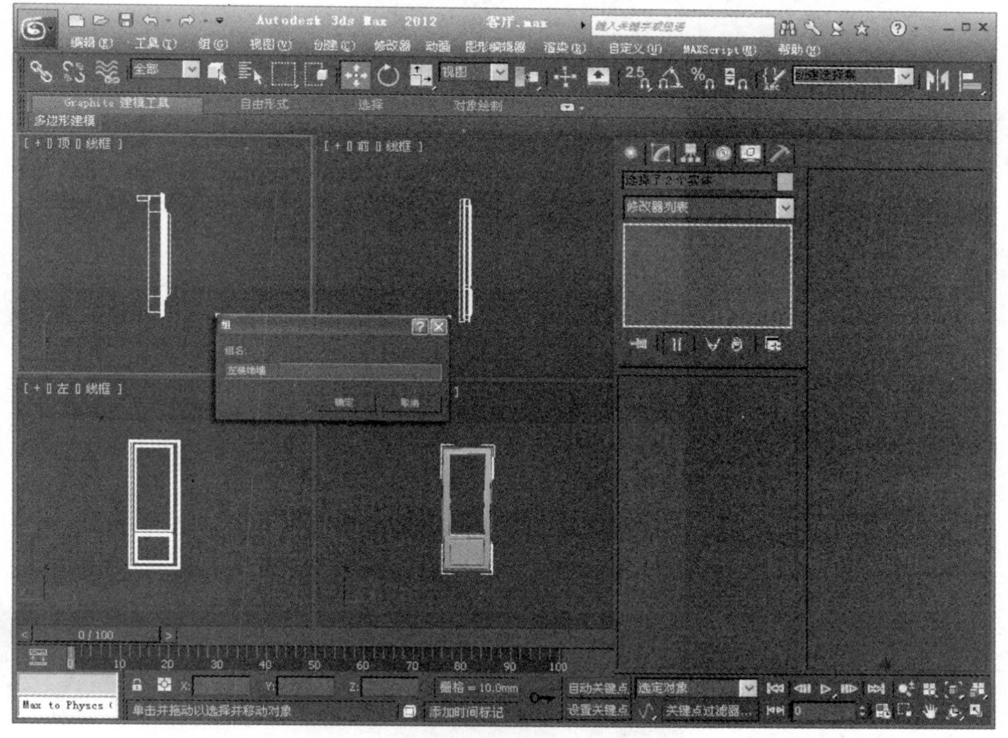

图14.36　重命名组名

38 单击 矩形 按钮，在左视图中创建大小为2769mm×2168mm、2494mm×1877mm的2个矩形，如图14.37所示。

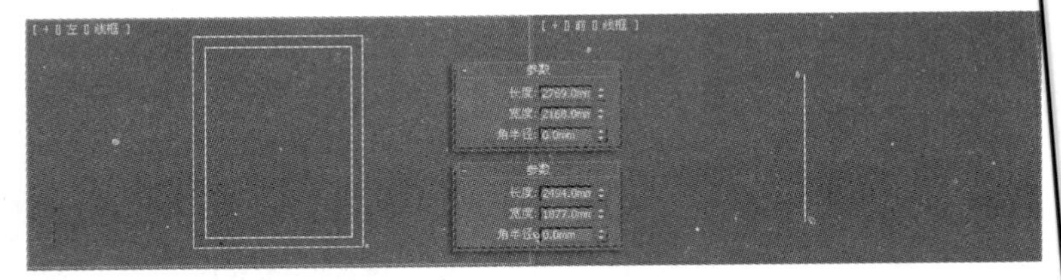

图14.37 绘制矩形

39 选中绘制的矩形，单击鼠标右键，在弹出的右键菜单栏中执行“转化为”→“转换为可编辑样条线”命令。

40 在“几何体”卷展栏下单击 附加 按钮，如图14.38所示。

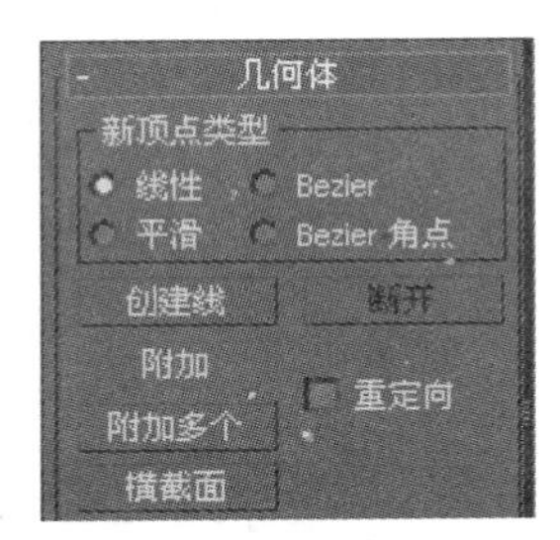

图14.38 附加

41 单击“修改”按钮进入修改面板，在修改器下拉列表中选择“挤出”选项，设置“挤出”参数为180mm，并将其命名为“装饰墙体”，如图14.39所示。

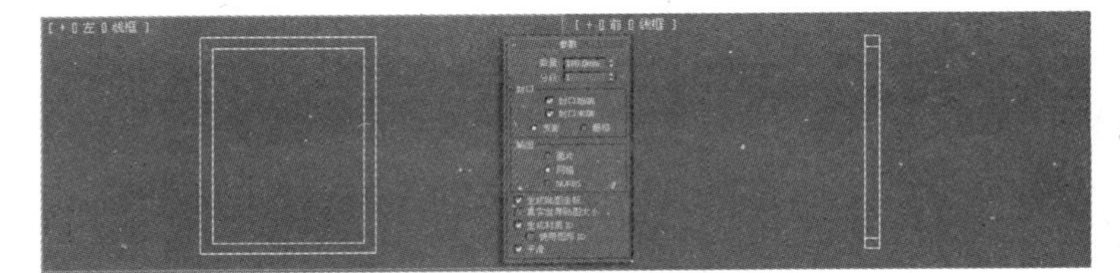

图14.39 挤出

42 单击 矩形 按钮，在左视图中创建一个大小为2764mm×2175mm的矩形，并将其命名为“路径D”，如图14.40所示。

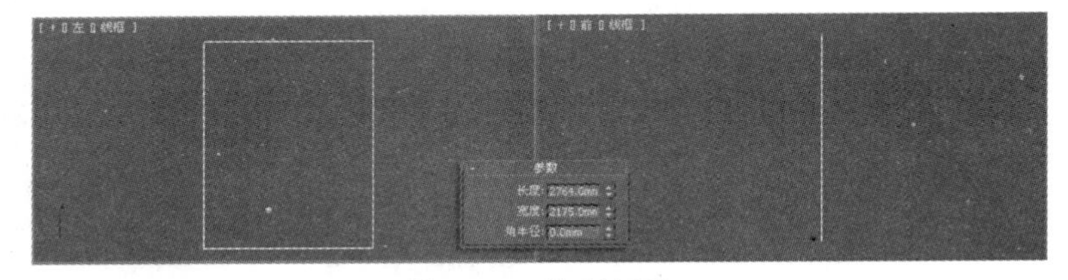

图14.40 绘制矩形

43 单击 线 按钮，在前视图中绘制一条闭合的曲线，并将其命名为“截面D”，效果如图14.41所示。

图14.41 绘制闭合曲线

44 单击“修改”按钮进入修改面板，在修改器下拉列表中选择“倒角剖面”选项，在视图中选中“路径D”，在“参数”卷展栏中单击 拾取剖面 按钮，如图14.42所示。

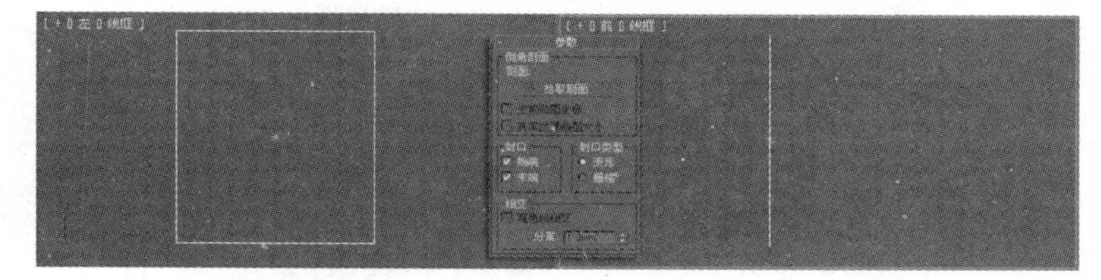

图14.42 拾取剖面

45 “拾取剖面”后的效果，如图14.43所示。

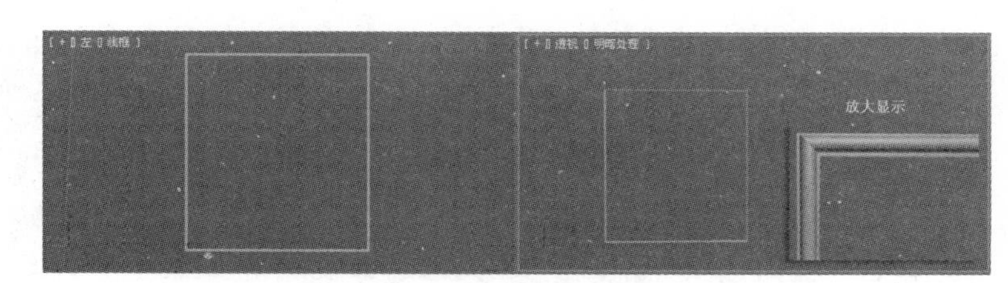

图14.43 “拾取剖面”后的效果

46 单击 矩形 按钮，在左视图中绘制一个大小为2350mm×2139mm的矩形，并将其命名为“路径E”，如图14.44所示。

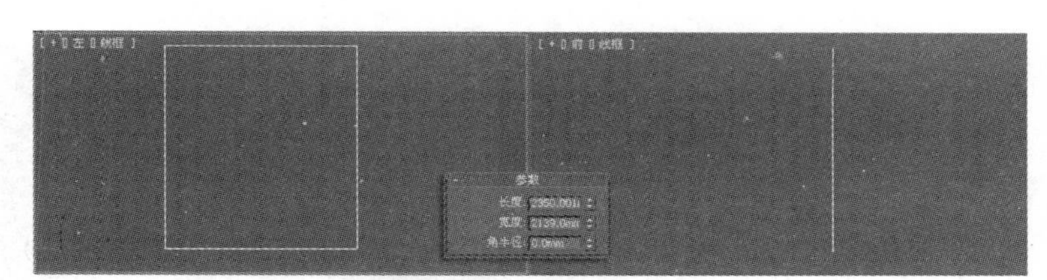

图14.44 绘制矩形

47 单击 线 按钮，在前视图中绘制一条闭合的曲线，并将其命名为“截面E”，效果如图14.45所示。

图14.45 绘制闭合曲线

48 单击“修改”按钮进入修改面板，在修改器下拉列表中选择“倒角剖面”选项，在视图中选中“路径E”，在“参数”卷展栏中单击 拾取剖面 按钮，如图14.46所示。

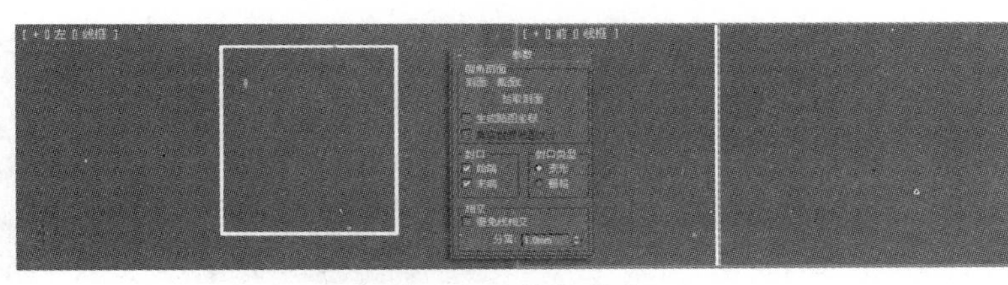

图14.46 拾取剖面

49 “拾取剖面”后的效果，如图14.47所示。

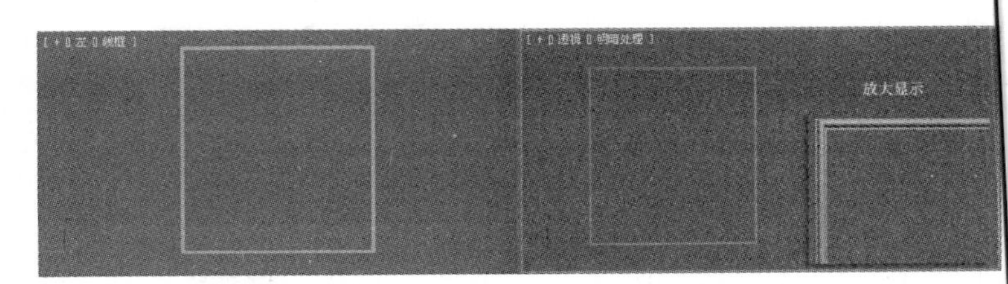

图14.47 “拾取剖面”后的效果

50 单击 矩形 按钮，在顶视图中绘制一个大小为2350mm×2139mm的矩形，并将其命名为“装饰墙体F”，如图14.48所示。

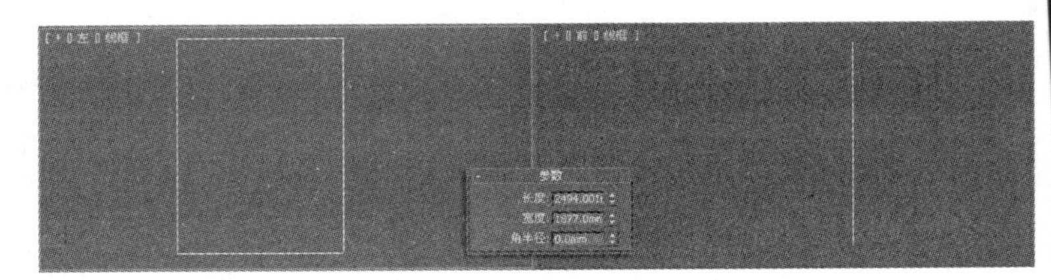

图14.48 绘制矩形

51 单击“修改”按钮进入修改面板，在修改器下拉列表中选择“挤出”选项，设置具体参数，如图14.49所示。

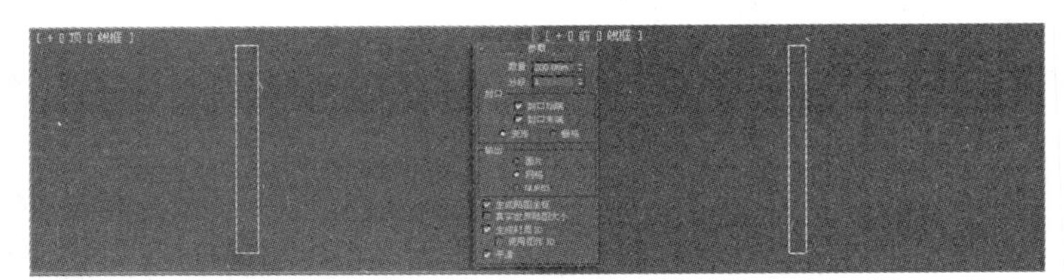

图14.49 挤出

52 单击 矩形 按钮，在顶视图中绘制一个大小为40mm×100mm的矩形，并将其命名为“支架”，如图14.50所示。

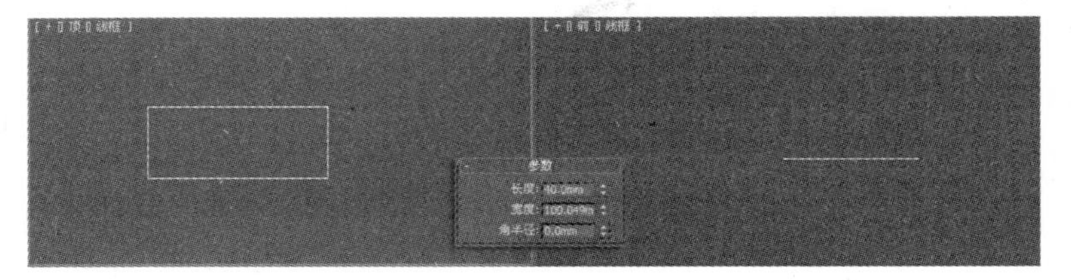

图14.50 绘制矩形

53 单击“修改”修改按钮进入修改面板，在修改器下拉列表中选择“挤出”选项，设置具体参数，如图14.51所示。

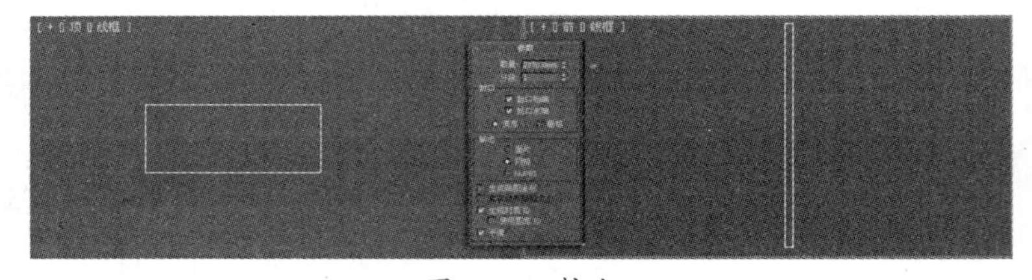

图14.51 挤出

54 执行菜单栏上的“组”→“成组”命令，按住Shift键，使用“移动”工具，复制一个物体，如图14.52所示。

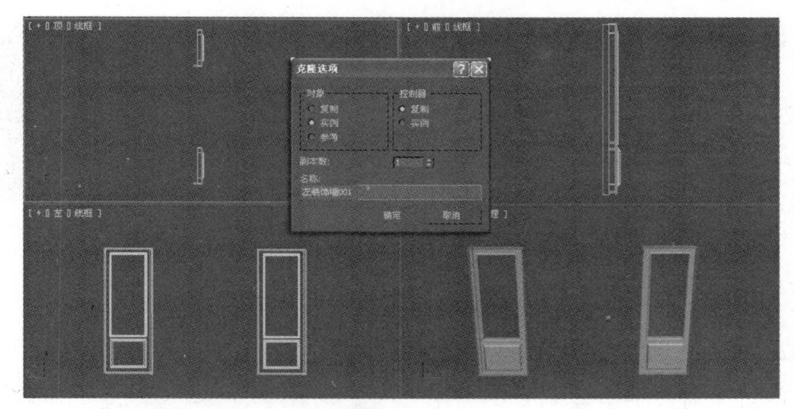

图14.52 复制

55 在视图中选中复制后的物体，如图14.53所示的物体。

图14.53 选中物体

56 激活工具栏上的“移动”工具，将选中的“支架”移动到另一侧，效果如图14.54所示。

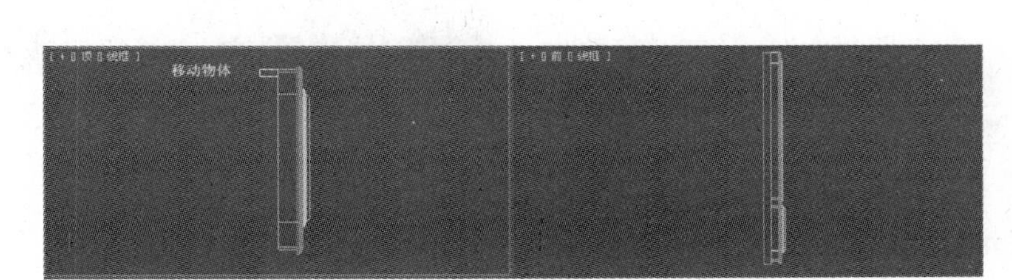

图14.54 移动物体

57 至此，装饰墙体已经全部完成，调整造型位置后，效果如图14.55所示。

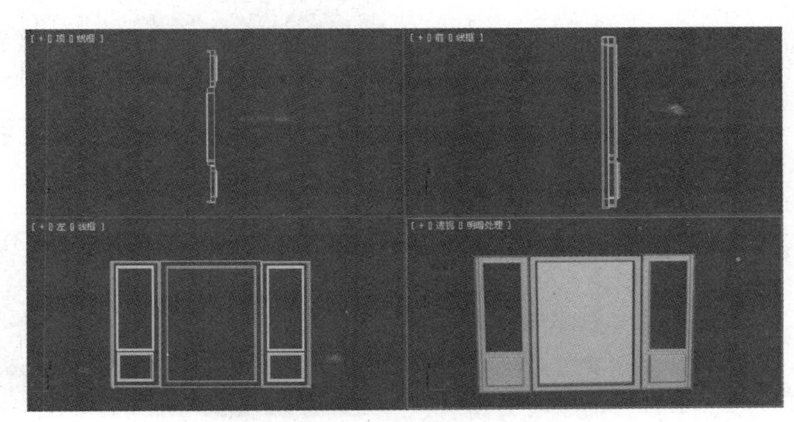

图14.55 调整造型位置后的效果

58 单击 矩形 按钮，在前视图中绘制一个大小为150mm×326mm的参考矩形，单击 线 按钮，在前视图中绘制一条闭合的曲线，并将其命名为“壁炉截面A”，效果如图14.56所示。

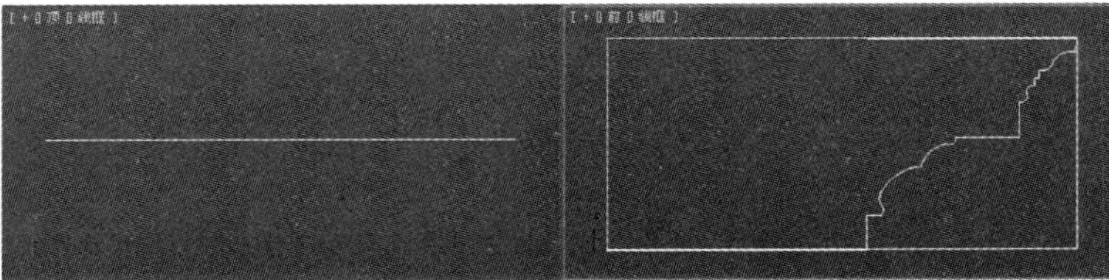

图14.56 绘制闭合曲线

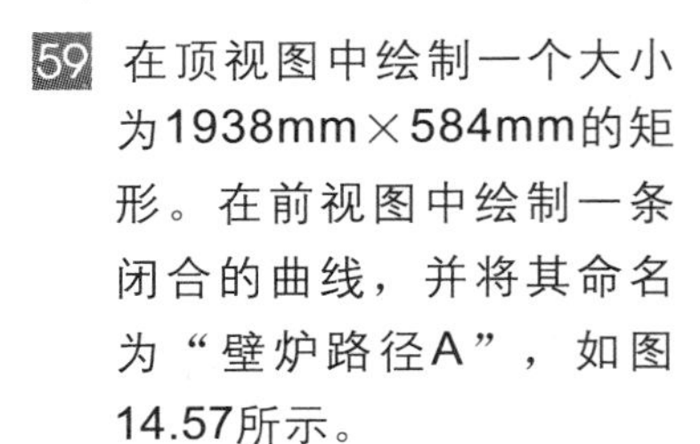

59 在顶视图中绘制一个大小为1938mm×584mm的矩形。在前视图中绘制一条闭合的曲线，并将其命名为“壁炉路径A”，如图14.57所示。

图14.57 绘制闭合曲线

60 单击“修改”按钮进入修改面板，在修改器下拉列表中选择“倒角剖面”选项，在视图中选中“壁炉路径A”，在“参数”卷展栏中单击 拾取剖面 按钮，如图14.58所示。

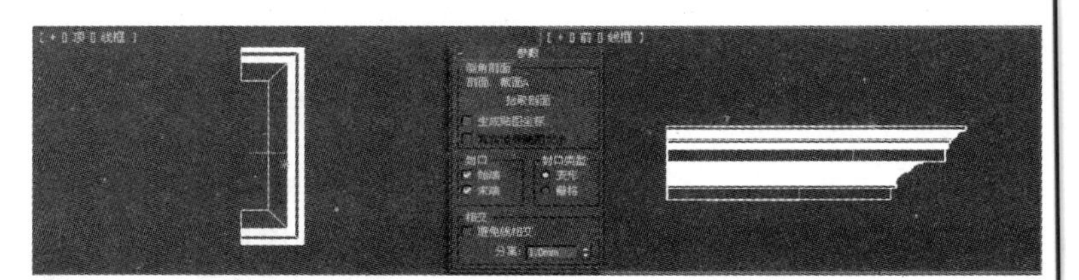

图14.58 拾取剖面

61 “拾取剖面”后的效果，如图14.59所示。

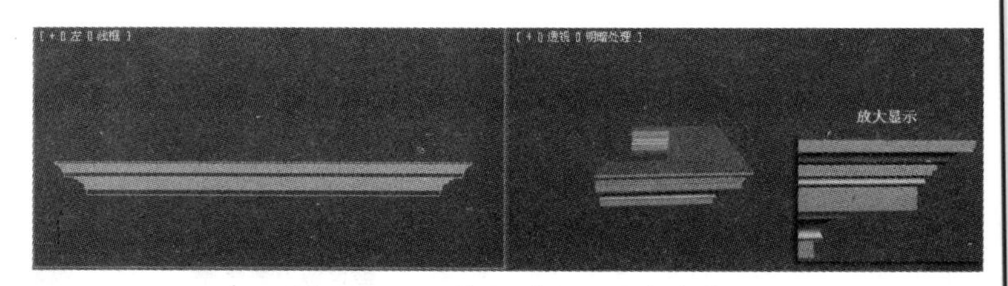

图14.59 “拾取剖面”后的效果

62 单击 长方体 按钮，在左视图中创建一个大小为150mm×1400mm×300mm的长方体，并将其命名为“壁炉墙体B”，如图14.60所示。

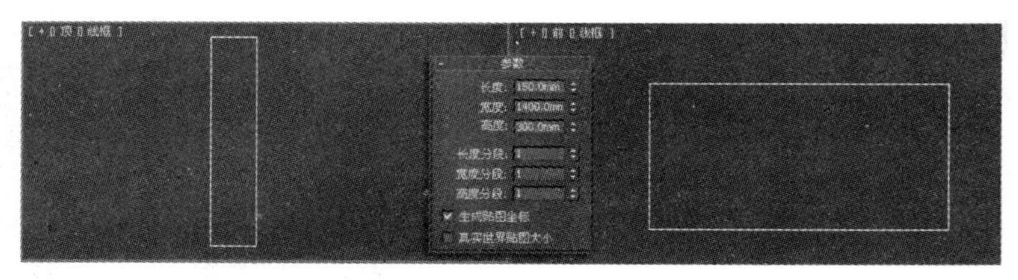

图14.60 创建长方体

63 在视图中调整造型的位置，效果如图14.61所示。

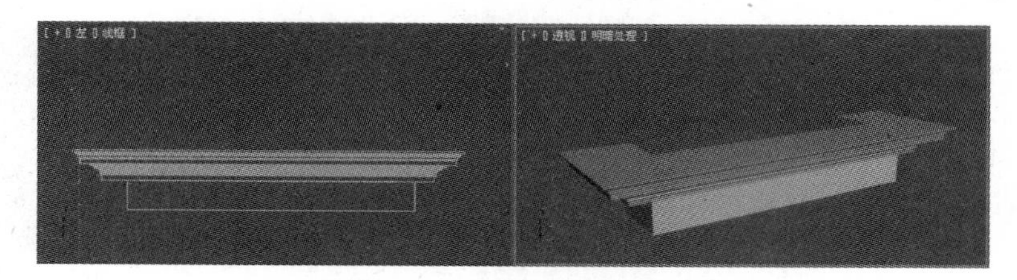

图14.61 调整造型的位置

64 单击 矩形 按钮，在左视图中创建一个大小为889mm×1751mm的矩形，单击 线 按钮，在左视图中绘制一条闭合的曲线，并将其命名为“壁炉墙体C”，如图14.62所示。

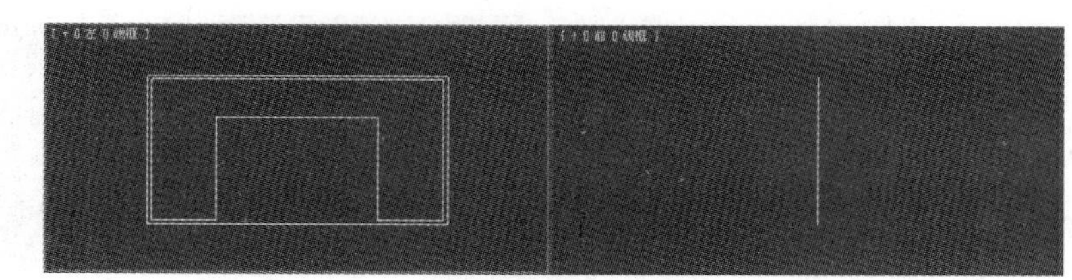

图14.62 绘制矩形

65 将参考的矩形删除。在视图中选中“壁炉墙体C”，单击“修改”按钮 进入修改面板，在修改器下拉列表中选择“挤出”选项，效果如图14.63所示。

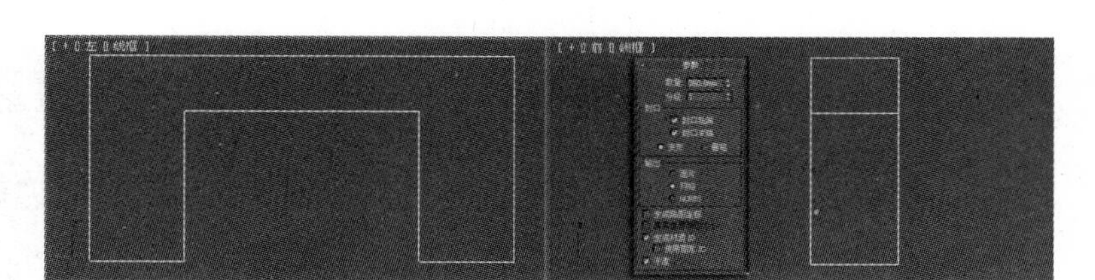

图14.63 挤出

66 在视图中调整造型的位置，效果如图14.64所示。

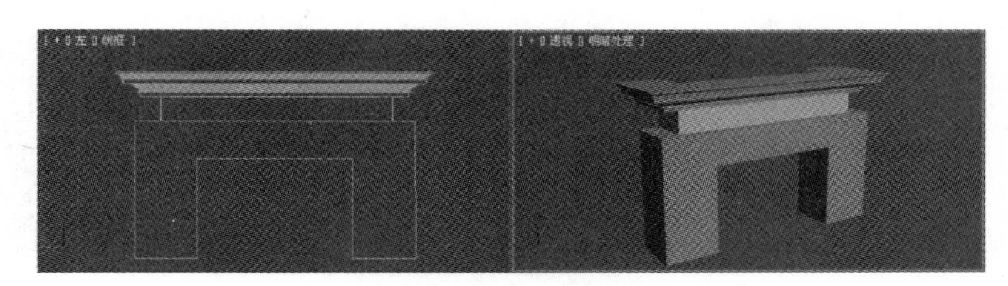

图14.64 调整造型的位置

67 单击 矩形 按钮，在左视图中创建一个大小为620mm×940mm的矩形，并将其命名为“壁炉墙体D”，设置具体参数，如图14.65所示。

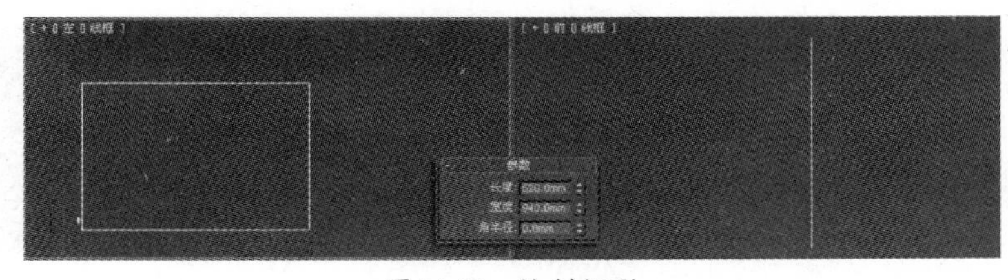

图14.65 绘制矩形

68 在视图中选中“壁炉墙体D”，单击“修改”按钮进入修改面板，在修改器下拉列表中选择“挤出”选项，效果如图14.66所示。

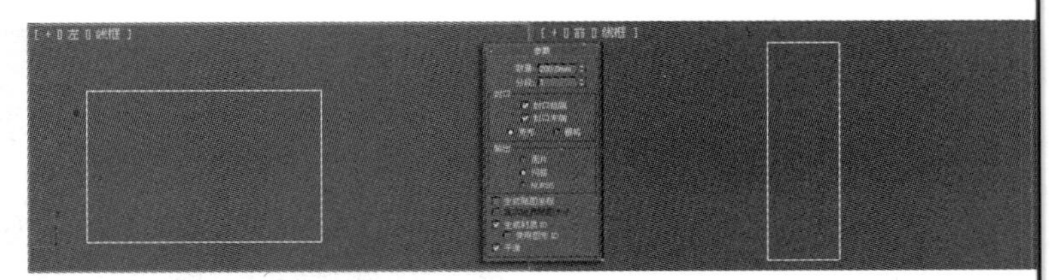

图14.66　挤出

69 在视图中调整造型的位置，效果如图14.67所示。

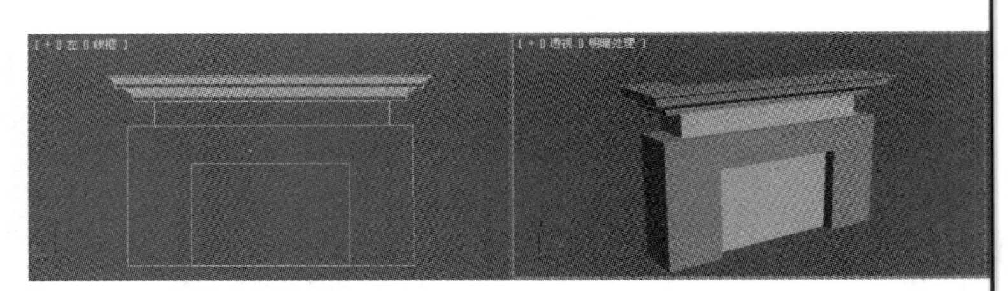

图14.67　调整造型的位置

70 单击 长方体 按钮，在左视图中创建一个大小为50mm×1800mm×350mm的长方体，并将其命名为“壁炉墙体E”，效果如图14.68所示。

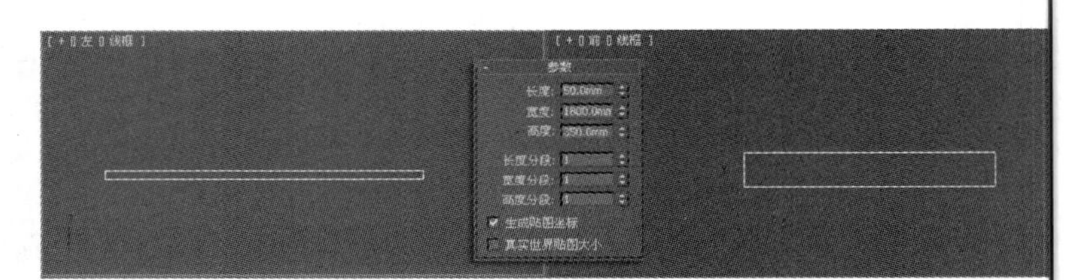

图14.68　创建长方体

71 在视图中调整造型的位置，效果如图14.69所示。

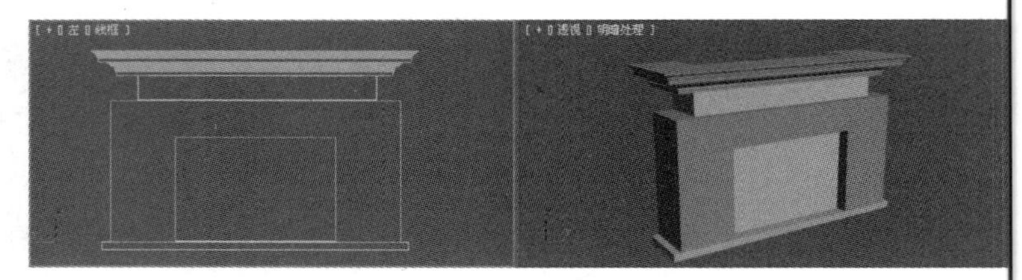

图14.69　调整造型的位置

72 单击 矩形 按钮，在左视图中绘制一个大小为902mm×1789mm的矩形。单击 线 按钮，在视图中绘制一条闭合的曲线，效果如图14.70所示。

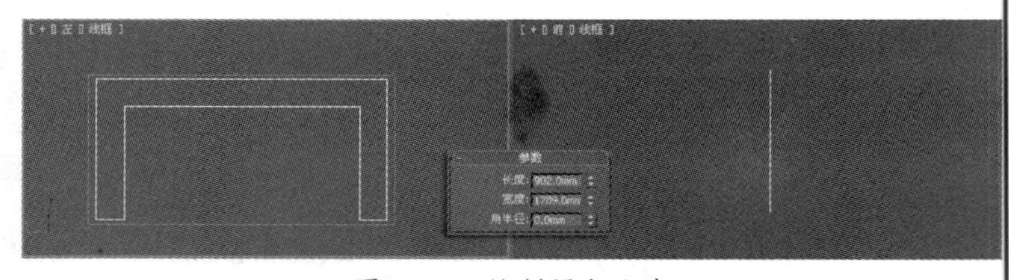

图14.70　绘制闭合曲线

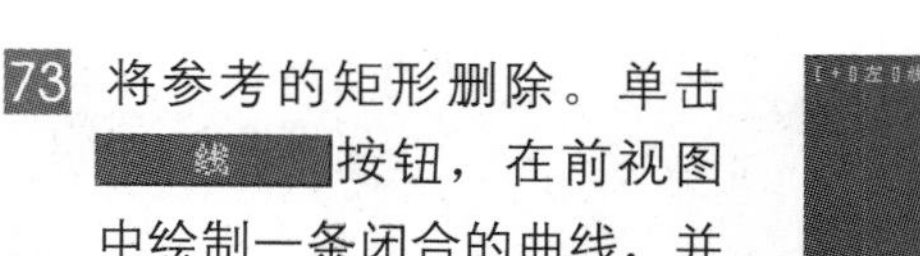

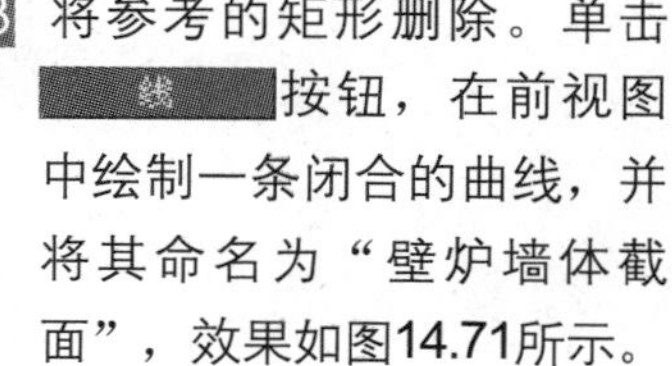

73 将参考的矩形删除。单击 线 按钮，在前视图中绘制一条闭合的曲线，并将其命名为“壁炉墙体截面”，效果如图14.71所示。

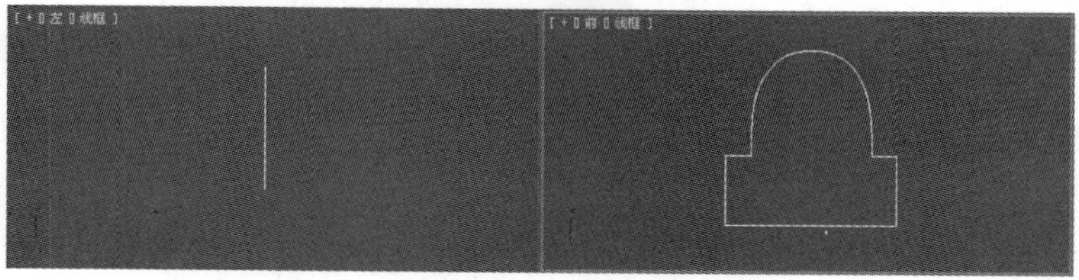

图14.71 绘制截面

74 确认“壁炉墙体截面”处于选中的状态，单击“修改”按钮进入修改面板，在修改器下拉列表中选择“倒角剖面”选项，在视图中选中“壁炉路径A”，在“参数”卷展栏中单击 拾取剖面 按钮，如图14.72所示。

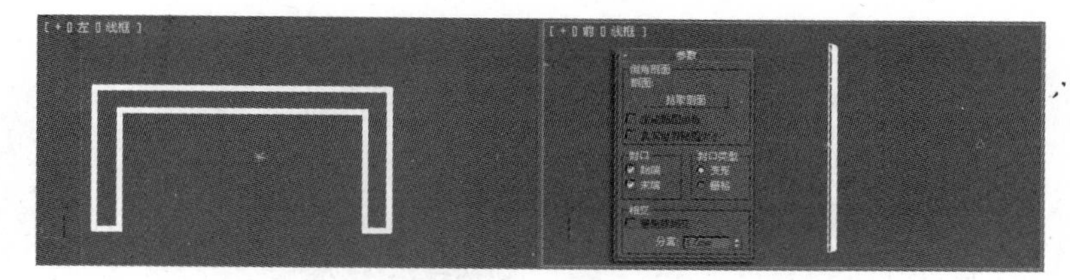

图14.72 “拾取剖面”

75 “拾取剖面”后的效果，如图14.73所示。

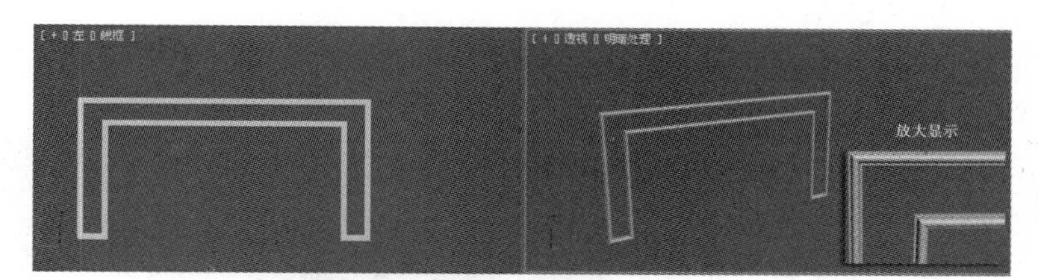

图14.73 “拾取剖面”后的效果

76 至此，整个壁炉的建模已经全部完成了。壁炉的建模效果，如图14.74所示。

77 单击 矩形 按钮，在顶视图中绘制大小为7700mm×8500mm、5122mm×7174mm的两个矩形，并将其命名为“吊顶A”，如图14.75所示。

78 选中“吊顶A”，单击鼠标右键，在弹出的右键菜单栏中执行“转化为”→“转换为可编辑样条线”命令。

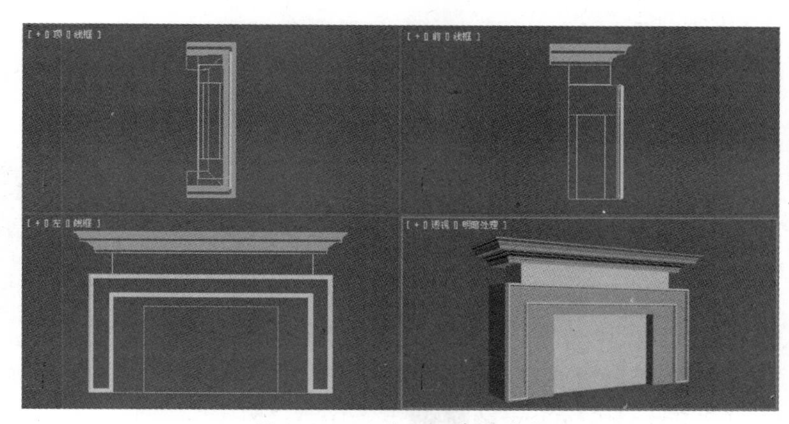

图14.74 “壁炉”建模效果

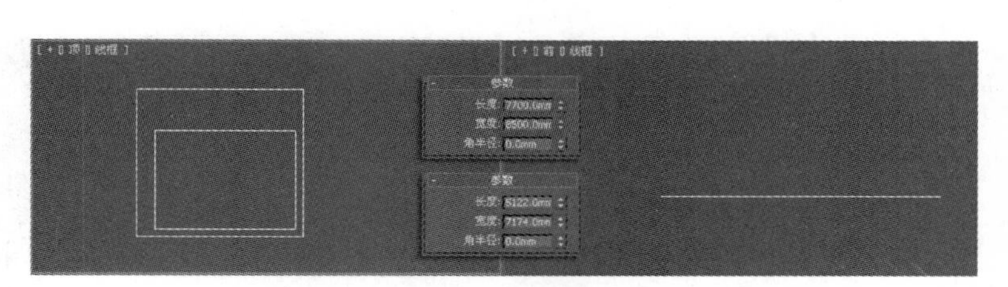

图14.75 绘制矩形

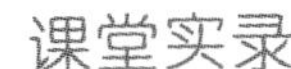

79 在视图中选中绘制的曲线，在“几何体”卷展栏中单击 附加 按钮，将绘制的矩形附加在一起，如图14.76所示。

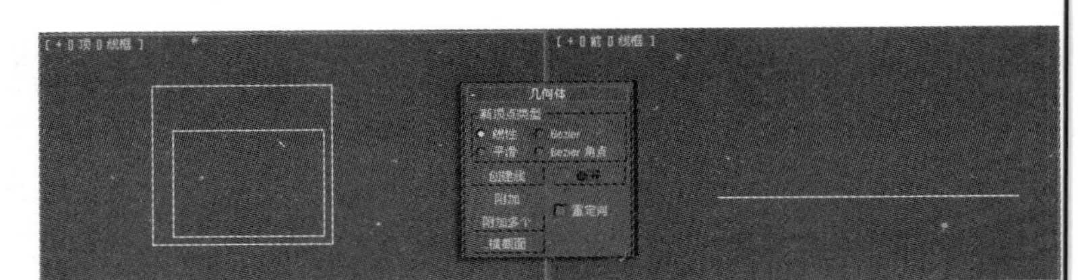

图14.76 附加

80 单击“修改”按钮进入修改面板，在修改器下拉列表中选择“挤出”选项，在视图中选中“吊顶A”，在“挤出”卷展栏中设置具体参数，如图14.77所示。

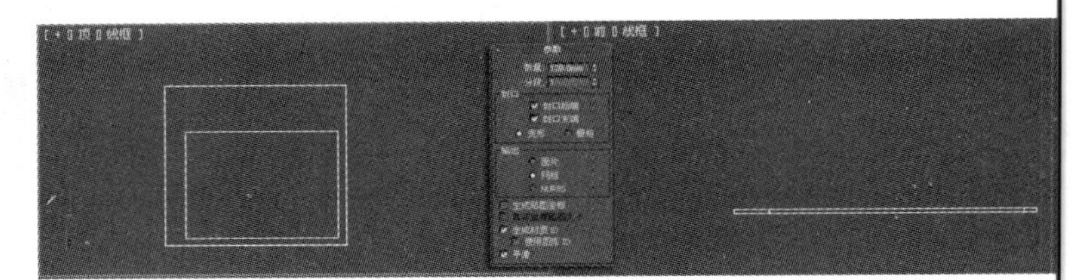

图14.77 挤出

81 单击 矩形 按钮，在顶视图中绘制大小为7690mm×8490mm、4340mm×6411mm的两个矩形，并将其命名为“吊顶B”，如图14.78所示。

82 选中“吊顶B”，单击鼠标右键，在弹出的右键菜单栏中执行“转化为”→“转换为可编辑样条线”。在“几何体”卷展栏中单击 附加 按钮，将绘制的矩形附加在一起。

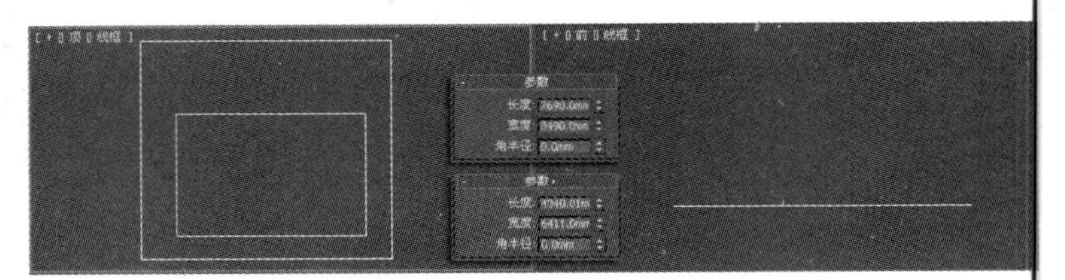

图14.78 绘制矩形

83 单击“修改”按钮进入修改面板，在修改器下拉列表中选择“挤出”选项，在视图中选中“吊顶B”，在“挤出”卷展栏中设置具体参数，如图14.79所示。

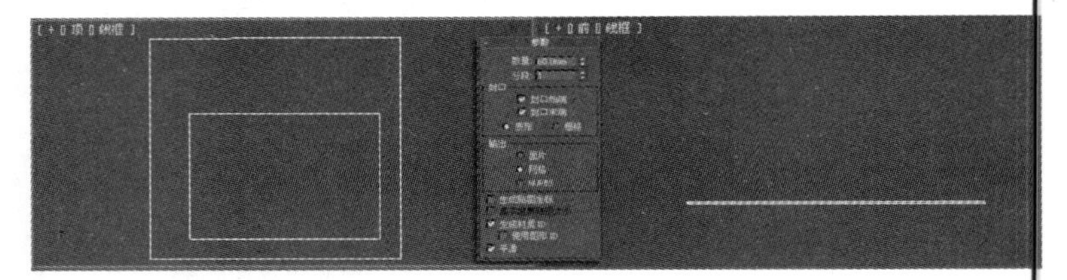

图14.79 挤出

84 单击 矩形 按钮，在顶视图中绘制大小为7680mm×8480mm、3552mm×5749mm的两个矩形，并将其命名为“吊顶C”，单击鼠标右键，在弹出的右键菜单栏中执行“转化为”→“转换为可编辑样条线”命令。在“几何体”卷展栏中单击 附加 按钮，将绘制的矩形附加在一起，如图14.80所示。

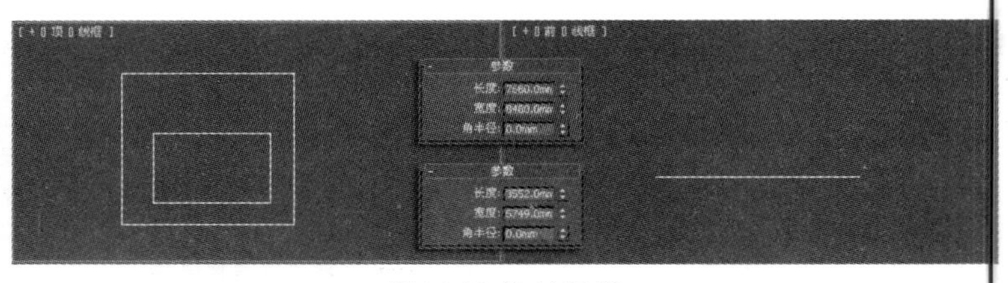

图14.80 绘制矩形

85 单击“修改”按钮进入修改面板，在修改器下拉列表中选择“挤出”选项，在视图中选中“吊顶C”，在“挤出”卷展栏中设置具体参数，如图14.81所示。

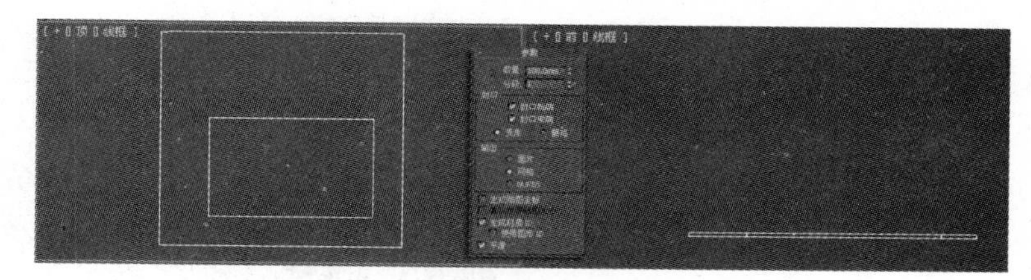
图14.81 挤出

86 在视图中调整创建的3个“吊顶”的位置，效果如图14.82所示。

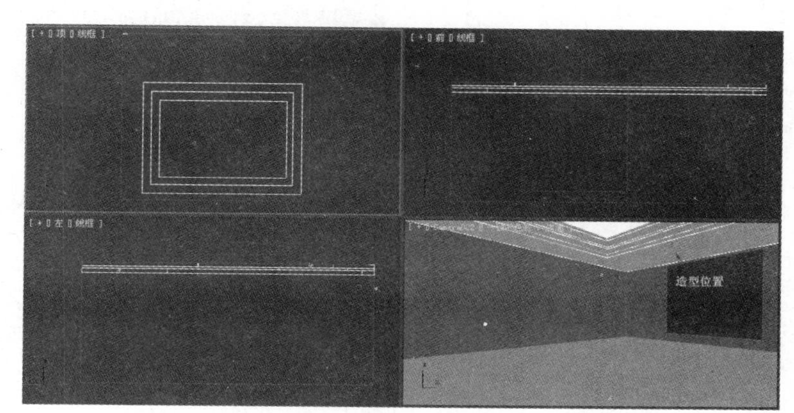

图14.82 造型位置

87 接下来制作灯槽。单击 矩形 按钮，在顶视图中绘制一个大小为895mm×895mm的矩形，并将其命名为“灯槽A”，如图14.83所示。

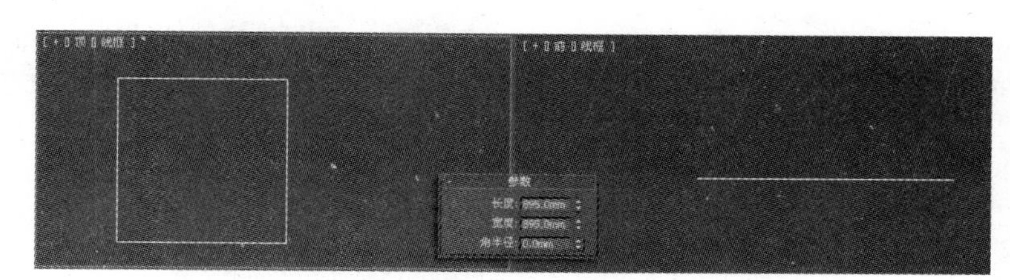

图14.83 绘制矩形

88 单击鼠标右键，在弹出的右键菜单中执行“转化为”→“转换为可编辑样条线”命令。打开修改命令面板，在修改器堆栈中单击激活“样条线”子对象。

89 在“几何体”卷展栏中单击 轮廓 按钮，并设置轮廓的参数为150mm。

90 单击“修改”按钮进入修改面板，在修改器下拉列表中选择“挤出”选项，在视图中选中“灯槽A”，在“挤出”卷展栏中设置具体参数，如图14.84所示。

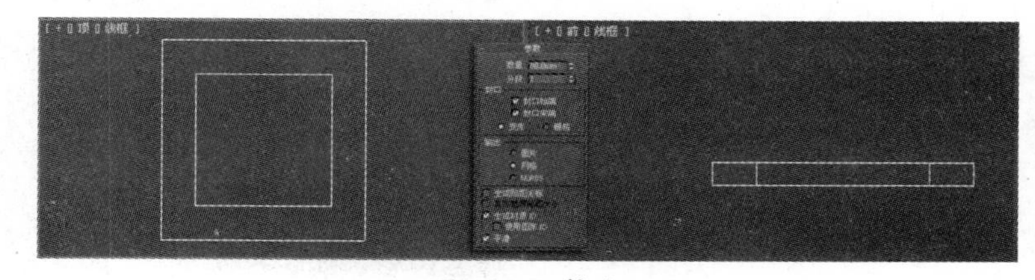
图14.84 挤出

91 按住Shift键，使用“移动”工具，在顶视图中复制两个灯槽，如图14.85所示。

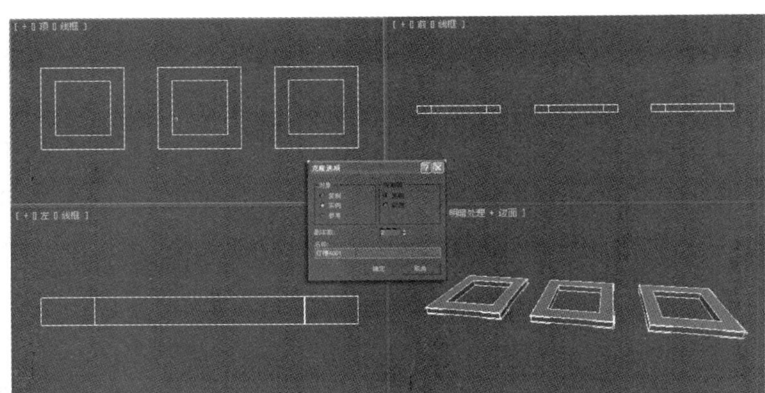

图14.85 复制

92 至此，“吊顶”和“灯槽”的模型已经全部制作完成了。在视图中调整各个造型的位置，效果如图14.86所示。

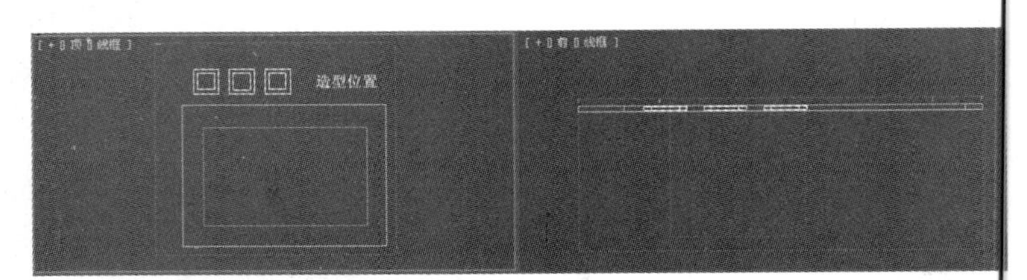

图14.86 调整造型的位置

93 接下来开始制作窗框。在视图中“客厅墙体”，单击鼠标右键，在弹出的右键菜单中执行“转化为”→“转换为可编辑多边形”命令。打开修改命令面板，在修改器堆栈中单击激活“多边形”子对象。

94 在视图中选中如图14.87所示的边，单击“编辑边”卷展栏中的 连接 按钮，在视图中连接两条边。

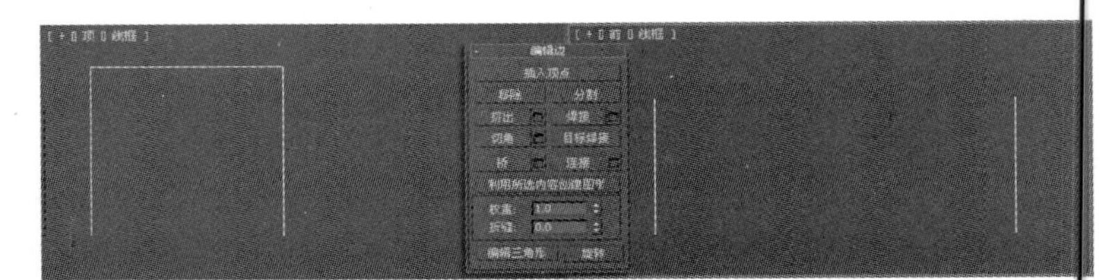

图14.87 连接边

95 设置连接参数，如图14.88所示。

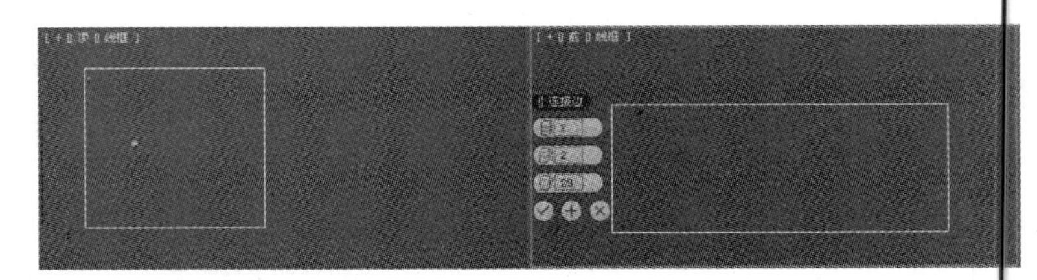

图14.88 连接

96 按照上述的方法连接边，最终效果如图14.89所示。

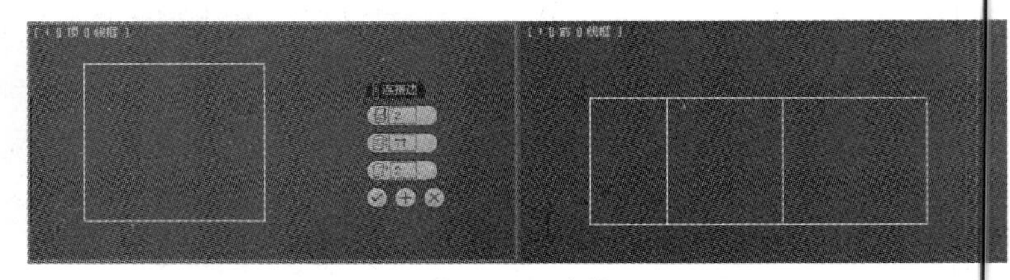

图14.89 连接

97 在视图中选中如图14.90所示的多边形，按Delete键删除。

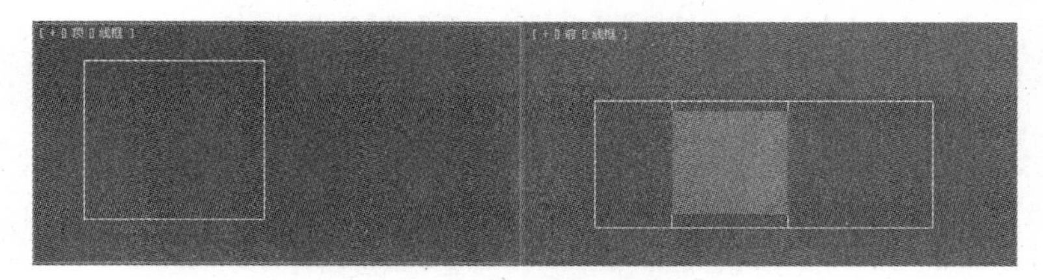
图14.90 选中多边形

98 单击 矩形 按钮，在前视图中创建一个大小为2646mm×2833mm的矩形，并将其命名为“窗框”，如图14.91所示。

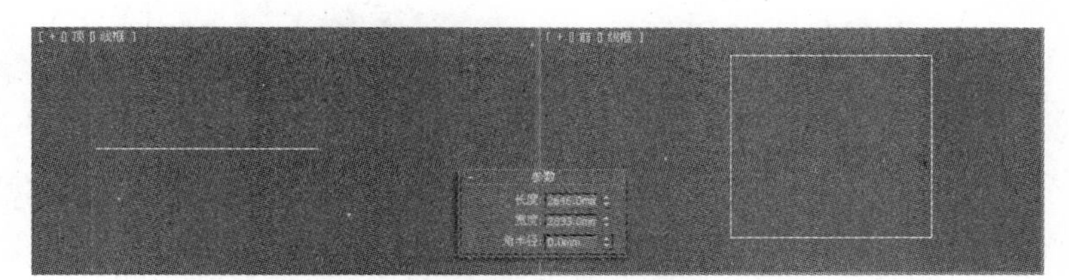
图14.91 绘制矩形

99 单击鼠标右键，在弹出的右键菜单中执行“转化为”→“转换为可编辑样条线”命令。打开修改命令面板，在修改器堆栈中单击激活“样条线”子对象。在“几何体”卷展栏中单击 轮廓 按钮，并设置轮廓的参数为50mm。

100 单击“修改”按钮进入修改面板，在修改器下拉列表中选择“挤出”选项，在视图中选中“窗框”，在“挤出”卷展栏中设置具体参数，如图14.92所示。

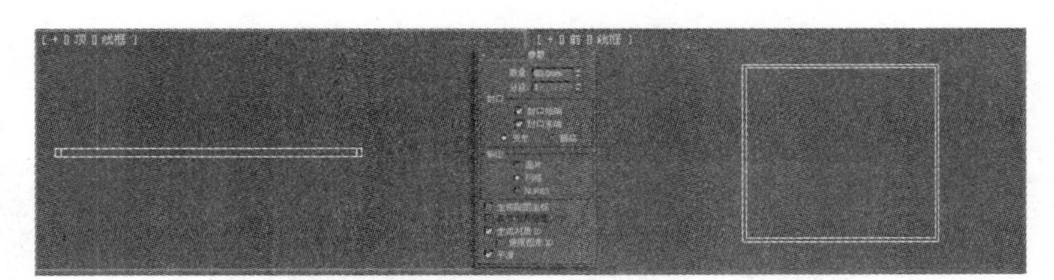
图14.92 挤出

101 在视图中调整造型的位置，效果如图14.93所示。

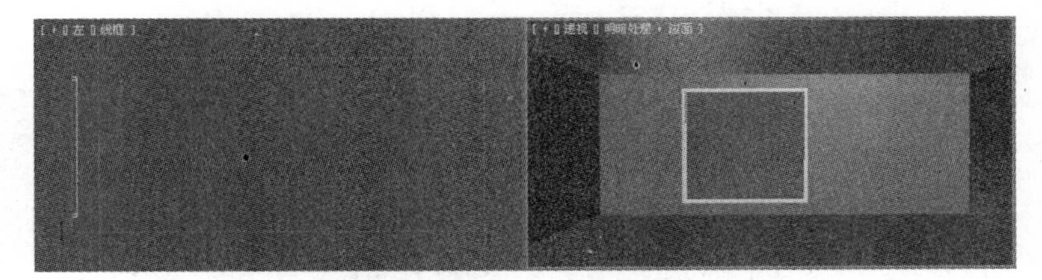
图14.93 调整造型的位置

102 单击 矩形 按钮，在顶视图中绘制一个大小为7700mm×8500mm的参考矩形。单击 线 按钮，绘制一条闭合的曲线，并将其命名为“踢脚线”。单击鼠标右键，在弹出的右键菜单中执行“转化为”→“转换为可编辑样条线”命令。打开修改命令面板，在修改器堆栈中单击激活“样条线”子对象。在“几何体”卷展栏中单击 轮廓 按钮，并设置轮廓的参数为10mm。如图14.94所示。

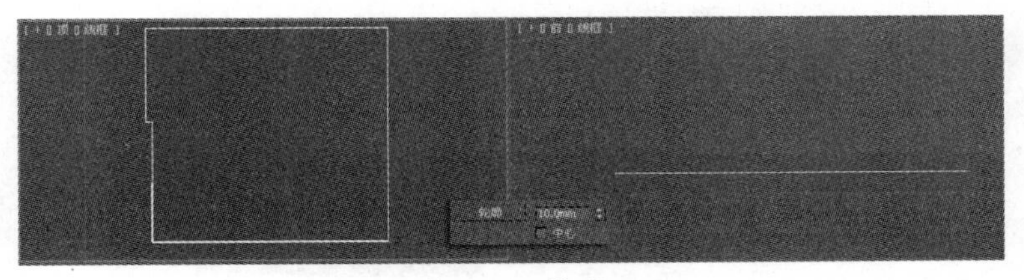
图14.94 轮廓

103 单击“修改”按钮进入修改面板，在修改器下拉列表中选择“挤出”选项，在视图中选中“踢脚线”，在“挤出”卷展栏中设置具体参数，如图14.95所示。

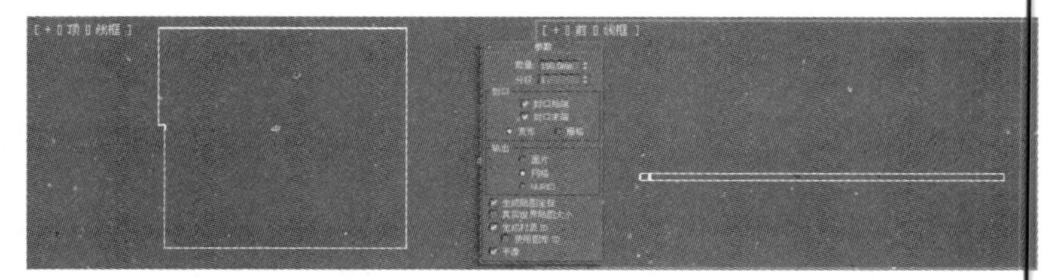

图14.95 挤出

104 在视图中调整造型的位置，效果如图14.96所示。

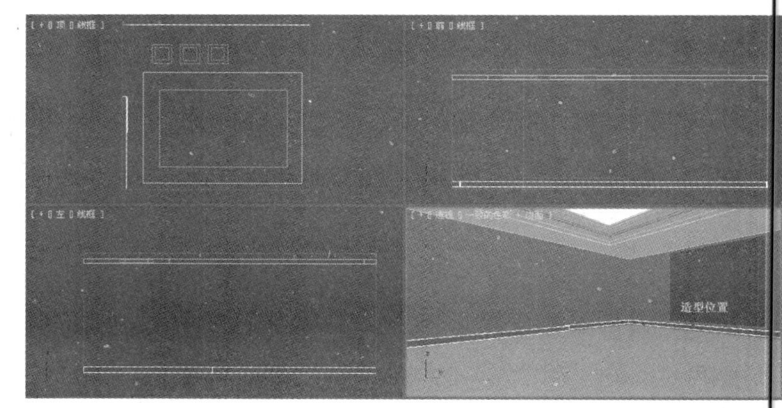

图14.96 踢脚线

105 单击 矩形 按钮，在左视图中绘制一个大小为1482mm×1037mm的矩形，并将其命名为“画框，”单击鼠标右键，在弹出的右键菜单中执行“转化为”→“转换为可编辑样条线”命令。打开修改命令面板，在修改器堆栈中单击激活“样条线”子对象。在“几何体”卷展栏中单击 轮廓 按钮，并设置轮廓的参数为120mm。如图14.97所示。

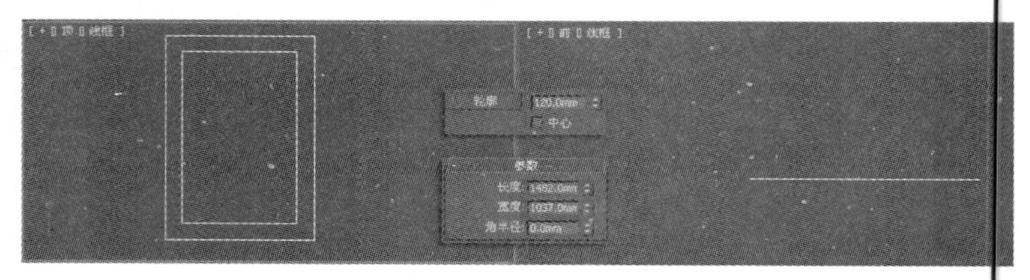

图14.97 绘制矩形

106 单击“修改”按钮进入修改面板，在修改器下拉列表中选择“倒角”选项，在视图中选中“画框”，在“倒角值”卷展栏中设置具体参数，如图14.98所示。

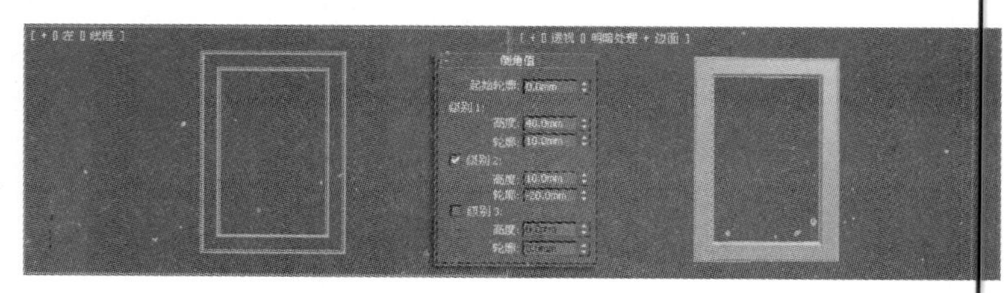

图14.98 倒角

107 在视图中调整造型的位置，效果如图14.99所示。

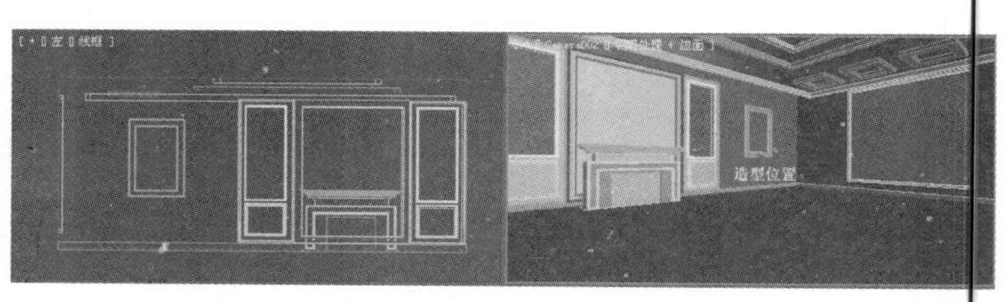

图14.99 调整造型的位置

108 单击 长方体 按钮，在左视图中创建一个大小为1222mm×777mm×10mm的长方体，并将其命名为“画框A”，如图14.100所示。

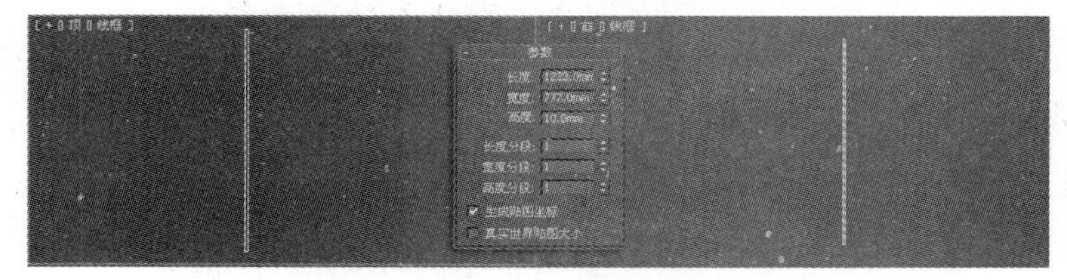
图14.100 创建长方体

109 在视图中调整造型的位置，效果如图14.101所示。

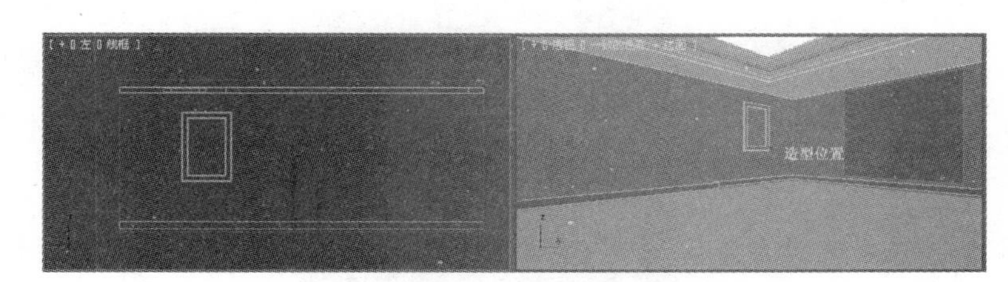

图14.101 调整造型的位置

110 单击 管状体 按钮，在顶视图中创建一个管状体，并将其命名为“筒灯”，设置具体参数，如图14.102所示。

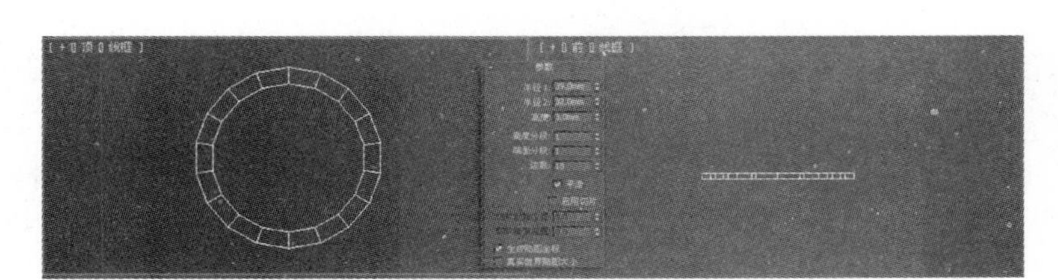
图14.102 创建管状体

111 单击 圆柱体 按钮，在顶视图中创建一个圆柱体，并将其命名为“筒灯A”，并设置具体参数，如图14.103所示。

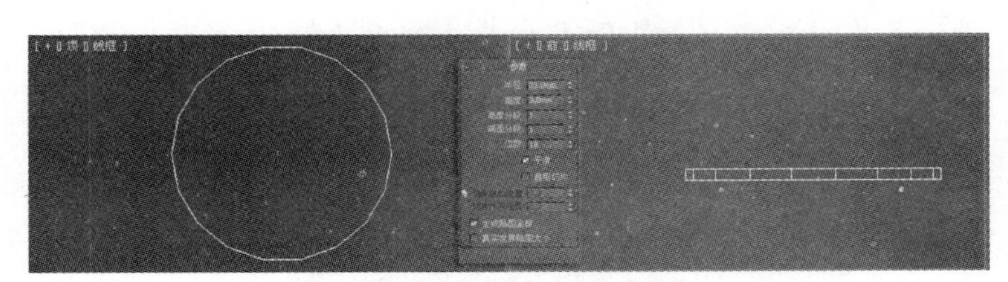
图14.103 创建圆柱体

112 在菜单栏中执行“组”→“成组”按钮，将选中的“筒灯”和“筒灯A”群组，并将其重命名为“筒灯”。

113 按住Shift键，使用“移动”工具，在视图中复制11个“筒灯”。

114 调整复制后的“筒灯”位置，效果如图14.104所示。

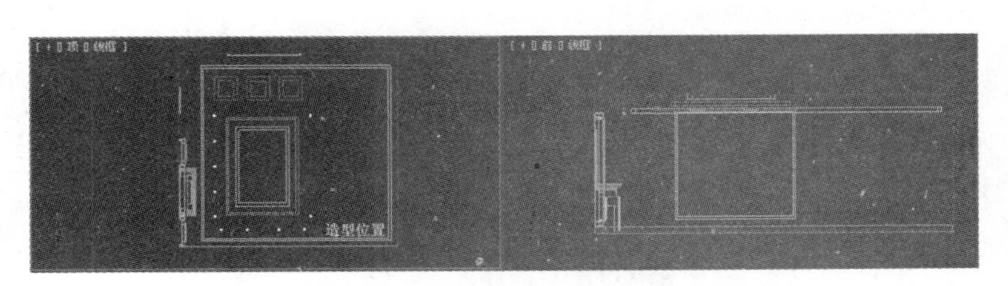

图14.104 调整造型的位置

14.2 调制材质

至此，欧式客厅的模型已经全部制作完成了。接下来开始制作材质，场景中调入模型的材质不做详细介绍，重点介绍常见室内材质的调制方法。

01 单击工具栏中(渲染设置)按钮，打开“渲染设置”对话框，并将VRay指定为当前渲染器，如图14.105所示。

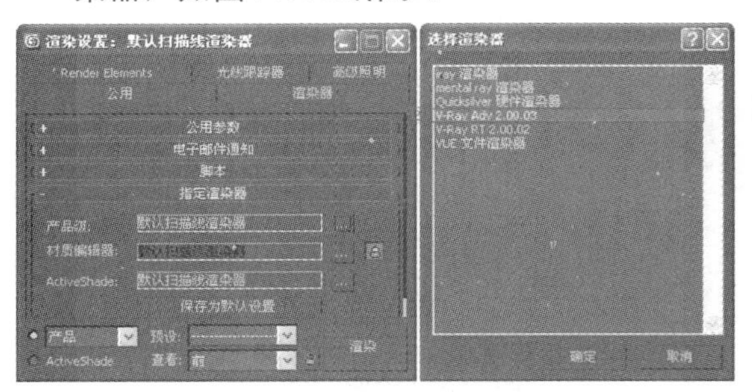

图14.105 将VRay指定为当前渲染器

02 单击工具栏中的按钮，打开材质编辑器窗口，选择一个空白示例球，将材质命名为“墙体”，设置其参数，如图14.106所示。

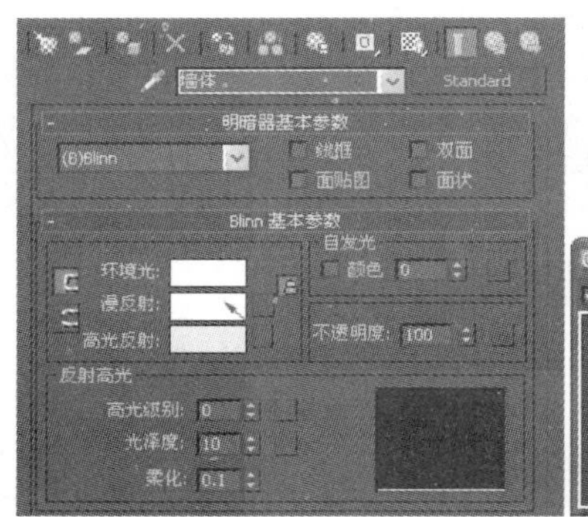
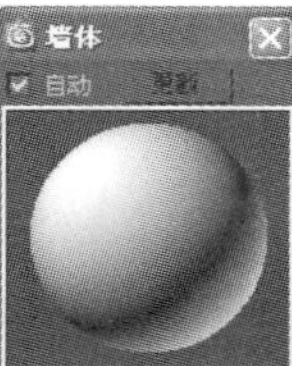

图14.106 参数设置

03 在视图中选中“墙体”和“客厅吊顶”，单击(将材质指定给选定对象)按钮，将材质赋予选中的造型，如图14.107所示。

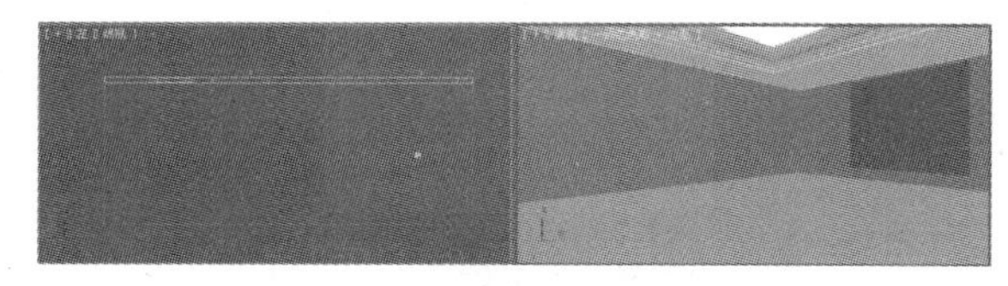

图14.107 墙体材质效果

04 选择第2个空白示例球，将材质类型指定为VRayMtl材质，将材质命名为“地砖”，如图14.108所示。

05 设置材质参数，如图14.109所示。

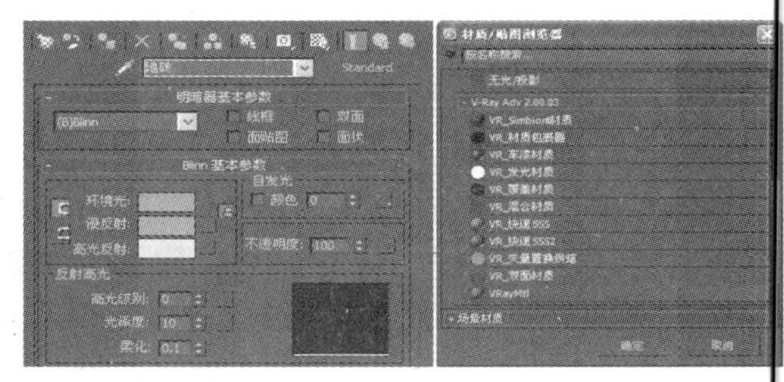

图14.108 VRayMtl材质

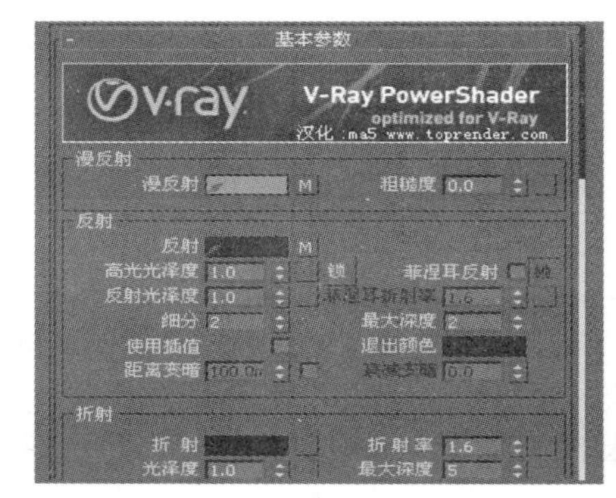

图14.109 参数设置

06 在“贴图”卷展栏下单击“漫反射”后的None按钮，在弹出的“材质/贴图浏览器”中选择“位图”，如图14.110所示。

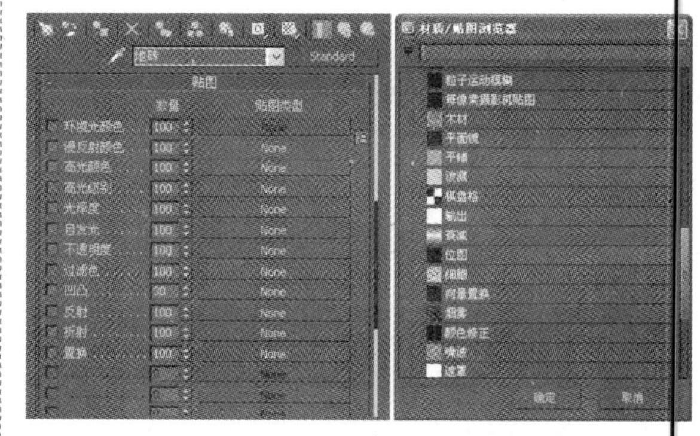

图14.110 选择位图文件

07 在弹出的“选择位图图像文件”对话框中选择随书光盘中的Maps / MPE83301.jpg位图文件，如图14.111所示。

08 在视图中选中“客厅墙体”，单击鼠标右键，在弹出的右键菜单中执行“转化为”→“转换为可编辑多边形”命令，激活多边形子对象，在视图中选中“客厅地面”，如图14.112所示。

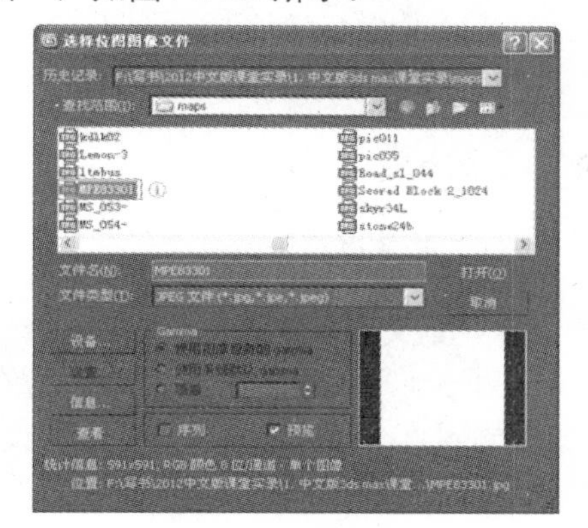

图14.111 调用贴图

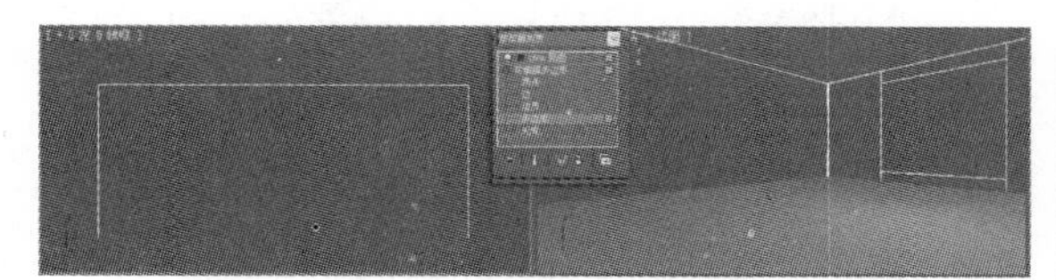

图14.112 选中多边形

09 在“贴图”卷展栏下单击“反射”后的按钮 None ，在弹出的“材质/贴图浏览器”中选择“衰减”，如图14.113所示。

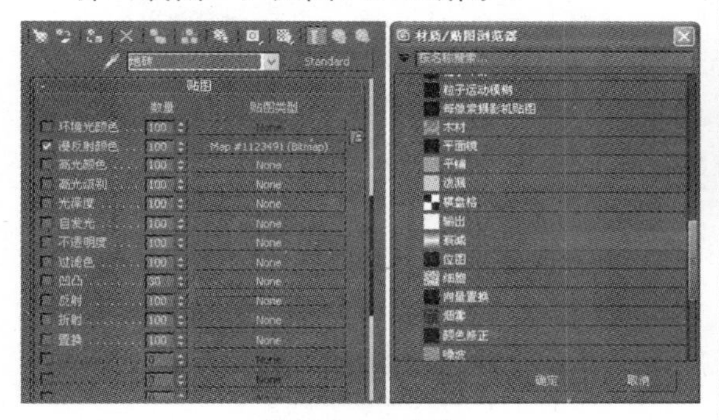

图14.113 衰减

10 在“衰减参数”卷展栏下设置具体参数，如图14.114所示。

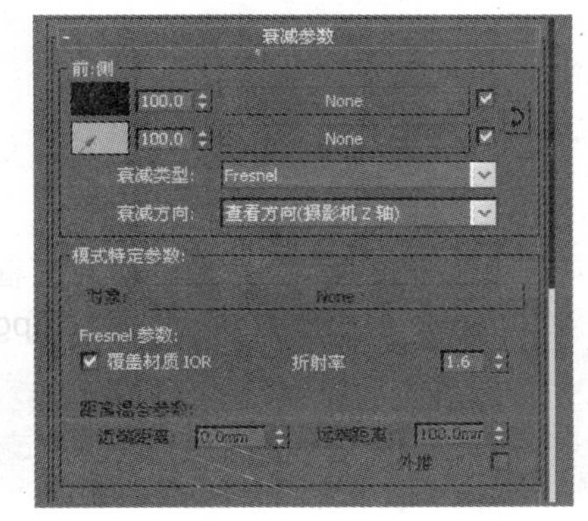

图14.114 参数设置

11 单击(将材质赋予指定对象)按钮，将材质赋予选中的造型，如图14.115所示。

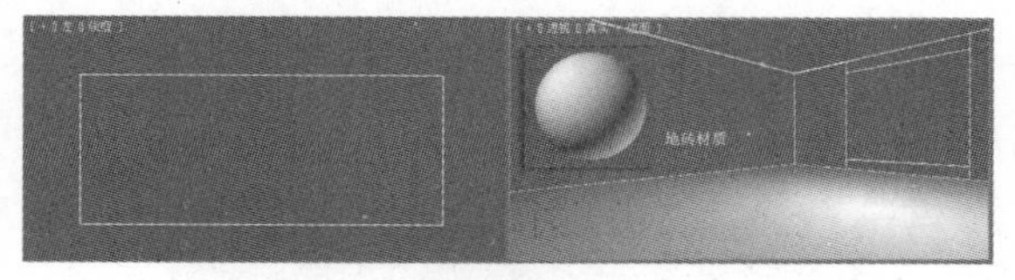

图14.115 地砖材质

12 在修改器列表下对其施加一个UVW Map修改器，并设置参数，如图14.116所示。

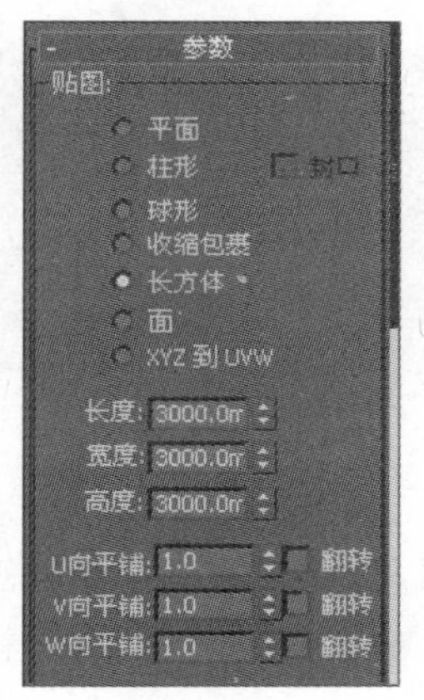

图14.116 UVW贴图

13 在视图中选中如图14.117所示的多边形。

图14.117 选中多边形

14 选择一个新的示例球，将材质命名为“墙纸”，设置参数，如图14.118所示。

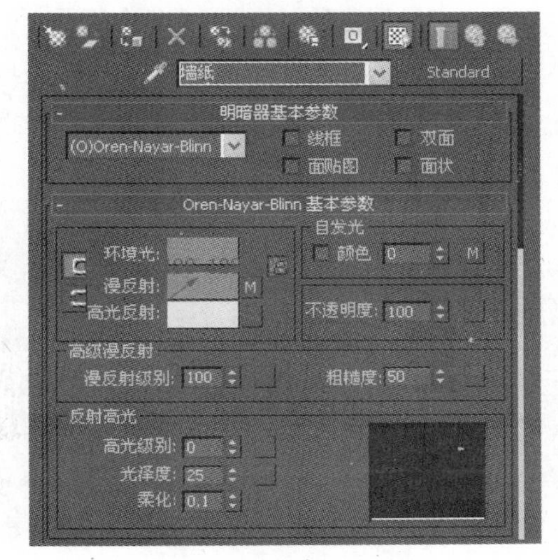

图14.118 参数设置

15 在“贴图”卷展栏下单击 None 按钮，在弹出的“材质/贴图浏览器”中选择“位图”，在弹出的“选择位图图像文件”对话框中，选择随书光盘中的Maps/“壁纸 (6).jpg”位图文件，如图14.119所示。

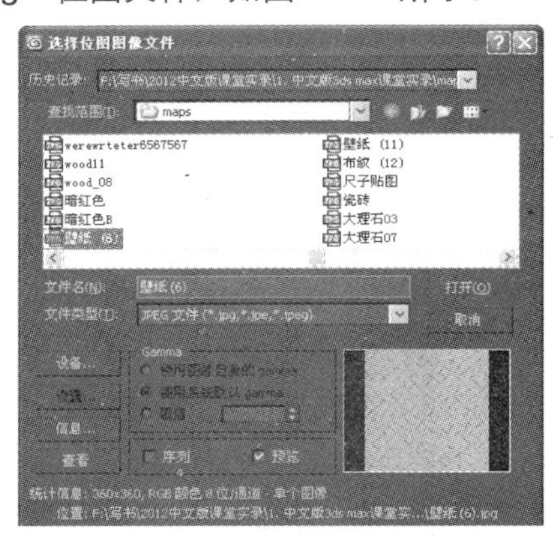

图14.119　选择位图图像文件

16 在“贴图”卷展栏中单击“自发光”后的按钮 None ，在弹出的“材质/贴图浏览器”中选择“遮罩”，“遮罩参数”卷展栏，如图14.120所示。

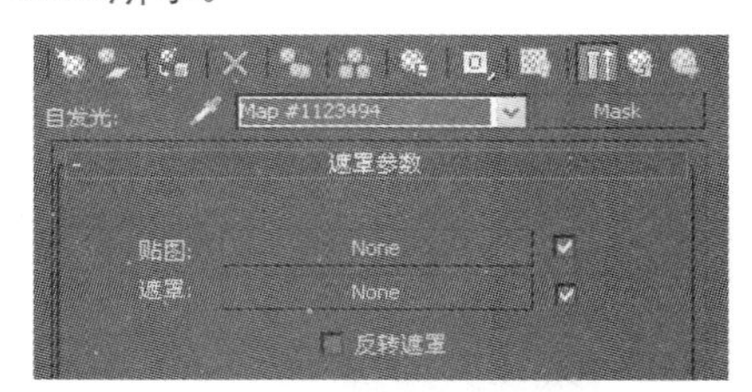

图14.120　“遮罩参数”卷展栏

17 在 贴图: 后单击 None 按钮，在弹出的“材质/贴图浏览器”中选择“衰减”，在“衰减参数”卷展栏中设置参数，如图 14.121 所示。

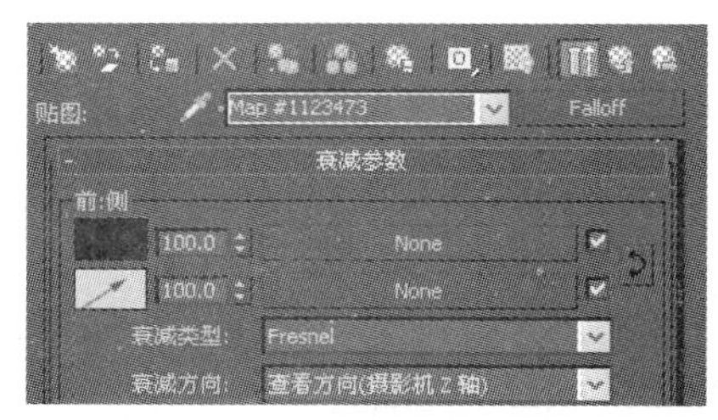

图14.121　参数设置

18 单击 (转到父对象)按钮，返回上一级，单击 遮罩: 后的 None 按钮，在弹出的“材质/贴图浏览器”中选择“衰减”，在“衰减参数”卷展栏中设置参数，如图14.122所示。

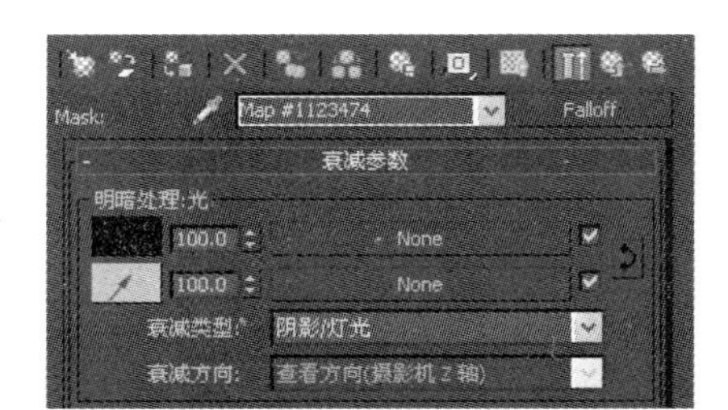

图14.122　参数设置

19 单击 (转到父对象)按钮，返回上一级，在“漫反射颜色”后单击，按住鼠标不放，将贴图复制到“凹凸”贴图按钮上，并设置参数，如图14.123所示。

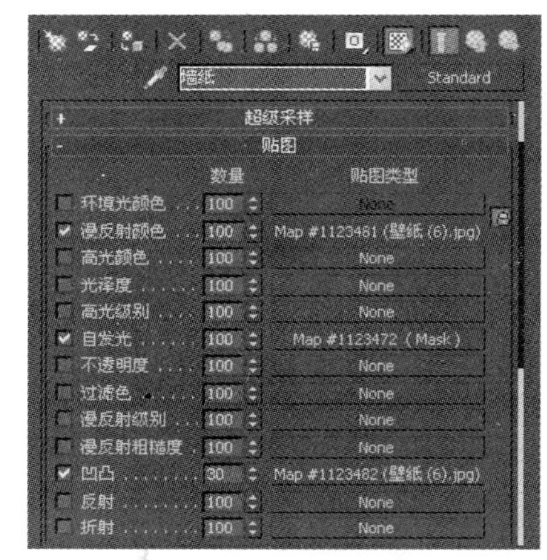

图14.123　参数设置

20 单击 (将材质赋予指定对象)按钮，将材质赋予选中的造型，在修改器列表下对其施加一个UVW Map修改器，并设置参数，如图14.124所示。

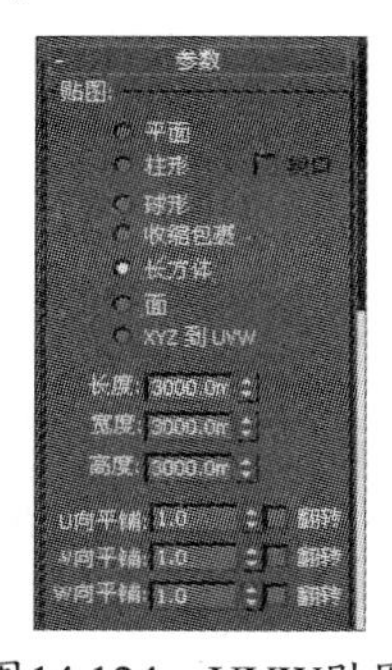

图14.124　UVW贴图

21 在视图中选中如图14.125所示的物体。

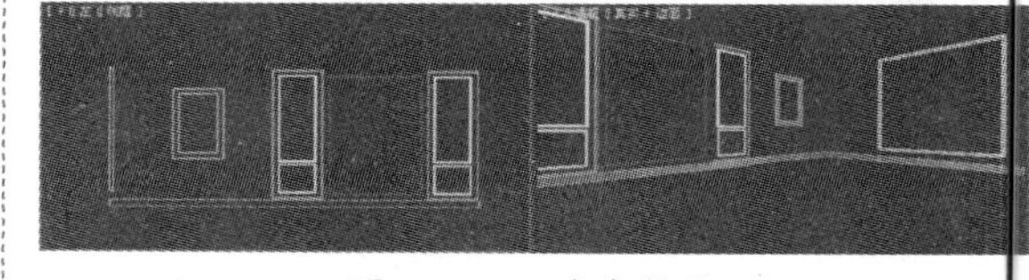

图14.125　选中物体

22 在材质编辑器中选择一个新的示例球，将其指定为VRayMtl材质，材质命名为“柚木”，参数设置，如图14.126所示。

图14.126　设置参数

23 单击(将材质赋予指定对象)按钮，将调好的材质赋予它们，在修改器列表下对其施加一个UVW Map修改器，设置其参数，效果如图14.127所示。

图14.127　UVW贴图

24 在材质编辑器中选择一个新的示例球，材质命名为“墙纸2”，参数设置，如图14.128所示。

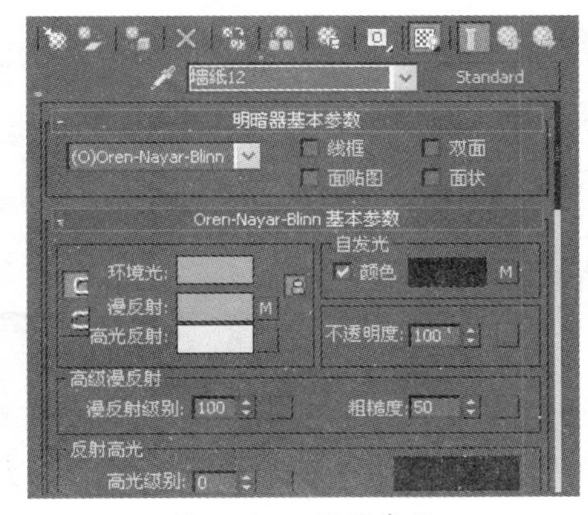

图14.128　设置参数

25 在“贴图”卷展栏下单击“漫反射颜色”后的 None 按钮，在弹出的“材质/贴图浏览器”中选择“位图”，在弹出的“选择位图图像文件”对话框中，选择随书光盘中的Maps/“壁纸 (11).jpg”位图文件，如图14.129所示。

图14.129　调用贴图

26 在“贴图”卷展栏下单击“漫反射颜色”后的 None 按钮，将贴图复制到“凹凸”贴图按钮上，并设置参数，如图14.130所示。

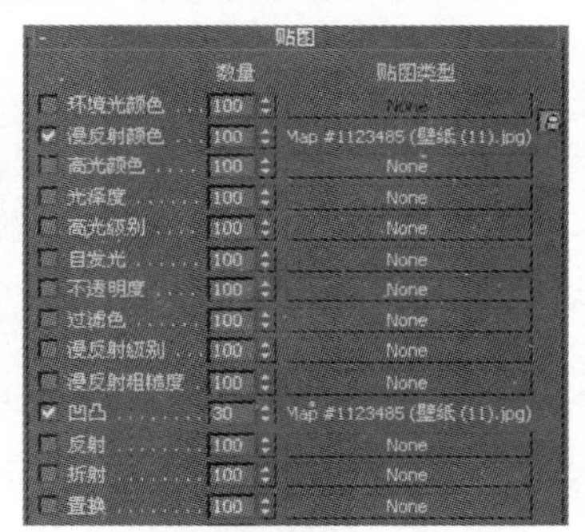

图14.130　参数设置

27 在“贴图”卷展栏下单击“自发光”后的 None 按钮，在弹出的“材质/贴图浏览器”中选择“遮罩”，如图14.131所示。

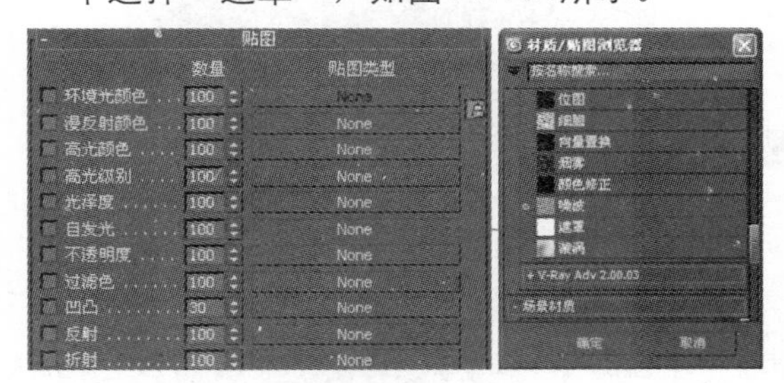

图14.131　遮罩

28 在“遮罩参数”卷展栏中单击 贴图: 后的 None 按钮，在弹出的“材质/贴图浏览器”中选择“衰减”，如图14.132所示。

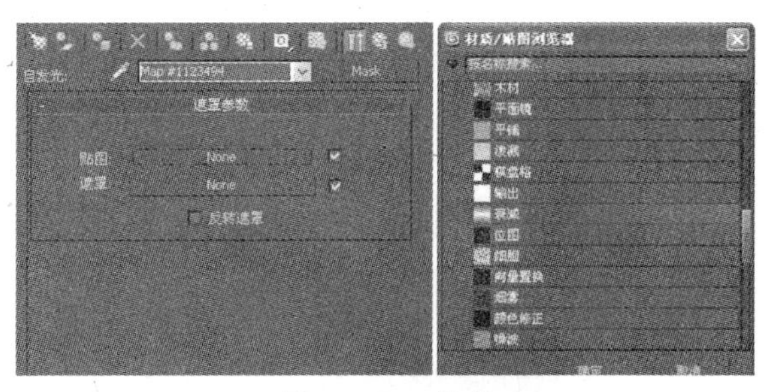

图14.132 衰减

29 在“衰减参数”卷展栏中设置参数，如图14.133所示。

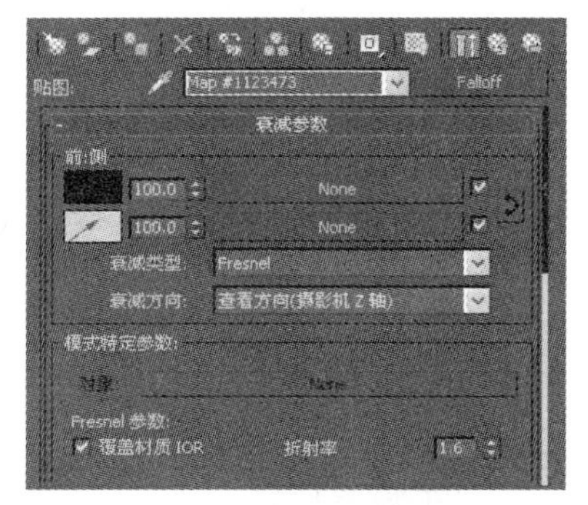

图14.133 设置参数

30 单击(转到父对象)按钮，返回上一级，在“遮罩参数”卷展栏中单击遮罩后的None按钮，在弹出的“材质/贴图浏览器”中选择“衰减”，设置参数如图14.134所示。

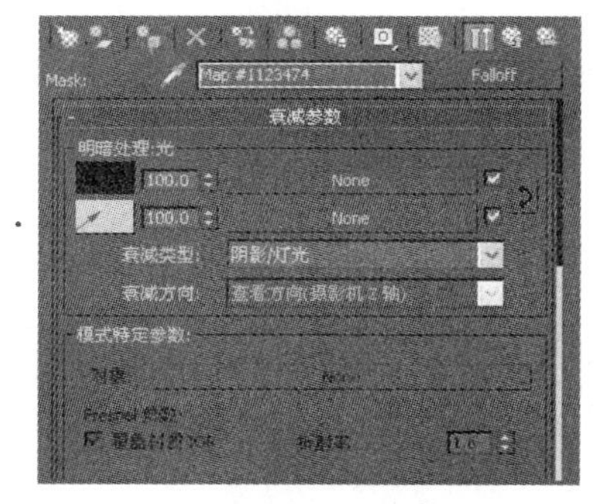

图14.134 设置参数

31 单击(将材质赋予指定对象)按钮，将调好的材质赋予它们，在修改器列表下对其施加一个UVW Map修改器，设置其参数，效果如图14.135所示。

图14.135 UVW贴图

32 选择一个新的示例球，将其指定为VRayMtl，材质命名为“不锈钢”，并设置具体参数，如图14.136所示。

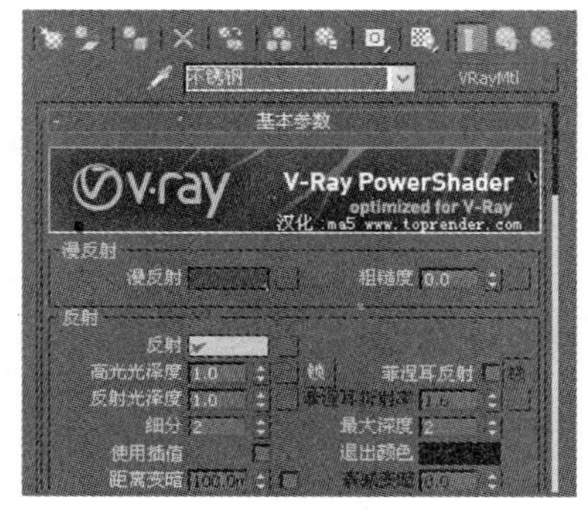

图14.136 参数设置

33 在视图中选中“筒灯”，单击(将材质赋予指定对象)按钮，将调好的材质赋予它们。

34 在材质编辑器中选择一个新的示例球，将其指定为VRayMtl材质，材质命名为“大理石”。设置具体参数，如图14.137所示。

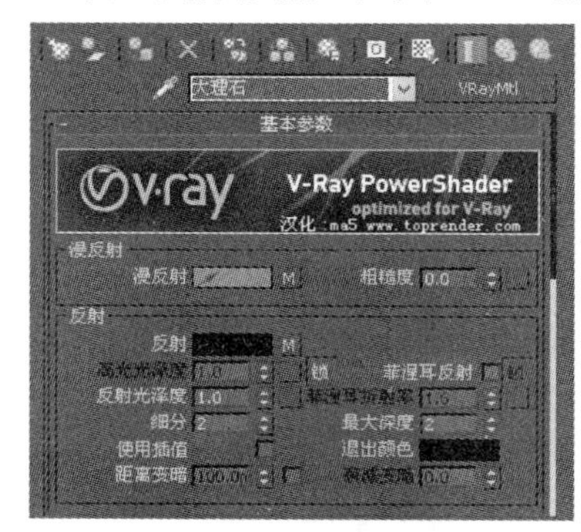

图14.137 设置参数

35 在“贴图”卷展栏下单击漫反射后的None按钮，在弹出的“材质/贴图浏览器”中选择“位图”，如图14.138所示。

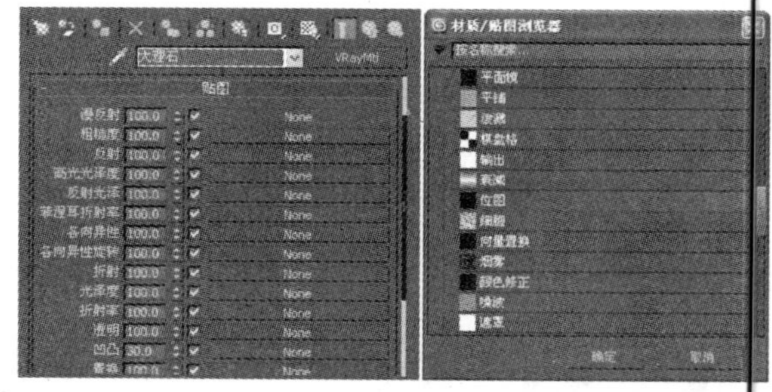

图14.138 选择“位图”

36 在弹出的“选择位图图像文件”对话框中选择一幅名为“大理石03.jpg”的图片，如图14.139所示。

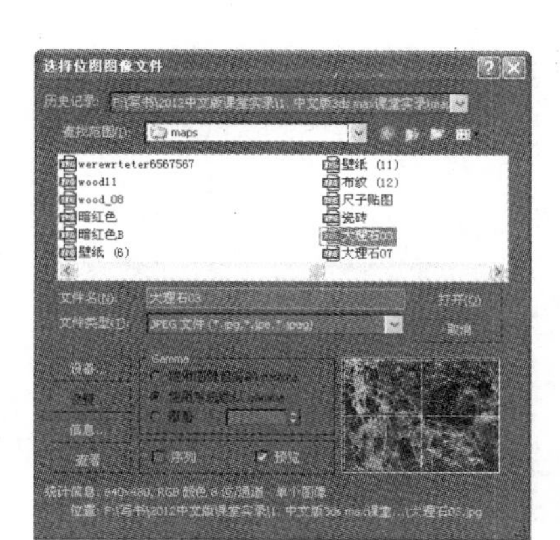

图14.139 挤出

37 在“贴图”卷展栏下单击反射后的None按钮，在弹出的“材质/贴图浏览器”中选择“衰减”，在“衰减参数”卷展栏中设置参数，如图14.140所示。

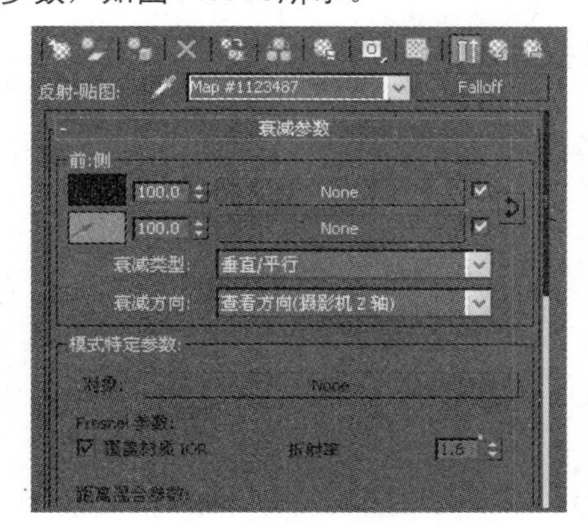

图14.140 参数设置

38 在视图中选中“壁炉”，单击(将材质指定给选定对象)按钮，将材质赋予选中的造型，在修改器列表下对其施加一个UVW Map修改器，并设置参数，如图14.141所示。

39 选择一个新的材质示例球，将材质命名为“砖”，在“贴图”卷展栏下单击“漫反射颜色”后的None按钮，在弹出的“材质/贴图浏览器”中选择“位图”，并在弹出的“选择位图图像文件”对话框中，选择随书光盘中的Maps/“文化石(130).jpg”位图文件，如图14.142所示。

图14.141 UVW贴图

图14.142 调用贴图

40 在视图中选中如图14.143所示的物体，单击(将材质指定给选定对象)按钮，将材质赋予选中的造型，在修改器列表下对其施加一个UVW Map修改器，并设置参数。

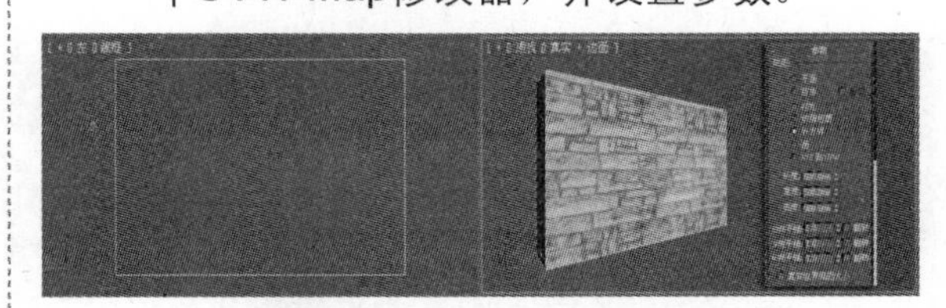

图14.143 UVW Map修改器

14.3 合并家具模型

在室内效果图制作过程中，有些家具模型不需要重新制作，只需要从模型库中合并需要的模型即可。合并家具模型时，如果场景中已有模型、材质与合并场景模型、材质有重名现象时，需要特别注意。

01 单击菜单栏左端的按钮，执行“导入”→“合并”命令，在弹出的“合并文件”对话框中，选择随书光盘中的“模型”/“第14课”/“客厅家具.max”文件，如图14.144所示。

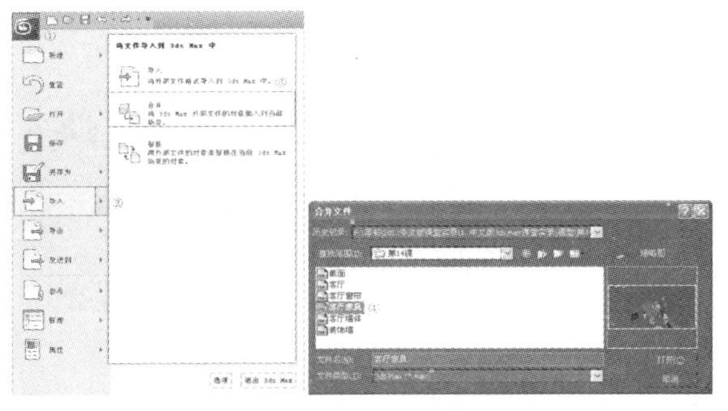

图14.144　合并

02 在弹出的对话框中取消灯光和摄影机的显示，然后单击 确定 按钮，选中所有模型的部分，将它们合并到场景中来，如图14.145所示。

03 如果合并的模型与场景中的对象名字相同，系统会弹出“重复名称”对话框，如图14.146所示。单击 自动重命名 按钮，为合并进来的对象自动重命名。

04 如果合并的对象材质与场景中的材质有重名的现象，系统也会弹出提示对话框，如图14.147所示。单击 自动重命名合并材质 按钮，为合并进来的材质自动重命名。

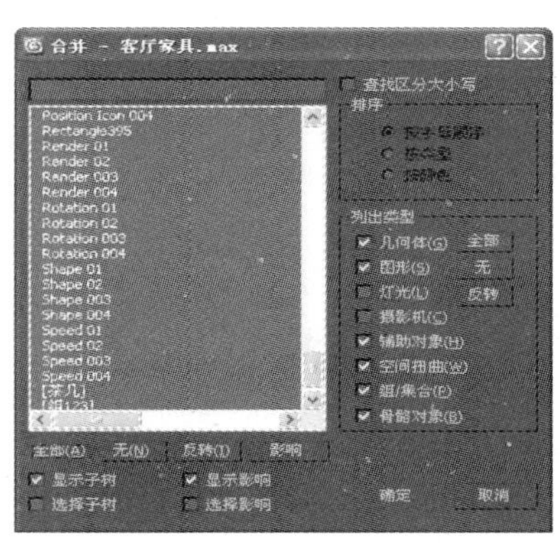

图14.145　合并

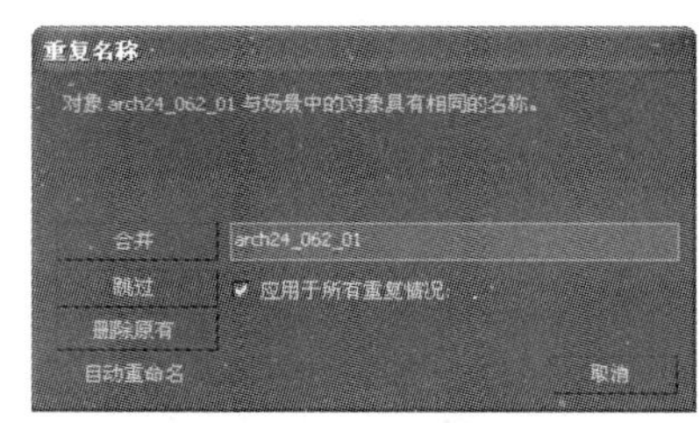

图14.146　“重复名称”对话框

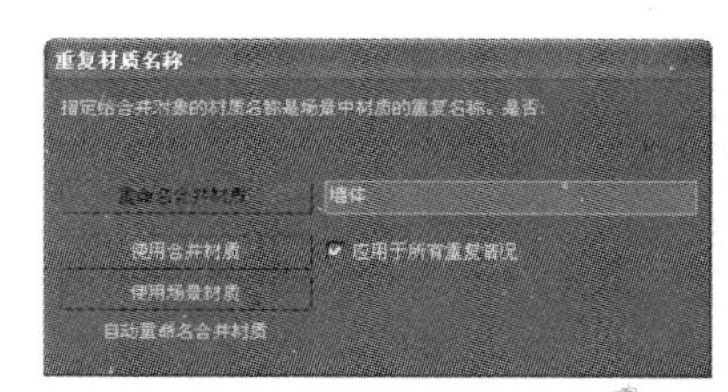

图14.147　“重复材质名称”对话框

05 在视图中选中所有的家具模型，并调整其位置，效果如图14.148所示。

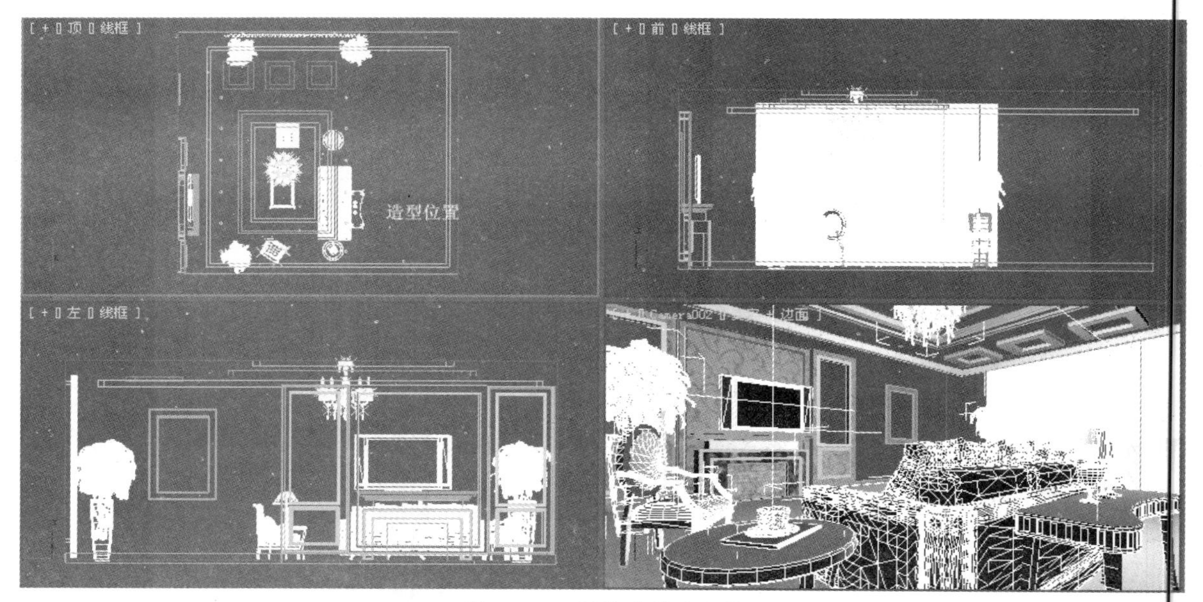

图14.148　调整造型的位置

14.4 设置灯光

在设置灯光的过程中，需要多次预览渲染，根据渲染结果进行具体的参数调整，这就需要在灯光设置前设置渲染参数。预览渲染强调渲染的速度，在效果方面只须能看出亮度、材质的大致效果就可以了。

01 单击工具栏中(渲染设置)按钮，在打开的“渲染设置”对话框中，在“公用”标签页下设置一个较小的渲染尺寸，例如640×480，如图14.149所示。

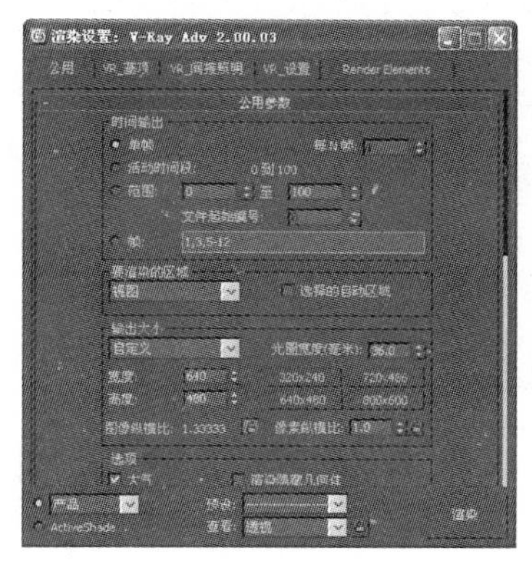

图14.149 设置渲染尺寸

02 在“VR-基项”标签页中将缺省灯光关闭，设置一个渲染速度较快、画面质量较低的抗锯齿方式，如图14.150所示。

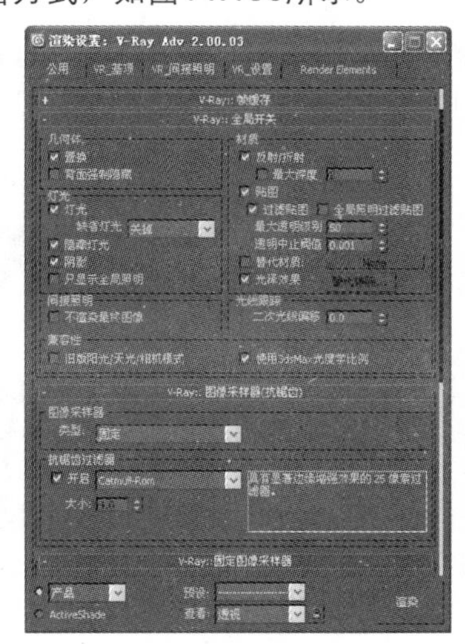

图14.150 设置V-Ray参数

03 在“VR-间接照明”标签页中单击“V-Ray::发光贴图”卷展栏，设置具体参数，如图14.151所示。

04 至此，渲染参数设置完成，将透视图切换到摄影机视图。

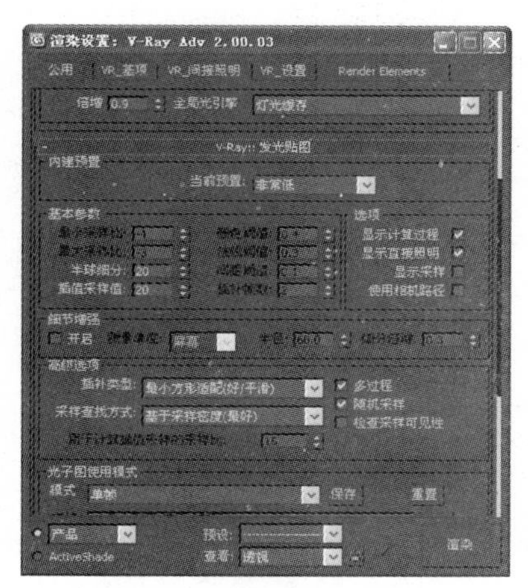

图14.151 设置V-Ray参数

05 接下来开始设置灯光。本实例是模拟夜晚的客厅效果。单击“灯光”→VRay→VR_光源按钮，在前视图中单击鼠标左键创建一盏与窗户大小相等的VR光源，并将其命名为“模拟天光”，如图14.152所示。

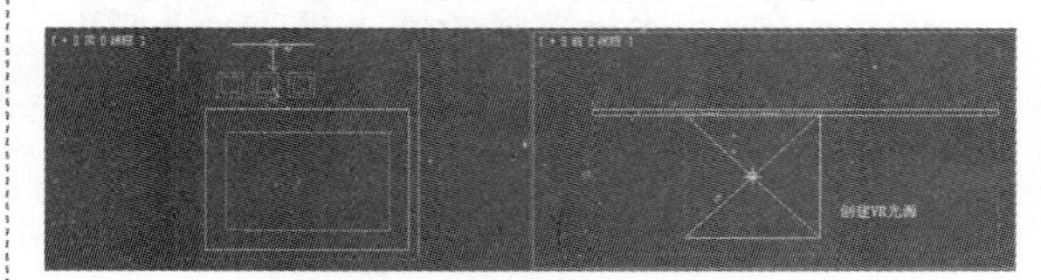

图14.152 创建VR光源

06 在视图中调整“模拟灯光”的位置，使其位于窗户的外面，设置灯光参数，如图14.153所示。此灯光用于模拟室外夜晚灯光进入室内的效果。

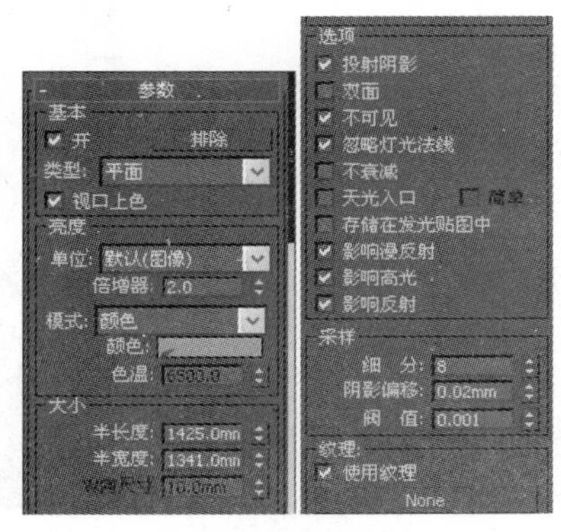

图14.153 设置参数

07 按住Shift键，使用“移动”工具，复制一盏VR光源，如图14.154所示。

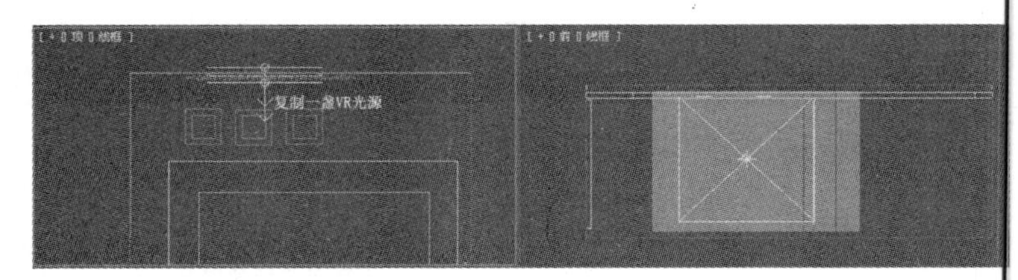

图14.154 复制灯光

08 单击工具栏中的“渲染产品”按钮，渲染观察“模拟天光”后的效果，如图14.155所示。

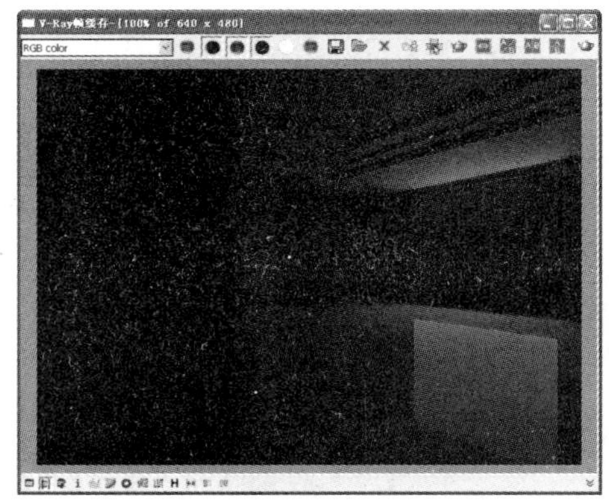

图14.155 渲染效果

09 单击“灯光”→光度学→目标灯光按钮，激活前视图，在“吊灯”的位置上创建一盏目标灯光，设置其参数，并命名为“吊灯灯光”，如图14.156所示。

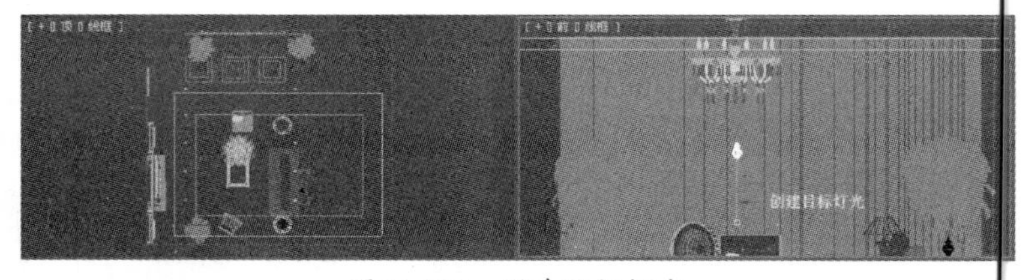

图14.156 创建目标灯光

10 在视图中调整“吊灯灯光”的位置，设置参数效果，如图14.157所示。

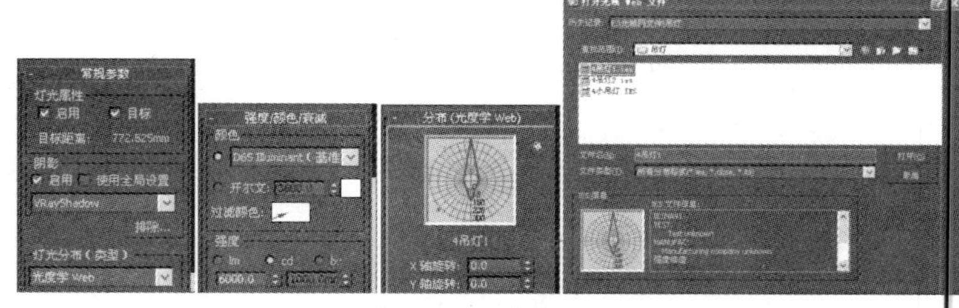

图14.157 参数设置

11 利用同样的方法，在前视图中创建一盏目标灯光，并将其命名为“筒灯”，设置其参数，如图14.158所示。

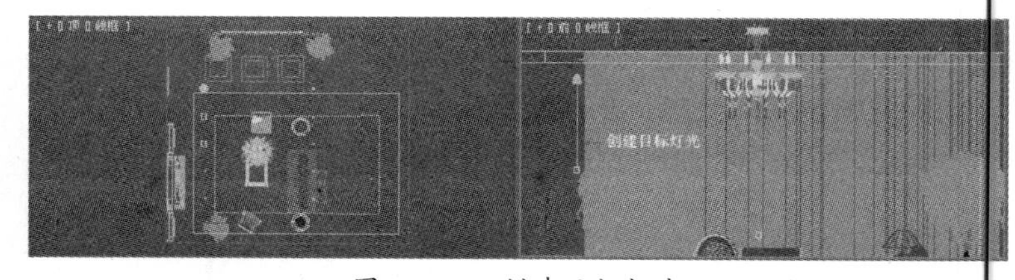

图14.158 创建目标灯光

12 设置具体参数，如图14.159所示。

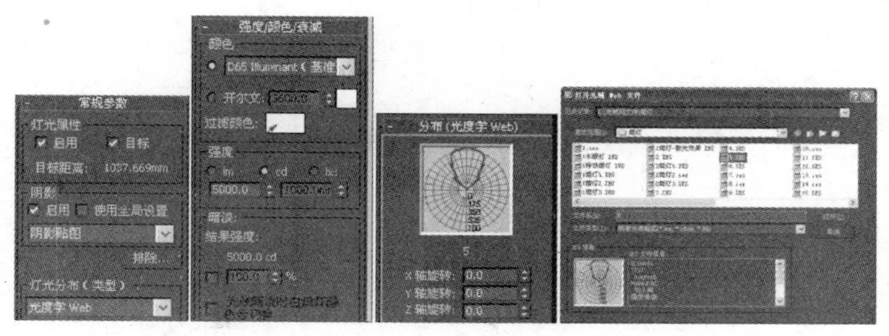

图14.159 参数设置

13 在视图中选中“筒灯灯光”，按住Shift键，使用“移动”工具，复制9个筒灯，效果如图14.160所示。

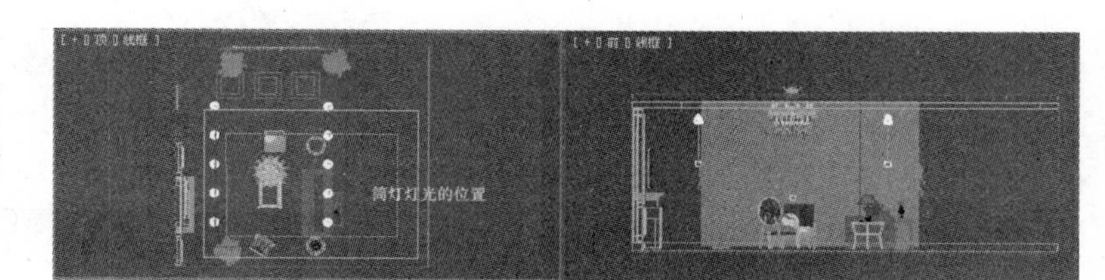

图14.160 调整造型位置

14 单击工具栏上的“渲染产品”按钮，渲染观察设置“筒灯灯光”后的效果，如图14.161所示。

15 单击“灯光”→VRay→VR_光源按钮，并将其命名为“补光”，设置参数，如图14.162所示。

图14.161 渲染效果

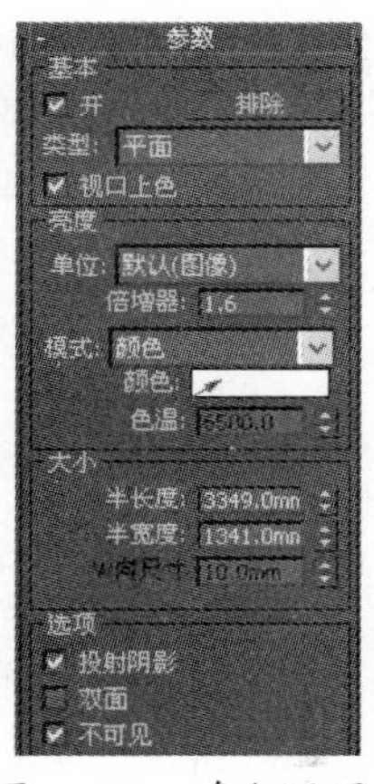

图14.162 参数设置

16 在视图中调整灯光的位置，使其处于视角的后方，如图14.163所示。

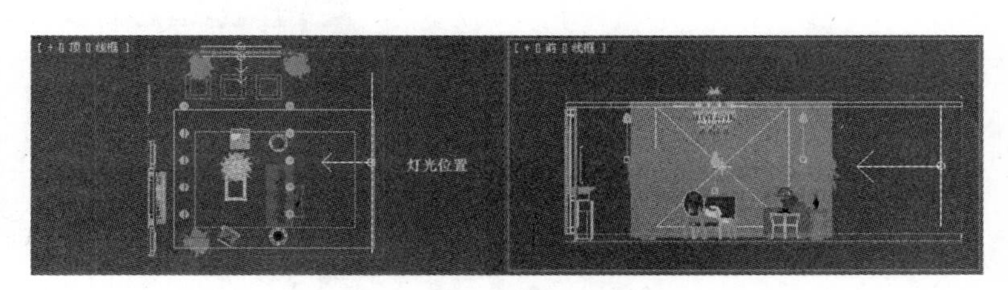

图14.163 调整灯光位置

17 单击工具栏中的“渲染产品”按钮，渲染客厅视图，观察“补光”后的效果，如图14.164所示。

18 添加补光后，灯光的整体效果已经较为理想。至此，灯光的设置已经完成。

图14.164　渲染效果

14.5 渲染效果图

材质和灯光设置完成后，需要进行渲染输出。渲染输出的过程是计算模型、材质及灯光的参数并生成最终效果图的过程。使用VRay渲染器渲染最终效果图需要在材质、灯光及渲染器方面做相应的设置。

01 打开材质编辑器，选中地砖材质，重新调整材质的反射参数，如图14.165所示。

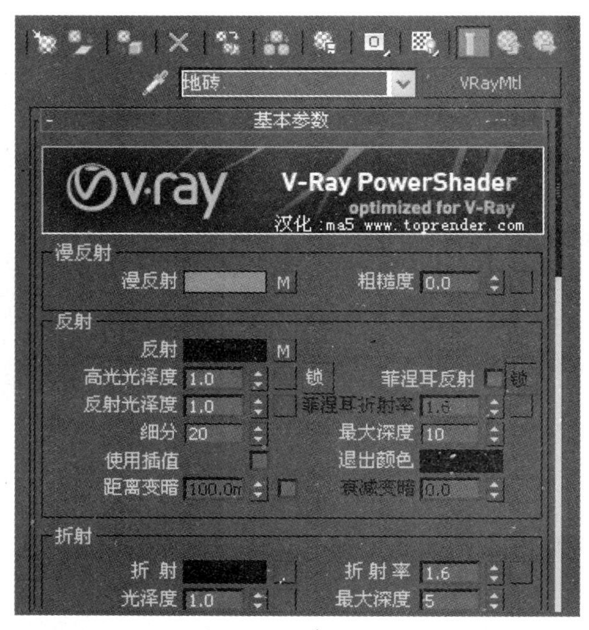

图14.165　参数设置

提示

在前面的材质设置中，为了提高预览渲染的速度，有些参数设置级别较低，这样虽然提高了渲染速度，但是渲染效果大打折扣。在渲染最终效果图时需要将这些参数设置到较高级别。

02 在工具栏中单击“渲染设置”按钮，在“VR间接照明”标签页上单击“VRay::发光贴图”卷展栏，设置具体参数，如图14.166所示。

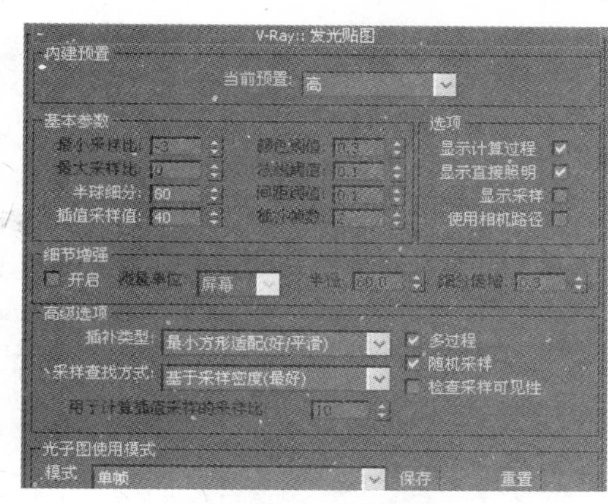

图14.166 渲染设置

03 在“VR基项”标签页中设置一个精度较高的抗锯齿方式，如图14.167所示。

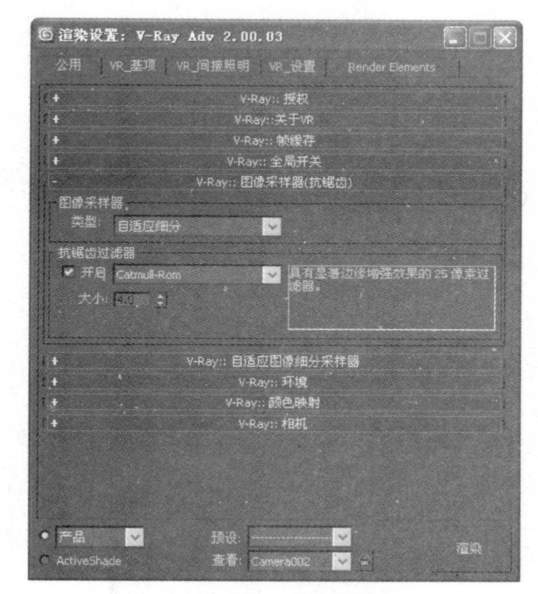

图14.167 渲染设置

04 在“公用”标签页下设置一个较大的渲染尺寸，例如3000×2250。单击对话框中的按钮渲染客厅，得到最终效果。具体操作，如图14.168所示。

05 渲染结束后，单击渲染对话框中按钮保存文件，选择TIF文件格式并保存。

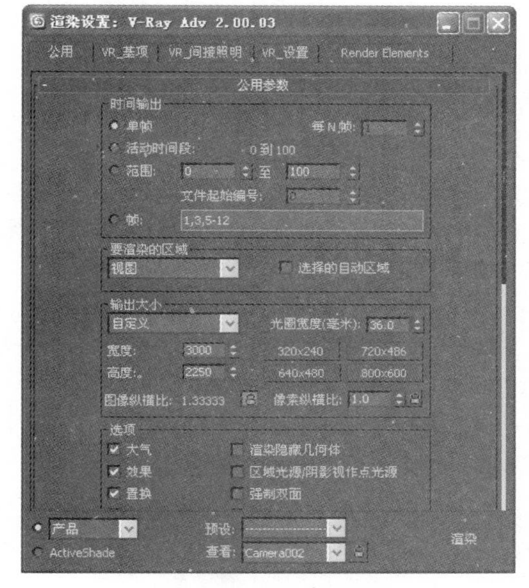

图14.168 渲染设置

14.6 课后练习

通过本课学习，制作一个简单的室内效果图，参考效果图，如图14.169所示。

图14.169　室内效果图